有限元法（第2版）·上·
理论、格式与求解方法

Finite Element Procedures

[德] Klaus-Jürgen Bathe 著
轩建平 译

高等教育出版社·北京

图字：01-2016-4808 号
Translation from English Language edition:
Finite Element Procedures, 4th printing of 2nd edition, 2016
by Klaus-Jürgen Bathe
This book was previously published by Pearson Education, Inc.

内容简介

有限元法是当今工程分析和科学研究不可或缺的方法. 有限元法在科学计算领域不仅实用, 而且高效, 应用广泛 . 本书共 12 章 , 分上、下卷 , 上卷包括 1~5 章 , 下卷包括 6~12 章 . 本卷主要内容包括 : 有限元法应用导论 , 向量、矩阵和张量 , 工程分析的基本概念及有限元法导论 , 有限元法的构造 : 固体力学和结构力学中的线性分析 , 以及等参有限单元矩阵的构造与计算 . 本书所介绍的方法通用、可靠和有效 , 虽然是最基本的 , 但在将来很长一段时间仍会得到不断应用 . 这些方法也将成为该领域最新发展的基础 . 本书原著作者克劳斯 – 佑庚 · 巴特 (Klaus-Jürgen Bathe) 教授在美国麻省理工学院 (MIT) 的网页 (http://meche.mit.edu/people/faculty/kjb@mit.edu) 有大量的资料 , 如学术论文、讲课视频、习题解答和电子教案等 , 可供读者学习、研究与使用 .

本书内容全面 , 实例丰富 , 适合高年级本科生和研究生的课程学习 , 也可作为从事有限元研究的专业人员和工程技术人员的参考资料 , 还可供在模拟科学和工程领域的应用数学家和工程师阅读使用 .

献给我的学生

新型结构设计的进步将是无限的.

—— 克劳斯 – 佑庚 · 巴特在本科生时所写的《计算机在结构分析中的应用》(*The Use of the Electronic Computer in Structural Analysis*) 论文中的最后一句话, 出版于 *Impact, Journal of the University of Cape Town Engineering Society*, pp. 57–61, 1967.

Bathe 教授为中文版撰写的前言

有限元法今天已广泛地应用于科学和工程问题分析之中, 而且其应用还将不断扩展. 因此, 该领域需要各种教科书. 我希望中国关注有限元法的学生、研究人员和从业人员能够发现本书的价值, 特别是该书现在有了中文版.

2013 年本书译者轩建平教授在我的 MIT 研究团队访学一年, 而本书的翻译工作在此之前就已经开始. 我非常感谢轩教授无比热忱地完成了该译著, 这项工作需要良好的专业知识和巨大的努力. 同时我对本书第 2 版在中国的广泛发行感到非常欣慰.

K. J. Bathe

原著第 2 版前言

本书第 1 版第 1 次印刷已近 20 年, 迄今已经重印 16 次. 尽管第 1 版仍有很大需求, 但我认为很有必要对该书进行更新.

通常一本书的修订版会比前一版的内容增加很多. 但我并不希望本书篇幅扩大. 因此, 增加新内容的同时要删去一些先前已出版的章节, 把重要的材料补充进来.

这种安排体现了本书的宗旨: 重点介绍我认为非常有用的并将在很长时间仍然使用的那些有限元法.

尽管在过去 20 年中发表了大量关于有限元法研究与发展的论文, 但本书所阐述的基本格式和方法并没有根本改变. 因此, 新版本的更新并不特别多. 只对一些最新的重要工作进行简要介绍和参考, 新版本还补充了一些最近发展的新方法.

我要感谢在有限元法研究中与我合作的同事和学生, 感谢 ADINA R&D 公司的 Victor Lee 帮助打印更新的版本. 从事有限元法的工作是令我兴奋和满足的, 并且会持续下去, 相关内容在我的《丰富人生》(*To Enrich Life*) 一书中有所介绍.

Klaus-Jürgen Bathe

原著第 1 版前言

目前, 有限元法是工程分析和设计必不可少的重要组成部分. 有限元计算机软件现已广泛应用于结构、固体和流体分析工程的各个领域.

我写这本书的目的是为高年级本科生和研究生学习有限元分析课程提供教材, 并为科技工作者自学提供参考书.

为此目的, 我根据我的早期出版物《工程分析中的有限元法》(*Finite Element Procedures in Engineering Analysis*)(Prentice-Hall, 1982) 扩充成本书. 我保持了同样的表述方式, 但是统一、更新和增强了早期版本, 以适应有限元法发展的现状. 另外, 我增添了新的章节, 为表达完整性而增加了一些重要的主题, 同时 (通过练习) 有利于本书所讨论内容的课堂教学.

本书并没有给出有限元法的综述. 对这些内容, 需要大量的篇幅. 因而, 本书专注于某些有限元法, 即我认为在工程实践中十分有用、并将在若干年后可能还一直使用的方法. 同时, 采用对学生教学效果好、新鲜有趣的方式介绍这些方法.

有限元法的一个重要方面是它的可靠性, 因而要确保这种方法可在计算机辅助设计中可信地应用, 本书自始至终重点阐述对工程分析来说是通用且可靠的有限元法.

因此, 本书只介绍某些有限元法, 并且按某种方式介绍这些方法, 明显地有所取舍. 在这点上, 本书反映了我对讲授和应用有限元法的思考.

本书的基本主题强调数学方法, 只有充分注重方法的物理和数学意义, 才能获得对工程应用中的有限元法的兴趣和透彻理解. 物理和数学相结合的全面理解极大地增强了我们应用和进一步发展有限元法的信心, 因而在本书中得到重点关注.

这些思想还表明, 在工程师和数学家之间的合作对加深我们对有限元法的理解和进一步推动该领域的研究发展具有极大的益处. 在此我十分感谢数学家 Franco Brezzi 为秉持此精神而进行的合作研究和对本书提出的有价值的建议.

我认为对教育工作者来说, 写一本有价值的书是最大的成就之一. 在当代, 各个工程领域日新月异, 实际上, 所有工程领域的学生都需要新的书籍. 我因此感谢麻省理工学院机械工程系给我提供了从事教学、科研和学术写做的良好环境. 写这本书对我来说需要巨大的努力, 但我把完成该任务作为对我过去的和将来的学生、对该领域感兴趣的教育者和研究人员的承诺, 当然, 也是为了提高我在 MIT 的教学工作.

我已经非常幸运地与麻省理工学院的许多杰出的学生一起工作, 我很感激他们. 成为他们的教师和与他们一起工作是我莫大的荣幸. 在我的公司 ADINA R&D, Inc., 我一直密切参与有限元法的工业应用开发, 这些工作具有极大的价值. 这种参与对我的教学、科研和撰写本书也是十分有益的.

要编写只出现几十年和经历了巨大发展的主题, 并且具有显著深度和广度的教材, 只有得到该领域的许多人帮助并作过有益交流的作者才能实现. 我要感谢我所有的学生和朋友已经和将要继续对我有限元法的知识和理解所作出的贡献, 与他们的交流给了我很大的快乐和满足.

我也要感谢我的秘书 Kristan Raymond, 她特别努力地完成本手稿的录入工作.

最后, 我感谢我的妻子 Zorka、孩子 Ingrid 和 Mark, 他们对我的爱和对我努力工作的理解支持我写做这本书.

Klaus-Jürgen Bathe

目录

·上　　卷·

*One-Dimensional Integration. —— 译者注

第 7 章

传热、场和不可压缩流体流动问题的有限元分析 · · · · · · · · · · 157

第 8 章

静态分析中平衡方程组的求解 · · · · · · · · · · · · · · · · · · 209

第 10 章

第 11 章

第 1 章 有限元法应用导论

[1]

1.1 引言

有限元法目前已广泛应用于工程分析中, 可以展望其作用在未来将更加重要. 有限元法广泛用于固体与结构分析、传热和流体分析中, 事实上, 有限元法几乎在工程分析的每个领域都得到应用.

解决实际工程问题的有限元法的发展始于数字计算机的出现. 也就是说, 解决工程问题的有限元法的本质就是建立和求解代数控制方程组, 只有通过数字计算机的使用, 有限元法才是有效的和具有普遍适用性. 工程分析中的两个特性 —— 有效性和普遍适用性是所用理论固有的特性, 其实际计算已经发展到了一个很高的程度. 因此, 有限元法在工程应用中具有广泛的吸引力.

正如新事物创始发展常发生的情况, 很难给有限元法定出一个准确的 "诞生日", 但是有限元法的根源可以追溯到三个独立的研究群体: 应用数学家 (参见 R. Courant [A])、物理学家 (参见 J. L. Synge [A]) 和工程师 (参见 J. H. Argyris and S. Kelsey [A]). 虽然有限元法的原理已经发表, 但是有限元法是在工程师们的推动下才获得了真正的动力. 关于有限元成果的介绍, 最初出现在 J. H. Argyris 和 S. Kelsey [A], M. J. Turner、R. W. Clough、H. C. Martin 和 L. J. Topp [A], 以及 R. W. Clough [A] 的文章中. "有限元" 这一名词最早出现在 R. W. Clough [A] 的文章中. J. H. Argyris [A], O. C. Zienkiewicz 和 Y. K. Cheung [A] 在早期都曾做出了许多重要贡献. 从 20 世纪 60 年代早期开始, 人们对有限元法进行了大量的研究工作, 出现了一大批关于有限元法的出版物 (例如: A. K. Noor [A] 的参考文献汇编, H. Kardestuncer 和 D. H. Norrie [A] 主编的《有限元手册》).

[2]

工程中的有限元法最初是在分析结构力学问题的物理基础上发展起来的. 然而, 人们很快认识到有限元法同样可以用来很好地解决其他领域的问题. 本书的目的就是要全面地介绍在固体与结构、场问题 (特别是传热) 和流体流动等领域中的有限元法.

为了引入本书的主题, 在本章下面几节中我们要考虑三个重要方面. 首先讨论的一个重要问题, 就是在任何分析中总是选择一个实际问题的数学模型, 然后求解这个模型. 有限元法可用于求解十分复杂的数学模型, 但重要的是, 必须认识到有限元法并不能比数学模型提供更多的内容.

其次讨论有限元分析在计算机辅助设计 (CAD) 整个过程中的重要性. 这正是有限元分析方法发挥其最大效用、也是工程师最有可能遇到有限元法应用的地方.

在本章的最后一节里, 还将介绍本书自 1996 年第 1 次出版后取得的进展. 这些成果发表于无数的论文中, 我们只能介绍部分成果. 应当指出, 这些研究成果在一定程度上都建立在本书所介绍的有限元法基础之上.

1.2 物理问题、数学模型和有限元解

有限元法可用于解决工程分析和设计中的实际问题. 图 1.1 总结了有限元分析的过程. 典型的物理问题涉及承受一定载荷的实际结构或结构部件. 从物理问题到数学模型的理想化要求一定的假设, 这些假设共同导出数学模型控制的微分方程 (参见第 3 章). 有限元分析就是求解该数学模型. 由于有限元求解方法是一种数值计算方法, 因此有必要评估这种解法的精度. 如果不满足精度标准, 这个数值 (即有限元) 解法应采用细化的参数重复求解 (如更细小的网格), 直至达到足够的精度.

显然, 有限元法只能求解已选择的数学模型, 这个模型里的所有假设将在预测的响应中反映出来. 我们不能指望在对物理现象的预测中比数学模型中包含更多的内容. 因此, 选择一个适当的数学模型是至关重要的, 它完全取决于对实际问题的理解, 该数学模型可以通过分析得到.

必须强调的是, 我们通过分析, 当然只能够获得对所考虑的物理问题的理解, 而不能精确预测物理问题的响应, 因为即使最精确的数学模型也不可能重现所有信息, 而这些信息是实际存在的, 因而包含于物理问题中.

一旦准确求解了一个数学模型, 解释了相关结果, 我们就可以决定考虑下一个精细化的数学模型, 用来增进对物理问题响应的理解. 而且, 物理问题中的一个改变或许是需要的, 这反过来会引出其他的数学模型和有限元解, 如图 1.1 所示.

[3] 因此, 工程分析中的关键步骤是选择合适的数学模型. 这些模型的选择显然要依据预测的现象, 最重要的是, 在预测所求物理量方面要选择可靠和有效的数学模型.

为了定义所选模型的可靠性和有效性, 我们要考虑对物理问题相当综合的数学模型, 并且拿这个综合模型的响应与我们所选模型的响应作比较.

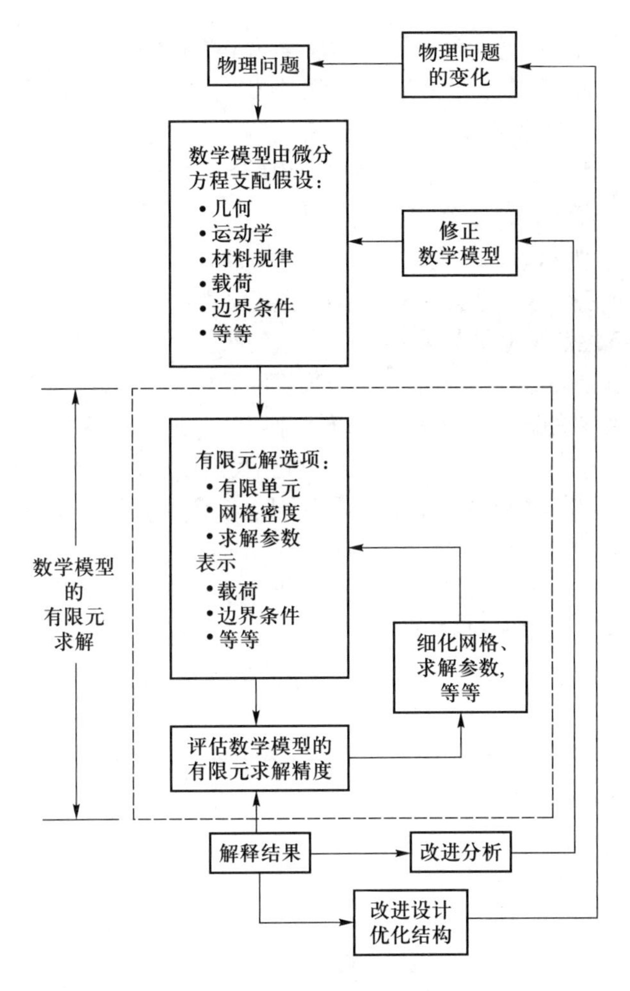

图 1.1　有限元分析的过程

通常, 这个相当综合的数学模型是一个完全的三维描述, 还可能计入非线性影响. [4]

数学模型的有效性

对于分析来说, 最有效的数学模型是以最小的代价得出足够精度的所求响应.

数学模型的可靠性

以一个相当综合的数学模型的响应进行衡量, 如果被选数学模型的所求响应预测达到指定的精度水平, 那么所选数学模型是可靠的.

因此, 要评估由所选数学模型的求解结果, 可能还有必要计算高阶数学模型, 我们可以考虑 (当然不一定求解) 一系列的数学模型, 不断地计入更复杂的影响. 例如, 一个梁结构 (使用工程术语) 可以首先使用伯努利 (Bernoulli) 梁理论分析, 其次用铁木辛柯 (Timoshenko) 梁理论, 然后再用二维平面应力理论, 最后用一个完全的三维连续介质模型, 在上述情况下还可能计入非线性影响. 这一系列的模型被称为层级模型 (参见 K. J. Bathe、N. S. Lee 和 M. L. Bucalem [A]). 显然, 有了这些层级模型, 分析将计入更为复杂的响应影响, 解的导出也将付出越来越多的代价. 众所周知, 一个完全的三维分析比一个二维求解的花费大约要多一个数量级 (在使用计算机资源和工程时间上).

考虑一个简单的例子来说明这些概念.

图 1.2(a) 所示为一个支架用于支撑垂直载荷. 为进行分析, 我们需要选择一个数学模型. 这个选择显然应取决于需预测发生的现象以及支架的几何形状、材料特性、载荷和支撑条件.

图 1.2(a) 所示支架是固定在一个很粗的钢柱上. 当然, 这个 "很粗" 的描述是相对于支架的厚度 t 和高度 h 的. 换言之, 这种情况是一个假设, 即支架是固定在一个 (实际上) 刚性柱上. 因此, 我们可以把注意力集中在支架上, 对其施加刚性柱体边界条件.(当然, 稍后可能会需要分析柱体, 接着分析由两个螺栓承载的载荷, 作为载荷 W 的结果要施加在这个柱体上.)

我们还要假设这个载荷 W 是十分缓慢作用的."十分缓慢" 的时间状态是相对于支架的最大固有周期, 即载荷 W 从零增加到其最大值的时间跨度要比支架的固有周期长很多. 换言之, 这种情况要求静态分析 (而非动态分析).

有了这些初步的考虑, 我们现在可以根据要预测的现象来建立适当的支架分析数学模型. 在第一个实例中, 假设只求支架截面 AA 上总弯矩和在载荷作用处的挠度. 为了预测这些物理量, 考虑计入剪切变形的梁数学模型, 如图 1.2(b) 所示并得到

[5]

$$M = WL = 275\ \mathrm{N \cdot m} \tag{1.1}$$

$$\delta|_{\text{在载荷 } W} = \frac{1}{3}\frac{W(L+r_N)^3}{EI} + \frac{W(L+r_N)}{\frac{5}{6}AG} = 0.053\ \mathrm{cm} \tag{1.2}$$

其中, L 和 r_N 是图 1.2(a) 中已给出的, E 是所用钢的杨氏模量, G 是剪切模量, I 是支架臂的惯性矩 ($I = h^3t/12$), A 是横截面面积 ($A = ht$), 系数 5/6 是剪切修正因子 (参见第 5.4.1 节).

当然, 式 (1.1) 和式 (1.2) 假设线弹性无穷小的位移条件, 因此载荷不能太大以免引起材料屈服和/或大的位移.

现在考虑图 1.2(b) 中所用的数学模型是否是可靠的和有效的. 为了回答这个问题, 严格来说, 我们需要考虑相当综合的数学模型. 在此情况下, 这个数学模型将是整个支架的一个完全三维的模型. 该模型应该包括两个螺栓将支架固定到 (假定刚性的) 柱体上, 载荷 W 通过销来传承. 采用适当的几何和材料数据的三维模型可给出数值解, 可以拿这个数值与式 (1.1) 和式 (1.2) 中的结果进行比较. 请注意, 这个三维数学模型计入了接触条件 (接触是指螺

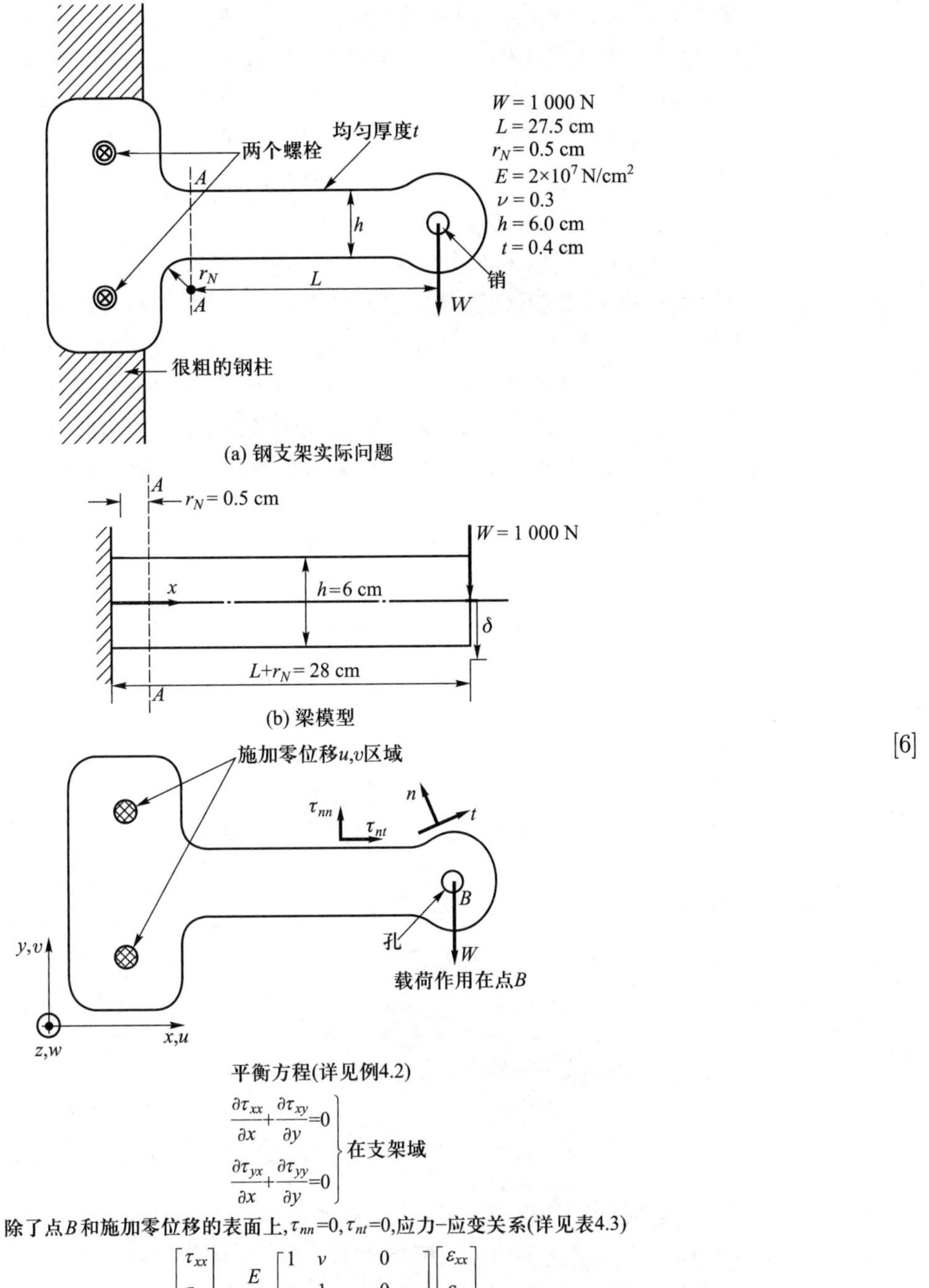

平衡方程(详见例4.2)

$$\left.\begin{aligned}\frac{\partial\tau_{xx}}{\partial x}+\frac{\partial\tau_{xy}}{\partial y}=0\\ \frac{\partial\tau_{yx}}{\partial x}+\frac{\partial\tau_{yy}}{\partial y}=0\end{aligned}\right\}\text{在支架域}$$

除了点B和施加零位移的表面上,$\tau_{nn}=0$,$\tau_{nt}=0$,应力-应变关系(详见表4.3)

$$\begin{bmatrix}\tau_{xx}\\ \tau_{yy}\\ \tau_{xy}\end{bmatrix}=\frac{E}{1-\nu^2}\begin{bmatrix}1 & \nu & 0\\ \nu & 1 & 0\\ 0 & 0 & (1-\nu)/2\end{bmatrix}\begin{bmatrix}\varepsilon_{xx}\\ \varepsilon_{yy}\\ \gamma_{xy}\end{bmatrix}$$

E=杨氏模量, ν=泊松比

应变-位移关系(见第4.2节)

$$\varepsilon_{xx}=\frac{\partial u}{\partial x};\quad \varepsilon_{yy}=\frac{\partial v}{\partial y};\quad \gamma_{xy}=\frac{\partial u}{\partial y}+\frac{\partial v}{\partial x}$$

(c) 平面应力模型

图 1.2　待分析的支架和两种数学模型

[6]

[7] 栓、支架和柱体之间的, 以及承受载荷的销和支架之间的) 以及圆角处和孔的应力集中. 此外, 如果应力大, 在模型中应计入非线性材料特性. 当然, 我们无法得到这个数学模型的解析解, 只能得到一个数值解. 在这本书中将描述如何运用有限元法计算这些解, 但是在这里要注意, 在计算机资源和工程所用的时间方面, 求出这个解会花费相对大的代价.

由于三维综合性数学模型很可能是一个过于全面的模型, 对我们提出的分析问题来说, 可以考虑线弹性二维平面应力模型, 如图 1.2(c) 所示. 该数学模型表示的支架的几何形状比梁模型更准确, 并且假设在支架上存在二维应力状态 (详见第 4.2 节). 可以认为, 用这种模型计算出的截面 AA 处的弯矩和在载荷作用处的挠度与用相当综合的三维模型所计算出来的结果是非常接近的, 当然该二维模型表示了一个更高阶的模型, 通过与其对比可以估计式 (1.1) 和式 (1.2) 的结果是否足够精确. 当然, 这个模型的解析解是得不到的, 必须求数值解.

图 1.3 表示了用于平面应力数学模型求解的几何形状和有限元离散化, 以及该离散化得到的应力和位移结果. 当与先前讨论的更综合的三维模型作比较时, 要注意这个数学模型的各种假设. 由于假设是在平面应力状态, 非零的应力只有 τ_{xx}、τ_{yy} 和 τ_{xy}. 因此假设应力 τ_{zz}、τ_{yz} 和 τ_{zx} 为零. 此外, 实际的螺栓紧固和钢柱与支架间的接触条件是不包含在模型中的, 支架上承受载荷的销不需要建模. 然而, 我们的目的只是预测在截面 AA 处的弯矩以及点 B 的挠度, 这些假设被认为是合理的, 对结果几乎没有影响.

[9] 假设数学模型的有限元解得到的结果足够精确, 我们可以把图 1.3 中得到的解当做平面应力数学模型的解.

图 1.3(c) 所示为算出的变形位形. 作为平面应力解的预测, 载荷作用点 B 的挠度是

$$\delta|_{\text{在载荷 } W} = 0.064 \text{ cm} \tag{1.3}$$

同样, 预测截面 AA 的总弯矩是

$$M|_{x=0} = 275 \text{ N} \cdot \text{m} \tag{1.4}$$

由梁模型和平面应力模型[①]预测的截面 AA 弯矩的大小是相同的, 而梁模型预测的挠度比平面应力模型要小得多. 这是由于假设图 1.2(b) 中的梁在其左端是刚性支撑的, 忽略了梁端和螺栓之间的变形.

考虑到这些结果, 我们可以说, 如果所求弯矩预测精度在 1% 以内, 并且挠度预测精度在 20% 以内, 那么图 1.2(b) 中梁数学模型是可靠的. 梁模型也是有效的, 因为该计算代价很小.

---

① 平面应力模型中的截面 AA 处的弯矩这里是从有限单元节点力计算的, 对该静态分析问题, 内部阻力矩应与外部作用力矩相等 (详见例 4.9).

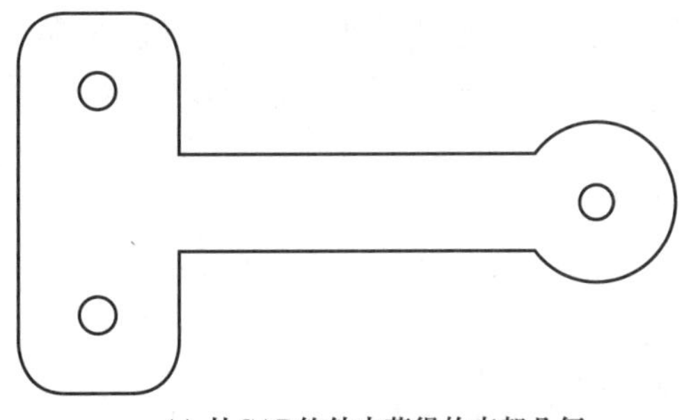

(a) 从CAD软件中获得的支架几何

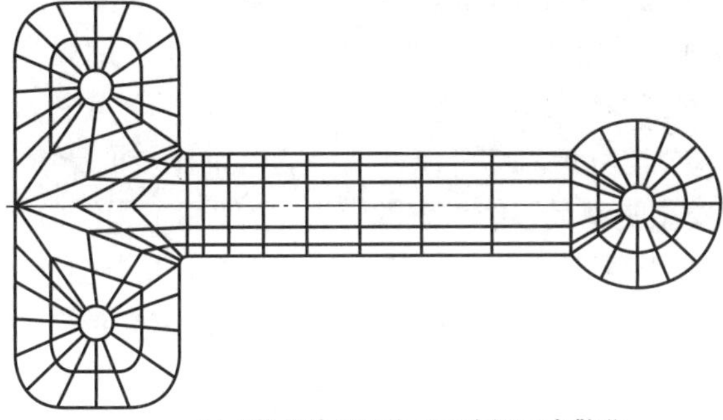

(b) 9节点单元网格用于有限元离散化

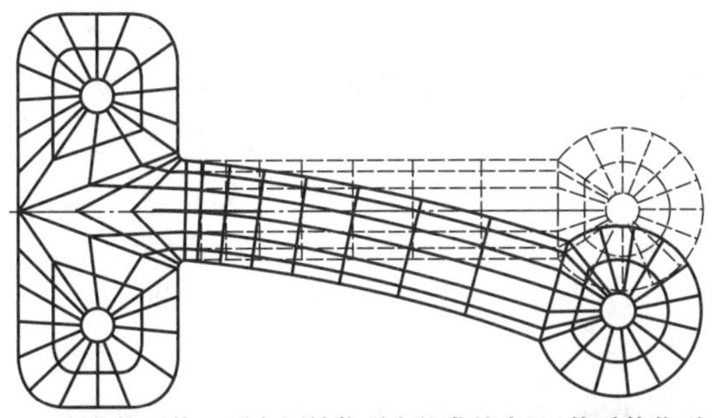

(c) 挠曲的形状，画有原始位形和挠曲放大100倍后的位形

[8]

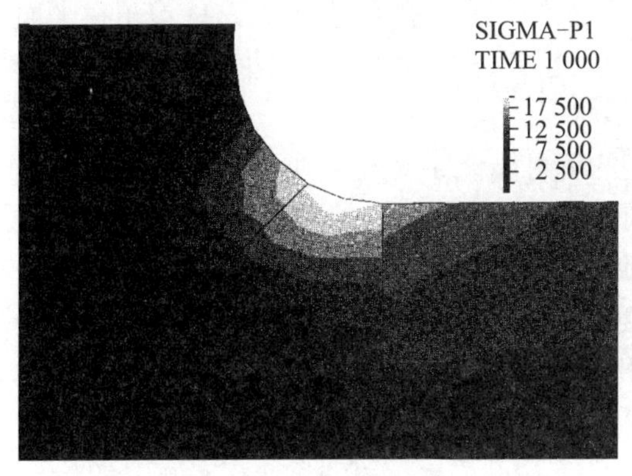

(d) 靠近凹口的最大主应力.显示了非平滑的应力.等值带中的小间断表明获得了数学模型的合理精度的数值解(见第4.3.6节)

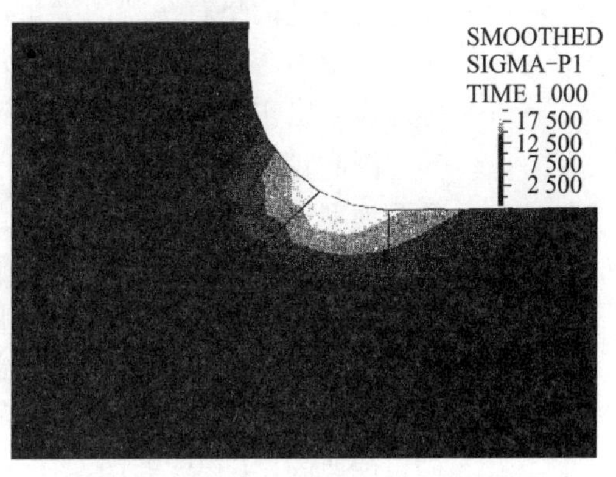

(e) 靠近凹口的最大主应力.平滑应力结果(对节点应力进行了平均并在单元上插值)

图 1.3　图 1.2 中支架的平面应力分析, AutoCAD 用于产生几何形状, ADINA 用于有限元分析

另一方面, 如果进一步求支架中的最大应力, 那么, 图 1.2(b) 中的简单的梁数学模型就无法得出一个足够精确的结果. 具体来说, 梁模型完全忽略了由于肩角①产生的应力增加. 因此, 计入肩角的平面应力解是十分必要的.

这里重点要注意的是以下几点:

1. 数学模型的选择应取决于预测的响应 (即关于问题的性质).

2. 最有效的数学模型是以可靠的方式 (即在可接受的误差内) 和最少的代价得到问题的解.

3. 有限元法只能准确求解所选数学模型 (如图 1.2 所示的梁模型或者平面应力模型), 不能预测任何比该数学模型所包含的更多的现象.

4. 数学模型可靠性的概念取决于由所选的数学模型获得的结果 (对所求问题的响应) 与由相当综合模型获得的结果比较的精确估计. 实际上, 相当综合的数学模型常常是不能求解的, 代之以使用工程经验, 或者求解一个更精细的数学模型, 用来判断所用的数学模型是否满足预测响应的要求 (即可靠的).

[10]

最后, 还有一个更重要的一般性结论. 因为尖角、集中载荷或其他因素的影响, 所选数学模型可能含有非常大的应力. 当与相当综合的数学模型 (或者与实际状态) 比较时, 这些大应力可能只是由于使用模型中的简化而产生的. 例如, 图 1.2(c) 中平面应力模型中的应力集中是压力作用在很小的区域上的一个模拟 (该压力在实际上会由销承受载荷并传递到支架上). 图 1.2(c) 中数学模型的精确解给出了在载荷作用点上的无限大应力, 因此, 随着有限元网格不断精细, 我们应在 B 点预测到一个非常大的应力. 当然, 这个非常大的应力是已选模型的一个假象, 当使用非常精细的离散化时, 应力集中应被一个作用在很小的区域内的压力载荷所替代 (后文将进一步讨论). 此外, 如果模型仍然预测了一个非常大的应力, 则非线性的数学模型可能更适合.

要注意图 1.2(b) 中梁模型的集中载荷并没有产生任何求解困难. 同样, 梁模型支撑处的呈直角状的尖角也不会产生任何求解困难, 而这些边角在平面应力模型中会导致无限大的应力. 因此, 对平面应力模型, 边角应倒圆以更精确地表示出实际物理支架的几何形状.

因此我们要认识到, 数学模型的解可能会导致人为的困难, 通过适当改进数学模型, 可更加接近地模拟实际物理情况, 从而轻易地排除这些困难. 而且在这种情况下, 选择一个更接近的数学模型可以减少求解所需的工作量.

尽管这些结论是一般性的, 我们还是再次具体地考虑集中载荷的使用. 在工程实践中广泛使用理想化的作用载荷. 现在我们认识到, 在许多数学模型中(同样也在这些模型的有限元解中), 这些载荷会产生无限大的应力值. 因此我们可能要问, 工程实践中在什么条件下会产生求解困难? 而在实际中会发现, 只有当有限元离散化很精细的时候, 往往出现求解困难, 正因为如此, 常常忽视了集中载荷下的无限应力的影响. 例如, 图 1.4 给出了建模为平面应力问题

① 当然, 从平面应力解中建立应力集中因子, 利用该因子, 估计肩角的影响.

的悬臂梁分析所得到的有限元解. 悬臂梁端部受到集中载荷. 实际中, 通常认为 6×1 的网格就足够精细了, 显然, 应用一个更精细的离散化去精确地表示在载荷作用点和支撑点处的应力奇异性的影响. 正如已经指出的, 如果求解该问题, 需要改变数学模型, 以更精确地模拟结构的实际物理状况. 数学模型中的这个变化在自适应有限元分析中可能是很重要的, 因为在这种分析中, 将自动生成新的网格, 人为的应力奇异性会人为地引起极端精细的离散化. [11]

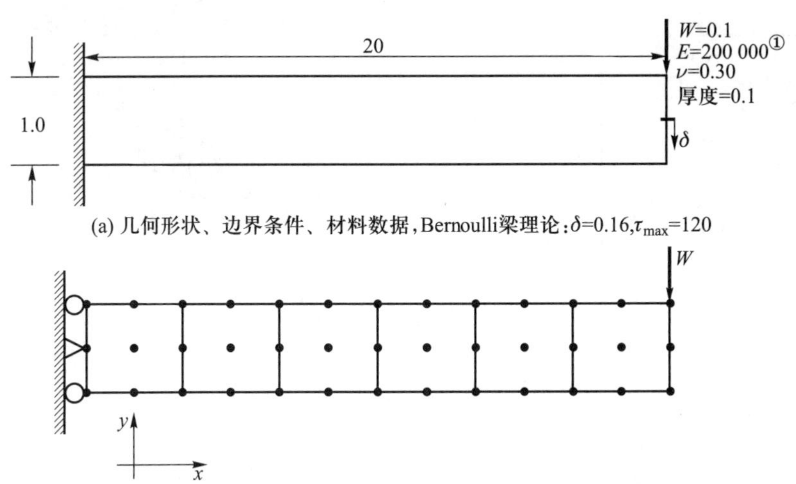

(a) 几何形状、边界条件、材料数据, Bernoulli梁理论: $\delta=0.16, \tau_{max}=120$

(b) 典型的有限元离散化, 9节点单元的6×1网格; 结果是: $\delta=0.16, \tau_{max}=116$

图 1.4　平面应力问题的悬臂梁分析

当我们介绍有限元解所考虑的一般弹性问题时, 我们将在第 4.3.4 节中涉及这方面的一些考虑.

总而言之, 我们应该牢记, 任何有限元分析中的关键步骤总是选择一个合适的数学模型, 有限元只求解这个模型. 此外, 数学模型应取决于对所求问题的分析上, 还应是可靠的和有效的 (如先前定义的). 在分析过程中, 工程师应判断选择的数学模型的解是否能达到足够的精度, 选择的数学模型对于所求的问题来说是否合适 (即可靠). 选择数学模型、用适当的有限元法解出这个模型以及判断其结果是应用有限元法进行工程分析的基本要素.

1.3　有限元分析是计算机辅助设计的重要组成部分

尽管工程分析是最活跃的领域之一, 但显然它只是工程设计这一更大的领域中的一个基础. 分析过程有助于确定好的创新设计, 可以在性能和成本方面改进设计.

① 原书未给出单位, 应为各自对应的国际单位制单位. 下同. —— 译者注

在早期的有限元法使用中, 只对特定的结构进行分析, 主要应用在航天工业与土木工程中. 然而, 一旦充分认识到有限元法的潜力, 加之工程设计环境中计算机应用的增加, 我们可把研究和开发的重点放在让应用有限元法成为机械工程、土木工程和航空工程的设计过程中整体的一个组成部分.

图 1.5 给出了在典型计算机辅助设计过程中的总体步骤, 见 K. J. Bathe [C,D,H]. 有限元分析在整个过程中只是一个很小的部分, 但却是重要的部分.

[12]

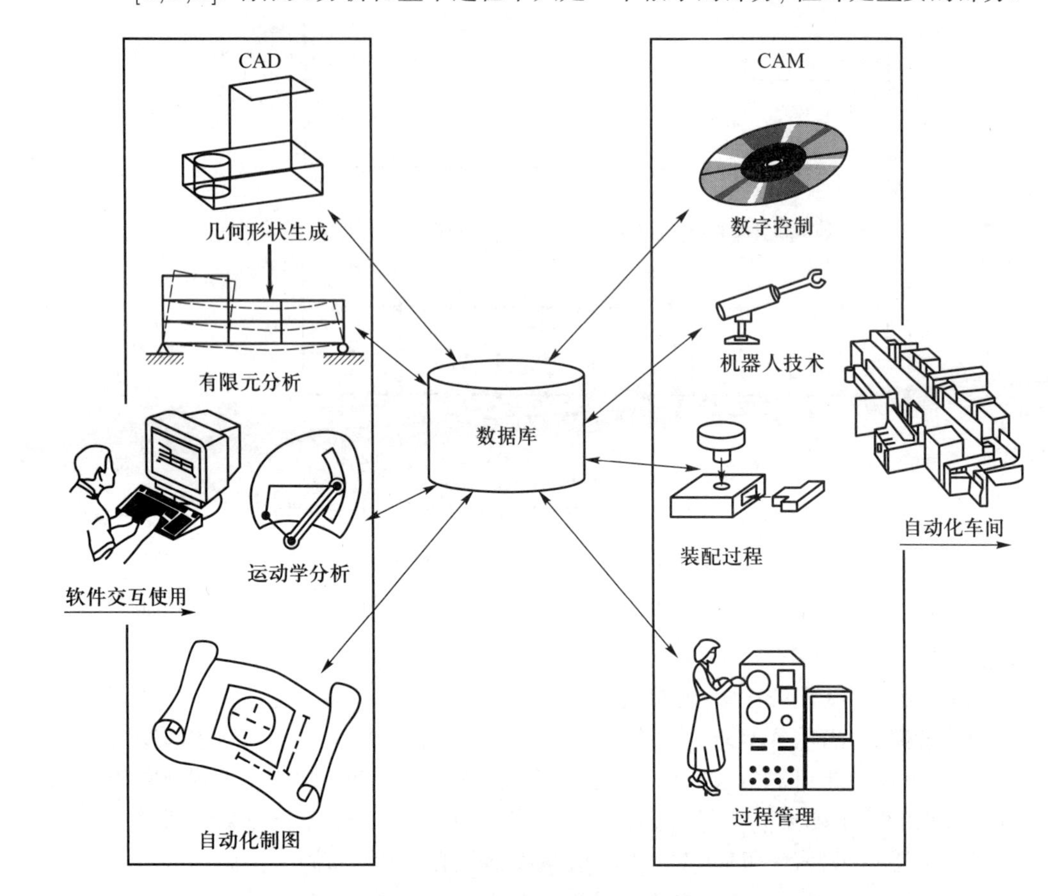

图 1.5　CAD/CAM 示意图

我们注意到, 图 1.5 中的第一个步骤是创建设计部件的几何形状, 这个工作可以使用很多风格各异的计算机软件 (如 AutoCAD 就是一个典型的流行程序). 在这一步骤中, 需要定义材料特性、作用载荷和几何形状的边界条件. 有了这些数据, 有限元分析得以进行. 由于实际物理系统的几何形状和其他参数可能是相当复杂的, 通常有必要将几何形状和载荷进行简化, 以得到一个容易处理的数学模型. 当然, 数学模型对于所提出问题的分析应该是可靠的和有效的, 如第 1.2 节所讨论过的. 有限元分析求解需要选择数学模型, 这个数学模型根据分析的目的可能会变化和修改, 如图 1.1 所示.

考虑这个过程 (通常并且应该是由工程设计者而不只是分析专家进行的),

我们认识到有限元法应是非常可靠的和稳定的. 所谓有限元法的可靠性, 这里[①]指的是在一个适定的数学模型的解中, 对于合理的有限元网格, 有限元法应该总能给出合理的解, 如果网格是合理细分的, 就总能得到一个精确解. 所谓有限元法的稳定性, 指的是有限元法的性能不应该对材料参数、边界条件和载荷条件过于敏感. 因此, 不稳定的有限元法也将是不可靠的.

例如, 假设在图 1.2(c) 中的数学模型的平面应力解中, 使用某些单元类型进行合理地有限元离散化, 则从这种分析中获得的解应该不会有很大误差, 即比精确解大 (或者小) 一个数量级. 使用一种不可靠的有限元进行离散化, 会对某些网格布局产生好的解, 而对其他网格布局会导致病态解. 基于降阶积分具有虚假零能模式的单元可能会出现这种不可靠的性质 (详见第 5.5.6 节). [13]

类似地, 假设一个数学模型的某种有限元离散化给出一组材料参数的精确结果, 并且参数中一个小变化与数学模型的精确解中的一个小变化相对应. 则相同的有限元离散化也应该给出在材料参数中有小变化时的数学模型的精确结果, 并且不会得到有很大误差的结果.

这些关于有限元离散化有效性的考虑是非常重要的, 这会在有限元离散化和它们的稳定性和收敛性的介绍中加以讨论 (参见第 4 章到第 7 章). 对于工程设计中的使用, 有限元法的可靠、稳定和有效是至关重要的. 可靠性和稳定性之所以重要, 是因为设计师用于分析过程的时间相对较少, 必须能够更快地和不用 "反复试验地" 得出所选数学模型的精确解. 使用不可靠的有限元法在工程实践中是完全不可接受的.

有限元分析的一个重要组成部分是误差估计的计算, 即估计有限元解与数学模型的精确解的接近程度 (见第 4.3.6 节). 这些估计表明, 一个具体的有限元离散化是否产生了精确的响应预测, 从而设计人员可以合理地决定是否应使用给定的结果. 在使用不可靠的有限元法已经得到不可接受的结果的情况下, 困难当然是如何获得精确的结果.

最后, 我们大胆地给出有限元法在计算机辅助设计中的未来发展的评述. 当然, 许多工程设计师没有时间去深入或广泛地学习有限元法. 他们唯一的目的是用这些方法提升产品设计. 因此, 未来 CAD 中有限元法的综合运用很可能会越来越少地涉及细致研究分析过程中的有限元网格. 可以引导工程师将更多的关注放在设计方面的实际问题. 今天, 这在一定程度已得到实现, 但是涉及分析的所有步骤的充分自动求解迄今只对一些简单的设计问题是可行的. 人的参与和求解代价在涉及动力学和非线性响应求解的复杂分析中是重要的, 包括数学模型的适当选择, 见 M. L. Bucalem 和 K. J. Bathe [B], 这可能需要相当专业的知识. 另外, 所求仿真变得越来越复杂, 不仅涉及固体与结构, 而且涉及固体、流体、压电、电磁及其作用的多物理现象, K. J. Bathe [I,K,L],

① 注意 "有限元法的可靠性" 不同于第 1.2 节定义的 "数学模型的可靠性".

P. Gaudenzi 和 K. J. Bathe [A],K. J. Bathe、H. Zhang 和 Y. Yan [A], 以及 C. Deilmann 和 K. J. Bathe [A].

有限元法在工程学科方面已有大量应用, 但对研究和应用来说有更大的潜力. 在工程和科学中, 所有分析的目的本质上是预测, 即预测所选设计或一个结构如何运作, 预测一个现象为什么又是怎样出现. 显然, 人类对预测极其感兴趣, 而使用有限元法可在该方面做得更多.

[14] 我们不希望这些评述引起过分自信, 而是希望对有限元法有价值的应用及其激动人心的未来表达一个客观的看法. 对有限元法过分自信的评述, 请参阅《计算力学评论》, 见 J. T. Oden 和 K. J. Bathe [A].

1.4 一些最新研究成果

自从本书 1996 年版出版以来, 重要的研究集中于新单元的开发, 主要解决以前不能求解的实际问题, 降低进行有限元分析中人的参与程度, 以及提高计算速度的方法. 让仿真实现更通用、更有效, 自然对研发中要解决的问题是十分重要的.

关于这些主题有大量论文发表, 我们几乎不可能在一本书中参考所有这些文献, 介绍所有最新发展, 但会详细阐述一些重要的格式和有限元法, 这也是本书的重点. 根据这些重点内容, 在这里适当简要引述已发表于许多论文中的最新进展. 大多数学术水平极高的研究成果, 从论文的发表到广泛应用的距离还是很大的, 而且所提出的方法在多大程度上可实际促进仿真技术的发展仍是不清楚的.

有限元法一个十分自然的进展是基于 “扩充插值函数”. 通常使用简单的多项式函数, 而对一些具体问题, 使用其他的插值函数求解可能更有效. 事实上, 最佳的插值函数显然是包含所求解的函数 (详见第 4.3 节). 这方面, 首批进展是那些特殊的裂尖单元, 见 S. E. Benzley [A]; 引入椭圆模式的特殊的管道单元, 见 K. J. Bathe 和 C. A. Almeida [A]; 以及具有间断性的特殊单元, 见 E. N. Dvorkin、A.M. Cuitiño 和 G. Gioia [A]. 扩充有限元插值函数的方法是有价值的, 特别是对具有裂纹和裂纹扩展的结构进行分析, 见 N. Moës、J. Dolbow 和 T. Belytschko [A], 以及波传播求解, 见 S. Ham 和 K. J. Bathe [A]. 最近, 该方法被称为 “扩展有限元法” 或缩写为 XFEM, 见 N. Sukumar、N. Moës、B. Moran 和 T. Belytschko [A]. “广义有限元法” 见 T. Strouboulis、K. Copps 和 I. Babuška [A], “单位分解有限元法” 见 J. M. Melenk 和 I. Babuška [A]. 实际上, 通常广泛使用的有限元离散化和插值函数是那些用特殊函数进行扩充的方法, 对一些特定问题的求解是很有效的. 保持多项式精度和一致性要求的通用多边形单元的有价值进展是由 L. Beiră da Veiga、F. Brezzi、A.

Cangiani、G. Manzini、L. D. Marini 和 A. Russo [A] 提出的. 所有进展中一个重点考虑的问题必然是确保全局解计算上总是有效的, 特别是考虑三维复杂域的求解, 见 R. Tian、G. Yagawa 和 H. Terasaka [A], 以及 S. Ham 和 K. J. Bathe [A].

当刚度矩阵满足非奇异适定条件时, 不在有限元插值函数中引入特殊函数, 而采用 "插值覆盖" 增进求解精度, 见 C. A. Duarte、I. Babuška 和 T. J. Oden [A], J. H. Kim 和 K. J. Bathe [A,B], H. M. Jeon、P. S. Lee 和 K. J. Bathe [A]. 该方法是有吸引力的, 因为使用常规有限元法无需重分网格, 只在有限元网格的特定区域应用 "覆盖". 该基本思想源自 "数值流形法", 见 G. H. Shi [A], G. W. Ma、X. M. An、H. H. Zhang 和 L. X. Li [A].

[15]

为了增进求解精度, 大多数方法只是增加求解误差大的区域的网格密度. 传统有限元插值函数在单元边界是连续的, 使用这类插值函数的重分网格计算量大. 因此, 提出了间断 Galerkin 有限元法, 见 F. Bassi 和 S. Rebay [A], D. N. Arnold、F. Brezzi、B. Cockburn 和 L. D. Marini [A], 以及 L. Noels 和 R. Radovitzky [A]. 这些单元使用间断插值函数, 理论上可容易地增加网格密度. 现已经有了几种有趣形式的间断有限元格式.

实际中, 有限元分析的主要工作量通常是良好有限元网格的生成. 在有限元预处理器中构造几何, 或从 CAD 软件包如 NX 或 SolidWorks 输入到预处理器. 首先采用 CAD 几何简化结构, 或者把壳结构的三维薄几何转变成二维面形. 结果得到分析易处理的几何, 即按与线的控制点有联系的线 (定义面和体) 所给出的几何. 接着, 由几何上或其内的节点和自由度定义的有限单元细分几何. 不按这种方式定义单元, 最近一些研究直接由定义 CAD 几何的插值函数定义解变量的有限元和插值函数, 其自由度位于 CAD 插值函数的控制点上. 这些控制点大多数并不位于 CAD 线上, 而位于分析中所考虑的实际区域之外, 见 P. Kagan、A. Fischer 和 P. Z. Bar-Yoseph [A], T. J. R. Hughes、J. A. Cottrell 和 Y. Bazilevs [A].

对有限单元网格生成, 现在已有功能强大的软件在使用, 但对生成 "优良单元" 仍存在一些特殊的挑战, 这些 "优良单元" 意味着接近各自的自然几何, 例如在三维分析中, 等边四面体单元和不薄不长的单元. 在流体力学求解中, 连接单元中心的线垂直于单元表面是特别重要的 (详见第 7.4.3 节的迎风方法). 得到单元的良好网格的困难在于整个几何需要有限单元覆盖而不重叠. 在二维分析中很容易生成单元的良好网格, 而在复杂三维求解中却很困难.

为了不使用网格, 提出了所谓的 "无网格法" (或 "免网格法"). 与有限元法一样使用节点及其上的未知求解变量, 而这些节点的域是不同的. 一些具体进展有 "无单元的 Galerkin 法", 见 T. Belytschko、Y. L. Lu 和 L. Gu [A]; "再生核粒子法", 见 W. K. Liu、S. Jun 和 Y. F. Zhang [A]; "无网格云法", 见 T. J. Liszka、C. A. Duarte 和 W. W. Tworzydlo [A], J. T. Oden、C. A. Duarte 和 O. C. Zienkiewicz [A]; "有限点法", 见 E. Oñate、S. Idelsohn、O. C.

Zienkiewicz 和 R. L. Taylor [A]; "无网格 Petrov-Galerkin 法", 见 S. N. Atluri 和 T. Zhu [A]; "有限球法", 见 S. De 和 K. J. Bathe [A, B], J. W. Hong 和 K. J. Bathe [A]; "粒子法", 见 T. Rabczuk、T. Belytschko 和 S. P. Xiao [A] 以及 G. R. Liu [A]. "无网格法" 的基本思想的确是非常吸引人的, 但数值积分比较费时, 有时数值因子 (实际中是不希望出现的) 用于确保稳定解. 当然, 原则上, 上述的插值函数扩展也可嵌入到无网格法中, 见 S. Ham、B. Lai 和 K. J. Bathe [A].

关于 "有限球法", 它可被看作有限元法, 只是它的单元 (现在这里是圆盘和球体) 重叠. 通过联合利用 "重叠有限单元" (包括四边形和长方体, 只有靠近 CAD 域的边界才应用) 与传统有限单元, 一种很有前景的方法由 K. J. Bathe [M] 和 K. J. Bathe 和 L. Zhang [A] 提出, 该方法适合于 CAD 驱动的分析.

[16] 一些重要的研究工作进一步致力于壳的更有效的分析. 由于壳结构具有极其丰富的线性和非线性性质, 它们很难进行分析, 见 D. Chapelle 和 K. J. Bathe [B,E]. 在建立更一般格式方面取得了进展, 见 M. Bischoff 和 E. Ramm [A], D. Chapelle、A. Ferent 和 K. J. Bathe [A], T. Sussman 和 K. J. Bathe [D]. 构造了一些新单元, 见 P. S. Lee 和 K. J. Bathe [A]. 提出了各种离散化方法, 见 F. Cirak、M. Ortiz 和 P. Schröder [A]. 利用适当的模, 度量求解精度, 确定了严格检验的问题, 见 K. J. Bathe 和 N. S. Lee [A]. 正如第 5.4.2 节所提出的, 壳的任何离散化方法的严格检验是十分重要的, 见 D. Chapelle 和 K. J. Bathe [E].

工程实践中相当感兴趣的是不断增大的有限元系统的求解. 这可通过共享的和分布存储的计算机, 采用并行处理的组合稀疏和迭代的求解器实现. 现在, 数百万自由度的有限元求解是十分平常的工作, 见 K. J. Bathe [J,K], 大型有限元模型的求解趋势可以想象, 必将持续下去.

今天, 有限元分析更加重视流固耦合问题的求解, 见 S. Rugonyi 和 K. J. Bathe [A], 涉及结构、流体和电磁的一般多物理问题, 见 K. J. Bathe、H. Zhang 和 Y. Yan [A]. 仿真从纳米到千米尺度进行, 如蛋白质与 DNA 结构的建模, 见 M. Bathe [A], 为研究地震而对地壳建模. 在工程和科学的各种领域中的应用是巨大的, 由于软件和硬件能力的增加, 仿真能力不断提升. 的确, 我们可以认为 "我们可能还处于未来将进行的各种仿真计算的起点, 因为求知和预测是人类基本和最有价值的渴望".

在这些进展和应用中, 本书所介绍的有限元法是很成熟的内容. 我们相信, 本书中给出的方法是会长期得到应用的方法, 因为它们是可靠和有效的, 已经在实践中得到了广泛应用, 是进一步发展的基础.

第 2 章 向量、矩阵和张量

[17]

2.1 引言

向量、矩阵和张量的使用在工程分析中有重要意义, 因为只有运用这些量才能使整个求解过程以一种紧凑、美观的方式表示出来. 本章介绍矩阵和张量的基础知识, 重点放在有限元分析中有着重要应用的那些内容.

简单地说, 矩阵可被看做数字的有序排列, 这些数字服从特定的加法和乘法规则, 等等. 当然, 完全熟悉这些规则是重要的, 我们将在本章中对此进行阐述.

我们认为矩阵和矩阵代数最有趣的问题是, 在物理问题的分析中如何推导出矩阵的元素以及何种矩阵代数的规则是实际适用的. 在此背景下, 张量的应用及其矩阵表达是很重要的, 也为我们提供了一个很有意思的研究课题.

当然, 这里只对矩阵和张量进行一定的讨论, 但我们还是希望, 集中在实用化的处理方法可为理解后面给出的有限元构造提供坚实的基础.

2.2 矩阵概述

[18]

考虑求解如下线性联立方程组, 可以很容易地理解实际计算中采用矩阵的效率.

$$\begin{aligned} 5x_1 - 4x_2 + x_3 \qquad &= 0 \\ -4x_1 + 6x_2 - 4x_3 + x_4 &= 1 \\ x_1 - 4x_2 + 6x_3 - 4x_4 &= 0 \\ x_2 - 4x_3 + 5x_4 &= 0 \end{aligned} \tag{2.1}$$

其中, 未知量是 x_1、x_2、x_3 和 x_4. 采用矩阵表示法, 这组方程可以写做

$$\begin{bmatrix} 5 & -4 & 1 & 0 \\ -4 & 6 & -4 & 1 \\ 1 & -4 & 6 & -4 \\ 0 & 1 & -4 & 5 \end{bmatrix} \begin{bmatrix} x_1 \\ x_2 \\ x_3 \\ x_4 \end{bmatrix} = \begin{bmatrix} 0 \\ 1 \\ 0 \\ 0 \end{bmatrix} \tag{2.2}$$

其中, 应指出, 在逻辑上为未知量的系数 $(5, -4, 1$ 等) 被分组为一个排列, 左手端的未知量 (x_1、x_2、x_3 和 x_4) 和右手端已知量分别是另外的排列. 虽然写法不同, 但式 (2.2) 与式 (2.1) 等效. 运用矩阵符号来表示 (2.2) 中的排列, 我们现在可以把联立方程组写为

$$\mathbf{A}\mathbf{x} = \mathbf{b} \tag{2.3}$$

其中, $\mathbf{A}$ 是线性方程组的系数矩阵, $\mathbf{x}$ 是未知数矩阵, $\mathbf{b}$ 是已知量矩阵; 即,

$$\mathbf{A} = \begin{bmatrix} 5 & -4 & 1 & 0 \\ -4 & 6 & -4 & 1 \\ 1 & -4 & 6 & -4 \\ 0 & 1 & -4 & 5 \end{bmatrix}; \quad \mathbf{x} = \begin{bmatrix} x_1 \\ x_2 \\ x_3 \\ x_4 \end{bmatrix}; \quad \mathbf{b} = \begin{bmatrix} 0 \\ 1 \\ 0 \\ 0 \end{bmatrix} \tag{2.4}$$

下面给出矩阵的正式定义.

定义: 一个矩阵是数的有序排列. 一般矩阵由 $m \times n$ 个数组成, 排列成 m 行和 n 列, 给出如下排列:

$$\mathbf{A} = \begin{bmatrix} a_{11} & a_{12} & \cdots & a_{1n} \\ a_{21} & a_{22} & \cdots & a_{2n} \\ \vdots & \vdots & & \vdots \\ a_{m1} & a_{m2} & \cdots & a_{mn} \end{bmatrix} \tag{2.5}$$

我们说这个矩阵是 $m \times n$ 阶 (m 乘 n). 当只有一行 ($m = 1$) 或者只有一列 ($n = 1$) 时, 称 $\mathbf{A}$ 是一个向量. 矩阵在本书中用黑正体字母表示, 当不是向量时通常用大写字母. 另外, 向量用大写或小写黑正体表示.

因此, 我们将看到以下都是矩阵

$$\begin{bmatrix} 1 \\ 2 \end{bmatrix}; \quad \begin{bmatrix} 1 & 4 & -5.3 \\ 3 & 2.1 & 6 \end{bmatrix}; \quad \begin{bmatrix} 6.1 & 2.2 & 3 \end{bmatrix} \tag{2.6}$$

其中, 第一个和最后一个矩阵分别是列向量和行向量.

[19] 矩阵 $\mathbf{A}$ 中第 i 行第 j 列的一个典型元素定义为 a_{ij}, 例如, 在式 (2.4) 的第一个矩阵中, $a_{11} = 5$ 和 $a_{12} = -4$. 考虑式 (2.5) 中的元素 a_{ij} , 我们记下标 i 从 1 到 m, 下标 j 从 1 到 n. 当有可能发生混淆时, 将在下标间使用逗号, 例如, $a_{1+r,j+s}$, 或者定义为微分 (详见第 6 章).

通常, 实际中矩阵的作用源于这样一个事实, 即可以用一个单独符号确定和处理许多数组成的排列. 本书中将以这种方式广泛地运用矩阵.

1. 对称矩阵、对角矩阵和带状矩阵的存储格式

当一个矩阵的元素服从特定规则时, 我们可以把矩阵看做特殊形式的矩阵. 所有元素都是实数的矩阵称为实矩阵. 元素中有复数的矩阵称为复数矩阵. 我们只讨论实数矩阵. 此外, 矩阵也可能是对称的.

定义: $m \times n$ 矩阵 $\mathbf{A}$ 的转置, 写成 $\mathbf{A}^{\mathrm{T}}$, 是通过 $\mathbf{A}$ 中元素的行与列交换得到的. 如果 $\mathbf{A} = \mathbf{A}^{\mathrm{T}}$, 则可得 $\mathbf{A}$ 中对应行和列的数是相等的, 即 $a_{ij} = a_{ji}$. 如果 $m = n$, 称矩阵 $\mathbf{A}$ 是 n 阶方阵, 如果 $a_{ij} = a_{ji}$, 称矩阵 $\mathbf{A}$ 为对称矩阵. 注意到对称矩阵意味着 $\mathbf{A}$ 是一个方阵, 但反之则不然; 即, 一个方阵不一定是对称的.

例如, 式 (2.2) 中的系数矩阵 $\mathbf{A}$ 是一个 4 阶对称矩阵. 我们可以通过简单检验 $a_{ij} = a_{ji}$, 其中 $i, j = 1, \cdots, 4$, 来验证 $\mathbf{A} = \mathbf{A}^{\mathrm{T}}$.

另一个特殊矩阵是单位矩阵 $\mathbf{I}_n$, 它是除了对角元素都是单位 1 外其他元素都是 0 的 n 阶方阵. 例如, 3 阶单位矩阵如下

$$\mathbf{I}_3 = \begin{bmatrix} 1 & 0 & 0 \\ 0 & 1 & 0 \\ 0 & 0 & 1 \end{bmatrix} \tag{2.7}$$

在实际计算中, 单位矩阵的阶数通常是隐含的, 下标也不写出来. 与单位矩阵类似, 我们也使用 n 阶单位向量, 定义为 $\mathbf{e}_i$, 其中下标 i 表示此向量是一个单位矩阵的第 i 列.

我们将处理大量的对称带状矩阵. 带状意味着所有超出矩阵带宽的元素为 0. 由于 $\mathbf{A}$ 是对称的, 我们可以把此条件写做

$$a_{ij} = 0, \text{ 对 } j > i + m_{\mathrm{A}} \tag{2.8}$$

其中, $2m_{\mathrm{A}} + 1$ 是 $\mathbf{A}$ 的带宽. 作为例子, 以下矩阵是一个 5 阶对称带状矩阵. 半带宽 m_{A} 是 2 [20]

$$\mathbf{A} = \begin{bmatrix} 3 & 2 & 1 & 0 & 0 \\ 2 & 3 & 4 & 1 & 0 \\ 1 & 4 & 5 & 6 & 1 \\ 0 & 1 & 6 & 7 & 4 \\ 0 & 0 & 1 & 4 & 3 \end{bmatrix} \tag{2.9}$$

如果一个矩阵的半带宽是 0, 那么非零元素只出现在矩阵的对角线上, 称之为对角矩阵. 例如, 单位矩阵就是一个对角矩阵.

用计算机做矩阵计算时, 需要用到高速存储矩阵元素的格式. 显然, 存储 $m \times n$ 阶矩阵元素的方法就是在 FORTRAN 程序中确定好一个数组 $A(M, N)$ 的维数, 其中 $M = m, N = n$, 并将每个矩阵元素 a_{ij} 存储在位置 $A(I, J)$ 上. 但在很多计算中, 用这种方法不必要地存储了许多 $\mathbf{A}$ 中在计算时从未用到的元素 0. 而且, 如果 $\mathbf{A}$ 是对称的, 我们可以利用这一点来只存储矩阵的上半部分, 包括对角线上的元素. 通常, 可供利用的高速存储空间是有限的, 为了在有限的高速存储空间尽量存储最大的矩阵, 有必要采用有效的存储格式. 如果矩阵太大而不能存储在高速内存中, 则求解过程将涉及辅助存储器的读和写操作, 这将显著地增加求解成本. 幸运的是, 在有限元分析中, 系统矩阵是

对称的和带状的. 因此, 采用有效的存储格式, 很大的矩阵也可保存在高速内存中.

令 $A(I)$ 为一维存储数组 A 中的第 I 个元素. 如图 2.1(a) 所示, n 阶对角矩阵 $\mathbf{A}$ 可以直接存储为

$$A(I) = a_{ii}; \quad I = i = 1, \cdots, n \tag{2.10}$$

考虑如图 2.1(b) 所示的带状矩阵. 我们稍后可以看到在矩阵 "特征顶线" 内的 0 元素在求解过程中可变为非 0 元素, 例如, a_{35} 可能是个 0 元素, 但是在求解过程中变成了非 0 元素 (详见第 8.2.3 节). 因此, 我们将存储位置分配给在 "特征顶线" 内的 0 元素而不需要存储 "特征顶线" 外的 0 元素. 在有限元求解过程中所用的存储格式在图 2.1 中标出, 在第 12 章中将更进一步解释.

[21]

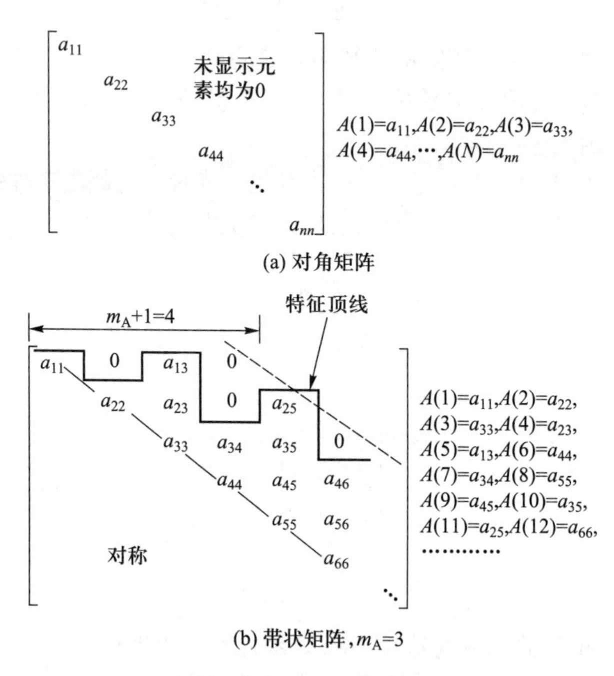

图 2.1 存储在一维数组的矩阵 $\mathbf{A}$

2. 矩阵相等、矩阵加法以及矩阵与标量的乘法

我们已把矩阵定义为数的有序排列, 并用单个符号表示矩阵. 为了能够像处理普通数那样处理矩阵, 有必要定义对应于普通数的相等、加法、减法、乘法和除法的适用规则. 我们将简要说明矩阵运算规则而没有给出详细说明. 这些规则的合理性后面会介绍, 因为这些规则正好是在解决实际问题中使用矩阵时所需要的规则.

对矩阵相等、矩阵加法以及矩阵与标量的乘法, 我们有如下定义.

定义: 矩阵 $\mathbf{A}$ 和 $\mathbf{B}$ 相等当且仅当

1. $\mathbf{A}$ 和 $\mathbf{B}$ 有相同的行数和列数.

2. 所有对应的元素相等; 即 $a_{ij}=b_{ij}$, 对所有的 i 和 j.

定义: 两个矩阵 $\mathbf{A}$ 和 $\mathbf{B}$ 能够相加的条件是当且仅当它们有相同的行数和列数. 矩阵加法通过所有对应元素的相加来实现; 即, 如果 a_{ij} 和 b_{ij} 分别表示 $\mathbf{A}$ 和 $\mathbf{B}$ 的任一元素, 那么, $c_{ij}=a_{ij}+b_{ij}$ 定义 $\mathbf{C}$ 的任一元素, 其中 $\mathbf{C}=\mathbf{A}+\mathbf{B}$. 因此 $\mathbf{C}$ 与 $\mathbf{A}$ 和 $\mathbf{B}$ 有相同的行数和列数.

例 2.1: 计算 $\mathbf{C}=\mathbf{A}+\mathbf{B}$, 其中

$$\mathbf{A}=\begin{bmatrix}2 & 1 & 1\\ 0.5 & 3 & 0\end{bmatrix};\quad \mathbf{B}=\begin{bmatrix}3 & 1 & 2\\ 2 & 4 & 1\end{bmatrix}$$

这里有

$$\mathbf{C}=\mathbf{A}+\mathbf{B}=\begin{bmatrix}5 & 2 & 3\\ 2.5 & 7 & 1\end{bmatrix}$$

应指出, 矩阵中加法的顺序并不重要. 可按类似的方式定义矩阵减法. [22]

例 2.2: 计算 $\mathbf{C}=\mathbf{A}-\mathbf{B}$, 其中 $\mathbf{A}$ 和 $\mathbf{B}$ 如例 (2.1) 中所给定. 其中有

$$\mathbf{C}=\mathbf{A}-\mathbf{B}=\begin{bmatrix}-1 & 0 & -1\\ -1.5 & -1 & -1\end{bmatrix}$$

从矩阵的减法定义可见该矩阵减去该矩阵得到一个只有 0 元素的矩阵. 这样的矩阵被定义为零矩阵 $\mathbf{0}$. 下面介绍矩阵与标量的乘法.

定义: 一个矩阵与一个标量相乘是矩阵的每个元素与该标量相乘; 即, $\mathbf{C}=k\mathbf{A}$, 意味着 $c_{ij}=ka_{ij}$.

例 2.3 说明了该定义.

例 2.3: 计算 $\mathbf{C}=k\mathbf{A}$, 其中

$$\mathbf{A}=\begin{bmatrix}2 & 1 & 1\\ 0.5 & 3 & 0\end{bmatrix};\quad k=2$$

有

$$\mathbf{C}=k\mathbf{A}=\begin{bmatrix}4 & 2 & 2\\ 1 & 6 & 0\end{bmatrix}$$

应指出, 到目前为止, 所有的定义与普通数字的计算所用的定义都是完全类似的. 另外, 两个阶数为 $m\times n$ 的一般矩阵的加 (或减) 需要 $n\times m$ 次的加 (减) 运算, 而 $m\times n$ 阶的一般矩阵与标量的乘法需要 $n\times m$ 次的乘法. 因此, 当矩阵是特殊形式时, 如对称或带状的, 可利用该性质只计算矩阵 $\mathbf{C}$ 的特征顶线下的元素, 因为所有其他元素都是 0.

3. 矩阵乘法

我们考虑两个矩阵 **A** 和 **B**, 要求矩阵的乘积 $\mathbf{C} = \mathbf{AB}$.

定义: 两个矩阵 **A** 和 **B** 可以相乘得到 $\mathbf{C} = \mathbf{AB}$, 当且仅当 **A** 的列数与 **B** 的行数相等. 假设 **A** 是 $p \times m$ 阶的, **B** 是 $m \times q$ 阶的, 那么对于 **C** 中的每个元素, 有

$$c_{ij} = \sum_{r=1}^{m} a_{ir} b_{rj} \tag{2.11}$$

其中, **C** 是 $p \times q$ 阶的; 即式 (2.11) 中的下标 i 和 j 的范围分别是 1 到 p 和 1 到 q.

因此, 为了计算 **C** 中的第 (i, j) 个元素, 将 **A** 第 i 行的元素与 **B** 中的第 j 列元素相乘并将各个乘积相加. 根据 **A** 每行与 **B** 每列的乘积, 因此 **C** 一定是 $p \times q$ 阶的.

[23]

例 2.4: 计算矩阵乘积 $\mathbf{C} = \mathbf{AB}$, 其中

$$\mathbf{A} = \begin{bmatrix} 5 & 3 & 1 \\ 4 & 6 & 2 \\ 10 & 3 & 4 \end{bmatrix}; \quad \mathbf{B} = \begin{bmatrix} 1 & 5 \\ 2 & 4 \\ 3 & 2 \end{bmatrix}$$

有

$$\begin{aligned} c_{11} &= (5)(1) + (3)(2) + (1)(3) = 14 \\ c_{21} &= (4)(1) + (6)(2) + (2)(3) = 22 \\ c_{31} &= (10)(1) + (3)(2) + (4)(3) = 28 \\ &\cdots\cdots\cdots\cdots \end{aligned}$$

于是有

$$\mathbf{C} = \begin{bmatrix} 14 & 39 \\ 22 & 48 \\ 28 & 70 \end{bmatrix}$$

可以很容易验证, 该矩阵乘法所需的乘法次数是 $p \times q \times m$. 当实际处理矩阵时, 常可通过利用矩阵中的 0 元素来减少运算量.

例 2.5: 计算矩阵乘积 $\mathbf{c} = \mathbf{Ab}$, 其中

$$\mathbf{A} = \begin{bmatrix} 2 & -1 & 0 & 0 \\ & 2 & -1 & 0 \\ & & 2 & -1 \\ & \text{对称} & & 1 \end{bmatrix}; \quad \mathbf{b} = \begin{bmatrix} 4 \\ 1 \\ 2 \\ 3 \end{bmatrix}$$

这里可以利用 **A** 的带宽为 3 的事实; 即, $m_{\mathrm{A}} = 1$. 因此, 只考虑在矩阵 **A** 带宽内的元素, 有

$$
\begin{aligned}
c_1 &= (2)(4) + (-1)(1) = 7 \\
c_2 &= (-1)(4) + (2)(1) + (-1)(2) = -4 \\
c_3 &= (-1)(1) + (2)(2) + (-1)(3) = 0 \\
c_4 &= (-1)(2) + (1)(3) = 1
\end{aligned}
$$

故

$$
\mathbf{c} = \begin{bmatrix} 7 \\ -4 \\ 0 \\ 1 \end{bmatrix}
$$

众所周知, 普通数的乘法是可交换的; 即 $ab = ba$. 我们要探讨是否同样的法则适用于矩阵乘法. 如果考虑如下矩阵

$$
\mathbf{A} = \begin{bmatrix} 1 \\ 2 \end{bmatrix}; \quad \mathbf{B} = [3 \quad 4] \tag{2.12}
$$

有

$$
\mathbf{AB} = \begin{bmatrix} 3 & 4 \\ 6 & 8 \end{bmatrix}; \quad \mathbf{BA} = [11] \tag{2.13}
$$

因此, **AB** 和 **BA** 的乘积是不一样的, 这表明矩阵乘法是不能交换的. 实际上, 取决于 **A** 和 **B** 的相乘顺序, 两个乘积矩阵 **AB** 和 **BA** 的相乘顺序可以是不同的, 但乘积 **AB** 可能是有定义的, 而乘积 **BA** 可能无法计算. [24]

为了区别矩阵乘法的顺序, 在乘积 **AB** 中, 称矩阵 **A** 左乘 **B**, 或者矩阵 **B** 右乘 **A**. 虽然一般情况下 $\mathbf{AB} \neq \mathbf{BA}$, 但对于特殊的 **A** 和 **B** 也可能出现 $\mathbf{AB} = \mathbf{BA}$, 这种情况下说 **A** 和 **B** 是可交换的.

虽然乘法交换律在矩阵乘法中不成立, 但分配律和结合律却是成立的. 分配律是

$$
\mathbf{E} = (\mathbf{A} + \mathbf{B})\mathbf{C} = \mathbf{AC} + \mathbf{BC} \tag{2.14}
$$

换句话说, 我们可以先让 **A** 和 **B** 相加然后乘 **C**, 或者可以先让 **A** 和 **B** 分别与 **C** 相乘, 然后将乘积相加. 考虑到运算量, 有时先让 **A** 和 **B** 相加更加经济, 这在分析问题的设计中是很重要的.

分配律可用式 (2.15) 证明; 即, 利用

$$
e_{ij} = \sum_{r=1}^{m} (a_{ir} + b_{ir}) c_{rj} \tag{2.15}
$$

得到

$$
e_{ij} = \sum_{r=1}^{m} a_{ir} c_{rj} + \sum_{r=1}^{m} b_{ir} c_{rj} \tag{2.16}
$$

结合律是

$$\mathbf{G} = (\mathbf{AB})\mathbf{C} = \mathbf{A}(\mathbf{BC}) = \mathbf{ABC} \tag{2.17}$$

换句话说, 相乘的先后顺序并不重要. 可由式 (2.11) 中的矩阵乘法定义进行证明, 可采用任意一种先后顺序计算矩阵 $\mathbf{G}$ 中的元素.

由于结合律成立, 在实际中, 一连串的矩阵乘法可按任意的先后顺序进行, 而且选择合理的先后顺序常可简化很多运算. 在对矩阵计算时唯一要记住的是括号可移去或插入, 指数可合并, 但必须保持乘法的顺序.

考虑以下一个例子, 说明了如何使用结合律和分配律来化简矩阵连乘.

例 2.6: 计算 $\mathbf{A}^4$, 其中

$$\mathbf{A} = \begin{bmatrix} 2 & 1 \\ 1 & 3 \end{bmatrix}$$

一种计算 $\mathbf{A}^4$ 值的方法是简单计算

$$\mathbf{A}^2 = \begin{bmatrix} 2 & 1 \\ 1 & 3 \end{bmatrix} \begin{bmatrix} 2 & 1 \\ 1 & 3 \end{bmatrix} = \begin{bmatrix} 5 & 5 \\ 5 & 10 \end{bmatrix}$$

因此

$$\mathbf{A}^3 = \mathbf{A}^2\mathbf{A} = \begin{bmatrix} 5 & 5 \\ 5 & 10 \end{bmatrix} \begin{bmatrix} 2 & 1 \\ 1 & 3 \end{bmatrix} = \begin{bmatrix} 15 & 20 \\ 20 & 35 \end{bmatrix}$$

那么

[25]

$$\mathbf{A}^4 = \mathbf{A}^3\mathbf{A} = \begin{bmatrix} 15 & 20 \\ 20 & 35 \end{bmatrix} \begin{bmatrix} 2 & 1 \\ 1 & 3 \end{bmatrix} = \begin{bmatrix} 50 & 75 \\ 75 & 125 \end{bmatrix}$$

或者, 可使用

$$\mathbf{A}^4 = \mathbf{A}^2\mathbf{A}^2 = \begin{bmatrix} 5 & 5 \\ 5 & 10 \end{bmatrix} \begin{bmatrix} 5 & 5 \\ 5 & 10 \end{bmatrix} = \begin{bmatrix} 50 & 75 \\ 75 & 125 \end{bmatrix}$$

并节省一次矩阵乘法.

例 2.7: 求乘积 $\mathbf{v}^{\mathrm{T}}\mathbf{A}\mathbf{v}$ 的值, 其中

$$\mathbf{A} = \begin{bmatrix} 3 & 2 & 1 \\ 2 & 4 & 2 \\ 1 & 2 & 6 \end{bmatrix}; \quad \mathbf{v} = \begin{bmatrix} 1 \\ 2 \\ -1 \end{bmatrix}$$

通常的方法可能是计算 $\mathbf{x} = \mathbf{A}\mathbf{v}$, 即

$$\mathbf{x} = \mathbf{A}\mathbf{v} = \begin{bmatrix} 3 & 2 & 1 \\ 2 & 4 & 2 \\ 1 & 2 & 6 \end{bmatrix} \begin{bmatrix} 1 \\ 2 \\ -1 \end{bmatrix} = \begin{bmatrix} 6 \\ 8 \\ -1 \end{bmatrix}$$

然后计算 $\mathbf{v}^{\mathrm{T}}\mathbf{x}$ 得到

$$\mathbf{v}^{\mathrm{T}}\mathbf{A}\mathbf{v} = [1 \quad 2 \quad -1]\begin{bmatrix} 6 \\ 8 \\ -1 \end{bmatrix} = 23$$

用以下方式来计算所求积更有效. 首先写成

$$\mathbf{A} = \mathbf{U} + \mathbf{D} + \mathbf{U}^{\mathrm{T}}$$

其中, $\mathbf{U}$ 是一个下三角矩阵, $\mathbf{D}$ 是一个对角矩阵

$$\mathbf{U} = \begin{bmatrix} 0 & 0 & 0 \\ 2 & 0 & 0 \\ 1 & 2 & 0 \end{bmatrix}; \quad \mathbf{D} = \begin{bmatrix} 3 & 0 & 0 \\ 0 & 4 & 0 \\ 0 & 0 & 6 \end{bmatrix}$$

因此, 有

$$\mathbf{v}^{\mathrm{T}}\mathbf{A}\mathbf{v} = \mathbf{v}^{\mathrm{T}}(\mathbf{U} + \mathbf{D} + \mathbf{U}^{\mathrm{T}})\mathbf{v}$$
$$\mathbf{v}^{\mathrm{T}}\mathbf{A}\mathbf{v} = \mathbf{v}^{\mathrm{T}}\mathbf{U}\mathbf{v} + \mathbf{v}^{\mathrm{T}}\mathbf{D}\mathbf{v} + \mathbf{v}^{\mathrm{T}}\mathbf{U}^{\mathrm{T}}\mathbf{v}$$

而 $\mathbf{v}^{\mathrm{T}}\mathbf{U}\mathbf{v}$ 是一个单个的数, 因此 $\mathbf{v}^{\mathrm{T}}\mathbf{U}^{\mathrm{T}}\mathbf{v} = \mathbf{v}^{\mathrm{T}}\mathbf{U}\mathbf{v}$, 可得

$$\mathbf{v}^{\mathrm{T}}\mathbf{A}\mathbf{v} = 2\mathbf{v}^{\mathrm{T}}\mathbf{U}\mathbf{v} + \mathbf{v}^{\mathrm{T}}\mathbf{D}\mathbf{v} \tag{a}$$

矩阵乘法的高效率是通过利用 $\mathbf{U}$ 是一个下三角矩阵和 $\mathbf{D}$ 是一个对角矩阵来实现的. 令 $\mathbf{x} = \mathbf{U}\mathbf{v}$; 则得到

$$x_1 = 0$$
$$x_2 = (2)(1) = 2$$
$$x_3 = (1)(1) + (2)(2) = 5$$

因此

$$\mathbf{x} = \begin{bmatrix} 0 \\ 2 \\ 5 \end{bmatrix}$$

[26]

则得到

$$\mathbf{v}^{\mathrm{T}}\mathbf{U}\mathbf{v} = \mathbf{v}^{\mathrm{T}}\mathbf{x} = (2)(2) + (-1)(5) = -1$$

也有

$$\mathbf{v}^{\mathrm{T}}\mathbf{D}\mathbf{v} = (1)(1)(3) + (2)(2)(4) + (-1)(-1)(6) = 25$$

因此利用 (a), 我们仍然有 $\mathbf{v}^{\mathrm{T}}\mathbf{A}\mathbf{v} = 23$.

除了在矩阵乘法中一般不适用的交换律外, 矩阵方程中的矩阵约分一般也不能像普通数字那样进行约分. 特别地, 如果 $\mathbf{AB}=\mathbf{CB}$, 并不一定得出 $\mathbf{A}=\mathbf{C}$. 通过考虑以下的具体例子很容易验证

$$\begin{bmatrix} 2 & 1 \\ 4 & 0 \end{bmatrix}\begin{bmatrix} 1 \\ 2 \end{bmatrix}=\begin{bmatrix} 4 & 0 \\ 0 & 2 \end{bmatrix}\begin{bmatrix} 1 \\ 2 \end{bmatrix} \tag{2.18}$$

但是

$$\begin{bmatrix} 2 & 1 \\ 4 & 0 \end{bmatrix}\neq\begin{bmatrix} 4 & 0 \\ 0 & 2 \end{bmatrix} \tag{2.19}$$

但应指出, 如果方程 $\mathbf{AB}=\mathbf{CB}$ 对所有可能的 $\mathbf{B}$ 成立, 那么 $\mathbf{A}=\mathbf{C}$. 即, 此时我们选择 $\mathbf{B}$ 是单位矩阵 $\mathbf{I}$, 故 $\mathbf{A}=\mathbf{C}$.

还应当指出, 由这一事实可推知, 如果 $\mathbf{AB}=\mathbf{0}$, 则不能得出 $\mathbf{A}$ 或 $\mathbf{B}$ 是零矩阵. 一个具体的例子可以说明这点

$$\mathbf{A}=\begin{bmatrix} 1 & 0 \\ 2 & 0 \end{bmatrix};\quad \mathbf{B}=\begin{bmatrix} 0 & 0 \\ 3 & 4 \end{bmatrix};\quad \mathbf{AB}=\begin{bmatrix} 0 & 0 \\ 0 & 0 \end{bmatrix} \tag{2.20}$$

需要指出矩阵乘法中一些有关转置矩阵使用的特殊规则. 即两个矩阵 $\mathbf{A}$ 和 $\mathbf{B}$ 的乘积的转置等于矩阵逆序转置的乘积, 即

$$(\mathbf{AB})^{\mathrm{T}}=\mathbf{B}^{\mathrm{T}}\mathbf{A}^{\mathrm{T}} \tag{2.21}$$

式 (2.21) 成立的证明可通过式 (2.11) 中给出的计算矩阵乘法的定义得出.

考虑式 (2.21) 中矩阵的乘积, 应指出, 虽然 $\mathbf{A}$ 和 $\mathbf{B}$ 可能是对称的, 但 $\mathbf{AB}$ 一般不是对称的. 而如果 $\mathbf{A}$ 是对称的, 则矩阵 $\mathbf{B}^{\mathrm{T}}\mathbf{AB}$ 总是对称的. 利用式 (2.21) 证明如下

$$(\mathbf{B}^{\mathrm{T}}\mathbf{AB})^{\mathrm{T}}=(\mathbf{AB})^{\mathrm{T}}(\mathbf{B}^{\mathrm{T}})^{\mathrm{T}} \tag{2.22}$$

$$=\mathbf{B}^{\mathrm{T}}\mathbf{A}^{\mathrm{T}}\mathbf{B} \tag{2.23}$$

但是, 因为 $\mathbf{A}^{\mathrm{T}}=\mathbf{A}$, 有

$$(\mathbf{B}^{\mathrm{T}}\mathbf{AB})^{\mathrm{T}}=\mathbf{B}^{\mathrm{T}}\mathbf{AB} \tag{2.24}$$

因此, $\mathbf{B}^{\mathrm{T}}\mathbf{AB}$ 是对称的.

[27]

4. 逆矩阵

我们已经看到, 利用与处理普通数中基本相同的法则得到矩阵加法和减法运算. 但矩阵的乘法却完全不同, 我们必须习惯这些特殊的规则. 至于矩阵除法, 严格来说不存在矩阵除法, 而是定义逆矩阵. 我们只定义并使用逆方阵.

定义: 矩阵 $\mathbf{A}$ 的逆用 $\mathbf{A}^{-1}$ 表示. 假设逆矩阵存在; 那么 $\mathbf{A}^{-1}$ 的元素满足 $\mathbf{A}^{-1}\mathbf{A}=\mathbf{I}$ 和 $\mathbf{AA}^{-1}=\mathbf{I}$. 有逆的矩阵称为非奇异矩阵, 没有逆的矩阵则称为奇异矩阵.

正如前面提到的, 逆矩阵不一定存在. 一个简单的例子是零矩阵. 假设 $\mathbf{A}$ 存在逆矩阵. 则我们仍然要证明无论是 $\mathbf{A}^{-1}\mathbf{A}=\mathbf{I}$ 或 $\mathbf{A}\mathbf{A}^{-1}=\mathbf{I}$, 都意味着另外一个成立. 假设已经求得矩阵 $\mathbf{A}_l^{-1}$ 和 $\mathbf{A}_r^{-1}$ 的元素使得 $\mathbf{A}_l^{-1}\mathbf{A}=\mathbf{I}$ 或 $\mathbf{A}\mathbf{A}_r^{-1}=\mathbf{I}$. 则有

$$\mathbf{A}_l^{-1}=\mathbf{A}_l^{-1}(\mathbf{A}\mathbf{A}_r^{-1})=(\mathbf{A}_l^{-1}\mathbf{A})\mathbf{A}_r^{-1}=\mathbf{A}_r^{-1} \tag{2.25}$$

因此, $\mathbf{A}_l^{-1}=\mathbf{A}_r^{-1}$.

例 2.8: 求矩阵 $\mathbf{A}$ 的逆, 其中

$$\mathbf{A}=\begin{bmatrix} 2 & -1 \\ -1 & 3 \end{bmatrix}$$

对 $\mathbf{A}$ 的逆矩阵, 要求 $\mathbf{A}^{-1}\mathbf{A}=\mathbf{I}$. 通过反复试验 (或其他方式), 得到

$$\mathbf{A}^{-1}=\begin{bmatrix} \frac{3}{5} & \frac{1}{5} \\ \frac{1}{5} & \frac{2}{5} \end{bmatrix}$$

验证 $\mathbf{A}\mathbf{A}^{-1}=\mathbf{I}$ 和 $\mathbf{A}^{-1}\mathbf{A}=\mathbf{I}$

$$\mathbf{A}\mathbf{A}^{-1}=\begin{bmatrix} 2 & -1 \\ -1 & 3 \end{bmatrix}\begin{bmatrix} \frac{3}{5} & \frac{1}{5} \\ \frac{1}{5} & \frac{2}{5} \end{bmatrix}=\begin{bmatrix} 1 & 0 \\ 0 & 1 \end{bmatrix}$$

$$\mathbf{A}^{-1}\mathbf{A}=\begin{bmatrix} \frac{3}{5} & \frac{1}{5} \\ \frac{1}{5} & \frac{2}{5} \end{bmatrix}\begin{bmatrix} 2 & -1 \\ -1 & 3 \end{bmatrix}=\begin{bmatrix} 1 & 0 \\ 0 & 1 \end{bmatrix}$$

为计算 $\mathbf{AB}$ 乘积的逆矩阵, 可按如下方式进行. 令 $\mathbf{G}=(\mathbf{AB})^{-1}$, 其中 $\mathbf{A}$ 和 $\mathbf{B}$ 都是方阵. 则

$$\mathbf{GAB}=\mathbf{I} \tag{2.26}$$

通过右乘 $\mathbf{B}^{-1}$ 和 $\mathbf{A}^{-1}$, 得到

$$\mathbf{GA}=\mathbf{B}^{-1} \tag{2.27}$$

$$\mathbf{G}=\mathbf{B}^{-1}\mathbf{A}^{-1} \tag{2.28}$$

因此,

$$(\mathbf{AB})^{-1}=\mathbf{B}^{-1}\mathbf{A}^{-1} \tag{2.29}$$

我们注意到矩阵逆序的规则在计算矩阵积的转置时同样适用. [28]

例 2.9: 对给定的矩阵 $\mathbf{A}$ 和 $\mathbf{B}$, 验证 $(\mathbf{AB})^{-1} = \mathbf{B}^{-1}\mathbf{A}^{-1}$,

$$\mathbf{A} = \begin{bmatrix} 2 & -1 \\ -1 & 3 \end{bmatrix}; \quad \mathbf{B} = \begin{bmatrix} 3 & 0 \\ 0 & 4 \end{bmatrix}$$

使用例 2.8 中 $\mathbf{A}$ 的逆. 很容易得到 $\mathbf{B}$ 的逆阵

$$\mathbf{B}^{-1} = \begin{bmatrix} \frac{1}{3} & 0 \\ 0 & \frac{1}{4} \end{bmatrix}$$

为了验证 $(\mathbf{AB})^{-1} = \mathbf{B}^{-1}\mathbf{A}^{-1}$, 需要计算 $\mathbf{C} = \mathbf{AB}$.

$$\mathbf{C} = \begin{bmatrix} 2 & -1 \\ -1 & 3 \end{bmatrix} \begin{bmatrix} 3 & 0 \\ 0 & 4 \end{bmatrix} = \begin{bmatrix} 6 & -4 \\ -3 & 12 \end{bmatrix}$$

假设 $\mathbf{C}^{-1} = \mathbf{B}^{-1}\mathbf{A}^{-1}$, 则得到

$$\mathbf{C}^{-1} = \begin{bmatrix} \frac{1}{3} & 0 \\ 0 & \frac{1}{4} \end{bmatrix} \begin{bmatrix} \frac{3}{5} & \frac{1}{5} \\ \frac{1}{5} & \frac{2}{5} \end{bmatrix} = \begin{bmatrix} \frac{1}{5} & \frac{1}{15} \\ \frac{1}{20} & \frac{1}{10} \end{bmatrix} \tag{a}$$

为了验证 (a) 中给出的矩阵确实是 $\mathbf{C}$ 的逆, 求 $\mathbf{C}^{-1}\mathbf{C}$ 得出

$$\mathbf{C}^{-1}\mathbf{C} = \begin{bmatrix} \frac{1}{5} & \frac{1}{15} \\ \frac{1}{20} & \frac{1}{10} \end{bmatrix} \begin{bmatrix} 6 & -4 \\ -3 & 12 \end{bmatrix} = \mathbf{I}$$

由于 $\mathbf{C}^{-1}$ 是唯一的, 只有正确的 $\mathbf{C}^{-1}$ 才满足关系 $\mathbf{C}^{-1}\mathbf{C} = \mathbf{I}$, 我们确实在 (a) 中得到了 $\mathbf{C}$ 的逆矩阵, 而且式 $(\mathbf{AB})^{-1} = \mathbf{B}^{-1}\mathbf{A}^{-1}$ 是满足的.

在例 2.8 和 2.9 中, 矩阵 $\mathbf{A}$ 和 $\mathbf{B}$ 的逆通过试验才得到. 但为了得到一般矩阵的逆矩阵, 需要一个通用的算法. 一种计算 n 阶矩阵 $\mathbf{A}$ 的逆阵的方法是求解 n 个方程组

$$\mathbf{AX} = \mathbf{I} \tag{2.30}$$

其中, $\mathbf{I}$ 是 n 阶单位矩阵, $\mathbf{X} = \mathbf{A}^{-1}$. 为了得到式 (2.30) 中每个方程组的解, 可利用第 8.2 节中的算法.

这些考虑表明可以通过计算系数矩阵的逆求解方程组, 即, 如果有

$$\mathbf{Ay} = \mathbf{c} \tag{2.31}$$

其中, $\mathbf{A}$ 是 $n \times n$ 阶的, $\mathbf{y}$ 和 $\mathbf{c}$ 是 $n \times 1$ 阶的, 那么

$$\mathbf{y} = \mathbf{A}^{-1}\mathbf{c} \tag{2.32}$$

但求 $\mathbf{A}$ 的逆的代价是很大的, 不求 $\mathbf{A}$ 的逆而只求解方程 (2.31) 是更加有效的 (详见第 8 章). 虽然我们可以形式上写做 $\mathbf{y}=\mathbf{A}^{-1}\mathbf{c}$, 但为了求 $\mathbf{y}$, 其实只用求解该方程组.

5. 矩阵分块

为了方便矩阵运算并且利用矩阵的特殊形式, 将一个矩阵分块成子矩阵是有用的. 一个子矩阵是从原来矩阵中通过只抽出特定的行和列的元素而得到的. 这种想法可通过一个具体例子说明, 虚线是分块线

[29]

$$\mathbf{A}=\left[\begin{array}{c|ccc|cc} a_{11} & a_{12} & a_{13} & a_{14} & a_{15} & a_{16} \\ a_{21} & a_{22} & a_{23} & a_{24} & a_{25} & a_{26} \\ \hline a_{31} & a_{32} & a_{33} & a_{34} & a_{35} & a_{36} \end{array}\right] \tag{2.33}$$

应指出, 每条分块线必须完全通过原矩阵. 通过分块, 矩阵 $\mathbf{A}$ 被写做

$$\mathbf{A}=\begin{bmatrix} \mathbf{A}_{11} & \mathbf{A}_{12} & \mathbf{A}_{13} \\ \mathbf{A}_{21} & \mathbf{A}_{22} & \mathbf{A}_{23} \end{bmatrix} \tag{2.34}$$

其中

$$\mathbf{A}_{11}=\begin{bmatrix} a_{11} \\ a_{21} \end{bmatrix}; \quad \mathbf{A}_{12}=\begin{bmatrix} a_{12} & a_{13} & a_{14} \\ a_{22} & a_{23} & a_{24} \end{bmatrix} \text{ 等} \tag{2.35}$$

式 (2.34) 的右手端可以再次分块, 例如

$$\mathbf{A}=\left[\begin{array}{c|cc} \mathbf{A}_{11} & \mathbf{A}_{12} & \mathbf{A}_{13} \\ \mathbf{A}_{21} & \mathbf{A}_{22} & \mathbf{A}_{23} \end{array}\right] \tag{2.36}$$

也可以将 $\mathbf{A}$ 写做

$$\mathbf{A}=[\bar{\mathbf{A}}_1 \quad \bar{\mathbf{A}}_2]; \quad \bar{\mathbf{A}}_1=\begin{bmatrix} \mathbf{A}_{11} \\ \mathbf{A}_{12} \end{bmatrix}; \quad \bar{\mathbf{A}}_2=\begin{bmatrix} \mathbf{A}_{12} & \mathbf{A}_{13} \\ \mathbf{A}_{22} & \mathbf{A}_{23} \end{bmatrix} \tag{2.37}$$

矩阵分块对节省计算机存储空间有利, 即如果子矩阵重复了, 则只需存储子矩阵一次. 这同样适用于算法. 使用子矩阵, 可以找出一个典型的多次重复的运算, 然后只进行一次该运算, 在需要时直接调用结果.

用于计算的分块矩阵的规则遵循矩阵加法、减法和乘法的定义. 利用分块矩阵, 可以进行加法、减法或者乘法, 就好像分块矩阵是普通的矩阵元素一样, 只要原矩阵是按照允许进行各个子矩阵的加法、减法或乘法的方式来分块的.

这些规则是合理的易记的, 我们要注意原矩阵的分块只是为了简化矩阵运算而采用的结构形式, 它不会改变任何结果.

例 2.10: 利用以下分块计算例 2.4 中矩阵乘积 $\mathbf{C}=\mathbf{AB}$

$$\mathbf{A}=\left[\begin{array}{cc|c} 5 & 3 & 1 \\ 4 & 6 & 2 \\ \hline 10 & 3 & 4 \end{array}\right]; \quad \mathbf{B}=\left[\begin{array}{cc} 1 & 5 \\ 2 & 4 \\ \hline 3 & 2 \end{array}\right]$$

有

$$\mathbf{A}=\begin{bmatrix}\mathbf{A}_{11} & \mathbf{A}_{12}\\ \mathbf{A}_{21} & \mathbf{A}_{22}\end{bmatrix};\quad \mathbf{B}=\begin{bmatrix}\mathbf{B}_1\\ \mathbf{B}_2\end{bmatrix}$$

因此,

[30]

$$\mathbf{AB}=\begin{bmatrix}\mathbf{A}_{11}\mathbf{B}_1+\mathbf{A}_{12}\mathbf{B}_2\\ \mathbf{A}_{21}\mathbf{B}_1+\mathbf{A}_{22}\mathbf{B}_2\end{bmatrix} \tag{a}$$

$$\mathbf{A}_{11}\mathbf{B}_1=\begin{bmatrix}5 & 3\\ 4 & 6\end{bmatrix}\begin{bmatrix}1 & 5\\ 2 & 4\end{bmatrix}=\begin{bmatrix}11 & 37\\ 16 & 44\end{bmatrix}$$

$$\mathbf{A}_{12}\mathbf{B}_2=\begin{bmatrix}1\\ 2\end{bmatrix}[3\quad 2]=\begin{bmatrix}3 & 2\\ 6 & 4\end{bmatrix}$$

$$\mathbf{A}_{21}\mathbf{B}_1=[10\quad 3]\begin{bmatrix}1 & 5\\ 2 & 4\end{bmatrix}=[16\quad 62]$$

$$\mathbf{A}_{22}\mathbf{B}_2=[4][3\quad 2]=[12\quad 8]$$

代入式 (a), 有

$$\mathbf{AB}=\begin{bmatrix}14 & 39\\ 22 & 48\\ 28 & 70\end{bmatrix}$$

例 2.11: 利用分块, 计算 $\mathbf{c}=\mathbf{Ab}$, 其中

$$\mathbf{A}=\left[\begin{array}{cc:cc}4 & 3 & 1 & 2\\ 3 & 6 & 2 & 1\\ \hdashline 1 & 2 & 8 & 6\\ 2 & 1 & 6 & 12\end{array}\right];\quad \mathbf{b}=\begin{bmatrix}2\\ 2\\ 1\\ 1\end{bmatrix}$$

我们只需计算的乘积是

$$\mathbf{w}_1=\begin{bmatrix}4 & 3\\ 3 & 6\end{bmatrix}\begin{bmatrix}1\\ 1\end{bmatrix}=\begin{bmatrix}7\\ 9\end{bmatrix}$$

和

$$\mathbf{w}_2=\begin{bmatrix}1 & 2\\ 2 & 1\end{bmatrix}\begin{bmatrix}1\\ 1\end{bmatrix}=\begin{bmatrix}3\\ 3\end{bmatrix}$$

现在可以构造 $\mathbf{c}$

$$\mathbf{c}=\begin{bmatrix}2\mathbf{w}_1+\mathbf{w}_2\\ 2\mathbf{w}_1+2\mathbf{w}_2\end{bmatrix}$$

或代入具体值, 得

$$\mathbf{c} = \begin{bmatrix} 17 \\ 21 \\ 20 \\ 24 \end{bmatrix}$$

6. 矩阵的迹和行列式

只有当矩阵是方阵时才定义矩阵的迹和行列式. 两个量都是单个的数, 它们是通过矩阵的元素计算得来的, 因此是矩阵元素的函数.

定义: 矩阵 $\mathbf{A}$ 的迹定义为 $\mathrm{tr}(\mathbf{A})$ 且等于 $\sum_{i=1}^{n} a_{ii}$, 其中, n 是 $\mathbf{A}$ 的阶数.

例 2.12: 计算例 2.11 中给定矩阵 $\mathbf{A}$ 的迹. [31]

我们有

$$\mathrm{tr}(\mathbf{A}) = 4 + 6 + 8 + 12 = 30$$

矩阵 $\mathbf{A}$ 的行列式可以通过 $\mathbf{A}$ 的子矩阵的行列式来定义, 而且一阶矩阵的行列式就是矩阵的元素, 即如果 $\mathbf{A} = [a_{11}]$, 那么, $\det \mathbf{A} = a_{11}$.

定义: 一个 $n \times n$ 阶矩阵的行列式表示为 $\det \mathbf{A}$, 而且由递推关系来定义

$$\det \mathbf{A} = \sum_{j=1}^{n} (-1)^{1+j} a_{1j} \det \mathbf{A}_{1j} \tag{2.38}$$

其中, $\mathbf{A}_{1j}$ 是通过从矩阵 $\mathbf{A}$ 中去掉第 1 行和第 j 列而得到的 $(n-1) \times (n-1)$ 矩阵.

例 2.13: 求 $\mathbf{A}$ 的行列式, 其中

$$\mathbf{A} = \begin{bmatrix} a_{11} & a_{12} \\ a_{21} & a_{22} \end{bmatrix}$$

利用式 (2.38), 得到

$$\det \mathbf{A} = (-1)^2 a_{11} \det \mathbf{A}_{11} + (-1)^3 a_{12} \det \mathbf{A}_{12}$$

但

$$\det \mathbf{A}_{11} = a_{22}; \quad \det \mathbf{A}_{12} = a_{21}$$

因此

$$\det \mathbf{A} = a_{11} a_{22} - a_{12} a_{21}$$

该式是 2×2 矩阵的行列式的一般公式.

可以看出为求矩阵的行列式, 可以沿着任何行或列利用式 (2.38) 中给出的递推关系如例 2.14 所示进行计算.

例 2.14: 求矩阵 $\mathbf{A}$ 的行列式, 其中

$$\mathbf{A}=\begin{bmatrix}2&1&0\\1&3&1\\0&1&2\end{bmatrix}$$

利用式 (2.38) 中的递推关系, 有

$$\det\mathbf{A}=(-1)^2(2)\det\begin{bmatrix}3&1\\1&2\end{bmatrix}+(-1)^3(1)\det\begin{bmatrix}1&1\\0&2\end{bmatrix}+(-1)^4(0)\det\begin{bmatrix}1&3\\0&1\end{bmatrix}$$

现在应用例 2.13 中给出的 2×2 矩阵的公式, 有

[32]

$$\det\mathbf{A}=(2)\{(3)(2)-(1)(1)\}-\{(1)(2)-(0)(1)\}+0$$

因此

$$\det\mathbf{A}=8$$

验证利用式 (2.38) 沿着第二行而不是第一行得到同样的结果. 此时, 在式 (2.38) 中将 a_{1j}、$\mathbf{A}_{1j}$ 的 1 换成 2

$$\det\mathbf{A}=(-1)^3(1)\det\begin{bmatrix}1&0\\1&2\end{bmatrix}+(-1)^4(3)\det\begin{bmatrix}2&0\\0&2\end{bmatrix}+(-1)^5(1)\det\begin{bmatrix}2&1\\0&1\end{bmatrix}$$

再次利用例 2.13 中给出的公式, 有

$$\det\mathbf{A}=-\{(1)(2)-(0)(1)\}+(3)\{(2)(2)-(0)(0)\}-\{(2)(1)-(1)(0)\}$$

如前一样, 得

$$\det\mathbf{A}=8$$

最后, 对第三列采用式 (2.38), 有

$$\det\mathbf{A}=(-1)^4(0)\det\begin{bmatrix}1&3\\0&1\end{bmatrix}+(-1)^5(1)\det\begin{bmatrix}2&1\\0&1\end{bmatrix}+(-1)^6(2)\det\begin{bmatrix}2&1\\1&3\end{bmatrix}$$

如前一样, 得 $\det\mathbf{A}=8$.

许多定理与行列式的使用有关. 通常, 可以通过计算一系列行列式得到联立方程组的解 (如见, B. Nobel [A]). 但从现代的观点来看, 可采用更有效的方法得到由行列式得出的结果. 例如, 用行列式求联立方程组的解是很低效的. 正如我们后面会看到的, 采用行列式的主值是方便的简记法, 我们使用该简记法讨论某些问题, 例如矩阵的逆的存在性. 特别地, 在特征值的求解中将使用行列式.

在求矩阵的行列式时, 有效的做法是首先将矩阵分解成矩阵的积, 然后利用以下结果

$$\det(\mathbf{BC}\cdots\mathbf{F}) = (\det\mathbf{B})(\det\mathbf{C})\cdots(\det\mathbf{F}) \tag{2.39}$$

式 (2.39) 表明矩阵连乘的行列式等于各个矩阵行列式的乘积. 这个结果的证明是相当冗长和烦琐的, 它可以利用行列式的定义 (2.38) 得来, 因此我们在这不作介绍. 在特征值计算中, 当要求矩阵 $\mathbf{A}$ 的行列式时, 我们通常使用式 (2.39) 中的结果. 所用的具体分解是 $\mathbf{A} = \mathbf{LDL}^{\mathrm{T}}$, 其中, $\mathbf{L}$ 是单位下三角矩阵, $\mathbf{D}$ 是对角矩阵 (详见第 8.2.2 节). 此时 [33]

$$\det\mathbf{A} = \det\mathbf{L}\det\mathbf{D}\det\mathbf{L}^{\mathrm{T}} \tag{2.40}$$

因为 $\det\mathbf{L} = 1$, 有

$$\det\mathbf{A} = \prod_{i=1}^{n} d_{ii} \tag{2.41}$$

例 2.15: 利用 $\mathbf{LDL}^{\mathrm{T}}$ 分解, 求 $\mathbf{A}$ 的行列式, 其中 $\mathbf{A}$ 由例 2.14 给出.

由第 8.2 节中的步骤得到 $\mathbf{A}$ 的 $\mathbf{LDL}^{\mathrm{T}}$ 分解的方法. 这里只给出 $\mathbf{L}$ 和 $\mathbf{D}$, 可以验证 $\mathbf{LDL}^{\mathrm{T}} = \mathbf{A}$

$$\mathbf{L} = \begin{bmatrix} 1 & 0 & 0 \\ \frac{1}{2} & 1 & 0 \\ 0 & \frac{2}{5} & 1 \end{bmatrix}; \quad \mathbf{D} = \begin{bmatrix} 2 & 0 & 0 \\ 0 & \frac{5}{2} & 0 \\ 0 & 0 & \frac{8}{5} \end{bmatrix}$$

利用式 (2.41), 得到

$$\det\mathbf{A} = (2)\left(\frac{5}{2}\right)\left(\frac{8}{5}\right) = 8$$

这也是在例 2.14 中得到的值.

矩阵的行列式和迹是矩阵元素的函数. 重要的是注意到非对角元素是不影响矩阵的迹, 而行列式却是矩阵中所有元素的函数. 虽然我们可以得出结论: 一个大的行列式或者一个大的迹意味着一些矩阵元素很大, 却不能得出一个小的行列式或者一个小的迹意味着所有的矩阵元素都很小.

例 2.16: 计算矩阵 $\mathbf{A}$ 的迹, 其中

$$\mathbf{A} = \begin{bmatrix} 1 & 10\,000 \\ 10^{-4} & 2 \end{bmatrix}$$

我们有

$$\mathrm{tr}(\mathbf{A}) = 3$$

和

$$\det \mathbf{A} = (1)(2) - (10^{-4})(10\,000)$$

即,

$$\det \mathbf{A} = 1$$

因此 $\mathbf{A}$ 的迹和行列式相对于非对角元素 a_{12} 都很小.

[34]

2.3 向量空间

在上节中我们定义了一个 n 阶向量是 n 个数写成矩阵形式的数组. 现在我们想把向量的元素与几何解释联系起来. 考虑一个 3 阶列向量的例子

$$\mathbf{x} = \begin{bmatrix} x_1 \\ x_2 \\ x_3 \end{bmatrix} = \begin{bmatrix} 2 \\ 4 \\ 3 \end{bmatrix} \tag{2.42}$$

我们知道在初等几何中, $\mathbf{x}$ 表示一个选定的三维空间坐标中的几何向量. 图 2.2 显示了该坐标系中假定的坐标轴和对应于式 (2.42) 的向量. 我们应指出 $\mathbf{x}$ 的几何表示完全取决于选定的坐标系; 换句话说, 如果式 (2.42) 在不同的坐标系中给出该向量的分量, 那么 $\mathbf{x}$ 的几何表示将与图 2.2 中的不同. 因此, 单独的坐标 (或向量的分量) 不能定义实际的几何量, 它们需要与在其中被度量的具体坐标系一起给定.

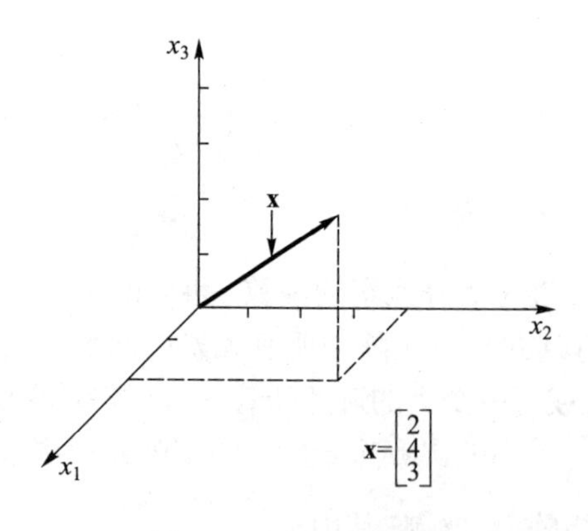

图 2.2 $\mathbf{x}$ 的几何表示

三维几何的概念可推广到任何有限 n 阶的向量. 如果 $n > 3$, 我们不再得到这个向量的图形; 但应该看到, 数学上所有涉及向量的概念都是与 n 无关的. 像以前一样, 当考虑 $n = 3$ 的具体情况时, n 阶向量表示在 n 维空间的特定坐标系中的一个量.

假设正在处理一系列 n 阶的向量, 它们是在固定坐标系中定义的. 在后面几章中我们会发现一些基本概念非常有用, 把它们归纳在下面的定义中.

定义: 我们说一组向量 $\mathbf{x}_1, \mathbf{x}_2, \cdots, \mathbf{x}_s$ 是线形相关的, 如果存在数 $\alpha_1, \alpha_2, \cdots,$ α_s 不都为 0, 使得 [35]

$$\alpha_1\mathbf{x}_1 + \alpha_2\mathbf{x}_2 + \cdots + \alpha_s\mathbf{x}_s = \mathbf{0} \tag{2.43}$$

如果这些向量不是线形相关的, 则把它们称做线性无关向量.

我们利用下例来说明这个定义的内涵.

例 2.17: 设 $n=3$, 判断向量 $\mathbf{e}_i, i=1,2,3$ 为线性相关的还是线性无关的.

根据线性相关的定义, 我们需要验证是否有常数 α_1、α_2 和 α_3 不全是 0, 满足方程

$$\alpha_1\begin{bmatrix}1\\0\\0\end{bmatrix} + \alpha_2\begin{bmatrix}0\\1\\0\end{bmatrix} + \alpha_3\begin{bmatrix}0\\0\\1\end{bmatrix} = \begin{bmatrix}0\\0\\0\end{bmatrix} \tag{a}$$

由式 (a) 得出

$$\begin{bmatrix}\alpha_1\\\alpha_2\\\alpha_3\end{bmatrix} = \begin{bmatrix}0\\0\\0\end{bmatrix}$$

只有当 $\alpha_i = 0, i = 1,2,3$ 时才满足; 因此, 向量 $\mathbf{e}_i$ 是线性无关的.

例 2.18: $n = 4$, 考察下列向量是线性相关的还是线性无关的.

$$\mathbf{x}_1 = \begin{bmatrix}1\\1\\0\\0.5\end{bmatrix}; \quad \mathbf{x}_2 = \begin{bmatrix}-1\\0\\1\\0\end{bmatrix}; \quad \mathbf{x}_3 = \begin{bmatrix}0\\-0.5\\-0.5\\-0.25\end{bmatrix}$$

我们需要考虑方程组

$$\alpha_1\begin{bmatrix}1\\1\\0\\0.5\end{bmatrix} + \alpha_2\begin{bmatrix}-1\\0\\1\\0\end{bmatrix} + \alpha_3\begin{bmatrix}0\\-0.5\\-0.5\\-0.25\end{bmatrix} = \begin{bmatrix}0\\0\\0\\0\end{bmatrix}$$

或者, 考虑每一行

$$\begin{aligned}
\alpha_1 - \alpha_2 \quad\quad\quad &= 0\\
\alpha_1 \quad\quad -0.5\alpha_3 &= 0\\
\alpha_2 \quad -0.5\alpha_3 &= 0\\
0.5\alpha_1 \quad\quad -0.25\alpha_3 &= 0
\end{aligned}$$

其中, 注意到当 $\alpha_1 = 1$、$\alpha_2 = 1$ 和 $\alpha_3 = 2$ 时方程是满足的. 因此, 这些向量是线性相关的.

[36] 在前面的例子中, α_1、α_2 和 α_3 的解可以通过观察得到. 稍后, 将推导系统化的方法检验向量是否是线性相关的.

看待这个问题的另一种可能更有吸引力的方式是, 如果有向量可由其他向量表示, 则这些向量是线性相关的. 即如果式 (2.43) 中的 α_i 不是全部为 0, 如 $\alpha_j \neq 0$, 则可写做

$$\mathbf{x}_j = -\sum_{\substack{k=1 \\ k\neq j}}^{s} \frac{\alpha_k}{\alpha_j}\mathbf{x}_k \tag{2.44}$$

几何上, 当 $n \leqslant 3$, 我们可以画出这些向量, 如果它们是线性相关的, 可以按其他向量的倍数来画出这个向量. 例如, 绘制例 2.17 中用到的向量, 可以立即看到, 没有一个可以用其他的向量的倍数表示出来; 因此这些向量是线性无关的.

假设给定 q 个线性相关的 n 阶向量, $n \geqslant q$, 但只考虑其中的 $(q-1)$ 个向量. 这 $(q-1)$ 个向量可能仍是线性相关的. 通过不断减少所考虑的向量个数, 可以得到 p 个线性无关的向量, 其中, 一般情况下, $p \leqslant q$. 其他 $(q-p)$ 个向量可以用这 p 个向量表示. 我们由此得到以下定义.

定义: 假设有 p 个线性无关的 n 阶向量, 其中 $n \geqslant p$. 这 p 个向量构成一个 p 维向量空间的基.

我们讨论一个 p 维的向量空间是因为任何该空间中的向量都可以表示为 p 个基向量的线性组合. 我们应指出所考虑的具体空间的基向量不是唯一的; 它们的线性组合给出该空间的另一个基向量. 具体而言, 如果 $p = n$, 那么所考虑的空间的基向量是 $\mathbf{e}_i, i = 1, \cdots, n$, 从中可得出 p 不能大于 n.

定义: q 个向量, 其中 p 个向量是线性无关的, 被称为张成了一个 p 维向量空间.

因此看出, 基向量很重要, 因为它们是张成所需空间最少的向量. 所有 q 个向量可以用基向量表示, 不管 q 有多大 (q 确实可以大于 n).

例 2.19: 确定由例 2.18 中的 3 个向量所张成的空间中一组基向量.

在这种情况下, $q = 3, n = 4$. 通过观察发现, $\mathbf{x}_1$、$\mathbf{x}_2$ 这两个向量是线性无关的. 因此, $\mathbf{x}_1$ 和 $\mathbf{x}_2$ 可以看做由 $\mathbf{x}_1$、$\mathbf{x}_2$ 和 $\mathbf{x}_3$ 所张成空间的一组基向量. 此外, 利用例 2.18 中的结果, 有 $\mathbf{x}_3 = -\frac{1}{2}\mathbf{x}_2 - \frac{1}{2}\mathbf{x}_1$.

假设给定一个 p 维的向量空间, 定义为 E_p, 其中, $\mathbf{x}_1, \mathbf{x}_2, \cdots, \mathbf{x}_p$ 是选定的基向量, $p > 1$. 我们可以只考虑 $\mathbf{x}_1$ 和 $\mathbf{x}_2$ 表示的所有向量. 而向量 $\mathbf{x}_1$ 和 $\mathbf{x}_2$ 也组成了一个向量空间的基, 把这个向量空间称做 E_2. 如果 $p = 2$, 则 E_p 与 E_2 重合. 称 E_2 为 E_p 的一个子空间, 简要定义如下. [37]

定义: 一个向量空间的子空间是一个向量空间使得子空间中的任何一个

向量都在原向量空间中. 如果 $\mathbf{x}_1, \mathbf{x}_2, \cdots, \mathbf{x}_p$ 是原空间的基向量, 则这些基向量的任何一个子集也构成一个子空间的基; 该子空间的维数等于所选基向量的个数.

例 2.20: 三个向量 $\mathbf{x}_1$、$\mathbf{x}_2$ 和 $\mathbf{x}_3$ 是线性无关的, 且构成了一个三维向量空间 E_3 的基

$$\mathbf{x}_1 = \begin{bmatrix} 1 \\ 2 \\ 1 \\ 0 \end{bmatrix}; \quad \mathbf{x}_2 = \begin{bmatrix} 1 \\ 0 \\ 0 \\ 0 \end{bmatrix}; \quad \mathbf{x}_3 = \begin{bmatrix} 0 \\ -1 \\ 0 \\ 1 \end{bmatrix} \tag{a}$$

确定 E_3 的一些可能的两维子空间.

利用式 (a) 中的基向量, 三个向量中的任何两个都能组成一个两维子空间; 即 $\mathbf{x}_1$ 和 $\mathbf{x}_2$ 表示一个两维子空间的基; $\mathbf{x}_1$ 和 $\mathbf{x}_3$ 是另一个两维子空间的基; 等等. 因此, E_3 中的任何两个线性无关的向量形成一个两维子空间的基, 这也表明 E_3 中有无数个两维子空间.

有了向量空间的概念后, 我们可以知道任何一个矩阵 $\mathbf{A}$ 的若干列也张成一个向量空间. 把这个向量空间叫做 $\mathbf{A}$ 的列空间. 类似地, 矩阵的数行也张成一个向量空间, 把它叫做 $\mathbf{A}$ 的行空间. 反之, 可以将任意 q 个 n 维向量组合成一个 $n \times q$ 的矩阵 $\mathbf{A}$. 其中线性无关向量的个数等于 $\mathbf{A}$ 中列空间的维数. 例如, 例 2.20 中的三个向量组成矩阵

$$\mathbf{A} = \begin{bmatrix} 1 & 1 & 0 \\ 2 & 0 & -1 \\ 1 & 0 & 0 \\ 0 & 0 & 1 \end{bmatrix} \tag{2.45}$$

假设已给定矩阵 $\mathbf{A}$, 需要算出 $\mathbf{A}$ 的列空间的维数. 换句话说, 要算出在 $\mathbf{A}$ 中有多少个线性无关的列. 对 $\mathbf{A}$ 中的列进行任何的线性组合, 其线性无关的列的个数既不会增加, 也不会减少. 因此, 为确定 $\mathbf{A}$ 的列空间, 我们可以通过对 $\mathbf{A}$ 的列进行线性组合而变换矩阵 $\mathbf{A}$ 以得到单位向量 $\mathbf{e}_i$. 由于具有不同 i 的单位向量 $\mathbf{e}_i$ 是线性无关的, 所以 $\mathbf{A}$ 的列空间的维数等于可以得到的单位向量的个数. 事实上, 我们常常不能得到单位向量 $\mathbf{e}_i$ (见例 2.21), 以下对 $\mathbf{A}$ 的变换过程总是会找到一个可以显示出列空间维数的形式.

例 2.21: 计算由例 2.20 中的三个向量 $\mathbf{x}_1, \mathbf{x}_2$ 和 $\mathbf{x}_3$ 形成的矩阵 $\mathbf{A}$ 的列空间的维数. [38]

$$\mathbf{A} = \begin{bmatrix} 1 & 1 & 0 \\ 2 & 0 & -1 \\ 1 & 0 & 0 \\ 0 & 0 & 1 \end{bmatrix}$$

分别将第二列和第三列移至第一列和第二列, 得到

$$\mathbf{A}_1 = \begin{bmatrix} 1 & 0 & 1 \\ 0 & -1 & 2 \\ 0 & 0 & 1 \\ 0 & 1 & 0 \end{bmatrix}$$

从第三列中减去第一列, 再加上第二列的两倍, 最后第二列乘以 (-1), 得到

$$\mathbf{A}_2 = \begin{bmatrix} 1 & 0 & 0 \\ 0 & 1 & 0 \\ 0 & 0 & 1 \\ 0 & -1 & 2 \end{bmatrix}$$

但我们已经将矩阵转化为可以确定三个列向量是线性无关的形式, 即列向量是线性无关的, 因为这些向量中的前三个元素是三阶单位矩阵的列向量. 但通过对 $\mathbf{A}$ 中的原始列进行互换和线性组合, 从 $\mathbf{A}$ 得到 $\mathbf{A}_2$. 于是, 求解过程中并没有扩大由矩阵列向量张成的向量空间, 我们得出 $\mathbf{A}$ 的列空间的维数是 3.

在上述介绍中, 我们通过对 $\mathbf{A}$ 的列向量 $\mathbf{x}_1, \mathbf{x}_2, \cdots, \mathbf{x}_q$ 进行线性变换, 以确定它们是否是线性无关的. 此外, 为得到由向量集 $\mathbf{x}_1, \mathbf{x}_2, \cdots, \mathbf{x}_q$ 张成的向量空间的维数, 我们可以用式 (2.43) 中向量线性无关的定义, 考虑齐次联立方程组

$$\alpha_1\mathbf{x}_1 + \alpha_2\mathbf{x}_2 + \cdots + \alpha_q\mathbf{x}_q = \mathbf{0} \tag{2.46}$$

用矩阵形式表示为

$$\mathbf{A}\boldsymbol{\alpha} = \mathbf{0} \tag{2.47}$$

其中, $\boldsymbol{\alpha}$ 是由元素 $\alpha_1, \alpha_2, \cdots, \alpha_q$ 组成的向量, 向量 $\mathbf{x}_1, \mathbf{x}_2, \cdots, \mathbf{x}_q$ 则是 $\mathbf{A}$ 的列向量. 对未知的 $\alpha_1, \alpha_2, \cdots, \alpha_q$ 的求解不会因为对矩阵 $\mathbf{A}$ 中的行向量进行线性组合或者数乘而改变. 因此, 我们可以通过对列向量进行数乘和组合将 $\mathbf{A}$ 化成一个其列向量只由单位向量组成的矩阵. 这个简化矩阵称为 $\mathbf{A}$ 的行阶矩阵. $\mathbf{A}$ 的行阶矩阵中单位列向量的个数等于 $\mathbf{A}$ 的列空间的维数, 从前面的讨论中可以得知, 它也等于 $\mathbf{A}$ 的行空间的维数. 这表明, $\mathbf{A}$ 的列空间的维数等于行空间的维数. 换句话说, $\mathbf{A}$ 中线性无关的列向量的个数等于线性无关的行向量的个数. 这个结果归纳于在 $\mathbf{A}$ 的秩和 $\mathbf{A}$ 的零空间 (或核) 的定义中.

[39] 定义: 矩阵 $\mathbf{A}$ 的秩等于其列空间的维数, 也等于其行空间的维数.

定义: 满足 $\mathbf{A}\boldsymbol{\alpha} = \mathbf{0}$ 的向量空间 $\boldsymbol{\alpha}$ 称为 $\mathbf{A}$ 的零空间 (或核).

例 2.22: 考虑以下 3 个向量

$$\mathbf{x}_1 = \begin{bmatrix} 1 \\ 2 \\ 1 \\ 3 \\ 4 \\ 3 \end{bmatrix}; \quad \mathbf{x}_2 = \begin{bmatrix} 3 \\ 1 \\ -2 \\ 4 \\ 2 \\ -1 \end{bmatrix}; \quad \mathbf{x}_3 = \begin{bmatrix} 2 \\ 3 \\ 1 \\ 5 \\ 6 \\ 4 \end{bmatrix}$$

将这些向量作为矩阵 $\mathbf{A}$ 的列向量, 并将其化成行阶形式. 有

$$\mathbf{A} = \begin{bmatrix} 1 & 3 & 2 \\ 2 & 1 & 3 \\ 1 & -2 & 1 \\ 3 & 4 & 5 \\ 4 & 2 & 6 \\ 3 & -1 & 4 \end{bmatrix}$$

从第二行开始减去第一行的倍数, 使得第一列为单位向量 $\mathbf{e}_1$, 我们得到

$$\mathbf{A}_1 = \begin{bmatrix} 1 & 3 & 2 \\ 0 & -5 & -1 \\ 0 & -5 & -1 \\ 0 & -5 & -1 \\ 0 & -10 & -2 \\ 0 & -10 & -2 \end{bmatrix}$$

将第二行除以 (-5), 然后从其他行减去第二行的倍数, 使得第二列化为单位向量 $\mathbf{e}_2$, 我们得到

$$\mathbf{A}_2 = \begin{bmatrix} 1 & 0 & \frac{7}{5} \\ 0 & 1 & \frac{1}{5} \\ 0 & 0 & 0 \\ 0 & 0 & 0 \\ 0 & 0 & 0 \\ 0 & 0 & 0 \end{bmatrix}$$

于是我们可以给出以下等价的陈述: [40]

1. $\mathbf{A}\boldsymbol{\alpha} = \mathbf{0}$ 的解为

$$\alpha_1 = -\frac{7}{5}\alpha_3$$

$$\alpha_2 = -\frac{1}{5}\alpha_3$$

2. 三个向量 $\mathbf{x}_1$、$\mathbf{x}_2$ 和 $\mathbf{x}_3$ 是线性相关的. 它们组成了一个两维的向量空间. 向量 $\mathbf{x}_1$ 和 $\mathbf{x}_2$ 是线性无关的, 它们形成了包含 $\mathbf{x}_1$、$\mathbf{x}_2$ 和 $\mathbf{x}_3$ 在内的两维向量空间的一组基.

3. $\mathbf{A}$ 的秩是 2.
4. $\mathbf{A}$ 的列空间的维数是 2.
5. $\mathbf{A}$ 的行空间的维数是 2.
6. $\mathbf{A}$ 的零空间的维数是 1, 且其基向量为

$$\begin{bmatrix} -\frac{7}{5} \\ -\frac{1}{5} \\ 1 \end{bmatrix}$$

注意 $\mathbf{A}^{\mathrm{T}}$ 的秩也是 2, 但是 $\mathbf{A}^{\mathrm{T}}$ 的核的维数是 4.

2.4 张量的定义

在工程分析中, 张量的概念和它们的矩阵表示是很重要的. 我们把关于张量的讨论限制在三维空间中, 且主要考虑张量在笛卡儿直角坐标系中的表示.

用单位基向量 $\mathbf{e}_i$ 定义笛卡儿坐标系, 如图 2.3 所示. 向量 $\mathbf{u}$ 是坐标系中的一个向量

$$\mathbf{u} = \sum_{i=1}^{3} u_i \mathbf{e}_i \tag{2.48}$$

[41]

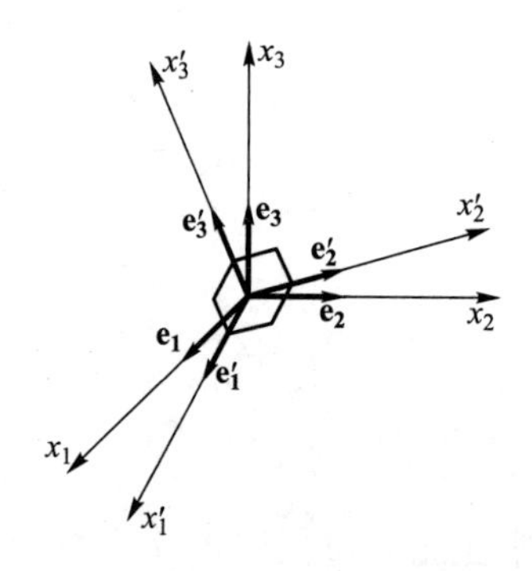

图 2.3　笛卡儿坐标系中的张量定义

其中, u_i 是向量 $\mathbf{u}$ 的分量. 将式 (2.48) 中的求和符号省略可以让表示方法更加简洁, 在张量代数学中也会更加方便; 即我们简单以式 (2.49) 代替 (2.48)

$$\mathbf{u} = u_i \mathbf{e}_i \tag{2.49}$$

其中, 对重复的指标 i 求和是隐含的 (这里 $i = 1, 2, 3$). 由于 i 可以被其他任何下标 (如 k 或者 j) 代替而不改变结果, 故它可被称做哑指标. 这种约定被

称做指标符号的求和约定 (或爱因斯坦约定), 有效地用于涉及张量关系式的紧凑表示 (第 6 章中广泛使用这种约定).

考虑到三维空间中的向量, 采用向量代数效率高.

向量 $\mathbf{u}$ 和 $\mathbf{v}$ 的标量积 (或者点积) 用 $\mathbf{u}\cdot\mathbf{v}$ 表示

$$\mathbf{u}\cdot\mathbf{v}=|\mathbf{u}||\mathbf{v}|\cos\theta \tag{2.50}$$

其中, $|\mathbf{u}|$ 是向量的长度, $|\mathbf{u}|=\sqrt{u_iu_i}$. 点积可以用向量的分量进行计算

$$\mathbf{u}\cdot\mathbf{v}=u_iv_i \tag{2.51}$$

向量 $\mathbf{u}$ 和 $\mathbf{v}$ 的矢量积 (或叉积) 将产生一个新的向量 $\mathbf{w}=\mathbf{u}\times\mathbf{v}$

$$\mathbf{w}=\det\begin{bmatrix}\mathbf{e}_1 & \mathbf{e}_2 & \mathbf{e}_3\\ u_1 & u_2 & u_3\\ v_1 & v_2 & v_3\end{bmatrix} \tag{2.52}$$

图 2.4 说明式 (2.50) 和式 (2.52) 中的向量运算. 应指出, 向量 $\mathbf{w}$ 的方向由右手法则确定; 即当右手除拇指的四个手指从 $\mathbf{u}$ 曲向 $\mathbf{v}$ 时, 大拇指所指的方向就是 $\mathbf{w}$ 的方向.

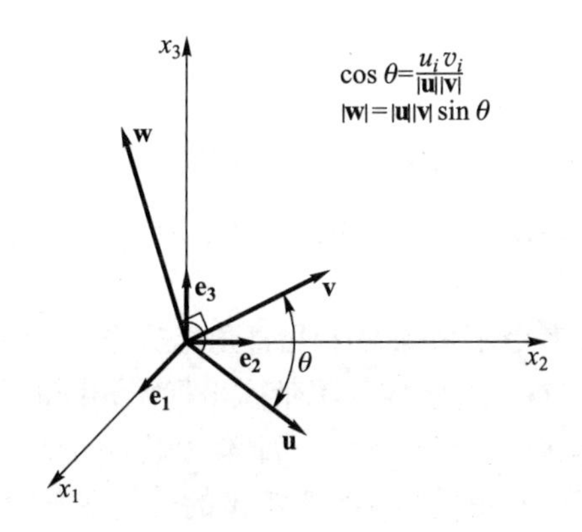

图 2.4　向量的乘积

在有限元分析中, 经常应用向量代数来计算两个给定方向的夹角以及建立给定平面的法线方向. [42]

例 2.23: 假设图 2.4 中的向量 $\mathbf{u}$ 和 $\mathbf{v}$ 分别为

$$\mathbf{u}=\begin{bmatrix}3\\3\\0\end{bmatrix};\quad \mathbf{v}=\begin{bmatrix}0\\2\\2\end{bmatrix}$$

计算两个向量之间的夹角, 并确立与这两个向量所决定的平面相垂直的向量.

这里我们可得到

$$|\mathbf{u}| = 3\sqrt{2}$$
$$|\mathbf{v}| = 2\sqrt{2}$$

由此可得

$$\cos\theta = \frac{1}{2}$$

于是 $\theta = 60°$.

与 $\mathbf{u}$ 和 $\mathbf{v}$ 所决定的平面垂直的一个向量由下式给出

$$\mathbf{w} = \det\begin{bmatrix} \mathbf{e}_1 & \mathbf{e}_2 & \mathbf{e}_3 \\ 3 & 3 & 0 \\ 0 & 2 & 2 \end{bmatrix}$$

故

$$\mathbf{w} = \begin{bmatrix} 6 \\ -6 \\ 6 \end{bmatrix}$$

由 $|\mathbf{w}| = \sqrt{w_i w_i}$ 可得

$$|\mathbf{w}| = 6\sqrt{3}$$

这个结果与图 2.4 中给出的公式所算出来的结果相等.

尽管没有特别说明, 式 (2.48) 中的一般向量为张量. 现在我们正式定义所谓的张量.

为此, 我们除了考虑不带撇笛卡儿直角坐标系外, 还有考虑带撇笛卡儿直角坐标系, 它由基向量 $\mathbf{e}'_j$ 张成与不带撇坐标系相同的空间, 如图 2.3 所示.

一个量到底是被称做标量、向量 (即第 1 阶或秩为 1 的张量) 或者是张量 (即高阶数或者高秩的张量), 取决于该量的分量在不带撇系 (坐标系) 是怎样定义的和其分量怎样变换为带撇坐标系.

定义: 如果一个量在沿 $\mathbf{e}_i$ 方向度量的坐标 x_i 中只含有一个单独的分量 φ, 且按沿 $\mathbf{e}'_i$ 方向度量的坐标 x'_i 表示时, 该分量保持不变, 则该量称为标量

$$\varphi(x_1, x_2, x_3) = \varphi'(x'_1, x'_2, x'_3) \tag{2.53}$$

标量也称阶为 0 的张量. 例如, 一个点上的温度就是标量.

[43]

定义: 如果一个量在不带撇坐标系中有三个分量 ξ_i, 在带撇坐标系中也有三个分量 ξ'_i, 且这些分量由特征法则 (用求和约定) 建立联系, 则该量为一阶向量或一阶张量.

$$\xi'_i = p_{ik}\xi_k \tag{2.54}$$

其中

$$p_{ik} = \cos(\mathbf{e}'_i, \mathbf{e}_k) \tag{2.55}$$

式 (2.54) 也可用矩阵形式表示如下

$$\boldsymbol{\xi}' = \mathbf{P}\boldsymbol{\xi} \tag{2.56}$$

其中, $\boldsymbol{\xi}'$、$\mathbf{P}$ 和 $\boldsymbol{\xi}$ 包含了式 (2.54) 中的元素.

式 (2.54) 的变换对应于向量表示的基的改变. 为推导式 (2.54), 我们在两个不同的基上考虑同一个向量; 因此有

$$\xi'_j \mathbf{e}'_j = \xi_k \mathbf{e}_k \tag{2.57}$$

考虑到各个坐标系的基向量相互正交且为单位长度, 我们在式 (2.57) 的两边都点乘 $\mathbf{e}'_i$, 从而可得式 (2.54). 当然, 类似地, 也可以在两边点乘 $\mathbf{e}_m$, 从而得到逆变换

$$\xi_m = \cos(\mathbf{e}_m, \mathbf{e}'_j)\xi'_j \tag{2.58}$$

或者矩阵形式

$$\boldsymbol{\xi} = \mathbf{P}^{\mathrm{T}}\boldsymbol{\xi}' \tag{2.59}$$

于是我们注意到 $\mathbf{P}^{-1} = \mathbf{P}^{\mathrm{T}}$, 由此导出了下面的定义.

定义: 如果 $\mathbf{Q}^{\mathrm{T}}\mathbf{Q} = \mathbf{Q}\mathbf{Q}^{\mathrm{T}} = \mathbf{I}$, 则矩阵 $\mathbf{Q}$ 为正交矩阵. 因此, 对于一个正交矩阵, 我们有

$$\mathbf{Q}^{-1} = \mathbf{Q}^{\mathrm{T}}.$$

故式 (2.55) 和式 (2.56) 中定义的矩阵 $\mathbf{P}$ 是一个正交矩阵. 由于 $\mathbf{P}$ 中的元素产生了旋转, 我们把 $\mathbf{P}$ 也称为旋转矩阵.

在下例中, 我们将说明前面的讨论.

例 2.24: 如图 E2.24 所示, 在不带撇坐标系中有一个力分量

$$\mathbf{R} = \begin{bmatrix} 0 \\ 1 \\ \sqrt{3} \end{bmatrix}$$

在带撇坐标系中计算图 E2.24 中的力分量.

应用式 (2.56), 这里有 [44]

$$\mathbf{P} = \begin{bmatrix} 1 & 0 & 0 \\ 0 & \cos\theta & \sin\theta \\ 0 & -\sin\theta & \cos\theta \end{bmatrix}$$

进而

$$\mathbf{R}' = \mathbf{P}\mathbf{R} \tag{a}$$

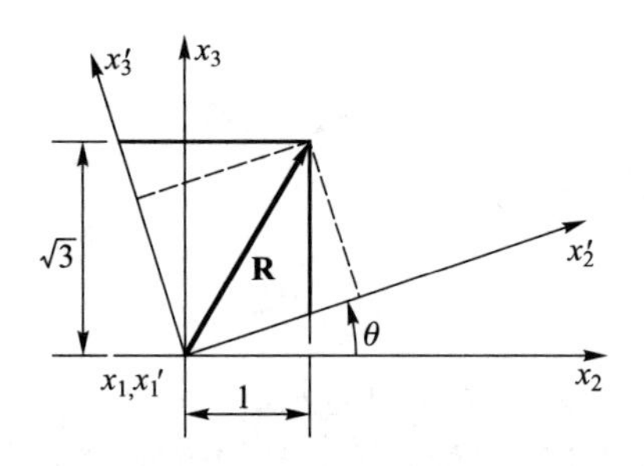

图 E2.24　力在不同坐标系中的表示

其中, $\mathbf{R}'$ 是在带撇坐标系中的力分量. 作为检验, 取 $\theta=-30°$, 由式 (a), 得到

$$\mathbf{R}'=\begin{bmatrix}0\\0\\2\end{bmatrix} \tag{b}$$

因为向量 $\mathbf{e}_3'$ 此时与力向量方向一致, 故以上结果是正确的.

为定义二阶张量, 可由式 (2.54) 中给出的 1 阶的张量定义的基础上构建.

定义: 如果一个量在不带撇坐标系中有 9 个分量 $t_{ij}(i=1,2,3$ 和 $j=1,2,3)$, 在带撇坐标系中也有 9 个分量 t_{ij}', 且这些分量由以下特征法则建立联系, 则这个量为二阶张量.

$$t_{ij}'=p_{ik}p_{jl}t_{kl} \tag{2.60}$$

与一阶张量定义的情况一样, 式 (2.60) 表示了张量表达式中的基变换 (见例 2.25), 我们也可按本质上与导出式 (2.54) 相同的方法从形式上导出式 (2.60). 即如果用两个不同的基写出同一个二阶张量, 可以得到

$$t_{mn}'\mathbf{e}_m'\mathbf{e}_n'=t_{kl}\mathbf{e}_k\mathbf{e}_l \tag{2.61}$$

其中, 张量表达式清楚表明, 第一基向量具有第一个下标 (矩阵表达式中的行), 而第二基向量具有第二个下标 (矩阵表达式中的列). 开放积[①]或者张量积 $\mathbf{e}_k\mathbf{e}_l$ 称为并矢, 而像式 (2.61) 中并矢的线性组合称为并矢量 (见 L. E. Malvern [A]).

先用 $\mathbf{e}_j'$, 再用 $\mathbf{e}_i'$ 对式 (2.61) 取右点积, 得到

$$\begin{aligned}t_{mn}'\mathbf{e}_m'\delta_{nj}&=t_{kl}\mathbf{e}_k(\mathbf{e}_l\cdot\mathbf{e}_j')\\t_{mn}'\delta_{mi}\delta_{nj}&=t_{kl}(\mathbf{e}_k\cdot\mathbf{e}_i')(\mathbf{e}_l\cdot\mathbf{e}_j')\end{aligned} \tag{2.62}$$

① 两个向量的开放积或者张量积记为 $\mathbf{ab}$, 且对于所有向量 $\mathbf{v}$, 满足

$$(\mathbf{ab})\cdot\mathbf{v}=\mathbf{a}(\mathbf{b}\cdot\mathbf{v})$$

一些作者以 $\mathbf{a}\otimes\mathbf{b}$ 代替 $\mathbf{ab}$.

或

$$t'_{ij} = t_{kl}p_{ik}p_{jl}$$

这里, δ_{ij} 为克罗内克 (Kronecker, δ) (如果 $i = j, \delta_{ij} = 1$; 如果 $i \neq j, \delta_{ij} = 0$). 这种变换也可写做矩阵形式 [45]

$$\mathbf{t}' = \mathbf{P}\mathbf{t}\mathbf{P}^{\mathrm{T}} \tag{2.63}$$

其中, $\mathbf{P}$ 中第 (i,k) 元素为 p_{ik}. 当然, 其逆变换也成立

$$\mathbf{t} = \mathbf{P}^{\mathrm{T}}\mathbf{t}'\mathbf{P} \tag{2.64}$$

此关系式可用式 (2.61) 并先后取右点积 $\mathbf{e}_j$ 和 $\mathbf{e}_i$ [如同式 (2.62) 中的运算] 导出, 或者简单利用式 (2.63) 和 $\mathbf{P}$ 为正交矩阵条件.

在上面的定义中, 我们假设所有的指标都是从 1 变化到 3; 特殊情况是指标从 1 变化到 n, 且 $n < 3$. 在工程分析中, 我们常常只处理两维状态, 在这种情况下, $n = 2$.

例 2.25: 应力是一个二阶张量. 假设在平面应力分析中, 在不带撇坐标系的一个点上度量的应力为 (不包括第三行和元素均为 0 的列)

$$\boldsymbol{\tau} = \begin{bmatrix} 1 & -1 \\ -1 & 1 \end{bmatrix}$$

如图 E2.25 所示, 在带撇坐标系中建立张量的分量.

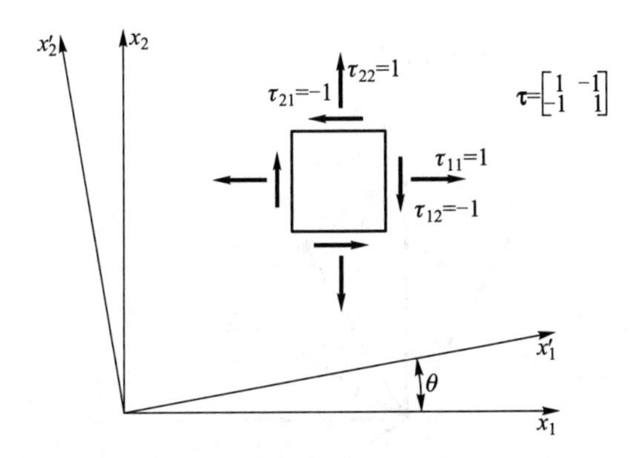

图 E2.25　在不同坐标系中的应力张量表示

这里, 我们利用例 2.24 中的旋转矩阵 $\mathbf{P}$, 式 (2.63) 的变换为

$$\boldsymbol{\tau}' = \mathbf{P}\boldsymbol{\tau}\mathbf{P}^{\mathrm{T}}; \quad \mathbf{P} = \begin{bmatrix} \cos\theta & \sin\theta \\ -\sin\theta & \cos\theta \end{bmatrix}$$

假设对 $\theta = 45°$ 的特殊情况感兴趣. 此时, 有

$$\boldsymbol{\tau}' = \frac{1}{2}\begin{bmatrix} 1 & 1 \\ -1 & 1 \end{bmatrix}\begin{bmatrix} 1 & -1 \\ -1 & 1 \end{bmatrix}\begin{bmatrix} 1 & -1 \\ 1 & 1 \end{bmatrix} = \begin{bmatrix} 0 & 0 \\ 0 & 2 \end{bmatrix}$$

在此坐标系中, 张量的非对角元素 (剪切分量) 为 0. 带撇坐标轴为主坐标轴, 对角元素 $\tau'_{11}=0$ 和 $\tau'_{22}=2$ 是张量的主值. 在第 2.5 节中, 我们将知道张量的主值是张量的特征值, 带撇坐标轴定义了相应的特征向量.

[46] 前面的讨论可以直接推广到定义二阶以上的张量. 在工程分析中, 我们特别是对将应力张量的分量和应变张量的分量联系起来的本构张量 (例如第 4.2.3 节和第 6.6 节) 感兴趣

$$\tau_{ij}=C_{ijkl}\varepsilon_{kl} \tag{2.65}$$

其中, 应力张量和应变张量都为 2 阶, 包含 C_{ijkl} 分量的本构张量为 4 阶, 这是因为它的分量可按以下方式变换

$$C'_{ijkl}=p_{im}p_{jn}p_{kr}p_{ls}C_{mnrs} \tag{2.66}$$

在上面的讨论中, 我们应用了两个笛卡儿坐标系的正交基向量 $\mathbf{e}_i$ 和 $\mathbf{e}'_j$. 但也能用非正交基向量的基表示张量. 壳分析中应用这样的基向量尤其重要 (详见第 5.4.2 节和第 6.5.2 节).

在连续介质力学中, 利用具有协变基向量 $\mathbf{g}_i, i=1,2,3$ 的协变基和具有逆变基向量 $\mathbf{g}^j, j=1,2,3$ 的逆变基是很常见的做法, 例如如图 2.5 所示. 协变基向量和逆变基向量通常不是单位长度, 但满足关系式

$$\mathbf{g}_i\cdot\mathbf{g}^j=\delta_i^j \tag{2.67}$$

其中, δ_i^j 为 (混合) Kronecker δ (若 $i=j$, 则 $\delta_i^j=1$; 若 $i\neq j$, 则 $\delta_i^j=0$).

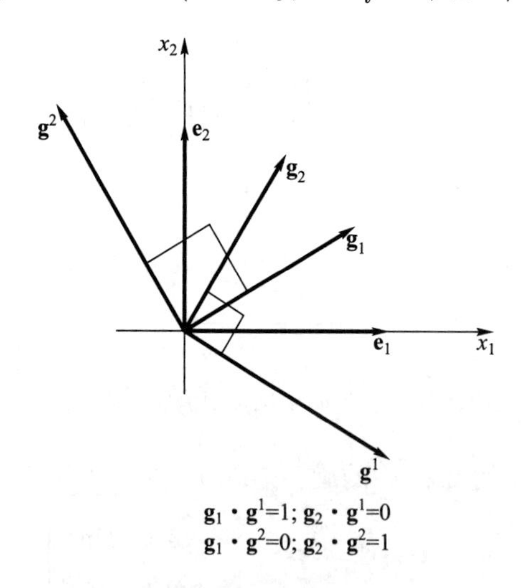

图 2.5　协变基向量和逆变基向量举例, $n=2$ (笛卡儿坐标系中绘制)

故逆变基向量是与协变基向量正交的. 有

$$\mathbf{g}_i=g_{ij}\mathbf{g}^j \tag{2.68}$$

其中

$$g_{ij} = \mathbf{g}_i \cdot \mathbf{g}_j \tag{2.69}$$

和

$$\mathbf{g}^i = g^{ij}\mathbf{g}_j \tag{2.70}$$

其中

$$g^{ij} = \mathbf{g}^i \cdot \mathbf{g}^j \tag{2.71}$$

[47]

其中, g_{ij} 和 g^{ij} 分别为度规张量的协变分量和逆变分量.

为证明式 (2.68) 成立, 试令

$$\mathbf{g}_i = a_{ik}\mathbf{g}^k \tag{2.72}$$

其中, a_{ik} 是未知元素. 在等号两边同时点乘 $\mathbf{g}_j$, 得到

$$\begin{aligned}\mathbf{g}_i \cdot \mathbf{g}_j &= a_{ik}\mathbf{g}^k \cdot \mathbf{g}_j \\ &= a_{ik}\delta_j^k \\ &= a_{ij}\end{aligned} \tag{2.73}$$

当然, 式 (2.70) 也可以用类似的方法证明 (见习题 2.11).

实际上, 协变基往往是任意选择的, 而逆变基由以上关系式给出.

假设需要利用具有非正交基向量的基. 如果我们简单考虑力 $\mathbf{R}$ 通过位移 $\mathbf{u}$ 所做的功 (记为 $\mathbf{R}\cdot\mathbf{u}$), 则可看出用协变基向量和逆变基向量的方便和简洁了. 如果 $\mathbf{R}$ 和 $\mathbf{u}$ 均用以基向量 $\mathbf{g}_i$ 给出的协变基向量表示, 则有

$$\begin{aligned}\mathbf{R}\cdot\mathbf{u} &= (R^1\mathbf{g}_1 + R^2\mathbf{g}_2 + R^3\mathbf{g}_3)\cdot(u^1\mathbf{g}_1 + u^2\mathbf{g}_2 + u^3\mathbf{g}_3) \\ &= R^i u^j g_{ij}\end{aligned} \tag{2.74}$$

另一方面, 如果我们只用协变基表示 $\mathbf{R}$, 而用以基向量 $\mathbf{g}^j$ 给出的逆变基表示 $\mathbf{u}$, 则有更加简单的表示

$$\begin{aligned}\mathbf{R}\cdot\mathbf{u} &= (R^1\mathbf{g}_1 + R^2\mathbf{g}_2 + R^3\mathbf{g}_3)\cdot(u_1\mathbf{g}^1 + u_2\mathbf{g}^2 + u_3\mathbf{g}^3) = R^i u_j \delta_i^j \\ &= R^i u_i\end{aligned} \tag{2.75}$$

图 2.6 给出了在两维情况下该计算的几何表示.

我们将在板元和壳元的推导中应用协变基向量和逆变基向量. 由于涉及应力和应变的乘积 (例如在虚功原理中), 故用逆变分量表示应力张量 (例如式 (2.75) 中的力 $\mathbf{R}$)

$$\boldsymbol{\tau} = \widetilde{\tau}^{mn}\mathbf{g}_m\mathbf{g}_n \tag{2.76}$$

而用协变分量表示应变张量 (例如对式 (2.75) 中的位移)

$$\boldsymbol{\varepsilon} = \widetilde{\varepsilon}_{ij}\mathbf{g}^i\mathbf{g}^j \tag{2.77}$$

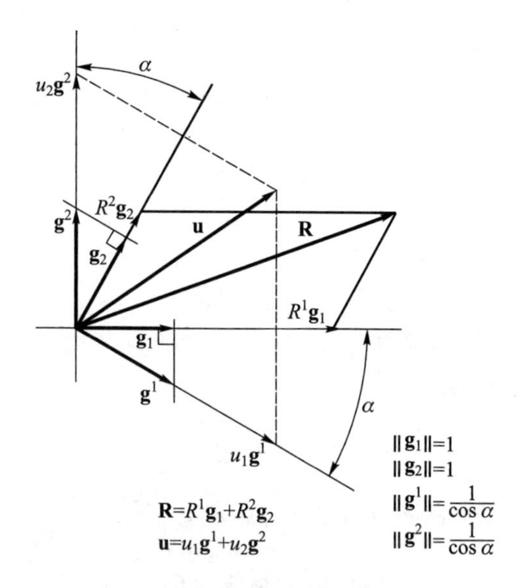

图 2.6 使用协变基向量和逆变基向量的 $\mathbf{R}$ 和 $\mathbf{u}$ 几何表示

[48] 利用这些并矢量我们可以得到应力和应变的乘积

$$\begin{aligned} W &= (\widetilde{\tau}^{mn}\mathbf{g}_m\mathbf{g}_n)\cdot(\widetilde{\varepsilon}_{ij}\mathbf{g}^i\mathbf{g}^j) \\ &= \widetilde{\tau}^{mn}\widetilde{\varepsilon}_{ij}\delta_m^i\delta_n^j \\ &= \widetilde{\tau}^{ij}\widetilde{\varepsilon}_{ij} \end{aligned} \tag{2.78}$$

W 的表达式与式 (2.75) 中的结果一样简单. 请注意, 在这里我们使用约定, 确保此约定得出正确的结果①, 即在点积的计算上, 第一个张量的第一个基向量乘以第二个张量的第一个基向量, 以此类推.

不用各个元素乘积的求和形式表示乘积, 还可简记为

$$W = \boldsymbol{\tau}\cdot\boldsymbol{\varepsilon} \tag{2.79}$$

以此来表示式 (2.78), 可在任何坐标系中都能得到的结果. 实质上, 式 (2.79) 表示两个向量点积记号的一个拓展. 当然, 就 $\mathbf{u}\cdot\mathbf{v}$ 而论, 结果是唯一的, 但是结果可以用不同的方法得到, 就像式 (2.74) 和式 (2.75) 中给出的一样. 类似地, 当写出式 (2.79) 时, 就暗示了 W 的结果是唯一的, 而这个结果也可以用不同方法得到, 但使用 $\widetilde{\tau}^{ij}$ 和 $\widetilde{\varepsilon}_{ij}$ 会很有效 (见例 2.26).

[49] 因此我们注意到协变基和逆变基可按笛卡儿基一样使用, 但在张量的表示和使用上更具有一般性. 考虑以下例子.

例 2.26: 假定对应于笛卡儿基的连续介质中一点上的应力和应变分量为 τ_{ij} 和 ε_{ij}, 且每单位体积的应变能 $U=\dfrac{1}{2}\tau_{ij}\varepsilon_{ij}$. 假设给定协变基向量的一组基 $\mathbf{g}_i, i=1,2,3$. 显式证明 U 的值由 $\dfrac{1}{2}\widetilde{\tau}^{mn}\widetilde{\varepsilon}_{mn}$ 给出.

① 即, 考虑 $(\mathbf{ab})\cdot(\mathbf{cd})$. 令 $\mathbf{A}=\mathbf{ab},\mathbf{B}=\mathbf{cd}$; 则 $\mathbf{A}\cdot\mathbf{B}=A_{ij}B_{ij}=a_ib_jc_id_j=(a_ic_i)(b_jd_j)=(\mathbf{a}\cdot\mathbf{c})(\mathbf{b}\cdot\mathbf{d})$.

这里利用

$$\widetilde{\tau}^{mn}\mathbf{g}_m\mathbf{g}_n = \tau_{ij}\mathbf{e}_i\mathbf{e}_j \tag{a}$$

和

$$\widetilde{\varepsilon}_{mn}\mathbf{g}^m\mathbf{g}^n = \varepsilon_{ij}\mathbf{e}_i\mathbf{e}_j \tag{b}$$

但从式 (a) 和式 (b) 中, 我们可得

$$\tau_{kl} = \widetilde{\tau}^{mn}(\mathbf{g}_m \cdot \mathbf{e}_k)(\mathbf{g}_n \cdot \mathbf{e}_l) \quad \text{对 } m \text{ 和 } n \text{求和}$$

和

$$\varepsilon_{kl} = \widetilde{\varepsilon}_{mn}(\mathbf{g}^m \cdot \mathbf{e}_k)(\mathbf{g}^n \cdot \mathbf{e}_l) \quad \text{对 } m \text{ 和 } n \text{求和}$$

又由于

$$(\mathbf{g}_i \cdot \mathbf{e}_j)(\mathbf{g}^i \cdot \mathbf{e}_j) = 1 \quad \text{对 } j \text{ 求和}$$

得到

$$U = \frac{1}{2}\widetilde{\tau}^{mn}\widetilde{\varepsilon}_{mn}$$

例 2.27: 应力张量 $\tau_{ij}\mathbf{e}_i\mathbf{e}_j$ 的笛卡儿分量 τ_{ij} 为 $\tau_{11} = 100, \tau_{12} = 60, \tau_{22} = 200$, 应变张量 $\varepsilon_{ij}\mathbf{e}_i\mathbf{e}_j$ 的分量 ε_{ij} 为 $\varepsilon_{11} = 0.001, \varepsilon_{12} = 0.002, \varepsilon_{22} = 0.003$.

假设用以下协变应变分量及其逆变应力分量表示应力和应变张量

$$\mathbf{g}_1 = \begin{bmatrix} 1 \\ 0 \end{bmatrix}; \quad \mathbf{g}_2 = \begin{bmatrix} \frac{1}{\sqrt{2}} \\ \frac{1}{\sqrt{2}} \end{bmatrix}$$

计算以上分量, 并用这些分量求出乘积 $\frac{1}{2}\tau_{ij}\varepsilon_{ij}$ 的值.

这里, 利用式 (2.67), 有

$$\mathbf{g}^1 = \begin{bmatrix} 1 \\ -1 \end{bmatrix}; \quad \mathbf{g}^2 = \begin{bmatrix} 0 \\ \sqrt{2} \end{bmatrix}$$

为计算 $\widetilde{\tau}^{ij}$, 我们利用

$$\widetilde{\tau}^{ij}\mathbf{g}_i\mathbf{g}_j = \tau_{mn}\mathbf{e}_m\mathbf{e}_n$$

因此

$$\widetilde{\tau}^{ij} = \tau_{mn}(\mathbf{e}_m \cdot \mathbf{g}^i)(\mathbf{e}_n \cdot \mathbf{g}^j)$$

故, 逆变应力分量为

$$\widetilde{\tau}^{11} = 180; \quad \widetilde{\tau}^{12} = \widetilde{\tau}^{21} = -140\sqrt{2}; \quad \widetilde{\tau}^{22} = 400$$

同理

$$\widetilde{\varepsilon}_{ij}\mathbf{g}^i\mathbf{g}^j = \varepsilon_{mn}\mathbf{e}_m\mathbf{e}_n$$
$$\widetilde{\varepsilon}_{ij} = \varepsilon_{mn}(\mathbf{e}_m \cdot \mathbf{g}_i)(\mathbf{e}_n \cdot \mathbf{g}_j)$$

[50] 协变应变分量为

$$\widetilde{\varepsilon}_{11} = \frac{1}{1\,000}; \quad \widetilde{\varepsilon}_{12} = \widetilde{\varepsilon}_{21} = \frac{3}{1\,000\sqrt{2}}; \quad \widetilde{\varepsilon}_{22} = \frac{4}{1\,000}$$

于是, 有

$$\frac{1}{2}\widetilde{\tau}^{ij}\widetilde{\varepsilon}_{ij} = \frac{1}{2\,000}(180 + 1\,600 - 840) = 0.47$$

这个值同样也等于 $\frac{1}{2}\tau_{ij}\varepsilon_{ij}$.

例 2.28: Green-Lagrange 应变张量定义为

$$\boldsymbol{\varepsilon} = \widetilde{\varepsilon}_{ij}\,{}^0\mathbf{g}^{i\,0}\mathbf{g}^j$$

其中分量为

$$\widetilde{\varepsilon}_{ij} = \frac{1}{2}({}^1\mathbf{g}_i \cdot {}^1\mathbf{g}_j - {}^0\mathbf{g}_i \cdot {}^0\mathbf{g}_j) \tag{a}$$

$${}^0\mathbf{g}_i = \frac{\partial \mathbf{x}}{\partial r_i}; \quad {}^1\mathbf{g}_i = \frac{\partial(\mathbf{x}+\mathbf{u})}{\partial r_i} \tag{b}$$

其中, $\mathbf{x}$ 表示所考虑质点的笛卡儿坐标向量, $\mathbf{u}$ 表示在笛卡儿方向上的位移向量, r_i 为迁移坐标 (在有限元分析中, r_i 为等参坐标, 见第 5.3 节和第 5.4.2 节).

1. 确立应变张量的线性和非线性分量 (在位移上).

2. 假定设迁移坐标与笛卡儿坐标重合. 证明在笛卡儿坐标系中该分量可表示为

$$\varepsilon_{ij} = \frac{1}{2}\left(\frac{\partial u_i}{\partial x_j} + \frac{\partial u_j}{\partial x_i} + \frac{\partial u_k}{\partial x_i}\frac{\partial u_k}{\partial x_j}\right) \tag{c}$$

为确立线性和非线性分量, 将式 (b) 代入式 (a) 中, 因此

$$\widetilde{\varepsilon}_{ij} = \frac{1}{2}\left[\left(\frac{\partial \mathbf{x}}{\partial r_i} + \frac{\partial \mathbf{u}}{\partial r_i}\right)\cdot\left(\frac{\partial \mathbf{x}}{\partial r_j} + \frac{\partial \mathbf{u}}{\partial r_j}\right) - \frac{\partial \mathbf{x}}{\partial r_i}\cdot\frac{\partial \mathbf{x}}{\partial r_j}\right]$$

位移的线性项为

$$\widetilde{\varepsilon}_{ij}|_{线性} = \frac{1}{2}\left(\frac{\partial \mathbf{u}}{\partial r_i}\cdot\frac{\partial \mathbf{x}}{\partial r_j} + \frac{\partial \mathbf{x}}{\partial r_i}\cdot\frac{\partial \mathbf{u}}{\partial r_j}\right) \tag{d}$$

和位移中的非线性项为

$$\widetilde{\varepsilon}_{ij}|_{非线性} = \frac{1}{2}\left(\frac{\partial \mathbf{u}}{\partial r_i}\cdot\frac{\partial \mathbf{u}}{\partial r_j}\right) \tag{e}$$

如果迁移坐标与笛卡儿坐标相同, 则有 $r_i \equiv x_i, i = 1, 2, 3$ 和 $\partial x_i/\partial x_j = \delta_{ij}$. 因此, 式 (d) 变为

$$\varepsilon_{ij}|_{线性} = \frac{1}{2}\left(\frac{\partial u_i}{\partial x_j} + \frac{\partial u_j}{\partial x_i}\right) \tag{f}$$

而式 (e) 变为

$$\varepsilon_{ij}|_{非线性} = \frac{1}{2}\left(\frac{\partial u_k}{\partial x_i}\frac{\partial u_k}{\partial x_j}\right) \tag{g}$$

将线性条件 (f) 和非线性条件 (g) 加起来, 我们便得到式 (c).

前面的讨论只是张量定义和应用的简要介绍. 我们的目的只是介绍张量的基本概念, 以便能对其进行应用 (详见第 6 章). 关于张量, 最重要的一点是张量的分量总是在一个选定的坐标系中表示的, 而采用不同的坐标系这些分量也不同. 从张量的定义可得出如果张量的所有分量在一个坐标系中为零, 则它们在其他任何一个 (容许的) 坐标系中同样为零. 由于给定类型张量的加和减是同类型的张量, 这也表明如果一个张量方程在某一坐标系中建立, 那么它在其他任何一个 (容许的) 坐标系中也成立. 该性质使所考虑张量之间的基本物理关系与具体参考坐标系分离, 这也是张量的最重要的性质: *在工程问题的分析中, 我们关心问题的物理特性, 有关变量之间基本的物理关系必须与所选的具体坐标系是无关的*; 否则, 参考坐标系的一个简单变化就能破坏关系式, 而这些关系式可能只是偶然建立的. 例如, 考虑一受到力系作用的物体. 如果我们用某一个坐标系能证明这个物体处于平衡状态, 那么我们就已证明了这个物体处于平衡状态这一物理事实, 而且这种力平衡在其他任何一个 (容许的) 坐标系中同样成立. [51]

前面的讨论也暗示了工程分析中另一个重要的问题, 即为了高效进行分析, 应选择合适的坐标系. 因为某一坐标系中, 其表示和求解物理关系所需的工作量可能比在另一个坐标系中的工作量要少. 在有限元方法的讨论中 (例如第 4.2 节), 我们将看到在有限元高效分析中, 一个重要的内容是对不同的有限元 (域) 灵活地选择不同的坐标系, 以对整个结构或者连续介质进行建模.

2.5 对称特征问题 $\mathbf{A}\mathbf{v} = \lambda\mathbf{v}$

在第 2.4 节中, 讨论了如何进行基的变换. 在有限元分析中, 通常感兴趣从变分公式中利用基变换得到对称矩阵, 我们将在讨论中假设 $\mathbf{A}$ 是对称的. 例如, 矩阵 $\mathbf{A}$ 可能是单元组合体的刚度矩阵、质量矩阵或热容矩阵.

基变换有很多重要的应用 (见例 2.34 至例 2.36 和第 9 章), 其中对整体求解效率来说, 在变换矩阵中使用特征问题

$$\mathbf{Av} = \lambda\mathbf{v} \tag{2.80}$$

的特征向量进行基变换.

式 (2.80) 是一个标准特征问题. 如果式 (2.80) 求解是为了得到特征值和特征向量, 则 $\mathbf{Av} = \lambda\mathbf{v}$ 被称为特征问题; 反之, 如果只计算特征值, $\mathbf{Av} = \lambda\mathbf{v}$ 则被称为特征值问题. 这一节的任务就是讨论关于式 (2.80) 的解的各种性质.

[52]

矩阵 $\mathbf{A}$ 的阶数为 n. 第一个要点是式 (2.80) 有 n 个非零解. "非零解" 指满足式 (2.80) 的 $\mathbf{v}$ 不能是零向量. 第 i 个非零解由特征值 λ_i 及其特征向量 $\mathbf{v}_i$ 确定, 对此有

$$\mathbf{Av}_i = \lambda_i\mathbf{v}_i \tag{2.81}$$

因此, 每一个解都由特征对组成, 我们将这 n 个解写为 $(\lambda_1, \mathbf{v}_1), (\lambda_2, \mathbf{v}_2), \cdots, (\lambda_n, \mathbf{v}_n)$, 其中

$$\lambda_1 \leqslant \lambda_2 \leqslant, \cdots, \leqslant \lambda_n \tag{2.82}$$

我们也把这 n 个特征值和特征向量称为 $\mathbf{A}$ 的特征系统.

一定有 n 个特征值及其特征向量的证明可通过将式 (2.80) 写成以下形式

$$(\mathbf{A} - \lambda\mathbf{I})\mathbf{v} = \mathbf{0} \tag{2.83}$$

而直接得到.

这些方程总有解, 只要

$$\det(\mathbf{A} - \lambda\mathbf{I}) = 0 \tag{2.84}$$

遗憾的是式 (2.84) 成立的必要条件只能在联立方程的求解后才能得到解释. 为此, 我们将推迟到第 10.2.2 节讨论为什么式 (2.84) 的确是必要的.

应用式 (2.84), 于是 $\mathbf{A}$ 的特征值为下面多项式的根

$$p(\lambda) = \det(\mathbf{A} - \lambda\mathbf{I}) \tag{2.85}$$

该多项式称为 $\mathbf{A}$ 的特征多项式. 由于此多项式的阶数等于 $\mathbf{A}$ 的阶数, 所以有 n 个特征值, 应用式 (2.83) 便得到 n 个相应的特征向量. 应指出, 从式 (2.83) 的解中得出的向量及其倍数都是特征向量.

例 2.29: 考虑矩阵

$$\mathbf{A} = \begin{bmatrix} -1 & 2 \\ 2 & 2 \end{bmatrix}$$

证明此矩阵有两个特征值. 计算其特征值和特征向量.

$\mathbf{A}$ 的特征多项式为

$$p(\lambda) = \det\begin{bmatrix} -1-\lambda & 2 \\ 2 & 2-\lambda \end{bmatrix}$$

采用第 2.2 节中给出的方法计算一个矩阵的行列式 (见例 2.13), 我们得到

$$\begin{aligned} p(\lambda) &= (-1-\lambda)(2-\lambda)-(2)(2) \\ &= \lambda^2-\lambda-6 \\ &= (\lambda+2)(\lambda-3) \end{aligned}$$

多项式的阶为 2, 因此有两个特征值. 事实上, 有

$$\lambda_1 = -2; \quad \lambda_2 = 3$$

相应的特征向量可以通过式 (2.83) 求得. 因此, 对于 λ_1, 有 [53]

$$\begin{bmatrix} -1-(-2) & 2 \\ 2 & 2-(-2) \end{bmatrix} \begin{bmatrix} v_1 \\ v_2 \end{bmatrix} = \begin{bmatrix} 0 \\ 0 \end{bmatrix} \tag{a}$$

其解 (取一个标量因子) 为

$$\mathbf{v}_1 = \begin{bmatrix} 2 \\ -1 \end{bmatrix}$$

对于 λ_2, 有

$$\begin{bmatrix} -1-3 & 2 \\ 2 & 2-3 \end{bmatrix} \begin{bmatrix} v_1 \\ v_2 \end{bmatrix} = \begin{bmatrix} 0 \\ 0 \end{bmatrix} \tag{b}$$

其解 (取一个标量因子) 为

$$\mathbf{v}_2 = \begin{bmatrix} \frac{1}{2} \\ 1 \end{bmatrix}$$

矩阵 $\mathbf{A}$ 的基变换使用式 (2.86) 进行

$$\mathbf{v} = \mathbf{P}\widetilde{\mathbf{v}} \tag{2.86}$$

其中, $\mathbf{P}$ 是一个正交矩阵, $\widetilde{\mathbf{v}}$ 为新基中的解向量. 代入式 (2.80) 中, 我们得到

$$\widetilde{\mathbf{A}}\widetilde{\mathbf{v}} = \lambda\widetilde{\mathbf{v}} \tag{2.87}$$

其中

$$\widetilde{\mathbf{A}} = \mathbf{P}^{\mathrm{T}}\mathbf{A}\mathbf{P} \tag{2.88}$$

由于 $\mathbf{A}$ 是一个对称矩阵, 所以 $\widetilde{\mathbf{A}}$ 也是对称矩阵. 这个变换称为相似变换, 因为 $\mathbf{P}$ 是正交矩阵, 此变换被称为正交相似变换.

如果 $\mathbf{P}$ 不是正交矩阵, 则变换的结果将是

$$\widetilde{\mathbf{A}}\widetilde{\mathbf{v}} = \lambda\mathbf{B}\widetilde{\mathbf{v}} \tag{2.89}$$

其中

$$\widetilde{\mathbf{A}} = \mathbf{P}^{\mathrm{T}}\mathbf{A}\mathbf{P}; \quad \mathbf{B} = \mathbf{P}^{\mathrm{T}}\mathbf{P} \tag{2.90}$$

式 (2.89) 中的特征问题成为广义特征问题. 而由于广义特征问题比一般的特征问题求解更加困难, 所以应避免变换到广义特征问题. 用一个正交矩阵 $\mathbf{P}$ 使得 $\mathbf{B} = \mathbf{I}$ 即可实现.

在基变换中, 应指出, 式 (2.89) 中特征问题 $\widetilde{\mathbf{A}}\widetilde{\mathbf{v}} = \lambda\mathbf{B}\widetilde{\mathbf{v}}$ 与特征问题 $\mathbf{A}\mathbf{v} = \lambda\mathbf{v}$ 有相同的特征值, 而由式 (2.86) 可知特征向量 $\mathbf{v}$ 和 $\widetilde{\mathbf{v}}$ 是相关的. 为证明特征值是相同的, 应考虑使用特征多项式.

对于式 (2.89) 中的特征问题, 有

$$\widetilde{p}(\lambda) = \det(\mathbf{P}^{\mathrm{T}}\mathbf{A}\mathbf{P} - \lambda\mathbf{P}^{\mathrm{T}}\mathbf{P}) \tag{2.91}$$

也可写为

$$\widetilde{p}(\lambda) = \det\mathbf{P}^{\mathrm{T}}\det(\mathbf{A} - \lambda\mathbf{I})\det\mathbf{P} \tag{2.92}$$

故

$$\widetilde{p}(\lambda) = \det\mathbf{P}^{\mathrm{T}}\det\mathbf{P}p(\lambda) \tag{2.93}$$

[54] 其中, $p(\lambda)$ 由式 (2.85) 给出. 因此, 特征问题 $\mathbf{A}\mathbf{v} = \lambda\mathbf{v}$ 与 $\widetilde{\mathbf{A}}\widetilde{\mathbf{v}} = \lambda\mathbf{B}\widetilde{\mathbf{v}}$ 的特征多项式是相同的, 只差一个常因子. 这意味着两个问题的特征值也是相同的.

到目前为止, 我们已经证明了有 n 个特征值及其特征向量, 但是还没有讨论特征值和特征向量的性质.

第一个要点是特征值为实数. 对第 i 个特征对 (λ_i, v_i), 有

$$\mathbf{A}\mathbf{v}_i = \lambda_i\mathbf{v}_i \tag{2.94}$$

假设 $\mathbf{v}_i$ 和 λ_i 为复数, 其中包括了实特征值, 令 $\overline{\mathbf{v}}_i$ 和 $\overline{\lambda}_i$ 为 $\mathbf{v}_i$ 和 λ_i 的复共轭. 然后左乘 $\overline{\mathbf{v}}_i^{\mathrm{T}}$, 得到

$$\overline{\mathbf{v}}_i^{\mathrm{T}}\mathbf{A}\mathbf{v}_i = \lambda_i\overline{\mathbf{v}}_i^{\mathrm{T}}\mathbf{v}_i \tag{2.95}$$

另一方面, 从式 (2.94) 可得到

$$\overline{\mathbf{v}}_i^{\mathrm{T}}\mathbf{A} = \overline{\mathbf{v}}_i^{\mathrm{T}}\overline{\lambda}_i \tag{2.96}$$

右乘 $\mathbf{v}_i$, 有

$$\overline{\mathbf{v}}_i^{\mathrm{T}}\mathbf{A}\mathbf{v}_i = \overline{\lambda}_i\overline{\mathbf{v}}_i^{\mathrm{T}}\mathbf{v}_i \tag{2.97}$$

而式 (2.95) 和式 (2.97) 的左手端是相同的, 因此有

$$(\lambda_i - \overline{\lambda}_i)\overline{\mathbf{v}}_i^{\mathrm{T}}\mathbf{v}_i = 0 \tag{2.98}$$

由于 $\mathbf{v}_i$ 是非零的, 可得 $\lambda_i = \overline{\lambda}_i$, 故特征值一定是实数. 因为系数矩阵 $\mathbf{A} - \lambda\mathbf{I}$ 为实矩阵, 从式 (2.83) 也可推出特征向量为实向量.

另一要点是对应于不同特征值的特征向量是唯一的 (相差一个标量因子) 且是正交的, 而对应于多重特征值的特征向量不是唯一的, 但总可以选择一个正交集.

首先假设特征值是不同的. 在这种情况下, 对于两个特征对, 有

$$\mathbf{A}\mathbf{v}_i = \lambda_i \mathbf{v}_i \tag{2.99}$$

和

$$\mathbf{A}\mathbf{v}_j = \lambda_j \mathbf{v}_j \tag{2.100}$$

对式 (2.99) 左乘 $\mathbf{v}_j^{\mathrm{T}}$, 式 (2.100) 左乘 $\mathbf{v}_i^{\mathrm{T}}$, 得到

$$\mathbf{v}_j^{\mathrm{T}}\mathbf{A}\mathbf{v}_i = \lambda_i \mathbf{v}_j^{\mathrm{T}}\mathbf{v}_i \tag{2.101}$$

$$\mathbf{v}_i^{\mathrm{T}}\mathbf{A}\mathbf{v}_j = \lambda_j \mathbf{v}_i^{\mathrm{T}}\mathbf{v}_j \tag{2.102}$$

对式 (2.102) 取转置, 有

$$\mathbf{v}_j^{\mathrm{T}}\mathbf{A}\mathbf{v}_i = \lambda_j \mathbf{v}_j^{\mathrm{T}}\mathbf{v}_i \tag{2.103}$$

根据式 (2.103) 和式 (2.101), 得到

$$(\lambda_i - \lambda_j)\mathbf{v}_j^{\mathrm{T}}\mathbf{v}_i = 0 \tag{2.104}$$

[55]

由于假设 $\lambda_i \neq \lambda_j$, 于是可得 $\mathbf{v}_j^{\mathrm{T}}\mathbf{v}_i = 0$, 即 $\mathbf{v}_j$ 和 $\mathbf{v}_i$ 是正交的.

此外, 我们归一化向量 $\mathbf{v}_i$ 的元素可得到

$$\mathbf{v}_i^{\mathrm{T}}\mathbf{v}_j = \delta_{ij} \tag{2.105}$$

其中, δ_{ij} 为 Kronecker δ (如果 $i = j$, $\delta_{ij} = 1$; 如果 $i \neq j$, $\delta_{ij} = 0$). 如果式 (2.105) 成立, 则说特征向量是标准正交的.

应指出, 式 (2.83) 的解得到一个向量, 其中只定义了元素的相对幅度大小. 如果所有元素都按比例伸缩, 则该新向量仍然满足式 (2.83). 事实上, 式 (2.83) 的解得到特征向量的方向, 我们用式 (2.105) 中的标准正交条件确定该向量中元素的大小. 因此, 从现在开始, 当我们提及特征向量时, 隐含特征向量为标准正交向量.

例 2.30: 验证例 2.29 中的向量为正交向量并将其标准正交化.

通过 $\mathbf{v}_1^{\mathrm{T}}\mathbf{v}_2$ 来验证正交性, 得到

$$\mathbf{v}_1^{\mathrm{T}}\mathbf{v}_2 = (2)\left(\frac{1}{2}\right) + (-1)(1) = 0$$

故两个向量是正交的. 为标准正交化这两个向量, 需要使向量的长度为 1. 因此, 有

$$\mathbf{v}_1 = \frac{1}{\sqrt{5}}\begin{bmatrix} 2 \\ -1 \end{bmatrix} \quad 或 \quad \mathbf{v}_1 = \frac{1}{\sqrt{5}}\begin{bmatrix} -2 \\ 1 \end{bmatrix}; \quad \mathbf{v}_2 = \frac{1}{\sqrt{5}}\begin{bmatrix} 1 \\ 2 \end{bmatrix} \quad 或 \quad \mathbf{v}_2 = \frac{1}{\sqrt{5}}\begin{bmatrix} -1 \\ -2 \end{bmatrix}$$

现在我们讨论存在多重特征值的情况. 对于多重特征值的情况, 由于式 (2.104) 中 λ_i 等于 λ_j, 所以式 (2.99) 至式 (2.105) 中给出的关于特征向量标准正交的证明不可行. 假设 $\lambda_i = \lambda_{i+1} = \cdots = \lambda_{i+m-1}$; 即 λ_i 是一个 m 重根. 则我们能证明选择对应于 $\lambda_i, \lambda_{i+1}, \cdots, \lambda_{i+m-1}$ 的 m 个标准正交特征向量仍然总是可行的. 因为对于一个 n 阶对称矩阵, 总能构造一个包含 n 个正交特征向量的完备集合. 对应每一个不同的特征值, 有一个维数与特征值重数相等的特征空间. 所有的特征空间都是唯一的, 且与其他不同特征值对应的特征空间正交. 与特征值对应的特征向量为特征空间提供基向量, 由于如果 $m > 1$, 则基不唯一, 因此对应于多重特征值的特征向量也不唯一. 这些陈述的严格证明是对前面所讨论原则的应用, 将在下例中给出该证明.

例 2.31: 证明一个 n 阶对称矩阵 $\mathbf{A}$ 总有 n 个标准正交特征向量.

假设已经算出一个特征值 λ_i 及其特征向量 $\mathbf{v}_i$. 现构造一个正交矩阵 $\mathbf{Q}$, 其第一列为 $\mathbf{v}_i$

$$\mathbf{Q} = \begin{bmatrix} \mathbf{v}_i & \widehat{\mathbf{Q}} \end{bmatrix}; \quad \mathbf{Q}^{\mathrm{T}}\mathbf{Q} = \mathbf{I}$$

因为 $\mathbf{Q}$ 中的向量为 $\mathbf{A}$ 所定义的 n 维空间提供了一个标准正交基, 所以这个矩阵总是可以构造出来的. 我们现在可计算

$$\mathbf{Q}^{\mathrm{T}}\mathbf{A}\mathbf{Q} = \begin{bmatrix} \lambda_i & \mathbf{0} \\ \mathbf{0} & \mathbf{A}_1 \end{bmatrix} \tag{a}$$

[56] 其中

$$\mathbf{A}_1 = \widehat{\mathbf{Q}}^{\mathrm{T}}\mathbf{A}\widehat{\mathbf{Q}}$$

且 $\mathbf{A}_1$ 是 $(n-1)$ 阶的满秩矩阵. 如果 $n = 2$, 则 $\mathbf{Q}^{\mathrm{T}}\mathbf{A}\mathbf{Q}$ 是一个对角矩阵. 此时, 如果左乘 $\mathbf{Q}$ 并令 $\alpha \equiv \mathbf{A}_1$, 则得到

$$\mathbf{A}\mathbf{Q} = \mathbf{Q}\begin{bmatrix} \lambda_i & \mathbf{0} \\ \mathbf{0} & \alpha \end{bmatrix}$$

故 $\widehat{\mathbf{Q}}$ 中的向量是另一个特征向量, 且 α 是另一个特征值, 不管 λ_i 是不是多重特征值.

完整的证明现由归纳法实现. 假设结论对于 $(n-1)$ 阶矩阵是正确的; 则我们将证明对于 n 阶矩阵它也是成立的. 既然我们论证了结论对 $n = 2$ 是正确的, 这表明对于任何 n, 它都是正确的.

一个 $(n-1)$ 阶矩阵有 $(n-1)$ 个标准正交特征向量, 由此有

$$\mathbf{Q}_1^{\mathrm{T}}\mathbf{A}_1\mathbf{Q}_1 = \mathbf{\Lambda} \tag{b}$$

其中, $\mathbf{Q}_1$ 是由 $\mathbf{A}_1$ 的特征向量构成的矩阵, $\mathbf{\Lambda}$ 是由 $\mathbf{A}_1$ 的特征值构成的对角矩阵. 如果定义

$$\mathbf{S} = \begin{bmatrix} 1 & \mathbf{0} \\ \mathbf{0} & \mathbf{Q}_1 \end{bmatrix}$$

则有

$$\mathbf{S}^{\mathrm{T}}\mathbf{Q}^{\mathrm{T}}\mathbf{A}\mathbf{Q}\mathbf{S}=\begin{bmatrix}\lambda_i & \mathbf{0}\\ \mathbf{0} & \mathbf{\Lambda}\end{bmatrix} \tag{c}$$

令

$$\mathbf{P}=\mathbf{Q}\mathbf{S};\quad \mathbf{P}^{\mathrm{T}}\mathbf{P}=\mathbf{I}$$

则对式 (c) 左乘 $\mathbf{P}$, 得到

$$\mathbf{A}\mathbf{P}=\mathbf{P}\begin{bmatrix}\lambda_i & \mathbf{0}\\ \mathbf{0} & \mathbf{\Lambda}\end{bmatrix}$$

因此, 在假设式 (b) 下, 结论对于 n 阶矩阵同样成立, 证明完毕.

例 2.32: 证明对应于 m 重特征值的特征向量定义了一个 m 维空间, 且空间内每个向量也是一个特征向量. 这个空间称为对应于特征值的特征空间.

令 λ_i 为一个 m 重特征值, 即有

$$\lambda_i=\lambda_{i+1}=\cdots=\lambda_{i+m-1}$$

在例 2.31 中我们证明了 λ_i 有 m 个标准正交特征向量 $\mathbf{v}_i,\mathbf{v}_{i+1},\cdots,\mathbf{v}_{i+m-1}$. 这些向量构成了一个 m 维空间的基. 对此空间内的任何一个向量 $\mathbf{w}$, 如

$$\mathbf{w}=\alpha_i\mathbf{v}_i+\alpha_{i+1}\mathbf{v}_{i+1}+\cdots+\alpha_{i+m-1}\mathbf{v}_{i+m-1}$$

其中, $\alpha_i,\alpha_{i+1},\cdots,\alpha_{i+m-1}$ 是常数. 向量 $\mathbf{w}$ 也是一个特征向量, 因为有

$$\mathbf{A}\mathbf{w}=\alpha_i\mathbf{A}\mathbf{v}_i+\alpha_{i+1}\mathbf{A}\mathbf{v}_{i+1}+\cdots+\alpha_{i+m-1}\mathbf{A}\mathbf{v}_{i+m-1}$$

由此

$$\mathbf{A}\mathbf{w}=\alpha_i\lambda_i\mathbf{v}_i+\alpha_{i+1}\lambda_i\mathbf{v}_{i+1}+\cdots+\alpha_{i+m-1}\lambda_i\mathbf{v}_{i+m-1}=\lambda_i\mathbf{w}$$

因此, 这个由 m 个特征向量 $\mathbf{v}_i,\mathbf{v}_{i+1},\cdots,\mathbf{v}_{i+m-1}$ 张成的空间内的任何向量 $\mathbf{w}$ 也是一个特征向量. 应指出, 向量 $\mathbf{w}$ 与对应于不等于 λ_i 的特征值的特征向量是正交的. 因此存在一个特征空间, 对应于每一个、不同或多重的特征值. 特征空间的维数等于特征值的重数. [57]

由于已介绍了 $\mathbf{A}$ 的特征向量和特征值的主要性质, 我们就可以用各种形式写出 $\mathbf{A}\mathbf{v}=\lambda\mathbf{v}$ 的 n 个解. 首先, 有

$$\mathbf{A}\mathbf{V}=\mathbf{V}\mathbf{\Lambda} \tag{2.106}$$

其中, $\mathbf{V}$ 是含有特征向量的矩阵, $\mathbf{V}=[\mathbf{v}_1,\cdots,\mathbf{v}_n]$, 其中, $\mathbf{\Lambda}$ 是一个在它的对角线上包含对应的特征值的对角矩阵, $\mathbf{\Lambda}=\mathrm{diag}(\lambda_i)$. 利用特征向量的正交性质 (例如, $\mathbf{V}^{\mathrm{T}}\mathbf{V}=\mathbf{I}$), 因此从式 (2.106) 中可以得到

$$\mathbf{V}^{\mathrm{T}}\mathbf{A}\mathbf{V}=\mathbf{\Lambda} \tag{2.107}$$

而且, 得到 $\mathbf{A}$ 的谱分解

$$\mathbf{A}=\mathbf{V\Lambda V}^{\mathrm{T}} \tag{2.108}$$

其中能很方便地将 $\mathbf{A}$ 的谱分解写做

$$\mathbf{A}=\sum_{i=1}^{n}\lambda_i\mathbf{v}_i\mathbf{v}_i^{\mathrm{T}} \tag{2.109}$$

应指出这些方程的每一个表示特征问题 $\mathbf{Av}=\lambda\mathbf{v}$ 的解. 考虑下面的例子.

例 2.33: 对例 2.29 中所用的矩阵 $\mathbf{A}$, 建立关系式 (2.106) 至式 (2.109).

$\mathbf{A}$ 中的特征值和特征向量在例 2.29 和例 2.30 中已经算出. 使用这些例子中的数据, 对式 (2.106), 有

$$\begin{bmatrix}-1 & 2\\ 2 & 2\end{bmatrix}\begin{bmatrix}-\dfrac{2}{\sqrt{5}} & \dfrac{1}{\sqrt{5}}\\ \dfrac{1}{\sqrt{5}} & \dfrac{2}{\sqrt{5}}\end{bmatrix}=\begin{bmatrix}-\dfrac{2}{\sqrt{5}} & \dfrac{1}{\sqrt{5}}\\ \dfrac{1}{\sqrt{5}} & \dfrac{2}{\sqrt{5}}\end{bmatrix}\begin{bmatrix}-2 & 0\\ 0 & 3\end{bmatrix}$$

对式 (2.107), 有

$$\begin{bmatrix}-\dfrac{2}{\sqrt{5}} & \dfrac{1}{\sqrt{5}}\\ \dfrac{1}{\sqrt{5}} & \dfrac{2}{\sqrt{5}}\end{bmatrix}\begin{bmatrix}-1 & 2\\ 2 & 2\end{bmatrix}\begin{bmatrix}-\dfrac{2}{\sqrt{5}} & \dfrac{1}{\sqrt{5}}\\ \dfrac{1}{\sqrt{5}} & \dfrac{2}{\sqrt{5}}\end{bmatrix}=\begin{bmatrix}-2 & 0\\ 0 & 3\end{bmatrix}$$

对式 (2.108), 有

$$\begin{bmatrix}-1 & 2\\ 2 & 2\end{bmatrix}=\begin{bmatrix}-\dfrac{2}{\sqrt{5}} & \dfrac{1}{\sqrt{5}}\\ \dfrac{1}{\sqrt{5}} & \dfrac{2}{\sqrt{5}}\end{bmatrix}\begin{bmatrix}-2 & 0\\ 0 & 3\end{bmatrix}\begin{bmatrix}-\dfrac{2}{\sqrt{5}} & \dfrac{1}{\sqrt{5}}\\ \dfrac{1}{\sqrt{5}} & \dfrac{2}{\sqrt{5}}\end{bmatrix}$$

并且对式 (2.109), 有

$$\mathbf{A}=(-2)\begin{bmatrix}-\dfrac{2}{\sqrt{5}}\\ \dfrac{1}{\sqrt{5}}\end{bmatrix}\begin{bmatrix}-\dfrac{2}{\sqrt{5}} & \dfrac{1}{\sqrt{5}}\end{bmatrix}+(3)\begin{bmatrix}\dfrac{1}{\sqrt{5}}\\ \dfrac{2}{\sqrt{5}}\end{bmatrix}\begin{bmatrix}\dfrac{1}{\sqrt{5}} & \dfrac{2}{\sqrt{5}}\end{bmatrix}$$

式 (2.107) 和式 (2.108) 可有效地用于各种的重要应用. 下例的目的便是介绍使用上述关系式的求解过程.

[58]

例 2.34: 计算给定矩阵 $\mathbf{A}$ 的 k 次幂, 即计算 $\mathbf{A}^k$. 利用在例 2.29 中的 $\mathbf{A}$ 说明结果.

一种计算 $\mathbf{A}^k$ 的方法是简单地计算 $\mathbf{A}^2=\mathbf{AA},\mathbf{A}^4=\mathbf{A}^2\mathbf{A}^2$ 等. 而如果 k 很大, 则使用 $\mathbf{A}$ 的谱分解可能更有效率. 假设已经计算出了 $\mathbf{A}$ 的特征值和特征向量; 即有

$$\mathbf{A}=\mathbf{V\Lambda V}^{\mathrm{T}}$$

为了计算 $\mathbf{A}^2$, 使用

$$\mathbf{A}^2=\mathbf{V}\boldsymbol{\Lambda}\mathbf{V}^{\mathrm{T}}\mathbf{V}\boldsymbol{\Lambda}\mathbf{V}^{\mathrm{T}}$$

由于 $\mathbf{V}^{\mathrm{T}}\mathbf{V}=\mathbf{I}$, 有

$$\mathbf{A}^2=\mathbf{V}\boldsymbol{\Lambda}^2\mathbf{V}^{\mathrm{T}}$$

按类似的方式进行, 因此得到

$$\mathbf{A}^k=\mathbf{V}\boldsymbol{\Lambda}^k\mathbf{V}^{\mathrm{T}}$$

例如, 令 $\mathbf{A}$ 为例 2.29 中考虑的矩阵, 则有

$$\mathbf{A}^k=\frac{1}{\sqrt{5}}\begin{bmatrix}-2 & 1\\ 1 & 2\end{bmatrix}\begin{bmatrix}(-2)^k & 0\\ 0 & (3)^k\end{bmatrix}\frac{1}{\sqrt{5}}\begin{bmatrix}-2 & 1\\ 1 & 2\end{bmatrix}$$

或者

$$\mathbf{A}^k=\frac{1}{5}\left[\begin{array}{c:c}(-2)^{k+2}+(3)^k & (-2)^{k+1}+(2)(3)^k\\ \hdashline (-2)^{k+1}+(2)(3)^k & (-2)^k+(4)(3)^k\end{array}\right]$$

有趣的是, 注意到如果 $\mathbf{A}$ 的所有的特征值的最大的绝对值比 1 小, 有当 k 趋向于无穷, 则 $\mathbf{A}^k$ 趋向于 $\mathbf{0}$. 因此, 定义 $\mathbf{A}$ 的谱半径为

$$\rho(\mathbf{A})=\max_{\text{所有 } i}|\lambda_i|$$

只要 $\rho(\mathbf{A})<1$, 则有 $\lim\limits_{k\to\infty}\mathbf{A}^k=\mathbf{0}$.

例 2.35: 考虑微分方程组

$$\dot{\mathbf{x}}+\mathbf{A}\mathbf{x}=\mathbf{f}(t) \tag{a}$$

使用 $\mathbf{A}$ 的谱分解来求解. 使用在例 2.29 中矩阵 $\mathbf{A}$ 来说明所得结果, 并且

$$\mathbf{f}(t)=\begin{bmatrix}\mathrm{e}^{-t}\\ 0\end{bmatrix};\quad {}^0\mathbf{x}=\begin{bmatrix}1\\ 1\end{bmatrix}$$

其中, ${}^0\mathbf{x}$ 是初始条件.

将 $\mathbf{A}=\mathbf{V}\boldsymbol{\Lambda}\mathbf{V}^{\mathrm{T}}$ 代入, 并且左乘 $\mathbf{V}^{\mathrm{T}}$, 得到

$$\mathbf{V}^{\mathrm{T}}\dot{\mathbf{x}}+\boldsymbol{\Lambda}(\mathbf{V}^{\mathrm{T}}\mathbf{x})=\mathbf{V}^{\mathrm{T}}\mathbf{f}(t)$$

因此, 如果定义 $\mathbf{y}=\mathbf{V}^{\mathrm{T}}\mathbf{x}$, 我们需要求解方程

$$\dot{\mathbf{y}}+\boldsymbol{\Lambda}\mathbf{y}=\mathbf{V}^{\mathrm{T}}\mathbf{f}(t)$$

这是 n 个解耦的微分方程组. 考虑到第 r 个方程, 典型表达式为 [59]

$$\dot{y}_r + \lambda_r y_r = \mathbf{v}_r^{\mathrm{T}} \mathbf{f}(t)$$

它的解是

$$y_r(t) = {}^0y_r \mathrm{e}^{-\lambda_r t} + \mathrm{e}^{-\lambda_r t} \int_0^t \mathrm{e}^{\lambda_r \tau} \mathbf{v}_r^{\mathrm{T}} \mathbf{f}(\tau) \mathrm{d}\tau$$

其中, ${}^0y_r$ 是时刻 t=0 的 y_r 值. 方程组 (a) 的解是

$$\mathbf{x} = \sum_{r=1}^{n} \mathbf{v}_r y_r \tag{b}$$

作为一个例子, 考虑微分方程组

$$\begin{bmatrix} \dot{x}_1 \\ \dot{x}_2 \end{bmatrix} + \begin{bmatrix} -1 & 2 \\ 2 & 2 \end{bmatrix} \begin{bmatrix} x_1 \\ x_2 \end{bmatrix} = \begin{bmatrix} \mathrm{e}^{-t} \\ 0 \end{bmatrix}$$

在这种情况中, 应求解两个解耦的微分方程

$$\begin{aligned} \dot{y}_1 + (-2)y_1 &= 2\mathrm{e}^{-t} \\ \dot{y}_2 + \quad 3y_2 &= \mathrm{e}^{-t} \end{aligned}$$

其中, 初始条件

$${}^0\mathbf{y} = \mathbf{V}^{\mathrm{T}0}\mathbf{x} = \frac{1}{\sqrt{5}} \begin{bmatrix} 2 & -1 \\ 1 & 2 \end{bmatrix} \begin{bmatrix} 1 \\ 1 \end{bmatrix} = \frac{1}{\sqrt{5}} \begin{bmatrix} 1 \\ 3 \end{bmatrix}$$

得到

$$\begin{aligned} y_1 &= \frac{1}{\sqrt{5}}\mathrm{e}^{2t} - \frac{2}{3}\mathrm{e}^{-t} \\ y_2 &= \frac{3}{\sqrt{5}}\mathrm{e}^{-3t} + \frac{1}{2}\mathrm{e}^{-t} \end{aligned}$$

因此, 使用式 (b), 有

$$\begin{aligned} \begin{bmatrix} x_1 \\ x_2 \end{bmatrix} &= \frac{1}{\sqrt{5}} \left(\begin{bmatrix} 2 \\ -1 \end{bmatrix} y_1 + \begin{bmatrix} 1 \\ 2 \end{bmatrix} y_2 \right) \\ &= \begin{bmatrix} -\frac{\sqrt{5}}{6}\mathrm{e}^{-t} + \frac{3}{5}\mathrm{e}^{-3t} + \frac{2}{5}\mathrm{e}^{2t} \\ \frac{\sqrt{5}}{3}\mathrm{e}^{-t} + \frac{6}{5}\mathrm{e}^{-3t} - \frac{1}{5}\mathrm{e}^{2t} \end{bmatrix} \end{aligned}$$

总之, 注意到通过引入辅助变量后, 高阶微分方程可以化为一阶微分方程组. 但此时矩阵 $\mathbf{A}$ 的系数是非对称的.

例 2.36: 使用 $n \times n$ 的对称矩阵 $\mathbf{A}$ 的谱分解计算矩阵的逆. 使用在例 2.29 中的矩阵 $\mathbf{A}$ 说明所得结果.

假设已经算出了矩阵 $\mathbf{A}$ 的特征值 λ_i 及其矩阵向量 $\mathbf{v}_i, i=1,\cdots,n$, 求解特征问题

$$\mathbf{A}\mathbf{v}=\lambda\mathbf{v} \tag{a}$$

用 $\lambda^{-1}\mathbf{A}^{-1}$ 左乘式 (a) 两边, 得到特征问题 [60]

$$\mathbf{A}^{-1}\mathbf{v}=\lambda^{-1}\mathbf{v}$$

但该式表明 $\mathbf{A}^{-1}$ 的特征值是 $1/\lambda_i$, 特征向量是 $\mathbf{v}_i,\ i=1,\cdots,n$. 因此对于 $\mathbf{A}^{-1}$ 使用式 (2.109), 有

$$\mathbf{A}^{-1}=\mathbf{V}\mathbf{\Lambda}^{-1}\mathbf{V}^{\mathrm{T}}$$

或者

$$\mathbf{A}^{-1}=\sum_{i=1}^{n}\left(\frac{1}{\lambda_i}\right)\mathbf{v}_i\mathbf{v}_i^{\mathrm{T}}$$

该式表明如果矩阵有一个零特征值, 就不能得到 $\mathbf{A}$ 的逆阵.

例如, 我们计算例 2.29 中所考虑矩阵 $\mathbf{A}$ 的逆阵. 此时, 有

$$\mathbf{A}^{-1}=\frac{1}{5}\begin{bmatrix}2 & 1\\ -1 & 2\end{bmatrix}\begin{bmatrix}-\dfrac{1}{2} & 0\\ 0 & \dfrac{1}{3}\end{bmatrix}\begin{bmatrix}2 & -1\\ 1 & 2\end{bmatrix}=\frac{1}{6}\begin{bmatrix}-2 & 2\\ 2 & 1\end{bmatrix}$$

变换式 (2.107) 的关键点是在式 (2.107) 中进行了基变换 (见式 (2.86) 和式 (2.88)). 由于 $\mathbf{V}$ 中向量对应于一个新基, 则它们张成 n 维空间, 而 $\mathbf{A}$ 和 $\mathbf{\Lambda}$ 定义于该空间, 任意向量 $\mathbf{w}$ 可表示为特征向量 $\mathbf{v}_i$ 的线性组合; 即有

$$\mathbf{w}=\sum_{i=1}^{n}\alpha_i\mathbf{v}_i \tag{2.110}$$

一个重要的事实是 $\mathbf{\Lambda}$ 直接确定矩阵 $\mathbf{A}$ 和 $\mathbf{\Lambda}$ 是否是奇异的. 使用在第 2.2 节中给出的定义, 得出当且仅当有一个特征值等于零, 则 $\mathbf{\Lambda}$ 是奇异的, 故 $\mathbf{A}$ 是奇异的, 此时无法计算 $\mathbf{A}$. 在这种情况下, 定义一些其他的术语是有用的. 如果所有的特征值是正的, 称矩阵是*正定的*. 如果所有的特征值大于零或等于零, 则矩阵是*半正定的*; 如果有负的、零或正的特征值, 则矩阵是*不定的*.

2.6 Rayleigh 商和特征值的极小极大特性

在第 2.5 节, 我们定义了特征问题 $\mathbf{A}\mathbf{v}=\lambda\mathbf{v}$, 并且讨论了有关问题求解的基本性质. 本节主要目的是补充一些很有用原理的基本内容.

许多重要原理是使用 Rayleigh 商 $\rho(\mathbf{v})$ 导出的, 其中 Rayleigh 商定义为

$$\rho(\mathbf{v}) = \frac{\mathbf{v}^{\mathrm{T}}\mathbf{A}\mathbf{v}}{\mathbf{v}^{\mathrm{T}}\mathbf{v}} \tag{2.111}$$

第一个重要的事实是

$$\lambda_1 \leqslant \rho(\mathbf{v}) \leqslant \lambda_n \tag{2.112}$$

使用第 2.5 节中给出的定义可得到该结果, 对于任意的向量 $\mathbf{v}$, 如果 $\mathbf{A}$ 是正定的, 则 $\rho(\mathbf{v}) > 0$; 如果 $\mathbf{A}$ 是半正定, 则 $\rho(\mathbf{v}) \geqslant 0$; 对于不定的 $\mathbf{A}, \rho(\mathbf{v})$ 可以是负的、零或正的. 为了证明式 (2.112), 使用

[61]

$$\mathbf{v} = \sum_{i=1}^{n} \alpha_i \mathbf{v}_i \tag{2.113}$$

其中, $\mathbf{v}_i$ 是 $\mathbf{A}$ 的特征向量. 将 $\mathbf{v}$ 代入式 (2.111), 并使用 $\mathbf{A}\mathbf{v}_i = \lambda_i \mathbf{v}_i$, $\mathbf{v}_i^{\mathrm{T}}\mathbf{v}_j = \delta_{ij}$, 得到

$$\rho(\mathbf{v}) = \frac{\lambda_1 \alpha_1^2 + \lambda_2 \alpha_2^2 + \cdots + \lambda_n \alpha_n^2}{\alpha_1^2 + \alpha_2^2 + \cdots + \alpha_n^2} \tag{2.114}$$

因此, 如果 $\lambda_1 \neq 0$, 得

$$\rho(\mathbf{v}) = \lambda_1 \frac{\alpha_1^2 + (\lambda_2/\lambda_1)\alpha_2^2 + \cdots + (\lambda_n/\lambda_1)\alpha_n^2}{\alpha_1^2 + \alpha_2^2 + \cdots + \alpha_n^2} \tag{2.115}$$

并且如果 $\lambda_n \neq 0$, 得

$$\rho(\mathbf{v}) = \lambda_n \frac{(\lambda_1/\lambda_n)\alpha_1^2 + (\lambda_2/\lambda_n)\alpha_2^2 + \cdots + \alpha_n^2}{\alpha_1^2 + \alpha_2^2 + \cdots + \alpha_n^2} \tag{2.116}$$

由于 $\lambda_1 \leqslant \lambda_2 \leqslant \cdots \leqslant \lambda_n$, 式 (2.114) 至式 (2.116) 表明式 (2.112) 成立. 进一步说, 可看出如果 $\mathbf{v} = \mathbf{v}_i$, 有 $\rho(\mathbf{v}) = \lambda_j$.

考虑到 Rayleigh 商的实际应用, 下面的性质是极具价值的. 假设 $\mathbf{v}$ 是特征向量 $\mathbf{v}_i$ 的一个近似值; 即假设 ε 很小, 有

$$\mathbf{v} = \mathbf{v}_i + \varepsilon \mathbf{x} \tag{2.117}$$

则 $\mathbf{v}$ 的 Rayleigh 商将给出 ε^2 阶的 λ_i 的近似值, 即

$$\rho(\mathbf{v}) = \lambda_i + o(\varepsilon^2) \tag{2.118}$$

其中, 符号 $o(\varepsilon^2)$ 表示 "ε^2 阶的", 表明如果 $\delta = o(\varepsilon^2)$, 则 $|\delta| \leqslant b\varepsilon^2$, 其中, b 是一个常数.

为证明 Rayleigh 商的性质, 把式 (2.113) 中的 $\mathbf{v}$ 代入到 Rayleigh 商的表达式中, 得到

$$\rho(\mathbf{v}_i + \varepsilon \mathbf{x}) = \frac{(\mathbf{v}_i^{\mathrm{T}} + \varepsilon \mathbf{x}^{\mathrm{T}})\mathbf{A}(\mathbf{v}_i + \varepsilon \mathbf{x})}{(\mathbf{v}_i^{\mathrm{T}} + \varepsilon \mathbf{x}^{\mathrm{T}})(\mathbf{v}_i + \varepsilon \mathbf{x})} \tag{2.119}$$

或

$$\rho(\mathbf{v}_i+\varepsilon\mathbf{x})=\frac{\mathbf{v}_i^{\mathrm{T}}\mathbf{A}\mathbf{v}_i+2\varepsilon\mathbf{v}_i^{\mathrm{T}}\mathbf{A}\mathbf{x}+\varepsilon^2\mathbf{x}^{\mathrm{T}}\mathbf{A}\mathbf{x}}{\mathbf{v}_i^{\mathrm{T}}\mathbf{v}_i+2\varepsilon\mathbf{x}^{\mathrm{T}}\mathbf{v}_i+\varepsilon^2\mathbf{x}^{\mathrm{T}}\mathbf{x}} \tag{2.120}$$

但由于 $\mathbf{x}$ 是 $\mathbf{v}_i$ 的偏差, 可以写做

$$\mathbf{x}=\sum_{\substack{j=1\\j\neq i}}^{n}\alpha_j\mathbf{v}_j \tag{2.121}$$

再利用 $\mathbf{v}_i^{\mathrm{T}}\mathbf{v}_j=\delta_{ij}$ 和 $\mathbf{A}\mathbf{v}_j=\lambda_j\mathbf{v}_j$, 有 $\mathbf{v}_i^{\mathrm{T}}\mathbf{A}\mathbf{x}=0$ 和 $\mathbf{x}^{\mathrm{T}}\mathbf{v}_i=0$, 因此

$$\rho(\mathbf{v}_i+\varepsilon\mathbf{x})=\frac{\lambda_i+\varepsilon^2\displaystyle\sum_{\substack{j=1\\j\neq i}}^{n}\alpha_j^2\lambda_j}{1+\varepsilon^2\displaystyle\sum_{\substack{j=1\\j\neq i}}^{n}\alpha_j^2} \tag{2.122}$$

使用二项式定理展开式 (2.122) 中的分母, 有

[62]

$$\rho(\mathbf{v}_i+\varepsilon\mathbf{x})=\left(\lambda_i+\varepsilon^2\sum_{\substack{j=1\\j\neq i}}^{n}\alpha_j^2\lambda_j\right)\left[1-\varepsilon^2\left(\sum_{\substack{j=1\\j\neq i}}^{n}\alpha_j^2\right)+\varepsilon^4\left(\sum_{\substack{j=1\\j\neq i}}^{n}\alpha_j^2\right)^2+\cdots\right] \tag{2.123}$$

或者

$$\rho(\mathbf{v}_i+\varepsilon\mathbf{x})=\lambda_i+\varepsilon^2\left(\sum_{\substack{j=1\\j\neq i}}^{n}\alpha_j^2\lambda_j-\lambda_i\sum_{\substack{j=1\\j\neq i}}^{n}\alpha_j^2\right)+\text{高阶项} \tag{2.124}$$

式 (2.118) 是成立的. 我们用一个简单的例子来说明上述结果.

例 2.37: 计算在例 2.29 中使用的矩阵 $\mathbf{A}$ 的 Rayleigh 商 $\rho(\mathbf{v})$. 使用例 2.29 中的 $\mathbf{v}_1$ 和 $\mathbf{v}_2$, 考虑下面的情况:

1. $\mathbf{v}=\mathbf{v}_1+2\mathbf{v}_2$; 2. $\mathbf{v}=\mathbf{v}_1$; 3. $\mathbf{v}=\mathbf{v}_1+0.02\mathbf{v}_2$.

在情况 1, 有

$$\mathbf{v}=\begin{bmatrix}2\\-1\end{bmatrix}+\begin{bmatrix}1\\2\end{bmatrix}=\begin{bmatrix}3\\1\end{bmatrix},$$

故

$$\rho(\mathbf{v})=\frac{[3\quad 1]\begin{bmatrix}-1&2\\2&2\end{bmatrix}\begin{bmatrix}3\\1\end{bmatrix}}{[3\quad 1]\begin{bmatrix}3\\1\end{bmatrix}}=\frac{1}{2}$$

前面有 $\lambda_1 = -2$ 和 $\lambda_2 = 3$, 正如所期望的, 得

$$\lambda_1 \leqslant \rho(\mathbf{v}) \leqslant \lambda_2$$

在情况 2 中, 有

$$\mathbf{v} = \begin{bmatrix} 2 \\ -1 \end{bmatrix},$$

故

$$\rho(\mathbf{v}) = \frac{[2 \quad -1]\begin{bmatrix} -1 & 2 \\ 2 & 2 \end{bmatrix}\begin{bmatrix} 2 \\ -1 \end{bmatrix}}{[2 \quad -1]\begin{bmatrix} 2 \\ -1 \end{bmatrix}} = -2$$

因此正如所期望的, $\rho(\mathbf{v}) = \lambda_1$.

最后, 在情况 3 中, 使用

$$\mathbf{v} = \begin{bmatrix} 2 \\ -1 \end{bmatrix} + \begin{bmatrix} 0.01 \\ 0.02 \end{bmatrix} = \begin{bmatrix} 2.01 \\ -0.98 \end{bmatrix}$$

因此

$$\rho(\mathbf{v}) = \frac{[2.01 \quad -0.98]\begin{bmatrix} -1 & 2 \\ 2 & 2 \end{bmatrix}\begin{bmatrix} 2.01 \\ -0.98 \end{bmatrix}}{[2.01 \quad -0.98]\begin{bmatrix} 2.01 \\ -0.98 \end{bmatrix}} = -1.999\,500\,05$$

这里注意到 $\rho(\mathbf{v}) > \lambda_1$, 且 $\rho(\mathbf{v})$ 近似于 λ_1 比 $\mathbf{v}$ 近似于 $\mathbf{v}_1$ 的程度更好一些.

[63] 介绍完 Rayleigh 商后, 我们继续介绍一个非常重要的原理, 特征值的极小极大特性. 从 Rayleigh 原理中知道

$$\rho(\mathbf{v}) \geqslant \lambda_1 \tag{2.125}$$

其中, $\mathbf{v}$ 是任意的向量. 换句话说, 如果我们考虑不同的 $\mathbf{v}$, 将总有 $\rho(\mathbf{v}) \geqslant \lambda_1$, 当 $\mathbf{v} = \mathbf{v}_1$ 时将取得最小值, 其中 $\rho(\mathbf{v}_1) = \lambda_1$. 如果现对 $\mathbf{v}$ 施加一个约束, 即 $\mathbf{v}$ 正交于一个特定向量 $\mathbf{w}$, 我们考虑满足该条件的 $\rho(\mathbf{v})$ 极小值的问题. 在计算完具有 $\mathbf{v}^{\mathrm{T}}\mathbf{w} = 0$ 条件下的极小值 $\rho(\mathbf{v})$ 后, 可开始改变 $\mathbf{w}$, 对每一个新的 $\mathbf{w}$ 计算一个新的 $\rho(\mathbf{v})$ 极小值. 然后可找出所计算的所有极小值中的最大值是 λ_2. 该结果可推广为下面的原理, 称之为特征值的极小极大特性

$$\lambda_r = \max\left\{\min \frac{\mathbf{v}^{\mathrm{T}}\mathbf{A}\mathbf{v}}{\mathbf{v}^{\mathrm{T}}\mathbf{v}}\right\} \quad r = 1, \cdots, n \tag{2.126}$$

且对 $i = 1, \cdots, r-1, r \geqslant 2$, $\mathbf{v}$ 满足 $\mathbf{v}^{\mathrm{T}}\mathbf{w}_i = 0$. 在 (2.126) 中, 先选择向量 $\mathbf{w}_i, i = 1, \cdots, r-1$, 然后计算当 $\mathbf{v}$ 满足条件 $\mathbf{v}^{\mathrm{T}}\mathbf{w}_i = 0, i = 1, \cdots, r-1$ 时的

$\rho(\mathbf{v})$ 的极小值. 在算出这个极小值后我们改变向量 $\mathbf{w}_i$, 总是计算一个新的极小值. 这些极小值中的最大值是 λ_r.

式 (2.126) 的证明如下. 令

$$\mathbf{v} = \sum_{i=1}^{n} \alpha_i \mathbf{v}_i \tag{2.127}$$

计算式 (2.126) 右手项, 我们称之为 R 的值, 有

$$R = \max \left\{ \min \frac{\alpha_1^2 \lambda_1 + \cdots + \alpha_r^2 \lambda_r + \alpha_{r+1}^2 \lambda_{r+1} + \cdots + \alpha_n^2 \lambda_n}{\alpha_1^2 + \cdots + \alpha_r^2 + \alpha_{r+1}^2 + \cdots + \alpha_n^2} \right\} \tag{2.128}$$

系数 α_i 必须满足条件

$$\mathbf{w}_j^{\mathrm{T}} \sum_{i=1}^{n} \alpha_i \mathbf{v}_i = 0 \quad j = 1, \cdots, r-1 \tag{2.129}$$

重写式 (2.128), 得到

$$R = \max \left\{ \min \left[\lambda_r - \frac{\alpha_1^2(\lambda_r - \lambda_1) + \cdots + \alpha_{r-1}^2(\lambda_r - \lambda_{r-1}) + \alpha_{r+1}^2(\lambda_r - \lambda_{r+1}) + \cdots + \alpha_n^2(\lambda_r - \lambda_n)}{\alpha_1^2 + \cdots + \alpha_r^2 + \alpha_{r+1}^2 + \cdots + \alpha_n^2} \right] \right\} \tag{2.130}$$

但现在我们可看到对于条件 $\alpha_{r+1} = \alpha_{r+2} = \cdots = \alpha_n = 0$, 有

$$R \leqslant \lambda_r \tag{2.131}$$

通过一个合适的选择, 仍可使条件式 (2.129) 得到满足. 另一方面, 现假设对于 $j = 1, \cdots, r-1$ 来选择 $\mathbf{w}_j = \mathbf{v}_j$. 这就要求对 $j = 1, \cdots, r-1, \alpha_j = 0$, 结果我们可以得 $R = \lambda_r$, 证明完毕.

利用特征值极小极大特性可导出一个重要的性质即特征值分离性质. 假设除了问题 $\mathbf{A}\mathbf{v} = \lambda\mathbf{v}$ 外, 我们还考虑问题 [64]

$$\mathbf{A}^{(m)} \mathbf{v}^{(m)} = \lambda^{(m)} \mathbf{v}^{(m)} \tag{2.132}$$

其中, $\mathbf{A}^{(m)}$ 是通过去掉 $\mathbf{A}$ 的最后 m 行和最后 m 列得到的. 因此 $\mathbf{A}^{(m)}$ 是一个 $(n-m)$ 阶的对称方阵. 使用符号 $\mathbf{A}^{(0)} = \mathbf{A}$, $\lambda^{(0)} = \lambda$, $\mathbf{v}^{(0)} = \mathbf{v}$, 特征值分离性质说明问题 $\mathbf{A}^{(m+1)} \mathbf{v}^{(m+1)} = \lambda^{(m+1)} \mathbf{v}^{(m+1)}$ 的特征值分离了式 (2.132) 中的特征值; 即有

$$\begin{gathered} \lambda_1^{(m)} \leqslant \lambda_1^{(m+1)} \leqslant \lambda_2^{(m)} \leqslant \lambda_2^{(m+1)} \leqslant \cdots \leqslant \lambda_{n-m-1}^{(m)} \leqslant \lambda_{n-m-1}^{(m+1)} \leqslant \lambda_{n-m}^{(m)} \\ m = 0, \cdots, n-2 \end{gathered} \tag{2.133}$$

为证明式 (2.133), 我们考虑问题 $\mathbf{A}\mathbf{v} = \lambda\mathbf{v}$ 和 $\mathbf{A}^{(1)}\mathbf{v}^{(1)} = \lambda^{(1)}\mathbf{v}^{(1)}$. 如果能够证明对这两个问题, 特征值分离性质成立, 那么对于 $m = 1, 2, \cdots, n-2$ 它也是成立的. 特别地, 要证明

$$\lambda_r \leqslant \lambda_r^{(1)} \leqslant \lambda_{r+1} \quad r = 0, \cdots, n-1 \tag{2.134}$$

使用极小极大特性, 有

$$\left.\begin{array}{l}\lambda_{r+1}=\max\left\{\min\dfrac{\mathbf{v}^{\mathrm{T}}\mathbf{A}\mathbf{v}}{\mathbf{v}^{\mathrm{T}}\mathbf{v}}\right\}\\ \mathbf{v}^{\mathrm{T}}\mathbf{w}_i=0;\quad i=1,\cdots,r;\ \text{对所有任意的}\ \mathbf{w}_i\end{array}\right\}\tag{2.135}$$

类似地, 有

$$\left.\begin{array}{l}\lambda_r^{(1)}=\max\left\{\min\dfrac{\mathbf{v}^{\mathrm{T}}\mathbf{A}\mathbf{v}}{\mathbf{v}^{\mathrm{T}}\mathbf{v}}\right\}\\ \mathbf{v}^{\mathrm{T}}\mathbf{w}_i=0;\quad i=1,\cdots,r\\ \mathbf{w}_i\ \text{是任意的}\ i=1,\cdots,r-1\\ \mathbf{w}_r=\mathbf{e}_n\end{array}\right\}\tag{2.136}$$

其中, $\mathbf{w}_r$ 被限制等于 $\mathbf{e}_n$ 以保证在 $\mathbf{v}$ 中的最后一个的元素是零, 因为 $\mathbf{e}_n$ 是 $n\times n$ 单位矩阵的最后一列. 但由于对 λ_{r+1} 的限制更加严格且意味着对 $\lambda_r^{(1)}$, 我们有

$$\lambda_r^{(1)}\leqslant\lambda_{r+1}\tag{2.137}$$

为了确定 λ_r, 使用

$$\left.\begin{array}{l}\lambda_r=\max\left\{\min\dfrac{\mathbf{v}^{\mathrm{T}}\mathbf{A}\mathbf{v}}{\mathbf{v}^{\mathrm{T}}\mathbf{v}}\right\}\\ \mathbf{v}^{\mathrm{T}}\mathbf{w}_i=0;\quad i=1,\cdots,r-1\\ \text{对所有任意的}\ \mathbf{w}_i\end{array}\right\}\tag{2.138}$$

比较 $\lambda_r^{(1)}$ 和 λ_r 特征, 即式 (2.136) 和式 (2.138), 我们看出计算 $\lambda_r^{(1)}$ 有如计算 λ_r 的同样的约束, 再加上额外的一个约束 (即 $\mathbf{v}^{\mathrm{T}}\mathbf{e}_n=0$), 因此

$$\lambda_r\leqslant\lambda_r^{(1)}\tag{2.139}$$

式 (2.137) 和式 (2.139) 一起确立了式 (2.134) 给出的所要求结果.

[65]

特征值分离性质得到下面的结果. 如果用下面的形式写出包括 $\mathbf{A}\mathbf{v}=\lambda\mathbf{v}$ 在内的式 (2.132) 中特征问题

$$p^{(m)}(\lambda^{(m)})=\det(\mathbf{A}^{(m)}-\lambda^{(m)}\mathbf{I});\quad m=0,\cdots,n-1\tag{2.140}$$

其中, $p^{(0)}=p$, 我们看到多项式 $p(\lambda^{(m+1)})$ 的根分离了多项式 $p(\lambda^{(m)})$ 的根. 但如果多项式 $p_{j+1}(x)$ 的根分离了多项式 $p_j(x)$ 的根, 则多项式 $p_i(x)$ 的序列, $i=1,\cdots,q$, 则组成了一个 Sturm 序列. 因此特征值分离性质表明 $\mathbf{A}^{(m)}\mathbf{v}^{(m)}=\lambda^{(m)}\mathbf{v}^{(m)}$ 问题的特征多项式组成了 Sturm 序列, $m=0,1,\cdots,n-1$. 应指出在介绍中我们所考虑的所有矩阵是对称的; 特征值的极小极大特性和 Sturm 序列性质适用于正定矩阵和不定矩阵. 我们将在后面几章中广泛应用 Sturm 序列性质 (见第 8.2.5 节、第 10.2.2 节、第 11.4.3 节和第 11.6.4 节). 考虑下面的例子.

例 2.38: 考虑特征问题 $\mathbf{Av} = \lambda\mathbf{v}$, 其中

$$\mathbf{A} = \begin{bmatrix} 5 & -4 & -7 \\ -4 & 2 & -4 \\ -7 & -4 & 5 \end{bmatrix}$$

计算 $\mathbf{A}$ 和矩阵 $\mathbf{A}^{(m)}$ 的特征值, $m = 1, 2$. 证明式 (2.133) 中给出的分离性质是成立的, 以及画出特征多项式 $p(\lambda), p^{(1)}(\lambda^{(1)})$ 和 $p^{(2)}(\lambda^{(2)})$ 的曲线.

有

$$\begin{aligned} p(\lambda) = \det(\mathbf{A} - \lambda\mathbf{I}) &= (5-\lambda)[(2-\lambda)(5-\lambda) - 16] \\ &+4[-4(5-\lambda) - 28] - 7[16 + 7(2-\lambda)] \end{aligned}$$

因此

$$p(\lambda) = (-6-\lambda)(6-\lambda)(12-\lambda)$$

特征值是

$$\lambda_1 = -6; \quad \lambda_2 = 6; \quad \lambda_3 = 12$$

并且,

$$\begin{aligned} p^{(1)}(\lambda^{(1)}) &= \det(\mathbf{A}^{(1)} - \lambda^{(1)}\mathbf{I}) \\ &= (5 - \lambda^{(1)})(2 - \lambda^{(1)}) - 16 \end{aligned}$$

或者

$$p^{(1)}(\lambda^{(1)}) = \lambda^{(1)^2} - 7\lambda^{(1)} - 6$$

因此

$$\begin{aligned} \lambda_1^{(1)} &= \frac{7}{2} - \frac{1}{2}\sqrt{73} = -0.772\,0 \\ \lambda_2^{(1)} &= \frac{7}{2} + \frac{1}{2}\sqrt{73} = 7.772 \end{aligned}$$

最后,

$$\begin{aligned} p^{(2)}(\lambda^{(2)}) &= \det(\mathbf{A}^{(2)} - \lambda^{(2)}\mathbf{I}) \\ &= 5 - \lambda^{(2)} \end{aligned}$$

因此

$$\lambda_1^{(2)} = 5$$

分离性质成立因为

$$\lambda_1 \leqslant \lambda_1^{(1)} \leqslant \lambda_2 \leqslant \lambda_2^{(1)} \leqslant \lambda_3$$

且

$$\lambda_1^{(1)} < \lambda_1^{(2)} < \lambda_2^{(1)}$$

在图 E2.38 中画出了特征多项式的曲线.

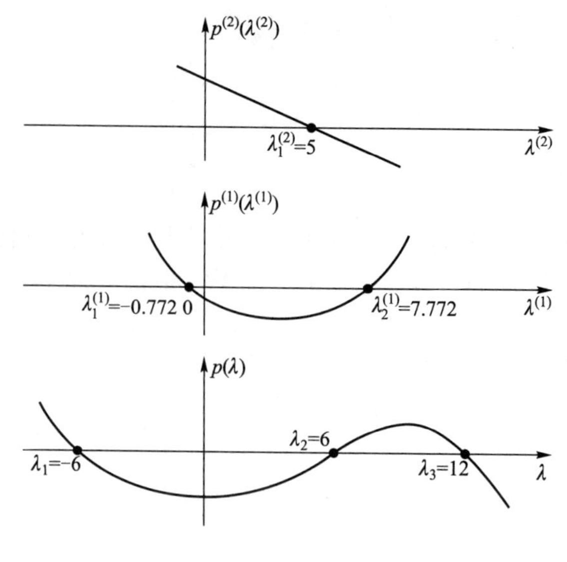

图 E2.38　特征多项式

2.7　向量模和矩阵模

我们已经讨论了对称矩阵的向量、矩阵、特征值和特征向量, 并详细讨论了这些量中元素的更深的意义. 但一个重要问题迄今还没有被讨论. 如果处理单个数, 则能够确定一个数是大还是小. 向量和矩阵是许多元素的函数, 也需要度量它们的 "大小". 特别是, 如果单个数用于迭代过程中, 则一系列数, 如 $x_1, x_2, \cdots, x_k$, 趋近于数 x 的收敛性可由

$$\lim_{k\to\infty} |x_k - x| = 0 \tag{2.141}$$

简单度量. 或换句话说, 如果 $k \to \infty$ 残差 $y_k = |x_k - x|$ 趋近于零, 则实现收敛. 而且, 如果能够找到常数 $p \geqslant 1$ 和 $c \geqslant 0$, 使得

$$\lim_{k\to\infty} \frac{|x_{k+1} - x|}{|x_k - x|^p} = c \tag{2.142}$$

则说收敛是 p 阶的. 如果 $p = 1$, 收敛是线性的且收敛率是 c, 其中 c 必须比 1 小.

在使用向量和矩阵的迭代求解过程中, 还需度量收敛率. 认识到向量或矩阵的大小应由排列中的所有元素的大小确定, 我们就自然得到向量模和矩阵模的定义. 一个模是由向量或矩阵中的所有元素大小确定的单个数字.

[67]

定义: 一个 n 维向量 $\mathbf{v}$ 的模写做 $\|\mathbf{v}\|$ 是单个数字. 模是 $\mathbf{v}$ 的元素的函数, 且满足以下条件:

1. $\|\mathbf{v}\| \geqslant 0$ 且当且仅当 $\mathbf{v}=0$ 时, $\|\mathbf{v}\|=0$. (2.143)

2. 对于任意标量 c, $\|c\mathbf{v}\|=|c|\|\mathbf{v}\|$ (2.144)

3. 对于向量 $\mathbf{v}$ 和 $\mathbf{w}$, $\|\mathbf{v}+\mathbf{w}\| \leqslant \|\mathbf{v}\|+\|\mathbf{w}\|$ (2.145)

式 (2.145) 是三角不等式. 下面三个经常用到的向量模叫做无穷向量模、1 向量模、2 向量模

$$\|\mathbf{v}\|_\infty = \max_i |v_i| \tag{2.146}$$

$$\|\mathbf{v}\|_1 = \sum_{i=1}^{n} |v_i| \tag{2.147}$$

$$\|\mathbf{v}\|_2 = \left(\sum_{i=1}^{n} |v_i|^2\right)^{1/2} \tag{2.148}$$

$\|\mathbf{v}\|_2$ 还叫做欧氏向量模. 几何上说, 这个模等于向量 $\mathbf{v}$ 的长度. 所有向量模都是向量模 $\sqrt[p]{\sum_i |v_i|^p}$ 的特殊情况, 其中对于式 (2.146)、式 (2.147) 和式 (2.148) 来说分别对应 $p=\infty$、1 和 2. 应指出, 模式 (2.146) 至式 (2.148) 满足条件式 (2.143) 至式 (2.145).

现在我们可度量向量序列 $\mathbf{x}_1, \mathbf{x}_2, \mathbf{x}_3, \cdots, \mathbf{x}_k$ 对向量 $\mathbf{x}$ 的收敛性. 即对收敛于 $\mathbf{x}$ 的序列, 充要条件是对任何一个向量模, 有

$$\lim_{k\to\infty} \|\mathbf{x}_k - \mathbf{x}\| = 0 \tag{2.149}$$

收敛阶 p, 在本例中是 $p=1$, 收敛率 c 采用式 (2.142) 中类似的方法但使用模来计算; 即有

$$\lim_{k\to\infty} \frac{\|\mathbf{x}_{k+1} - \mathbf{x}\|}{\|\mathbf{x}_k - \mathbf{x}\|^p} = c \tag{2.150}$$

考察向量模之间的关系, 我们注意到在下述意义上不同向量模是等价的: 即对于任意两个模 $\|\cdot\|_{s_1}$ 和 $\|\cdot\|_{s_2}$, 即存在两个正的常数 α_1 和 α_2 使得

$$\|\mathbf{v}\|_{s_1} \leqslant \alpha_1 \|\mathbf{v}\|_{s_2} \tag{2.151}$$

并且

$$\|\mathbf{v}\|_{s_2} \leqslant \alpha_2 \|\mathbf{v}\|_{s_1} \tag{2.152}$$

其中, s_1 和 s_2 表示无穷模、1 模或 2 模. 因此可得

$$c_1 \|\mathbf{v}\|_{s_1} \leqslant \|\mathbf{v}\|_{s_2} \leqslant c_2 \|\mathbf{v}\|_{s_1} \tag{2.153}$$

其中, c_1 和 c_2 是两个依赖于 n 的正常数, 当然也有

$$\frac{1}{c_2}\|\mathbf{v}\|_{s_2} \leqslant \|\mathbf{v}\|_{s_1} \leqslant \frac{1}{c_1}\|\mathbf{v}\|_{s_2}$$

[68] **例 2.39**: 给出式 (2.153) 中的常数 c_1 和 c_2, 如果模 s_1 和 s_2 先是无穷模和 1 模, 然后是无穷模和 2 模. 则证明对上述两种情况, 式 (2.153) 使用向量

$$\mathbf{v} = \begin{bmatrix} 1 \\ -3 \\ 2 \end{bmatrix}$$

都是满足的.

对第一种情况, 有

$$\|\mathbf{v}\|_\infty \leqslant \|\mathbf{v}\|_1 \leqslant n\|\mathbf{v}\|_\infty \tag{a}$$

且 $c_1 = 1, c_2 = n$, 对第二种情况, 有

$$\|\mathbf{v}\|_\infty \leqslant \|\mathbf{v}\|_2 \leqslant \sqrt{n}\|\mathbf{v}\|_\infty \tag{b}$$

且 $c_1 = 1$ 和 $c_2 = \sqrt{n}$. 这些关系式说明 1 模或 2 模与无穷模是等价的. 很容易证明 (a) 中的 $\|\mathbf{v}\|_1$ 和在 (b) 中 $\|\mathbf{v}\|_2$ 的下界和上界不能够很接近, 因为对于向量 $\mathbf{v}^\mathrm{T} = [1 \;\; 1 \;\; \cdots \;\; 1]$ 和 $\mathbf{v}^\mathrm{T} = \mathbf{e}_i$ (或其任意标量倍数), 可取等号.

如果我们将 (a) 和 (b) 代入到给定的向量 $\mathbf{v}$, 有

$$\begin{aligned} &\|\mathbf{v}\|_\infty = 3 \\ &\|\mathbf{v}\|_1 = 1 + 3 + 2 = 6 \\ &\|\mathbf{v}\|_2 = \sqrt{1 + 9 + 4} = \sqrt{14} \end{aligned}$$

式 (a) 和式 (b) 写为

$$3 \leqslant 6 \leqslant (3)(3); \quad 3 < \sqrt{14} \leqslant (\sqrt{3})(3)$$

与向量模的定义类似, 我们也可以定义矩阵模.

定义: 一个 $n \times n$ 阶的矩阵 $\mathbf{A}$ 的模写做 $\|\mathbf{A}\|$, 是单个数字. 这个模是 $\mathbf{A}$ 的元素的函数, 且下面的关系式成立:

1. $\|\mathbf{A}\| \geqslant 0$ 且当且仅当 $\mathbf{A} = 0$ 时 $\|\mathbf{A}\| = 0$. (2.154)
2. 对于任意标量 $c, \|c\mathbf{A}\| = |c|\|\mathbf{A}\|$. (2.155)
3. 对于矩阵 $\mathbf{A}$ 和 $\mathbf{B}, \|\mathbf{A} + \mathbf{B}\| \leqslant \|\mathbf{A}\| + \|\mathbf{B}\|$. (2.156)
4. 对于矩阵 $\mathbf{A}$ 和 $\mathbf{B}, \|\mathbf{A}\mathbf{B}\| \leqslant \|\mathbf{A}\|\|\mathbf{B}\|$. (2.157)

式 (2.156) 等价于式 (2.145) 中的三角不等式. 附加条件 (2.157), 在向量模的定义中不是假设条件, 而在矩阵模中必须得到满足, 以便当矩阵乘法出现时能够使用矩阵模.

下面是经常用到的矩阵模

$$\|\mathbf{A}\|_\infty = \max_i \sum_{j=1}^{n} |a_{ij}| \tag{2.158}$$

$$\|\mathbf{A}\|_1 = \max_j \sum_{i=1}^{n} |a_{ij}| \tag{2.159}$$

$$\|\mathbf{A}\|_2 = \sqrt{\widetilde{\lambda}_n}; \quad \widetilde{\lambda}_n = \mathbf{A}^{\mathrm{T}}\mathbf{A} \text{ 的最大特征值} \tag{2.160}$$

其中, 对于对称矩阵 $\mathbf{A}$, 有 $\|\mathbf{A}\|_\infty = \|\mathbf{A}\|_1$ 和 $\|\mathbf{A}\|_2 = \max_i |\lambda_i|$ (见习题 2.21). [69] 模 $\|\mathbf{A}\|_2$ 称为 $\mathbf{A}$ 的谱模. 这些模都满足式 (2.154) 至式 (2.157). 式 (2.157) 对无穷模也是满足的证明在例 2.41 中给出.

例 2.40: 计算矩阵 $\mathbf{A}$ 的无穷模、1 模和 2 模, 其中 $\mathbf{A}$ 由例 2.38 给出.

所考虑的矩阵 $\mathbf{A}$ 为

$$\mathbf{A} = \begin{bmatrix} 5 & -4 & -7 \\ -4 & 2 & -4 \\ -7 & -4 & 5 \end{bmatrix}$$

使用式 (2.158) 至式 (2.160) 中给出的定义, 有

$$\|\mathbf{A}\|_\infty = 5 + 4 + 7 = 16$$
$$\|\mathbf{A}\|_1 = 5 + 4 + 7 = 16$$

该 2 模与 $|\lambda_3|$ 相等, 因此 $\|\mathbf{A}\|_2 = 12$ (见例 2.38).

例 2.41: 对于两个矩阵 $\mathbf{A}$ 和 $\mathbf{B}$, 有

$$\|\mathbf{AB}\|_\infty \leqslant \|\mathbf{A}\|_\infty \|\mathbf{B}\|_\infty$$

使用在式 (2.158) 中对矩阵无穷模的定义, 有

$$\|\mathbf{AB}\|_\infty = \max_i \sum_{j=1}^{n} \left| \sum_{k=1}^{n} a_{ik} b_{kj} \right|$$

但,

$$\begin{aligned} \|\mathbf{AB}\|_\infty &\leqslant \max_i \sum_{j=1}^{n} \sum_{k=1}^{n} |a_{ik}||b_{kj}| \\ &= \max_i \sum_{k=1}^{n} \left\{ |a_{ik}| \sum_{j=1}^{n} |b_{kj}| \right\} \\ &\leqslant \left\{ \max_i \sum_{k=1}^{n} |a_{ik}| \right\} \left\{ \max_k \sum_{j=1}^{n} |b_{kj}| \right\} \end{aligned}$$

这就证明了所要的结果.

如向量序列的情况一样, 现在可度量矩阵序列 $\mathbf{A}_1, \mathbf{A}_2, \mathbf{A}_3, \cdots, \mathbf{A}_k$ 接近于矩阵 $\mathbf{A}$ 的收敛性. 对任意给定的矩阵模, 收敛的充要条件是

$$\lim_{k\to\infty} \|\mathbf{A}_k - \mathbf{A}\| = 0 \tag{2.161}$$

在矩阵模定义中, 我们需要关系式 (2.157), 以便当出现矩阵积时可使用矩阵模. 类似地, 当出现矩阵与向量之积时也要使用模. 此时, 为了通过使用模获得有用的信息, 需要采用特定的矩阵模和特定的向量模. 哪些矩阵模和向量模只能一起使用由下面对任意矩阵 $\mathbf{A}$ 和向量 $\mathbf{v}$ 都成立的关系式确定

$$\|\mathbf{A}\mathbf{v}\| \leqslant \|\mathbf{A}\|\|\mathbf{v}\| \tag{2.162}$$

[70] 其中, $\|\mathbf{A}\mathbf{v}\|$ 和 $\|\mathbf{v}\|$ 使用向量模计算, $\|\mathbf{A}\|$ 通过使用矩阵模计算. 可以注意到上式与对矩阵模成立的条件式 (2.157) 的密切关系. 如果式 (2.162) 对特定的向量模和矩阵模是适用的, 则这两个模是协调的, 矩阵模是从属于向量模的. 正如前面所定义的, 矩阵的 1 模、2 模和 ∞ 模分别从属于在式 (2.146) 至式 (2.148) 中给定的向量的 1 模、2 模和 ∞ 模. 在下面的例子中, 我们给出证明即 ∞ 模是协调的和从属的. 向量模与矩阵 1 模、2 模的协调性可以直接得到证明.

例 2.42: 证明对于一个矩阵 $\mathbf{A}$ 和向量 $\mathbf{v}$, 有

$$\|\mathbf{A}\mathbf{v}\|_\infty \leqslant \|\mathbf{A}\|_\infty\|\mathbf{v}\|_\infty \tag{a}$$

使用无穷模的定义, 有

$$\begin{aligned}\|\mathbf{A}\mathbf{v}\|_\infty &= \max_i \left|\sum_{j=1}^n a_{ij}v_j\right| \\ &\leqslant \max_i \sum_{j=1}^n |a_{ij}||v_j| \\ &\leqslant \left\{\max_i \sum_{j=1}^n |a_{ij}|\right\}\left\{\max_j |v_j|\right\}\end{aligned}$$

这就证明了式 (a).

为了证明等式可以成立, 只需考虑 $\mathbf{v}$ 是满单位向量 (元素都是 1 的向量) 且 $a_{ij} \geqslant 0$ 的情况. 此时, $\|\mathbf{v}\|_\infty = 1$ 且 $\|\mathbf{A}\mathbf{v}\|_\infty = \|\mathbf{A}\|_\infty$.

在后面几章中, 将遇到各种模的应用. 一种重要的应用在计算矩阵的特征值中出现的: 如果考虑问题 $\mathbf{A}\mathbf{v} = \lambda\mathbf{v}$, 对两边取模得到

$$\|\mathbf{A}\mathbf{v}\| = \|\lambda\mathbf{v}\| \tag{2.163}$$

因此, 使用式 (2.144) 和式 (2.162), 有

$$\|\mathbf{A}\|\|\mathbf{v}\| \geqslant |\lambda|\|\mathbf{v}\| \tag{2.164}$$

或者

$$|\lambda| \leqslant \|\mathbf{A}\| \tag{2.165}$$

因此, $\mathbf{A}$ 的每一个特征值的绝对值比 $\mathbf{A}$ 的任意模要小或者相等. 定义谱半径 $\rho(\mathbf{A})$ 为[①]

$$\rho(\mathbf{A}) = \max_i |\lambda| \tag{2.166}$$

有

$$\rho(\mathbf{A}) \leqslant \|\mathbf{A}\| \tag{2.167}$$

实际上, $\mathbf{A}$ 的 ∞ 模计算起来很方便, 因此可有效地用于得到特征值可达到的最大绝对值的上界.

例 2:43: 计算在例 2.38 中考虑的矩阵 $\mathbf{A}$ 的谱半径. 证明 $\rho(\mathbf{A}) \leqslant \|\mathbf{A}\|_\infty$. [71]

谱半径等于 $\max|\lambda_i|$. $\mathbf{A}$ 的特征值在例 2.38 中已算出.

$$\lambda_1 = -6; \quad \lambda_2 = 6; \quad \lambda_3 = 12$$

因此

$$\rho(\mathbf{A}) = 12$$

在例 2.40 中, 计算了 $\|\mathbf{A}\|_\infty = 16$. 因此关系式 $\rho(\mathbf{A}) \leqslant \|\mathbf{A}\|_\infty$ 是成立的.

在考虑有限元格式的稳定性时会遇到模的另一个重要应用 (见第 4.5 节). 假设使用特定单元得到有限元离散化的序列, 一种典型的离散化给出方程

$$\mathbf{Ax} = \mathbf{b} \tag{2.168}$$

则, 粗略地说, 对于稳定性, 我们希望 $\mathbf{b}$ 一个小变化只引起 $\mathbf{x}$ 的小的变化. 为了度量这些变化的大小, 假设选择模 $\|\cdot\|_L$ 度量解 $\mathbf{x}$ 的大小和模 $\|\cdot\|_R$ 度量右手侧 $\mathbf{b}$ 的大小.

定义: 令 $\mathbf{A}$ 为 $n \times n$ 阶非奇异矩阵. 定义 $\mathbf{A}$ 关于模 $\|\cdot\|_L$ 和 $\|\cdot\|_R$ 的稳定常数是可能的最小常数 S_{LR}, 使得

$$\frac{\|\Delta\mathbf{x}\|_L}{\|\mathbf{x}\|_L} \leqslant S_{LR} \frac{\|\Delta\mathbf{b}\|_R}{\|\mathbf{b}\|_R} \tag{2.169}$$

对所有的向量 $\mathbf{x}$ 和扰动 $\Delta\mathbf{x}$ 满足 $\mathbf{Ax} = \mathbf{b}$ 且 $\mathbf{A}\Delta\mathbf{x} = \Delta\mathbf{b}$.

这种关系约束了解 $\mathbf{x}$ (按模 $\|\cdot\|_L$) 的相对变化随力向量 $\mathbf{b}$ 的相对变化, 如果不管 n 有多大 S_{LR} 都是一致有界的, 则说离散化序列是关于模 $\|\cdot\|_L$ 和 $\|\cdot\|_R$ 稳定的 (见第 4.5.2 节).

与式 (2.162) 一致, 令[②]

$$\|\mathbf{A}\|_{LR} = \sup_{\mathbf{y}} \frac{\|\mathbf{Ay}\|_R}{\|\mathbf{y}\|_L} \tag{2.170}$$

① 注意到对于一个对称矩阵 $\mathbf{A}$, 有 $\rho(\mathbf{A}) = \|\mathbf{A}\|_2$, 但对一般非对称矩阵是不成立的; 例如, 考虑 $\mathbf{A} = \begin{bmatrix} 1 & \alpha \\ 0 & 1 \end{bmatrix}$, $\alpha \neq 0$.

② 在下面的表述中 “sup” 表示 “最小上界 (上确界)” 和 “inf” 表示 “最大下界 (下确界)” (见表 4.5).

和

$$\|\mathbf{A}^{-1}\|_{RL} = \sup_{\mathbf{z}} \frac{\|\mathbf{A}^{-1}\mathbf{z}\|_L}{\|\mathbf{z}\|_R} \tag{2.171}$$

在式 (2.170) 中使用 $\mathbf{y}=\mathbf{x}$, 得到

$$\|\mathbf{A}\|_{LR} \geqslant \frac{\|\mathbf{b}\|_R}{\|\mathbf{x}\|_L} \tag{2.172}$$

在式 (2.171) 中使用 $\mathbf{z}=\Delta\mathbf{b}$, 得到

$$\|\mathbf{A}^{-1}\|_{RL} \geqslant \frac{\|\Delta\mathbf{x}\|_L}{\|\Delta\mathbf{b}\|_R} \tag{2.173}$$

因此

[72]

$$\frac{\|\Delta\mathbf{x}\|_L}{\|\mathbf{x}\|_L} \leqslant \|\mathbf{A}\|_{LR}\|\mathbf{A}^{-1}\|_{RL}\frac{\|\Delta\mathbf{b}\|_R}{\|\mathbf{b}\|_R} \tag{2.174}$$

并因此

$$S_{LR} = \|\mathbf{A}\|_{LR}\|\mathbf{A}^{-1}\|_{RL} \tag{2.175}$$

在计算 S_{LR} 时使用合适的模很重要, 给定模 $\|\cdot\|_L$, 对 R 模的一个自然的选择是 $\|\cdot\|_L$ 的对偶模, 定义为

$$\|\mathbf{z}\|_{DL} = \sup_{\mathbf{y}} \frac{\mathbf{y}^{\mathrm{T}}\mathbf{z}}{\|\mathbf{y}\|_L} \tag{2.176}$$

利用这个选择, 对于对称矩阵 $\mathbf{A}$ (见习题 2.22), 得到

$$\|\mathbf{A}\|_{LR} = \sup_{\mathbf{x},\mathbf{y}} \frac{\mathbf{x}^{\mathrm{T}}\mathbf{A}\mathbf{y}}{\|\mathbf{x}\|_L\|\mathbf{y}\|_L} = k_A \tag{2.177}$$

和

$$\left(\|\mathbf{A}^{-1}\|_{RL}\right)^{-1} = \inf_{\mathbf{x}} \sup_{\mathbf{y}} \frac{\mathbf{x}^{\mathrm{T}}\mathbf{A}\mathbf{y}}{\|\mathbf{x}\|_L\|\mathbf{y}\|_L} = \gamma_A \tag{2.178}$$

则 S_{LR} 的稳定性常数由式 (2.179) 给出

$$S_{LR} = \frac{k_A}{\gamma_A} \tag{2.179}$$

正如先前所介绍的, 对于离散化的稳定性, 需要证明随着有限元网格的细化, 式 (2.179) 中 S_{LR} 保持有界. 这是一个很一般的结果. 第 4.5 节的讨论与 $\mathbf{A}$ 矩阵的一个特别形式有关, 即该形式是我们从混合位移/压力 (u/p) 格式中产生的. 此时, 稳定性条件导出一个特别的表达式. 该表达式特别适合 u/p 格式, 在第 4.5.2 节我们将给出这些表达式.

2.8 习题

2.1 用最有效的方法, 即使用最少的乘法, 计算下面所求结果. 计数所使用的乘法次数. 令

$$\mathbf{A} = \begin{bmatrix} 3 & 4 & 1 \\ 4 & 6 & 2 \\ 1 & 2 & 3 \end{bmatrix}$$

$$\mathbf{B}^{\mathrm{T}} = [1 \quad 3 \quad 2]$$

$$k = 4$$

$$\mathbf{C} = \begin{bmatrix} 4 & 1 & -2 \\ 1 & 8 & -1 \\ -2 & -1 & 6 \end{bmatrix}$$

并计算 $\mathbf{B}^{\mathrm{T}}\mathbf{A}k\mathbf{C}\mathbf{B}$.

2.2 (a) 计算 $\mathbf{A}^{-1}$, 当

[73]

$$\mathbf{A} = \begin{bmatrix} 3 & -1 \\ -1 & 2 \end{bmatrix}$$

和当

$$\mathbf{A} = \begin{bmatrix} 2 & 0 & 1 \\ 0 & 4 & 0 \\ 1 & 0 & 2 \end{bmatrix}$$

(b) 计算两个矩阵的行列式.

2.3 考虑下面的三个向量

$$\mathbf{x}_1 = \begin{bmatrix} 1 \\ 3 \\ 4 \\ -1 \\ 2 \end{bmatrix}; \quad \mathbf{x}_2 = \begin{bmatrix} 4 \\ 1 \\ -1 \\ 0 \\ 1 \end{bmatrix}; \quad \mathbf{x}_3 = \begin{bmatrix} -7 \\ 1 \\ 6 \\ -1 \\ -1 \end{bmatrix}$$

把这些向量作为矩阵 $\mathbf{A}$ 的列, 并确定 $\mathbf{A}$ 的秩和核.

2.4 考虑下面的矩阵 $\mathbf{A}$. 确定常数 k 使得 $\mathbf{A}$ 的秩为 2, 然后确定 $\mathbf{A}$ 的核.

$$\mathbf{A} = \begin{bmatrix} 1 & -1 & 0 \\ -1 & 1+k & -1 \\ 0 & -1 & 1 \end{bmatrix}$$

2.5　考虑下面的两个按三维笛卡儿坐标系内基向量 $\mathbf{e}_i$ 定义的向量.

$$\mathbf{u}=\begin{bmatrix}2\\3\\4\end{bmatrix};\quad \mathbf{v}=\begin{bmatrix}1\\2\\3\end{bmatrix}$$

(a) 计算这些向量间的角度.

(b) 假设使用新的基向量, 即在例 2.24 中的带撇基. 计算在这个基中的两个向量的分量.

(c) 计算在这个新基中向量的角度.

2.6　反射矩阵定义为 $\mathbf{P}=\mathbf{I}-\alpha\mathbf{v}\mathbf{v}^{\mathrm{T}},\alpha=\dfrac{2}{\mathbf{v}^{\mathrm{T}}\mathbf{v}}$, 其中 $\mathbf{v}$ 是一个垂直于反射平面的向量 (n 阶).

(a) 证明 $\mathbf{P}$ 是一个正交矩阵.

(b) 考虑向量 $\mathbf{Pu}$, 其中 $\mathbf{u}$ 也是一个 n 阶向量. 证明 $\mathbf{P}$ 对 $\mathbf{u}$ 的变换是垂直于反射平面的 $\mathbf{u}$ 的分量方向反向, 而在映射平面上的 $\mathbf{u}$ 的分量则不变.

2.7　在图 E2.25 的 x_1、x_2 坐标系中某一点上的应力张量的分量是

$$\boldsymbol{\tau}=\begin{bmatrix}10 & -6\\-6 & 20\end{bmatrix}$$

(a) 建立一个新的基, 其中非对角分量是零, 给出新的对角分量.

[74]

(b) 有效应力定义为 $\bar{\sigma}=\sqrt{\dfrac{3}{2}S_{ij}S_{ij}}$, 其中 S_{ij} 是偏应力张量的分量, $S_{ij}=\tau_{ij}-\tau_m\delta_{ij}$ 且 τ_m 是平均应力 $\tau_m=\tau_{ij}/3$. 证明 $\bar{\sigma}$ 是一个标量. 然后显式证明对于所给 τ 值, $\bar{\sigma}$ 在新基和旧基中都是同样的量.

2.8　列 q 定义为

$$q=\begin{bmatrix}x_1\\x_1+x_2\end{bmatrix}$$

其中, (x_1,x_2) 是一个点的坐标. 证明 q 不是一个向量.

2.9　在笛卡儿坐标系中 Green-Lagrange 应变张量的分量定义为 (详见第 6.2.2 节)

$$\boldsymbol{\varepsilon}=\frac{1}{2}(\mathbf{X}^{\mathrm{T}}\mathbf{X}-\mathbf{I})$$

其中, 变形梯度 $\mathbf{X}$ 的分量是

$$X_{ij}=\delta_{ij}+\frac{\partial u_i}{\partial x_j}$$

u_i 和 x_j 分别是位移和坐标. 证明 Green-Lagrange 应变张量是一个二阶张量.

2.10　式 (2.66) 中的材料张量可以写为 [见式 (6.185)]

$$C_{ijrs}=\lambda\delta_{ij}\delta_{rs}+\mu(\delta_{ir}\delta_{js}+\delta_{is}\delta_{jr}) \tag{a}$$

其中, λ 和 μ 是 Lamé 常数

$$\lambda = \frac{E\nu}{(1+\nu)(1-2\nu)}; \quad \mu = \frac{E}{2(1+\nu)}$$

该应力 – 应变关系同样可以写做表 4.3 中的矩阵形式, 但在表中暗含使用了工程应变分量. (法应变张量分量与工程法应变分量相等, 而剪应变张量分量只有工程剪应变分量的一半).

(a) 证明 C_{ijrs} 是一个四阶的张量.

(b) 考虑平面应力情况和从 (a) 表达式推导出表 4.3 中的表达式.

(c) 考虑平面应力情况并按矩阵形式 $\mathbf{C}' = \mathbf{T}\mathbf{C}\mathbf{T}^{\mathrm{T}}$ 写出式 (2.66), 其中 $\mathbf{C}$ 由表 4.3 给出, 并且推导 $\mathbf{T}$. (另见习题 4.39)

2.11 证明式 (2.70) 成立.

2.12 协变基向量在笛卡儿坐标系中表达为

$$\mathbf{g}_1 = \begin{bmatrix} 1 \\ 0 \end{bmatrix}; \quad \mathbf{g}_2 = \begin{bmatrix} \frac{1}{\sqrt{2}} \\ \frac{1}{\sqrt{2}} \end{bmatrix}$$

在该基下的力向量和位移向量是

$$\mathbf{R} = 3\mathbf{g}_1 + 4\mathbf{g}_2; \quad \mathbf{u} = -2\mathbf{g}_1 + 3\mathbf{g}_2$$

(a) 只使用协变基计算 $\mathbf{R}\cdot\mathbf{u}$. [75]

(b) 使用 $\mathbf{R}$ 的协变基和 $\mathbf{u}$ 的逆变基计算 $\mathbf{R}\cdot\mathbf{u}$.

2.13 假设协变基是由习题 2.12 中 $\mathbf{g}_1$ 和 $\mathbf{g}_2$ 给出的. 令笛卡儿基中应力和应变张量分量为

$$\boldsymbol{\tau} = \begin{bmatrix} 100 & 10 \\ 10 & 200 \end{bmatrix}; \quad \boldsymbol{\varepsilon} = \begin{bmatrix} 0.01 & 0.05 \\ 0.05 & 0.02 \end{bmatrix}$$

计算分量 $\widetilde{\tau}^{mn}$ 和 $\widetilde{\varepsilon}_{mn}$ 且显式证明乘积 $\boldsymbol{\tau}\cdot\boldsymbol{\varepsilon}$ 在一方使用笛卡儿应力和应变分量, 另一方使用逆变应力和协变应变分量都是相同的.

2.14 令 $\mathbf{a}$ 和 $\mathbf{b}$ 为二阶张量, 且令 $\mathbf{A}$ 和 $\mathbf{B}$ 为变换矩阵. 证明

$$\mathbf{a}\cdot(\mathbf{A}\mathbf{b}\mathbf{B}^{\mathrm{T}}) = (\mathbf{A}^{\mathrm{T}}\mathbf{a}\mathbf{B})\cdot\mathbf{b}.$$

(提示: 可通过按分量形式写出张量很容易得到证明.)

2.15 考虑特征问题 $\mathbf{A}\mathbf{v} = \lambda\mathbf{v}$ 且

$$\mathbf{A} = \begin{bmatrix} 2 & -1 \\ -1 & 1 \end{bmatrix}$$

(a) 求解特征值和标准正交特征向量, 按式 (2.109) 写出 $\mathbf{A}$.

(b) 计算 $\mathbf{A}^6, \mathbf{A}^{-1}$ 和 $\mathbf{A}^{-2}$.

2.16 考虑特征问题

$$\begin{bmatrix} 2 & 1 & 0 \\ 1 & 3 & 1 \\ 0 & 1 & 2 \end{bmatrix} \mathbf{v} = \lambda \mathbf{v}$$

最小的特征值及其特征向量是

$$\lambda_1 = 1; \quad \mathbf{v}_1 = \begin{bmatrix} \dfrac{1}{\sqrt{3}} \\ -\dfrac{1}{\sqrt{3}} \\ \dfrac{1}{\sqrt{3}} \end{bmatrix}$$

和 $\lambda_2 = 2, \lambda_3 = 4$. 计算 Rayleigh 商 $\rho(\mathbf{v})$

$$\mathbf{v} = \mathbf{v}_1 + 0.1 \begin{bmatrix} 1 \\ 1 \\ 0 \end{bmatrix}$$

并证明 $\rho(\mathbf{v})$ 对 λ_1 比 $\mathbf{v}$ 对 $\mathbf{v}_1$ 接近的程度更好.

2.17 考虑特征问题

$$\begin{bmatrix} 2 & -1 & 0 \\ -1 & 4 & -1 \\ 0 & -1 & 8 \end{bmatrix} \mathbf{v} = \lambda \mathbf{v}$$

[76] 计算矩阵 $\mathbf{A}$ 和 $\mathbf{A}^{(m)}$ 的特征值, $m = 1, 2$, 其中 $\mathbf{A}^{(m)}$ 通过去掉 $\mathbf{A}$ 中的最后 m 行和最后 m 列得到. 画出对应的特征值多项式曲线 (见例 2.38).

2.18 证明向量 $\mathbf{v}$ 的 1 模和 2 模是相等的. 然后对于下面的向量显式证明该等价性.

$$\mathbf{v} = \begin{bmatrix} 1 \\ 4 \\ -3 \end{bmatrix}$$

2.19 证明 1 模的式 (2.157).

2.20 证明 $\|\mathbf{A}\mathbf{v}\|_1 \leqslant \|\mathbf{A}\|_1 \|\mathbf{v}\|_1$.

2.21 证明对于对称矩阵 $\mathbf{A}$, 我们有 $\|\mathbf{A}\|_2 = \rho(\mathbf{A})$. (提示: 使用式 (2.108).)

2.22 证明对于 R 模, 当使用 L 模的对偶模时, 式 (2.177) 和式 (2.178) 是成立的.

第 3 章 工程分析的基本概念及有限元法导论

[77]

3.1 引言

工程系统的分析要求将该系统理想化为一种可解的形式, 即可形成数学模型、求解该模型并对结果进行解释说明 (见第 1.2 节). 本章的主要目的是讨论关于工程系统中数学模型的形成和求解所采用的一些经典方法 (见 S. H. Crandall [A]). 该讨论将为下几章讲述有限元法提供一些有价值的基础. 主要考虑两类数学模型: 集中参数模型和连续介质力学模型. 我们也把它们称做 "离散系统" 和 "连续系统" 数学模型.

在集中参数模型中, 实际系统的响应是由有限个状态变量的解直接描述的. 本章中, 我们将讨论获得集中参数模型控制方程所采用的一些基本方法. 我们考虑稳态问题、传播问题以及特征问题, 并简单讨论这些问题的解的一些特性.

对于连续介质力学模型, 其控制方程的建立与集中参数模型类似, 但不是采用代数方程组表示未知状态变量, 而是采用微分方程来控制响应. 满足所有边界条件的微分方程的精确解只对一些相对简单的数学模型才有可能成立, 且一般需要用到数值方法. 本质上来讲, 这些方法将连续系统数学模型转化为离散的理想化模型, 可用与求解集中参数模型相同的方法求解. 本章中我们将总结一些将连续数学模型转化为集中参数模型的经典的重要方法, 并且简要说明这些经典方法是如何为现代有限元法提供基础的.

[78]

实际上, 分析人员必须先要决定一个工程系统是应用集中参数数学模型描述, 还是用连续系统的数学模型描述, 并且要选择该模型的所用细节特征. 此外, 如果已经选择了一个确定的数学模型, 则必须分析确定如何数值求解该响应. 这正体现了有限元法的众多价值所在; 即, 有限元法结合数字计算机可以用系统的方法求解连续系统数学模型的数值解, 也使得本章中所介绍的经典方法在非常复杂的工程系统中实际推广和应用成为可能.

3.2 离散系统数学模型求解

本节中, 我们将处理离散数学模型或者集中参数数学模型. 集中参数数学模型的本质就是, 可以直接用有限个 (通常很少) 状态变量的大小, 来充分精确地描述系统的状态. 求解过程需要以下几个步骤:

① 系统的理想化: 实际的系统被理想化为单元的组合体;

② 单元的平衡: 依据状态变量确立每一个单元的平衡要求;

③ 单元的组装: 利用单元的相互连接性要求建立未知状态变量的联立方程组;

④ 响应的计算: 求解联立方程得到状态变量, 并由该单元的平衡要求, 计算每个单元的响应.

在我们所考虑各种不同类型的问题分析中, 都是按这些求解步骤进行的: 如稳态问题、传播问题以及特征值问题. 本节的目的是提供一个导论, 说明如何去分析这些特定领域的问题, 并且简要讨论这些解的特性. 应当指出, 我们并没有考虑到工程中所有类型的分析问题. 绝大多数问题的确都归入上述问题所在领域. 在本节例子中, 我们考虑结构、电气、流体流动和传热问题. 应强调指出, 在每一个分析中均遵循了相同的基本求解步骤.

3.2.1 稳态问题

稳态问题的主要特征是系统的响应不随时间而改变. 因此, 所考虑描述系统响应的状态变量可从变量与时间无关的方程组求解中得到. 在下面的例子中, 我们说明一些问题求解中的分析步骤. 将介绍如下 5 个示例问题: 弹性弹簧系统、传热系统、液压网络、直流网络和非线弹性弹簧系统.

[79] 对上述每个问题的分析均是第 3.2 节中总结的分析一般步骤的应用说明. 前四个问题均涉及线性系统的分析, 而非线弹性弹簧系统对外载荷的响应则是非线性的. 所有的问题都是适定的, 且每一个系统的响应均有唯一解存在.

例 3.1: 如图 E3.1 所示, 水平面上有 3 辆刚性小车, 各小车之间通过线弹性弹簧系统连接. 计算如图所示载荷时各车的位移和弹簧中的力.

我们按照第 3.2 节的步骤进行分析. 选择位移 U_1、U_2 和 U_3 作为描述系统响应特性的状态变量. 小车位移从初始位置开始测量, 此时, 弹簧处于未拉伸状态. 单个弹簧单元及其平衡要求如图 E3.1(b) 所示.

为了获得状态变量的控制方程, 利用单元的互连要求, 其对应于 3 辆小车的静态平衡:

$$\begin{aligned} F_1^{(1)} + F_1^{(2)} + F_1^{(3)} + F_1^{(4)} &= R_1 \\ F_2^{(2)} + F_2^{(3)} + F_2^{(5)} &= R_2 \\ F_3^{(4)} + F_3^{(5)} &= R_3 \end{aligned} \tag{a}$$

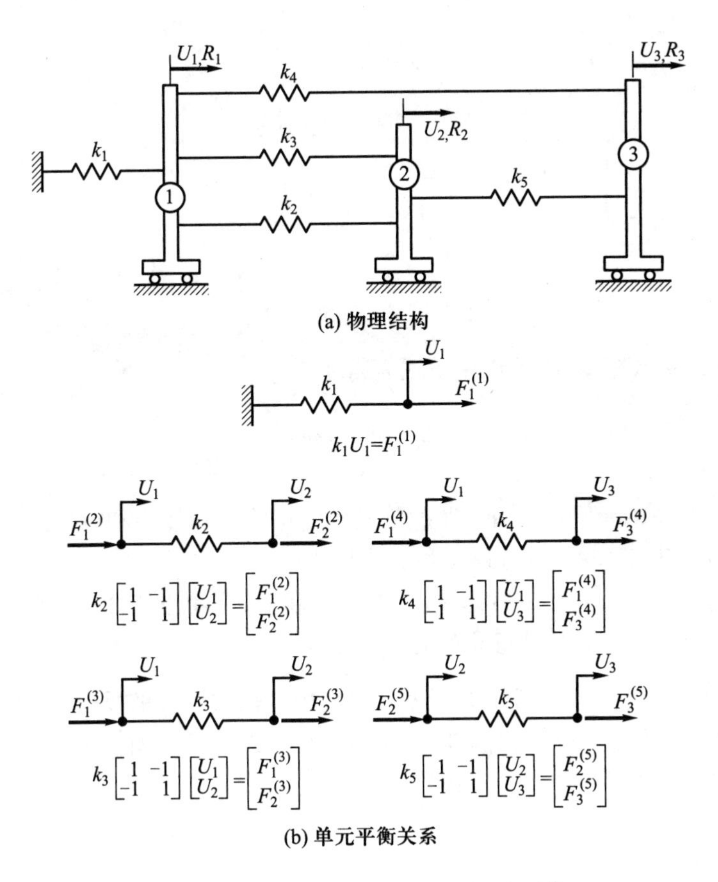

图 E3.1　由线性弹簧连接的刚性车系统

此时, 就可以用图 E3.1(b) 给出的单元平衡要求替换单元的端点压力 $F_i^{(j)}, i=1,2,3, j=1,\cdots,5$. 此时可看出, 对应于单元 1 的位移分量 U_1、U_2、U_3, 有　[80]

$$\begin{bmatrix} k_1 & 0 & 0 \\ 0 & 0 & 0 \\ 0 & 0 & 0 \end{bmatrix} \begin{bmatrix} U_1 \\ U_2 \\ U_3 \end{bmatrix} = \begin{bmatrix} F_1^{(1)} \\ 0 \\ 0 \end{bmatrix}$$

或

$$\mathbf{K}^{(1)}\mathbf{U} = \mathbf{F}^{(1)}$$

而对于单元 2, 有

$$\begin{bmatrix} k_2 & -k_2 & 0 \\ -k_2 & k_2 & 0 \\ 0 & 0 & 0 \end{bmatrix} \begin{bmatrix} U_1 \\ U_2 \\ U_3 \end{bmatrix} = \begin{bmatrix} F_1^{(2)} \\ F_2^{(2)} \\ 0 \end{bmatrix}$$

或 $\mathbf{K}^{(2)}\mathbf{U} = \mathbf{F}^{(2)}$, 等等. 因此, 式 (a) 中的单元连接要求化为

$$\mathbf{KU} = \mathbf{R} \tag{b}$$

其中,

$$\mathbf{U}^{\mathrm{T}} = [U_1 \quad U_2 \quad U_3]$$

$$\mathbf{K} = \begin{bmatrix} (k_1+k_2+k_3+k_4) & -(k_2+k_3) & -k_4 \\ -(k_2+k_3) & (k_2+k_3+k_5) & -k_5 \\ -k_4 & -k_5 & (k_4+k_5) \end{bmatrix}$$

$$\mathbf{R}^{\mathrm{T}} = [R_1 \quad R_2 \quad R_3]$$

注意, 系数矩阵 $\mathbf{K}$ 可以由下式获得

$$\mathbf{K} = \sum_{i=1}^{5} \mathbf{K}^{(i)} \tag{c}$$

其中, $\mathbf{K}^{(i)}$ 是单元刚度矩阵. 通过单元刚度矩阵的直接求和得出式 (c) 中结构的全局刚度矩阵的求和过程, 称为直接刚度法.

通过求解式 (b) 中的状态变量 U_1、U_2 和 U_3, 再由图 E3.1 中的单元平衡关系计算单元力, 就可以完成系统的分析.

例 3.2: 如图 E3.2 所示的墙体由两块相接触的均质平板构成. 在稳态条件下, 墙体内温度由外表面温度 θ_1、θ_3 以及界面温度 θ_2 所描述. 当已知环境温度为 θ_0 和 θ_4 时, 建立该问题的温度平衡方程.

[81]

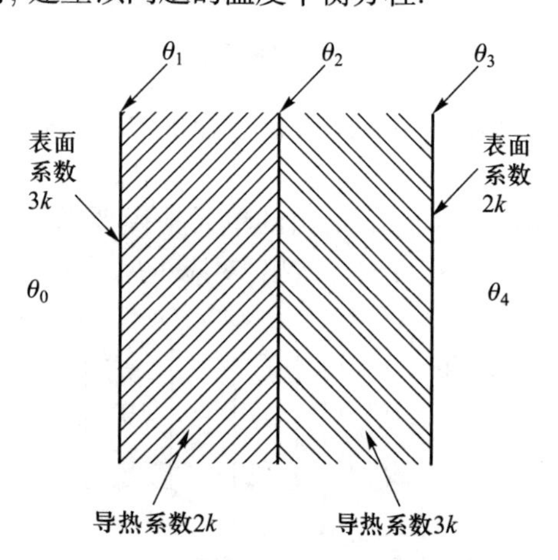

图 E3.2　满足温度边界条件的平板

单个板的单位面积的导热系数和表面系数由图 E3.2 给出. 热传导定律为 $q/A = \bar{k}\Delta\theta$, 其中, q 为总热流, A 为面积, $\Delta\theta$ 为热流动方向上的温差, $\bar{k}$ 为导热系数或表面系数. 该分析的状态变量是 θ_1、θ_2 和 θ_3. 运用热传导定律, 得到单元的平衡方程是

对于左侧表面, 每单位面积

$$q_1 = 3k(\theta_0 - \theta_1)$$

对于左侧平板

$$q_2 = 2k(\theta_1 - \theta_2)$$

对于右侧平板

$$q_3 = 3k(\theta_2 - \theta_3)$$

对于右侧表面

$$q_4 = 2k(\theta_3 - \theta_4)$$

为了得到状态变量的控制方程, 取热流平衡要求 $q_1 = q_2 = q_3 = q_4$. 因此,

$$3k(\theta_0 - \theta_1) = 2k(\theta_1 - \theta_2)$$
$$2k(\theta_1 - \theta_2) = 3k(\theta_2 - \theta_3)$$
$$3k(\theta_2 - \theta_3) = 2k(\theta_3 - \theta_4)$$

将这些方程写为矩阵形式, 可得

$$\begin{bmatrix} 5k & -2k & 0 \\ -2k & 5k & -3k \\ 0 & -3k & 5k \end{bmatrix} \begin{bmatrix} \theta_1 \\ \theta_2 \\ \theta_3 \end{bmatrix} = \begin{bmatrix} 3k\theta_0 \\ 0 \\ 2k\theta_4 \end{bmatrix} \tag{a}$$

通过直接刚度法, 以可系统化的方式可推导出这些平衡方程. 运用这种方法, 就可以如例 3.1 一样, 运用典型单元的平衡关系式

$$\overline{k} \begin{bmatrix} 1 & -1 \\ -1 & 1 \end{bmatrix} \begin{bmatrix} \theta_i \\ \theta_j \end{bmatrix} = \begin{bmatrix} q_i \\ q_j \end{bmatrix}$$

其中, q_i、q_j 是流入单元的热流, θ_i、θ_j 是单元端面温度. 对于图 E3.2 中的系统, 有两个传导单元 (每个板就是一个单元), 因此, 得到 [82]

$$\begin{bmatrix} 2k & -2k & 0 \\ -2k & 5k & -3k \\ 0 & -3k & 3k \end{bmatrix} \begin{bmatrix} \theta_1 \\ \theta_2 \\ \theta_3 \end{bmatrix} = \begin{bmatrix} 3k(\theta_0 - \theta_1) \\ 0 \\ 2k(\theta_4 - \theta_3) \end{bmatrix} \tag{b}$$

由于 θ_1 和 θ_3 未知, 故调整平衡关系式 (b) 以得到式 (a).

有趣的是注意到例 3.1 中的弹簧系统的位移和力分析与例 3.2 中的温度和传热分析之间的类似性. 两个分析中的系数矩阵非常相似, 都可以通过一个系统化的方法得到. 为了强调该类似性, 我们在图 3.1 中给出了一个弹簧模型, 它受传热问题中的系数矩阵控制.

下面我们考虑简单的流动问题和电气系统的分析, 将会再一次用到与弹簧和传热问题相同的方式进行分析.

例 3.3: 建立如图 E3.3 所示的液压网络的控制稳态压力和流量分布的方程. 假设流体是不可压缩的, 支路的压降与通过该支路的流量 q 成正比, $\Delta p = Rq$, 其中 R 是支路阻尼系数.

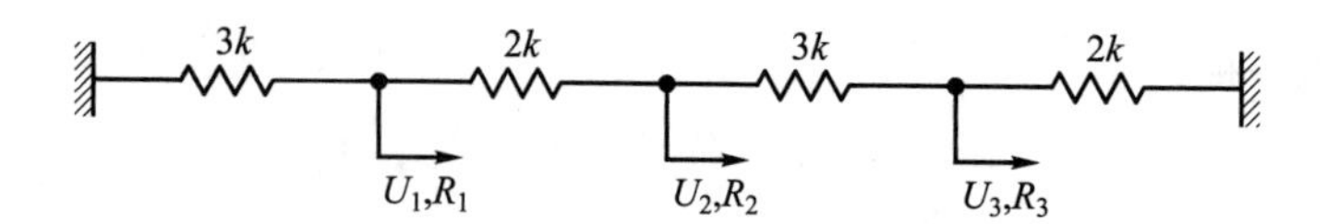

图 3.1　受到与图 E3.2 中传热问题中相同系数矩阵控制的弹簧组合体

[83]

该分析中, 单元为管道网络的各个支路. 至于描述系统的流量和压力分布的未知状态变量, 我们选择 A、C 和 D 处的压力, 即 p_A、p_C 和 p_D. 假设 B 处的压力为零. 因此, 对每个单元

$$
\begin{gathered}
q_1=\frac{p_A}{10b};\quad q_3=\frac{p_C-p_D}{2b}\\
q_2|_{AC}=\frac{p_A-p_C}{5b};\quad q_2|_{DB}=\frac{p_D}{5b};\quad q_4=\frac{p_C-p_D}{3b}
\end{gathered}\tag{a}
$$

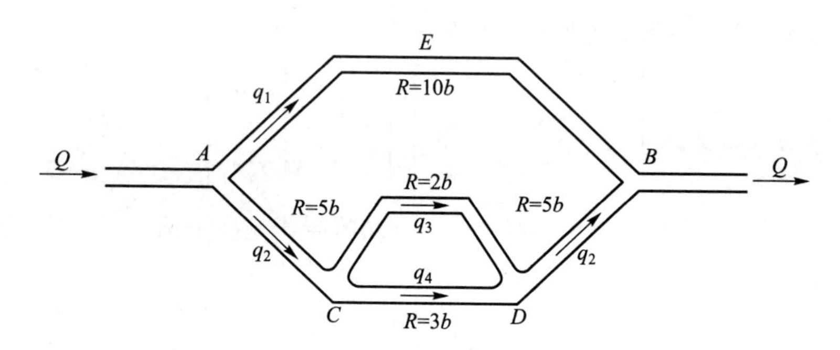

图 E3.3　管道系统

单元的相互连接性要求满足流量连续, 所以

$$
\begin{gathered}
Q=q_1+q_2\\
q_2|_{AC}=q_3+q_4;\quad q_2|_{DB}=q_3+q_4
\end{gathered}\tag{b}
$$

将式 (a) 代入式 (b) 并将所得方程写成矩阵形式, 可得

$$
\begin{bmatrix}3&-2&0\\-6&31&-25\\-1&1&1\end{bmatrix}\begin{bmatrix}p_A\\p_C\\p_D\end{bmatrix}=\begin{bmatrix}10bQ\\0\\0\end{bmatrix}
$$

或者

$$
\begin{bmatrix}9&-6&0\\-6&31&-25\\0&-25&31\end{bmatrix}\begin{bmatrix}p_A\\p_C\\p_D\end{bmatrix}=\begin{bmatrix}30bQ\\0\\0\end{bmatrix}\tag{c}
$$

求解式 (c), 可得到压力 p_A、p_C 和 p_D, 即完成了对管道网络的分析, 然后用单元平衡式 (a) 可得到流量分布.

正如上述弹簧和传热例子一样, 通过直接刚度法也可以得到平衡式 (c). 采用这种方法, 通过典型单元的平衡关系, 我们可按例 3.1 一样进行

$$\frac{1}{R}\begin{bmatrix} 1 & -1 \\ -1 & 1 \end{bmatrix}\begin{bmatrix} p_i \\ p_j \end{bmatrix} = \begin{bmatrix} q_i \\ q_j \end{bmatrix}$$

其中, q_i、q_j 是流入单元的流量, p_i、p_j 是单元端面压力.

例 3.4: 考虑如图 E3.4 所示的直流网络. 所示电阻网络 A、B 点的输入分别为恒压 E、$2E$. 我们要确定该网络中的稳态电流分布.

[84]

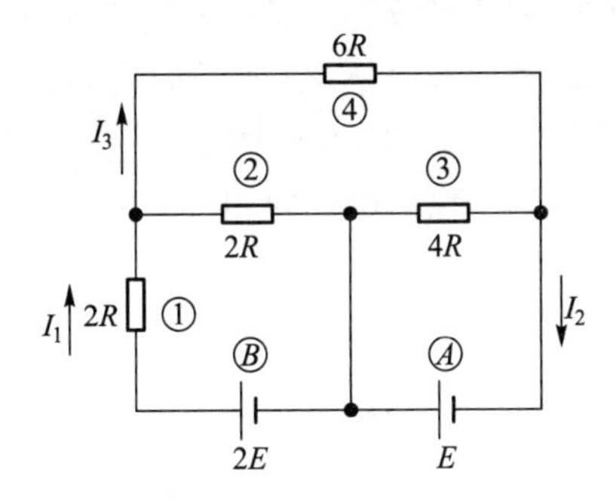

图 E3.4　直流网络

分析中用电流 I_1、I_2 和 I_3 作为未知状态变量. 系统单元为电阻, 应用欧姆定律可以获得单元的平衡要求. 对电阻 $\overline{R}$, 通过的电流为 I, 采用欧姆定律有

$$\Delta E = \overline{R}I$$

其中, ΔE 为电阻两端的电压降.

需要满足的单元连接定律是网络中的每个闭合回路的基尔霍夫 (Kirchhoff) 电压定律,

$$\begin{aligned} 2E &= 2RI_1 + 2R(I_1 - I_3) \\ E &= 4R(I_2 - I_3) \\ 0 &= 6RI_3 + 4R(I_3 - I_2) + 2R(I_3 - I_1) \end{aligned}$$

将上式写成矩阵形式, 有

$$\begin{bmatrix} 4R & 0 & -2R \\ 0 & 4R & -4R \\ -2R & -4R & 12R \end{bmatrix}\begin{bmatrix} I_1 \\ I_2 \\ I_3 \end{bmatrix} = \begin{bmatrix} 2E \\ E \\ 0 \end{bmatrix} \tag{a}$$

求解这些方程得到 I_1、I_2 和 I_3 即完成该分析. 同例 3.1 至例 3.3 一样, 也可以通过直接刚度法建立平衡方程式 (a).

我们应再次指出, 上述结构、传热、流体流动以及电气问题的分析步骤是非常类似的, 即每个问题使用直接刚度法有可能最好地表达这种基本的类似性. 这说明在几乎所有的物理问题的分析中 (见第 4、7 章), 都可以运用同样的基本数值方法.

每一个例子涉及一个线性系统: 即系数矩阵是常量, 因此, 如果用常数 α 乘以右手侧的强迫函数, 系统的响应将会是 α 倍大. 本章中我们主要考虑一些线性系统, 但前面总结的一些求解步骤也同样适用于非线性的分析中, 见下例说明 (另见第 6、7 章).

例 3.5: 考虑图 E3.1 中的弹簧 – 小车系统, 且假设弹簧 ① 有如图 E3.5 所示的非线性特性. 讨论怎样修改例 3.1 给出该分析的平衡方程.

只要 $U_1 \leqslant \Delta_y$, 则 $k_1 = k$ 时, 例 3.1 中的平衡方程是适用的. 但如果载荷使得 $U_1 > \Delta_y$, 即 $F_1^{(1)} > F_y$, 我们需要使用不同的 k_1 值, 且该值与作用于单元的力 $F_1^{(1)}$ 有关. 如图 E3.5 所示, 用 k_s 表示刚度值, 用平衡方程描述任意载荷下系统的响应为

$$\mathbf{K}_s\mathbf{U} = \mathbf{R} \tag{a}$$

其中, 用 k_s 代替 k_1, 就可以如例 3.1 一样, 精确地建立刚度矩阵

$$\mathbf{K}_s = \begin{bmatrix} (k_s + k_2 + k_3 + k_4) & -(k_2 + k_3) & -k_4 \\ -(k_2 + k_3) & (k_2 + k_3 + k_5) & -k_5 \\ -k_4 & -k_5 & (k_4 + k_5) \end{bmatrix} \tag{b}$$

[85]

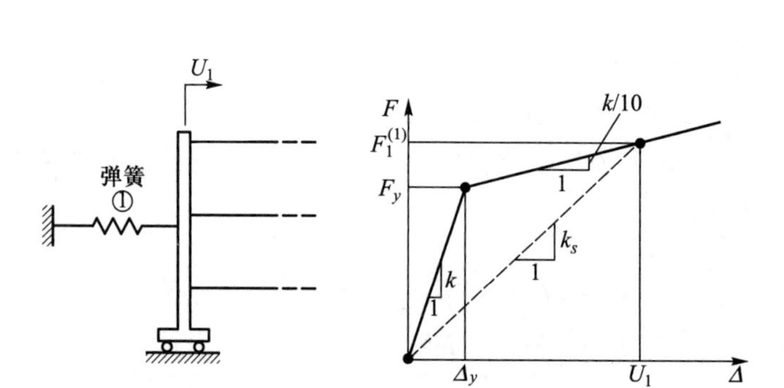

图 E3.5 具有非线弹性特性的图 E3.1 所示的小车 – 弹簧系统中的弹簧 ①

虽然用这种方法可以计算系统响应, 其中 $\mathbf{K}_s$ 称为割向矩阵, 但是在第 6 章, 我们将看到在一般的实际分析中, 通常采用切向刚度矩阵的增量法.

这些分析说明了一般的分析步骤: 选择所考虑系统响应特性的未知状态变量, 确定组成整个系统的单元, 建立单元平衡方程, 最后是将满足单元间连续性要求的单元进行组装.

应指出几点事实. 首先, 我们需要认识到选择状态变量不止一种方式. 例如, 在例 3.1 中的小车分析中, 我们也可以选择弹簧所受的未知力为状态变量. 第二个事实是用于计算状态变量的方程可以是线性的, 也可以是非线性的, 并且系数矩阵具有一般性. 但对称的正定矩阵是最需要的, 因为此时方程的求解在数值上是非常高效的 (详见第 8.2 节).

一个问题的物理特性一般决定了其数值解是否可以得出对称正定的系数矩阵形式. 然而, 即使这是可能的, 但也只有在选择合适的解变量时才可以得到正定的系数矩阵, 在非线性分析中, 迭代解应进行适当的线性化. 为此, 事实上, 在所有可以推导出对称正定系数矩阵的问题 (如结构分析、传热等, 见第 4.2、7.2 节和 7.3 节) 分析中, 采用一般的构造方法是非常重要的.

在上面的讨论中, 我们采用了组装系统控制平衡方程的直接法. 非常重要的是, 在很多分析中, 可以用极值法或变分公式得到状态变量的控制平衡方程. 极值问题是指确定一组 (或几组) 值 (状态变量) $U_i(i=1,\cdots,n)$ 的位置, 其中给定的泛函 $\Pi(U_1,\cdots,U_n)$ 为一个最大值或最小值或是鞍点. 获得状态变量方程的条件是

[86]

$$\delta\Pi = 0 \tag{3.1}$$

由于

$$\delta\Pi = \frac{\partial\Pi}{\partial U_1}\delta U_1 + \cdots + \frac{\partial\Pi}{\partial U_n}\delta U_n \tag{3.2}$$

一定有

$$\text{对 } i=1,\cdots,n, \frac{\partial\Pi}{\partial U_i} = 0 \tag{3.3}$$

注意到 δU_i 表示 "状态变量 U_i 的变分, 除了在或对应于状态变量边界条件处必须为零外, 可以是任意值"①. 而 Π 对状态变量的二阶导数可确定解是对应于最大值、最小值还是鞍点. 在集中参数模型的解中, 我们可以认为 Π 是有定义的, 从而可使得关系式 (3.3) 得出控制平衡方程②. 例如, 在线性结构分析中, 当把位移作为状态变量时, Π 为总位势 (或总势能)

$$\Pi = \mathcal{U} - \mathcal{W} \tag{3.4}$$

其中, $\mathcal{U}$ 是系统的应变能, $\mathcal{W}$ 是载荷的总势能. 此时, 状态变量的解对应于 Π 的极小值.

例 3.6: 考虑刚度为 k 的简单弹簧, 其上作用载荷为 P, 讨论式 (3.1) 和式 (3.4) 的应用.

令 u 为弹簧在载荷 P 下的位移. 则有

$$\mathcal{U} = \frac{1}{2}ku^2; \quad \mathcal{W} = Pu$$

① 更精确地说, 状态变量的变化在处于和对应于本质边界条件处必为零, 如在第 3.3.1 节进行的深入讨论.

② 按这种方式, 我们考虑具体的变分公式, 如在第 4 和第 7 章进一步的讨论.

和

$$\Pi = \frac{1}{2}ku^2 - Pu$$

注意到对于给定的 P, 我们可以将 Π 视做 u 的函数. 将 u 作为唯一的变量, 利用式 (3.1), 可以得到

$$\partial\Pi = (ku - P)\delta u; \quad \frac{\partial\Pi}{\partial u} = ku - P$$

上式给出了平衡方程

$$ku = P \tag{a}$$

用式 (a) 计算 $\mathcal{W}$, 可以在平衡点处得到 $\mathcal{W} = ku^2$; 即, $\mathcal{W} = 2\mathcal{U}$ 和 $\Pi = -\frac{1}{2}ku^2 = -\frac{1}{2}Pu$. 同样, $\partial^2\Pi/\partial u^2 = k$, 因此, 在平衡点, Π 就是它的最小值.

例 3.7: 考虑例 3.1 中的刚性小车系统的分析. 确定 Π 并用式 (3.1) 中的条件得出控制平衡方程.

采用例 3.1 定义的记号, 得到

$$\mathcal{U} = \frac{1}{2}\mathbf{U}^{\mathrm{T}}\mathbf{K}\mathbf{U} \tag{a}$$

和

[87]

$$\mathcal{W} = \mathbf{U}^{\mathrm{T}}\mathbf{R} \tag{b}$$

这里应指出, 式 (a) 中总应变能也可以写做

$$\begin{aligned}\mathcal{U} &= \frac{1}{2}\mathbf{U}^{\mathrm{T}}\left(\sum_{i=1}^{5}\mathbf{K}^{(i)}\right)\mathbf{U}\\ &= \frac{1}{2}\mathbf{U}^{\mathrm{T}}\mathbf{K}^{(1)}\mathbf{U} + \frac{1}{2}\mathbf{U}^{\mathrm{T}}\mathbf{K}^{(2)}\mathbf{U} + \cdots + \frac{1}{2}\mathbf{U}^{\mathrm{T}}\mathbf{K}^{(5)}\mathbf{U}\\ &= \mathcal{U}_1 + \mathcal{U}_2 + \cdots + \mathcal{U}_5\end{aligned}$$

其中, $\mathcal{U}_i$ 是第 i 个单元存储的应变能.

利用式 (a) 和式 (b), 可以得到

$$\Pi = \frac{1}{2}\mathbf{U}^{\mathrm{T}}\mathbf{K}\mathbf{U} - \mathbf{U}^{\mathrm{T}}\mathbf{R} \tag{c}$$

式 (3.1) 给出

$$\mathbf{K}\mathbf{U} = \mathbf{R}$$

求解得到 $\mathbf{U}$, 然后代入式 (c), 我们找出对应于系统平衡点处位移的 Π 为

$$\Pi = -\frac{1}{2}\mathbf{U}^{\mathrm{T}}\mathbf{R}$$

由于使用直接求解法和变分法得到了相同的平衡方程, 所以我们可能要问: 采用变分法有哪些优点? 假设对所考虑问题, Π 是有定义的. 通过简单地

将所有单元的贡献加到 Π, 并且对式 (3.1) 取驻值条件, 就可以得到平衡方程. 本质上, 该条件自动满足单元连接要求. 因此, 变分法是非常有效的, 这是因为可以"相当机械地"得到系统控制平衡方程. 在考虑连续系统的数值解法时 (见第 3.3.2 节), 变分法的优点会更加显著. 但与直接法相比, 变分法的一个主要缺点是, 该问题提法的物理意义并不好理解. 因此, 为了确定解的可能误差和对方程的物理意义有更好的理解, 一旦用变分法建立了系统平衡方程, 在物理意义上的解释将会是非常重要的.

3.2.2 传播问题

传播或动态问题的主要特征是所考虑系统的响应随时间变化. 原则上对这类系统的分析采用与稳态问题分析相同的步骤, 但是此时的状态变量和单元平衡关系与时间有关. 分析的主要目的是计算所有时刻 t 的状态变量.

在讨论实际传播问题前, 我们先考虑这种情况: 时间对单元平衡关系的影响可以忽略不计, 但载荷向量是时间的函数. 此时, 仍采用稳态响应的控制方程, 但把与时间有关的载荷或力向量代替稳态分析中所用的载荷向量, 就可以得到系统响应. 由于该分析本质上仍然是一个稳态分析, 而要考虑到任意时刻 t 的稳态条件, 因此可以称这种分析为伪稳态分析. [88]

在实际的传播问题中, 单元平衡关系与时间有关, 与稳态问题相比, 这是响应特征中的主要区别. 下面我们给出两个例子说明传播问题中的控制平衡方程的推导. 第 9 章将给出计算这些方程的解法.

例 3.8: 考虑例 3.1 中分析的刚性小车系统. 假设载荷与时间有关, 试建立系统动态响应的控制方程.

对于这个分析, 我们假设弹簧无质量, 小车质量为 m_1、m_2、m_3 (这相当于将每个弹簧的分布质量集中在它的两个端点). 则用例 3.1 给出的信息并应用达朗贝尔原理, 单元连接要求得到方程

$$
\begin{aligned}
F_1^{(1)} + F_1^{(2)} + F_1^{(3)} + F_1^{(4)} &= R_1(t) - m_1\ddot{U}_1 \\
F_2^{(2)} + F_2^{(3)} + F_2^{(5)} &= R_2(t) - m_2\ddot{U}_2 \\
F_3^{(4)} + F_3^{(5)} &= R_3(t) - m_3\ddot{U}_3
\end{aligned}
$$

其中

$$
\ddot{U}_i = \frac{\mathrm{d}^2 U_i}{\mathrm{d}t^2}; \quad i = 1, 2, 3
$$

因此, 得到系统控制平衡方程

$$
\mathbf{M}\ddot{\mathbf{U}} + \mathbf{K}\mathbf{U} = \mathbf{R}(t) \tag{a}
$$

其中, $\mathbf{K}$、$\mathbf{U}$ 和 $\mathbf{R}$ 已经在例 3.1 定义, $\mathbf{M}$ 是系统质量矩阵

$$\mathbf{M}=\begin{bmatrix} m_1 & 0 & 0 \\ 0 & m_2 & 0 \\ 0 & 0 & m_3 \end{bmatrix}$$

平衡方程式 (a) 描述了一个对时间的二阶常微分方程组. 对于这些方程组的求解, 还需要给定 $\mathbf{U}$ 和 $\dot{\mathbf{U}}$ 的初始条件; 即需要知道 ${}^0\mathbf{U}$ 和 ${}^0\dot{\mathbf{U}}$, 其中

$${}^0\mathbf{U}=\mathbf{U}|_{t=0};\quad {}^0\dot{\mathbf{U}}=\dot{\mathbf{U}}|_{t=0}$$

我们在前面提到了伪稳态分析的情况. 考虑小车响应, 这种分析意味着载荷变化非常慢, 因此质量影响可以忽略. 所以, 为了获得伪稳态响应, 例 3.8 中的平衡方程 (a) 应当在 $\mathbf{M}=\mathbf{0}$ 条件下求解.

例 3.9: 图 E3.9 描述了电子管中瞬时热流的理想化情形. 灯丝用电流加热到温度 θ_f; 热量从灯丝对流到周围的气体中并辐射到管壁, 当然管壁也接收气体对流的热量. 管壁本身又把热量对流到周围的大气层中, 大气温度为 θ_a. 要求推导系统的热流率控制平衡方程.

在本分析中, 我们选择气体的温度 θ_1 和管壁的温度 θ_2 作为未知状态变量. 通过利用气体和管壁的热流率平衡得到系统平衡方程. 使用图 E3.9 给出的导热系数, 对于气体, 可以得到

$$C_1\frac{\mathrm{d}\theta_1}{\mathrm{d}t}=k_1(\theta_f-\theta_1)-k_2(\theta_1-\theta_2)$$

[89]

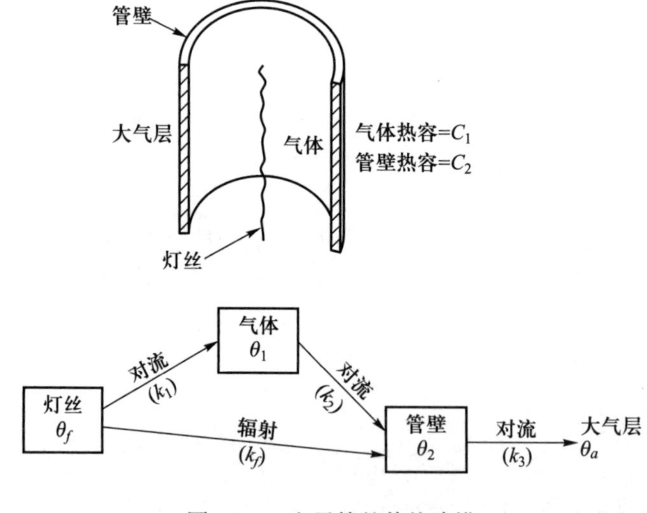

图 E3.9　电子管的传热建模

对管壁, 有

$$C_2\frac{\mathrm{d}\theta_2}{\mathrm{d}t}=k_r((\theta_f)^4-(\theta_2)^4)+k_2(\theta_1-\theta_2)-k_3(\theta_2-\theta_a)$$

这两个方程可写成如下矩阵形式

$$\mathbf{C}\dot{\boldsymbol{\theta}} + \mathbf{K}\boldsymbol{\theta} = \mathbf{Q} \tag{a}$$

其中,

$$\mathbf{C} = \begin{bmatrix} C_1 & 0 \\ 0 & C_2 \end{bmatrix}; \quad \mathbf{K} = \begin{bmatrix} (k_1 + k_2) & -k_2 \\ -k_2 & (k_2 + k_3) \end{bmatrix}$$

$$\boldsymbol{\theta} = \begin{bmatrix} \theta_1 \\ \theta_2 \end{bmatrix}; \quad \mathbf{Q} = \begin{bmatrix} k_1\theta_f \\ k_r((\theta_f)^4 - (\theta_2)^4) + k_3\theta_a \end{bmatrix}$$

注意到, 由于辐射边界条件, 热流率平衡方程对 $\boldsymbol{\theta}$ 是非线性的. 此处的辐射边界条件项并入到热流载荷向量 $\mathbf{Q}$ 中. 可按第 9.6 节所述求解方程.

虽然在前面的例子中我们考虑了一些非常特殊的情况, 但是所列举的例子以相当一般的方式说明了怎样对离散系统的传播问题进行分析建模. 本质上来讲, 依然采用与稳态问题分析相同的步骤, 只是 "与时间有关的载荷" 的产生是单元 "抵抗变化" 的结果, 进而可以说是整个系统 "抵抗变化" 的结果. 在动态分析中, 必须考虑到这种对变化的抵抗或者系统的惯性. [90]

根据前面的讨论和观察, 显然我们可以得出结论, 传播问题的分析只是相应的稳态问题分析的简单扩展. 然而, 前面的讨论中我们假设系统是离散的, 因此自由度或状态变量都是可以直接确定的. 实际上, 包含实际物理系统所有重要特征的合适的离散系统的选择通常不是直接的. 一般地, 对动态响应预测应选择不同的离散模型, 稳态分析则不用选择. 但这些讨论说明, 一旦为传播问题选定了一个离散模型, 那么就可以用与稳态响应分析一样的方式推导控制平衡方程, 另外要加入惯性载荷并与外部作用载荷一起作用在系统上 (详见第 4.2.1 节). 这些观察结果让我们了解到, 系统动态平衡方程的求解方法大多基于稳态平衡方程所用的求解方法 (详见第 9.2 节).

3.2.3 特征值问题

在前面的稳态和传播问题的讨论中, 我们默认系统响应存在唯一解. 特征值问题的一个主要特征是系统响应没有唯一解, 本分析的目的是计算各种可能解. 在稳态分析和动态分析中均会产生特征值问题.

工程分析中会提出各种不同的特征值问题. 本书主要关注如下形式的广义特征值问题

$$\mathbf{A}\mathbf{v} = \lambda\mathbf{B}\mathbf{v} \tag{3.5}$$

其中, $\mathbf{A}$ 和 $\mathbf{B}$ 是对称矩阵, λ 是标量, $\mathbf{v}$ 是向量. 如果 λ_i 和 $\mathbf{v}_i$ 满足式 (3.5), 则它们分别称为特征值和特征向量.

在稳态分析中, 当研究所考虑系统的物理稳定性时, 需要提出式 (3.5) 的特征值问题. 所求问题及其特征值问题如下: *假设已知系统的稳态解, 如果平*

衡位置受到轻微的扰动，系统是否会分叉出另一个解？问题的答案依赖于所考虑的系统及其所受的载荷. 我们考虑一个非常简单的例子来说明这个基本思想.

例 3.10: 如图 E3.10(a) 所示为简单悬臂梁. 它由旋转弹簧和刚性杆臂组成. 预测结构受如图 E3.10 所示的载荷时的响应.

首先考虑第 3.2.1 节中讨论的稳态响应. 由于杆是刚性的, 悬臂梁是单自由度系统, 我们选择 Δ_v 做状态变量.

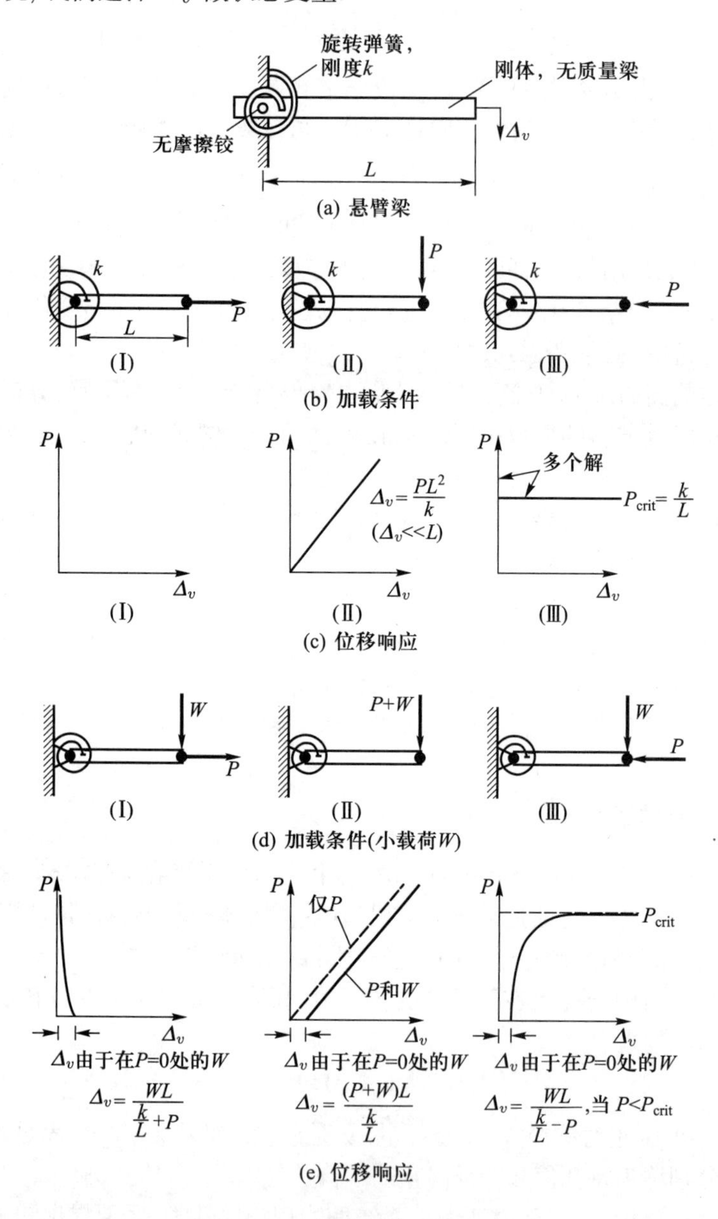

图 E3.10　简单悬臂梁模型分析

在加载条件 I 时, 杆受到纵向张紧力 P, 此时力矩为零. 由于杆是刚性的, 所以有 [92]

$$\Delta_v = 0 \tag{a}$$

再考虑加载条件 II. 假设此时有小位移

$$\Delta_v = \frac{PL^2}{k} \tag{b}$$

最后, 对加载条件 III, 如同条件 I,

$$\Delta_v = 0 \tag{c}$$

我们现要确定这些载荷作用下时, 系统是否稳定. 为了研究稳定性, 我们在由式 (a)、(b) 和 (c) 所定义的平衡位置给该结构一扰动, 讨论是否可能存在另外的平衡位置.

假设在加载条件 I 和条件 II 时, Δ_v 是正的但很小. 如果我们在列写平衡方程时将这个位移考虑在内, 可以看出, 加载条件 I 时不能经受微小的非零量 Δ_v, 而在加载条件 II 时分析中引入 Δ_v 的影响可以忽略不计.

再考虑加载条件 III 中 $\Delta_v > 0$. 此时, 对具有非零 Δ_v 的平衡位形, 应满足下列平衡方程

$$P\Delta_v = k\frac{\Delta_v}{L}$$

但只要 $P = k/L$ 时, 上式对任意 Δ_v 都是满足的. 因此除水平位置之外的平衡位置处的临界载荷 P_{crit} 可能为

$$P_{\text{crit}} = k/L$$

总之, 有

$P < P_{\text{crit}}$	只有杆的水平位置是可能的; 平衡是稳定的.
$P = P_{\text{crit}}$	杆的水平和挠曲位置均是可能的; $P \geqslant P_{\text{crit}}$ 时, 水平平衡位置是不稳定的.

为了对这些结果有更进一步的理解, 我们可以假设除了图 E3.10(b) 中所示的载荷 P 之外, 在图 E3.10(d) 中再施加一个小的横切载荷 W. 如果我们接着对受 P 和 W 的悬臂梁模型进行分析, 则可以获得图 E3.10(e) 的响应曲线. 因此, 我们可以看到, 在加载条件 I 和 II 时, 随着 P 的增加, 载荷 W 的影响减小, 保持不变, 但在加载条件 III 时, 随着 P 接近于临界负载 P_{crit}, 横向位移 Δ_v 快速增大.

例 3.10 给出的分析说明了在不稳定性分析中特征值问题的提出及其求解的主要目的, 即, 预测向给定平衡位形施加的微小扰动是否会大幅增大. 出现这种情况的载荷大小对应于系统的临界载荷. 在例 3.10 实现的第二种解法中, 微小扰动的产生是由于小载荷 W, 例如, 它可模拟作用于悬臂上的水平载 [93]

荷并不保持完全水平的可能性. 在特征值分析中, 我们直接假设一个变形位形, 并检验是否存在一个载荷大小, 确实可使该位形成为可能的平衡解. 在第 6.8.2 节中, 我们将讨论特征值问题分析是由系统非线性响应的线性化组成的, 并且很大程度上依赖于所考虑的系统是否计入一个可靠的临界载荷. 特征值求解特别适合于梁、板及壳结构的 “梁柱类情形” 的分析.

例 3.11: 经验表明, 在结构分析中可以通过特征值问题公式适当地估计柱类结构的临界载荷. 考虑图 E3.11 定义的系统. 建立可算出系统临界载荷的特征值问题.

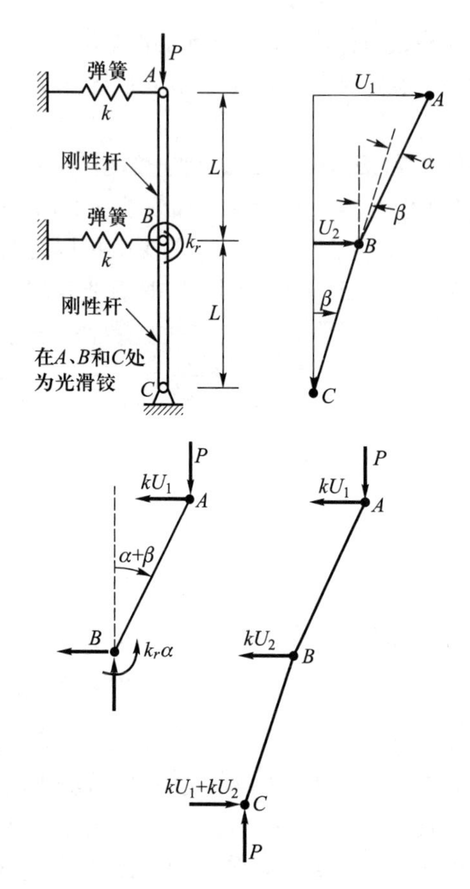

图 E3.11　柱的不稳定性分析

[94] 正如稳态平衡方程的推导一样 (见第 3.2.1 节), 可以采用直接法或变分法建立该问题的控制方程, 在该问题求解中, 我们介绍这两种方法.

在直接法中, 我们通过考虑该结构在其变形位形中的平衡直接建立控制平衡方程. 如图 E3.11 所示, 杆 AB 的力矩平衡条件要求

$$PL\sin(\alpha+\beta)=kU_1L\cos(\alpha+\beta)+k_r\alpha \tag{a}$$

类似地, 对杆 CBA, 要求

$$PL[\sin(\alpha+\beta)+\sin\beta] = kU_1L[\cos(\alpha+\beta)+\cos\beta]+kU_2L\cos\beta \qquad \text{(b)}$$

选择 U_1 和 U_2 作为状态变量完全描述结构响应. 同时假设小位移条件

$$L\sin(\alpha+\beta)=U_1-U_2; \quad L\sin\beta = U_2$$
$$L\cos(\alpha+\beta)\doteq L; \quad L\cos\beta\doteq L; \quad \alpha\doteq\frac{U_1-2U_2}{L}$$

代入式 (a) 和式 (b), 并将得到的方程写成矩阵形式, 得

$$\begin{bmatrix} kL+\dfrac{k_r}{L} & -2\dfrac{k_r}{L} \\ 2kL & kL \end{bmatrix}\begin{bmatrix} U_1 \\ U_2 \end{bmatrix} = P\begin{bmatrix} 1 & -1 \\ 1 & 0 \end{bmatrix}\begin{bmatrix} U_1 \\ U_2 \end{bmatrix}$$

通过将第一行乘以 -2 再加到第二行, 可使得系数矩阵对称化, 故得出特征值问题

$$\begin{bmatrix} kL+\dfrac{k_r}{L} & -\dfrac{2k_r}{L} \\ -\dfrac{2k_r}{L} & kL+\dfrac{4k_r}{L} \end{bmatrix}\begin{bmatrix} U_1 \\ U_2 \end{bmatrix} = P\begin{bmatrix} 1 & -1 \\ -1 & 2 \end{bmatrix}\begin{bmatrix} U_1 \\ U_2 \end{bmatrix} \qquad \text{(c)}$$

注意到, 式 (c) 中的第二个方程也可以通过杆 CB 的力矩平衡条件得出.

再来考虑变分法, 我们需要确定系统变形位形的总势能 Π. 此时, 有

$$\Pi = \frac{1}{2}kU_1^2+\frac{1}{2}kU_2^2+\frac{1}{2}k_r\alpha^2-PL[1-\cos(\alpha+\beta)+1-\cos\beta] \qquad \text{(d)}$$

如同直接法一样, 假设小位移条件. 由于我们想用式 (3.1) 推导出系数矩阵与状态变量无关的式 (3.5) 的特征值问题, 故将三角函数近似表示为状态变量的二阶形式. 使用

$$\cos(\alpha+\beta)\doteq 1-\frac{(\alpha+\beta)^2}{2}$$
$$\cos\beta\doteq 1-\frac{\beta^2}{2} \qquad \text{(e)}$$

和

$$\alpha+\beta\doteq\frac{U_1-U_2}{L}; \quad \alpha\doteq\frac{U_1-2U_2}{L}; \quad \beta\doteq\frac{U_2}{L} \qquad \text{(f)}$$

把式 (e) 和式 (f) 代入式 (d), 得到 [95]

$$\Pi = \frac{1}{2}kU_1^2+\frac{1}{2}kU_2^2+\frac{1}{2}k_r\left(\frac{U_1-2U_2}{L}\right)^2-\frac{P}{2L}(U_1-U_2)^2-\frac{P}{2L}U_2^2$$

对其取驻值

$$\frac{\partial\Pi}{\partial U_1}=0; \quad \frac{\partial\Pi}{\partial U_2}=0$$

就可以得到方程 (c).

现在考虑动态分析, 特征值问题的构建需要用到动态平衡方程的解. 本质上来讲, 分析的目的就是找到一个基于状态变量的数学变换, 该变换可有效地用于动态响应的求解 (见第 9.3 节). 在实际问题的分析中, 确定物理量的特征值及其特征向量是非常重要的 (见第 9.3 节).

为了说明在动态分析中怎样形成特征值问题, 我们给出下面的例子.

例 3.12: 考虑例 3.8 中的刚性小车系统的动态分析. 假设为自由振动条件且

$$\mathbf{U} = \boldsymbol{\varphi} \sin(\omega t - \psi) \tag{a}$$

其中, $\boldsymbol{\varphi}$ 是与时间无关的分量, ω 是角频率, ψ 是相位角. 证明在这种假设下, 当求解得到 $\boldsymbol{\varphi}$ 和 ω 时, 就可以得出式 (3.5) 给定形式的特征值问题.

考虑自由振动条件时, 系统平衡方程为

$$\mathbf{M}\ddot{\mathbf{U}} + \mathbf{K}\mathbf{U} = \mathbf{0} \tag{b}$$

其中, 矩阵 $\mathbf{M}$、$\mathbf{K}$ 和向量 $\mathbf{U}$ 在例 3.1 和例 3.8 中已经定义. 如果式 (a) 给定的 $\mathbf{U}$ 是方程 (b) 的解, 当代入 $\mathbf{U}$ 时, 这些方程应满足

$$-\omega^2 \mathbf{M}\boldsymbol{\varphi} \sin(\omega t - \psi) + \mathbf{K}\boldsymbol{\varphi} \sin(\omega t - \psi) = \mathbf{0}$$

因此, 对于 (b) 的解 (a), 可以得到条件

$$\mathbf{K}\boldsymbol{\varphi} = \omega^2 \mathbf{M}\boldsymbol{\varphi} \tag{c}$$

即为式 (3.5) 的特征值问题. 我们将在第 9.3 节讨论式 (c) 中问题的解 ω_i^2 和 $\boldsymbol{\varphi}_i$ 的物理性质.

例 3.13: 考虑图 E3.13 所示的电路图. 当 $L_1 = L_2 = L$, $C_1 = C_2 = C$ 时, 确定可计算谐振频率和模态的特征值问题.

我们的首要目的是推导系统的动态平衡方程. 一个电感器的单元平衡方程为

$$L\frac{\mathrm{d}I}{\mathrm{d}t} = V \tag{a}$$

[96]

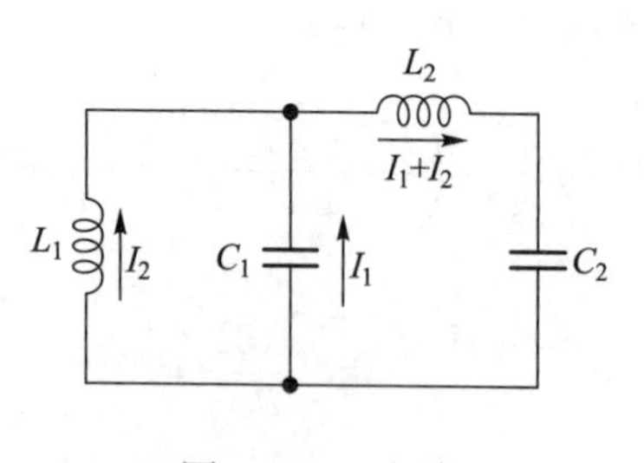

图 E3.13　电路

其中, L 为电感, I 为通过电感器的电流, V 为电感器两端的电压降. 对电容为 C 的电容器, 其平衡方程为

$$I = C\frac{\mathrm{d}V}{\mathrm{d}t} \tag{b}$$

取图 E3.13 所示的电流 I_1 和 I_2 为状态变量. 控制平衡方程可通过满足 Kirchhoff 电压定律的单元连接要求而得到

$$\begin{aligned} V_{C_1} + V_{L_2} + V_{C_2} &= 0 \\ V_{L_1} + V_{L_2} + V_{C_2} &= 0 \end{aligned} \tag{c}$$

对式 (a) 和式 (c) 关于时间求导, 并将 $L_1 = L_2 = L$, $C_1 = C_2 = C$ 代入式 (c), 得到

$$L\begin{bmatrix} 1 & 1 \\ 1 & 2 \end{bmatrix}\begin{bmatrix} \ddot{I}_1 \\ \ddot{I}_2 \end{bmatrix} + \frac{1}{C}\begin{bmatrix} 2 & 1 \\ 1 & 1 \end{bmatrix}\begin{bmatrix} I_1 \\ I_2 \end{bmatrix} = \begin{bmatrix} 0 \\ 0 \end{bmatrix} \tag{d}$$

可以看到, 这些方程十分类似于结构系统的自由振动平衡方程. 事实上, 可以类比为

$$I \to \text{位移}; \quad 1/C \to \text{刚度}; \quad L \to \text{质量}$$

如例 3.12 一样 (可以构造一个等价的结构系统) 建立谐振频率的特征问题.

3.2.4 关于解的性质

在上几节中, 我们讨论了有关稳态问题、传播问题以及特征值问题的提出, 并给出了一些简单的例子. 但对所有情况只是给出了未知状态变量的方程组, 并没有进行求解. 我们将在第 8—11 章介绍方程的求解方法. 本节的主要目的是简要讨论当考虑稳态问题、传播问题或特征值问题时所算出的解的性质.

对于稳态和传播问题, 区分线性与非线性问题很简便. 简单说, 线性问题的特征是, 系统的响应与外部作用载荷的大小成比例变化. 而所有其他情况都是非线性的, 将在第 6.1 节进行详细讨论. 为了简要说明线性稳态、传播和特征值分析中的一些基本响应特性, 我们考虑下面的例子.

例 3.14: 考虑图 E3.14 所示的由刚性无质量杆、弹簧和集中质量块组成的简单结构系统. 单元在点 A、B 和 C 使用无摩擦铰进行连接. 当初始位移和速度均为零时, 要求分析所示加载的离散系统. [97]

系统的响应由图 E3.14(c) 所示的两个状态变量 U_1 和 U_2 描述. 为了决定哪种分析方法是适当的, 我们需要获得结构特征和作用力 F 与 P 的充分信息. 假设结构特征和作用力使得单元组合体的位移比较小,

$$\frac{U_1}{L} < \frac{1}{10} \quad \text{和} \quad \frac{U_2}{L} < \frac{1}{10}$$

假设

[98]

$$
\begin{aligned}
&\cos\alpha = \cos\beta = \cos(\beta-\alpha) = 1 \\
&\sin\alpha = \alpha; \quad \sin\beta = \beta \\
&\alpha = \frac{U_1}{L}; \quad \beta = \frac{U_2 - U_1}{L}
\end{aligned}
\tag{a}
$$

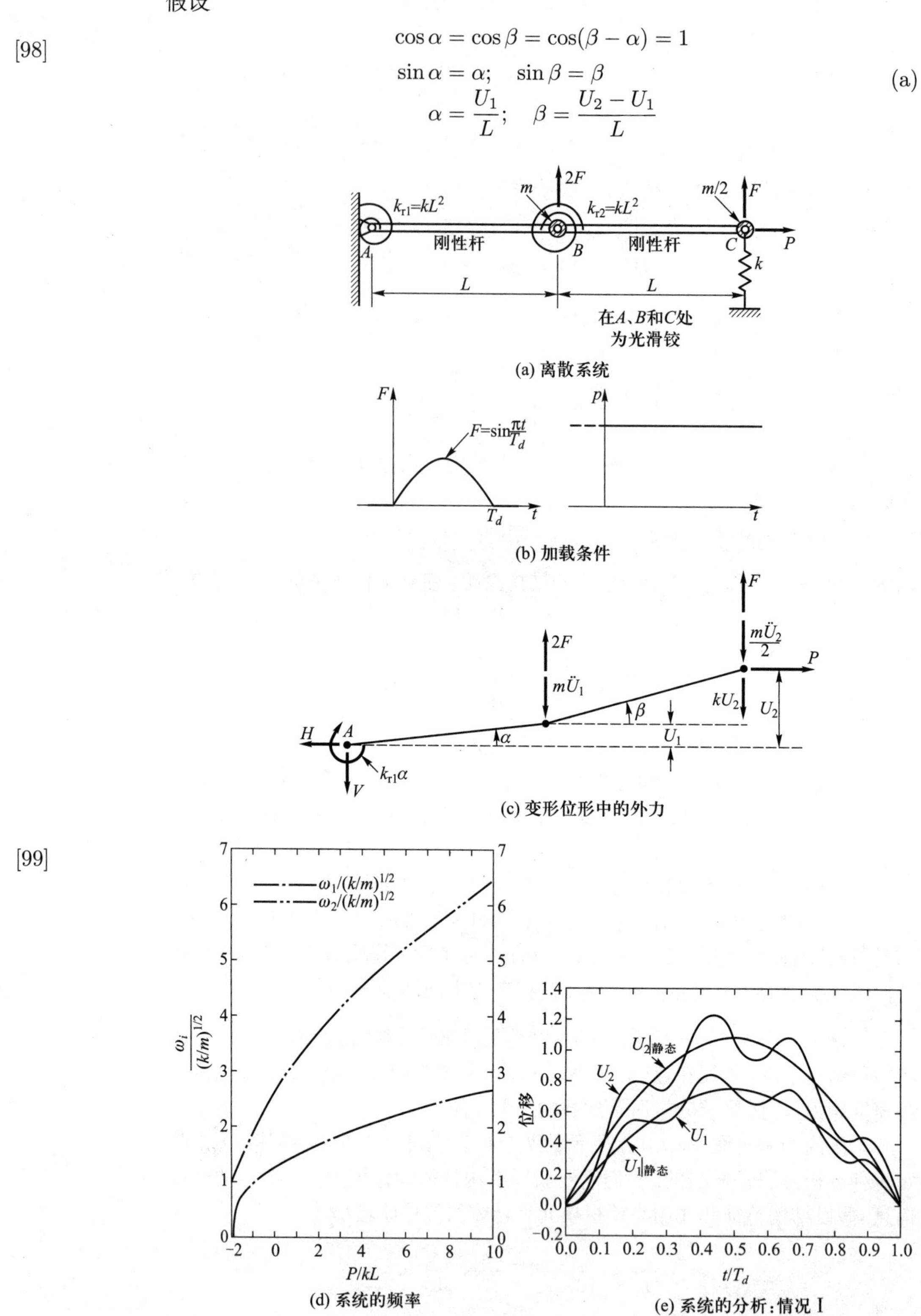

(a) 离散系统

(b) 加载条件

(c) 变形位形中的外力

[99]

(d) 系统的频率

(e) 系统的分析：情况 I

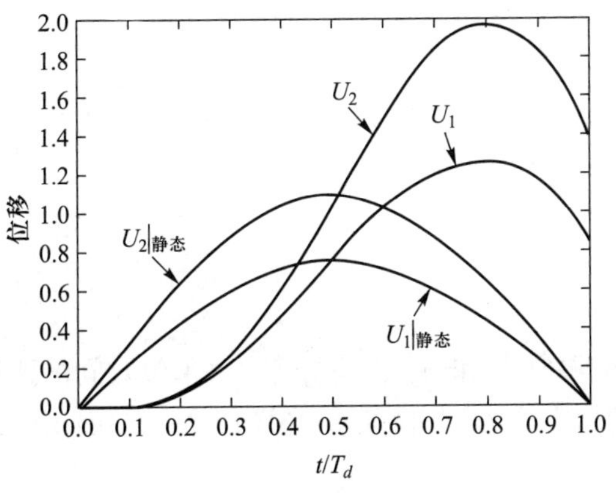

(f) 系统的分析:情况Ⅱ

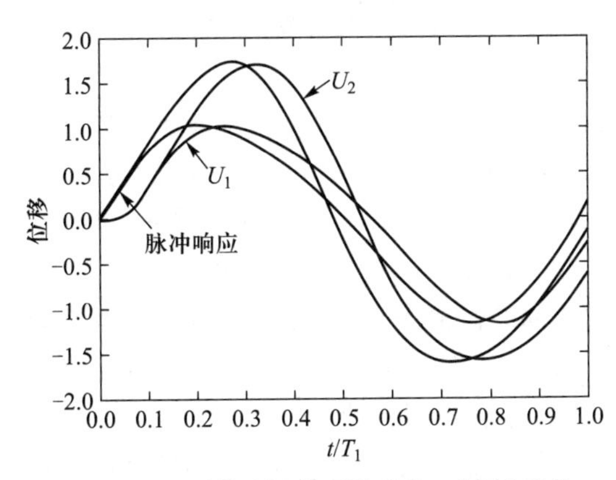

(g) 系统的分析:情况Ⅲ(此时,实际位移是通过将所给值乘以$2T_d/\pi$;利用${}^0U_1={}^0U_2=0$,并令外载荷为零来计算脉冲响应.)

图 E3.14　两自由度系统

控制平衡方程的推导如例 3.11 但计入惯性力 (见例 3.8); 因此得到

$$\begin{bmatrix} m & 0 \\ 0 & \dfrac{m}{2} \end{bmatrix}\begin{bmatrix} \ddot{U}_1 \\ \ddot{U}_2 \end{bmatrix}+\begin{bmatrix} \left(5k+\dfrac{2P}{L}\right) & -\left(2k+\dfrac{P}{L}\right) \\ -\left(2k+\dfrac{P}{L}\right) & \left(2k+\dfrac{P}{L}\right) \end{bmatrix}\begin{bmatrix} U_1 \\ U_2 \end{bmatrix}=\begin{bmatrix} 2F \\ F \end{bmatrix} \tag{b}$$

系统的响应应依赖于 k、m 和 P/L 的相对值. 为了得出是否应进行静态或动态分析的一个度量, 我们计算系统的自然频率. 可以通过求解特征值问题

$$\begin{bmatrix} \left(5k+\dfrac{2P}{L}\right) & -\left(2k+\dfrac{P}{L}\right) \\ -\left(2k+\dfrac{P}{L}\right) & \left(2k+\dfrac{P}{L}\right) \end{bmatrix}\begin{bmatrix} U_1 \\ U_2 \end{bmatrix}=\omega^2\begin{bmatrix} m & 0 \\ 0 & \dfrac{m}{2} \end{bmatrix}\begin{bmatrix} U_1 \\ U_2 \end{bmatrix} \tag{c}$$

得到这些频率.

(c) 的解给出 (详见第 2.5 节)

$$\omega_1 = \left(\frac{9k}{2m} + \frac{2P}{mL} - \sqrt{\frac{33k^2}{4m^2} + \frac{8Pk}{m^2L} + \frac{2P^2}{m^2L^2}} \right)^{1/2}$$

$$\omega_2 = \left(\frac{9k}{2m} + \frac{2P}{mL} + \sqrt{\frac{33k^2}{4m^2} + \frac{8Pk}{m^2L} + \frac{2P^2}{m^2L^2}} \right)^{1/2}$$

注意到, 对于常数 k 和 m, 固有频率 (每单位时间的弧度) 是 P/L 的函数, 且随 P/L 增加而增大, 如图 E3.14(d) 所示. 系统的第 i 个固有周期 T_i, 由 $T_i = 2/\pi\omega_i$ 给定, 因此

$$T_1 = \frac{2\pi}{\omega_1}; \quad T_2 = \frac{2\pi}{\omega_2}$$

当按系统的固有周期度量时, 系统的响应很大程度上依赖于载荷作用的持续时间. 由于 P 是常数, 故载荷作用的持续时间由 T_d 度量. 为了说明该系统的响应特性, 假设 $k = m = P/L = 1$, T_d 取三个不同值的具体情况.

情况 (I) $T_d = 4T_1$: 图 E3.14(e) 所示为情况 I 的载荷的系统响应. 注意到, 动态响应解有些接近系统的静态响应, 如果 $T_1 \ll T_d$, 则将会非常接近.

[100] 情况 (II) $T_d = (T_1 + T_2)/2$: 系统响应如图 E3.14(f), 情况 II, 真正是动态的. 忽略惯性的影响是十分不适当的.

情况 (III) $T_d = 1/4T_2$: 此时, 载荷持续时间较系统的固有周期相对短一些. 系统响应为真正的动态响应, 应考虑惯性影响, 如图 E3.14(g) 的情况 III 所示的分析. 系统的响应有些接近脉冲条件下的响应, 如果 $T_2 \gg T_d$, 则将会非常接近.

[101] 为了确定使结构变得不稳定的条件, 我们注意到式 (b) 表明, 结构的刚度随着 P/L 值的增加而增加 (这就是为什么频率会随着 P/L 的增加而增加的原因). 因此, 对于变得不稳定的结构, 我们需要一个负 P 值; 即, P 应是可以被压缩的. 现假设 P 以非常慢的速度减小 (即 P 的压缩加大), 以及 F 非常小. 此时, 静态分析是合适的, 并且可以忽略力 F, 而从式 (b) 得到控制平衡方程

$$\begin{bmatrix} 5k & -2k \\ -2k & 2k \end{bmatrix} \begin{bmatrix} U_1 \\ U_2 \end{bmatrix} = \frac{P}{L} \begin{bmatrix} -2 & 1 \\ 1 & -1 \end{bmatrix} \begin{bmatrix} U_1 \\ U_2 \end{bmatrix}$$

该特征值问题的解给出了 P/L 的两个值. 考虑 P 的符号约定, 大的特征值给出临界载荷

$$P_{\text{crit}} = -2kL$$

应指出, 在系统的最小频率处的载荷为零, 如图 E3.14(d) 所示.

尽管本例中我们考虑了一个结构系统,但所介绍的解的大部分特征依然可以在其他类型问题的分析中直接观察到. 正如本例中所介绍的一样, 分析人员决定需要哪类分析是非常重要的: 稳态分析是否充分, 或者是否要进行动态分析, 抑或系统是否会变得不稳定. 我们将在第 6 章和第 9 章讨论影响这种选择的一些重要因素.

另外, 决定应进行哪类分析时, 分析人员应选择一个合适的实际物理系统的集中参数数学模型. 这个模型的特性依赖于将要进行的分析, 但是在复杂的工程分析中, 一个简单的集中参数模型在很多情况下并不是充足的, 所以利用基于连续介质力学的数学模型对系统进行理想化是非常必要的. 我们将在第 3.3 节介绍这类模型的使用.

3.2.5 习题

3.1 考虑如图 Ex.3.1 所示静态 (稳态) 条件下的简单小车系统. 建立该系统的控制平衡方程.

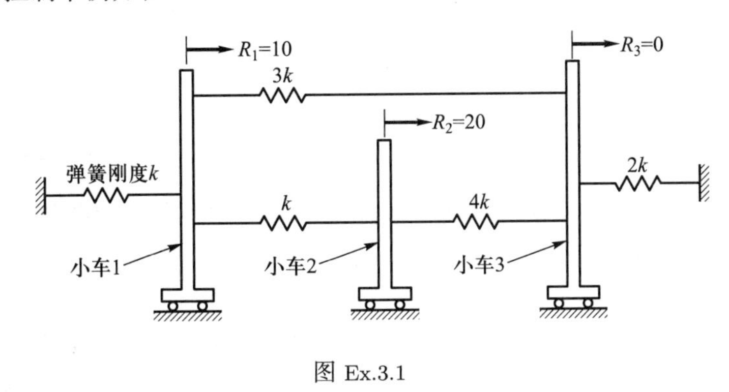

图 Ex.3.1

3.2 考虑如图 Ex.3.2 所示的由三块均质平板接触所组成的墙体. 建立该分析问题的稳态传热平衡方程.

[102]

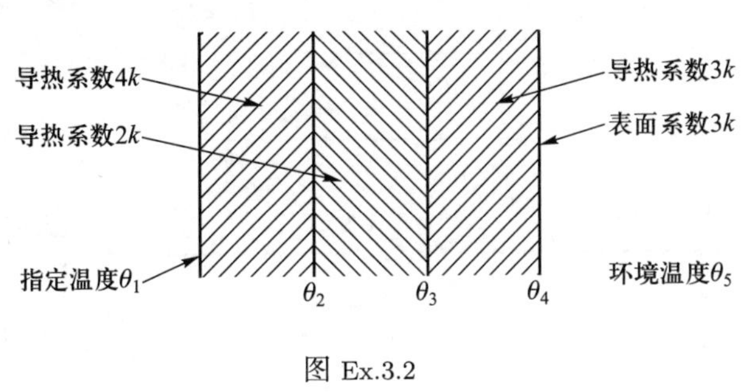

图 Ex.3.2

3.3 分析如图 Ex.3.3 所示液压回路系统. 建立系统的平衡方程, 其中 $\Delta p = Rq$, R 为支路的阻尼系数.

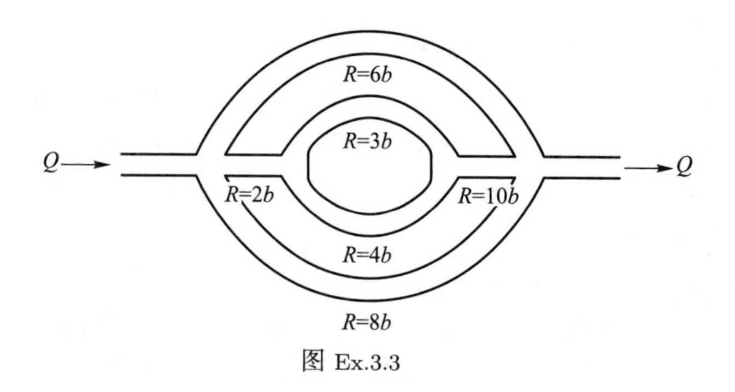

图 Ex.3.3

3.4 分析如图 Ex.3.4 所示的直流网络系统. 使用欧姆定律建立系统的电流 - 电压降平衡方程.

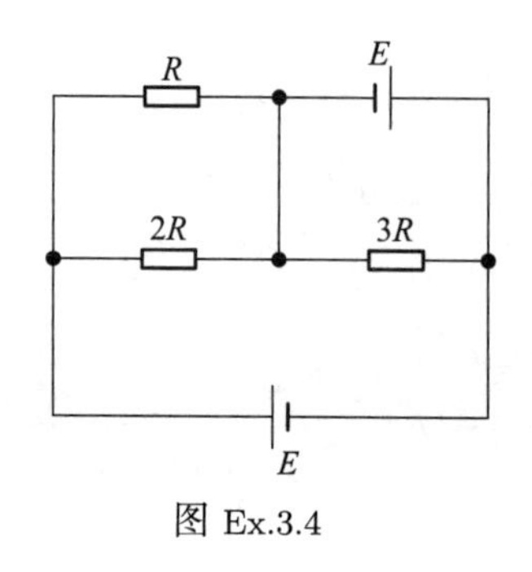

图 Ex.3.4

[103]

3.5 考虑习题 3.1 中的弹簧 - 小车系统. 确定该系统总势能的变分式 Π.

3.6 考虑例 3.2 中的平板. 找出一个变分式 Π 具有性质, 使得 $\delta\Pi = 0$ 时可以求出系统的控制平衡方程.

3.7 建立习题 3.1 中小车系统的动态平衡方程, 其中小车质量分别为 m_1、m_2 和 m_3.

3.8 考虑初始状态静止的简单弹簧 - 小车系统, 如图 Ex.3.8 所示. 建立系统动态响应的控制方程.

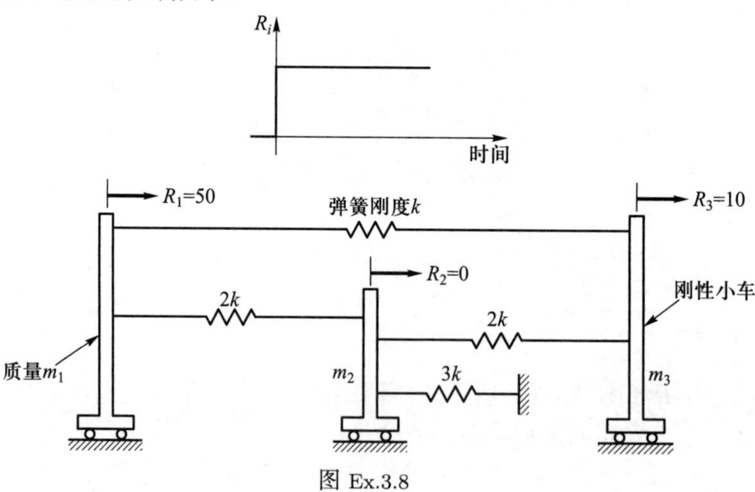

图 Ex.3.8

3.9 分析如图 Ex.3.9 所示刚性杆和缆索结构的动态响应. 试给出运动平衡方程的表达式.

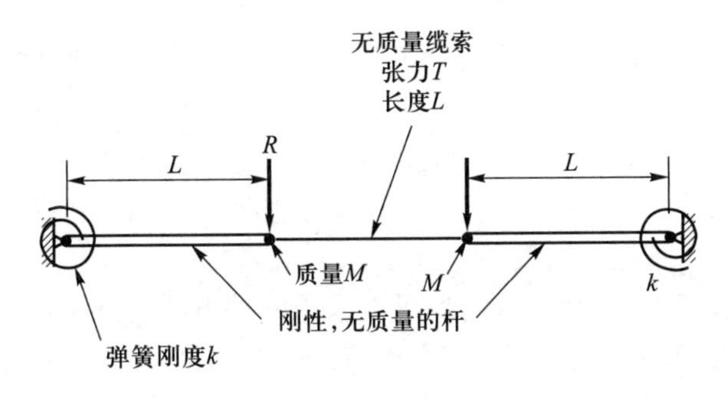

图 Ex.3.9

3.10 考虑如图 Ex.3.10 所示结构模型. 确定可以计算出临界载荷的特征值问题. 使用直接法和变分法得到控制方程.

[104]

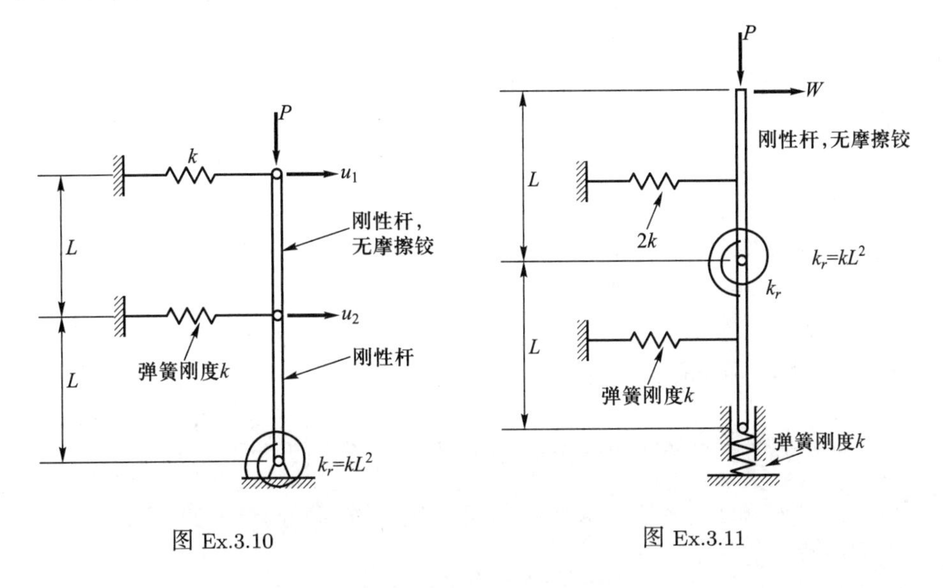

图 Ex.3.10 图 Ex.3.11

3.11 建立如图 Ex.3.11 所示系统的控制稳定性的特征问题.

3.12 习题 3.11 中的柱结构的初始状态为静止, 受恒定力 P 作用 (其中 P 低于临界载荷), 此时突然施加力 W. 建立控制平衡方程. 假设弹簧无质量, 杆每单位长度的质量为 m.

[105]

3.13 考虑例 3.9 中的分析. 假定 $\boldsymbol{\theta} = \boldsymbol{\varphi}\mathrm{e}^{-\lambda t}$, $\mathbf{Q} = \mathbf{0}$, 建立对应于 λ、$\boldsymbol{\varphi}$ 的特征问题.

3.14 考虑习题 3.2 中的三层均质平板组成的墙体结构. 给出瞬态分析中传热方程的表达式, 其中已给出初始温度的分布状态, 且 θ_1 突然变为 $\theta_1^{新}$. 假设 $\boldsymbol{\theta} = \boldsymbol{\varphi}\mathrm{e}^{-\lambda t}$, $\mathbf{Q} = \mathbf{0}$, 建立对应于 λ、$\boldsymbol{\varphi}$ 的特征问题. 假设每个平板的单位横截面积的总热容量为 c, 且每个平板的热容量可以集中在平板的表面.

3.3 连续系统数学模型的求解

连续系统数学模型求解的基本步骤与集中参数模型的求解十分相似 (见第 3.2 节). 但是, 我们不是处理离散单元, 而把重点放在典型微元上, 目的是得出可表达单元平衡要求、本构关系以及单元连接要求的微分方程. 这些微分方程必须在整个系统域内成立, 在计算方程解之前, 必须施加边界条件, 在动态分析中还要施加初始条件.

正如离散模型的求解一样, 也可以采用两种不同的方法推导系统控制微分方程: 直接法和变分法. 我们将在本节讨论这两种方法 (也可见 R. Courant 和 D. Hilbert [A]), 并详细说明变分法的步骤, 因为如同在第 3.3.4 节介绍的一样, 这种方法可以被认为是有限元法的基础.

3.3.1 微分形式

在微分形式中, 我们根据状态变量建立典型微元的平衡及本构要求. 这些考虑可导出以状态变量表示的微分方程组, 并且所有的协调要求 (即微元的连接要求) 有可能已包含在这些微分方程中 (例如, 仅凭解是连续的这一事实). 但一般来说, 为了满足所有的协调要求, 这些微分方程必须用另一些微分方程进行补充, 这些额外的微分方程需对状态变量施加适当的约束, 从而满足所有的协调要求. 最后, 为了完成这个问题的提出, 需指明所有的边界条件和动态分析中的初始条件.

为了进行数学分析, 将问题的控制微分方程进行分类是有益的. 考虑域 x, y 的一般二阶偏微分方程

$$A(x,y)\frac{\partial^2 u}{\partial x^2}+2B(x,y)\frac{\partial^2 u}{\partial x \partial y}+C(x,y)\frac{\partial^2 u}{\partial y^2}=\varphi\left(x,y,u,\frac{\partial u}{\partial x},\frac{\partial u}{\partial y}\right) \tag{3.6}$$

[106]

其中, u 为未知状态变量. 依据式 (3.6) 中的系数, 微分方程是椭圆、抛物线或者双曲线形的

$$B^2-AC\begin{cases}<0 & \text{椭圆}\\ =0 & \text{抛物线}\\ >0 & \text{双曲线}\end{cases}$$

当用特征法求解式 (3.6) 时, 可建立这种分类, 因为接下来可看出, 三类方程解的特性是有很大区别的. 当微分方程是由它们所控制的不同实际问题来确定时, 这些差异也是比较明显的. 这三类方程的最简形式分别是*拉普拉斯* (Laplace) *方程*, *热传导方程*和*波动方程*. 我们将通过下面的例子, 说明如何在实际问题的求解过程中得出这些方程.

例 3.15: 如图 E3.15 所示的理想化大坝立于可渗水的土壤上面. 列出水进入土壤的稳态渗流微分控制方程, 并给出相应的边界条件.

对于宽为 $\mathrm{d}x$ 和 $\mathrm{d}y$ (单位厚度) 的典型微元, 流进微元的总流量应等于流出微元的总流量. 因此, 有

$$(q|_y - q|_{y+\mathrm{d}y})\mathrm{d}x + (q|_x - q|_{x+\mathrm{d}x})\mathrm{d}y = 0$$

或

$$-\frac{\partial q_y}{\partial y}\mathrm{d}y\mathrm{d}x - \frac{\partial q_x}{\partial x}\mathrm{d}x\mathrm{d}y = 0 \tag{a}$$

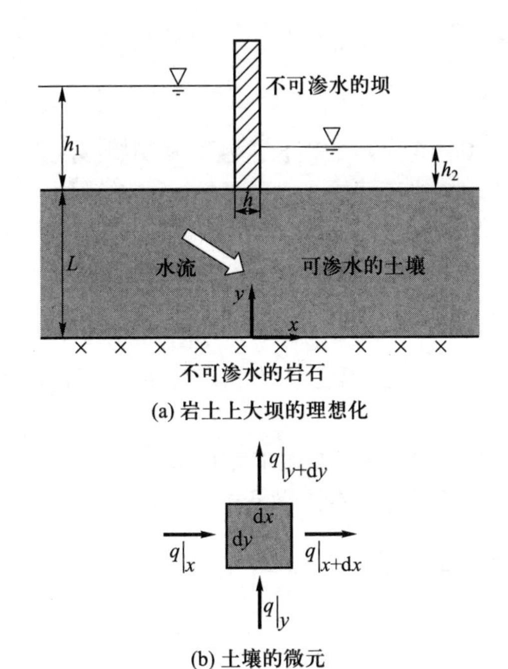

(a) 岩土上大坝的理想化

(b) 土壤的微元

图 E3.15　二维渗流问题

运用达西 (Darcy) 定律, 按总位势 φ 给出流量, [107]

$$q_x = -k_x\frac{\partial \varphi}{\partial x}; \quad q_y = -k_y\frac{\partial \varphi}{\partial y} \tag{b}$$

其中, 假设均匀渗透系数为 k. 将式 (b) 代入式 (a), 得到 Laplace 方程

$$k\left(\frac{\partial^2 \varphi}{\partial x^2} + \frac{\partial^2 \varphi}{\partial y^2}\right) = 0 \tag{c}$$

需指出, 也可以在传热分析、静电势的求解及其他场问题求解中 (详见第 7 章) 得出相同的方程.

边界条件为 $x = -\infty$ 和 $x = +\infty$ 上的无流动边界条件

$$\left.\frac{\partial \varphi}{\partial x}\right|_{x=-\infty} = 0; \quad \left.\frac{\partial \varphi}{\partial x}\right|_{x=+\infty} = 0 \tag{d}$$

在岩石 – 土壤界面

$$\left.\frac{\partial\varphi}{\partial y}\right|_{y=0}=0 \tag{e}$$

在大坝 – 土壤界面

$$\text{对}\ -\frac{h}{2}\leqslant x\leqslant+\frac{h}{2};\quad \frac{\partial\varphi}{\partial y}(x,L)=0 \tag{f}$$

另外, 总位势在水 – 土壤界面指定

$$\varphi(x,L)|_{x<-(h/2)}=h_1;\quad \varphi(x,L)|_{x>(h/2)}=h_2 \tag{g}$$

式 (c) 的微分方程和式 (d) 至式 (g) 的边界条件定义了渗流的稳态响应.

例 3.16: 如图 E3.16 所示的很长平板的常初始温度为 θ_i, 在 $x=0$ 的表面突然受到恒定的均匀热流率输入. 平板的 $x=L$ 表面的温度保持在 θ_i, 平行于 xz 平面的表面绝热. 假设一维热流条件, 证明问题的控制微分方程是热传导方程

$$k\frac{\partial^2\theta}{\partial x^2}=\rho c\frac{\partial\theta}{\partial t}$$

其中, 参数如图 E3.16 定义, 温度 θ 为状态变量. 同时说明边界条件和初始条件.

我们考虑平板的典型微元, 如图 E3.16(b) 所示. 微元平衡要求是输入到该微元的净热流率应等于存储在该微元中的热流率. 因此

$$qA|_x-\left(qA|_x+A\left.\frac{\partial q}{\partial x}\right|_x\mathrm{d}x\right)=\rho Ac\left.\frac{\partial\theta}{\partial t}\right|_x\mathrm{d}x \tag{a}$$

[108]

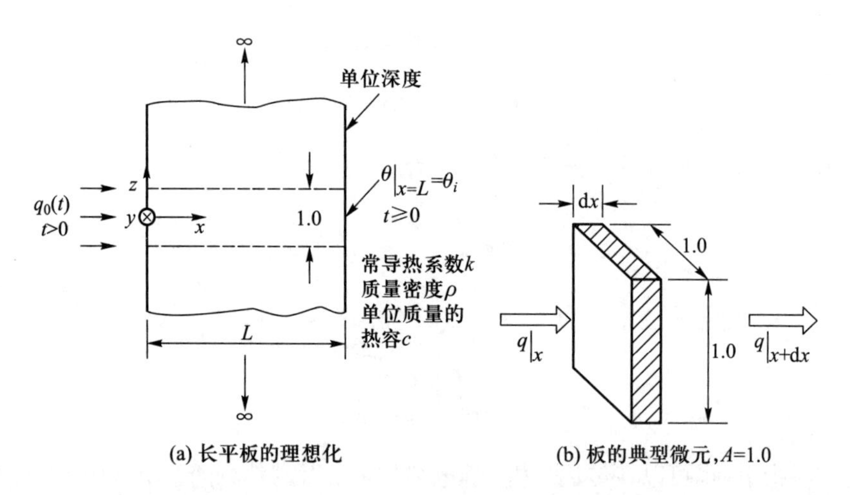

图 E3.16 一维热传导问题

本构关系由热传导的傅里叶 (Fourier) 定律给出

$$q=-k\frac{\partial\theta}{\partial x} \tag{b}$$

将式 (b) 代入式 (a), 得到

$$k\frac{\partial^2\theta}{\partial x^2}=\rho c\frac{\partial\theta}{\partial t} \tag{c}$$

此时, 单元连接要求包含在温度 θ 是 x 的连续函数的假设中, 且没有施加其他协调性条件.

边界条件是

$$\begin{aligned}&\frac{\partial\theta}{\partial x}(0,t)=-\frac{q_0(t)}{k};\quad t>0\\&\theta(L,t)=\theta_i\end{aligned} \tag{d}$$

初始条件为

$$\theta(x,0)=\theta_i \tag{e}$$

该问题现完整提出, 满足边界条件式 (d) 和初始条件式 (e) 的式 (c) 的解会得出平板的温度响应.

例 3.17: 如图 E3.17 所示的杆, 其初始状态为静止的, 在其自由端突然作用载荷 $R(t)$. 证明问题的控制微分方程是波动方程

$$\frac{\partial^2 u}{\partial x^2}=\frac{1}{c^2}\frac{\partial^2 u}{\partial t^2};\quad c=\sqrt{\frac{E}{\rho}}$$

其中, 变量定义如图 E3.17 所示, 杆的位移 u 是状态变量. 同时指出边界条件和初始条件.

利用达朗贝尔 (d'Alembert) 原理, 一个典型微元的力平衡要求为

$$\sigma A|_x+A\left.\frac{\partial\sigma}{\partial x}\right|_x\mathrm{d}x-\sigma A|_x=\rho A\left.\frac{\partial^2 u}{\partial t^2}\right|_x\mathrm{d}x \tag{a}$$

[109]

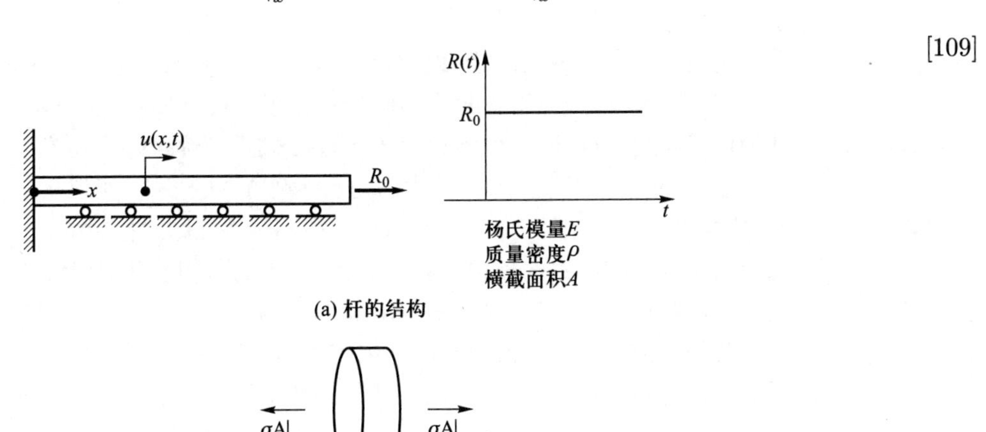

图 E3.17 受阶跃载荷作用的杆

本构条件是

$$\sigma = E\frac{\partial u}{\partial x} \tag{b}$$

结合式 (a) 和式 (b), 得到

$$\frac{\partial^2 u}{\partial x^2} = \frac{1}{c^2}\frac{\partial^2 u}{\partial t^2} \tag{c}$$

单元连接要求是满足的, 因为我们假设位移 u 是连续的, 且没有使用其他的协调性条件.

边界条件是

$$\left.\begin{aligned} u(0,t) &= 0 \\ EA\frac{\partial u}{\partial x}(L,t) &= R_0 \end{aligned}\right. \quad ; \quad t > 0 \tag{d}$$

初始条件是

$$\begin{aligned} u(x,0) &= 0 \\ \frac{\partial u}{\partial t}(x,0) &= 0 \end{aligned} \tag{e}$$

利用条件式 (d) 和式 (e), 该问题的提出是完整的, 求解式 (c) 可以得到杆的位移响应.

[110] 虽然在这些例子中, 我们考虑了一些由椭圆、抛物线和双曲线微分方程控制的具体问题, 但这些问题的提出以相当一般的方式说明了一些基本特性. 在椭圆问题中 (见例 3.15), 未知状态变量 (或者它们的法向导数) 的值在边界上是给定的. 因此, 这些问题可称为*边值问题*, 此时我们应指出, 任意内部点的解依赖于边界上每个点的数据. 任一边界点的值的改变都会影响整个解; 例如, 在例 3.15 中, φ 的整个解依赖于 h_1 的实际值. 椭圆微分方程一般控制系统的稳态响应.

比较例 3.15 至例 3.17 给出的控制微分方程, 我们注意到, 与椭圆方程相比, 抛物线和双曲线方程 (分别见例 3.16 和例 3.17) 将时间作为独立变量, 因此为传播问题. 这些问题也称为*初值问题*, 这是因为解与初始条件有关. 我们也许注意到, 类似于集中参数模型的动态平衡方程的推导, 可以从添加了微元"抵抗变化的力" (惯性力) 的稳态方程中得到传播问题的控制微分方程. 而如果忽略了与时间有关的项, 例 3.16 和例 3.17 的抛物线和双曲线差分方程就会变成椭圆形方程. 按这种方式, 初值问题可以转换成稳态解的边值问题.

我们先前说明了边值问题的解依赖于边界上所有点的数据. 此时, 在传播问题的分析中存在一个显著的不同, 即传播问题内部点处的解可能只依赖于边界上的部分边界条件和部分内部域的初始条件.

3.3.2 变分形式

在讨论离散系统的分析时, 我们已把变分法作为直接法的替代形式, 建立了系统的控制平衡方程 (见第 3.2.1 节). 如前所述, 该法的本质就是计算系统的总势能 Π, 并对状态变量取 Π 的驻值, 即 $\delta\Pi = 0$. 我们曾指出, 变分法在离散系统的分析中是非常有效的; 而现在我们看到, 变分法对连续系统分析也提供了特别强有力的工具. 这种方法如此有效的主要原因, 是该方法会生成一些边界条件 (即下面将要定义的自然边界条件), 而且在应用变分法时会自动加入这些边界条件.

为了在下例中说明变分形式的提出过程, 我们假设总势能 Π 已给定, 在介绍完例子之后, 再阐述如何选择合适的 Π.

总势能 Π 也称为问题的*泛函*. 假设泛函中的状态变量 (关于空间坐标) 的最高阶导数为 m 阶; 即算子至多包含 m 阶导数. 我们称该问题是 C^{m-1} 变分问题. 关于该问题的边界条件, 我们确定了两类边界条件: 本质边界条件和自然边界条件.

本质边界条件也称几何边界条件, 这是因为在结构力学中, 本质边界条件对应于指定的位移和转角. 本质边界条件中, C^{m-1} 变分问题的导数至多为 $(m-1)$ 阶.

第二类边界条件, 即自然边界条件, 也称力边界条件, 因为在结构力学中, 自然边界条件对应于指定的边界力和边界力矩. 这些边界条件的最高阶导数为 m 至 $2m-1$.

我们后面将会看到, 对变分问题及其边界条件的这种分类法在数值求解法的设计中是非常有用的.

[111]

在变分形式中, 我们将采用变分符号 δ, 这在式 (3.1) 中已经简单使用过. 我们回顾一下这个符号的一些重要运算性质; 要详细了解, 可参见 R. Courant 和 D. Hilbert [A]. 假设关于每个给定值的 x 的函数 F 依赖于 v (状态变量), $\mathrm{d}v/\mathrm{d}x, \cdots, \mathrm{d}^p v/\mathrm{d}x^p$, 其中, $p = 1, 2, \cdots$. 函数 F 的一阶变分定义如下

$$\delta F = \frac{\partial F}{\partial v}\delta v + \frac{\partial F}{\partial(\mathrm{d}v/\mathrm{d}x)}\delta\left(\frac{\mathrm{d}v}{\mathrm{d}x}\right) + \cdots + \frac{\partial F}{\partial(\mathrm{d}^p v/\mathrm{d}x^p)}\delta\left(\frac{\mathrm{d}^p v}{\mathrm{d}x^p}\right) \tag{3.7a}$$

这个表达式的解释如下. 将函数 $\varepsilon\eta(x)$ 与 $v(x)$ 联系起来, 其中, ε 为常数 (与 x 无关), $\eta(x)$ 为任意的但充分光滑的函数, 其值在和对应于本质边界条件上为零. 我们称 $\eta(x)$ 为 v 的变分, 即 $\eta(x) = \delta v(x)$ [当然, $\varepsilon\eta(x)$ 也是 v 的变分], 对所求的导数, 有

$$\frac{\mathrm{d}^n\eta}{\mathrm{d}x^n} = \frac{\mathrm{d}^n\delta v}{\mathrm{d}x^n} = \delta\left(\frac{\mathrm{d}^n v}{\mathrm{d}x^n}\right)$$

即, v 的导数的变分等于 v 变分的导数. 式 (3.7a) 由下面的计算得到

$$\delta F = \lim_{\varepsilon\to 0}\frac{F\left[v+\varepsilon\eta, \dfrac{\mathrm{d}(v+\varepsilon\eta)}{\mathrm{d}x}, \cdots, \dfrac{\mathrm{d}^p(v+\varepsilon\eta)}{\mathrm{d}x^p}\right] - F\left(v, \dfrac{\mathrm{d}v}{\mathrm{d}x}, \cdots, \dfrac{\mathrm{d}^p v}{\mathrm{d}x^p}\right)}{\varepsilon} \tag{3.7b}$$

考虑式 (3.7a), 注意到式 δF 形式上与总微分 $\mathrm{d}F$ 的表达式类似; 变分算子 δ 就如与变量 $\upsilon, \mathrm{d}\upsilon/\mathrm{d}x, \cdots, \mathrm{d}^p\upsilon/\mathrm{d}x^p$ 对应的微分算子一样. 这些方程可以扩展到多维函数和状态变量, 并且我们发现, 和、乘积等的变分法则与对应的微分法则是完全类似的. 例如, 令 F 和 Q 为两个可能与不同状态变量有关的函数; 有

$$\delta(F+Q)=\delta F+\delta Q;\quad \delta(FQ)=(\delta F)Q+F(\delta Q);\quad \delta(F)^n=n(F)^{n-1}\delta F$$

在我们的应用中, 函数通常会出现在积分符号内; 因此, 如类似采用

$$\delta\int F(x)\mathrm{d}x=\int\delta F(x)\mathrm{d}x$$

我们将在变分推导中广泛地采用这种规则, 且利用一个重要的条件 (对应于前面介绍的 η 的性质), 即状态变量及其 $(m-1)$ 阶导数的变分必定在和对应于本质边界条件处为零, 否则变分可以是任意的.

[112] 考虑如下例子.

例 3.18: 例 3.16 中所考虑的控制平板温度分布的泛函是

$$\Pi=\int_0^L\frac{1}{2}k\left(\frac{\partial\theta}{\partial x}\right)^2\mathrm{d}x-\int_0^L\theta q^B\mathrm{d}x-\theta_0 q_0 \tag{a}$$

本质边界条件是

$$\theta_L=\theta_i \tag{b}$$

其中, $\theta_0=\theta(0,t)$ 且 $\theta_L=\theta(L,t)$, q^B 是单位体积的生热率, 其他相同符号已在例 3.16 中使用过. 取 Π 的驻值条件推导控制热传导方程和自然边界条件.

这是 C^0 变分问题; 也就是说, 式 (a) 中的泛函最高导数为 1 阶, 即 $m=1$. 因此, 式 (b) 给出的本质边界条件可仅对应于指定的温度, 自然边界条件则必对应于一个指定的温度梯度或者边界热流率输入.

为了求取驻值条件 $\delta\Pi=0$, 我们可以直接利用按相同的规则进行变分和微分运算这一事实. 即利用式 (3.7a), 可以得到

$$\int_0^L\left(k\frac{\partial\theta}{\partial x}\right)\left(\delta\frac{\partial\theta}{\partial x}\right)\mathrm{d}x-\int_0^L\delta\theta q^B\mathrm{d}x-\delta\theta_0 q_0=0 \tag{c}$$

其中, $\delta(\partial\theta/\partial x)=\partial\delta\theta/\partial x$. 利用式 (3.7b) 也可以获得相同的结果, 这里给出

$$\delta\Pi=\lim_{\varepsilon\to 0}\left[\frac{\left\{\int_0^L\frac{1}{2}k\left(\frac{\partial\theta}{\partial x}+\varepsilon\frac{\partial\eta}{\partial x}\right)^2\mathrm{d}x-\int_0^L(\theta+\varepsilon\eta)q^B\mathrm{d}x-(\theta_0+\varepsilon\eta|_{x=0})q_0\right\}}{\varepsilon}-\right.$$
$$\left.\frac{\left\{\int_0^L\frac{1}{2}k\left(\frac{\partial\theta}{\partial x}\right)^2\mathrm{d}x-\int_0^L\theta q^B\mathrm{d}x-\theta_0 q_0\right\}}{\varepsilon}\right]$$

$$= \lim_{\varepsilon \to 0} \frac{\left\{ \int_0^L \varepsilon k \frac{\partial \theta}{\partial x} \frac{\partial \eta}{\partial x} + \frac{1}{2} \varepsilon^2 k \left(\frac{\partial \eta}{\partial x} \right)^2 \mathrm{d}x - \int_0^L \varepsilon \eta q^B \mathrm{d}x - \varepsilon \eta|_{x=0} q_0 \right\}}{\varepsilon}$$

$$= \int_0^L k \frac{\partial \theta}{\partial x} \frac{\partial \eta}{\partial x} \mathrm{d}x - \int_0^L \eta q^B \mathrm{d}x - \eta_0 q_0$$

$$= 0$$

其中, $\eta_0 = \eta|_{x=0}$, 我们现在可将 $\delta\theta$ 替换为 η.

现在使用分部积分法[①], 从式 (c) 得到等式 (d)

$$\underbrace{-\int_0^L \left(k \frac{\partial^2 \theta}{\partial x^2} + q^B \right) \delta\theta \mathrm{d}x}_{①} + \underbrace{k \frac{\partial \theta}{\partial x} \bigg|_{x=L} \delta\theta_L}_{②} - \underbrace{\left[k \frac{\partial \theta}{\partial x} \bigg|_{x=0} + q_0 \right] \delta\theta_0}_{③} = 0 \tag{d}$$

为了从式 (d) 中得出控制微分方程和自然边界条件, 采用如下论据, θ 的变分是完全任意的, 除在指定的本质边界条件处为零. 因此, 由于 θ_L 是指定值, 有 $\delta\theta_L = 0$ 和式 (d) 中项 ② 为 0.

[113]

再考虑项 ① 和项 ③, 假设 $\delta\theta_0 = 0$, 但在其他处 $\delta\theta_0$ 为非零 (除了 $x = 0$ 处, 此处突然跳至零值). 如果式 (d) 对任意非零 $\delta\theta$ 成立, 则一定有[②]

$$k \frac{\partial^2 \theta}{\partial x^2} + q^B = 0 \tag{e}$$

相反地, 假设除了在 $x = 0$ 处, $\delta\theta$ 处处为零; 即, $\delta\theta_0 \neq 0$; 则式 (d) 只有在

$$k \left. \frac{\partial \theta}{\partial x} \right|_{x=0} + q_0 = 0 \tag{f}$$

成立. 式 (f) 表达式表示了自然边界条件.

传播问题的控制微分方程可从式 (e) 得到, 这里特指

$$q^B = -\rho c \frac{\partial \theta}{\partial t} \tag{g}$$

因此, 式 (e) 化为

$$k \frac{\partial^2 \theta}{\partial x^2} = \rho c \frac{\partial \theta}{\partial t}$$

我们可以注意到, 直到将热容效应引入到式 (g) 中的公式之前, 方程的推导就好像考虑的是稳态问题 (q^B 与时间有关时是伪稳态问题). 因此, 如前所述, 通过考虑与时间有关的 "惯性项", 就可以从稳态响应的控制方程中获得传播问题的公式.

例 3.19: 例 3.17 中考虑的杆中控制波传播的泛函及本质边界条件是

$$\Pi = \int_0^L \frac{1}{2} EA \left(\frac{\partial u}{\partial x} \right)^2 \mathrm{d}x - \int_0^L u f^B \mathrm{d}x - u_L R \tag{a}$$

① 采用散度定理 (见例 4.2 和第 7.1 节).

② 实际上, 我们指的积分范围不是从 0 到 L, 而是从 0^+ 到 L^-.

和

$$u_0 = 0 \tag{b}$$

其中, 使用与例 3.17 中相同的符号, $u_0 = u(0,t)$, $u_L = u(L,t)$, f^B 是杆的每单位长度的体积力. 证明通过取 Π 的驻值条件, 可以导出波动问题的控制微分方程和自然边界条件.

我们如例 3.18 一样进行. 驻值条件 $\delta\Pi = 0$ 给出

$$\int_0^L \left(EA\frac{\partial u}{\partial x}\right)\left(\delta\frac{\partial u}{\partial x}\right)\mathrm{d}x - \int_0^L \delta u f^B \mathrm{d}x - \delta u_L R = 0$$

[114] 将 $\partial\delta u/\partial x$ 写成 $\delta(\partial u/\partial x)$, 注意到 EA 是常量, 使用分部积分法得到

$$-\int_0^L \left(EA\frac{\partial^2 u}{\partial x^2} + f^B\right)\delta u\mathrm{d}x + \left[EA\left.\frac{\partial u}{\partial x}\right|_{x=L} - R\right]\delta u_L - EA\left.\frac{\partial u}{\partial x}\right|_{x=0}\delta u_0 = 0$$

为了得出控制微分方程和自然边界条件, 本质上我们使用了与例 3.18 相同的条件; 即由于 δu_0 为零, 但 δu 在其他点是任意的, 故有

$$EA\frac{\partial^2 u}{\partial x^2} + f^B = 0 \tag{c}$$

和

$$EA\left.\frac{\partial u}{\partial x}\right|_{x=L} = R \tag{d}$$

在该问题中, 有 $f^B = -A\rho\partial^2 u/\partial t^2$, 因此, 式 (c) 化为问题的控制微分方程

$$\frac{\partial^2 u}{\partial x^2} = \frac{1}{c^2}\frac{\partial^2 u}{\partial t^2}; \quad c = \sqrt{\frac{E}{\rho}}$$

自然边界条件如式 (d) 所述.

最后应指出, 式 (a) 和式 (b) 中的问题是 C^0 变分问题; 即此时 $m = 1$.

例 3.20: 图 E3.20 中柱体的泛函控制静态屈曲为

$$\Pi = \frac{1}{2}\int_0^L EI\left(\frac{\partial^2 w}{\partial x^2}\right)^2\mathrm{d}x - \frac{P}{2}\int_0^L\left(\frac{\partial w}{\partial x}\right)^2\mathrm{d}x + \frac{1}{2}kw_L^2 \tag{a}$$

其中 $w_L = w|_{x=L}$, 本质边界条件为

$$w|_{x=0} = 0, \quad \left.\frac{\mathrm{d}w}{\mathrm{d}x}\right|_{x=0} = 0 \tag{b}$$

取驻值条件 $\delta\Pi = 0$, 推导问题的控制微分方程和自然边界条件.

这是一个 C^1 变分问题, 即 $m = 2$, 这是由于泛函的最高导数为 2 阶.

由驻值条件 $\delta\Pi = 0$ 得到

$$\int_0^L EIw''\delta w''\mathrm{d}x - P\int_0^L w'\delta w'\mathrm{d}x + kw_L\delta w_L = 0$$

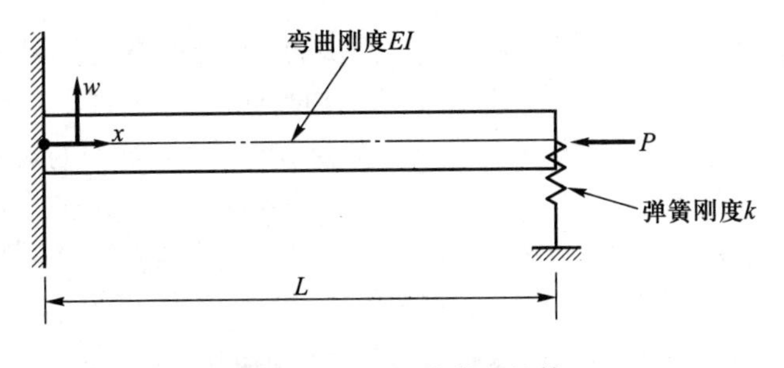

图 E3.20　受压载荷的柱体

使用符号 $w' = \mathrm{d}w/\mathrm{d}x$, 等等. 而 $\delta w'' = \mathrm{d}(\delta w')/\mathrm{d}x$, EI 是常数; 因此, 使用分部积分法, 得到 [115]

$$\int_0^L EIw''\delta w''\mathrm{d}x = EIw''\delta w'|_0^L - EI\int_0^L w'''\delta w'\mathrm{d}x$$

如果继续使用分部积分 $\int_0^L w'''\delta w'\mathrm{d}x$ 和 $\int_0^L w'\delta w'\mathrm{d}x$, 得到

$$\begin{aligned}&\underbrace{\int_0^L (EIw^{\mathrm{iv}} + Pw'')\delta w\mathrm{d}x}_{①} + \underbrace{(EIw''\delta w')|_L}_{②} - \underbrace{(EIw''\delta w')|_0}_{③} - \\ &\underbrace{[(EIw''' + Pw')\delta w]|_L}_{④} + \underbrace{[(EIw''' + Pw')\delta w]|_0}_{⑤} + \underbrace{kw_L\delta w_L}_{⑥} = 0\end{aligned} \tag{c}$$

由于在本质边界条件上 w 和 w' 的变分应为零, 因此, 得到 $\delta w_0 = 0$ 和 $\delta w'_0 = 0$. 可得项 ③ 和项 ⑤ 也为零. 在所有其他点上 w 和 w' 的变分是任意的, 因此要满足式 (c), 利用前面的论据 (见例 3.18), 我们得出结论: 下面的方程必须得以满足

$$项\ 1: EIw^{\mathrm{iv}} + Pw'' = 0 \tag{d}$$

$$项\ 2: EIw''|_{x=L} = 0 \tag{e}$$

$$项\ 4\ 和项\ 6: (EIw''' + Pw' - kw)|_{x=L} = 0 \tag{f}$$

问题的控制微分方程已经由式 (d) 给出, 式 (e) 和式 (f) 是自然边界条件. 应指出这些边界条件对应于 $x = L$ 处的弯矩和剪切平衡的物理条件.

在前面的例子中, 我们已经说明了如何通过问题泛函的取驻值, 推导出问题控制微分方程和自然边界条件. 此时, 应指出一些事实.

首先, 考虑 C^{m-1} 变分问题, 问题的控制微分方程的最高导数为 $2m$ 阶. 得出问题的控制微分方程的 $2m$ 阶导数的原因是进行分部积分 m 次.

第二点是自然边界条件的影响始终被看做是 Π 表达式中的位势. 因此自然边界条件隐含在 Π 中, 而本质边界条件已单独列出.

例 3.18 至例 3.20 的目的是通过取泛函的驻值来推导控制微分方程和自然边界条件, 为此, 每种情况都给出了适当的泛函. 但出现了一个重要的问题: 对于一个给定问题, 我们怎样建立一个合适的泛函? 前面的两个事实和例 3.18 至例 3.20 的数学处理方法指出, 为了推导给定问题的泛函, 我们可用控制微分方程建立一个积分方程, 然后用数学方法反推. 在这个推导中, 有必要使用分部积分法, 即散度定理, 最后检验 Π 的驻值条件确实得出了控制微分方程. 在很多情况下均可采用这种方法导出合适的泛函 (见第 3.3.4 节、第 4 和 7 章, 进一步的处理, 见 R. Courant 和 D. Hilbert [A], S. G. Mikhlin [A], K. Washizu [B], M. L. Bucalem 和 K. J. Bathe [B]). 说到这里应指出, 考虑一个具体问题时, 通常并不会只存在唯一的合适泛函, 会有很多泛函都是适用的. 例如, 在结构力学问题的求解中, 我们可以采用最小势能原理, 以及其他基于位移的变分公式, 胡 – 鹫津原理或者 Hellinger-Reissner 原理, 等等 (见第 4.4.2 节).

[116]

另一个重要的事实是, 对于某些类型的问题, 一旦建立了一个泛函, 则该泛函可用于得出该类中所有问题的控制方程, 因此提供了一个通用的分析工具. 例如, 最小势能原理是一般性的, 它适用于线弹性理论中的所有问题.

只基于实用的角度来看, 对于变分形式可以做出如下结论.

① 变分法可能提供了一个构造系统控制方程的较为简便的方法. 使用变分原理的方便性很大程度上取决于变分公式中所考虑的是标量 (能量和势能等等) 而不是向量 (力和位移等).

② 变分法可直接得出系统控制方程和边界条件. 例如, 如果考虑一个复杂系统, 则在直接形式中需要包含的一些变量在变分形式中则不需考虑, 这是非常有利的 (例如未做净功的内部力).

③ 变分法提供了对问题的另一侧面的深入理解, 且给出了对问题提出过程的独立检验.

④ 对于近似解, 如果分析人员分析的是问题的变分形式而不是微分形式, 那么在很多情况下就可以采用更多类型的试函数; 例如, 试函数不必满足自然边界条件, 这是因为这些边界条件隐含在泛函中 (见第 3.3.4 节).

最后一个事实具有最重要的影响, 大多数有限元法的成功与以下事实紧密联系在一起: 利用变分形式, 可以采用更多类型的函数. 我们将在第 3.3.3 节和第 3.3.4 节再详细地说明这一点.

3.3.3 加权余量法和里茨法

在上几节中, 我们已经讨论了连续系统的控制平衡方程的微分形式和变分形式. 在处理较简单的系统时, 可以通过积分法、变量分离法等求出这些方程的闭式解. 对更复杂的系统, 则应采用近似方法. 本节的目的是去探讨一些经典方法, 这些方法都采用一簇试函数求取近似解. 我们将在后面看到, 这些方法与分析的有限元法有着非常紧密的联系, 事实上, 有限元法可看做这些经典方法的扩展.

考虑采用微分形式的稳态问题的分析 [117]

$$L_{2m}[\varphi] = r \tag{3.8}$$

其中, L_{2m} 是线性微分算子, φ 是要计算的状态变量, r 是强迫函数. 问题的解应满足边界条件

$$B_i[\varphi] = q_i|_{\text{在边界 } S_i}; \quad i = 1, 2, \cdots \tag{3.9}$$

我们将特别关注对称正定算子, 其满足对称条件

$$\int_D (L_{2m}[u])v\mathrm{d}D = \int_D (L_{2m}[v])u\mathrm{d}D \tag{3.10}$$

和正定性条件

$$\int_D (L_{2m}[u])u\mathrm{d}D > 0 \tag{3.11}$$

其中, D 是算子作用域, u 和 v 是满足齐次本质与自然边界条件的任意函数. 为了阐明式 (3.8) 至式 (3.11) 的意义, 我们考虑如下例子.

例 3.21: 图 E3.17 所示杆的稳态响应的计算采用微分方程求解

$$-EA\frac{\partial^2 u}{\partial x^2} = 0 \tag{a}$$

满足边界条件

$$u|_{x=0} = 0; \quad EA\left.\frac{\partial u}{\partial x}\right|_{x=L} = R \tag{b}$$

确定式 (3.8) 和式 (3.9) 的算子及功能, 并检验算子 L_{2m} 是否是对称正定的.

比较式 (a) 和式 (3.8), 可以看到在该问题中

$$L_{2m} = -EA\frac{\partial^2}{\partial x^2}; \quad \varphi = u; \quad r = 0$$

类似地, 比较式 (b) 和式 (3.9), 有

$$\begin{aligned} B_1 &= 1; & q_1 &= 0 \\ B_2 &= EA\frac{\partial}{\partial x}; & q_2 &= R \end{aligned}$$

为了确定算子 L_{2m} 是否对称正定, 我们考虑 $R = 0$ 的情况. 这在物理上意味着我们关心的只是结构本身, 而不是其所受的载荷. 对应式 (3.10), 得到 [118]

$$\begin{aligned} \int_0^L -EA\frac{\partial^2 u}{\partial x^2}v\mathrm{d}x &= -EA\left.\frac{\partial u}{\partial x}v\right|_0^L + \int_0^L EA\frac{\partial u}{\partial x}\frac{\partial v}{\partial x}\mathrm{d}x \\ &= -EA\left.\frac{\partial u}{\partial x}v\right|_0^L + EAu\left.\frac{\partial v}{\partial x}\right|_0^L - \int_0^L EA\frac{\partial^2 v}{\partial x^2}u\mathrm{d}x \end{aligned} \tag{c}$$

由于边界条件为: $x=0$ 时, $u=v=0$, $x=L$ 时, $\partial u/\partial x=\partial v/\partial x=0$. 有

$$\int_0^L -EA\frac{\partial^2 u}{\partial x^2}v\mathrm{d}x=\int_0^L -EA\frac{\partial^2 v}{\partial x^2}u\mathrm{d}x$$

和算子是对称的. 也可以直接得出结论算子是正定的, 因为从式 (c), 可以得到

$$\int_0^L -EA\frac{\partial^2 u}{\partial x^2}u\mathrm{d}x=\int_0^L EA\left(\frac{\partial u}{\partial x}\right)^2\mathrm{d}x$$

下面我们将讨论式 (3.8) 和式 (3.9) 的线性稳态问题求解过程中使用经典的加权余量法和 Ritz 法, 同样的思想也可用于传播问题和特征问题的分析, 以及非线性响应的分析中 (见例 3.23 和例 3.24).

加权余量法和 Ritz 法的基本步骤是假设解的形式为

$$\overline{\varphi}=\sum_{i=1}^{n}a_i f_i \tag{3.12}$$

其中, f_i 是线性无关的试函数, a_i 是解中的待定系数.

首先考虑加权余量法. 这些方法直接作用于式 (3.8) 和式 (3.9). 采用这些方法, 选择式 (3.12) 中的函数 f_i 以满足式 (3.9) 中的所有边界条件, 接着计算余量

$$R=r-L_{2m}\left[\sum_{i=1}^{n}a_i f_i\right] \tag{3.13}$$

对于精确解, 该余量当然为零. 对精确解的良好近似意味着 R 在求解域中的所有点上都是很小的. 各种加权余量法的不同之处在于计算 a_i 的准则, 该准则使得 R 尽量小. 但在所有的方法中, 我们确定 a_i 使得 R 的加权平均为零.

伽辽金 (Galerkin) 法. 该方法中, 参数 a_i 是由 n 个方程确定的

$$\int_D f_i R\mathrm{d}D=0;\quad i=1,2,\cdots,n \tag{3.14}$$

其中, D 是求解域.

[119] **最小二乘法**. 该方法中, 余量平方的积分关于参数 a_i 是最小的

$$\frac{\partial}{\partial a_i}\int_D R^2\mathrm{d}D=0;\quad i=1,2,\cdots,n \tag{3.15}$$

代入式 (3.13), 因此得到以下关于参数 a_i 的 n 个联立方程

$$\int_D RL_{2m}[f_i]\mathrm{d}D=0;\quad i=1,2,\cdots,n \tag{3.16}$$

配点法. 该方法将求解域中 n 个离散点的余量 R 设为零, 以此得到参数 a_i 的 n 个联立方程组. n 个点的位置可以是任意的, 但采用均匀的布点可能会更合适, 通常分析人员应对采用合适的布点位置进行一些优化.

子域法. 解的整个域被分为 n 个子域, 每个子域上的式 (3.13) 中的余量积分设为零, 以此生成参数 a_i 的 n 个联立方程组.

使用加权余量法的一个重要步骤是关于参数 a_i 的联立方程组的求解. 我们注意到, 由于 L_{2m} 是线性算子, 在所提到的所有方法中, 得出关于参数 a_i 的线性方程组. 在 Galerkin 法中, 如果 L_{2m} 是对称 (也是正定) 的算子, 则系数矩阵是对称 (也是正定) 的. 最小二乘法中, 通常会产生一个与算子 L_{2m} 的特性无关的对称系数矩阵. 但在配点法及子域法中, 可能会产生非对称正定矩阵. 因此, 在实际分析中, 往往采用 Galerkin 法和最小二乘法.

使用加权余量法, 我们直接应用式 (3.8) 和式 (3.9), 使式 (3.12) 的试验解与精确解的误差最小化. 再考虑里茨 (Ritz) 法 (见 W. Ritz [A]), 与加权余量法的最基本的区别是, 在 Ritz 法中, 我们处理对应式 (3.8) 和式 (3.9) 的泛函. 令 Π 为等价于式 (3.8) 和式 (3.9) 给定的微分形式的 C^{m-1} 变分问题的泛函; Ritz 法中, 我们将式 (3.12) 给定的试函数 $\overline{\varphi}$ 代入 Π 中, 并使用 Π 的驻值条件 $\delta\Pi = 0$ (见式 (3.1)), 得出参数 a_i 的 n 个联立方程组, 给出

$$\frac{\partial \Pi}{\partial a_i} = 0; \quad i = 1, 2, \cdots, n \tag{3.17}$$

一个重要考虑是式 (3.12) 中试 (或 Ritz) 函数 f_i 的选择. 在 Ritz 分析中, 这些函数只需满足本质边界条件, 而不需满足自然边界条件. 这种对试函数放松要求的原因是自然边界条件隐含在泛函 Π 中. 假设对应于变分问题的算子 L_{2m} 是对称正定的. 此时, Π 的实际极值是最小值, 并且通过对式 (3.17) 取驻值, 我们就可以最小化 (在某种程度上) 其对内部平衡要求和自然边界条件 (见第 4.3 节) 的偏差. 因此, 对 Ritz 分析的收敛性, 试函数只需满足本质边界条件, 这也许并不是我们期望的, 因为我们知道精确解也满足自然边界条件. 事实上, 假设给出一些试函数, 可以预期在绝大多数情况下, 如果这些试函数还满足自然边界条件, 那么得到的解就会更精确. 但得到这些试函数将是非常困难的, 相反, 而采用大量只满足本质边界条件的函数通常是非常方便的. 我们将在下例中说明 Ritz 法的使用.

例 3.22: 考虑如图 E3.22 所示的杆, 其一端 ($x = 0$) 固定, 另一端 ($x = 180$) 承受集中力. 使用图中给出的符号, 该结构的总势能为 [120]

$$\Pi = \int_0^{180} \frac{1}{2} EA \left(\frac{\partial u}{\partial x}\right)^2 \mathrm{d}x - 100u|_{x=180} \tag{a}$$

本质边界条件是 $u|_{x=0} = 0$.

1. 计算杆中的精确位移和应力分布.

2. 采用 Ritz 法计算位移和应力分布, 且位移假设为

$$u = a_1 x + a_2 x^2 \tag{b}$$

和

$$u = \frac{xu_B}{100}; \quad 0 \leqslant x \leqslant 100$$

$$u = \left(1 - \frac{x-100}{80}\right) u_B + \left(\frac{x-100}{80}\right) u_C; \quad 100 \leqslant x \leqslant 180 \tag{c}$$

其中, u_B 和 u_C 是 B 点和 C 点的位移.

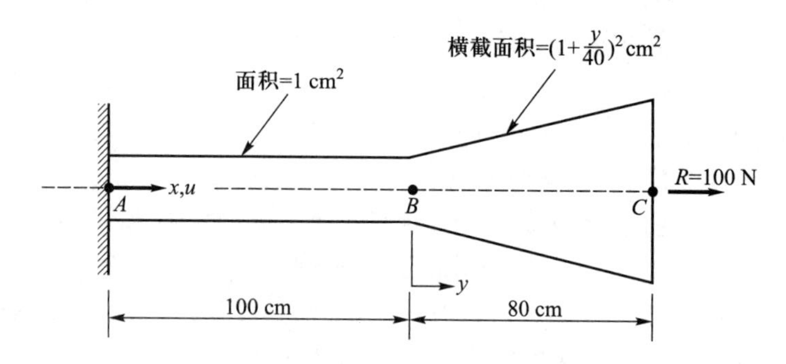

图 E3.22　受端面集中力的杆

为了计算结构中的精确位移, 采用 Π 的驻值条件得到控制微分方程和自然边界条件. 有

$$\delta\Pi = \int_0^{180} EA\left(\frac{\mathrm{d}u}{\mathrm{d}x}\right)\delta\left(\frac{\mathrm{d}u}{\mathrm{d}x}\right)\mathrm{d}x - 100\delta u|_{x=180} \tag{d}$$

令 $\delta\Pi = 0$, 使用分部积分法, 得到 (见例 3.19)

$$\frac{\mathrm{d}}{\mathrm{d}x}\left(EA\frac{\mathrm{d}u}{\mathrm{d}x}\right) = 0 \tag{e}$$

$$EA\left.\frac{\mathrm{d}u}{\mathrm{d}x}\right|_{x=180} = 100 \tag{f}$$

[121]

式 (e) 的解满足自然边界条件式 (f), 本质边界条件 $u|_{x=0} = 0$ 给出

$$u = \frac{100}{E}x; \quad 0 \leqslant x \leqslant 100$$

$$u = \frac{10\,000}{E} + \frac{4\,000}{E} - \frac{4\,000}{E\left(1 + \dfrac{x-100}{40}\right)}; \quad 100 \leqslant x \leqslant 180$$

杆中的精确应力为

$$\sigma = 100; \quad 0 \leqslant x \leqslant 100$$

$$\sigma = \frac{100}{\left(1 + \dfrac{x-100}{40}\right)^2}; \quad 100 \leqslant x \leqslant 180$$

接着为了进行 Ritz 分析, 注意到位移假设 (b) 和 (c) 满足本质边界条件, 但不满足自然边界条件. 将式 (b) 代入式 (a) 中, 得到

$$\Pi=\frac{E}{2}\int_0^{100}(a_1+2a_2x)^2\mathrm{d}x+\frac{E}{2}\int_{100}^{180}\left(1+\frac{x-100}{40}\right)^2(a_1+2a_2x)^2\mathrm{d}x-100u|_{x=180}$$

取 $\delta\Pi=0$, 得到如下关于 a_1 和 a_2 的方程

$$E\begin{bmatrix}0.446\,7 & 115.6\\ 115.6 & 34\,075.7\end{bmatrix}\begin{bmatrix}a_1\\ a_2\end{bmatrix}=\begin{bmatrix}18\\ 3\,240\end{bmatrix}\tag{g}$$

得到

$$a_1=\frac{129}{E};\quad a_2=-\frac{0.341}{E}$$

Ritz 分析可以得到近似解

$$u=\frac{129}{E}x-\frac{0.341}{E}x^2\tag{h}$$

$$\sigma=129-0.682x;\quad 0\leqslant x\leqslant 180\tag{i}$$

接着使用式 (c) 中的 Ritz 函数, 得到

$$\Pi=\frac{E}{2}\int_0^{100}\left(\frac{1}{100}u_B\right)^2\mathrm{d}x+\frac{E}{2}\int_{100}^{180}\left(1+\frac{x-100}{40}\right)^2\left(-\frac{1}{80}u_B+\frac{1}{80}u_C\right)^2\mathrm{d}x-100u_C$$

再次取 $\delta\Pi=0$, 有

$$\frac{E}{240}\begin{bmatrix}15.4 & -13\\ -13 & 13\end{bmatrix}\begin{bmatrix}u_B\\ u_C\end{bmatrix}=\begin{bmatrix}0\\ 100\end{bmatrix}\tag{j}$$

因此得到 [122]

$$u_B=\frac{10\,000}{E};\quad u_C=\frac{11\,846.2}{E}$$

和

$$\sigma=100;\quad 0\leqslant x\leqslant 100$$

$$\sigma=\frac{1\,846.2}{80}=23.08;\quad 100\leqslant x\leqslant 180$$

我们将在第 4 章 (见例 4.5) 看到, Ritz 分析法可以当做一种有限元分析法.

例 3.23: 考虑例 3.16 中的平板. 假设

$$\theta(t)=\theta_1(t)+\theta_2(t)x+\theta_3(t)x^2\tag{a}$$

其中, $\theta_1(t)$, $\theta_2(t)$ 和 $\theta_3(t)$ 是未定参数. 使用 Ritz 分析法得出传热控制平衡方程.

控制板中温度分布的泛函是 (见例 3.18)

$$\Pi=\int_0^L \frac{1}{2}k\left(\frac{\partial\theta}{\partial x}\right)^2 \mathrm{d}x-\int_0^L \theta q^B \mathrm{d}x-\theta|_{x=0}q_0 \tag{b}$$

其本质边界条件为

$$\theta|_{x=L}=\theta_i$$

将温度假设式 (a) 代入式 (b), 得到

$$\Pi=\int_0^L \frac{1}{2}k((\theta_2)^2+4\theta_2\theta_3 x+4(\theta_3)^2x^2)\mathrm{d}x-\int_0^L(\theta_1+\theta_2 x+\theta_3 x^2)q^B\mathrm{d}x-\theta_1 q_0$$

取 Π 的驻值条件, 即 $\delta\Pi=0$, 采用

$$\frac{\partial\Pi}{\partial\theta_1}=0;\quad \frac{\partial\Pi}{\partial\theta_2}=0;\quad \frac{\partial\Pi}{\partial\theta_3}=0$$

得到

$$k\begin{bmatrix}0 & 0 & 0\\ 0 & L & L^2\\ 0 & L^2 & \frac{4}{3}L^3\end{bmatrix}\begin{bmatrix}\theta_1\\ \theta_2\\ \theta_3\end{bmatrix}=\begin{bmatrix}\int_0^L q^B\mathrm{d}x+q_0\\ \int_0^L xq^B\mathrm{d}x\\ \int_0^L x^2q^B\mathrm{d}x\end{bmatrix} \tag{c}$$

该分析中, q_0 随时间变化, 因此温度也随时间变化, 且热容效应会非常重要. 令

$$q^B=-\rho c\frac{\partial\theta}{\partial t} \tag{d}$$

[123] 因为并没有生成其他热, 用式 (a) 代入式 (d) 中的 θ, 然后代入到式 (c) 中, 得到平衡方程

$$k\begin{bmatrix}0 & 0 & 0\\ 0 & L & L^2\\ 0 & L^2 & \frac{4}{3}L^3\end{bmatrix}\begin{bmatrix}\theta_1\\ \theta_2\\ \theta_3\end{bmatrix}+\rho c\begin{bmatrix}L & \frac{1}{2}L^2 & \frac{1}{3}L^3\\ \frac{1}{2}L^2 & \frac{1}{3}L^3 & \frac{1}{4}L^4\\ \frac{1}{3}L^3 & \frac{1}{4}L^4 & \frac{1}{5}L^5\end{bmatrix}\begin{bmatrix}\dot\theta_1\\ \dot\theta_2\\ \dot\theta_3\end{bmatrix}=\begin{bmatrix}q_0\\ 0\\ 0\end{bmatrix} \tag{e}$$

对式 (e) 施加条件 $\theta|_{x=L}=\theta_i$ 就可以得到最终的平衡方程, 即

$$\theta_1(t)+\theta_2(t)L+\theta_3(t)L^2=\theta_i$$

上式可通过按 θ_2, θ_3 和 θ_i 表示 (e) 中的 θ_1 来实现.

例 3.24: 考虑例 3.20 中柱体的静态屈曲响应. 假设

$$w=a_1x^2+a_2x^3 \tag{a}$$

用 Ritz 法推导方程, 从中可得到近似屈曲载荷.

支配该问题的泛函已在例 3.20 中给出

$$\Pi = \frac{1}{2}\int_0^L EI\left(\frac{\mathrm{d}^2 w}{\mathrm{d}x^2}\right)^2 \mathrm{d}x - \frac{P}{2}\int_0^L \left(\frac{\mathrm{d}w}{\mathrm{d}x}\right)^2 \mathrm{d}x + \frac{1}{2}k(w|_{x=L})^2 \tag{b}$$

应指出, 式 (a) 中 w 的试函数已经满足本质边界条件 (固定端的位移和转角均为零). 将 w 代入式 (b) 中, 得到

$$\Pi = \frac{1}{2}\int_0^L EI(2a_1 + 6a_2 x)^2 \mathrm{d}x - \frac{P}{2}\int_0^L (2a_1 x + 3a_2 x^2)^2 \mathrm{d}x + \frac{1}{2}k(a_1 L^2 + a_2 L^3)^2$$

取驻值条件 $\delta\Pi = 0$, 即

$$\frac{\partial \Pi}{\partial a_1} = 0; \quad \frac{\partial \Pi}{\partial a_2} = 0$$

得到

$$\left\{2EI\begin{bmatrix} 2L & 3L^2 \\ 3L^2 & 6L^3 \end{bmatrix} + kL^4\begin{bmatrix} 1 & L \\ L & L^2 \end{bmatrix}\right\}\begin{bmatrix} a_1 \\ a_2 \end{bmatrix} - PL^3\begin{bmatrix} \dfrac{4}{3} & \dfrac{3L}{2} \\ \dfrac{3L}{2} & \dfrac{9L^2}{5} \end{bmatrix}\begin{bmatrix} a_1 \\ a_2 \end{bmatrix} = \begin{bmatrix} 0 \\ 0 \end{bmatrix}$$

该特征问题的解给出了式 (a) 中 w 非零时的两个 P 值. 较小的 P 值表示了结构最低屈曲载荷的近似值.

式 (3.14) 至式 (3.16) 中的加权余量法很难应用于实际中, 这是因为试函数应是 $2m$ 次可微且满足所有本质边界条件和自然边界条件, 见式 (3.13). 另一方面, Ritz 法通常考虑对应于问题的泛函, 试函数只需 m 次可微的且不必满足自然边界条件. 这些特性对实际分析是非常重要的, 因此, 实际中, 通常使用 Galerkin 法的不同形式, 即这种形式允许我们采用与 Ritz 法相同的函数. 在固体和结构的基于位移的分析中, Galerkin 法的这种形式指的是虚位移原理. 如果采用合适的变分式 Π, 则由 Ritz 法得到的方程将与由 Galerkin 法得到的方程相同.

我们将在下一节对这些问题进行详细阐述, 目的是为引入有限元法提供进一步的理解.

3.3.4 微分形式、Galerkin 形式、虚位移原理和有限元解法简介 [124]

在上几节中, 回顾了经典的微分形式及变分形式, 经典的加权余量法及 Ritz 法. 我们现在想强化对这些分析方法的理解 — 通过总结一些重要的概念 — 并简要介绍将在第 4 章进一步使用和展开的有限元法的数学框架. 为此目的, 我们详细分析一个简单问题的例子.

考虑图 3.2 中的一维杆. 该杆受分布载荷 $f^B(x)$, 且右端受集中载荷 R. 如同第 3.3.1 节所讨论的那样, 该杆的微分形式给出了控制方程

微分形式

$$EA\frac{\mathrm{d}^2u}{\mathrm{d}x^2}+f^B=0 \text{ 在杆中} \tag{3.18}$$

$$u|_{x=0}=0 \tag{3.19}$$

$$EA\left.\frac{\mathrm{d}u}{\mathrm{d}x}\right|_{x=L}=R \tag{3.20}$$

因为 $f^B=ax$, 得到解为

$$u(x)=\frac{-(ax^3/6)+\left(R+\dfrac{1}{2}aL^2\right)x}{EA} \tag{3.21}$$

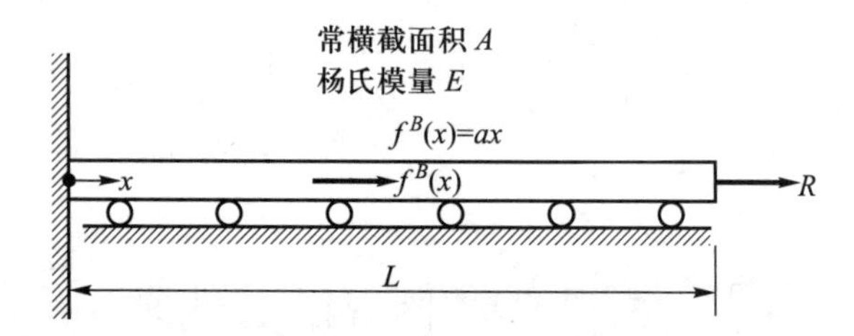

图 3.2　受体积力 f^B (力/单位长度) 和尖端载荷 R 的均匀杆

我们知道式 (3.18) 是杆内任一点 x 处的平衡式, 式 (3.19) 是本质 (或几何) 边界条件 (见第 3.2.3 节), 式 (3.20) 是自然 (或力) 边界条件. 精确解析解式 (3.21) 当然满足式 (3.18) 至式 (3.20) 三个方程.

还注意到, 就如同式 (3.18) 要求的那样, 解 $u(x)$ 是连续二次可微函数. 事实上, 可以说, 对于任意连续载荷 f^B, 满足式 (3.19) 和式 (3.20) 的式 (3.18) 的解位于连续二次可微的函数 [该函数满足式 (3.19) 和式 (3.20)] 空间中.

分析问题的另一个求解方法是通过变分形式给出的 (见第 3.3.2 节)

[125]

变分形式

$$\Pi=\int_0^L\frac{1}{2}EA\left(\frac{\mathrm{d}u}{\mathrm{d}x}\right)^2\mathrm{d}x-\int_0^L uf^B\mathrm{d}x-Ru|_{x=L} \tag{3.22}$$

$$\delta\Pi=0 \tag{3.23}$$

且

$$u|_{x=0}=0 \tag{3.24}$$

$$\delta u|_{x=0}=0 \tag{3.25}$$

其中, δ 指 "变分", δu 是满足条件 $\delta u|_{x=0}=0$ 的对 u 的任意变分. 我们可以认为 $\delta u(x)$ 是满足边界条件式 (3.25) 的任意连续函数①.

我们知道式 (3.22) 至式 (3.25) 完全等价于式 (3.18) 至式 (3.20)(见第 3.3.2 节). 即, 对式 (3.23) 取驻值, 然后用分部积分法, 边界条件式 (3.25) 给出式 (3.18) 和式 (3.20). 因此, 式 (3.22) 至式 (3.25) 的解也是式 (3.21) 的解.

① 在文献中, 微分形式和变分形式分别称为强形式和弱形式. 变分形式也称为广义形式.

变分形式可以推导如下.

因为式 (3.18) 对杆中的所用点都成立, 得到

$$\left(EA\frac{\mathrm{d}^2u}{\mathrm{d}x^2}+f^B\right)\delta u=0 \tag{3.26}$$

其中, δu 是条件 $\delta u|_{x=0}=0$ 下 u (或任意连续函数) 的任意变分. 因此, 也有

$$\int_0^L\left(EA\frac{\mathrm{d}^2u}{\mathrm{d}x^2}+f^B\right)\delta u\mathrm{d}x=0 \tag{3.27}$$

利用分部积分, 得到

$$\int_0^L\frac{\mathrm{d}\delta u}{\mathrm{d}x}EA\frac{\mathrm{d}u}{\mathrm{d}x}\mathrm{d}x=\int_0^L f^B\delta u\mathrm{d}x+EA\frac{\mathrm{d}u}{\mathrm{d}x}\delta u|_0^L \tag{3.28}$$

代入式 (3.20) 和式 (3.25), 因此得到

虚位移原理

$$\int_0^L\frac{\mathrm{d}\delta u}{\mathrm{d}x}EA\frac{\mathrm{d}u}{\mathrm{d}x}\mathrm{d}x=\int_0^L f^B\delta u\mathrm{d}x+R\delta u|_{x=L} \tag{3.29}$$

$$\text{且 } u|_{x=0}=0;\quad \delta u|_{x=0}=0 \tag{3.30}$$

当然, 式 (3.29) 给出

$$\delta\left\{\int_0^L\left[\frac{EA}{2}\left(\frac{\mathrm{d}u}{\mathrm{d}x}\right)^2-f^Bu\right]\mathrm{d}x-Ru|_{x=L}\right\}=0 \tag{3.31}$$

式 (3.31) 与式 (3.30) 是式 (3.22) 到式 (3.25) 的变分式.

式 (3.29) 和条件式 (3.30) 是众所周知的虚位移原理 (或虚功原理), 其中, $\delta u(x)$ 是虚位移. 我们将在第 4.2 节中深入讨论这个原理, 还注意到式 (3.26) 至式 (3.30) 的推导是例 4.2 的特例. [126]

认识到上面分析问题的三种形式完全等价是非常重要的, 即解式 (3.21) 是微分形式、变形形式和虚位移原理的 (唯一) 解[①] $u(x)$. 但我们注意到, 变分形式和虚功原理只涉及函数 u 和 δu 的一阶导数. 因此, 用于求解的函数空间就明显大于用于求解式 (3.18)[我们在式 (3.35) 中精确定义了空间] 的函数空间, 这样就提出一个问题, 就是, 当用虚位移原理求解图 3.2 中的问题时, 我们使用一个更大的函数空间意味着什么以及为何重要.

当然, 虚位移原理所用的解空间包含微分形式所用的解空间, 因此, 所有可以用式 (3.18) 至式 (3.20) 的微分形式求解的分析问题都可以用虚位移原理精确求解. 但在杆的分析 (一般杆和梁结构分析) 中, 虚功原理可直接用于求解的其他一些情况是杆内受集中载荷或者存在材料特性和横截面的不连续性. 此时, $u(x)$ 的一阶导数是非连续的, 因此微分公式应要扩展以适用于这种

① $u(x)$ 的唯一性在该情况下从得到式 (3.21) 的简单积分过程中显然成立. 而线弹性问题总存在唯一解的一般证明见式 (4.80) 至式 (4.82).

情况 (实际上是分别处理杆的每一部分, 在这些部分中没有集中载荷并且不存在材料特性和横截面的不连续性, 通过边界条件将某一部分与其毗邻部分相连, 如见 S. H. Crandall、N. C. Dahl 和 T. J. Lardner [A]). 因此, 在这些情况中, 变分形式和虚位移原理对于求解更直接, 也更有效.

对于一般的二维和三维应力情况, 我们将只考虑有限应变能的数学模型 (例如, 这意味着集中载荷只被用于第 1.2 节中列举的情形, 如图 1.4 所示, 进一步讨论见第 4.3.4 节), 则微分形式和虚功原理也是完全等价的, 给出相同的解 (见第 4 章).

这些讨论指出了一个强有力的用于构造图 3.2 中问题的数值求解法的一般步骤. 考虑式 (3.27), 用试函数 v 代替 δu

$$\int_0^L \left(EA\frac{\mathrm{d}^2u}{\mathrm{d}x^2}+f^B\right)v\mathrm{d}x=0 \tag{3.32}$$

且在 $x=0$ 处, $u=0$, $v=0$. 使用分部积分与式 (3.20), 得到

$$\int_0^L \frac{\mathrm{d}v}{\mathrm{d}x}EA\frac{\mathrm{d}u}{\mathrm{d}x}\mathrm{d}x=\int_0^L f^Bv\mathrm{d}x+Rv|_{x=L} \tag{3.33}$$

该关系式是 Galerkin 法或虚位移原理的应用, 并指出 "为确保 $u(x)$ 是问题的解, 对任意连续且满足在 x=0 处 v=0 条件的试函数或虚位移函数 $v(x)$, 式 (3.33) 的左手侧 (内部虚功) 应等于右手侧 (外部虚功)."

第 4 章中, 我们将式 (3.33) 写成如下形式

[127]

$$\text{求出 } u\in V \text{ 使得}^{①} \quad a(u,v)=(f,v) \quad \forall v\in V \tag{3.34}$$

其中, 空间 V 定义为

$$V=\left\{v|v\in L^2(L),\frac{\mathrm{d}v}{\mathrm{d}x}\in L^2(L),v|_{x=0}=0\right\} \tag{3.35}$$

$L^2(L)$ 是杆长上的平方可积函数的空间, $0\leqslant x\leqslant L$,

$$L^2(L)=\left\{w|w \text{ 定义在 } 0\leqslant x\leqslant L \text{ 和 } \int_0^L (w)^2\mathrm{d}x=\|w\|_{L^2}^2<\infty\right\} \tag{3.36}$$

由式 (3.34) 和式 (3.33), 有

$$a(u,v)=\int_0^L \frac{\mathrm{d}u}{\mathrm{d}x}EA\frac{\mathrm{d}v}{\mathrm{d}x}\mathrm{d}x \tag{3.37}$$

和

$$(f,v)=\int_0^L f^Bv\mathrm{d}x+Rv|_{x=L} \tag{3.38}$$

① 符号 $\forall$ 和 $\in$ 分别意指 "对所有" 和 "属于 …… 的元素".

其中, $a(u,v)$ 是该问题的双线性形式, (f,v) 是线性形式.

式 (3.35) 中函数空间 V 的定义说明 V 中的任何元素在 $x=0$ 处均为零, 且有

$$\int_0^L v^2\mathrm{d}x<\infty;\quad \int_0^L\left[\frac{\mathrm{d}v}{\mathrm{d}x}\right]^2\mathrm{d}x<\infty$$

因此, V 中的任一元素 v 对应于一个有限应变能. 注意到, V 中的元素包含用于求解任意连续 f^B 的微分形式 (3.18) 至式 (3.20) 的所有候选函数, 同时也对应于非连续应变 (由于一维分析情况下的集中载荷, 或者在材料特性或横截面上不连续) 的可能解. 这个结论凸显了式 (3.34) 和式 (3.35) 给出的问题提法的一般性.

对于 Galerkin (或有限元) 解, 定义试 (或有限元) 函数 v_h 的空间 V_h,

$$V_h=\left\{v_h|v_h\in L^2(L),\frac{\mathrm{d}v_h}{\mathrm{d}x}\in L^2(L),v_h|_{S_u}=0\right\}\tag{3.39}$$

其中, S_u 表示指定零位移的表面. 下标 h 是指一个特定的有限元离散化 (事实上, h 指的是单元的大小; 见第 4.3 节). 该问题的有限元提法是

$$\text{求出 } v_h\in V_h \text{ 使得 } a(u_h,v_h)=(f,v_h);\quad \forall v_h\in V_h\tag{3.40}$$

当然, 式 (3.40) 是将虚位移原理应用于包含在空间 V_h 中的函数, 并且也对应于这个试函数空间中的总势能最小化. 因此, 式 (3.40) 对应于第 3.3.3 节中描述的 Ritz 法的应用. 我们将在第 4 章深入讨论有限单元构造方法. [128]

然而, 此处要注意的是, 同样的求解方法也可直接适用于具有控制微分方程 (组) 的任何分析问题. 步骤是: 在具有合适试函数的空间内加权控制微分方程 (组); 用分部积分法或者更一般的散度定理 (见例 4.2) 将相应方程 (组) 积分变换; 代入自然边界条件 — 就如我们为了得到式 (3.33) 所做的一样.

用这种方法, 我们获得了用于固体和结构一般分析的虚位移原理 (见例 4.2), 用于一般热流动问题和固体温度分析的 "虚温度原理" (见例 7.1), 和用于一般流体流动分析的 "虚速度原理" (见第 7.4.2 节).

为了说明以上符号的使用, 考虑以下例子.

例 3.25: 考虑例 3.22 中的分析问题. 用式 (3.40) 的形式写出该问题的提法, 并确定当采用例子中的位移假设 (b) 和 (c) 时所用的有限元基函数.

这里, 双线性的形式 $a(\cdot,\cdot)$ 为

$$a(u_h,v_h)=\int_0^{180}\frac{\mathrm{d}u_h}{\mathrm{d}x}EA\frac{\mathrm{d}v_h}{\mathrm{d}x}\mathrm{d}x$$

线性形式为

$$(f,v_h)=100v_h|_{x=180}$$

由位移假设 (b) 得到

$$u_h=a_1x+a_2x^2$$

因此, V_h 是二维空间, 两个基函数为

$$v_h^{(1)} = x \quad 和 \quad v_h^{(2)} = x^2$$

由位移假设 (c) 得到

$$u_h = \frac{x}{100} u_B; \quad 0 \leqslant x \leqslant 100$$
$$u_h = \left(1 - \frac{x-100}{80}\right) u_B + \left(\frac{x-100}{80}\right) u_C; \quad 100 \leqslant x \leqslant 180$$

V_h 的两个基函数为

$$v_h^{(1)} = \begin{cases} \dfrac{x}{100}; & 对\ 0 \leqslant x \leqslant 100 \\ 1 - \dfrac{x-100}{80}; & 对\ 100 \leqslant x \leqslant 180 \end{cases}$$
$$v_h^{(2)} = \left\{ \dfrac{x-100}{80}; \qquad 对\ 100 \leqslant x \leqslant 180 \right.$$

显然, 所有这些函数满足条件式 (3.39). 如果使用式 (3.40), 就可以得出例 3.22 中的方程 (g) 和方程 (j).

[129]

例 3.26: 考虑例 3.23 中的分析问题. 用式 (3.40) 的形式写出该问题的提法, 并确定当采用例子中的温度假设时的单元基函数.

该问题的提法是

$$求出\ \theta_h \in V_h\ 使得\ a(\theta_h, \psi_h) = (f, \psi_h) \quad \forall \psi_h \in V_h \tag{a}$$

其中

$$a(\theta_h, \psi_h) = \int_0^L \frac{\mathrm{d}\psi_h}{\mathrm{d}x} k \frac{\mathrm{d}\theta_h}{\mathrm{d}x} \mathrm{d}x$$
$$(f, \psi_h) = \int_0^L \psi_h q^B \mathrm{d}x + q_0 \psi_h|_{x=0}$$

θ_h 和 ψ_h 对应于平板中的温度分布. 用例 3.23 中的假设, 得到 V_h 中的三个基函数

$$\theta_h^{(1)} = 1; \quad \theta_h^{(2)} = x; \quad \theta_h^{(3)} = x^2;$$

利用式 (a), 可得到例 3.23 中式 (c) 给出的控制方程. 注意到, 在这个构造方法中, 还没有施加本质边界条件 (这个将在后面进行, 如例 3.23).

3.3.5 有限差分法和能量法

一个用于求解连续介质数学模型的控制方程数值解的经典方法是有限差分法 (如见 L. Collatz [A]), 熟悉这种方法是有益的, 这是因为这些知识可以

增强我们对有限元法的理解. 在有限差分法的求解中, 求导用有限差分近似替代, 这样就可以求解数学模型的微分形式及变分形式.

作为例子, 考虑图 3.2 中均匀杆的分析, 如图 3.3 所示, 其控制微分方程 (见例 3.17 和第 3.3.4 节) 为

$$u'' + \frac{f^B}{EA} = 0 \tag{3.41}$$

其边界条件为

$$u = 0 \quad 在\ x = 0 \tag{3.42}$$

$$EA\frac{\partial u}{\partial x} = R \quad 在\ x = L \tag{3.43}$$

在有限差分节点之间采用等间隔 h, 可以写出

$$u'|_{i+1/2} = \frac{u_{i+1} - u_i}{h}; \quad u'|_{i-1/2} = \frac{u_i - u_{i-1}}{h} \tag{3.44}$$

和

$$u''|_i = \frac{u'|_{i+1/2} - u'|_{i-1/2}}{h} \tag{3.45}$$

因此

$$u''|_i = \frac{1}{h^2}(u_{i+1} - 2u_i + u_{i-1}) \tag{3.46}$$

[130]

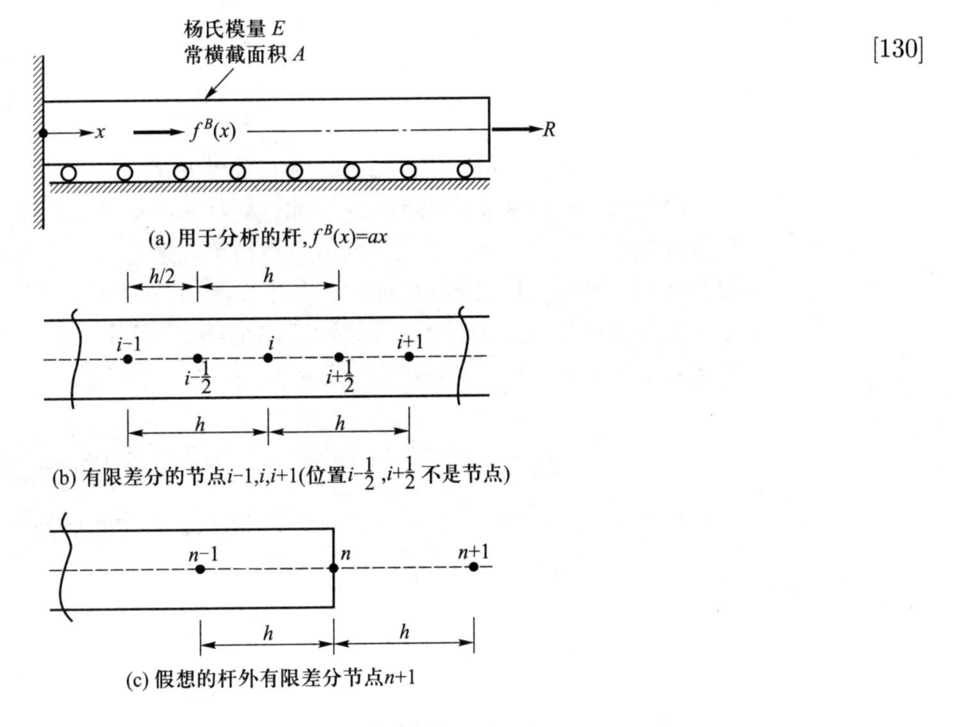

图 3.3　杆的有限差分分析

式 (3.46) 称为中心差分近似. 如果将式 (3.46) 代入式 (3.41), 得到

$$\frac{EA}{h}(-u_{i+1}+2u_i-u_{i-1})=f_i^B h \tag{3.47}$$

其中, f_i^B 是节点 i 处的载荷 $f^B(x)$, $f_i^B h$ 可以被当做有限差分节点处的总载荷.

现在假设我们使用杆上的总共 $n+1$ 个有限差分节点, 节点 $i=0$ 在固定端, 节点 $i=n$ 在另一端. 有边界条件

$$u_0=0 \tag{3.48}$$

和

$$EA\frac{u_{n+1}-u_{n-1}}{2h}=R \tag{3.49}$$

其中, 引入杆外的假想节点 $n+1$, 如图 3.3(c) 所示, 只是为了施加边界条件式 (3.43).

[131] 对于有限差分解, 在所有的节点 $i=1,\cdots,n$ 应用式 (3.47), 并使用边界条件式 (3.48) 和式 (3.49), 得到

$$\frac{EA}{h}\begin{bmatrix} 2 & -1 & & & & \\ -1 & 2 & -1 & & & \\ & -1 & 2 & -1 & & \\ & & & \ddots & & \\ & & & -1 & 2 & -1 \\ & & & & -1 & 1 \end{bmatrix}\begin{bmatrix} u_1 \\ u_2 \\ u_3 \\ \vdots \\ u_{n-1} \\ u_n \end{bmatrix}=\begin{bmatrix} R_1 \\ R_2 \\ R_3 \\ \vdots \\ R_{n-1} \\ R_n \end{bmatrix} \tag{3.50}$$

其中, $R_i=f_i^B h$, $i=1,\cdots,n-1$, $R_n=f_n^B h/2+R$.

应指出, 方程 (3.50) 与使用一系列刚度为 EA/h 的 n 个弹簧单元所得到的方程完全相同. 对应于 $f^B(x)$ 的节点载荷可以通过节点 i 处的分布载荷乘以其作用的有效长度得到 (h 对应于内部节点, $h/2$ 对应端部节点.)

如果使用该数学模型的变分形式的 Ritz 法和特定 Ritz 函数, 则也可以得到相同的系数矩阵. 变分式是 (见例 3.19)

$$\Pi=\frac{1}{2}\int_0^L EA(u')^2\mathrm{d}x-\int_0^L uf^B\mathrm{d}x-Ru|_{x=L} \tag{3.51}$$

特定的 Ritz 函数已在图 3.4 中描述. 虽然得到了相同的系数矩阵, 但载荷向量是不同的, 除非载荷沿杆长方向是常量.

[132] 当然, 使用第 3.3.4 节 (即虚功原理) 给出的 Galerkin 法和图 3.4 中的基函数也可以得出如 Ritz 法一样的方程.

上面的讨论表明有限差分法可用于建立刚度矩阵, 并且在某些情形下, 从 Ritz 分析和有限差分解中得到相应的方程是完全相同或者几乎完全相同的.

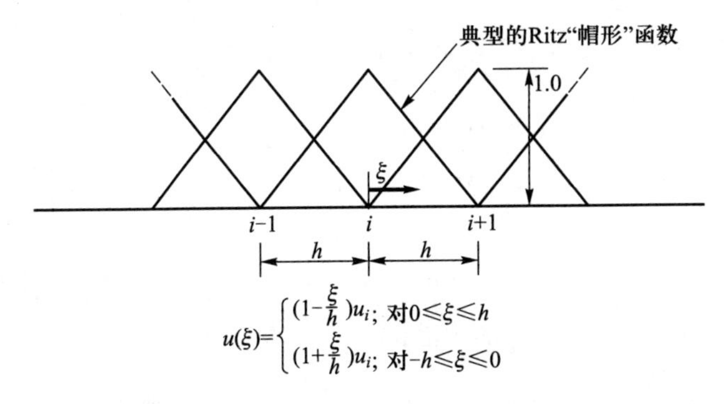

图 3.4　杆问题分析中所使用的典型 Ritz 函数或 Galerkin 基函数

表 3.1 总结了一些广泛使用的有限差分近似, 也称有限差分模板或分子团. 我们用两个例子来说明这些模板的使用.

表 3.1　各种微分的有限差分近似

微分	差分近似	分子团
$\left.\dfrac{\mathrm{d}w}{\mathrm{d}x}\right\|_i$	$\dfrac{w_{i+1}-w_{i-1}}{2h}$	(-1)—•—(1)　(间距 h, h)
$\left.\dfrac{\mathrm{d}^2w}{\mathrm{d}x^2}\right\|_i$	$\dfrac{w_{i+1}-2w_i+w_{i-1}}{h^2}$	(1)—(-2)—(1)　(间距 h, h)
$\left.\dfrac{\mathrm{d}^3w}{\mathrm{d}x^3}\right\|_i$	$\dfrac{w_{i+2}-2w_{i+1}+2w_{i-1}-w_{i-2}}{2h^3}$	(-1)—(2)—•—(-2)—(1)
$\left.\dfrac{\mathrm{d}^4w}{\mathrm{d}x^4}\right\|_i$	$\dfrac{w_{i+2}-4w_{i+1}+6w_i-4w_{i-1}+w_{i-2}}{h^4}$	(1)—(-4)—(6)—(-4)—(1)
$\nabla^2 w\|_{i,j}$	$\dfrac{-4w_{i,j}+w_{i+1,j}+w_{i,j+1}+w_{i-1,j}+w_{i,j-1}}{h^2}$	(1) (1)—(-4)—(1) (1) (间距 h)
$\nabla^4 w\|_{i,j}$	$[20w_{i,j}-8(w_{i+1,j}+w_{i-1,j}+w_{i,j+1}+w_{i,j-1})+$ $2(w_{i+1,j+1}+w_{i-1,j+1}+w_{i-1,j-1}+w_{i+1,j-1})+$ $w_{i+2,j}+w_{i-2,j}+w_{i,j+2}+w_{i,j-2}]/h^4$	(1) (2)—(-8)—(2) (1)—(-8)—(20)—(-8)—(1) (2)—(-8)—(2) (1)

均匀间隔 h; 各种情况的误差均为 $o(h^2)$. 考虑点 i 或者 (i,j); $i\pm\cdots$ 表示 x 方向的点; $j\pm\cdots$ 表示 y 方向的点.

[133]

例 3.27: 考虑图 E3.27 的简支梁. 使用传统有限差分建立系统的平衡方程.

梁分析所用的有限差分网格如图 E3.27 所示. 在传统有限差分分析中, 考虑了平衡微分方程和几何及自然边界条件; 即, 在每一内部节点我们用有限差分近似

$$EI\frac{\mathrm{d}^4w}{\mathrm{d}x^4}=q \tag{a}$$

并使用在 x=0 和 $x=L$ 处, $w=0$, $w''=0$ 的条件.

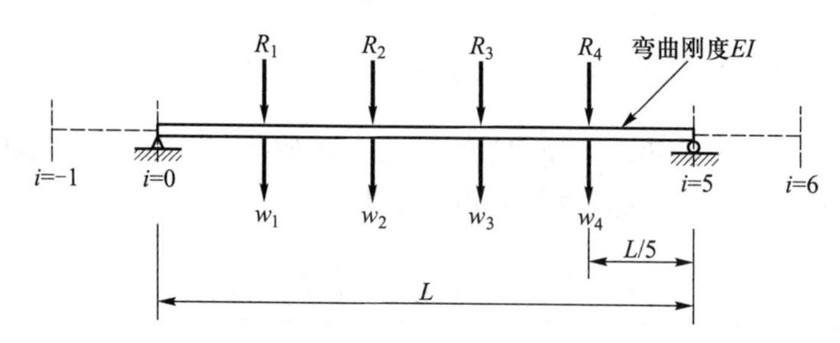

图 E3.27　简支梁的有限差分节点

使用中心差分, 式 (a) 在节点 i 用式 (b) 近似

$$\frac{EI}{(L/5)^3}\{w_{i-2}-4w_{i-1}+6w_i-4w_{i+1}+w_{i+2}\}=R_i \tag{b}$$

其中, $R_i=q_iL/5$, 集中载荷施加在节点 i. 条件是节点 i 处的 w'' 为零, 通过

$$w_{i-1}-2w_i+w_{i+1}=0 \tag{c}$$

近似.

在每一个有限差分节点 $i=1,2,3,4$ 处应用式 (b), 并在支点使用条件式 (c), 得到方程组

$$\frac{125EI}{L^3}\begin{bmatrix}5 & -4 & 1 & 0\\ -4 & 6 & -4 & 1\\ 1 & -4 & 6 & -4\\ 0 & 1 & -4 & 5\end{bmatrix}\begin{bmatrix}w_1\\ w_2\\ w_3\\ w_4\end{bmatrix}=\begin{bmatrix}R_1\\ R_2\\ R_3\\ R_4\end{bmatrix}$$

其中, 位移向量的系数矩阵可作为刚度矩阵.

例 3.28: 考虑图 E3.28 所示的金属板.

1. 当板在静态条件下均匀加载, 且其单位面积的分布载荷为 p 时, 计算其中心点横向挠度. 只使用板内部的一个有限差分节点.

2. 如果载荷是动态加载的, 即 $p=p(t)$, 建立板的控制运动方程.

板的控制微分方程是 (见 S. Timoshenko 和 S. Woinowsky-Krieger [A])

$$\nabla^4w=\frac{p}{D}$$

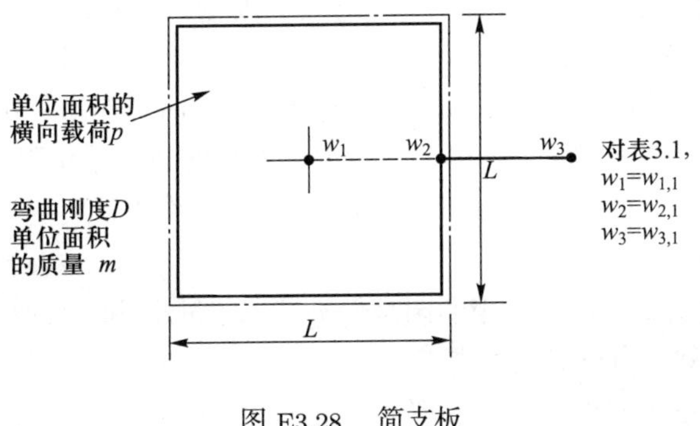

[134]

图 E3.28　简支板

其中, w 是横向位移. 边界条件是板的每个边上的横向位移和边上的力矩均为零.

我们对表 3.1 给出的 $\Delta^4 w$ 使用有限差分模板, 分子团的中心点放置在板的中心点. 对应于系数 $+8$ 和 -2 的位移为零, 对应于系数 $+1$ 的位移是按中心位移表示. 例如, 零力矩条件给出 (图 E3.28)

$$w_1 - 2w_2 + w_3 = 0$$

因为 $w_2 = 0$, $\qquad w_3 = -w_1$

因此, 控制有限差分方程为

$$16w_1 = \frac{p}{D}\left(\frac{L}{2}\right)^4$$

由此得到

$$\left[\frac{16D}{(L/2)^2}\right] w_1 = R; \quad R = p\left(\frac{L}{2}\right)^2$$

我们注意到, 从这个关系式中本质上可以用一个刚度为 $k = 64D/L^2$ 的弹簧来表示该板, 作用在该弹簧上的总载荷由 R 给出. 因此, 计算出的挠度 w_1 与解析计算的 "精确" 值只有 4% 的误差.

对于动态分析, 我们使用达朗贝尔 (d'Alembert) 原理, 从外载荷 R 中减去惯性载荷 $M\ddot{w}_1$, 其中 M 代表一个质量, 按某种意义等价于板的分布质量

$$M = m\left(\frac{L}{2}\right)^2$$

因此动态平衡方程为

$$m\frac{L^2}{4}\ddot{w}_1 + \frac{64D}{L^2}w_1 = R$$

在这两个例子和图 3.2 杆的分析中, 已经用有限差分对平衡微分方程进行近似. 当平衡微分方程被用于求解数学模型时, 用有限差分进行近似并向

[135]

系数矩阵施加本质和自然边界条件是非常必要的. 在例 3.27 和例 3.28 中的梁和板的分析中, 可以很容易地施加这些边界条件 (边界上的零位移是本质边界条件, 边界上的零力矩条件是自然边界条件). 但对于复杂几何体, 自然边界条件的施加很难实现, 这是因为有限差分网格的拓扑结构限制了可以实施的差分形式, 这样就很难用一个严格的方式获得对称的系数矩阵 (见 A. Ghali 和 K. J. Bathe [A]).

已经给出的微分形式使用的困难促进了基于最小势能原理的有限差分分析法的发展, 称为有限差分能量法 (如见 D. Bushnell、B. O. Almroth 和 F. Brogan [A]). 这个方法中, 系统总势能 Π 中的位移导数用有限差分近似, Π 的最小化条件用于计算有限差分节点处的未知位移. 由于采用了所考虑问题的变分形式, 所以在差分中只应满足本质 (几何) 边界条件.

正如所预期的, 有限差分能量法与 Ritz 法是密切相关的, 在某些情况下, 会得出相同的代数方程.

有限差分能量法的一个优点体现在生成代数方程系数矩阵的效率方面. 这种效率是由于采用了能量积分的简单方法. 但将在下几章要讨论的按有限元法形式实现的 Galerkin 法是一个更具一般性的和有效的方法, 当然, 这也是有限元法取得成功的原因.

用一些例子说明有限差分能量法的使用是有益的.

例 3.29: 考虑图 E3.29 的悬臂梁. 用传统有限差分法和有限差分能量法计算端点的挠度.

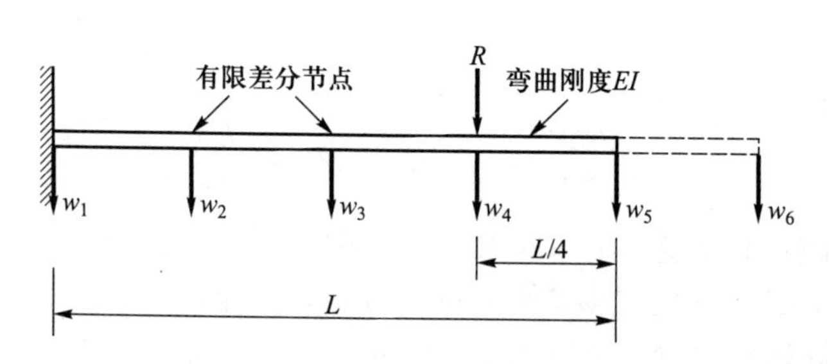

图 E3.29　悬臂梁上的有限差分节点

[136]

所用的有限差分网格如图 E3.29 所示. 使用传统有限差分法, 且中心差分如例 3.27, 我们得到了平衡方程

$$\frac{64EI}{L^3}\begin{bmatrix} 7 & -4 & 1 & 0 \\ -4 & 6 & -4 & 1 \\ 1 & -4 & 5 & -2 \\ 0 & 1 & -2 & 1 \end{bmatrix}\begin{bmatrix} w_2 \\ w_3 \\ w_4 \\ w_5 \end{bmatrix} = \begin{bmatrix} 0 \\ 0 \\ R \\ 0 \end{bmatrix} \tag{a}$$

应指出除了例 3.27 中所采用的方程以外, 还用到了固定端点处 $w' = 0$,

自由端 $w'''=0$ 的条件. 对于节点 i 处的 w' 和 w''' 均为零的情况, 分别采用

$$w_{i+1}-w_{i-1}=0$$
$$w_{i+2}-2w_{i+1}+2w_{i-1}-w_{i-2}=0$$

使用有限差分能量法, 总势能 Π 为

$$\Pi=\frac{EI}{2}\int_0^L[w''(x)]^2\mathrm{d}x-Rw|_{x=\frac{3}{4}L}$$

为了计算这个积分, 需要近似 $w''(x)$. 使用中心差分, 对于节点 i, 得到

$$w_i''=\frac{1}{(L/4)^2}(w_{i+1}-2w_i+w_{i-1}) \tag{b}$$

通过使用式 (b) 并将积分用求和代替, 计算有限差分节点处的 Π, 就可以获得一个近似解; 即用近似式

$$\Pi=\frac{L}{8}\Pi_1+\frac{L}{4}(\Pi_2+\Pi_3+\Pi_4)+\frac{L}{8}\Pi_5-Rw_4 \tag{c}$$

其中

$$\Pi_i=\frac{1}{2}[w_{i-1}\quad w_i\quad w_{i+1}]\begin{bmatrix}1\\-2\\1\end{bmatrix}\frac{EI}{(L/4)^4}[1\quad -2\quad 1]\begin{bmatrix}w_{i-1}\\w_i\\w_{i+1}\end{bmatrix}$$

因此, 与有限元分析步骤 (见第 4.2 节) 类似, 可以写出

$$\Pi_i=\frac{1}{2}\mathbf{U}^{\mathrm{T}}\mathbf{B}_i^{\mathrm{T}}\mathbf{C}_i\mathbf{B}_i\mathbf{U}$$

其中, $\mathbf{B}_i$ 是一个广义的应变 – 位移变换矩阵, $\mathbf{C}_i$ 是应力 – 应变矩阵, $\mathbf{U}$ 是一个列出所有节点位移的向量. 用直接刚度法计算式 (c) 给出的总势能并使用总势能取驻值条件 (即 $\delta\Pi=0$), 得到平衡方程

$$\frac{64EI}{L^3}\begin{bmatrix}7&-4&1&&\\-4&6&-4&1&\\1&-4&5.5&-3&0.5\\&1&-3&3&-1\\&&0.5&-1&0.5\end{bmatrix}\begin{bmatrix}w_2\\w_3\\w_4\\w_5\\w_6\end{bmatrix}=\begin{bmatrix}0\\0\\R\\0\\0\end{bmatrix} \tag{d}$$

其中, 已使用了固定端转角为零的条件.

应指出, 平衡方程 (a) 和式 (d) 是十分相似的. 实际上, 如果消去方程 (d) 中的 w_6, 就得到方程 (a). 故此时使用有限差分能量法和传统有限差分法, 可以得到相同的平衡方程. [137]

作为例子, 令 $R=1$, $EI=10^3$, $L=10$. 则通过方程 (a) 或式 (d), 得到

$$\mathbf{U}=\begin{bmatrix}0.023\,437\\0.078\,125\\0.148\,43\\0.218\,75\end{bmatrix}$$

端点挠度的精确解是 $w_5=0.210\,937\,5$. 因此有限差分分析给出了一个很好的近似解.

例 3.30: 如图 E3.30 所示的杆, 其右端受热流率 q^S 输入, 左端恒温 θ_0, 处于稳态条件. 变分式是

$$\Pi=\frac{1}{2}\int_0^L k\left(\frac{\partial\theta}{\partial x}\right)^2 A\mathrm{d}x-q^S A_L\theta_L \tag{a}$$

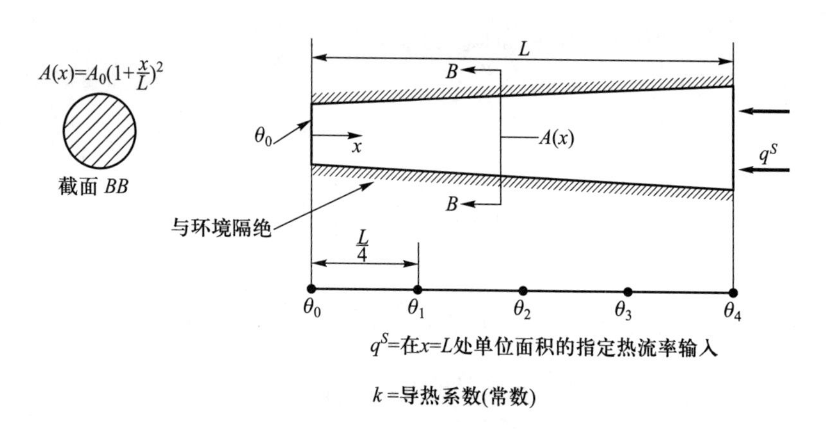

图 E3.30　传热条件下的杆 (使用有限差分节点)

使用有限差分法得到温度分布的近似解.

我们使用图 E3.30 所示的 5 个等间隔的有限差分节点. 式 (a) 中积分的有限差分近似是

$$\Pi=\frac{L}{4}\{\Pi_{1/2}+\Pi_{3/2}+\Pi_{5/2}+\Pi_{7/2}\}-q^S A_L\theta_L$$

其中

$$\Pi_{1/2}=\frac{1}{2}[\theta_1\quad\theta_0]\begin{bmatrix}1\\-1\end{bmatrix}\frac{k\left(\frac{9}{8}\right)^2A_0}{(L/4)^2}[1\quad -1]\begin{bmatrix}\theta_1\\\theta_0\end{bmatrix}$$

[138]　类似地计算 $\Pi_{3/2}$、$\Pi_{5/2}$ 和 $\Pi_{7/2}$. 计算 Π, 取 $\delta\Pi=0$, 施加 θ_0 已知的边

界条件, 得到

$$\frac{kA_0}{16L}\begin{bmatrix}202 & -121 & & \\ -121 & 290 & -169 & \\ & -169 & 394 & -225 \\ & & -225 & 225\end{bmatrix}\begin{bmatrix}\theta_1\\ \theta_2\\ \theta_3\\ \theta_4\end{bmatrix}=\begin{bmatrix}\dfrac{81}{16L}kA_0\theta_0\\ 0\\ 0\\ 4A_0q^S\end{bmatrix}$$

现在假设 $\theta_0=0$. 得到解为

$$\begin{bmatrix}\theta_1\\ \theta_2\\ \theta_3\\ \theta_4\end{bmatrix}=\begin{bmatrix}0.79\\ 1.32\\ 1.70\\ 1.98\end{bmatrix}\frac{Lq^S}{k}$$

其与以下的解析解比较接近

$$\begin{bmatrix}\theta_1\\ \theta_2\\ \theta_3\\ \theta_4\end{bmatrix}_{\text{解析解}}=\begin{bmatrix}\dfrac{4}{5}\\ \dfrac{4}{3}\\ \dfrac{12}{7}\\ 2\end{bmatrix}\frac{Lq^S}{k}$$

3.3.6 习题

3.15 建立如图 Ex.3.15 所示问题的平衡微分方程和 (几何与力) 边界条件. 判断该问题的算子 L_{2m} 是否是对称正定的, 并证明你的答案.

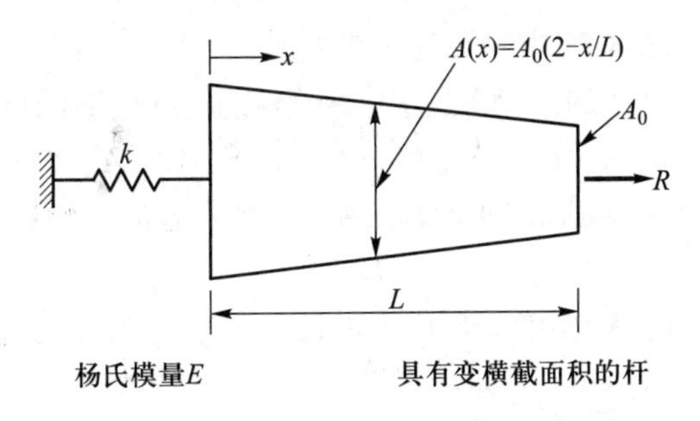

图 Ex.3.15

3.16 考虑如图 Ex.3.16 所示悬臂梁, 其端点力矩为 M. 确定变分式 Π 并指出本质边界条件. 使用式 (3.7b) 取 Π 的驻值, 并利用变分法和差分法具有相同运算规则的事实. 再得出平衡差分方程和自然边界条件. 判断该问题的算子 L_{2m} 是否是对称正定的, 并证明你的答案. [139]

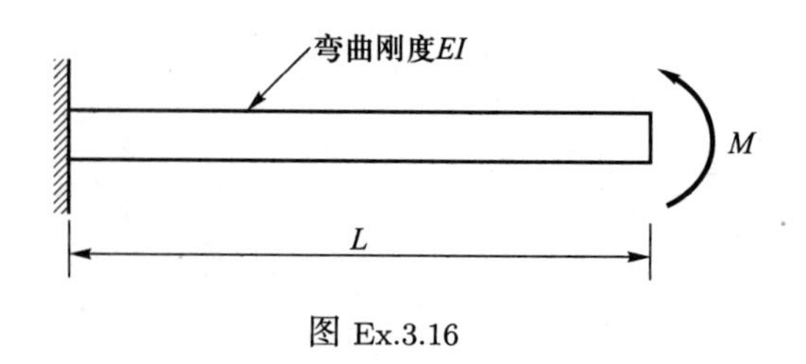

图 Ex.3.16

3.17　考虑例 3.30 中的传热问题. 使用式 (3.7b) 对给定变分取驻值, 并利用变分法和差分法具有相同运算规则的事实. 建立平衡的控制微分方程和所有的边界条件. 判断该问题的算子 L_{2m} 是否是对称正定的, 并证明你的答案.

3.18　考虑图 Ex.3.18 所示的受预应力的缆线. 变分式是

$$\Pi = \frac{1}{2}\int_0^L T\left(\frac{\mathrm{d}w}{\mathrm{d}x}\right)^2 \mathrm{d}x + \int_0^L \frac{1}{2}k(w)^2 \mathrm{d}x - Pw_L$$

其中, w 是横向位移, w_L 是 $x = L$ 处的横向位移. 建立平衡的微分方程并指出所有的边界条件. 判断该问题的算子 L_{2m} 是否是对称正定的, 并证明你的答案.

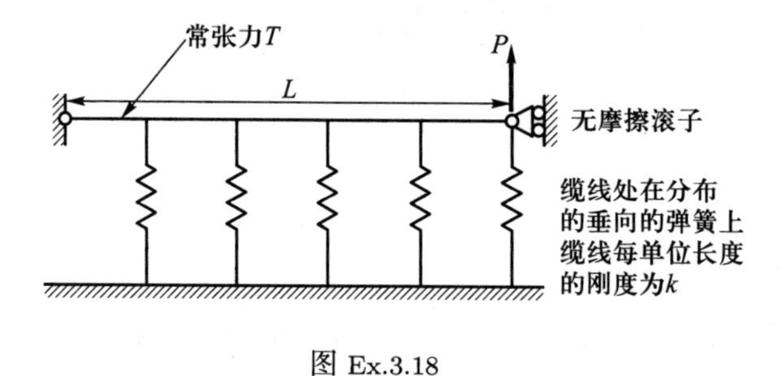

图 Ex.3.18

3.19　考虑习题 3.18 中受预应力的缆线.

(a) 建立一个合适的试函数, 它可用于采用经典 Galerkin 和最小二乘法的缆线的分析中. 试探 $w(x) = a_0 + a_1x + a_2x^2$ 并在必要时修改该函数.

(b) 使用经典 Galerkin 和最小二乘法, 对所选的试函数建立系统的控制方程.

3.20　考虑习题 3.18 中受预应力的缆线. 使用 Ritz 法建立控制方程, 其试函数为 $w(x) = a_0 + a_1x + a_2x^2$ (即一个适当的修改).

[140]

3.21　用 Ritz 法计算如图 Ex.3.21 所示柱体的线性屈曲载荷. 假设 $w = cx^2$, 其中 c 为未知的 Ritz 参数.

3.22　考虑如图 Ex.3.22 所示的结构.

(a) 使用 Ritz 法建立弯曲响应的控制方程. 使用如下函数: (I) $w = a_1x^2$ 和 (II) $w = b_1[1 - \cos(\pi x/2L)]$.

(b) $EI_0 = 100$, $k = 2$, $L = 1$ 时, 用 Ritz 法计算柱体的临界载荷.

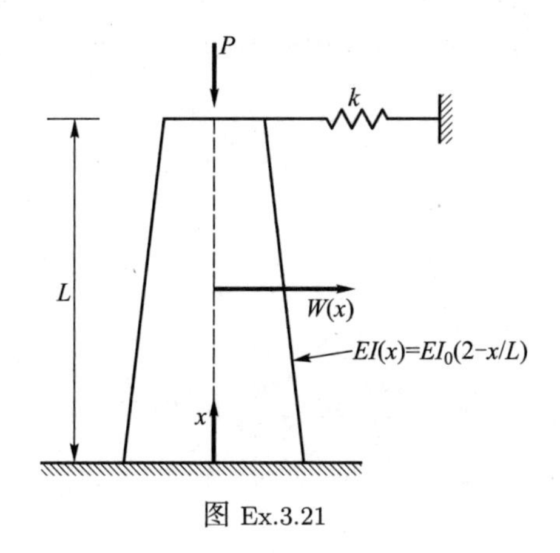

图 Ex.3.21

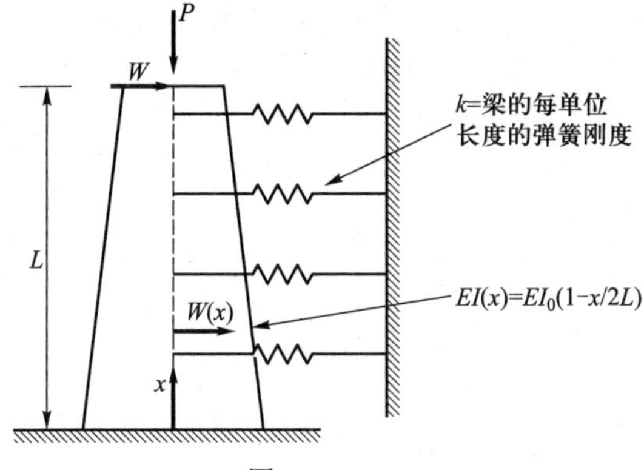

图 Ex.3.22

3.23　考虑如图 Ex.3.23 所示的用于传热分析的平板. 该分析的变分式是

$$\Pi = \int_0^L \frac{1}{2}k\left(\frac{\partial\theta}{\partial x}\right)^2 \mathrm{d}x - \int_0^L \theta q^B \mathrm{d}x$$

指出本质和自然边界条件. 用两个未知参数对该问题进行 Ritz 分析.

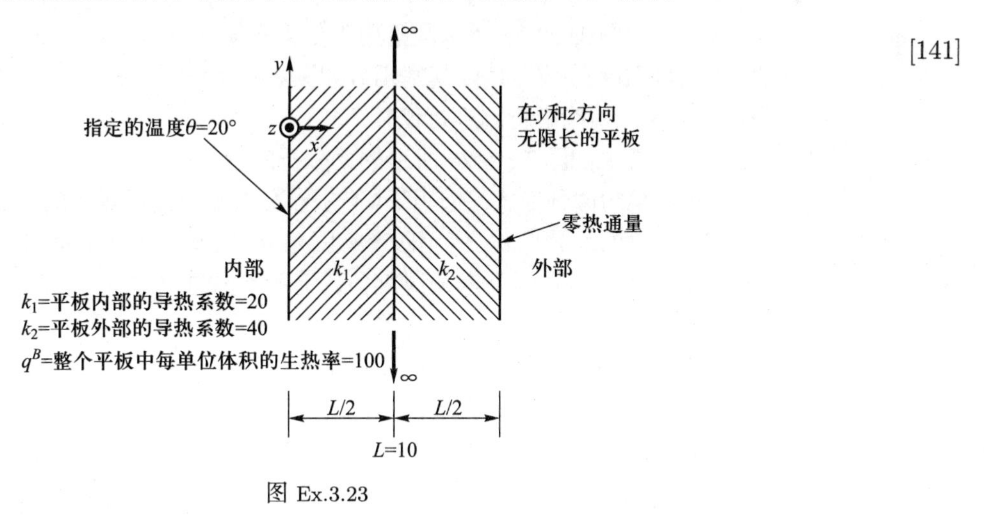

[141]

图 Ex.3.23

3.24 如图 Ex.3.24 所示要分析的受预应力的缆线. 平衡的控制微分方程是

$$T\frac{\partial^2 w}{\partial x^2} = m\frac{\partial^2 w}{\partial t^2} - p(t)$$

其边界条件是

$$w|_{x=0} = w|_{x=L} = 0$$

初始条件是

$$w(x,0) = 0; \quad \frac{\partial w}{\partial t}(x,0) = 0$$

(a) 使用传统有限差分法近似平衡的控制微分方程, 并由此建立控制缆线响应的方程.

(b) 使用有限差分能量法建立缆线响应的控制方程.

(c) 使用虚功原理建立缆线响应的控制方程.

当使用有限差分法时, 采用两个内部有限差分节点. 为了使用虚功原理, 使用所示的两个基函数.

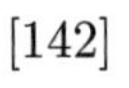

[142]

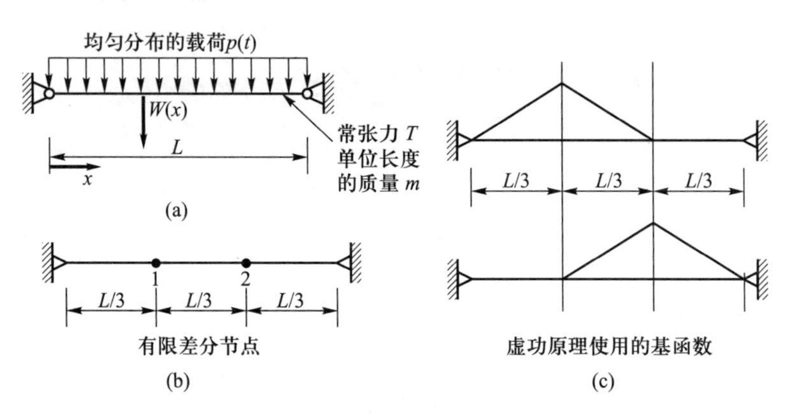

图 Ex.3.24

3.25 如图 Ex.3.25 所示圆盘用于分析温度分布. 确定问题的变分式, 并用 Ritz 法得出一个近似解, 其基函数如图 3.4 所示. 使用两个未知温度. 把你得出的结果与精确解析解进行比较.

3.26 考虑如图 Ex.3.26 所示的梁分析问题.

(a) 对梁的微分形式, 使用四个有限差分节点建立梁响应的控制方程.

(b) 对梁的变分形式, 使用四个有限差分节点建立梁响应的控制方程.

3.27 使用具有两个未知温度值的有限差分能量法求解习题 3.23 中的问题.

3.28 使用具有两个未知温度值的有限差分能量法求解习题 3.25 中的问题.

3.29 编写计算机程序 STAP(见第 12 章) 用于桁架结构的分析. 但通过使用相关变量和方程的类似性, 该程序也可以用于分析管道网络的压力及流量分布、直流网络的电流分布和传热分析.

3.30 使用程序 STAP 求解例 3.1 至例 3.4 的分析问题.

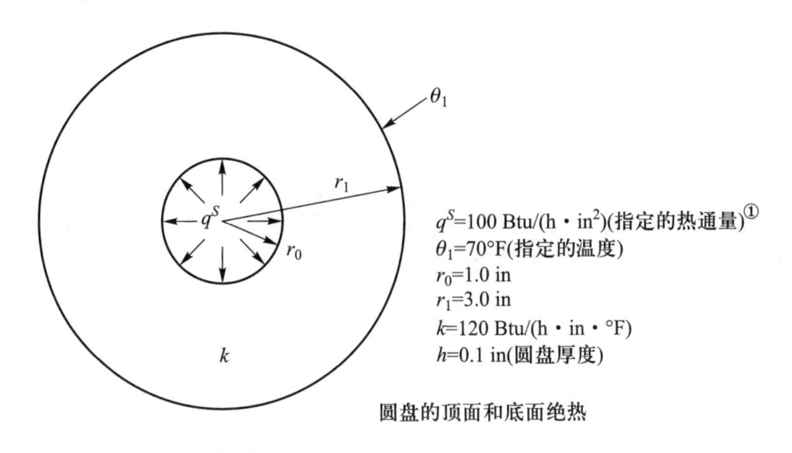

图 Ex.3.25

[143]

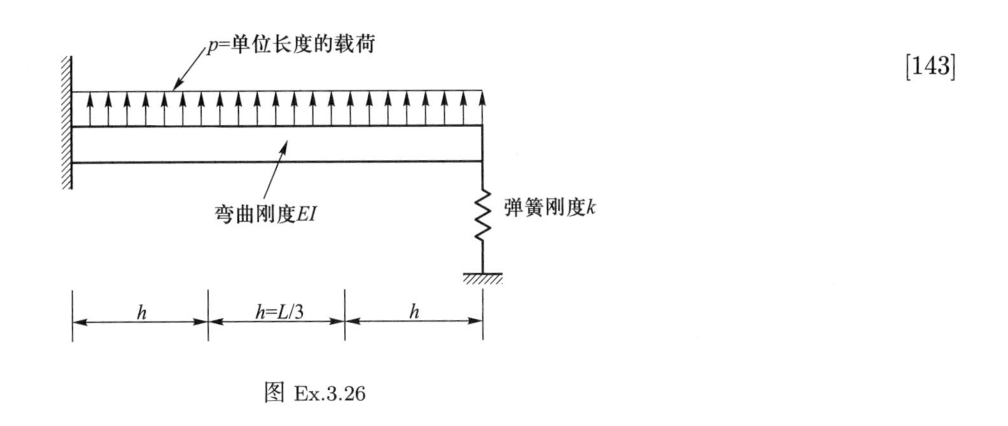

图 Ex.3.26

3.4 约束的施加

工程问题的分析通常需要对某一解变量施加某些约束. 该约束可能需要施加在一些连续解参数或者离散变量上, 该约束也可由某些连续性要求、给解变量指定具体值, 或者满足某些解变量之间的条件所组成. 两个广泛使用的方法都是有效的, 即拉格朗日 (Lagrange) 乘子法和罚函数 (如见 D. P. Bertsekas [A]). 将在第 4.2.2、第 4.4.2、第 4.4.3、第 4.5、第 5.4、第 6.7.2 节和第 7.4 节给出这些方法的应用. Lagrange 乘子法和罚函数均适用于所求解问题的变分形式或加权余量法形式.

① 1 in = 25.4 mm; 1 in^2 = 645.16 mm^2; 1 Btu/(s · ft · °R) = 6 230.64 W/(m · K); 1 °R = 1 °F = $\frac{5}{9}$K. —— 译者注

3.4.1 Lagrange 乘子法和罚函数法概述

为了对 Lagrange 乘子法和罚函数法做一简单介绍, 考虑离散结构模型稳态分析的变分形式

$$\Pi = \frac{1}{2}\mathbf{U}^{\mathrm{T}}\mathbf{K}\mathbf{U} - \mathbf{U}^{\mathrm{T}}\mathbf{R} \tag{3.52}$$

其条件为

$$\frac{\partial \Pi}{\partial U_i} = 0 \quad \text{对所有 } i \tag{3.53}$$

[144] 假设想要施加位移自由度 U_i

$$U_i = U_i^* \tag{3.54}$$

在 Lagrange 乘子法中, 修改式 (3.52) 的右手侧, 得

$$\Pi^* = \frac{1}{2}\mathbf{U}^{\mathrm{T}}\mathbf{K}\mathbf{U} - \mathbf{U}^{\mathrm{T}}\mathbf{R} + \lambda(U_i - U_i^*) \tag{3.55}$$

其中, λ 是新加入的变量, 取 $\delta\Pi_i^* = 0$, 给出

$$\delta\mathbf{U}^{\mathrm{T}}\mathbf{K}\mathbf{U} - \delta\mathbf{U}^{\mathrm{T}}\mathbf{R} + \lambda\delta U_i + \delta\lambda(U_i - U_i^*) = 0 \tag{3.56}$$

由于 $\delta\mathbf{U}$ 和 $\delta\lambda$ 是任意的, 得到

$$\begin{bmatrix} \mathbf{K} & \mathbf{e}_i \\ \mathbf{e}_i^{\mathrm{T}} & 0 \end{bmatrix} \begin{bmatrix} \mathbf{U} \\ \lambda \end{bmatrix} = \begin{bmatrix} \mathbf{R} \\ U_i^* \end{bmatrix} \tag{3.57}$$

其中, $\mathbf{e}_i$ 是一个除了第 i 个元素为 1, 其他元素均为零的向量. 因此, 无约束的平衡方程添加上一个表示约束条件的附加部分.

在*罚函数法*中, 同样修改式 (3.52) 的右手侧, 但并没有引入附加的变量. 现在用

$$\Pi^{**} = \frac{1}{2}\mathbf{U}^{\mathrm{T}}\mathbf{K}\mathbf{U} - \mathbf{U}^{\mathrm{T}}\mathbf{R} + \frac{\alpha}{2}(U_i - U_i^*)^2 \tag{3.58}$$

其中, α 是一个数值很大的常数, $\alpha \gg \max(k_{ii})$. 由条件 $\delta\Pi^{**} = 0$ 得出

$$\delta\mathbf{U}^{\mathrm{T}}\mathbf{K}\mathbf{U} - \delta\mathbf{U}^{\mathrm{T}}\mathbf{R} + \alpha(U_i - U_i^*)\delta U_i = 0 \tag{3.59}$$

和

$$(\mathbf{K} + \alpha\mathbf{e}_i\mathbf{e}_i^{\mathrm{T}})\mathbf{U} = \mathbf{R} + \alpha U_1^*\mathbf{e}_i \tag{3.60}$$

因此, 使用这种方法, 一个很大的值会被加到 $\mathbf{K}$ 的第 i 个对角元素, 其对应的力也被加上, 这样, 要求的位移 U_i 约等于 U_i^*. 这是一般的方法, 已经广泛应用于施加到特定的位移或者其他变量. 因为不需额外的方程, 所以该方法是有效的, 且保留了系数矩阵的带宽 (见第 4.2.2 节). 我们将在下例中介绍 Lagrange 乘子法和罚函数法.

例 3.31: 用 Lagrange 乘子法和罚函数法分析图 E3.31 所示的简单弹簧系统, 施加的位移为 $U_2 = 1/k$.

没有施加位移 U_2 的控制平衡方程为

$$\begin{bmatrix} 2k & -k \\ -k & k \end{bmatrix} \begin{bmatrix} U_1 \\ U_2 \end{bmatrix} = \begin{bmatrix} R_1 \\ R_2 \end{bmatrix} \tag{a}$$

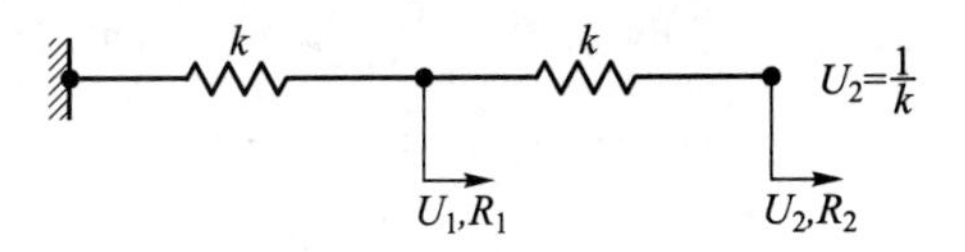

图 E3.31　简单弹簧系统

由关系式 $U_2 = 1/k$ 可以得到精确解, 从式 (a) 的第一个方程可以解出 U_1 [145]

$$U_1 = \frac{1 + R_1}{2k} \tag{b}$$

因此, 也得出

$$R_2 = 1 - \frac{1 + R_1}{2}$$

这是 U_2 自由度处所需的力以施加 $U_2 = 1/k$.

使用 Lagrange 乘子法, 控制方程是

$$\begin{bmatrix} 2k & -k & 0 \\ -k & k & 1 \\ 0 & 1 & 0 \end{bmatrix} \begin{bmatrix} U_1 \\ U_2 \\ \lambda \end{bmatrix} = \begin{bmatrix} R_1 \\ 0 \\ 1/k \end{bmatrix} \tag{c}$$

得出

$$U_1 = \frac{1 + R_1}{2k}; \quad \lambda = -1 + \frac{1 + R_1}{2}$$

因此, 得到式 (b) 的解, λ 等于为使在自由度 U_2 处施加 $U_2 = 1/k$ 所应的反作用力. 应指出由 λ 的值, 式 (c) 中的前两个方程化为方程 (a).

用罚函数法, 得到

$$\begin{bmatrix} 2k & -k \\ -k & (k + \alpha) \end{bmatrix} \begin{bmatrix} U_1 \\ U_2 \end{bmatrix} = \begin{bmatrix} R_1 \\ \alpha/k \end{bmatrix}$$

解现取决于 α, 由此得到

$$\alpha = 10k, \quad U_1 = \frac{11R_1 + 10}{21k}; \quad U_2 = \frac{R_1 + 20}{21k}$$

$$\alpha = 100k, \quad U_1 = \frac{101R_1 + 100}{201k}; \quad U_2 = \frac{R_1 + 200}{201k}$$

$$\alpha = 1\,000k, \quad U_1 = \frac{1\,001R_1 + 1\,000}{2\,001k}; \quad U_2 = \frac{R_1 + 2\,000}{2\,001k}$$

在实际中, 用 $\alpha = 1\,000k$ 所得的精度是足够的.

这个例子仅给出了对 Lagrange 乘子法和罚函数法的简介. 现简单说明一些更具一般性的方程. 假设我们想对解施加 m 个线性独立的离散约束 $\mathbf{BU} = \mathbf{V}$, 其中 $\mathbf{B}$ 是一个 $m \times n$ 阶矩阵. 则在 Lagrange 乘子法中, 用

$$\Pi^*(\mathbf{U}, \boldsymbol{\lambda}) = \frac{1}{2}\mathbf{U}^{\mathrm{T}}\mathbf{K}\mathbf{U} - \mathbf{U}^{\mathrm{T}}\mathbf{R} + \boldsymbol{\lambda}^{\mathrm{T}}(\mathbf{BU} - \mathbf{V}) \tag{3.61}$$

[146] 其中, $\boldsymbol{\lambda}$ 是一个 Lagrange 乘子的 m 维向量. 取 $\delta\Pi^* = 0$, 得到

$$\begin{bmatrix} \mathbf{K} & \mathbf{B}^{\mathrm{T}} \\ \mathbf{B} & \mathbf{0} \end{bmatrix} \begin{bmatrix} \mathbf{U} \\ \boldsymbol{\lambda} \end{bmatrix} = \begin{bmatrix} \mathbf{R} \\ \mathbf{V} \end{bmatrix} \tag{3.62}$$

在罚函数法中, 使用

$$\Pi^{**}(\mathbf{U}) = \frac{1}{2}\mathbf{U}^{\mathrm{T}}\mathbf{K}\mathbf{U} - \mathbf{U}^{\mathrm{T}}\mathbf{R} + \frac{\alpha}{2}(\mathbf{BU} - \mathbf{V})^{\mathrm{T}}(\mathbf{BU} - \mathbf{V}) \tag{3.63}$$

取 $\delta\Pi^{**} = 0$, 得到

$$(\mathbf{K} + \alpha\mathbf{B}^{\mathrm{T}}\mathbf{B})\mathbf{U} = \mathbf{R} + \alpha\mathbf{B}^{\mathrm{T}}\mathbf{V} \tag{3.64}$$

当然, 式 (3.57) 和式 (3.60) 分别是式 (3.62) 和式 (3.64) 的特殊情况.

上述关系式是针对离散系统的. 当考虑一个连续系统时, 通常的变分式 Π (如见例 3.18 至例 3.20) 在 Lagrange 乘子法中由连续约束乘以 Lagrange 乘子的积分以及在罚函数法中用罚因子的积分乘以约束的平方进行修改. 如果连续变量是由试函数或有限差分表达式表示的, 则就可以得到式 (3.62) 和式 (3.64) 形式的关系式 (见第 4.4 节).

尽管上面对 Lagrange 乘子法和罚函数法的介绍是很简单的, 但所得出的一些基本结论是普遍适用的. 首先, 在 Lagrange 乘子法中可看出对应于 Lagrange 乘子的系数矩阵中对角元素为零. 因此, 在求解过程中, 将方程写成式 (3.62) 的形式是很有效的. 考虑带 Lagrange 乘子的平衡方程, 我们还可以发现这些乘子具有与力函数相同的单位, 例如, 式 (3.57) 中的 Lagrange 乘子就是力.

使用罚函数法时, 一个重要的考虑是选择合适的罚因子. 分析中, 可以得出式 (3.64) 的罚因子 α 是显式指定的 (就如例 3.31), 并且是通用的方法 (见第 4.2.2 节). 但在其他分析中, 罚因子是由问题本身所用的具体公式定义的 (见第 5.4.1 节). 使用一个非常大罚因子的问题在于当非对角元素乘以一个大数时, 系数矩阵会变成病态的. 如果非对角元素受罚因子影响, 则在计算机算术运算中使用足够的有效位数来确保问题解的精度是非常必要的 (见第 8.2.6 节).

最后, 应当指出罚函数法和 Lagrange 乘子法是密切相关的 (见习题 3.35), 施加约束的基本思想也可以组合起来应用, 见 M. Fortin 和 R. Glowinski [A], J. C. Simo、P. Wriggers 和 R. L. Taylor [A], 以及习题 3.36.

3.4.2 习题

3.31 考虑方程组

$$\begin{bmatrix} 2 & -1 \\ -1 & 2 \end{bmatrix} \begin{bmatrix} U_1 \\ U_2 \end{bmatrix} = \begin{bmatrix} 10 \\ -1 \end{bmatrix}$$

使用 Lagrange 乘子法和罚函数法施加条件 $U_2 = 0$. 求解该方程并对这个解进行解释. [147]

3.32 考虑例 3.1 中的小车系统, 其中 $k_i = k$, $R_1 = 1$, $R_2 = 0$, $R_3 = 1$. 推导控制平衡方程, 施加条件 $U_2 = U_3$.

(a) 使用 Lagrange 乘子法.

(b) 使用带适当罚因子的罚函数法.

求解每种情形下的位移和约束力.

3.33 考虑例 3.2 中的传热问题, 其中 $k = 1$ 和 $\theta_0 = 10$, $\theta_4 = 20$. 施加条件 $\theta_3 = 4\theta_2$, 并说明这个解的物理意义. 使用 Lagrange 乘子法和带适当的罚因子的罚函数法.

3.34 考虑例 3.3 中液压网络中的流体流动. 推导使用 Lagrange 乘子法施加条件 $p_c = 2p_D$ 的控制方程. 求解该方程并对这个解进行说明.

使用带适当的罚因子的罚函数法再次进行计算.

3.35 考虑问题 $\mathbf{KU} = \mathbf{R}$, 其中, m 个线性独立约束为 $\mathbf{BU} = \mathbf{V}$ (见式 (3.61) 和式 (3.62)). 证明下面变分式的驻值给出罚函数法式 (3.64) 的方程

$$\widetilde{\Pi}^{**}(\mathbf{U}, \boldsymbol{\lambda}) = \frac{1}{2}\mathbf{U}^{\mathrm{T}}\mathbf{K}\mathbf{U} - \mathbf{U}^{\mathrm{T}}\mathbf{R} + \boldsymbol{\lambda}^{\mathrm{T}}(\mathbf{BU} - \mathbf{V}) - \frac{\boldsymbol{\lambda}^{\mathrm{T}}\boldsymbol{\lambda}}{2\alpha}$$

其中, $\boldsymbol{\lambda}$ 是一个 Lagrange 乘子的 m 维向量, α 是罚因子, $\alpha > 0$. 计算 Lagrange 乘子一般是 $\boldsymbol{\lambda} = \alpha(\mathbf{BU} - \mathbf{V})$, 并证明针对式 (3.60) 的具体情形, 有 $\lambda = \alpha(U_i - U_i^*)$.

3.36 在增广 Lagrange 法中, 采用习题 3.35 中介绍的变分

$$\widetilde{\Pi}^{*}(\mathbf{U}, \boldsymbol{\lambda}) = \frac{1}{2}\mathbf{U}^{\mathrm{T}}\mathbf{K}\mathbf{U} - \mathbf{U}^{\mathrm{T}}\mathbf{R} + \frac{\alpha}{2}(\mathbf{BU} - \mathbf{V})^{\mathrm{T}}(\mathbf{BU} - \mathbf{V}) + \boldsymbol{\lambda}^{\mathrm{T}}(\mathbf{BU} - \mathbf{V}); \quad \alpha \geqslant 0$$

(a) 取 $\widetilde{\Pi}^*$ 的驻值, 求出控制方程.

(b) 使用增广 Lagrange 法对 $\alpha = 0, k, 1\,000k$ 求解例 3.31 中的问题. 证明事实上无论 α 取何值, 约束都是精确满足的 (增广 Lagrange 法用于迭代求解法中, 其中使用一个有效的 α 值是非常重要的).

第 4 章 有限元法的构造: 固体力学和结构力学中的线性分析

[148]

4.1 引言

固体和结构的线性分析是有限元分析中十分重要的应用领域, 是有限元方法最初得到实际应用的领域, 并从中获得了发展的原始推动力.

现在, 结构的线性分析可采用通用方法完成. 已建立完善的有限元离散化方法, 并且用于标准的计算机程序中. 但是, 有两个领域只是最近才开发出有效的有限元, 即一般板与壳结构和 (几乎) 不可压缩介质的分析与求解.

固体有限元的标准构造方法是位移方法, 该方法在除上述两个领域外均得到广泛且有效的应用. 对分析板与壳结构和求解不可压缩固体, 混合方法更合适.

在本章中, 我们详细地阐述基于位移的分析方法. 虚功原理是用于有限元构造的基本关系式. 我们首先建立有限元基本方程组, 接着讨论该方法的收敛性质. 由于基于位移的求解方法对某些应用效果不太好, 需要引入混合构造方法, 在该方法中位移不是作为唯一的未知变量. 但是, 混合方法要求仔细选择适合的插值函数, 我们在本章最后部分讨论这个问题.

[149]

正如前面所指出的那样, 文献中有各种基于位移的和混合的构造方式, 我们的目标并不是研究所有这些构造方式. 在本章中, 我们重点是提出有限单元的基本原理. 本章中所讨论原理的一些有效应用将在第 5 章介绍.

4.2 基于位移的有限元方法构造

基于位移的有限元方法可以视为梁和桁架结构分析的位移法的扩展, 因此, 回顾此分析过程是有价值的. 使用位移法分析梁和桁架结构的基本步骤如下.

① 把整个结构建模为梁单元和桁架单元的组合体, 它们在结构的节点处相连接.

② 确定未知的节点位移, 该位移完全定义了结构 (模型) 的位移响应.

③ 建立并求解对应于这些节点位移的力平衡方程组.

④ 用已知梁单元和桁架单元的节点位移计算单元内部的应力分布.

⑤ 基于所采用的假设, 对结构模型的解所预测的位移和应力进行解释.

在实际分析和设计时, 整个分析中最重要的步骤是把实际问题恰当地进行建模, 如在步骤 ① 中所做的那样, 同时对步骤 ⑤ 的结果进行正确解释. 建立一个适当的模型, 取决于分析的实际系统的复杂性, 需要大量有关系统特性及其力学性质方面的知识, 如第 1 章中简要讨论的内容.

上述分析步骤, 在第 3 章已进行了一定程度的说明. 但再考虑一个更为复杂的例子还是有益的.

例 4.1: 如图 E4.1(a) 所示的管道系统, 当一个很大的横向载荷 P 突然加到连接细管和粗管的凸缘上时, 该系统应能承受这一荷载. 试分析该问题.

[150]

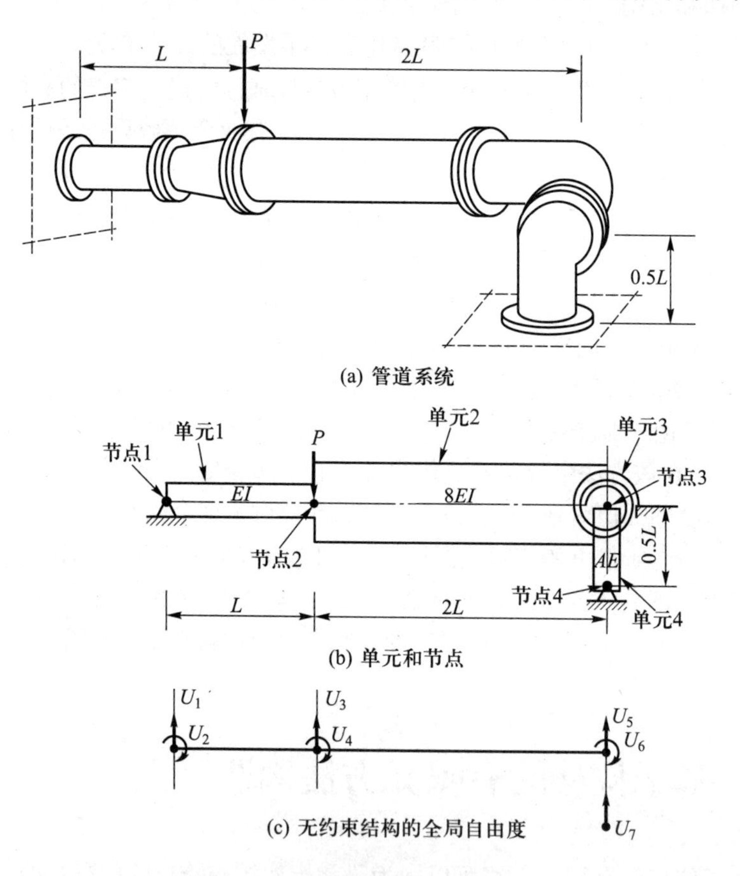

图 E4.1　管道系统及其理想化模型

对该问题的研究需要进行一系列的分析, 需要恰当地对管道相交处的局部运动学特性进行建模, 要考虑非线性材料和几何性质, 对作用载荷的特性进行精确建模等. 进行这种研究, 最便利的方法通常是从简单的分析开始. 其中, 先做出大致的假设, 然后根据需要建立更精细的模型 (见第 6.8.1 节).

假设在做第一次分析时, 我们主要想计算当缓慢地施加横向载荷时, 凸缘处的横向位移. 在这种情况下, 可把结构建模成梁单元、桁架单元和弹簧单元的组合体, 然后再进行静态分析.

选择的模型如图 E4.1(b) 所示. 结构模型由两个梁单元、一个桁架单元和一个弹簧单元组成. 对于这种模型的分析, 我们先求出对应于结构全局自由度 (如图 E4.1(c) 所示) 的单元刚度矩阵. 此时, 对梁单元、弹簧单元和桁架单元, 分别为

[151]

$$
\mathbf{K}_1^e = \frac{EI}{L}\begin{bmatrix} \frac{12}{L^2} & -\frac{6}{L} & -\frac{12}{L^2} & -\frac{6}{L} \\ & 4 & \frac{6}{L} & 2 \\ & & \frac{12}{L^2} & \frac{6}{L} \\ \text{对称} & & & 4 \end{bmatrix}; \quad U_1, U_2, U_3, U_4
$$

$$
\mathbf{K}_2^e = \frac{EI}{L}\begin{bmatrix} \frac{12}{L^2} & -\frac{12}{L} & -\frac{12}{L^2} & -\frac{12}{L} \\ & 16 & \frac{12}{L} & 8 \\ & & \frac{12}{L^2} & \frac{12}{L} \\ \text{对称} & & & 16 \end{bmatrix}; \quad U_3, U_4, U_5, U_6
$$

$$
\mathbf{K}_3^e = k_s; \quad U_6
$$

$$
\mathbf{K}_4^e = \frac{EA}{L}\begin{bmatrix} 2 & -2 \\ -2 & 2 \end{bmatrix}; \quad U_5, U_7
$$

其中, $\mathbf{K}^e$ 的下标表示单元编号, 对应于单元刚度的全局自由度写在矩阵旁边. 应当指出, 本例中由于单元中心线与总体坐标轴线重合, 故单元矩阵与方向余弦无关. 如果某一单元的局部坐标轴与总体坐标轴的方向不一致, 为了得到所要求的整体单元刚度矩阵, 则应该对局部单元刚度矩阵进行适当变换 (见例 4.10).

整个单元组合体的刚度矩阵, 可以由单个单元刚度矩阵利用直接刚度法得到 (见例 3.1 和例 4.11). 按此方法, 通过单元刚度矩阵直接叠加, 算得结构刚度矩阵 $\mathbf{K}$, 即

$$
\mathbf{K} = \sum_i \mathbf{K}_i^e
$$

其中, 求和包括全部单元. 在求和时, 把每个单元矩阵 $\mathbf{K}_i^e$ 写做与刚度矩阵 $\mathbf{K}$ 同阶的矩阵 $\mathbf{K}^{(i)}$. 其中, 除了那些对应于单元自由度的元素外, $\mathbf{K}^{(i)}$ 中全部其

他元素均为 0. 例如, 对于单元 4, 有

$$
\begin{array}{c} \\ \\ \mathbf{K}^{(4)} = \end{array}
\begin{array}{c} \\ 1\\2\\3\\4\\5\\6\\7 \end{array}
\begin{array}{c}
\begin{array}{ccccccc} 1 & 2 & 3 & 4 & 5 & 6 & 7 \end{array} \longleftarrow \text{自由度}\\
\begin{bmatrix}
0 & 0 & 0 & 0 & 0 & 0 & 0\\
0 & 0 & 0 & 0 & 0 & 0 & 0\\
0 & 0 & 0 & 0 & 0 & 0 & 0\\
0 & 0 & 0 & 0 & 0 & 0 & 0\\
0 & 0 & 0 & 0 & \frac{2AE}{L} & 0 & -\frac{2AE}{L}\\
0 & 0 & 0 & 0 & 0 & 0 & 0\\
0 & 0 & 0 & 0 & -\frac{2AE}{L} & 0 & \frac{2AE}{L}
\end{bmatrix}
\end{array}
$$

因此, 结构的刚度矩阵为

[152]

$$
\mathbf{K}=\begin{bmatrix}
\frac{12EI}{L^3} & -\frac{6EI}{L^2} & -\frac{12EI}{L^3} & -\frac{6EI}{L^2} & 0 & 0 & 0\\
 & \frac{4EI}{L} & \frac{6EI}{L^2} & \frac{2EI}{L} & 0 & 0 & 0\\
 & & \frac{24EI}{L^3} & -\frac{6EI}{L^2} & -\frac{12EI}{L^3} & -\frac{12EI}{L^2} & 0\\
 & & & \frac{20EI}{L} & \frac{12EI}{L^2} & \frac{8EI}{L} & 0\\
 & & & & \frac{12EI}{L^3}+\frac{2AE}{L} & \frac{12EI}{L^2} & -\frac{2AE}{L}\\
 & & & & & \frac{16EI}{L}+k_s & 0\\
 & & & & & & \frac{2AE}{L}
\end{bmatrix}
$$

系统的平衡方程为

$$\mathbf{KU}=\mathbf{R}$$

其中, $\mathbf{U}$ 为系统的整体位移向量, $\mathbf{R}$ 为作用于这些位移方向上的力向量

$$\mathbf{U}^{\mathrm{T}}=[U_1,\cdots,U_7];\mathbf{R}^{\mathrm{T}}=[R_1,\cdots,R_7]$$

在求解结构的位移之前, 需要施加边界条件 $U_1=0, U_7=0$. 这意味着只需考虑含有 5 个未知位移的 5 个方程, 即

$$\widetilde{\mathbf{K}}\widetilde{\mathbf{U}}=\widetilde{\mathbf{R}} \tag{a}$$

其中, $\widetilde{\mathbf{K}}$ 由消去 $\mathbf{K}$ 的第 1 行和第 7 行以及第 1 列和第 7 列得到, 并且

$$\widetilde{\mathbf{U}}^{\mathrm{T}}=[U_2,U_3,U_4,U_5,U_6];\quad \widetilde{\mathbf{R}}^{\mathrm{T}}=[0\quad -P\quad 0\quad 0\quad 0]$$

由式 (a) 解出结构的位移, 从而给出单元的节点位移. 由单元的刚度矩阵 $\mathbf{K}_i^e$ 与单元位移相乘得到单元节点力. 如果需要的话, 可以根据单元节点力, 利用简单的静力学方法算出单元内任意断面上的力.

在考虑分析结果时必须承认, 尽管已对图 E4.1(b) 中的结构模型进行了精确的分析, 但是, 位移和应力仅是对实际结构响应的一个预测. 可以肯定, 这个预测只有在所用模型是合适的情况下, 才是精确的. 实际上, 一个具体模型通常预测某些量是适当的, 而对另一些量则不适当. 例如, 在该分析中, 在所加载荷情况下利用图 E4.1(b) 中的模型就可能把所要求的横向位移精确地预测出来 (只要相当缓慢地施加载荷, 应力足够小而不会导致屈服). 而载荷正下方的应力可能预测得十分不精确. 实际上, 为了准确计算管道相交处的应力, 需要采用其他更精细的有限元模型 (见第 1.2 节).

上述例子说明了分析位移法与有限元法的一些重要内容. 正如前面所总结的, 基本的方法是把整个结构建模为单个结构单元的组合体. 计算对应于结构模型全局自由度的单元刚度矩阵, 由单元刚度矩阵叠加形成整体刚度矩阵. 求解单元组合体的平衡方程组, 得到各单元位移, 然后, 利用它们计算单元的应力. 最后, 考虑到求出的是桁架和梁模型的单元位移和应力的解, 应该把它们解释为对实际结构状态的一种估计.

考虑如例 4.1 所示桁架和梁组合体的分析, 人们开始并不认为这些解是有限元分析的解. 这是因为, 如例 4.1 分析的那样, 这些解能够算出精确的单元刚度矩阵 (在梁理论下的 "精确"), 这与采用二维或者三维问题的更一般的有限元分析相比具有很大的区别. 一个单元的刚度特性, 在物理上是对应于单元端点的单位位移的单元端点力. 当单元满足适当的边界条件后, 通过求解单元的平衡微分方程可求出这些力. 由于求解平衡的微分方程, 对每一单元, 精确解的全部三个要求, 即应力平衡、协调性和本构条件, 都得到了满足, 故可算出精确的单元内部位移和刚度矩阵. 采用其他方法, 这些单元的端点力也可通过基于 Ritz 或 Galerkin 的变分法解出, 见第 3.3.4 节. 如果把精确的单元内部位移 (通过求解平衡微分方程算出) 作为 Ritz 法的试函数 (见例 3.22 和第 4.8 节), 则这些解能给出精确的刚度系数. 而如果用其他试函数 (在实际中可能更合适), 则将得到近似的刚度系数.

当考虑更为一般的二维和三维有限元分析时, 我们主要采用试函数以逼近真实位移的变分法, 这是因为我们并不知道精确的位移函数, 这与桁架和梁单元的情形不同. 结果是, 通常不能使这些平衡微分方程得到满足, 但当细分结构或连续介质来进行有限元建模时, 这种误差会减小. [153]

基于位移的有限元法的一般构造, 正如在第 3.3.4 节中所讨论的, 是基于虚位移原理的应用, 它等价于 Galerkin 法或使系统总势能最小化的 Ritz 法的应用.

4.2.1　有限元平衡方程组的一般推导

本节我们首先提出要解决的一般弹性问题. 接着讨论有限元方法的基础 —— 虚位移原理, 并且导出有限元方程组. 接着, 详细阐述关于满足应力平衡的一些重要考虑. 最后, 讨论单元矩阵组装过程的若干细节.

1. 问题的提出

考虑一般三维体的平衡, 如图 4.1 所示. 该三维体位于固定 (静止) XYZ 坐标系中. 考虑三维体表面情况, 设三维体支撑在表面 S_u 上, 指定的位移是

[154]

$\mathbf{U}^{S_u}$, 在面 S_f[①] 上受到面力 $\mathbf{f}^{S_f}$ (每单位表面积的力).

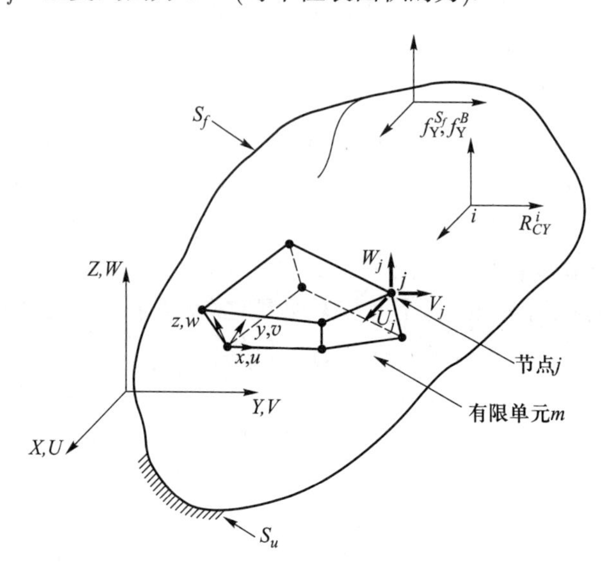

图 4.1　一般三维体和一个 8 节点三维单元

[155]

另外, 三维体受到外部作用的体力 $\mathbf{f}^B$ (每单位体积的力) 和集中力 $\mathbf{R}_C^i$ (其中 i 代表载荷作用点). 我们引入集中力 $\mathbf{R}_C^i$ 作为单独量, 尽管这种力还可以表示为作用在一片很小的区域上的面力 $\mathbf{f}^{S_f}$ (这通常会更准确建模实际的物理情况). 通常, 外作用力对应于 X, Y, Z 坐标轴有三个分量.

$$\mathbf{f}^B = \begin{bmatrix} f_X^B \\ f_Y^B \\ f_Z^B \end{bmatrix}; \quad \mathbf{f}^{S_f} = \begin{bmatrix} f_X^{S_f} \\ f_Y^{S_f} \\ f_Z^{S_f} \end{bmatrix}; \quad \mathbf{R}_C^i = \begin{bmatrix} R_{CX}^i \\ R_{CY}^i \\ R_{CZ}^i \end{bmatrix} \tag{4.1}$$

---

① 为简便, 我们这里假定, 在 $S_u \cup S_f = S$ 和 $S_u \cap S_f = 0$ 情况下, 表面 S_u 上所有的位移是指定的. 而在实际中, 它们很可能是在同一个表面点上, 对应于某些方向上位移是被指定的, 而对应于其他方向上的力分量是被指定的. 例如, 三维体上一个滚轮的边界条件会对应于仅在三维体表面的法方向的位移为 0, 而牵引力 (常为 0) 则作用在余下的切方向上. 在此情况下, 表面点属于两个表面 S_u 和 S_f. 但以后, 在有限元构造中, 我们应首先去除所有位移约束 (支撑条件), 并假设反作用力是已知的, 并因此考虑 $S_f = S$ 和 $S_n = 0$, 然后, 只有在有限元基本方程的推导之后, 才施加位移约束. 因此, 为阐述方便, 这里 u 采用在 S_u 上所有位移分量都是指定的假设, 并不会影响我们的表述.

其中, 我们注意到 $\mathbf{f}^B$ 和 $\mathbf{f}^{S_f}$ 的分量作为 (X, Y, Z) 函数而变化 (对 $\mathbf{f}^{S_f}$, 考虑 S_f 特定的 X、Y、Z 坐标).

物体从不受载荷的位形处产生的位移可在 XYZ 坐标系中度量, 用 $\mathbf{U}$ 表示, 其中

$$\mathbf{U}(X,Y,Z) = \begin{bmatrix} U \\ V \\ W \end{bmatrix} \tag{4.2}$$

同时在表面 S_u 上, 有 $\mathbf{U} = \mathbf{U}^{S_u}$. 对应于 $\mathbf{U}$ 的应变是

$$\boldsymbol{\varepsilon}^{\mathrm{T}} = [\varepsilon_{XX} \quad \varepsilon_{YY} \quad \varepsilon_{ZZ} \quad \gamma_{XY} \quad \gamma_{YZ} \quad \gamma_{ZX}] \tag{4.3}$$

其中

$$\begin{aligned} &\varepsilon_{XX} = \frac{\partial U}{\partial X}; \quad \varepsilon_{YY} = \frac{\partial V}{\partial Y}; \quad \varepsilon_{ZZ} = \frac{\partial W}{\partial Z} \\ &\gamma_{XY} = \frac{\partial U}{\partial Y} + \frac{\partial V}{\partial X}; \quad \gamma_{YZ} = \frac{\partial V}{\partial Z} + \frac{\partial W}{\partial Y}; \quad \gamma_{ZX} = \frac{\partial W}{\partial X} + \frac{\partial U}{\partial Z} \end{aligned} \tag{4.4}$$

对应 $\boldsymbol{\varepsilon}$ 的应力是

$$\boldsymbol{\tau}^{\mathrm{T}} = [\tau_{XX} \quad \tau_{YY} \quad \tau_{ZZ} \quad \tau_{XY} \quad \tau_{YZ} \quad \tau_{ZX}] \tag{4.5}$$

其中

$$\boldsymbol{\tau} = \mathbf{C}\boldsymbol{\varepsilon} + \boldsymbol{\tau}^I \tag{4.6}$$

在式 (4.6) 中, $\mathbf{C}$ 是应力 – 应变材料矩阵, $\boldsymbol{\tau}^I$ 表示给定的初始应力 (分量顺序见式 (4.5)).

现在, 分析问题如下.

给定

物体的几何构形, 作用载荷 $\mathbf{f}^{S_f}$, $\mathbf{f}^B$, $\mathbf{R}_C^i$, $i = 1, 2, \cdots$, 在 S_u 上的支撑条件, 材料应力 – 应变定律和物体内的初始应力.

计算

物体的位移 $\mathbf{U}$ 及其应变 $\boldsymbol{\varepsilon}$ 和应力 $\boldsymbol{\tau}$.

在这里考虑的问题求解中, 我们假设线性分析的条件, 即要求:

- 位移是无限小的, 以确保式 (4.4) 有效, 相对其无载荷位形, 可以建立 (和求解) 物体的平衡; [156]
- 应力 – 应变材料矩阵作为 (X, Y, Z) 函数的可能会有所不同, 但在其他方面是恒定的 (例如, $\mathbf{C}$ 不依赖于应力状态).

我们在第 6 章和第 7 章考虑非线性分析条件, 上述线性分析条件有一个或多个假设中是不成立的.

为计算物体的响应, 我们可以建立平衡控制微分方程, 该方程接着必须求出相应于边界条件的解 (见第 3.3 节). 不过, 仅当考虑相对简单的几何构形问题, 闭式解析解才是可能的.

2. 虚位移原理

基于位移的有限元解的基础是虚位移原理 (我们也称之为虚功原理). 该原理指出, 图 4.1 中物体达到平衡, 就要求当对在平衡状态中的物体施加任何协调的微小① 虚位移 (在对应于指定的位移处, 虚位移为 0)② 时, 内部总虚功等于外部总虚功

$$\underbrace{\int_V \overline{\boldsymbol{\varepsilon}}^{\mathrm{T}}\boldsymbol{\tau}\mathrm{d}V}_{\text{内部虚功}} = \underbrace{\int_V \overline{\mathbf{U}}^{\mathrm{T}}\mathbf{f}^B\mathrm{d}V + \int_{S_f}\overline{\mathbf{U}}^{S_f\mathrm{T}}\mathbf{f}^{S_f}\mathrm{d}S + \sum_i \overline{\mathbf{U}}^{i\mathrm{T}}\mathbf{R}_C^i}_{\text{外部虚功 }\Re} \tag{4.7}$$

应力平衡于外部作用载荷

对应于虚位移 $\overline{\mathbf{U}}$ 的虚应变

其中, $\overline{\mathbf{U}}$ 是虚位移, $\overline{\boldsymbol{\varepsilon}}$ 是相应的虚应变 (上横杠表示虚量). 形容词 "虚" 表示, 这种虚位移 (和相应的虚应变) 不是 "真正的" 位移, 即不是物体由于载荷作用真实发生的位移. 相反, 虚位移是完全独立于实际位移的, 是分析人员以一种思想实验的方式建立的积分平衡方程式 (4.7).

我们对式 (4.7) 着重指出:

- 假设应力 $\boldsymbol{\tau}$ 为已知量, 并且是完全平衡于作用载荷的唯一应力③.
- 虚应变 $\overline{\boldsymbol{\varepsilon}}$ 可从假设的虚位移 $\overline{\mathbf{U}}$ 按式 (4.4) 所给出的微分进行计算.
- 虚位移 $\overline{\mathbf{U}}$ 必须表示一个连续的虚位移场 (以便能够计算 $\overline{\boldsymbol{\varepsilon}}$), $\overline{\mathbf{U}}$ 在和对应于 S_u 上的指定位移处为 0; 并且 $\overline{\mathbf{U}}^{S_f}$ 分量只不过是在表面 S_f 上计算得到的虚位移 $\overline{\mathbf{U}}$ 值.
- 所有积分都是在物体初始体积和表面积上实现, 不受施加的虚位移的影响.

[157]

为了举例说明使用虚位移原理, 假设我们相信 (但不能保证) 已给出了物体精确解的位移场. 此给定的位移场是连续的, 并满足 S_u 上的位移边界条件. 然后, 我们可以计算应变 $\boldsymbol{\varepsilon}$ 和应力 τ(对应于此位移场). 当且仅当方程式 (4.7) 满足对任意虚位移 $\overline{\mathbf{U}}$ 是连续的, 并在和对应于 S_u 上指定位移处的虚位移 $\overline{\mathbf{U}}$ 为 0, 则向量 $\boldsymbol{\tau}$ 是正确的应力. 换句话说, 如果我们可以找到一个虚位移场 $\overline{\mathbf{U}}$ 对式 (4.7) 中的关系不满足, 那么这就证明 $\boldsymbol{\tau}$ 不是正确的应力向量 (因此, 给定的位移场不是精确解的位移场).

在例 4.2 中, 我们推导并说明虚位移原理.

例 4.2: 推导一般三维体虚位移原理, 三维体如图 4.1 所示.

---

① 我们在这里规定虚位移是 "小" 的, 是因为使用小应变度量计算对应于这些位移的虚应变 (见例 4.2). 事实上, 如果使用这一小应变度量, 虚位移可以是任意大小的. 的确, 我们后来可根据求解方便选择其大小.

② 我们使用措辞 "在和对应于指定的位移处", 意思是 "在点和表面上, 以及对应于这些点和表面上指定位移的分量".

③ 这些应力唯一性的证明, 见第 4.3.4 节.

为简化说明，我们使用指标符号求和约定 (见第 2.4 节)，x_i 用以表示第 i 个坐标轴 ($x_1 \equiv X$, $x_2 \equiv Y$, $x_3 \equiv Z$)，u_i 用于表示第 i 个位移分量 ($u_1 \equiv U$, $u_2 \equiv V$, $u_3 \equiv W$)，逗号表示微分.

给定的位移边界条件是 S_u 上的 $u_i^{S_u}$，我们假设没有集中的表面载荷，即所有表面载荷包含于 $f_i^{S_f}$ 分量中.

问题的解必须满足以下微分方程 (如见 S. Timoshenko 和 J. N. Goodier [A])

$$\text{对整个物体 } \tau_{ij,j} + f_i^B = 0 \tag{a}$$

满足自然 (力) 边界条件

$$\text{在 } S_f \text{ 上 } \tau_{ij} n_j = f_i^{S_f} \tag{b}$$

满足本质 (位移) 边界条件

$$\text{在 } S_u \text{ 上 } u_i = u_i^{S_u} \tag{c}$$

其中，$S = S_u \cup S_f$, $S_u \cap S_f = 0$，且 n_j 是物体表面 S 的单位法向量分量.

现在，考虑任意选择的连续位移 $\overline{u}_i$ 满足 [158]

$$\text{在 } S_u \text{ 上 } \overline{u}_i = 0 \tag{d}$$

则

$$(\tau_{ij,j} + f_i^B)\overline{u}_i = 0$$

因此

$$\int_V (\tau_{ij,j} + f_i^B)\overline{u}_i \mathrm{d}V = 0 \tag{e}$$

称 $\overline{u}_i$ 为虚位移. 注意由于 $\overline{u}_i$ 是任意的，当 (且仅当) 括号中的量为 0，式 (e) 是满足的. 因此，式 (e) 等效于式 (a). 使用数学恒等式 $(\tau_{ij}\overline{u}_i)_{,j} = \tau_{ij,j}\overline{u}_i + \tau_{ij}\overline{u}_{i,j}$，从式 (e) 得到

$$\int_V [(\tau_{ij}\overline{u}_i)_{,j} - \tau_{ij}\overline{u}_{i,j} + f_i^B \overline{u}_i] \mathrm{d}V = 0$$

接着，使用恒等式 $\int_V (\tau_{ij}\overline{u}_i)_{,j} \mathrm{d}V = \int_S (\tau_{ij}\overline{u}_i) n_j \mathrm{d}S$，该式源于散度定理① (如见 G. B. Thomas 和 R. L. Finney [A])，则有

$$\int_V (-\tau_{ij}\overline{u}_{i,j} + f_i^B \overline{u}_i] \mathrm{d}V + \int_S (\tau_{ij}\overline{u}_i) n_j \mathrm{d}S = 0 \tag{f}$$

---

① 散度定理表明: 令 $\mathbf{F}$ 是体积 V 中的向量场; 则

$$\int_V F_{i,i} \mathrm{d}V = \int_S \mathbf{F} \cdot \mathbf{n} \mathrm{d}S$$

其中，$\mathbf{n}$ 是 V 的表面 S 上外法向单位向量.

根据式 (b) 和式 (d), 得到

$$\int_V (-\tau_{ij}\overline{u}_{i,j} + f_i^B \overline{u}_i)\mathrm{d}V + \int_{S_f} f_i^{S_f} \overline{u}_i^{S_f} \mathrm{d}S = 0 \tag{g}$$

此外, 由于应力张量的对称性 ($\tau_{ij} = \tau_{ji}$), 有

$$\tau_{ij}\overline{u}_{i,j} = \tau_{ij}\left[\frac{1}{2}(\overline{u}_{i,j} + \overline{u}_{j,i})\right] = \tau_{ij}\overline{\varepsilon}_{ij}$$

因此, 从式 (g) 中得到所求结果, 式 (4.7) 为

$$\int_V \tau_{ij}\overline{\varepsilon}_{ij}\mathrm{d}V = \int_V f_i^B \overline{u}_i \mathrm{d}V + \int_{S_f} f_i^{S_f} \overline{u}_i^{S_f} \mathrm{d}S \tag{h}$$

注意, 我们在式 (h) 中使用了应变的张量符号. 因此, 通过添加适当的剪应变张量分量, 得到了在式 (4.7) 中使用的工程剪切应变, 例如, $\overline{\gamma}_{XY} = \overline{\varepsilon}_{12} + \overline{\varepsilon}_{21}$. 还注意到, 通过在式 (f) 中应用式 (b) 和式 (d), 我们显式地在虚位移原理式 (h) 中引入了自然边界条件.

例 4.3: 考虑如图 E4.3 所示的杆.

(a) 针对这个问题, 列出具体的虚位移原理方程 (4.7).

(b) 求解力学模型的精确响应.

(c) 证明对精确的位移响应, 虚位移原理在位移模式 (I) $\overline{u} = ax$ 和 (II) $\overline{u} = ax^2$ 下是成立的, 其中 a 为常数.

(d) 假设应力的解是

$$\tau_{xx} = \frac{F}{\frac{3}{2}A_0}$$

[159] 即 τ_{xx} 是 F 除以平均截面积, 研究对式 (c) 所给出的位移模式, 虚位移原理是否成立.

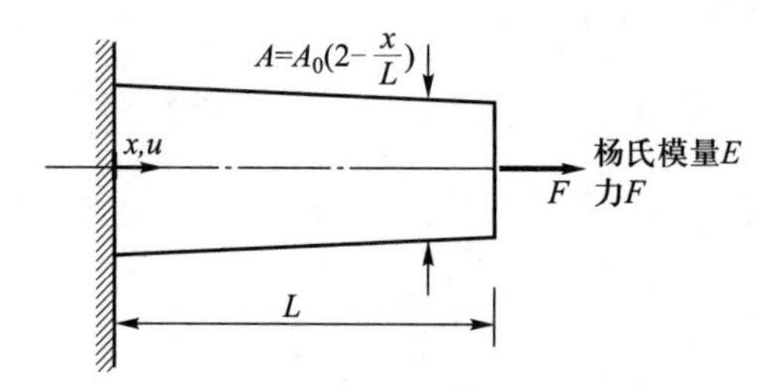

图 E4.3　受到集中载荷 F 作用的杆

对此杆的问题, 虚位移原理方程 (4.7) 具体为

$$\int_0^L \frac{\mathrm{d}\overline{u}}{\mathrm{d}x} EA \frac{\mathrm{d}u}{\mathrm{d}x}\mathrm{d}x = \overline{u}\,|_{x=L} F \tag{a}$$

控制微分方程通过分部积分法得到 (见例 3.19)

$$\overline{u}EA\frac{\mathrm{d}u}{\mathrm{d}x}\Big|_0^L - \int_0^L \overline{u}\frac{\mathrm{d}}{\mathrm{d}x}\left(EA\frac{\mathrm{d}u}{\mathrm{d}x}\right)\mathrm{d}x = \overline{u}|_{x=L}F \tag{b}$$

由于 $\overline{u}|_{x=0}=0$, 其他处 $\overline{u}$ 是任意的, 我们从式 (b) (见例 3.18 使用的参数) 得到

$$\text{平衡的微分方程}\ \frac{\mathrm{d}}{\mathrm{d}x}\left(EA\frac{\mathrm{d}u}{\mathrm{d}x}\right)=0 \tag{c}$$

$$\text{力或自然边界条件}\ EA\frac{\mathrm{d}u}{\mathrm{d}x}\Big|_{x=L}=F \tag{d}$$

当然, 我们还有位移边界条件 $\overline{u}|_{x=0}=0$. 对式 (c) 进行积分并使用边界条件, 可得到作为数学模型的精确解

$$u=\frac{FL}{EA_0}\ln\left(\frac{2}{2-\dfrac{x}{L}}\right) \tag{e}$$

下一步, 在式 (a) 中, 利用式 (e) 和 $\overline{u}=ax$ 和 $\overline{u}=ax^2$, 得

$$\int_0^L a\frac{F}{A_0\left(2-\dfrac{x}{L}\right)}A_0\left(2-\frac{x}{L}\right)\mathrm{d}x = aLF \tag{f}$$

和

$$\int_0^L 2ax\frac{F}{A_0\left(2-\dfrac{x}{L}\right)}A_0\left(2-\frac{x}{L}\right)\mathrm{d}x = aL^2F \tag{g}$$

式 (f) 和式 (g) 表明, 对精确的位移/应力响应, 虚位移原理满足假设的虚位移. [160]

现在, 在 $\tau_{xx}=\dfrac{2}{3}\left(\dfrac{F}{A_0}\right)$ 条件下, 采用虚位移原理并先使用 $\overline{u}=ax$, 然后 $\overline{u}=ax^2$. 用 $\overline{u}=ax$, 可得到

$$\int_0^L a\frac{2}{3}\frac{F}{A_0}A_0\left(2-\frac{x}{L}\right)\mathrm{d}x = aLF$$

这表明虚位移原理满足该虚位移场. 对 $\overline{u}=ax^2$, 可得到

$$\int_0^L 2ax\frac{2}{3}\frac{F}{A_0}A_0\left(2-\frac{x}{L}\right)\mathrm{d}x \neq aL^2F$$

该方程表明, $\tau_{xx}=\dfrac{2}{3}\left(\dfrac{F}{A_0}\right)$ 不是正确的应力解.

虚位移原理与系统的总势能 Π 必须取驻值的原理有直接关系 (见第 3.3.2 和第 3.3.4 节). 现用例 4.4 来研究这种关系.

例 4.4: 对线弹性连续介质, 说明虚位移原理与总势能驻值原理的关系.

假设线弹性体的初始应力为 0, 如图 4.1 所示, 其总势能为

$$\Pi = \frac{1}{2}\int_V \boldsymbol{\varepsilon}^{\mathrm{T}}\mathbf{C}\boldsymbol{\varepsilon}\mathrm{d}V - \int_V \mathbf{U}^{\mathrm{T}}\mathbf{f}^B\mathrm{d}V - \int_{S_f} \mathbf{U}^{S_f^{\mathrm{T}}}\mathbf{f}^{S_f}\mathrm{d}S - \sum_i \mathbf{U}^{i^{\mathrm{T}}}\mathbf{R}_C^i \qquad \text{(a)}$$

其中的符号前面已定义, 有

$$\boldsymbol{\tau} = \mathbf{C}\boldsymbol{\varepsilon}$$

其中, $\mathbf{C}$ 为材料的应力 – 应变矩阵.

借助于 Π 的驻值, 即对位移 (现在出现在应变中) 计算变分 $\delta\Pi = 0$, 同时利用 $\mathbf{C}$ 的对称性, 可得

$$\int_V \delta\boldsymbol{\varepsilon}^{\mathrm{T}}\mathbf{C}\boldsymbol{\varepsilon}\mathrm{d}V = \int_V \delta\mathbf{U}^{\mathrm{T}}\mathbf{f}^B\mathrm{d}V + \int_{S_f} \delta\mathbf{U}^{S_f^{\mathrm{T}}}\mathbf{f}^{S_f}\mathrm{d}S + \sum_i \delta\mathbf{U}^{i^{\mathrm{T}}}\mathbf{R}_C^i \qquad \text{(b)}$$

然而, 为了计算式 (a) 中的 Π, 位移必须满足位移边界条件. 因此, 在式 (b) 中, 我们考虑除在和对应于位移边界条件的位移为 0 的情况外, 对位移的任意变分, 以及相应的应变变分. 由此得出的 Π 的驻值与用虚位移原理得出的是等价的, 由此可写出

$$\delta\boldsymbol{\varepsilon} \equiv \overline{\boldsymbol{\varepsilon}}; \quad \delta\mathbf{U} \equiv \overline{\mathbf{U}}; \quad \delta\mathbf{U}^{S_f} \equiv \overline{\mathbf{U}}^{S_f}; \delta\mathbf{U}^i \equiv \overline{\mathbf{U}}^i$$

从而式 (b) 即化为式 (4.7).

应着重指出, 当虚位移原理式 (4.7) 满足所有允许的虚位移, 其中应力 $\boldsymbol{\tau}$ 是从连续位移场 $\mathbf{U}$ "适当获取", $\mathbf{U}$ 满足 S_u 上的位移边界条件, 则所有三个力学的基本要求得以实现:

① 平衡成立, 因为虚位移原理是平衡的体现, 见例 4.2.

[161] ② 协调性成立, 因为位移场 $\mathbf{U}$ 是连续的并满足位移边界条件.

③ 应力 – 应变律成立, 因为应力 $\boldsymbol{\tau}$ 是利用本构关系从应变 $\boldsymbol{\varepsilon}$ (通过位移 $\mathbf{U}$ 计算得到) 计算出.

到目前为止, 我们假设物体被适当地支承, 即对唯一的位移解具有充分的支承条件. 然而, 当除去所有位移支撑, 并代之以正确的支反力 (假定已知), 虚位移原理仍成立. 在这种情况下, 已知面力作用的表面面积 S_f 等于物体的完整表面面积 S (S_u 为 0)[①]. 利用此基本事实, 可推导出有限元控制方程. 即, 先不考虑任何位移边界条件, 相应地推导有限元控制方程, 然后在解这些方程之前施加所有位移边界条件, 这在概念上来说是行之有效的.

3. 有限元方程

现在, 推导有限元控制方程. 首先考虑如图 4.1 所示一般三维体的响应, 然后把这一般构造方法应用到具体问题 (见第 4.2.3 节).

---

① 出于此原因, 为记号简便, 我们现在大多 (即直至第 4.4.2 节) 不再使用上标 S_f 和 S_u, 只在表面附着摩擦力和位移上加上标 S.

在有限元分析中, 我们把如图 4.1 所示的物体近似看做在单元边界节点处相互连接的离散有限单元的组合体. 在每个单元内局部坐标系 xyz (可以方便地选择) 中度量出的位移被假设为 N 个有限单元节点处位移的函数. 因此, 对单元 m, 有

$$\mathbf{u}^{(m)}(x,y,z) = \mathbf{H}^{(m)}(x,y,z)\widehat{\mathbf{U}} \tag{4.8}$$

其中, $\mathbf{H}^{(m)}$ 是位移插值矩阵, 上标 m 表示单元 m, 而 $\widehat{\mathbf{U}}$ 是在单元组合体所有节点处 (包括那些有支撑的节点处) 3 个全局位移分量 U_i、V_i 和 W_i 的向量; 即 $\widehat{\mathbf{U}}$ 是 $3N$ 维的向量

$$\widehat{\mathbf{U}}^{\mathrm{T}} = [U_1V_1W_1 \quad U_2V_2W_2 \quad \cdots \quad U_NV_NW_N] \tag{4.9}$$

注意这里可以写成更普遍的形式

$$\widehat{\mathbf{U}}^{\mathrm{T}} = [U_1 \quad U_2 \quad U_3 \quad \cdots \quad U_n] \tag{4.10}$$

这里可理解为: U_i 对应于任何方向 X、Y、Z 上的位移, 甚至该位移方向可以不与该坐标系一致 (而与另一个局部坐标系一致). 当考虑梁、板或壳体 (见第 4.2.3 节) 时, U_i 还可以表示转角. 由于 $\widehat{\mathbf{U}}$ 包括单元组合体支点处的位移 (和转角), 我们需要在求解未知节点位移之前, 给 $\widehat{\mathbf{U}}$ 施加已知值. [162]

图 4.1 显示了组合体中一个典型的有限单元. 此单元有 8 个节点, 每个角有一个节点, 可以被认为是一个 "砖" 单元. 我们应该想象, 整个物体被表示为这种砖单元放在一起、单元之间没有任何空隙的单元组合体. 在这里, 我们只是把此单元作为一个示例; 在实际中, 可能会使用不同几何形状的单元, 以及在单元表面或在单元内部的节点.

单元的选择和 $\mathbf{H}^{(m)}$ 中相应项的构造 (这取决于单元的几何形状、单元节点/自由度数和收敛性要求) 组成了有限元求解的基本步骤, 后面要详细讨论这些内容.

虽然在 $\widehat{\mathbf{U}}$ 中列有所有节点位移, 应该注意, 对于给定的单元, 只有该单元节点处的位移会影响该单元内部的位移和应力分布.

采用式 (4.8) 中位移假设, 我们现在可以计算对应的单元应变

$$\boldsymbol{\varepsilon}^{(m)}(x,y,z) = \mathbf{B}^{(m)}(x,y,z)\widehat{\mathbf{U}} \tag{4.11}$$

其中, $\mathbf{B}^{(m)}$ 是应变 - 位移矩阵; $\mathbf{B}^{(m)}$ 中的行是通过组合矩阵 $\mathbf{H}^{(m)}$ 的行并适当微分得到.

按整个有限单元组合体的节点位移的排列方式来定义单元位移和应变的目的, 现在或许还不明显. 我们会看到, 按这种方式, 利用虚位移原理式 (4.8) 和式 (4.11), 会自动把所有单元矩阵有效地组装到结构控制矩阵. 这一组装过程称为直接刚度法.

有限单元中的应力与单元应变和单元初应力相关, 即利用

$$\boldsymbol{\tau}^{(m)} = \mathbf{C}^{(m)}\boldsymbol{\varepsilon}^{(m)} + \boldsymbol{\tau}^{I(m)} \tag{4.12}$$

其中, $\mathbf{C}^{(m)}$ 是单元 m 的弹性矩阵, $\boldsymbol{\tau}^{I(m)}$ 是已知的单元初应力. 对每一个单元, 由 $\mathbf{C}^{(m)}$ 给定的材料律可能是各向同性的或各向异性的. 材料也可能随单元不同而变化.

如式 (4.8) 所示的, 利用每个有限元内部的位移假设, 现在可以导出对应于有限元组合体的节点位移的平衡方程. 首先, 把式 (4.7) 重新写为对全部有限元体积和面积的积分之和的形式, 即

$$\begin{aligned}&\sum_m\int_{V^{(m)}}\overline{\boldsymbol{\varepsilon}}^{(m)\mathrm{T}}\boldsymbol{\tau}^{(m)}\mathrm{d}V^{(m)}=\sum_m\int_{V^{(m)}}\overline{\mathbf{u}}^{(m)\mathrm{T}}\mathbf{f}^{B(m)}\mathrm{d}V^{(m)}+\\&\sum_m\int_{S_1^{(m)},\cdots,S_q^{(m)}}\overline{\mathbf{u}}^{S(m)\mathrm{T}}\mathbf{f}^{S(m)}\mathrm{d}S^{(m)}+\sum_i\overline{\mathbf{u}}^{i\mathrm{T}}\mathbf{R}_C^i\end{aligned}\tag{4.13}$$

[163] 其中, $m=1,2,\cdots,k$, 这里 $k=$ 单元数; $S_1^{(m)},\cdots,S_q^{(m)}$ 表示单元表面, 是物体表面 S 的一部分. 对完全被其他单元包围的单元, 没有此类表面存在, 而对物体表面上的单元, 一个或多个这类单元表面包含于表面力的积分中. 请注意, 我们假设式 (4.13) 中的节点已处在受集中荷载作用的点上, 尽管集中荷载也自然可以包括在表面力积分中.

需着重指出, 由于式 (4.13) 中积分是在单元体积和单元表面上进行, 从效率方面考虑, 我们可能使用一种不同的和任意方便的坐标系对每个单元进行计算. 首先, 对于给定的虚位移场, 内部虚功是一个数, 外部虚功也是一个数, 这个数可通过在任何坐标系中的积分进行计算. 当然, 假设在式 (4.13) 中的每个积分对所有变量只采用一个坐标系; 例如, $\overline{\mathbf{u}}^{(m)}$ 是在与 $\mathbf{f}^{B(m)}$ 相同的坐标系中定义的. 事实上, 采用不同坐标系, 本质上是因为每个积分可以在一般单元组合体中非常有效地得到计算.

对于未知的 (实) 单元位移和应变, 式 (4.8) 和式 (4.11) 已给出了两者的关系. 在使用虚位移原理时, 我们对虚位移和虚应变采用同样的假设.

$$\overline{\mathbf{u}}^{(m)}(x,y,z)=\mathbf{H}^{(m)}(x,y,z)\overline{\widehat{\mathbf{U}}}\tag{4.14}$$

$$\overline{\boldsymbol{\varepsilon}}^{(m)}(x,y,z)=\mathbf{B}^{(m)}(x,y,z)\overline{\widehat{\mathbf{U}}}\tag{4.15}$$

按这种方式, 单元刚度 (和质量) 矩阵将是对称矩阵.

如果现在代入式 (4.13), 则得

$$\begin{aligned}&\overline{\widehat{\mathbf{U}}}^{\mathrm{T}}\left[\sum_m\int_{V^{(m)}}\mathbf{B}^{(m)\mathrm{T}}\mathbf{C}^{(m)}\mathbf{B}^{(m)}\mathrm{d}V^{(m)}\right]\widehat{\mathbf{U}}\\&=\overline{\widehat{\mathbf{U}}}^{\mathrm{T}}\left[\left\{\sum_m\int_{V^{(m)}}\mathbf{H}^{(m)\mathrm{T}}\mathbf{f}^{B(m)}\mathrm{d}V^{(m)}\right\}+\left\{\sum_m\int_{S_1^{(m)},\cdots,S_q^{(m)}}\mathbf{H}^{S(m)\mathrm{T}}\mathbf{f}^{S(m)}\mathrm{d}S^{(m)}\right\}-\right.\\&\left.\left\{\sum_m\int_{V^{(m)}}\mathbf{B}^{(m)\mathrm{T}}\boldsymbol{\tau}^{I(m)}\mathrm{d}V^{(m)}\right\}+\mathbf{R}_C\right]\end{aligned}\tag{4.16}$$

其中, 表面位移插值矩阵 $\mathbf{H}^{S(m)}$ 是通过代以适当的单元表面坐标从式 (4.8)

中的位移插值矩阵 $\mathbf{H}^{(m)}$ 得到的 (见例 4.7 和例 5.12), $\mathbf{R}_C$ 是作用在单元组合体的节点上的集中荷载向量.

应该指出 $\mathbf{R}_C$ 的第 i 个分量是对应于 $\widehat{\mathbf{U}}$ 中第 i 个位移分量的节点集中力. 式 (4.16) 中单元组合体的节点位移向量 $\widehat{\mathbf{U}}$ 和 $\overline{\widehat{\mathbf{U}}}$ 都是独立于单元 m 的, 因此可从求和符号中移出来.

为了从式 (4.16) 得到未知的节点位移方程, 我们应用虚位移原理 n 次, 对 $\overline{\widehat{\mathbf{U}}}$ 的所有分量依次施加单位虚位移. 第 1 次应用 $\overline{\widehat{\mathbf{U}}} = \mathbf{e}_1$[①], 第 2 次应用 $\overline{\widehat{\mathbf{U}}} = \mathbf{e}_2$, 以此类推, 直到第 n 次应用 $\overline{\widehat{\mathbf{U}}} = \mathbf{e}_n$, 因此, 结果是 [164]

$$\mathbf{K}\mathbf{U} = \mathbf{R} \tag{4.17}$$

其中, 由于方程的两侧都有虚位移, 因此没有列出单位矩阵 $\mathbf{I}$, 且

$$\mathbf{R} = \mathbf{R}_B + \mathbf{R}_S - \mathbf{R}_I + \mathbf{R}_C \tag{4.18}$$

从现在起我们要做的是用 $\mathbf{U}$ 表示未知节点位移; 即 $\mathbf{U} \equiv \widehat{\mathbf{U}}$.

矩阵 $\mathbf{K}$ 是单元组合体的刚度矩阵

$$\mathbf{K} = \sum_m \underbrace{\int_{V^{(m)}} \mathbf{B}^{(m)\mathrm{T}} \mathbf{C}^{(m)} \mathbf{B}^{(m)} \mathrm{d}V^{(m)}}_{=\mathbf{K}^{(m)}} \tag{4.19}$$

载荷向量 $\mathbf{R}$ 包括了单元体力的影响

$$\mathbf{R}_B = \sum_m \underbrace{\int_{V^{(m)}} \mathbf{H}^{(m)\mathrm{T}} \mathbf{f}^{B(m)} \mathrm{d}V^{(m)}}_{=\mathbf{R}_B^{(m)}} \tag{4.20}$$

单元面积力的影响

$$\mathbf{R}_S = \sum_m \underbrace{\int_{S_1^{(m)},\cdots,S_q^{(m)}} \mathbf{H}^{S(m)\mathrm{T}} \mathbf{f}^{S(m)} \mathrm{d}S^{(m)}}_{=\mathbf{R}_S^{(m)}} \tag{4.21}$$

单元的初始应力的影响

$$\mathbf{R}_I = \sum_m \underbrace{\int_{V^{(m)}} \mathbf{B}^{(m)\mathrm{T}} \boldsymbol{\tau}^{I(m)} \mathrm{d}V^{(m)}}_{=\mathbf{R}_I^{(m)}} \tag{4.22}$$

和节点集中载荷 $\mathbf{R}_C$ 的影响.

我们指出, 式 (4.19) 中的单元体积积分的总和表示将单元刚度矩阵 $\mathbf{K}^{(m)}$ 直接相加而得出总的单元组合体的刚度矩阵. 按相同的方式, 该组合体的力 [165]

① 关于向量 $\mathbf{e}_i$ 定义, 参看本书第 2.7 节.

向量 $\mathbf{R}_B$ 是将单元体的力向量 $\mathbf{R}_B^{(m)}$ 直接相加而计算出; $\mathbf{R}_s$ 和 $\mathbf{R}_I$ 以类似方法得到. 按此直接相加组装单元矩阵的方法被称为直接刚度法.

组装过程的高效写入取决于两个主要因素: 首先, 所有要相加的矩阵的维数都是相同的, 其次, 单元自由度等于全局自由度. 在实际过程中, 单元矩阵 $\mathbf{K}^{(m)}$ 中只有非零的行和列参与计算 (对应于实际单元节点的自由度), 然后对每个单元使用连接数组 LM 进行组装 (见例 4.11 及第 12 章). 此外, 在实际中, 可首先对应于单元局部自由度来计算单元刚度矩阵, 由于与整体组合体的自由度不一致, 这种情况下, 组装前有必要进行转换 (见式 (4.41)).

式 (4.17) 是对单元组合体的静态平衡的一种表述. 在平衡时, 要考虑到作用力可能随时间变化, 此时位移也随时间变化. 式 (4.17) 是在任一指定时刻的平衡表述 (因此, 实际上可以利用随时间变化的作用载荷来建立多重载荷模型, 见例 4.5). 如果按照系统的固有频率度量, 载荷实际上是快速施加的, 则必须考虑惯性力, 即必须求解真正的动力学问题. 利用达朗贝尔原理, 可以简单地把单元惯性力作为体力的一部分来考虑. 假设用与式 (4.8) 中表示单元位移的同样方式来近似表示单元的加速度, 则总的体力对荷载向量 $\mathbf{R}$ 的贡献为 (采用固定的坐标系 XYZ)

$$\mathbf{R}_B = \sum_m \int_{V^{(m)}} \mathbf{H}^{(m)\mathrm{T}}[\mathbf{f}^{B(m)} - \rho^{(m)\mathrm{T}}\mathbf{H}^{(m)}\ddot{\mathbf{U}}]\mathrm{d}V^{(m)} \tag{4.23}$$

其中, $\mathbf{f}^{B(m)}$ 不再包含惯性力, $\ddot{\mathbf{U}}$ 表示节点加速度 (即为对时间的 2 阶导数), $\rho^{(m)}$ 为单元 m 的质量密度. 此时, 平衡方程为

$$\mathbf{M}\ddot{\mathbf{U}} + \mathbf{K}\mathbf{U} = \mathbf{R} \tag{4.24}$$

其中, $\mathbf{R}$ 和 $\mathbf{U}$ 是随时间变化的. 矩阵 $\mathbf{M}$ 是结构的质量矩阵.

$$\mathbf{M} = \sum_m \underbrace{\int_{V^{(m)}} \rho^{(m)}\mathbf{H}^{(m)\mathrm{T}}\mathbf{H}^{(m)}\mathrm{d}V^{(m)}}_{=\mathbf{M}^{(m)}} \tag{4.25}$$

通过对结构动力响应的实际测量, 可观察到振动过程中能量是耗散的, 在振动分析中通常引入与速度有关的阻尼力来考虑这一能量, 对应于式 (4.23), 把阻尼力视做体力的附加部分, 有

$$\mathbf{R}_B = \sum_m \int_{V^{(m)}} \mathbf{H}^{(m)\mathrm{T}}[\mathbf{f}^{B(m)} - \rho^{(m)}\mathbf{H}^{(m)}\ddot{\mathbf{U}} - \kappa^{(m)}\mathbf{H}^{(m)}\dot{\mathbf{U}}]\mathrm{d}V^{(m)} \tag{4.26}$$

[166]

在这种情况下, 向量 $\mathbf{f}^{B(m)}$ 不再包含惯性力和与速度有关的阻尼力. $\dot{\mathbf{U}}$ 为节点速度向量 (即 $\mathbf{U}$ 的一阶时间导数), $\kappa^{(m)}$ 为单元 m 的阻尼特性参数. 此时, 平衡方程为

$$\mathbf{M}\ddot{\mathbf{U}} + \mathbf{C}\dot{\mathbf{U}} + \mathbf{K}\mathbf{U} = \mathbf{R} \tag{4.27}$$

其中, $\mathbf{C}$ 为结构的阻尼矩阵, 其表达式为

$$\mathbf{C} = \sum_m \underbrace{\int_{V^{(m)}} \kappa^{(m)}\mathbf{H}^{(m)\mathrm{T}}\mathbf{H}^{(m)}\mathrm{d}V^{(m)}}_{=\mathbf{C}^{(m)}} \tag{4.28}$$

实际上, 确定一般有限单元组合体的单元阻尼参数, 即使不是不可能也是很困难的, 特别是因为阻尼性质与频率有关. 因此, 矩阵 $\mathbf{C}$ 通常不是由单元阻尼矩阵组装而成的, 而是利用整个单元组合体的质量矩阵、刚度矩阵及阻尼值的实验结果来建立的. 我们将在第 9.3.3 节中介绍用于建立有物理意义的阻尼矩阵的一些公式.

因此, 完整的分析包括计算矩阵 $\mathbf{K}$ (和动态分析中的矩阵 $\mathbf{M}$ 和 $\mathbf{C}$) 和载荷向量 $\mathbf{R}$, 按式 (4.17) 求解响应 $\mathbf{U}$ (或从式 (4.24) 或式 (4.27) 求 $\mathbf{U}$、$\dot{\mathbf{U}}$、$\ddot{\mathbf{U}}$), 然后利用式 (4.12) 计算应力. 我们应强调, 应力可直接利用式 (4.12) 得到, 因而只能从初始应力和单元位移求得, 同时, 这些值没有相应于外部作用的单元压力或体积力进行校正. 而这种校正在梁单元的框架结构分析中是常见的做法 (见例 4.5, 又如 S. H. Crandall、N. C. Dahl 和 T. J. Lardner [A]). 在梁结构分析, 每个单元表示一维应力情况, 可通过简单的平衡考虑, 对分布载荷的应力进行校正. 在静态分析中, 可以采用相对较长的梁元, 从而只用几个单元 (及自由度) 就可以表示一个框架结构. 但是, 在一般二维和三维有限元分析中, 一种类似的方法会要求使用 (大) 单元域以求解边界值问题, 而使用精细的网格预测位移与应变却更加精确有效. 具有这样精细的离散化, 即使近似地校正应力预测, 对于单元分布载荷产生的良性影响通常也是很小的, 尽管对某些特殊情况, 一个合理的方案可以产生显著的改进.

为了说明上述有限元平衡方程的推导, 我们考虑下述例子.

例 4.5: 建立如图 E4.5 所示杆结构的有限元平衡方程. 该数学模型已经在例 3.17 和例 3.22 讨论过.

利用给定的两节点杆单元模型, 考虑下列两种情况:

1. 假设当按结构的时间常数 (自然周期) 度量时, 加载非常缓慢.
2. 假设是快速加载, 结构初始为静止状态.

在有限元平衡方程的推导过程中, 我们采用一般方程式 (4.8) 至式 (4.24), 但只使用杆上应力不为零的纵向应力. 此外, 把整根杆视为一个两节点杆单元的组合体, 并假设每一单元节点之间的位移呈线性变化. [167]

第一步是对单元 $m = 1, 2$ 来构造矩阵 $\mathbf{H}^{(m)}$ 和 $\mathbf{B}^{(m)}$. 我们回想起, 尽管结构左端的位移为 0, 我们在建立有限元平衡方程时, 还是首先要考虑表面的位移.

对应于位移向量 $\mathbf{U}^{\mathrm{T}} = [U_1 \quad U_2 \quad U_3]$, 有

$$\mathbf{H}^{(1)} = \left[\left(1 - \frac{x}{100}\right) \quad \frac{x}{100} \quad 0\right]$$

$$\mathbf{B}^{(1)} = \left[-\frac{1}{100} \quad \frac{1}{100} \quad 0\right]$$

$$\mathbf{H}^{(2)} = \left[0 \left(1 - \frac{x}{80}\right) \quad \frac{x}{80}\right]$$

$$\mathbf{B}^{(2)} = \left[0 \quad -\frac{1}{80} \quad \frac{1}{80}\right]$$

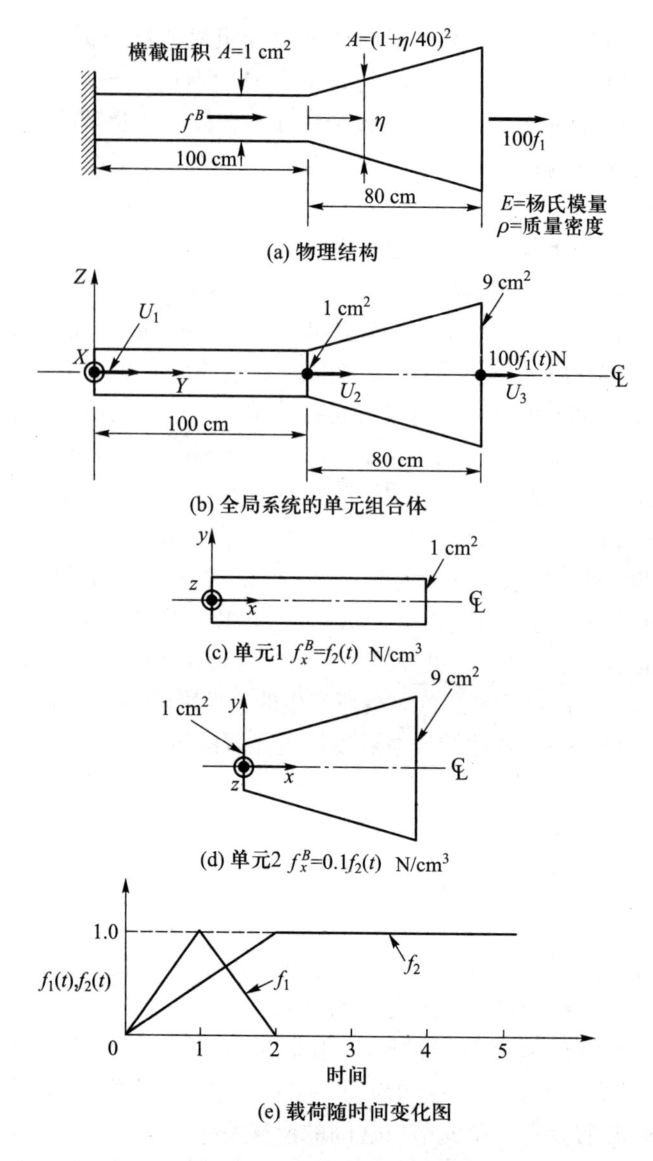

图 E4.5　两节点杆元组合体

[168]　　材料特性矩阵为

$$\mathbf{C}^{(1)}=E;\quad \mathbf{C}^{(2)}=E$$

其中 E 是材料的杨氏模量. 对于体积积分, 我们需要单元的横截面积. 有

$$A^{(1)}=1\ \mathrm{cm}^2;\quad A^{(2)}=\left(1+\frac{x}{40}\right)^2\mathrm{cm}^2$$

当载荷作用非常慢时, 只需要进行静态分析, 这里应计算刚度矩阵 $\mathbf{K}$ 和载荷向量 $\mathbf{R}$. 在图 E4.5 中给出了体力和载荷. 因此, 有

$$\mathbf{K}=(1)E\int_0^{100}\begin{bmatrix}-\dfrac{1}{100}\\ \dfrac{1}{100}\\ 0\end{bmatrix}\begin{bmatrix}-\dfrac{1}{100} & \dfrac{1}{100} & 0\end{bmatrix}\mathrm{d}x+$$

$$E\int_0^{80}\left(1+\frac{x}{40}\right)^2\begin{bmatrix}0\\ -\dfrac{1}{80}\\ \dfrac{1}{80}\end{bmatrix}\begin{bmatrix}0 & -\dfrac{1}{80} & \dfrac{1}{80}\end{bmatrix}\mathrm{d}x$$

或

$$\mathbf{K}=\frac{E}{100}\begin{bmatrix}1 & -1 & 0\\ -1 & 1 & 0\\ 0 & 0 & 0\end{bmatrix}+\frac{13E}{240}\begin{bmatrix}0 & 0 & 0\\ 0 & 1 & -1\\ 0 & -1 & 1\end{bmatrix}=\frac{E}{240}\begin{bmatrix}2.4 & -2.4 & 0\\ -2.4 & 15.4 & -13\\ 0 & -13 & 13\end{bmatrix} \tag{a}$$

还有 [169]

$$\mathbf{R}_B=\left\{(1)\int_0^{100}\begin{bmatrix}1-\dfrac{x}{100}\\ \dfrac{x}{100}\\ 0\end{bmatrix}(1)\ \mathrm{d}x+\int_0^{80}\left(1+\frac{x}{40}\right)^2\begin{bmatrix}0\\ 1-\dfrac{x}{80}\\ \dfrac{x}{80}\end{bmatrix}\left(\frac{1}{10}\right)\mathrm{d}x\right\}f_2(t) \tag{b}$$

$$=\frac{1}{3}\begin{bmatrix}150\\ 186\\ 68\end{bmatrix}f_2(t)$$

$$\mathbf{R}_C=\begin{bmatrix}0\\ 0\\ 100\end{bmatrix}f_1(t) \tag{c}$$

为了得到某一特定时刻 t^* 的解, 必须求出对应于 t^* 的向量 $\mathbf{R}_B$ 和 $\mathbf{R}_C$, 由方程

$$\mathbf{KU}|_{t=t^*}=\mathbf{R}_B|_{t=t^*}+\mathbf{R}_C|_{t=t^*} \tag{d}$$

可得时刻 t^* 的位移. 应当指出, 在该静态分析中, 时刻 t^* 的位移仅与这一时刻的载荷大小有关, 而与过去的加载无关.

现考虑动态分析, 还需要计算质量矩阵. 利用位移插值和式 (4.25), 有

$$\mathbf{M}=(1)\rho\int_0^{100}\begin{bmatrix}1-\dfrac{x}{100}\\ \dfrac{x}{100}\\ 0\end{bmatrix}\begin{bmatrix}\left(1-\dfrac{x}{100}\right) & \dfrac{x}{100} & 0\end{bmatrix}\mathrm{d}x+$$

$$\rho\int_0^{80}\left(1+\frac{x}{40}\right)^2\begin{bmatrix}0\\1-\dfrac{x}{80}\\\dfrac{x}{80}\end{bmatrix}\begin{bmatrix}0 & \left(1-\dfrac{x}{80}\right) & \dfrac{x}{80}\end{bmatrix}\mathrm{d}x$$

因此

$$\mathbf{M}=\frac{\rho}{6}\begin{bmatrix}200 & 100 & 0\\100 & 584 & 336\\0 & 336 & 1\,024\end{bmatrix}$$

由于没有指定阻尼, 因此要求解的平衡方程为

$$\mathbf{M}\ddot{\mathbf{U}}(t)+\mathbf{K}\mathbf{U}(t)=\mathbf{R}_B(t)+\mathbf{R}_C(t) \tag{e}$$

其中, 刚度矩阵 $\mathbf{K}$ 以及载荷向量 $\mathbf{R}_B$ 和 $\mathbf{R}_C$ 已由式 (a) 至式 (c) 给出. 利用初始条件

$$\mathbf{U}|_{t=0}=\mathbf{0};\quad \dot{\mathbf{U}}|_{t=0}=\mathbf{0} \tag{f}$$

为了得到时刻 t^* 的解, 需要从时刻 0 — t^* 对这些动态平衡方程进行积分 (见第 9 章).

[170] 为实际求解图 E4.5(a) 中结构的响应, 我们需要对所有时间 t 施加 $U_1=0$. 因此, 方程 (d) 和 (e) 必须经此条件修正 (见第 4.2.2 节). 求解式 (d) 和式 (e), 得到 $U_2(t)$ 和 $U_3(t)$, 并且利用

$$\boldsymbol{\tau}_{xx}^{(m)}=\mathbf{C}^{(m)}\mathbf{B}^{(m)}\mathbf{U}(t);\quad m=1,2 \tag{g}$$

得到应力.

由于假设单元应变为常量, 所以这些应力在单元之间是不连续的. 当然, 在此例中, 由于可以计算出数学模型的精确解, 因此求出的单元内的应力比式 (g) 所给出的更准确.

在静态分析中, 如同在梁理论中, 对单元分布载荷给式 (g) 所得的值增加一个应力校正, 就能简单地实现精度的提升. 但这种应力修正在一般动态分析 (和在任何二维和三维的实际分析中) 并非如此直接. 如果采用大量的单元来表示结构, 则由式 (g) 计算所得应力是充分精确的 (见第 4.3.6 节).

例 4.6: 考虑如图 E4.6 所示的悬臂板. 为了说明分析方法, 采用图中所给出的粗略的有限元模型 (在实际分析时, 应使用更多的有限单元, 见第 4.3 节). 试建立矩阵 $\mathbf{H}^{(2)}$、$\mathbf{B}^{(2)}$ 和 $\mathbf{C}^{(2)}$.

悬臂板满足平面应力条件. 对于各向同性的线弹性材料, 应力 – 应变矩阵可用弹性模量 E 和泊松系数 ν 来确定, 见表 4.3.

$$\mathbf{C}^{(2)}=\frac{E}{1-\nu^2}\begin{bmatrix}1 & \nu & 0\\\nu & 1 & 0\\0 & 0 & \dfrac{1-\nu}{2}\end{bmatrix}$$

单元 ② 的位移变换矩阵 $\mathbf{H}^{(2)}$ 把单元内部位移与节点位移建立联系

$$\begin{bmatrix} u(x,y) \\ v(x,y) \end{bmatrix}^{(2)} = \mathbf{H}^{(2)}\mathbf{U} \tag{a}$$

其中, $\mathbf{U}$ 为列有结构全部节点位移的向量

$$\mathbf{U}^{\mathrm{T}} = [U_1 \quad U_2 \quad U_3 \quad U_4 \cdots U_{17} \quad U_{18}] \tag{b}$$

(前面已提到, 在这一阶段的分析中我们只考虑无位移边界条件的结构模型.) 考虑单元 ② 时, 可看出: 只有节点 6、3、2、5 的位移影响单元的位移. 为了便于计算, 按约定给单元节点和相应的单元自由度编号, 如图 E4.6(c) 所示. 在该图中, 还给出了式 (b) 中向量 $\mathbf{U}$ 的结构整体自由度.

[171]

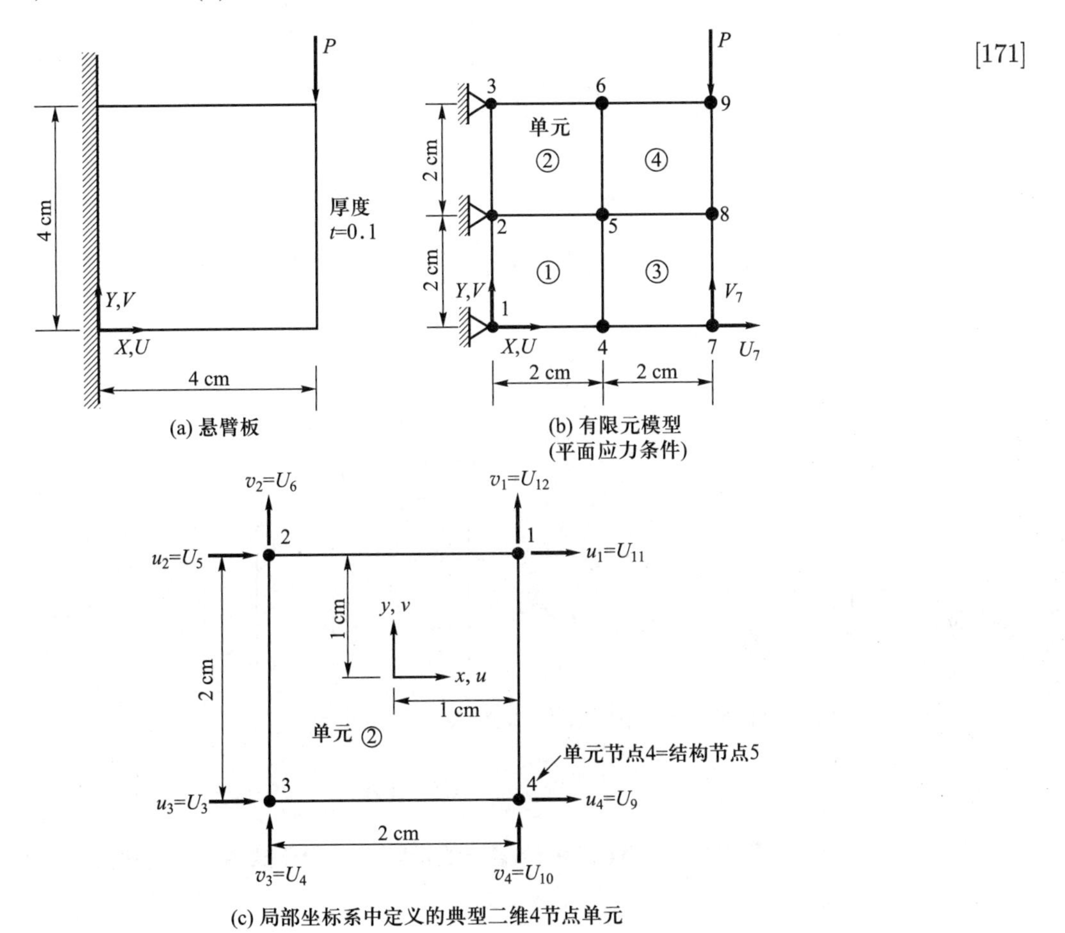

图 E4.6　有限元平面应力分析

为了导出式 (a) 中的矩阵 $\mathbf{H}^{(2)}$, 注意到用 4 个节点位移表示 $u(x,y)$ 和 $v(x,y)$. 因此, 可假设用下述局部坐标变量 x 和 y 的多项式的形式给出局部

单元位移 u 和 v

$$u(x,y)=\alpha_1+\alpha_2x+\alpha_3y+\alpha_4xy$$
$$v(x,y)=\beta_1+\beta_2x+\beta_3y+\beta_4xy \tag{c}$$

未知系数 $\alpha_1,\cdots,\beta_4$ 也称为广义坐标, 可用单元的未知节点位移 $u_1,\cdots,u_4$ 和 $v_1,\cdots,v_4$ 表示.

定义

$$\widehat{\mathbf{u}}^{\mathrm{T}}=[\,u_1\quad u_2\quad u_3\quad u_4\,\vdots\,v_1\quad v_2\quad v_3\quad v_4\,] \tag{d}$$

即可把式 (c) 写成下述矩阵形式

$$\begin{bmatrix}u(x,y)\\v(x,y)\end{bmatrix}=\boldsymbol{\Phi\alpha} \tag{e}$$

其中

[172]

$$\boldsymbol{\Phi}=\begin{bmatrix}\boldsymbol{\varphi}&\mathbf{0}\\\mathbf{0}&\boldsymbol{\varphi}\end{bmatrix};\quad \boldsymbol{\varphi}=[1\quad x\quad y\quad xy]$$

和

$$\boldsymbol{\alpha}^{\mathrm{T}}=[\,\alpha_1\quad\alpha_2\quad\alpha_3\quad\alpha_4\,\vdots\,\beta_1\quad\beta_2\quad\beta_3\quad\beta_4\,]$$

式 (e) 对单元的全部节点都必须成立. 因此, 由式 (d) 得

$$\widehat{\mathbf{u}}=\mathbf{A}\boldsymbol{\alpha} \tag{f}$$

其中

$$\mathbf{A}=\begin{bmatrix}\mathbf{A}_1&\mathbf{0}\\\mathbf{0}&\mathbf{A}_1\end{bmatrix}$$

$$\mathbf{A}_1=\begin{bmatrix}1&1&1&1\\1&-1&1&-1\\1&-1&-1&1\\1&1&-1&-1\end{bmatrix}$$

从式 (f) 解出 $\boldsymbol{\alpha}$, 并把 $\boldsymbol{\alpha}$ 代入式 (e) 可得到

$$\mathbf{H}=\boldsymbol{\Phi}\mathbf{A}^{-1} \tag{g}$$

其中, 不带上标的 $\mathbf{H}$ 表示位移插值矩阵是对应于式 (d) 中的单元节点位移来定义的

$$\mathbf{H}=\frac{1}{4}\begin{bmatrix}(1+x)(1+y)&(1-x)(1+y)&(1-x)(1-y)&(1+x)(1-y)&0&0&0&0\\0&0&0&0&(1+x)(1+y)&(1-x)(1+y)&(1-x)(1-y)&(1+x)(1-y)\end{bmatrix} \tag{h}$$

通过检查还可能建立 $\mathbf{H}$ 中的位移函数. 设 H_{ij} 是 $\mathbf{H}$ 中的第 (i,j) 个元素, 那么 H_{11} 对应于按 x 和 y 线性变化的函数 (如同在式 (c) 中所要求的), 并且在 $x=1, y=1$ 时为 1, 在其他 3 个单元节点处为 0. 基于第 5.2 节的想法, 我们讨论 $\mathbf{H}$ 中位移函数的构造.

按式 (h) 给出的 $\mathbf{H}$, 有

$$
\begin{array}{cc:cc:cc:cc:cc:}
 & & u_3 & v_3 & u_2 & v_2 & & & u_4 & v_4 \\
U_1 & U_2 & U_3 & U_4 & U_5 & U_6 & U_7 & U_8 & U_9 & U_{10} \\
\mathbf{H}^{(2)} = \Big[\;0 & 0 & H_{13} & H_{17} & H_{12} & H_{16} & 0 & 0 & H_{14} & H_{18} \\
\quad\;\; 0 & 0 & H_{23} & H_{27} & H_{22} & H_{26} & 0 & 0 & H_{24} & H_{28}
\end{array}
$$

$$
\begin{array}{:cc:cc:c}
u_1 & v_1 & \leftarrow \text{单元自由度} & & \\
U_{11} & U_{12} & U_{13} & U_{14} & \quad U_{18} \leftarrow \text{组合体自由度} \\
H_{11} & H_{15} & 0 & 0 & \cdots 0 \cdots 0 \\
H_{21} & H_{25} & 0 & 0 & \cdots 0 \cdots 0 \;\Big]
\end{array}
\tag{i}
$$

应变 - 位移矩阵现在可直接从式 (g) 得到. 在平面应力条件下, 单元应变为

$$
\boldsymbol{\varepsilon}^{\mathrm{T}} = [\varepsilon_{xx} \quad \varepsilon_{yy} \quad \gamma_{xy}]
$$

其中,

$$
\varepsilon_{xx} = \frac{\partial u}{\partial x}; \quad \varepsilon_{yy} = \frac{\partial v}{\partial y}; \quad \gamma_{xy} = \frac{\partial u}{\partial y} + \frac{\partial v}{\partial x}
$$

利用式 (g), 并意识到 $\mathbf{A}^{-1}$ 中的元素与 x 和 y 无关, 可得到 [173]

$$
\mathbf{B} = \mathbf{E}\mathbf{A}^{-1}
$$

其中,

$$
\mathbf{E} = \begin{bmatrix} 0 & 1 & 0 & y & 0 & 0 & 0 & 0 \\ 0 & 0 & 0 & 0 & 0 & 0 & 1 & x \\ 0 & 0 & 1 & x & 0 & 1 & 0 & y \end{bmatrix}
$$

因此, 对应单元局部自由度的应变 - 位移矩阵为

$$
\mathbf{B} = \frac{1}{4} \left[\begin{array}{cccc} (1+y) & -(1+y) & -(1-y) & (1-y) \\ 0 & 0 & 0 & 0 \\ (1+x) & (1-x) & -(1-x) & -(1+x) \end{array} \right.
$$
$$
\left. \begin{array}{cccc} 0 & 0 & 0 & 0 \\ (1+x) & (1-x) & -(1-x) & -(1+x) \\ (1+y) & -(1+y) & -(1-y) & (1-y) \end{array} \right]
\tag{j}
$$

也可通过对式 (h) 中矩阵 $\mathbf{H}$ 的各行进行计算而直接得到矩阵 $\mathbf{B}$.

令 B_{ij} 为 $\mathbf{B}$ 的第 (i,j) 个元素, 于是有

$$\mathbf{B}^{(2)}=\left[\begin{array}{cc:cc:cc:cc:cc:cc:cc:c} 0 & 0 & B_{13} & B_{17} & B_{12} & B_{16} & 0 & 0 & B_{14} & B_{18} & B_{11} & B_{15} & 0 & 0 & 0 \\ 0 & 0 & B_{23} & B_{27} & B_{22} & B_{26} & 0 & 0 & B_{24} & B_{28} & B_{21} & B_{25} & 0 & 0 & \cdots 0 \cdots 0 \\ 0 & 0 & B_{33} & B_{37} & B_{32} & B_{36} & 0 & 0 & B_{34} & B_{38} & B_{31} & B_{35} & 0 & 0 & 0 \end{array}\right]$$

其中, 单元自由度和组合体的自由度按式 (d) 和式 (b) 的方式排序.

例 4.7: 在一个单元组合体的单元 (m) 上作用有按线性变化分布的表面压力, 如图 E4.7 所示. 求该单元的向量 $\mathbf{R}_S^{(m)}$.

[174]

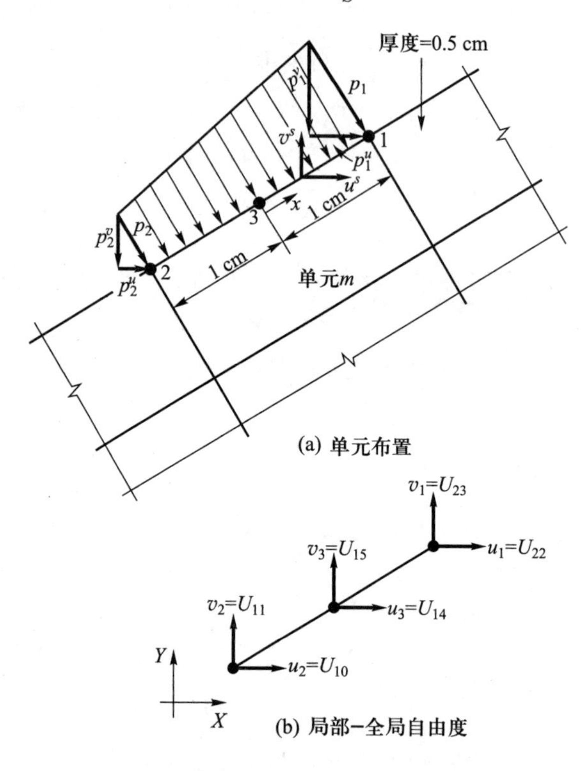

图 E4.7 单元 m 上的压力载荷

计算 $\mathbf{R}_S^{(m)}$ 的第一步是求出矩阵 $\mathbf{H}^{S(m)}$. 该矩阵可用与例 4.6 中同样的方法建立. 对于表面位移, 假定

$$\begin{aligned} u^S &= \alpha_1 + \alpha_2 x + \alpha_3 x^2 \\ v^S &= \beta_1 + \beta_2 x + \beta_3 x^2 \end{aligned} \tag{a}$$

其中 (如例 4.6), 未知系数 $\alpha_1, \cdots, \beta_3$ 可由节点位移求出. 因此得

$$\begin{gathered} \begin{bmatrix} u^S(x) \\ v^S(x) \end{bmatrix} = \mathbf{H}^S \hat{\mathbf{u}} \\ \hat{\mathbf{u}}^{\mathrm{T}} = [u_1 \quad u_2 \quad u_3 \;\vdots\; v_1 \quad v_2 \quad v_3] \end{gathered} \tag{b}$$

和

$$
\mathbf{H}^S = \begin{bmatrix} \frac{1}{2}x(1+x) & -\frac{1}{2}x(1-x) & (1-x^2) & 0 & 0 & 0 \\ 0 & 0 & 0 & \frac{1}{2}x(1+x) & -\frac{1}{2}x(1-x) & (1-x^2) \end{bmatrix}
$$

表面荷载向量 (p_1 和 p_2 均为正)

$$
\mathbf{f}^S = \begin{bmatrix} \frac{1}{2}(1+x)p_1^u + \frac{1}{2}(1-x)p_2^u \\ -\frac{1}{2}(1+x)p_1^v - \frac{1}{2}(1-x)p_2^v \end{bmatrix}
$$

为得到 $\mathbf{R}_S^{(m)}$, 首先计算

$$
\mathbf{R}_S = 0.5\int_{-1}^{+1} \mathbf{H}^{S^{\mathrm{T}}} \mathbf{f}^S \mathrm{d}x
$$

得到 [175]

$$
\mathbf{R}_S = \frac{1}{3}\begin{bmatrix} p_1^u \\ p_2^u \\ 2(p_1^u + p_2^u) \\ -p_1^v \\ -p_2^v \\ -2(p_1^v + p_2^v) \end{bmatrix}
$$

因此, 对应于图 E4.7 给出的全局自由度为

$$
\begin{array}{lccccccccc}
 & & U_{10} & U_{11} & U_{12} & U_{13} & U_{14} & U_{15} & & \\
\mathbf{R}_S^{(m)\mathrm{T}} = \frac{1}{3}[0 & \cdots\ 0 & p_2^u & -p_2^v & 0 & 0 & 2(p_1^u + p_2^u) & -2(p_1^v + p_2^v) & 0 & \cdots \\
 & & & U_{22} & U_{23} \leftarrow \text{单元组合体自由度} & & & & & \\
 & \cdots\ 0 & & p_1^u & -p_1^v & & 0 & \cdots & 0] &
\end{array}
$$

4. 关于应力平衡的假设

我们前面已经注意到, 由于在分析中可以采用 "精确" 的单元刚度矩阵, 故桁架和梁组合体的分析开始并不被视为有限元分析. 当在受到单位节点位移时, 如果所假设的位移插值实际上是该单元所经历的精确位移, 则可应用虚位移原理求得这些刚度矩阵. 这里 "精确" 一词指的是在该单元上施加这些位移后, 在静态分析中即可完全满足全部相关的平衡微分方程、协调性条件和本构要求 (还有边界条件).

考虑例 4.5 中桁架组合体的分析时, 我们得到了单元 ① 的精确刚度矩阵. 但对单元 ②, 则只能计算近似的刚度矩阵, 如例 4.8 所述.

例 4.8: 计算例 4.5 中单元 ② 的单元内部精确位移 (这些位移对应于单元端部的单位位移 u_2), 并求相应的刚度矩阵. 同时利用例 4.5 中的单元位移假设, 证明单元内的平衡是不满足的.

考虑图 E4.8 所示的单元 ②, 在其右端施加一单位位移, 通过解微分方程可计算出单元位移 (见例 3.22),

$$E\frac{\mathrm{d}}{\mathrm{d}x}\left(A\frac{\mathrm{d}u}{\mathrm{d}x}\right)=0 \tag{a}$$

满足边界条件 $u|_{x=0}=0$ 和 $u|_{x=80}=1.0$, 代入面积 A 并对式 (a) 中的关系进行积分, 可得

$$u=\frac{3}{2}\left(1-\frac{1}{1+\dfrac{x}{40}}\right) \tag{b}$$

[176]

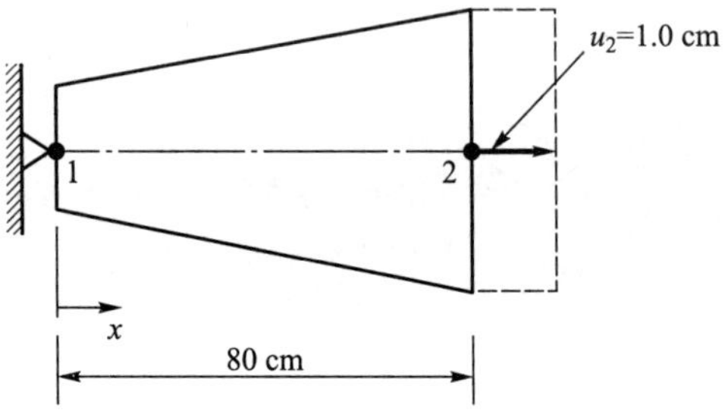

图 E4.8　例 4.5 中分析的杆单元 ②

它们是精确的单元内部位移. 要求杆上满足这些位移的杆单元端部力为

$$\begin{aligned} k_{12}&=-EA\frac{\mathrm{d}u}{\mathrm{d}x}\bigg|_{x=0}\\ k_{22}&=EA\frac{\mathrm{d}u}{\mathrm{d}x}\bigg|_{x=L}\end{aligned} \tag{c}$$

把式 (b) 代入式 (c), 有

$$k_{22}=\frac{3E}{80};\quad k_{12}=-\frac{3E}{80}$$

使用单元矩阵对称性和平衡性得到 k_{21} 和 k_{11} , 因此有

$$\mathbf{K}=\frac{3}{80}E\begin{bmatrix}1&-1\\-1&1\end{bmatrix} \tag{d}$$

当然, 对位移式 (b) 应用虚位移原理可得相同的结果.

我们注意到, 在式 (d) 中的刚度系数小于例 4.5 中求得的相应值 ($3E/80$, 而不是 $13E/240$). 例 4.5 中的有限元解高估了结构的刚度, 因为假设的位移

人为地约束了质点的运动 (见第 4.3.4 节). 为检验内部平衡确实得不到满足, 我们把有限元的解 (由例 4.5 中位移假设给出) 代入式 (a), 并得到

$$E\frac{\mathrm{d}}{\mathrm{d}x}\left\{\left(1+\frac{x}{40}\right)^2\frac{1}{80}\right\}\neq 0$$

我们利用对应于单位节点位移和转角的精确位移来计算刚度矩阵, 给出了桁架和梁结构的分析结果, 即对于所选定的数学模型, 该结果完全满足所有的三个力学要求: 结构每个点的微元平衡 (包括节点平衡)、协调性和应力 - 应变关系. 因此, 得到了所选定的数学模型的精确 (唯一) 解.

可能会注意到, 在静态分析中通常要求这种精确解, 从中获得精确的刚度关系, 如例 4.8 中所述的. 但是, 在动态分析中, 精确解是非常难以达到的, 因为此时必须考虑分布质量和阻尼的影响 (如见 R. W. Clough 和 J. Penzien [A]).

[177] 然而, 尽管在一般 (静态或动态) 有限元分析中, 在所考虑的连续介质的所有点并非完全满足微元平衡, 但使用或粗大或精细网格的有限元方法总是可以满足两个重要性质, 即

性质 1　节点平衡;

性质 2　单元平衡.

如图 4.2 所示.

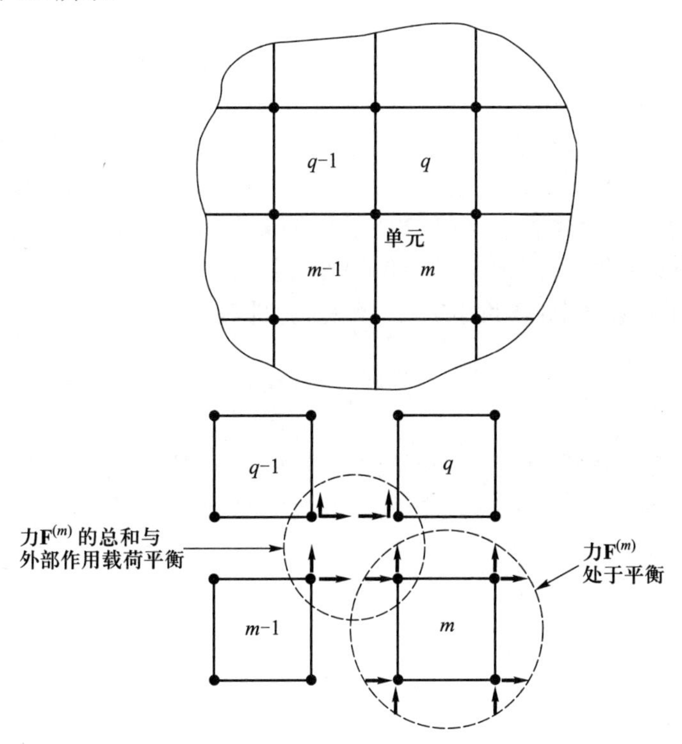

图 4.2　有限元分析中节点和单元平衡

也就是说, 考虑已完成了有限元分析, 并对每个有限单元 m 计算单元节点力向量

[178]

$$\mathbf{F}^{(m)}=\int_{V^{(m)}}\mathbf{B}^{(m)\mathrm{T}}\boldsymbol{\tau}^{(m)}\mathrm{d}V^{(m)} \tag{4.29}$$

其中, $\boldsymbol{\tau}^{(m)}=\mathbf{C}^{(m)}\boldsymbol{\varepsilon}^{(m)}$. 则根据性质 1, 看出

在任何节点, 单元节点力的总和是与外部作用的节点荷载 (其中包括体力、面力、初始应力、集中载荷、惯性力和阻尼力以及支反力等所有的影响) 相平衡.

根据性质 2, 有

每个单元 m 在力 $\mathbf{F}^{(m)}$ 作用下是平衡的.

性质 1 成立只是因为式 (4.27) 表明了节点平衡, 可得

$$\sum_m \mathbf{F}^{(m)}=\mathbf{KU} \tag{4.30}$$

如果有限单元位移插值函数 $\mathbf{H}^{(m)}$ 满足基本的收敛性要求, 其中包括单元必须能够表示刚体运动的条件 (见第 4.3 节), 则性质 2 所述的单元平衡就得到满足. 即, 令单元 m 受到节点力 $\mathbf{F}^{(m)}$, 并施加对应于刚体运动的节点虚位移. 则对于每个单元具有节点位移 $\overline{\widehat{\mathbf{u}}}$ 的刚体虚运动, 有

$$\overline{\widehat{\mathbf{u}}}^{\mathrm{T}}\mathbf{F}^{(m)}=\int_{V^{(m)}}\left(\mathbf{B}^{(m)}\overline{\widehat{\mathbf{u}}}\right)^{\mathrm{T}}\boldsymbol{\tau}^{(m)}\mathrm{d}V^{(m)}=\int_{V^{(m)}}\overline{\boldsymbol{\varepsilon}}^{(m)\mathrm{T}}\boldsymbol{\tau}^{(m)}\mathrm{d}V^{(m)}=0$$

因为这里 $\overline{\boldsymbol{\varepsilon}}^{(m)}=\mathbf{0}$. 利用所有适用的刚体运动, 因而可得出力 $\mathbf{F}^{(m)}$ 处于平衡.

因此, 有限元分析可以被解释为一个过程, 其中

① 结构或连续介质被理想化为在单元节点上连接的离散单元的组合体.

② 外部作用力 (体力、面力、初始应力、集中载荷、惯性力、阻尼力和支反力) 都集总于这些节点, 利用虚功原理可得到节点的等价外部作用力.

③ 节点的等价外部作用力 (第 ② 步计算的) 与单元节点力平衡. 单元节点力 (在虚功意义上) 等价于单元内部应力; 即有

$$\sum_m \mathbf{F}^{(m)}=\mathbf{R}$$

④ 可精确满足协调性和材料应力 – 应变关系. 但不是在微元级上的平衡, 而是整个结构在节点力 $\mathbf{F}^{(m)}$ 作用下, 每个单元 m 及其节点上的全局平衡得到满足.

考虑下面例子.

[179]

例 4.9: 用有限元求解图 E4.6 中的问题, 在图 E4.9 中已给出 $P=100$, $E=2.7\times10^6$, $\nu=0.30$, $t=0.1$. 很明显, 应力在单元之间不连续, 则在微元级上不满足平衡条件. 但

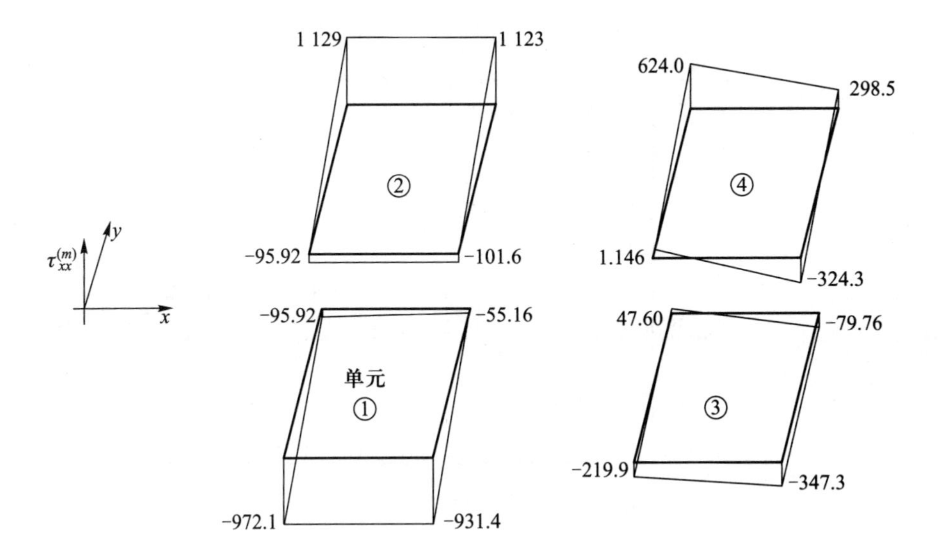

注意单元之间的应力不连续和沿自由边的非零应力

(a) 单元应力$\tau_{xx}^{(m)}$的分解图

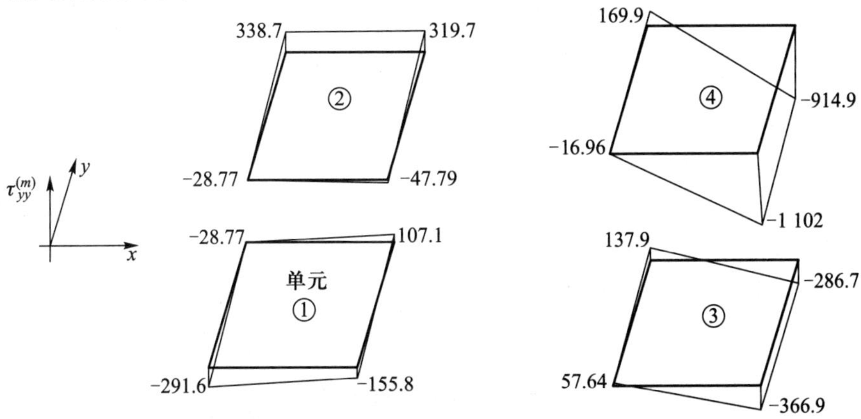

(b) 单元应力$\tau_{yy}^{(m)}$的分解图

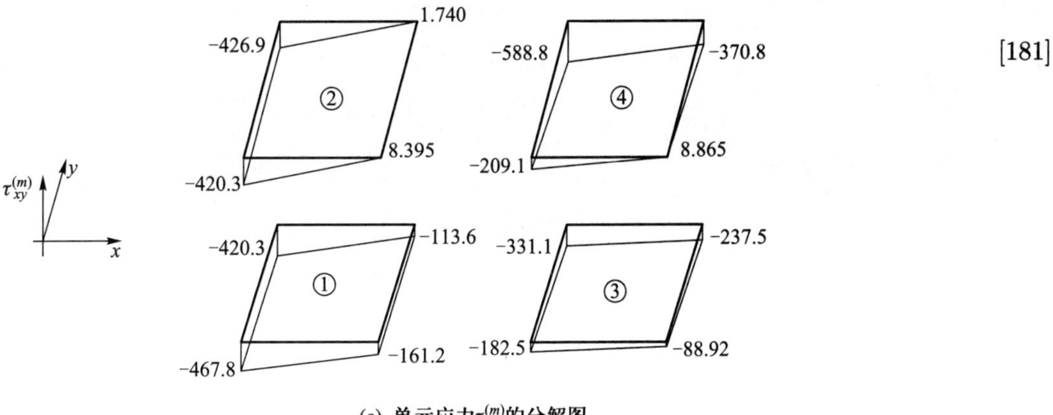

(c) 单元应力$\tau_{xy}^{(m)}$的分解图

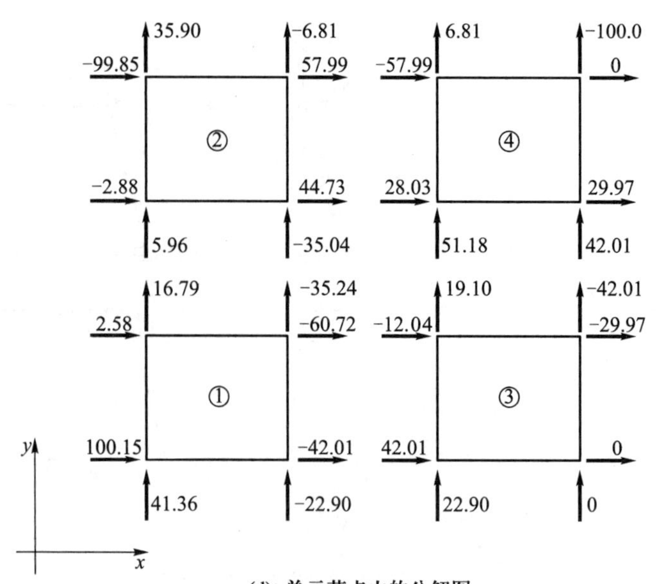

(d) 单元节点力的分解图
单元节点力等价于单元应力(在虚功意义上).
每个节点上的节点力与作用力(包括支反力)平衡

图 E4.9　对例 4.6 中问题的求解结果 (显示的是舍入数字)

① 证明 $\sum_m \mathbf{F}^{(m)} = \mathbf{R}$ 并计算该支反力 $\mathbf{R}$.

② 证明对单元 ④, 单元力 $\mathbf{F}^{(4)}$ 处于平衡.

由式 (4.17) 的解, $\sum_m \mathbf{F}^{(m)} = \mathbf{R}$ 成立, 且 $\mathbf{R}$ 包含了所有节点力的总和. 因此, 也可以用该式计算支反力.

引用图 E4.6(b) 中的节点编号, 得到,

对节点 1

$$\begin{aligned} \text{支反力 } R_x &= 100.15 \\ R_y &= 41.36 \end{aligned}$$

对节点 2

$$\begin{aligned} \text{支反力 } R_x &= 2.58 - 2.88 = -0.30 \\ R_y &= 16.79 + 5.96 = 22.74 \ (\text{由于舍入}) \end{aligned}$$

对节点 3

$$\begin{aligned} \text{支反力 } R_x &= -99.85 \\ R_y &= 35.90 \end{aligned}$$

对节点 4

$$\begin{aligned} \text{水平力平衡}: -42.01 + 42.01 = 0 \\ \text{垂直力平衡}: -22.90 + 22.90 = 0 \end{aligned}$$

对节点 5

$$\text{水平力平衡}: -60.72 - 12.04 + 44.73 + 28.03 = 0$$

$$\text{垂直力平衡}: -35.24 - 35.04 + 19.10 + 51.18 = 0$$

对节点 6

$$\text{水平力平衡}: 57.99 - 57.99 = 0$$

$$\text{垂直力平衡}: -6.81 + 6.81 = 0$$

对节点 7、8、9, 力平衡明显也满足, 其中在节点 9, 单元节点力与作用载荷 $P = 100$ 相平衡.

最后, 检验该模型的整个力平衡.

水平平衡

$$100.15 - 0.30 - 99.85 = 0$$

垂直平衡

$$41.36 + 22.74 + 35.90 - 100 = 0$$

力矩平衡 (对节点 2)

$$-100 \times 4 + 100.15 \times 2 + 99.85 \times 2 = 0$$

[182]

着重指出, 这种力平衡对任何有限元网格都成立, 如果使用适当构造的单元, 网格可以粗大一些 (见第 4.3 节).

考虑节点 4,

水平力平衡

$$0 - 57.99 + 28.03 + 29.97 = 0 \text{ (由于舍入)}$$

垂直力平衡

$$-100 + 6.81 + 51.18 + 42.01 = 0$$

力矩平衡 (对其局部节点 3)

$$-100 \times 2 + 57.99 \times 2 + 42.01 \times 2 = 0$$

因此, 单元节点力处于平衡.

5. 单元局部自由度和结构全局自由度

例 4.6 和例 4.7 单元矩阵的推导表明: 比较方便的是先建立对应单元局部自由度的单元矩阵. 对应组合体全局自由度 (用于式 (4.19) 至式 (4.25)) 的有限元矩阵的构造, 可通过确定对应单元局部自由度的全局自由度直接实现. 但是, 考虑矩阵 $\mathbf{H}^{(m)}$、$\mathbf{B}^{(m)}$、$\mathbf{K}^{(m)}$ 等, 相应于组合体的全局自由度, 只有那些对应单元自由度的行和列才有非零的元素, 而且定义这些特定矩阵的主要目的是要能够在理论上以一种简洁的方式表示单元矩阵的组装过程. 在有限元方法的实际应用中, 这种简洁性也存在, 但只有所有对应于单元自由度的单元矩阵需要计算, 然后利用单元局部和组合体全局自由度的对应关系直接进行组装. 因此, 只在 $\hat{\mathbf{u}}$ 中列出单元节点局部自由度, 我们现在写为 (如例 4.6)

$$\mathbf{u} = \mathbf{H}\hat{\mathbf{u}} \tag{4.31}$$

其中, 向量 $\mathbf{u}$ 中的元素是任意方便的局部坐标系中度量的单元位移, 我们有

$$\boldsymbol{\varepsilon} = \mathbf{B}\hat{\mathbf{u}} \tag{4.32}$$

考虑式 (4.31) 和式 (4.32), 没用上标的插值矩阵, 表示该矩阵相对于单元的局部自由度定义. 如前所述计算, 利用单元刚度矩阵、质量矩阵和载荷向量计算的关系, 可得到

[183]

$$\mathbf{K} = \int_V \mathbf{B}^{\mathrm{T}}\mathbf{C}\mathbf{B}\mathrm{d}V \tag{4.33}$$

$$\mathbf{M} = \int_V \rho\mathbf{H}^{\mathrm{T}}\mathbf{H}\mathrm{d}V \tag{4.34}$$

$$\mathbf{R}_B = \int_V \mathbf{H}^{\mathrm{T}}\mathbf{f}^B\mathrm{d}V \tag{4.35}$$

$$\mathbf{R}_S = \int_S \mathbf{H}^{S^{\mathrm{T}}}\mathbf{f}^S\mathrm{d}S \tag{4.36}$$

$$\mathbf{R}_I = \int_V \mathbf{B}^{\mathrm{T}}\boldsymbol{\tau}^I\mathrm{d}V \tag{4.37}$$

其中, 所有变量的定义与式 (4.19) 和式 (4.25) 中的定义相同, 只是对应于单元局部自由度. 在以下的推导和讨论中, 我们将广泛引用式 (4.33) 至式 (4.37) 中的关系式. 一旦算出式 (4.33) 至式 (4.37) 给出的矩阵, 就可以利用例 4.11 和第 12 章中所述的方法直接把它们组装起来.

在组装过程中, 假设式 (4.31) 中单元节点位移 $\hat{\mathbf{u}}$ 的方向与全局节点位移 $\mathbf{U}$ 的方向相同. 但在某些分析中, 利用单元节点自由度 $\tilde{\mathbf{u}}$ 进行推导比较方便, 而 $\tilde{\mathbf{u}}$ 与组合体的全局自由度是不一致的. 在这种情况下, 有

$$\mathbf{u} = \widetilde{\mathbf{H}}\tilde{\mathbf{u}} \tag{4.38}$$

和

$$\tilde{\mathbf{u}} = \mathbf{T}\hat{\mathbf{u}} \tag{4.39}$$

其中, 矩阵 $\mathbf{T}$ 把自由度 $\hat{\mathbf{u}}$ 变换为自由度 $\tilde{\mathbf{u}}$, 式 (4.39) 对应于一阶张量变换 (见第 2.4 节). 当沿 $\tilde{\mathbf{u}}$ 的自由度方向上度量时, 矩阵 $\mathbf{T}$ 的第 j 列中的元素是对应于 $\hat{\mathbf{u}}$ 的第 j 个自由度的单位向量的方向余弦. 把式 (4.39) 代入式 (4.38), 可得

$$\mathbf{H} = \widetilde{\mathbf{H}}\mathbf{T} \tag{4.40}$$

因此, 在矩阵上加一个波浪号指明所有有限元矩阵是对应于自由度 $\tilde{\mathbf{u}}$ 的, 从式 (4.40) 和式 (4.33) 至式 (4.37), 可得

$$\begin{gathered}\mathbf{K} = \mathbf{T}^{\mathrm{T}}\widetilde{\mathbf{K}}\mathbf{T};\quad \mathbf{M} = \mathbf{T}^{\mathrm{T}}\widetilde{\mathbf{M}}\mathbf{T} \\ \mathbf{R}_B = \mathbf{T}^{\mathrm{T}}\widetilde{\mathbf{R}}_B;\quad \mathbf{R}_S = \mathbf{T}^{\mathrm{T}}\widetilde{\mathbf{R}}_S;\quad \mathbf{R}_I = \mathbf{T}^{\mathrm{T}}\widetilde{\mathbf{R}}_I\end{gathered} \tag{4.41}$$

应当指出, 当必须施加与组合体的全局自由度不相对应的边界位移时, 也要利用这种变换 (见第 4.2.2 节). 表 4.1 总结了我们采用的一些符号. [184]

我们用下面的例子说明上述概念.

表 4.1　一些用过的符号总结

符号, 表达式	说明
$\mathbf{u}^{(m)} = \mathbf{H}^{(m)}\widehat{\mathbf{U}}$	$\mathbf{u}^{(m)}$ 是单元 m 内作为单元坐标函数的位移
或 $\mathbf{u}^{(m)} = \mathbf{H}^{(m)}\mathbf{U}$	$\mathbf{U}$ 是整个组合体的单元节点位移 (从方程 (4.17) 开始, 以后我们只用 $\mathbf{U}$)
$\mathbf{u} = \mathbf{H}\hat{\mathbf{u}}$	$\mathbf{u} = \mathbf{u}^{(m)}$ 这意味着所考虑的是一种具体的单元
	$\hat{\mathbf{u}}$ 是所考虑单元的节点位移, $\hat{\mathbf{u}}$ 的分量是 $\widehat{\mathbf{U}}$ 中属于该单元的那些位移
$\mathbf{u} = \widetilde{\mathbf{H}}\tilde{\mathbf{u}}$	$\tilde{\mathbf{u}}$ = 非总体坐标系的某一坐标系中的单元节点位移 (在总体坐标系中, 位移定义为 $\widehat{\mathbf{U}}$)

例 4.10: 建立如图 E4.10 所示桁架单元的矩阵 $\mathbf{H}$. 图中标出了局部和全局自由度的方向.

这里, 我们有

$$\begin{bmatrix} u(x) \\ v(x) \end{bmatrix} = \frac{1}{L}\begin{bmatrix} \left(\frac{L}{2}-x\right) & 0 & \left(\frac{L}{2}+x\right) & 0 \\ 0 & \left(\frac{L}{2}-x\right) & 0 & \left(\frac{L}{2}+x\right) \end{bmatrix}\begin{bmatrix} \tilde{u}_1 \\ \tilde{v}_1 \\ \tilde{u}_2 \\ \tilde{v}_2 \end{bmatrix} \tag{a}$$

和

$$\begin{bmatrix} \tilde{u}_1 \\ \tilde{v}_1 \\ \tilde{u}_2 \\ \tilde{v}_2 \end{bmatrix} = \begin{bmatrix} \cos\alpha & \sin\alpha & 0 & 0 \\ -\sin\alpha & \cos\alpha & 0 & 0 \\ 0 & 0 & \cos\alpha & \sin\alpha \\ 0 & 0 & -\sin\alpha & \cos\alpha \end{bmatrix}\begin{bmatrix} u_1 \\ v_1 \\ u_2 \\ v_2 \end{bmatrix} \tag{b}$$

因此, 有

$$\mathbf{H} = \frac{1}{L}\begin{bmatrix} \left(\frac{L}{2}-x\right) & 0 & \left(\frac{L}{2}+x\right) & 0 \\ 0 & \left(\frac{L}{2}-x\right) & 0 & \left(\frac{L}{2}+x\right) \end{bmatrix}\begin{bmatrix} \cos\alpha & \sin\alpha & 0 & 0 \\ -\sin\alpha & \cos\alpha & 0 & 0 \\ 0 & 0 & \cos\alpha & \sin\alpha \\ 0 & 0 & -\sin\alpha & \cos\alpha \end{bmatrix}$$

应当指出，在构造应变 – 位移矩阵 $\mathbf{B}$ 时 (在线性分析中)，仅需要 $\mathbf{H}$ 的第一行，因为在推导刚度矩阵时仅考虑正应变 $\varepsilon_{xx} = \dfrac{\partial u}{\partial x}$. 实际上，只需用式 (a) 中矩阵 $\widetilde{\mathbf{H}}$ 的第一行就足够了，再用式 (4.41) 给出的方法来变换矩阵 $\widetilde{\mathbf{K}}$.

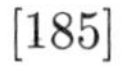
[185]

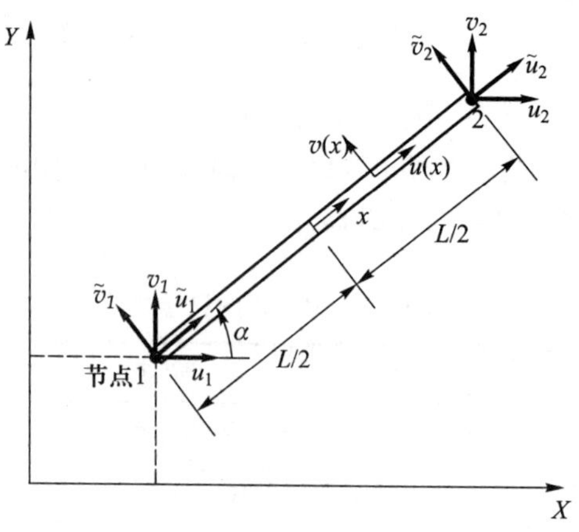

图 E4.10　桁架单元

例 4.11: 假设已算出如图 E4.11 所示的对应于单元位移的单元刚度矩阵，这些单元用 Ⓐ、Ⓑ、Ⓒ 和 Ⓓ 表示. 把这些单元矩阵直接组装成如图 E4.11(a) 所示的具有位移边界条件的全局结构刚度矩阵. 另外，给出了单元的连接数组 LM.

[186]

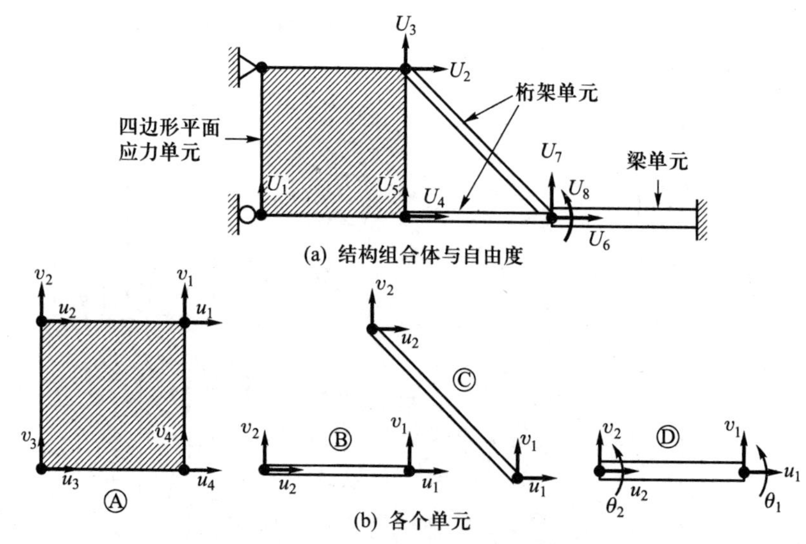

图 E4.11　一个简单的单元组合体

在该分析中，已经对对应于全局方向一致的自由度建立了所有单元刚度矩阵. 因此，不需按式 (4.41) 进行变换，即可直接组装全局刚度矩阵.

由于支点位移为零，只需组装对应于 $\mathbf{U}$ 中未知位移分量的结构刚度矩阵. 每个单元的连接数组 (数组 LM) 按单元局部自由度的顺序列有结构的全局自由度, 数组元素为 0 表示单元刚度矩阵对应的行和列不组装 (对应于结构自由度为 0 的行和列) (也见第 12 章).

$$
\begin{array}{c}
\begin{matrix} U_2 & U_3 & & & & U_1 & U_4 & U_5 & \leftarrow \text{全局位移自由度} \\ u_1 & v_1 & u_2 & v_2 & u_3 & v_3 & u_4 & v_4 & \leftarrow \text{局部位移自由度} \end{matrix} \\
\mathbf{K}_A = \begin{bmatrix} a_{11} & & \cdots & & a_{18} \\ & & \cdots & & \\ \vdots & & & & \vdots \\ & & & & \\ & & & & \\ & & & & \\ & & & & \\ a_{81} & & \cdots & & a_{88} \end{bmatrix} \begin{matrix} u_1 & U_2 \\ v_1 & U_3 \\ u_2 & \\ v_2 & \\ u_3 & \\ v_3 & U_1 \\ u_4 & U_4 \\ v_4 & U_5 \end{matrix}
\end{array}
$$

$$
\begin{matrix} U_6 & U_7 & U_4 & U_5 \\ u_1 & v_1 & u_2 & v_2 \end{matrix} \qquad \begin{matrix} U_6 & U_7 & U_2 & U_3 \\ u_1 & v_1 & u_2 & v_2 \end{matrix}
$$

$$
\mathbf{K}_B = \begin{bmatrix} b_{11} & b_{12} & b_{13} & b_{14} \\ b_{21} & b_{22} & b_{23} & b_{24} \\ b_{31} & b_{32} & b_{33} & b_{34} \\ b_{41} & b_{42} & b_{43} & b_{44} \end{bmatrix} \begin{matrix} u_1 & U_6 \\ v_1 & U_7 \\ u_2 & U_4 \\ v_2 & U_5 \end{matrix} \quad \mathbf{K}_C = \begin{bmatrix} c_{11} & c_{12} & c_{13} & c_{14} \\ c_{21} & c_{22} & c_{23} & c_{24} \\ c_{31} & c_{32} & c_{33} & c_{34} \\ c_{41} & c_{42} & c_{43} & c_{44} \end{bmatrix} \begin{matrix} u_1 & U_6 \\ v_1 & U_7 \\ u_2 & U_2 \\ v_2 & U_3 \end{matrix}
$$

$$
\begin{array}{c}
\begin{matrix} & & & U_6 & U_7 & U_8 \\ u_1 & v_1 & \theta_1 & u_2 & v_2 & \theta_2 \end{matrix} \\
\mathbf{K}_D = \begin{bmatrix} \cdots & \cdot & \cdot & \cdot & \cdot & \cdots \\ \cdots & \cdot & \cdot & \cdot & \cdot & \cdots \\ \cdots & \cdot & \cdot & \cdot & \cdot & \cdots \\ \cdots & \cdot & \cdots & d_{44} & d_{45} & d_{46} \\ \cdots & \cdot & \cdots & d_{54} & d_{55} & d_{56} \\ \cdots & \cdot & \cdots & d_{64} & d_{65} & d_{66} \end{bmatrix} \begin{matrix} u_1 & \\ v_1 & \\ \theta_1 & \\ u_2 & U_6 \\ v_2 & U_7 \\ \theta_2 & U_8 \end{matrix}
\end{array}
$$

和方程 $\mathbf{K} = \sum_m \mathbf{K}^{(m)}$ 给出 [187]

$$
\begin{array}{c}
\begin{matrix} U_1 & U_2 & U_3 & U_4 & U_5 & U_6 & U_7 & U_8 \end{matrix} \\
\mathbf{K} = \begin{bmatrix}
a_{66} & a_{61} & a_{62} & a_{67} & a_{68} & & \text{零} & \\
a_{16} & a_{11}+c_{33} & a_{12}+c_{34} & a_{17} & a_{18} & c_{31} & c_{32} & \\
a_{26} & a_{21}+c_{43} & a_{22}+c_{44} & a_{27} & a_{28} & c_{41} & c_{42} & \\
a_{76} & a_{71} & a_{72} & a_{77}+b_{33} & a_{78}+b_{34} & b_{31} & b_{32} & \\
a_{86} & a_{81} & a_{82} & a_{87}+b_{43} & a_{88}+b_{44} & b_{41} & b_{42} & \\
 & c_{13} & c_{14} & b_{13} & b_{14} & b_{11}+c_{11}+d_{44} & b_{12}+c_{12}+d_{45} & d_{46} \\
 & c_{23} & c_{24} & b_{23} & b_{24} & b_{21}+c_{21}+d_{54} & b_{22}+c_{22}+d_{55} & d_{56} \\
 & & \text{对称} & & & d_{64} & d_{65} & d_{66}
\end{bmatrix} \begin{matrix} U_1 \\ U_2 \\ U_3 \\ U_4 \\ U_5 \\ U_6 \\ U_7 \\ U_8 \end{matrix}
\end{array}
$$

单元的 LM 数组是:

单元 Ⓐ: $LM = [2\ \ 3\ \ 0\ \ 0\ \ 0\ \ 1\ \ 4\ \ 5]$

单元 Ⓑ: $LM = [6\ \ 7\ \ 4\ \ 5]$

单元 Ⓒ: $LM = [6\ \ 7\ \ 2\ \ 3]$

单元 Ⓓ: $LM = [0\ \ 0\ \ 0\ \ 6\ \ 7\ \ 8]$

如果单元刚度矩阵和 LM 数组已知, 则可自动得到结构整体刚度矩阵 (见第 12 章).

4.2.2 位移边界条件的施加

在第 3.3.2 节讨论过的连续介质分析中, 有位移 (又称本质) 边界条件和力 (又称自然) 边界条件. 利用基于位移的有限元方法, 力的边界条件是在计算节点外部作用力向量中考虑的. 向量 $\mathbf{R}_C$ 组合了含支反力在内的集中荷载, 向量 $\mathbf{R}_S$ 包括了分布的表面载荷和分布的支反力的影响.

假设没有施加第 4.2.1 节中推导的位移边界条件, 并且忽略阻尼力, 有限元系统的平衡方程为

$$\begin{bmatrix} \mathbf{M}_{aa} & \mathbf{M}_{ab} \\ \mathbf{M}_{ba} & \mathbf{M}_{bb} \end{bmatrix} \begin{bmatrix} \ddot{\mathbf{U}}_a \\ \ddot{\mathbf{U}}_b \end{bmatrix} + \begin{bmatrix} \mathbf{K}_{aa} & \mathbf{K}_{ab} \\ \mathbf{K}_{ba} & \mathbf{K}_{bb} \end{bmatrix} \begin{bmatrix} \mathbf{U}_a \\ \mathbf{U}_b \end{bmatrix} = \begin{bmatrix} \mathbf{R}_a \\ \mathbf{R}_b \end{bmatrix} \tag{4.42}$$

其中, $\mathbf{U}_a$ 为未知位移, $\mathbf{U}_b$ 为已知的或指定的位移. 对 $\mathbf{U}_a$ 求解可得

$$\mathbf{M}_{aa}\ddot{\mathbf{U}}_a + \mathbf{K}_{aa}\mathbf{U}_a = \mathbf{R}_a - \mathbf{K}_{ab}\mathbf{U}_b - \mathbf{M}_{ab}\ddot{\mathbf{U}}_b \tag{4.43}$$

[188]

因此, 在求解 $\mathbf{U}_a$ 时, 仅需组装对应于未知自由度 $\mathbf{U}_a$ 的整个组合体的刚度矩阵和质量矩阵 (见例 4.11), 但必须对载荷向量 $\mathbf{R}_a$ 进行修正, 以考虑施加的非零位移的影响. 一旦从式 (4.43) 算出了位移 $\mathbf{U}_a$, 就可利用式 (4.18) 计算支反力, 即有

$$\mathbf{R}_b = \mathbf{R}_B^b + \mathbf{R}_S^b - \mathbf{R}_I^b + \mathbf{R}_C^b + \mathbf{R}_r \tag{4.44}$$

其中, $\mathbf{R}_B^b$、$\mathbf{R}_S^b$、$\mathbf{R}_I^b$ 和 $\mathbf{R}_C^b$ 是不包含支反力的已知节点外部作用载荷, $\mathbf{R}_r$ 表示未知的支反力. 上标 b 表示式 (4.17) 中的 $\mathbf{R}_B$、$\mathbf{R}_S$、$\mathbf{R}_I$ 和 $\mathbf{R}_C$, 只有对应于 $\mathbf{U}_b$ 自由度的分量才用于力向量中. 请注意向量 $\mathbf{R}_r$ 可认做是集中载荷的未知校正. 使用式 (4.44) 和式 (4.42) 中第 2 方程组, 因此得

$$\mathbf{R}_r = \mathbf{M}_{ba}\ddot{\mathbf{U}}_a + \mathbf{M}_{bb}\ddot{\mathbf{U}}_b + \mathbf{K}_{ba}\mathbf{U}_a + \mathbf{K}_{bb}\mathbf{U}_b - \mathbf{R}_B^b - \mathbf{R}_S^b + \mathbf{R}_I^b - \mathbf{R}_C^b \tag{4.45}$$

在这里, 最后的四项是由于已知的内部单元和表面单元载荷和任何集中载荷而给出的修正, 所有这些载荷直接作用于支点上.

我们通过下面的例子来说明这些关系.

例 4.12: 考虑如图 E4.12 所示的结构. 求解位移响应, 并计算支反力.

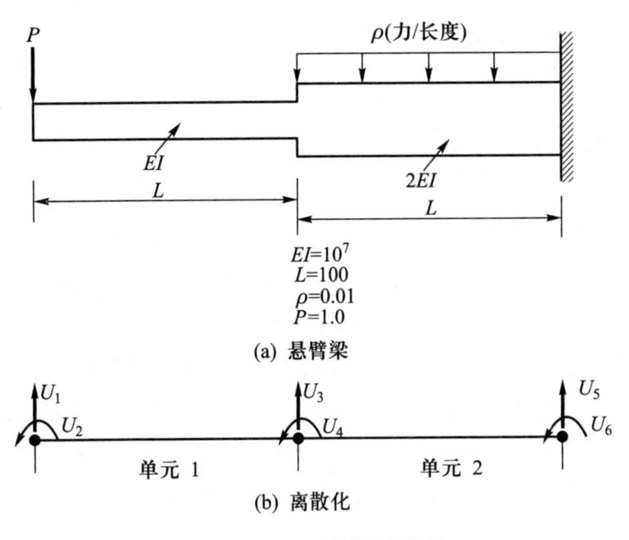

图 E4.12 悬臂梁的分析

考虑悬臂梁是两个单元的组合体. 平衡的基本方程 (4.42) (使用例 4.1 中的矩阵) 为

[189]

$$
\frac{EI}{L}\begin{bmatrix}
\frac{12}{L^2} & \frac{6}{L} & -\frac{12}{L^2} & \frac{6}{L} & & \\
\frac{6}{L} & 4 & -\frac{6}{L} & 2 & & \\
-\frac{12}{L^2} & -\frac{6}{L} & \frac{36}{L^2} & \frac{6}{L} & -\frac{24}{L^2} & \frac{12}{L} \\
\frac{6}{L} & 2 & \frac{6}{L} & 12 & -\frac{12}{L} & 4 \\
 & & -\frac{24}{L^2} & -\frac{12}{L} & \frac{24}{L^2} & -\frac{12}{L} \\
 & & \frac{12}{L} & 4 & -\frac{12}{L} & 8
\end{bmatrix}
\begin{bmatrix} U_1 \\ U_2 \\ U_3 \\ U_4 \\ U_5 \\ U_6 \end{bmatrix}
=
\begin{bmatrix} -P \\ 0 \\ -\frac{\rho L}{2} \\ -\frac{\rho L^2}{12} \\ -\frac{\rho L}{2} + R_r|_{U_5} \\ \frac{\rho L^2}{12} + R_r|_{U_6} \end{bmatrix}
$$

其中, $\mathbf{U}_b^{\mathrm{T}} = [U_5 \quad U_6]$ 和 $\mathbf{U}_b = \mathbf{0}$. 使用式 (4.43), 对 $EI = 10^7$, $L = 100$, $\rho = 0.01$, $P = 1.0$, 得到

$$
\mathbf{U}_a^{\mathrm{T}} = [-165 \quad 1.33 \quad -47.9 \quad 0.83] \times 10^{-3}
$$

然后使用式 (4.45), 有

$$
\mathbf{R}_r = \begin{bmatrix} 2 \\ -250 \end{bmatrix}
$$

使用式 (4.42), 假设采用第 4.2.1 节的位移分量, 实际上包含所有指定的位移 (由式 (4.42) 中的 $\mathbf{U}_b$ 表示). 如果不是如此, 我们需要确定所有的不对应于已定义的组合体自由度的指定位移, 并且把有限元平衡方程转换到对应

于这些指定位移的平衡方程. 因此, 写为

$$\mathbf{U}=\mathbf{T}\overline{\mathbf{U}} \tag{4.46}$$

其中, $\overline{\mathbf{U}}$ 是所要求方向上节点自由度向量. 变换矩阵 $\mathbf{T}$ 是一个单位矩阵, 已被 $\overline{\mathbf{U}}$ 中分量的方向余弦所更改, 该方向余弦按初始位移方向度量 (见式 (2.58)). 将式 (4.46) 代入式 (4.42), 得到

$$\overline{\mathbf{M}}\,\ddot{\overline{\mathbf{U}}}+\overline{\mathbf{K}}\,\overline{\mathbf{U}}=\overline{\mathbf{R}} \tag{4.47}$$

其中,

$$\overline{\mathbf{M}}=\mathbf{T}^{\mathrm{T}}\mathbf{M}\mathbf{T};\quad \overline{\mathbf{K}}=\mathbf{T}^{\mathrm{T}}\mathbf{K}\mathbf{T};\quad \overline{\mathbf{R}}=\mathbf{T}^{\mathrm{T}}\mathbf{R} \tag{4.48}$$

应指出, 式 (4.48) 中矩阵乘法涉及的改变, 只在实际受到影响的 $\mathbf{M}$、$\mathbf{K}$ 和 $\mathbf{R}$ 的行和列中, 同时这种变换相当于对单个单元矩阵按式 (4.41) 进行计算. 在实际中, 正好将单元矩阵添加到整体组合体矩阵之前, 在单元层次上这种变换得到有效进行. 如图 4.3 所示是二维和三维分析中的一个典型节点的转换矩阵 $\mathbf{T}$, 而位移在斜向受到约束. 现可以通过式 (4.47), 并使用式 (4.42) 和式 (4.43) 中的方法计算未知的位移.

[190]

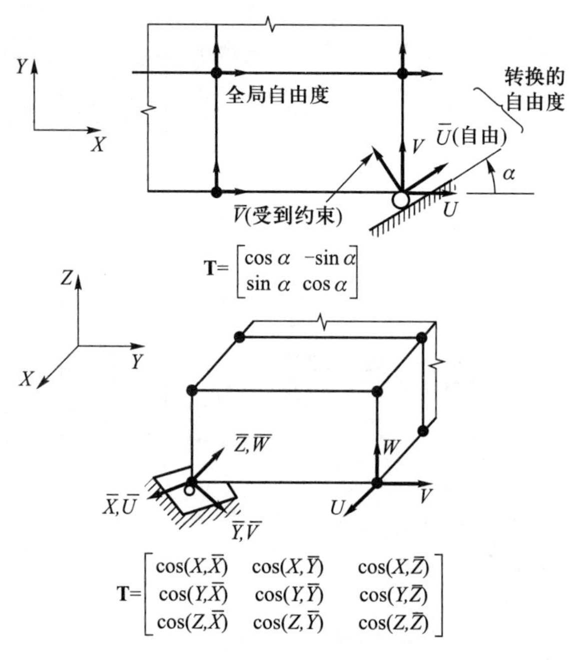

图 4.3　倾斜边界条件的转换

采用另一种方法, 通过把表示指定位移条件的约束方程添加到有限元平衡方程 (4.47) 中, 也能施加要求的位移. 设指定在自由度 i 的位移是 $\overline{U}_i=b$; 则约束方程

$$k\overline{U}_i=kb \tag{4.49}$$

被添加到平衡方程 (4.47), 其中, $k\gg k_{ii}$. 因此, 修改的平衡方程的解应给出 $\overline{U}_i=b$, 且注意到, 因为式 (4.47) 的使用, 只有刚度矩阵的对角元素受到

影响, 从而得到一个数值上稳定解 (见第 8.2.6 节). 实际上, 此方法可被解释为在自由度 i 上添加一个大刚度 k 的弹簧和指定一个载荷, 即由于相对灵活的单元组装, 该载荷在这个自由度产生所要求的位移 b, 如图 4.4 所示. 数学上, 该过程对应于在第 3.4 节中讨论的罚方法的应用.

[191]

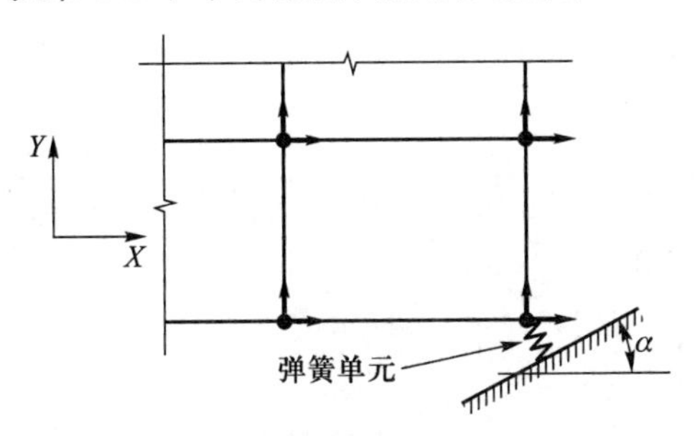

图 4.4 使用弹簧单元施加的倾斜边界条件

除了指定的节点位移条件, 某些节点位移也可能要满足约束条件. 考虑式 (4.24), 一个典型的约束方程可能是

$$U_i = \sum_{j=1}^{r_i} \alpha_{qj} U_{qj} \tag{4.50}$$

其中, U_i 是非独立的节点位移, U_{qj} 是 r_i 个独立节点位移. 用式 (4.50) 中的全部约束方程, 并认为在对实际节点位移和对虚位移应用虚功原理时, 这些约束应成立, 则此约束的施加对应于形如式 (4.46) 和式 (4.47) 的变换. 其中, $\mathbf{T}$ 是一个矩形矩阵, $\overline{\mathbf{U}}$ 包含了全部独立的自由度. 对 $j = 1, \cdots, r_i$ 和全部要考虑的 i, 该变换对应于把 α_{qj} 乘以第 i 列和第 i 行后加到第 q_j 列和第 q_j 行上. 在实际操作中, 该变换是在组装过程中, 在单元层级上有效地进行的.

最后应该指出, 上述位移边界条件有可能合并. 例如在式 (4.50) 中, 一个独立位移分量可能对应于一个指定位移的倾斜边界条件. 在下述例子中将阐明位移约束的施加.

例 4.13: 考虑如图 E4.13 所示的桁架组合体, 试建立包含所给约束条件的结构刚度矩阵.

[192]

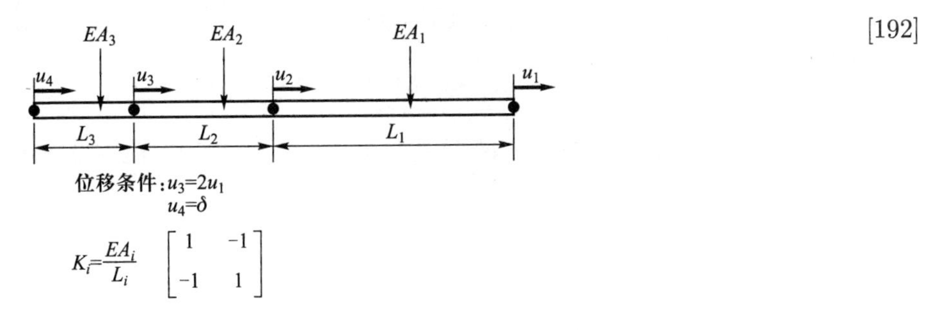

图 E4.13 桁架单元组合体

在该分析中, 独立自由度是 U_1、U_2 和 U_4. 单元刚度矩阵已在图 E4.13 中给出. 可以看出, 对应于式 (4.50), 有

$i = 3, \alpha_1 = 2,$ 和 $q_1 = 1.$

在组装过程中直接建立完整的刚度矩阵, 有

$$\mathbf{K} = \begin{bmatrix} \frac{EA_1}{L_1} & -\frac{EA_1}{L_1} & 0 \\ -\frac{EA_1}{L_1} & \frac{EA_1}{L_1} & 0 \\ 0 & 0 & 0 \end{bmatrix} + \begin{bmatrix} \frac{4EA_2}{L_2} & -\frac{2EA_2}{L_2} & 0 \\ -\frac{2EA_2}{L_2} & \frac{EA_2}{L_2} & 0 \\ 0 & 0 & 0 \end{bmatrix}$$

$$+ \begin{bmatrix} \frac{4EA_3}{L_3} & 0 & -\frac{2EA_3}{L_3} \\ 0 & 0 & 0 \\ -\frac{2EA_3}{L_3} & 0 & \frac{EA_3}{L_3} \end{bmatrix} + \begin{bmatrix} 0 & 0 & 0 \\ 0 & 0 & 0 \\ 0 & 0 & k \end{bmatrix}$$

其中

$$k \gg \frac{EA_3}{L_3}$$

例 4.14: 如图 E4.14(a) 显示所分析的框架结构. 使用对称和约束条件以建立适当的分析模型.

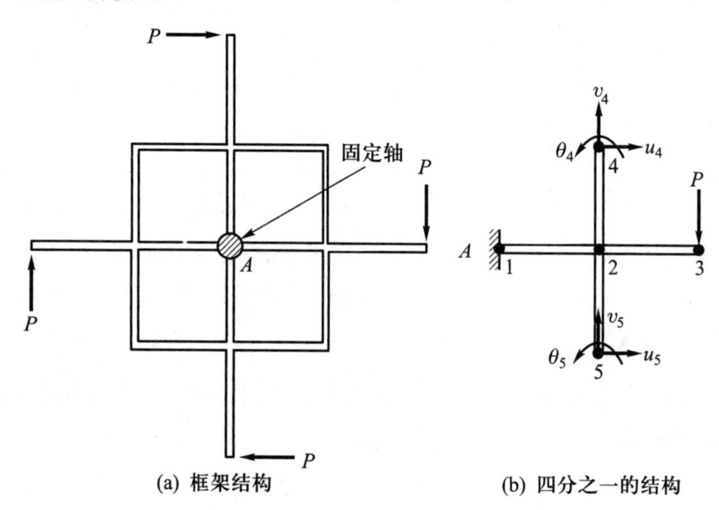

图 E4.14　循环对称结构的分析

整体结构和作用载荷具有循环对称性, 所以只需要考虑四分之一的结构, 如图 E4.14(b) 所示, 用下列约束条件

$$u_5 = v_4$$

$$v_5 = -u_4$$

$$\theta_5 = \theta_4$$

该简例用于说明如何通过对称条件的利用, 极大地减少分析工作量. 实际上, 通过利用循环对称性条件, 在某些情况下可节省相当大的工作量, 从而才使得分析成为可能.

在此分析中, 结构和载荷都具有循环对称性. 在几何循环对称结构具有任意加载的情况下, 只对结构的一部分建模, 也可以提升分析能力 (如见 W. Zhong 和 C. Qiu [A]). [193]

4.2.3 某些具体问题的广义坐标模型

第 4.2.1 节中介绍了一般的有限元离散化过程和平衡方程的推导, 例如考虑了一般三维体. 如示例所述, 推导的一般方程必须在具体问题的分析中对所考虑的特定应力条件和应变条件具体化. 本节将讨论并归纳怎样从一般的有限元方程式 (4.8) 至式 (4 .25) 中得到对应于具体问题的有限元矩阵.

虽然在理论上任何物体都可看做是三维体, 但对实际分析来说在许多情况下应减少问题的维数. 因此在进行有限元分析时, 第一步是要确定所研究的问题① 属于什么类型. 这种确定是基于求解该具体问题的弹性数学模型所使用的理论假设. 所遇到的问题可以归纳为这样几类: (1) 杆/桁架, (2) 梁, (3) 平面应力, (4) 平面应变, (5) 轴对称, (6) 板弯曲, (7) 薄壳, (8) 厚壳和 (9) 一般三维体. 对于上述问题各种情况, 一般公式都是适用的, 但是应只采用恰当的位移、应力和应变变量. 这些变量与各向同性材料的应力 – 应变矩阵一起归纳在表 4.2 和表 4.3 中. 图 4.5 说明了在有限元矩阵公式中考虑的各种应力和应变条件.

表 4.2 在不同问题中对应的运动学和静力学变量

问题	位移分量	应变向量 ε^{T}	应力向量 τ^{T}
杆/桁架	u	$[\varepsilon_{xx}]$	$[\tau_{xx}]$
梁	w	$[\kappa_{xx}]$	$[M_{xx}]$
平面应力	u, v	$[\varepsilon_{xx} \quad \varepsilon_{yy} \quad \gamma_{xy}]$	$[\tau_{xx} \quad \tau_{yy} \quad \tau_{xy}]$
平面应变	u, v	$[\varepsilon_{xx} \quad \varepsilon_{yy} \quad \gamma_{xy}]$	$[\tau_{xx} \quad \tau_{yy} \quad \tau_{xy}]$
轴对称	u, v	$[\varepsilon_{xx} \quad \varepsilon_{yy} \quad \gamma_{xy} \quad \varepsilon_{zz}]$	$[\tau_{xx} \quad \tau_{yy} \quad \tau_{xy} \quad \tau_{zz}]$
三维体	u, v, w	$[\varepsilon_{xx} \quad \varepsilon_{yy} \quad \varepsilon_{zz} \quad \gamma_{xy} \quad \gamma_{yz} \quad \gamma_{zx}]$	$[\tau_{xx} \quad \tau_{yy} \quad \tau_{zz} \quad \tau_{xy} \quad \tau_{yz} \quad \tau_{zx}]$
板弯曲	w	$[\kappa_{xx} \quad \kappa_{yy} \quad \kappa_{xy}]$	$[M_{xx} \quad M_{yy} \quad M_{xy}]$

符号: $\varepsilon_{xx}=\dfrac{\partial u}{\partial x}$, $\varepsilon_{yy}=\dfrac{\partial v}{\partial y}$, $\gamma_{xy}=\dfrac{\partial u}{\partial y}+\dfrac{\partial v}{\partial x}, \cdots, \kappa_{xx}=\dfrac{\partial^2 w}{\partial x^2}$, $\kappa_{yy}=\dfrac{\partial^2 w}{\partial y^2}$, $\kappa_{xy}=2\dfrac{\partial^2 w}{\partial x \partial y}$.

① 我们在这里使用工程分析中常用的说法, 但认为 "问题的选择" 真正对应于 "数学模型的选择" (见第 1.2 节). [194]

表 4.3 各向同性材料和表 4.2 中所列问题的广义应力 – 应变矩阵

问题	材料矩阵 **C**
杆/桁架	E
梁	EI
平面应力	$\dfrac{E}{1-\nu^2}\begin{bmatrix} 1 & \nu & 0 \\ \nu & 1 & 0 \\ 0 & 0 & \dfrac{1-\nu}{2} \end{bmatrix}$
平面应变	$\dfrac{E(1-\nu)}{(1+\nu)(1-2\nu)}\begin{bmatrix} 1 & \dfrac{\nu}{1-\nu} & 0 \\ \dfrac{\nu}{1-\nu} & 1 & 0 \\ 0 & 0 & \dfrac{1-2\nu}{2(1-\nu)} \end{bmatrix}$
轴对称	$\dfrac{E(1-\nu)}{(1+\nu)(1-2\nu)}\begin{bmatrix} 1 & \dfrac{\nu}{1-\nu} & 0 & \dfrac{\nu}{1-\nu} \\ \dfrac{\nu}{1-\nu} & 1 & 0 & \dfrac{\nu}{1-\nu} \\ 0 & 0 & \dfrac{1-2\nu}{2(1-\nu)} & 0 \\ \dfrac{\nu}{1-\nu} & \dfrac{\nu}{1-\nu} & 0 & 1 \end{bmatrix}$
三维体	$\dfrac{E(1-\nu)}{(1+\nu)(1-2\nu)}\begin{bmatrix} 1 & \dfrac{\nu}{1-\nu} & \dfrac{\nu}{1-\nu} & & & \\ \dfrac{\nu}{1-\nu} & 1 & \dfrac{\nu}{1-\nu} & & & \\ \dfrac{\nu}{1-\nu} & \dfrac{\nu}{1-\nu} & 1 & & & \\ & & & \dfrac{1-2\nu}{2(1-\nu)} & & \\ & \text{未显示的} & & & \dfrac{1-2\nu}{2(1-\nu)} & \\ & \text{元素均为零} & & & & \dfrac{1-2\nu}{2(1-\nu)} \end{bmatrix}$
板弯曲	$\dfrac{Eh^3}{12(1-\nu^2)}\begin{bmatrix} 1 & \nu & 0 \\ \nu & 1 & 0 \\ 0 & 0 & \dfrac{1-\nu}{2} \end{bmatrix}$

符号: $E=$ 杨氏模量, $\nu=$ 泊松比, $h=$ 板厚度, $I=$ 惯性矩.

在例 4.5 至例 4.10 中研究了一些特定的有限元矩阵. 参考例 4.6, 其中考虑了平面应力条件, 假设位移 u 和位移 v 为简单的线性多项式, 其中我们把多项式中的未知系数作为广义坐标. 多项式中未知系数的个数等于单元节点位移的个数. 用单元节点位移表示广义坐标, 我们发现多项式的每一个系数通常并不是一个真实的物理位移, 而是单元节点位移的一种线性组合. [195]

假设位移按某一函数形式变化, 函数的未知系数取为广义坐标, 以此方法形成的有限元矩阵叫做广义坐标有限元模型. 一类比较自然的用于近似求单元位移的函数是多项式, 因为多项式通常用于逼近未知函数, 而且多项式的阶次越高, 可望得到的近似程度越好. 此外, 多项式容易进行微分, 即如果用多项式逼近结构的位移, 就可以比较容易求得应变.

利用多项式位移假设, 对结构力学中的各种实际问题, 已开发了大量的有限单元.

本节目的是讨论各种广义坐标有限元模型的构造. 这些模型用多项式来近似位移场. 原则上按同样的方法也可使用其他函数, 这些函数在具体应用中也是有效的 (见例 4.20). 我们注重有限单元一般性构造的介绍, 而暂时没有考虑数值效果好的算法. 因此, 本节主要是增进对有限元的一般理解. 对一般应用来说, 等参元及其有关的单元是更有效的有限元, 这些将在第 5 章讨论.

在以下推导中, 有限元位移总是用局部坐标系来描述, 如图 4.5 所示. 同时, 由于考虑的是某个具体单元, 故省略了第 4.2.1 节中使用的上标 (m).

[196]

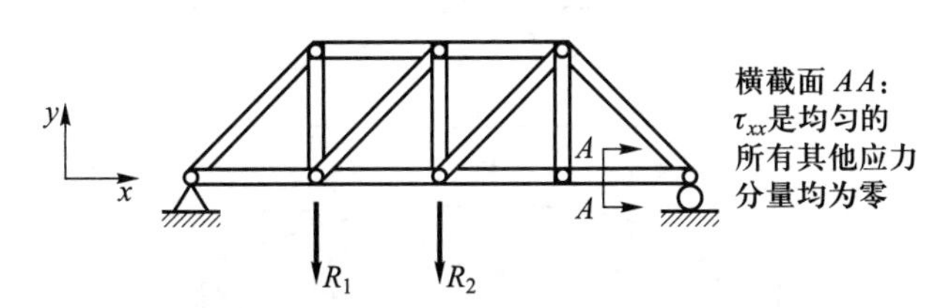

(a) 单轴应力条件:集中载荷作用下的框架

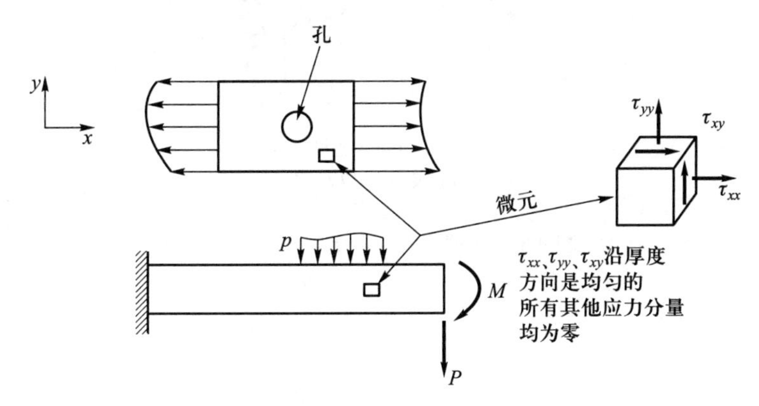

(b) 平面应力条件:面内作用下的膜和梁

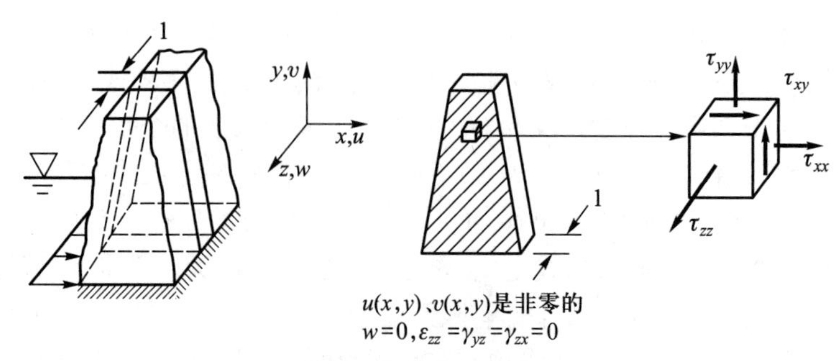

(c) 平面应变条件:受到水压的长坝

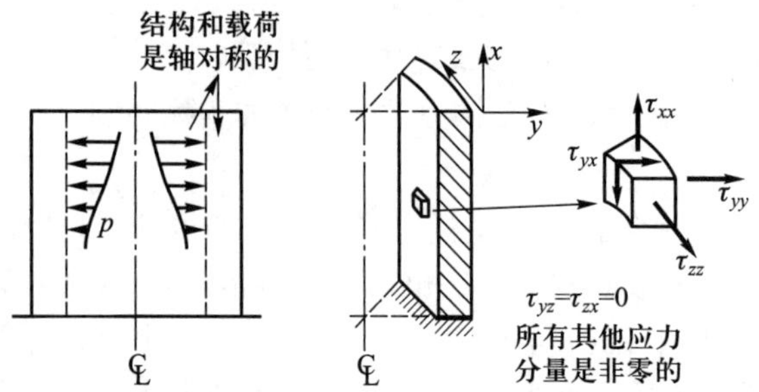

[197]

(d) 轴对称条件:内部压力作用下的缸体

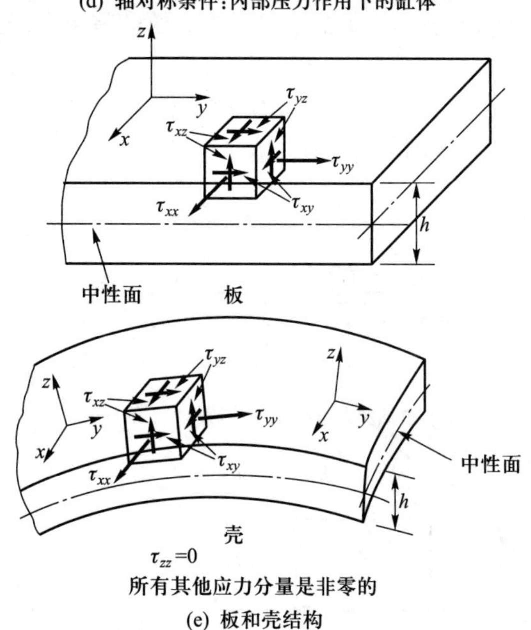

(e) 板和壳结构

图 4.5 各种应力与应变条件说明实例

对于一维杆元 (桁架元), 有

$$u(x) = \alpha_1 + \alpha_2 x + \alpha_3 x^2 + \cdots \tag{4.51}$$

其中, x 沿单元的长度变化, u 为局部单元位移, $\alpha_1, \alpha_2, \cdots$ 为广义坐标. 梁的横向位移和纵向位移也可使用位移表达式 (4.51).

对于二维单元 (即, 平面应力单元、平面应变单元和轴对称单元), 作为单元坐标 x 和 y 函数的位移 u 和 v, 有

$$\begin{aligned} u(x,y) &= \alpha_1 + \alpha_2 x + \alpha_3 y + \alpha_4 xy + \alpha_5 x^2 + \cdots \\ v(x,y) &= \beta_1 + \beta_2 x + \beta_3 y + \beta_4 xy + \beta_5 x^2 + \cdots \end{aligned} \tag{4.52}$$

其中, $\alpha_1, \alpha_2, \cdots$ 和 $\beta_1, \beta_2, \cdots$ 为广义坐标.

对板弯曲单元, 假设横向挠度 w 为单元坐标 x 和 y 的函数, 即

$$w(x,y) = \gamma_1 + \gamma_2 x + \gamma_3 y + \gamma_4 xy + \gamma_5 x^2 + \cdots \tag{4.53}$$

其中, $\gamma_1, \gamma_2, \cdots$ 是广义坐标.

最后, 对位移 u、v 和 w 是单元坐标系 xyz 的函数的单元, 一般有

$$\begin{aligned} u(x,y,z) &= \alpha_1 + \alpha_2 x + \alpha_3 y + \alpha_4 z + \alpha_5 xy + \cdots \\ v(x,y,z) &= \beta_1 + \beta_2 x + \beta_3 y + \beta_4 z + \beta_5 xy + \cdots \\ w(x,y,z) &= \gamma_1 + \gamma_2 x + \gamma_3 y + \gamma_4 z + \gamma_5 xy + \cdots \end{aligned} \tag{4.54}$$

其中, $\alpha_1, \alpha_2, \cdots$ 和 $\beta_1, \beta_2, \cdots$ 和 $\gamma_1, \gamma_2, \cdots$ 是广义坐标.

如同在例 4.6 中对平面应力单元的讨论一样, 式 (4.51) 至式 (4.54) 可写成矩阵形式 [198]

$$\mathbf{u} = \mathbf{\Phi}\boldsymbol{\alpha} \tag{4.55}$$

其中, 向量 $\mathbf{u}$ 对应于式 (4.51) 至式 (4.54) 中所用的位移, $\mathbf{\Phi}$ 的元素为相应多项式的各项, $\boldsymbol{\alpha}$ 是按适当次序排列的广义坐标向量.

为了计算以单元节点位移表示的广义坐标, 需要有与假设的广义坐标一样多的节点位移. 然后利用式 (4.55) 专门计算单元节点位移 $\widehat{\mathbf{u}}$, 可得

$$\widehat{\mathbf{u}} = \mathbf{A}\boldsymbol{\alpha} \tag{4.56}$$

假设 $\mathbf{A}$ 的逆存在, 则有

$$\boldsymbol{\alpha} = \mathbf{A}^{-1}\widehat{\mathbf{u}} \tag{4.57}$$

所考虑的单元应变取决于所需求解的具体问题. 若用 $\boldsymbol{\varepsilon}$ 表示广义应变向量, 它的分量按表 4.2 中的具体问题给出, 则有

$$\boldsymbol{\varepsilon} = \mathbf{E}\boldsymbol{\alpha} \tag{4.58}$$

其中矩阵 $\mathbf{E}$ 是利用式 (4.55) 中的位移假设建立的, 利用关系式

$$\boldsymbol{\tau} = \mathbf{C}\boldsymbol{\varepsilon} \tag{4.59}$$

可得到广义应力向量 $\boldsymbol{\tau}$, 其中 $\mathbf{C}$ 是一个广义弹性矩阵. 量 $\boldsymbol{\tau}$ 和 $\mathbf{C}$ 是按表 4.2 和表 4.3 中的某类问题定义的. 我们注意到, 除弯曲问题以外, 广义矩阵 $\boldsymbol{\tau}$、$\boldsymbol{\varepsilon}$

和 **C** 就是在弹性理论中使用的矩阵. "广义" 一词仅用来表示曲率和力矩也分别包括在应变和应力之内. 在分析弯曲问题时, 采用曲率和力矩的优点是在刚度计算中, 不需要沿对应单元的厚度再进行积分, 因为这已在应力和应变的变分式中考虑过了 (见例 4.15).

参照表 4.3, 应当指出, 全部应力 – 应变矩阵都能从一般三维应力 – 应变关系中推导出来. 通过直接删去三维应力 – 应变矩阵中对应于零应变的行和列, 即可得到平面应变和轴对称应力 – 应变矩阵. 因此, 利用 τ_{zz} 为零的条件 (见第 5.6 节中的程序 QUADS), 可从轴对称应力 – 应变矩阵中得到平面应力分析的应力 – 应变矩阵. 为了计算板弯曲分析中的广义应力 - 应变矩阵, 可以利用对应于平面应力条件的应力 – 应变矩阵, 如下例所述.

例 4.15: 推导用于板弯曲分析的应力 – 应变矩阵 **C** (见表 4.3).

距离板的中性面上部 z 处的应变为

$$\left[-z\frac{\partial^2 w}{\partial x^2} \quad -z\frac{\partial^2 w}{\partial y^2} \quad -z\frac{2\partial^2 w}{\partial x\partial y}\right]$$

[199]

在板弯曲分析中, 假设板的每一层均处于平面应力状态, 正曲率对应正力矩 (见第 5.4.2 节). 因此, 对板中的法向应力进行积分, 即可得到单位长度的力矩, 广义应力 – 应变矩阵为

$$\mathbf{C}=\int_{-\frac{h}{2}}^{+\frac{h}{2}} z^2\frac{E}{1-\nu^2}\begin{bmatrix}1 & \nu & 0\\ \nu & 1 & 0\\ 0 & 0 & \dfrac{1-\nu}{2}\end{bmatrix}\mathrm{d}z$$

或

$$\mathbf{C}=\frac{Eh^3}{12(1-\nu^2)}\begin{bmatrix}1 & \nu & 0\\ \nu & 1 & 0\\ 0 & 0 & \dfrac{1-\nu}{2}\end{bmatrix}$$

考虑式 (4.55) 至式 (4.59), 可以看出, 对应于局部有限元节点位移的有限元矩阵计算的全部一般项关系式都已确定, 利用第 4.2.1 节中的符号, 有

$$\mathbf{H}=\mathbf{\Phi}\mathbf{A}^{-1} \tag{4.60}$$

$$\mathbf{B}=\mathbf{E}\mathbf{A}^{-1} \tag{4.61}$$

我们简要地讨论一下所遇到的各种不同类型的有限单元, 它们满足一定的静力学或运动学假设.

桁架单元和梁单元

桁架单元和梁单元被广泛用于结构工程中, 例如, 作为建筑框架和桥梁的模型, 见桁架单元的组合体, 如图 4.5(a) 所示.

如第 4.2.1 节所讨论的, 在许多情况下, 通过求解平衡微分方程可算出这些单元的刚度矩阵 (见例 4.8). 已有大量文献发表了这些研究工作. 这些结果已在位移法及其近似解法 (如力矩分布法) 中得到应用. 但是, 用有限元公式 (即虚功原理) 计算刚度矩阵可能更为有效, 即当考虑梁的复杂几何形状和进行几何非线性分析时 (见第 5.4 节) 尤其是这样.

平面应力和平面应变单元

平面应力单元是用来薄膜、面内受力的梁和板等结构的建模, 如图 4.5(b) 所示. 在这些情况下, 二维应力状态存在于应力 τ_{zz}、τ_{yz} 和 τ_{zx} 都等于零的 xy 平面之内. 平面应变单元用来表示应变分量 ε_{zz}、γ_{yz} 和 γ_{zx} 为零的结构薄片 (单位厚度). 在图 4.5(c) 中所示的长坝分析就是这种情况.

轴对称单元

轴对称单元是用来围绕一根轴旋转对称的结构部件的建模. 压力容器和实心环是其应用的例子. 如果这些结构还承受轴对称荷载作用, 则由单位弧度结构的二维分析, 即可得到如图 4.5(d) 所示总的应力和应变分布.

如果轴对称结构承受非轴对称载荷, 则有两种选择: 一是 用完全的三维分析, 其中使用子结构法 (见第 8.2.4 节) 或利用循环对称性 (见例 4.14); 二是对载荷进行傅里叶分解, 进行谐波解的叠加 (见例 4.20). [200]

板弯曲和壳单元

板弯曲和壳分析中的基本情况是: 结构在一个方向上很薄, 如图 4.5(e) 所示. 因此, 可有下列假设:

① 板和壳在厚度方向上 (即垂直于中性面) 的应力为零.

② 初始与板和壳中性面垂直的直线上的质点, 在变形中仍保持在该直线上. 按 Kirchhoff 理论, 忽略剪切变形, 在变形中直线仍与中性面垂直. 而按 Reissner/Mindlin 理论, 则考虑了剪切变形, 因此原来垂直于中性面的直线, 变形中一般不再垂直于中性面 (见第 5.4.2 节).

为建立薄板弯曲和壳模型而发展起来的首批有限单元都是以 Kirchhoff 板理论 (见 R. H. Gallagher [A]) 为基础的. 这些方法的困难在于单元应满足收敛性要求, 并且它们在应用中必须是比较有效的. 为发展这些单元已进行了大量的研究工作, 但近几年人们认识到, 利用 Reissner / Mindlin 的板理论常常可提出更有效的单元 (见第 5.4.2 节).

为了得到一个壳单元, 一种简单的方法是把板弯曲刚度和平面应力薄膜刚度叠加起来. 按这种方式, 可得到平壳单元, 用于模拟壳体平板构件 (例如折板), 还能用来建立作为平壳单元组合体的一般曲壳模型. 我们将推导基于 Kirchhoff 板理论的曲板单元, 并在例 4.18 和例 4.19 中构造一个相关的平壳单元.

例 4.16: 讨论如图 E4.16 所示的梁的位移和梁的应变 – 位移插值矩阵的推导过程.

通过求解梁的平衡微分方程可计算该梁的精确刚度矩阵 (根据梁理论). 对弯曲情况为

$$\frac{\mathrm{d}^2}{\mathrm{d}\xi^2}\left(EI\frac{\mathrm{d}^2 w}{\mathrm{d}\xi^2}\right)=0; \quad EI=E\frac{bh^3}{12} \tag{a}$$

而对轴向受力情况为

$$\frac{\mathrm{d}}{\mathrm{d}\xi}\left(EA\frac{\mathrm{d}u}{\mathrm{d}\xi}\right)=0; \quad A=bh \tag{b}$$

其中, E 为弹性模量. 这个过程是先施加一个单位端点位移, 而其他全部端点位移等于零, 然后求解满足这些边界条件下适当的梁平衡微分方程. 一旦算出这些边界条件下单元的内部位移, 稍加推导给出单元的端点力, 这些力一起组成了对应于指定端点位移的刚度矩阵的列.

[201]

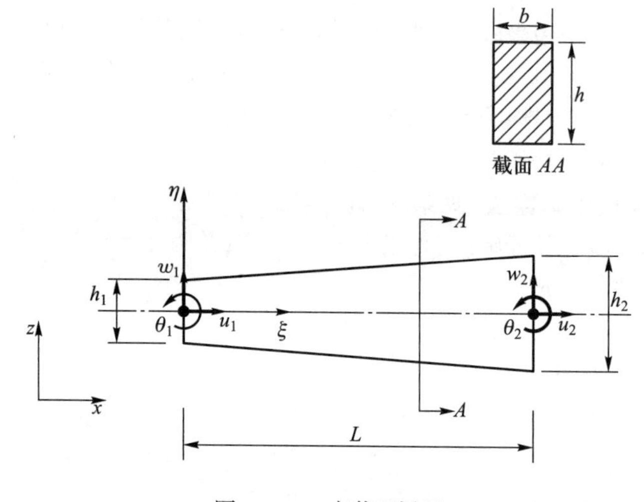

图 E4.16 变截面梁元

应当指出该刚度矩阵仅对静态分析来说是 “精确的”, 因为在动态分析中, 刚度系数是与频率相关的.

另外一个解法是利用式 (4.8) 至式 (4.17). 如果用精确的单元内部位移 (满足式 (a) 和式 (b)) 构造应变 – 位移矩阵, 则也可算出和上述方法得到的相同刚度矩阵. 而实际上使用对应于等截面梁的位移插值常常是方便的, 这得到一个近似的刚度矩阵. 当 h_2 比 h_1 大得不多时 (因而当用足够多的梁单元来建模整个结构), 这种近似一般是足够的. 由于该方法对应于基于位移的有限元分析, 分析中的误差即为在第 4.3 节中讨论过的那些误差.

使用图 E4.16 中定义的变量, 和对应等截面梁的 “精确” 位移 (Hermite 函数), 有

$$u=\left(1-\frac{\xi}{L}\right)u_1+\frac{6\eta}{L}\left(\frac{\xi}{L}-\frac{\xi^2}{L^2}\right)w_1-\eta\left(1-4\frac{\xi}{L}+3\frac{\xi^2}{L^2}\right)\theta_1+$$
$$\frac{\xi}{L}u_2-\frac{6\eta}{L}\left(\frac{\xi}{L}-\frac{\xi^2}{L^2}\right)w_2+\eta\left(2\frac{\xi}{L}-3\frac{\xi^2}{L^2}\right)\theta_2$$

因此，

$$
\begin{aligned}
\mathbf{H} = \Bigg[& \left(1 - \frac{\xi}{L}\right) \;\vdots\; \frac{6\eta}{L}\left(\frac{\xi}{L} - \frac{\xi^2}{L^2}\right) \;\vdots\; -\eta\left(1 - 4\frac{\xi}{L} + 3\frac{\xi^2}{L^2}\right) \;\vdots\; \frac{\xi}{L} \;\vdots \\
& -\frac{6\eta}{L}\left(\frac{\xi}{L} - \frac{\xi^2}{L^2}\right) \;\vdots\; \eta\left(2\frac{\xi}{L} - 3\frac{\xi^2}{L^2}\right)\Bigg]
\end{aligned} \tag{c}
$$

对于式 (c)，令节点位移的顺序如下 [202]

$$
\widehat{\mathbf{u}}^{\mathrm{T}} = [u_1 w_1 \theta_1 \quad u_2 w_2 \theta_2]
$$

若仅考虑梁中法向应变和应力，即忽略剪切变形时，应变和应力分量为

$$
\varepsilon_{\xi\xi} = \frac{\mathrm{d}u}{\mathrm{d}\xi}; \quad \tau_{\xi\xi} = E\varepsilon_{\xi\xi}
$$

因此，

$$
\mathbf{B} = \left[-\frac{1}{L} \;\vdots\; \frac{6\eta}{L}\left(\frac{1}{L} - \frac{2\xi}{L^2}\right) \;\vdots\; -\eta\left(\frac{-4}{L} + \frac{6\xi}{L^2}\right) \;\vdots\; \frac{1}{L} \;\vdots\; -\frac{6\eta}{L}\left(\frac{1}{L} - \frac{2\xi}{L^2}\right) \;\vdots\; \eta\left(\frac{2}{L} - \frac{6\xi}{L^2}\right)\right] \tag{d}
$$

式 (c) 和式 (d) 可直接用于计算式 (4.33) 至式 (4.37) 中定义的单元矩阵，例如

$$
\mathbf{K} = Eb\int_0^L \int_{-\frac{h}{2}}^{\frac{h}{2}} \mathbf{B}^{\mathrm{T}}\mathbf{B}\,\mathrm{d}\eta\,\mathrm{d}\xi
$$

其中

$$
h = h_1 + (h_2 - h_1)\frac{\xi}{L}
$$

可以直接推广上述公式来研究对应于梁单元三维作用情况的单元矩阵，还可计入剪切变形 (见 K. J. Bathe 和 S. Bolourchi [A])。

例 4.17: 讨论如图 E4.17 所示的轴对称 3 节点有限元的刚度矩阵、质量矩阵和荷载矩阵的推导.

该单元是最早发展的有限单元之一. 对于大多数实际应用来说，可以采用更有效的有限单元 (见第 5 章). 因为该单元要处理的方程组相当简单，所以将其用于说明目的是很方便的. 采用的位移假设为

$$
u(x,y) = \alpha_1 + \alpha_2 x + \alpha_3 y
$$
$$
v(x,y) = \beta_1 + \beta_2 x + \beta_3 y
$$

因此，正如例 4.6 中 4 节点平面应力单元的推导那样，可假设一个线性位移变量，其中第四个节点要求 xy 项包括在位移假设内. 参照例 4.6 中的推导，可直接建立下列关系式

[203]

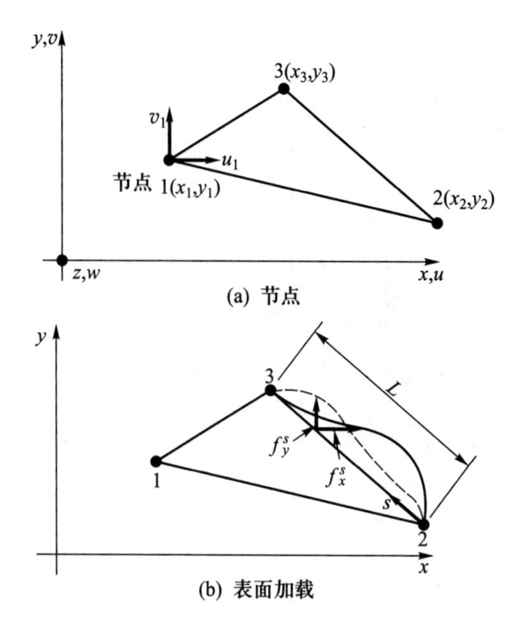

图 E4.17 轴对称 3 节点单元

$$\begin{bmatrix} u(x,y) \\ v(x,y) \end{bmatrix} = \mathbf{H} \begin{bmatrix} u_1 \\ u_2 \\ u_3 \\ v_1 \\ v_2 \\ v_3 \end{bmatrix}$$

其中,

$$\mathbf{H} = \begin{bmatrix} 1 & x & y & 0 & 0 & 0 \\ 0 & 0 & 0 & 1 & x & y \end{bmatrix} \mathbf{A}^{-1}$$

$$\mathbf{A}^{-1} = \begin{bmatrix} \mathbf{A}_1^{-1} & \mathbf{0} \\ \mathbf{0} & \mathbf{A}_1^{-1} \end{bmatrix}; \quad \mathbf{A}_1 = \begin{bmatrix} 1 & x_1 & y_1 \\ 1 & x_2 & y_2 \\ 1 & x_3 & y_3 \end{bmatrix}$$

因此

$$\mathbf{A}_1^{-1} = \frac{1}{\det \mathbf{A}_1} \begin{bmatrix} x_2y_3 - x_3y_2 & x_3y_1 - x_1y_3 & x_1y_2 - x_2y_1 \\ y_2 - y_3 & y_3 - y_1 & y_1 - y_2 \\ x_3 - x_2 & x_1 - x_3 & x_2 - x_1 \end{bmatrix}$$

其中,

$$\det \mathbf{A}_1 = x_1(y_2 - y_3) + x_2(y_3 - y_1) + x_3(y_1 - y_2)$$

应指出, 只要 3 个单元节点处在一条直线上, det $\mathbf{A}_1$ 是零. 表 4.2 给出的应变是

$$\varepsilon_{xx}=\frac{\partial u}{\partial x};\quad \varepsilon_{yy}=\frac{\partial v}{\partial y};\quad \gamma_{xy}=\frac{\partial u}{\partial y}+\frac{\partial v}{\partial x};\quad \varepsilon_{zz}=\frac{\partial w}{\partial z}=\frac{u}{x}$$

使用假设的位移多项式, 得到

$$\begin{bmatrix}\varepsilon_{xx}\\ \varepsilon_{yy}\\ \gamma_{xy}\\ \varepsilon_{zz}\end{bmatrix}=\mathbf{B}\begin{bmatrix}u_1\\ u_2\\ u_3\\ v_1\\ v_2\\ v_3\end{bmatrix};\quad \mathbf{B}=\begin{bmatrix}0&1&0&0&0&0\\ 0&0&0&0&0&1\\ 0&0&1&0&1&0\\ \frac{1}{x}&1&\frac{y}{x}&0&0&0\end{bmatrix}\mathbf{A}^{-1}=\mathbf{E}\mathbf{A}^{-1}$$

利用式 (4.33) 至式 (4.37), 得 [204]

$$\mathbf{K}=\mathbf{A}^{-\mathrm{T}}\left\{\iint_A \frac{E(1-\nu)}{(1+\nu)(1-2\nu)}\begin{bmatrix}0&0&0&\frac{1}{x}\\ 1&0&0&1\\ 0&0&1&\frac{y}{x}\\ 0&0&0&0\\ 0&0&1&0\\ 0&1&0&0\end{bmatrix}\right.$$

$$\left.\begin{bmatrix}1&\frac{\nu}{1-\nu}&0&\frac{\nu}{1-\nu}\\ \frac{\nu}{1-\nu}&1&0&\frac{\nu}{1-\nu}\\ 0&0&\frac{1-2\nu}{2(1-\nu)}&0\\ \frac{\nu}{1-\nu}&\frac{\nu}{1-\nu}&0&1\end{bmatrix}\begin{bmatrix}0&1&0&0&0&0\\ 0&0&0&0&0&1\\ 0&0&1&0&1&0\\ \frac{1}{x}&1&\frac{y}{x}&0&0&0\end{bmatrix}x\mathrm{d}x\mathrm{d}y\right\}\mathbf{A}^{-1} \tag{a}$$

其中, 体积积分是按轴对称单元的 1 个弧度考虑的. 类似地有

$$\mathbf{R}_B=\mathbf{A}^{-\mathrm{T}}\iint_A\begin{bmatrix}1&0\\ x&0\\ y&0\\ 0&1\\ 0&x\\ 0&y\end{bmatrix}\begin{bmatrix}f_x^B\\ f_y^B\end{bmatrix}x\mathrm{d}x\mathrm{d}y$$

$$\mathbf{R}_I = \mathbf{A}^{-\mathrm{T}} \iint_A \begin{bmatrix} 0 & 0 & 0 & \dfrac{1}{x} \\ 1 & 0 & 0 & 1 \\ 0 & 0 & 1 & \dfrac{y}{x} \\ 0 & 0 & 0 & 0 \\ 0 & 0 & 1 & 0 \\ 0 & 1 & 0 & 0 \end{bmatrix} \begin{bmatrix} \tau_{xx}^I \\ \tau_{yy}^I \\ \tau_{xy}^I \\ \tau_{zz}^I \end{bmatrix} x\mathrm{d}x\mathrm{d}y \tag{b}$$

$$\mathbf{M} = \rho \mathbf{A}^{-\mathrm{T}} \left\{ \iint_A \begin{bmatrix} 1 & 0 \\ x & 0 \\ y & 0 \\ 0 & 1 \\ 0 & x \\ 0 & y \end{bmatrix} \begin{bmatrix} 1 & x & y & 0 & 0 & 0 \\ 0 & 0 & 0 & 1 & x & y \end{bmatrix} x\mathrm{d}x\mathrm{d}y \right\} \mathbf{A}^{-1}$$

其中, 假设质量密度 ρ 为常数.

[205] 为了计算表面载荷向量 $\mathbf{R}_S$, 一个简便实用的方法是沿单元承受载荷的一端引进辅助坐标系. 假设单元边 2-3 的载荷如图 E4.17 所示, 则可利用变量 s 算出载荷向量 $\mathbf{R}_S$ 为

$$\mathbf{R}_S = \int_S \begin{bmatrix} 0 & 0 \\ 1-\dfrac{s}{L} & 0 \\ \dfrac{s}{L} & 0 \\ 0 & 0 \\ 0 & 1-\dfrac{s}{L} \\ 0 & \dfrac{s}{L} \end{bmatrix} \begin{bmatrix} f_x^S \\ f_y^S \end{bmatrix} \left[x_2 \left(1-\frac{s}{L}\right) + x_3 \frac{s}{L} \right] \mathrm{d}s$$

考虑上述有限元矩阵的计算过程, 可以看到下列几点事实. 首先, 对计算积分, 有可能得到封闭解, 另外也可以采用数值积分法 (在第 5.5 节中讨论). 其次, 我们发现对应于平面应力和平面应变的有限单元的刚度矩阵、质量矩阵和荷载矩阵, 可以简单地通过下列方法得到: ① 不包括式 (a) 和式 (b) 中使用的应变 – 位移矩阵 $\mathbf{E}$ 的第 4 行; ② 采用式 (a) 中适当的应力 – 应变矩阵 $\mathbf{C}$; ③ 用 $h\mathrm{d}x\mathrm{d}y$ 而不是用 $x\mathrm{d}x\mathrm{d}y$ 作为体积微元, 这里, h 为单元的厚度 (在平面应变分析中取值为 1 比较方便). 因此, 轴对称、平面应力与平面应变的分析都能有效地在一个计算机程序中实现. 另一方面, 矩阵 $\mathbf{E}$ 也表明, 在上述分析中都假设了常应变条件 ε_{xx}、ε_{yy} 和 γ_{xy}.

事实上将在第 5.6 节介绍一个计算机程序利用有效方式进行轴对称、平面应变和平面应力分析的概念, 其中, 我们将讨论等参有限元分析的高效实现.

例 4.18: 推导如图 E4.18 所示弯曲矩形板单元的矩阵 $\boldsymbol{\varphi}(x,y)$、$\mathbf{E}(x,y)$ 和 $\mathbf{A}$.

该单元是最早开发的曲板单元之一, 现使用更为有效的曲板单元 (见第 5.4.2 节).

如图 E4.18 所示, 所考虑的曲板单元的每个节点有 3 个自由度. 因此, 在 w 的位移假设中应有 12 个未知的广义坐标 $\alpha_1, \cdots, \alpha_{12}$.

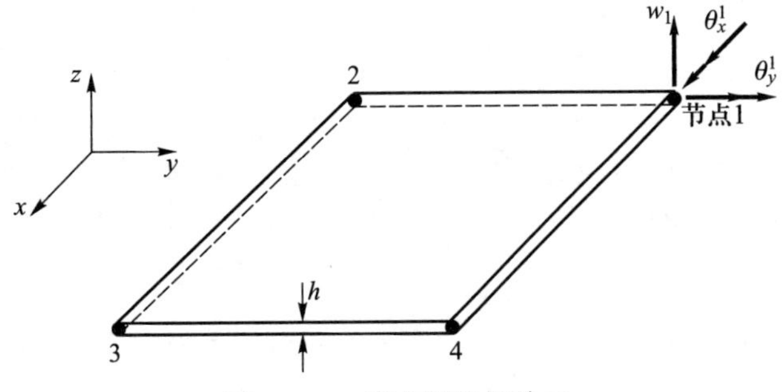

图 E4.18　弯曲矩形板单元

所用的多项式为 [206]

$$
\begin{aligned}
w = & \alpha_1 + \alpha_2 x + \alpha_3 y + \alpha_4 x^2 + \alpha_5 xy + \alpha_6 y^2 + \alpha_7 x^3 + \alpha_8 x^2 y + \\
& \alpha_9 xy^2 + \alpha_{10} y^3 + \alpha_{11} x^3 y + \alpha_{12} xy^3
\end{aligned}
$$

因此

$$
\boldsymbol{\varphi}(x, y) = [1 \quad x \quad y \quad x^2 \quad xy \quad y^2 \quad x^3 \quad x^2 y \quad xy^2 \quad y^3 \quad x^3 y \quad xy^3] \tag{a}
$$

现可算出 $\partial w/\partial x$ 和 $\partial w/\partial y$,

$$
\frac{\partial w}{\partial x} = \alpha_2 + 2\alpha_4 x + \alpha_5 y + 3\alpha_7 x^2 + 2\alpha_8 xy + \alpha_9 y^2 + 3\alpha_{11} x^2 y + \alpha_{12} y^3 \tag{b}
$$

$$
\frac{\partial w}{\partial y} = \alpha_3 + \alpha_5 x + 2\alpha_6 y + \alpha_8 x^2 + 2\alpha_9 xy + 3\alpha_{10} y^2 + \alpha_{11} x^3 + 3\alpha_{12} xy^2 \tag{c}
$$

利用下述条件

$$
\left.
\begin{aligned}
w_i = (w)_{x_i, y_i}; \quad \theta_x^i = \left(\frac{\partial w}{\partial y}\right)_{x_i, y_i} \\
\theta_y^i = \left(-\frac{\partial w}{\partial x}\right)_{x_i, y_i}
\end{aligned}
\right\} i = 1, \cdots, 4
$$

可构造矩阵 $\mathbf{A}$, 即

$$
\begin{bmatrix} w_1 \\ \vdots \\ w_4 \\ \theta_x^1 \\ \vdots \\ \theta_x^4 \\ \theta_y^1 \\ \vdots \\ \theta_y^4 \end{bmatrix} = \mathbf{A} \begin{bmatrix} \alpha_1 \\ \alpha_2 \\ \\ \vdots \\ \\ \alpha_{12} \end{bmatrix}
$$

其中

$$
\mathbf{A}=\begin{bmatrix}
1 & x_1 & y_1 & x_1^2 & x_1y_1 & y_1^2 & x_1^3 & x_1^2y_1 & x_1y_1^2 & y_1^3 & x_1^3y_1 & x_1y_1^3\\
\vdots & & & & \vdots & & & & & & & \\
1 & x_4 & y_4 & x_4^2 & x_4y_4 & y_4^2 & x_4^3 & x_4^2y_4 & x_4y_4^2 & y_4^3 & x_4^3y_4 & x_4y_4^3\\
0 & 0 & 1 & 0 & x_1 & 2y_1 & 0 & x_1^2 & 2x_1y_1 & 3y_1^3 & x_1^3 & 3x_1y_1^2\\
\vdots & & & & \vdots & & & & & & & \\
0 & 0 & 1 & 0 & x_4 & 2y_4 & 0 & x_4^2 & 2x_4y_4 & 3y_4^2 & x_4^3 & 3x_4y_4^2\\
0 & -1 & 0 & -2x_1 & -y_1 & 0 & -3x_1^2 & -2x_1y_1 & -y_1^2 & 0 & -3x_1^2y_1 & -y_1^3\\
\vdots & & & & \vdots & & & & & & & \\
0 & -1 & 0 & -2x_4 & -y_4 & 0 & -3x_4^2 & -2x_4y_4 & -y_4^2 & 0 & -3x_4^2y_4 & -y_4^3
\end{bmatrix} \tag{d}
$$

可以证明式 (d) 总是非奇异的.

[207] 为了计算矩阵 $\mathbf{E}$, 在板弯曲分析中, 曲率和力矩用做广义应变和应力 (见表 4.2 和表 4.3). 计算式 (b) 和式 (c) 所要求的导数, 得到

$$
\begin{aligned}
\frac{\partial^2 w}{\partial x^2} &= 2\alpha_4 + 6\alpha_7 x + 2\alpha_8 y + 6\alpha_{11}xy\\
\frac{\partial^2 w}{\partial y^2} &= 2\alpha_6 + 2\alpha_9 x + 6\alpha_{10} y + 6\alpha_{12}xy\\
2\frac{\partial^2 w}{\partial x\partial y} &= 2\alpha_5 + 4\alpha_8 x + 4\alpha_9 y + 6\alpha_{11}x^2 + 6\alpha_{12}y^2
\end{aligned} \tag{e}
$$

因此, 有

$$
\mathbf{E}=\begin{bmatrix}
0 & 0 & 0 & 2 & 0 & 0 & 6x & 2y & 0 & 0 & 6xy & 0\\
0 & 0 & 0 & 0 & 0 & 2 & 0 & 0 & 2x & 6y & 0 & 6xy\\
0 & 0 & 0 & 0 & 2 & 0 & 0 & 4x & 4y & 0 & 6x^2 & 6y^2
\end{bmatrix} \tag{f}
$$

利用式 (a)、式 (d) 和式 (f) 中给出的矩阵 $\boldsymbol{\varphi}$、$\mathbf{A}$ 和 $\mathbf{E}$ 以及表 4.3 中的材料矩阵 $\mathbf{C}$, 可以计算出单元刚度矩阵、质量矩阵以及载荷向量.

在计算单元刚度矩阵时, 应着重考虑单元是否完备和协调. 该例所考虑的单元是完备的, 如式 (e) 所示 (即, 该单元能反映常曲率状态), 但该单元是非协调的. 很多曲板单元是不满足协调性要求的, 也就是说在用这些单元进行分析时, 收敛通常不是单调的 (见第 4.3 节).

例 4.19: 讨论矩形平壳单元刚度矩阵的计算.

把例 4.18 中考虑的板弯曲特性与例 4.6 中所用单元的平面应力特性叠加起来, 就可得到一个简单的矩形平壳单元. 相应的单元如图 E4.19 所示. 该单元可用于平板 (如折板结构) 和曲壳的组合体的建模. 在实际分析时, 可以采用更有效的壳单元. 但这里为了详细说明某些基本的分析方法, 我们仅讨论如图 E4.19 所示的单元.

在局部坐标系中, 设 $\widetilde{\mathbf{K}}_B$ 和 $\widetilde{\mathbf{K}}_M$ 分别对应单元弯曲和薄膜运动的刚度矩阵, 因此壳单元刚度矩阵 $\widetilde{\mathbf{K}}_S$ 为

$$\underset{20\times 20}{\widetilde{\mathbf{K}}_S} = \begin{bmatrix} \underset{12\times 12}{\widetilde{\mathbf{K}}_B} & \mathbf{0} \\ \mathbf{0} & \underset{8\times 8}{\widetilde{\mathbf{K}}_M} \end{bmatrix} \tag{a}$$

矩阵 $\widetilde{\mathbf{K}}_M$ 和 $\widetilde{\mathbf{K}}_B$ 已分别在例 4.6 和例 4.18 中讨论过.①

现在可以直接把该壳元用于各种壳体结构的分析中. 考虑如图 E4.19 所示的结构, 该结构可按图示那样建模. 由于我们在分析中对每个节点用了 6 个自由度, 因此由式 (4.41) 给出的变换即可求出对应于全局自由度的单元刚度矩阵

$$\underset{24\times 24}{\mathbf{K}_S} = \mathbf{T}^{\mathrm{T}}\widetilde{\mathbf{K}}_S^{*}\mathbf{T} \tag{b}$$

其中

$$\underset{24\times 24}{\widetilde{\mathbf{K}}_S^{*}} = \begin{bmatrix} \underset{20\times 20}{\widetilde{\mathbf{K}}_S} & \mathbf{0} \\ \mathbf{0} & \underset{4\times 4}{\mathbf{0}} \end{bmatrix} \tag{c}$$

[208]

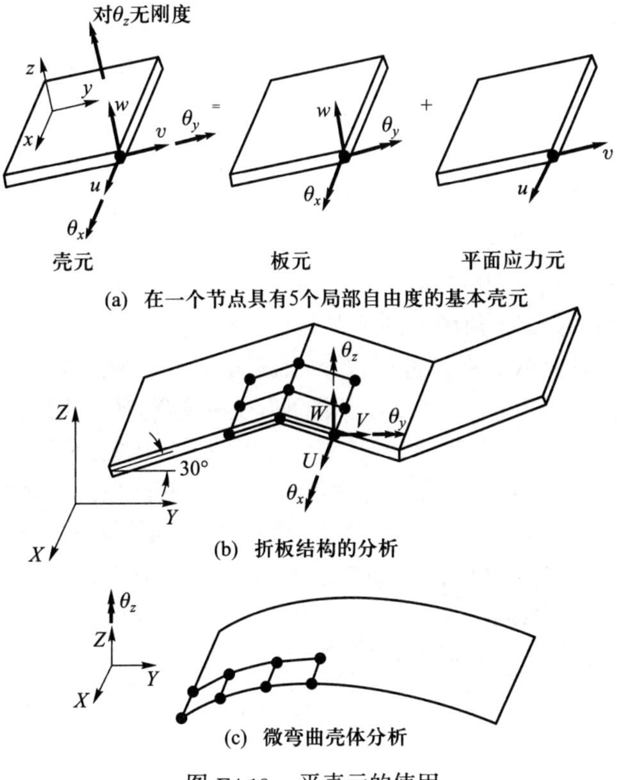

对θ_z无刚度
z
y
x
w
v
u
θ_y
θ_x
=
+
壳元
板元
平面应力元
(a) 在一个节点具有5个局部自由度的基本壳元
Z
Y
X
W
V
U
θ_z
θ_y
θ_x
30°
(b) 折板结构的分析
(c) 微弯曲壳体分析

图 E4.19　平壳元的使用

① 由例 4.6 和例 4.18 中的矩阵 $\mathbf{A}$、$\mathbf{E}$、$\mathbf{C}$ 等, 可计算得出刚度矩阵 $\widetilde{\mathbf{K}}_M$ 和 $\widetilde{\mathbf{K}}_B$. ——译者注

$\mathbf{T}$ 为局部与全局单元自由度之间的变换矩阵. 为定义对应于每一节点有 6 个自由度的 $\widetilde{\mathbf{K}}_S^*$, 我们已修改了式 (c) 中右边的 $\widetilde{\mathbf{K}}_S$ 以便计入对应于节点局部转角 θ_z (绕 z 轴转动) 的刚度系数. 式 (c) 中的这些刚度系数已经被设置为零. 这样做是因为在单元的构造中不包含这些自由度. 因此, 不需要度量节点上的单元转角 θ_z, 它对单元内存储的应变能没有贡献.

只要一个节点四周的单元不共面, 模型的解可以利用式 (c) 中 $\widetilde{\mathbf{K}}_S^*$ 得出. 而这对折板模型以及对在图 E4.19(c) 中微弯曲壳的分析是不成立的, 这些单元几乎是共面的 (取决于壳的曲率和所用的模型).

[209] 在此情况下, 全局刚度矩阵是奇异的或是病态的, 因为 $\widetilde{\mathbf{K}}_S^*$ 的对角元素为 0, 这将使求解全局平衡方程时遇到困难 (见第 8.2.6 节). 为了避免该问题, 可以对转角 θ_z 施加一很小的刚度系数, 即不用 (c) 中 $\widetilde{\mathbf{K}}_S^*$, 而使用

$$\widetilde{\mathbf{K}}_S^{*\prime} = \begin{bmatrix} \underset{20\times 20}{\widetilde{\mathbf{K}}_S} & \mathbf{0} \\ \mathbf{0} & \underset{4\times 4}{k\mathbf{I}} \end{bmatrix} \tag{d}$$

其中, k 约为 $\widetilde{\mathbf{K}}_S$ 的最小对角元素的千分之一. 刚度系数 k 必须足够大以较精确得到有限元系统平衡方程的解, 且要足够小到不显著地影响系统的响应. 因此, 在浮点运算中必须采用足够大的数位 (见第 8.2.6 节).

避开上述问题的一个更有效的办法是采用每个节点有 5 个自由度的曲壳单元, 这些节点自由度是对应于壳体中性面的切平面定义的. 此时, 垂直于壳体表面的转角不是一个自由度 (见第 5.4.2 节).

在上述单元构造中, 我们用多项式函数表示位移. 但应指出, 使用其他函数, 如三角函数对于某些应用可能更有效. 例如, 在受非轴对称载荷 (见 E. L. Wilson [A]) 作用的轴对称结构分析以及在有限条方法 (见 Y. K. Cheung [A]) 中都使用三角函数. 三角函数的优点在于它们的正交性. 即如果在适当区间内对正弦和余弦函数的乘积进行积分, 则其积分值为零. 这意味着对应于正弦和余弦函数的广义坐标, 平衡方程之间不存在耦合, 从而可以更有效地求解该平衡方程. 由此可以看到, 用于有限元分析的最好函数, 应由问题的特征向量给定, 因为这些函数将给出对角刚度矩阵. 但这些函数是未知的. 对一般应用来说, 有限元位移使用多项式、三角函数等其他函数假设是最自然不过的.

当然, 在某些流动分析中, 特殊插值函数的使用也可以得到高效的解决方法 (如见 A. T. Patera [A]).

现用下例说明三角函数的应用.

例 4.20: 如图 E4.20 所示, 一个承受非轴对称径向载荷的轴对称结构. 当把载荷表示成傅里叶分量的叠加时, 试用例 4.17 的 3 节点轴对称单元分析该结构.

结构中的应力分布是三维的, 从而可以用三维有限元模型计算. 但是, 根据所作用的精确载荷, 并利用结构轴对称的几何特性有可能大大减少计算量.

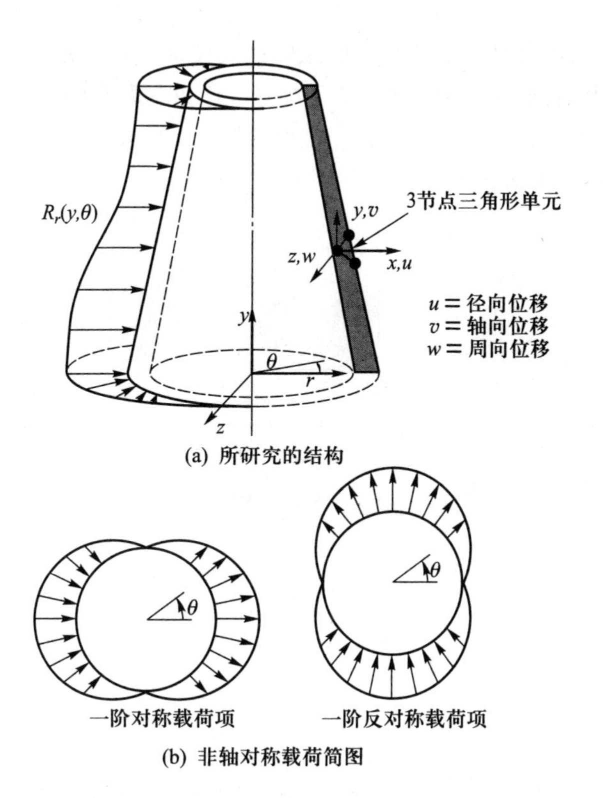

[210]

图 E4.20　承受非轴对称载荷的轴对称结构

分析的关键是把外部载荷 $R_r(y,\theta)$ 展开为 Fourier 级数

$$R_r = \sum_{p=1}^{p_c} R_p^c \cos p\theta + \sum_{p=1}^{p_s} R_p^s \sin p\theta \tag{a}$$

其中, p_c 和 p_s 分别为 $\theta=0$ 时对称载荷和反对称载荷分量的总项数, 图 E4.20(b) 表示展开式 (a) 中的第一项.

用叠加由式 (a) 所定义对称载荷和反对称载荷分量的响应的办法, 即可进行完整的分析. 例如, 考虑对称响应时, 对某一单元, 利用

$$\begin{aligned} u(x,y,\theta) &= \sum_{p=1}^{p_c} \cos p\theta \mathbf{H}\widehat{\mathbf{u}}^p \\ v(x,y,\theta) &= \sum_{p=1}^{p_c} \cos p\theta \mathbf{H}\widehat{\mathbf{v}}^p \\ w(x,y,\theta) &= \sum_{p=1}^{p_c} \sin p\theta \mathbf{H}\widehat{\mathbf{w}}^p \end{aligned} \tag{b}$$

其中, 参考例 4.17, 对三角形单元有

$$\mathbf{H} = [1 \quad x \quad y]\mathbf{A}_1^{-1} \tag{c}$$

[211]

而 $\widehat{\mathbf{u}}^p$、$\widehat{\mathbf{v}}^p$ 和 $\widehat{\mathbf{w}}^p$ 为对应于模态 p 的未知广义单元节点位移.

应当指出, 我们在式 (b) 中叠加了按单个谐波位移分量度量的响应. 现在利用式 (b), 即可建立单元的应变 – 位移矩阵. 由于涉及三维应力分布, 故用圆柱坐标表示三维应变分布

$$\boldsymbol{\varepsilon} = \begin{bmatrix} \dfrac{\partial u}{\partial r} \\ \dfrac{\partial v}{\partial y} \\ \dfrac{u}{r} + \dfrac{1}{r}\dfrac{\partial w}{\partial \theta} \\ \dfrac{\partial u}{\partial y} + \dfrac{\partial v}{\partial r} \\ \dfrac{\partial w}{\partial y} + \dfrac{1}{r}\dfrac{\partial v}{\partial \theta} \\ \dfrac{\partial w}{\partial r} + \dfrac{1}{r}\dfrac{\partial u}{\partial \theta} - \dfrac{w}{r} \end{bmatrix} \tag{d}$$

其中,

$$\boldsymbol{\varepsilon}^{\mathrm{T}} = [\varepsilon_{rr} \quad \varepsilon_{yy} \quad \varepsilon_{\theta\theta} \quad \gamma_{ry} \quad \gamma_{y\theta} \quad \gamma_{\theta r}] \tag{e}$$

把式 (b) 代入式 (d), 对每一个 p 值, 得到一个应变 – 位移矩阵 $\mathbf{B}_p$, 而总应变可认为是每一个谐波函数中所包括的应变分量的叠加.

现在可采用通常的步骤求出未知节点位移. 对应于广义节点位移 U_i^p、V_i^p、W_i^p, $i = 1, \cdots, N$ (N 为节点的总数) 和 $p = 1, \cdots, p_c$ 的平衡方程, 按式 (4.17) 至式 (4.22) 计算, 现在有

$$\mathbf{U}^{\mathrm{T}} = [\mathbf{U}^{1\mathrm{T}} \quad \mathbf{U}^{2\mathrm{T}} \quad \cdots \quad \mathbf{U}^{p_c\mathrm{T}}] \tag{f}$$

和

$$\mathbf{U}^{p\mathrm{T}} = [U_1^p \quad V_1^p \quad W_1^p \mid U_2^p \cdots W_N^p] \tag{g}$$

计算 $\mathbf{K}$ 和 $\mathbf{R}_s$ 时注意到, 由于正交性

$$\begin{aligned} &\int_0^{2\pi} \sin n\theta \sin m\theta \mathrm{d}\theta = 0 \quad n \neq m \\ &\int_0^{2\pi} \cos n\theta \cos m\theta \mathrm{d}\theta = 0 \quad n \neq m \end{aligned} \tag{h}$$

对应于不同谐波函数的刚度矩阵是互不耦合的. 因此有下述结构平衡方程

$$\mathbf{K}^p\mathbf{U}^p = \mathbf{R}_S^p \quad p = 1, \cdots, p_c \tag{i}$$

其中, $\mathbf{K}^p$ 和 $\mathbf{R}_S^p$ 为对应于第 p 个谐波函数的刚度矩阵和载荷向量.

式 (i) 的解给出每一单元的广义节点位移, 因而由式 (b) 可得到全部单元的内部位移.

在上述位移解中, 仅考虑了轴对称载荷的分量. 而对于式 (a) 的反对称载荷谐波函数, 分别用余弦项和正弦项代替式 (b) ~ 式 (i) 中的全部正弦项和余弦项就可进行类似的分析. 最后把对应于全部谐波函数的位移叠加即可得到整个结构的响应.

上述讨论虽然所考虑的仅是表面载荷, 但同样的方法可推广到分析含有体力载荷与初应力的情况.

最后应当指出, 分析中所需要的计算量与所用的载荷谐波函数的数目成正比. 因此, 如果只用若干谐波函数表示载荷 (例如风载荷), 则该解法效率高. 但是, 如果必须用很多谐波函数表示载荷时 (例如集中力), 该解法就可能效率不高.

4.2.4 结构特性和载荷的集总

正如第 4.2.3 节所述, 有限元分析法的物理解释是把结构特性, 如刚度、质量和载荷, 不论内部的还是外部的, 利用虚功原理集总到单元组合体的各个离散节点上. 因为在计算载荷向量和质量矩阵时使用了与计算刚度矩阵一样的插值函数, 故称它们为"一致"载荷向量和"一致"质量矩阵.

在此情况下, 如果满足一定的条件 (见第 4.3.3 节), 有限元的解就是 Ritz 分析的解. [212]

现可看出, 我们简单地把一些在某种意义上与单元分布载荷等价的附加力叠加到实际作用的集中节点力 $\mathbf{R}_c$ 上, 即可计算近似的载荷向量, 而不必求一致载荷向量的积分. 一种构造近似载荷向量的直观方法是计算对应于单元的总体力和面力, 并平均分配到适当的单元节点自由度上. 作为例子, 考虑如图 4.6 中所示具有变化体力的矩形平面应力单元. 总体力为 2.0, 因此, 可得到图中给出的集总体力向量.

考虑单元质量矩阵的推导时, 在前面惯性力已被视为体力的一部分. 因此, 也可以把总单元质量平均集总到节点上, 从而建立一个近似的质量矩阵. 由于每一节点质量实质上对应于单元围绕该节点分布的体积质量, 并注意到, 利用这种集总质量的方法, 从本质上说, 我们假设一个节点分布体积的加速度是常数, 并与节点值相等.

利用集总质量矩阵的一个重要优点是该矩阵是对角矩阵. 正如以后将要看到的, 在某些情况下这样做会显著减少求解动力方程的数值运算量.

例 4.21: 求如图 E4.5 所示单元组合体的集总体力向量和集总质量矩阵.

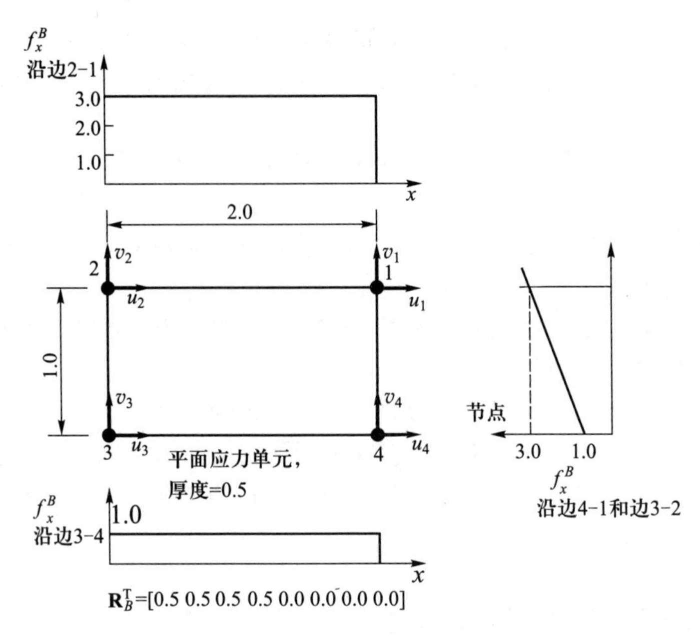

图 4.6 矩形单元的体力分布和对应的集总体力向量 $\mathbf{R}_B$

[213] 集总质量矩阵为

$$\mathbf{M} = \rho \int_0^{100} (1) \begin{bmatrix} \frac{1}{2} & 0 & 0 \\ 0 & \frac{1}{2} & 0 \\ 0 & 0 & 0 \end{bmatrix} \mathrm{d}x + \rho \int_0^{80} \left(1 + \frac{x}{40}\right)^2 \begin{bmatrix} 0 & 0 & 0 \\ 0 & \frac{1}{2} & 0 \\ 0 & 0 & \frac{1}{2} \end{bmatrix} \mathrm{d}x$$

或

$$\mathbf{M} = \frac{\rho}{3} \begin{bmatrix} 150 & 0 & 0 \\ 0 & 670 & 0 \\ 0 & 0 & 520 \end{bmatrix}$$

类似地, 集总体力向量为

$$\mathbf{R}_B = \left(\int_0^{100} (1) \begin{bmatrix} \frac{1}{2} \\ \frac{1}{2} \\ 0 \end{bmatrix} (1)\mathrm{d}x + \int_0^{80} \left(1 + \frac{x}{40}\right)^2 \begin{bmatrix} 0 \\ \frac{1}{2} \\ \frac{1}{2} \end{bmatrix} \left(\frac{1}{10}\right) \mathrm{d}x \right) f_2(t)$$

$$= \frac{1}{3} \begin{bmatrix} 150 \\ 202 \\ 52 \end{bmatrix} f_2(t)$$

应当指出, 正如所要求的那样, 在本例和例 4.5 中, $\mathbf{M}$ 和 $\mathbf{R}_B$ 中的元素的和是相同的.

当使用载荷集总的方法时, 应认识到一般只能近似地计算节点载荷, 但当采用一个粗大的有限元网格时, 相应的解可能很不精确. 在某些情况下, 当使用高阶有限元时, 的确会得到意想不到的结果. 图 4.7 说明了这种情况 (也见例 5.12). [214]

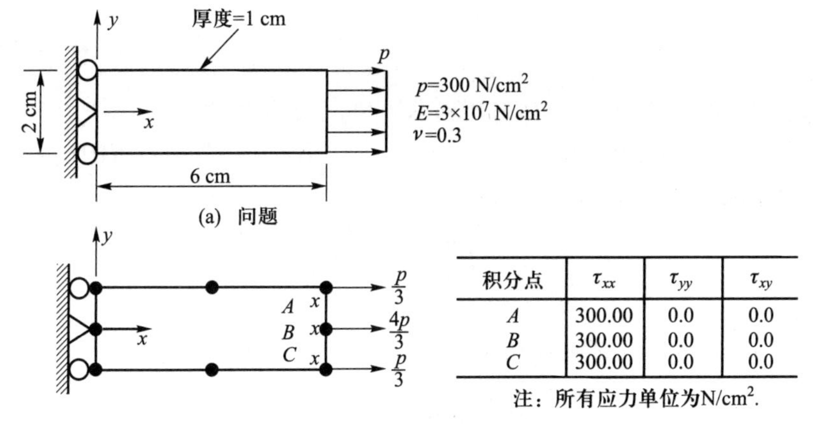

积分点	τ_{xx}	τ_{yy}	τ_{xy}
A	300.00	0.0	0.0
B	300.00	0.0	0.0
C	300.00	0.0	0.0

注：所有应力单位为N/cm^2.

(b) 一致载荷的有限元模型

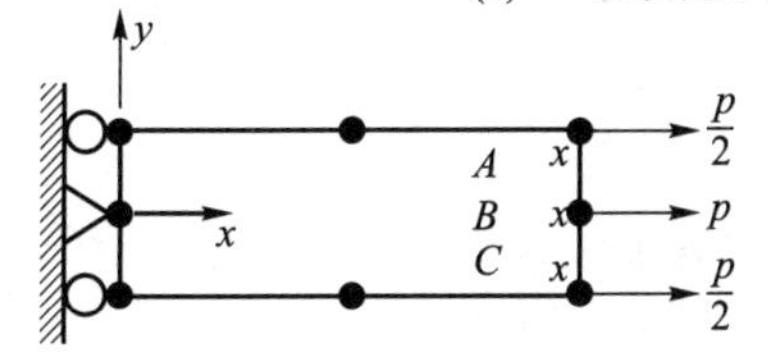

积分点	τ_{xx}	τ_{yy}	τ_{xy}
A	301.41	−7.85	−24.72
B	295.74	−9.55	0.0
C	301.41	−7.85	24.72

注：① 所有应力单位为N/cm^2.
② 使用3×3 Gauss点，见表5.7.

(c) 集总载荷的有限元模型

图 4.7 用和不用一致载荷一些实例分析的结果

考虑动态分析时, 应当把惯性影响作为一种体力. 因此, 如果采用集总质量矩阵, 则使用一致载荷向量可能没有什么优势. 但如果在分析中使用一致质量矩阵, 则也应该使用一致节点载荷.

4.2.5 习题

4.1 使用例 4.2 中的方法, 推导如图 Ex.4.1 所示一维杆的虚功原理公式.

[215]

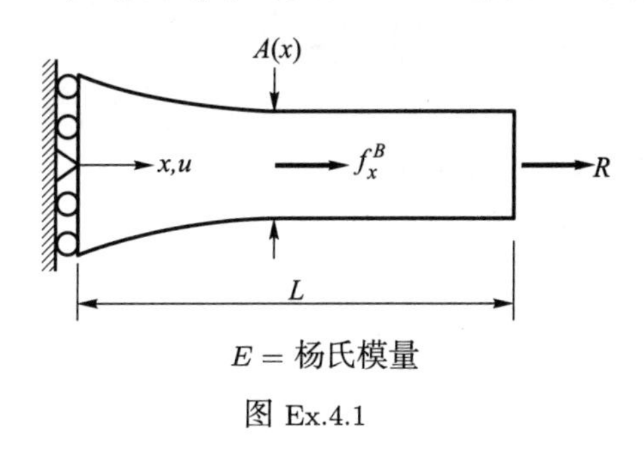

E = 杨氏模量

图 Ex.4.1

平衡微分方程是

$$E\frac{\partial}{\partial x}\left(A\frac{\partial u}{\partial x}\right)+f_x^B=0$$

$$EA\frac{\partial u}{\partial x}\bigg|_{x=L}=R$$

4.2　考虑如图 Ex.4.2 所示结构.

(a) 把一般方程 (4.7) 具体应用到本例, 写出虚位移原理.

(b) 使用下列三个虚位移: (I) $\overline{u}(x)=a_0x$, (II) $\overline{u}(x)=a_0x^2$, (III) $\overline{u}(x)=a_0x^3$. 根据虚位移原理, 检验精确解是否是

$$\tau(x)=\left(\frac{72}{73}+\frac{24x}{73L}\right)\frac{F}{A_0}$$

(c) 求解平衡的控制微分方程

$$E\frac{\partial}{\partial x}\left(A\frac{\partial u}{\partial x}\right)=0$$

$$EA\frac{\partial u}{\partial x}\bigg|_{x=L}=F$$

(d) 使用问题 (b) 中给出的三种不同的虚位移模式, 和应力的精确解 (从问题 (c) 中得到), 代入虚功原理, 显式证明虚功原理成立.

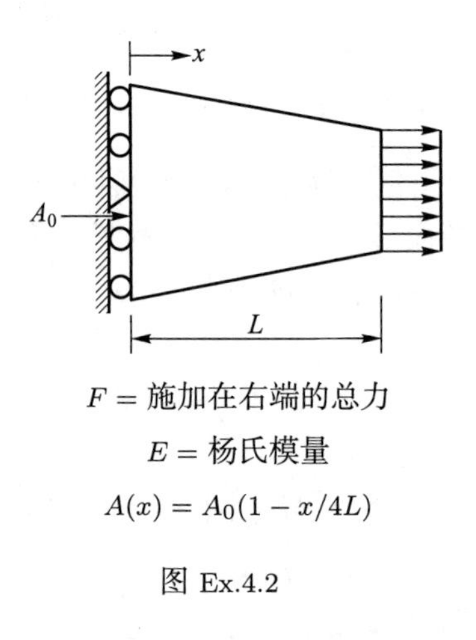

F = 施加在右端的总力

E = 杨氏模量

$A(x)=A_0(1-x/4L)$

图 Ex.4.2

[216]

4.3　考虑如图 Ex.4.3 所示的杆.

(a) 求解结构的精确位移响应.

(b) 显式证明虚功原理满足下列位移模式 (I) $\overline{u}(x)=ax$ 和 (II) $\overline{u}(x)=ax^2$.

(c) 说明应力 τ_{xx} 的虚功原理满足模式 (II) 但不满足 (I).

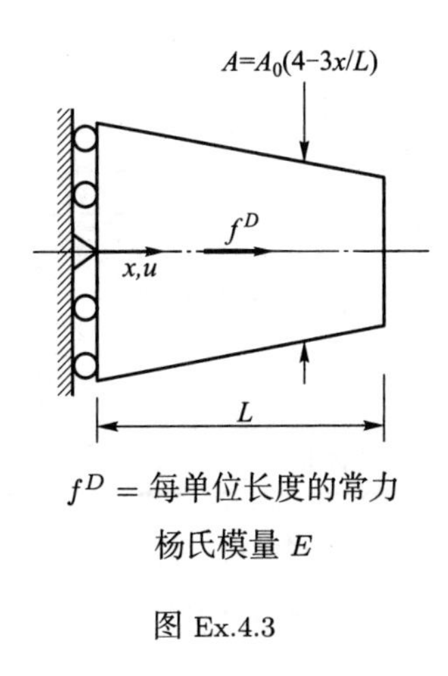

f^D = 每单位长度的常力

杨氏模量 E

图 Ex.4.3

4.4 对如图 Ex.4.4 所示二维体, 使用虚功原理, 证明体力与节点集中作用载荷平衡.

$$f_x^B = 10(1+2x)\ \text{N/m}^3$$
$$f_y^B = 20(1+y)\ \text{N/m}^3$$
$$R_1 = 60\ \text{N}$$
$$R_2 = 45\ \text{N}$$
$$R_3 = 15\ \text{N}$$

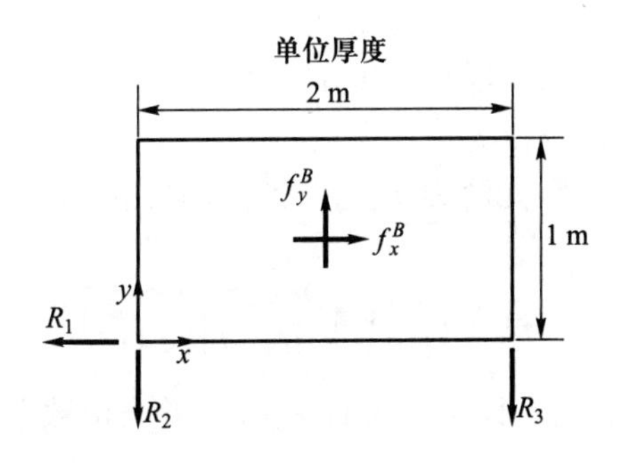

图 Ex.4.4

4.5 把如图 Ex.4.5 所示杆结构建模为两个 2 节点杆元的组合体. [217]

(a) 计算平衡方程 $\mathbf{KU} = \mathbf{R}$.

(b) 计算单元组合体的质量矩阵.

4.6 考虑如图 Ex.4.6 所示圆盘, 中心有半径为 20 的孔, 以角速度 ω rad/s 旋转.

把该结构建模为两个 2 节点单元的组合体, 计算稳态 (伪静态) 平衡方程. (请注意该应变现在是 $\partial u/\partial x$ 和 u/x, 其中 u/x 是周向应变.)

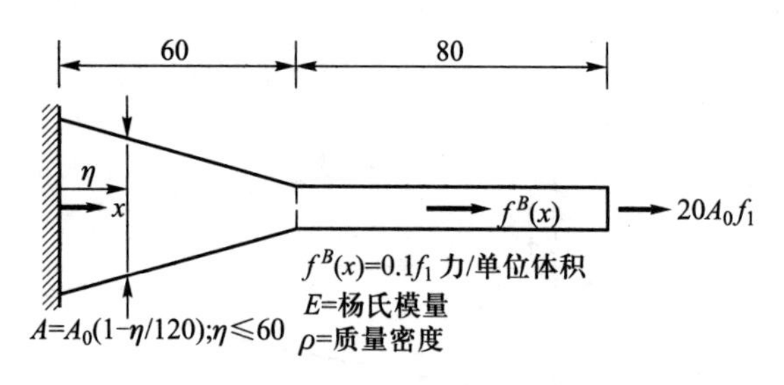

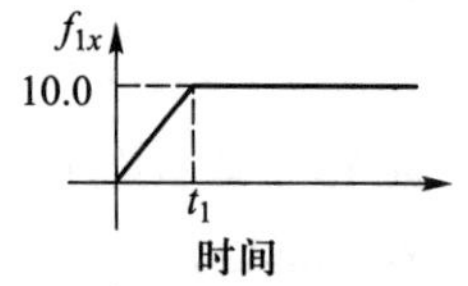

图 Ex.4.5

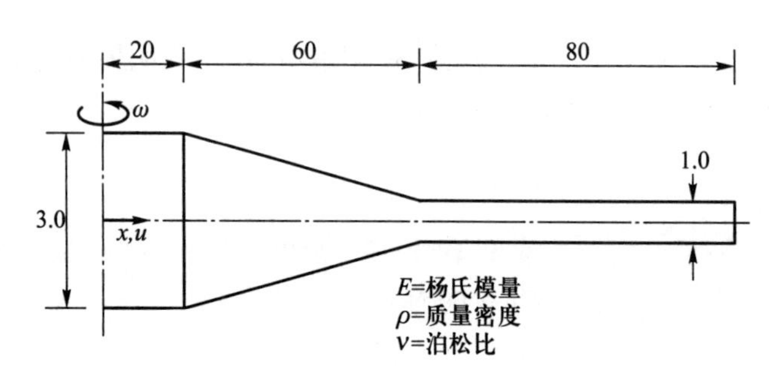

图 Ex.4.6

4.7 考虑例 4.5 和时刻 $t = 2$ 的状态, 并且对所有时间 $U_1(t) = 0$.

(a) 使用例中给出的有限元公式计算静态的节点位移和单元应力.

(b) 计算支撑处的支反力.

[218] (c) 设已算出的有限元解为 u^{FE}. 计算和画出按满足平衡微分方程度量的误差 r, 即

$$r = E\left[\frac{\partial}{\partial x}\left(A\frac{\partial u^{FE}}{\partial x}\right)\right] + f_x^B A$$

(d) 采用有限元方法, 计算结构的应变能, 并与由数学模型得到的精确应变能相比较.

4.8 如图 Ex.4.8 所示 2 节点桁架单元, 初始温度为 20°C, 均匀分布, 满足温度变化

$$\theta = (10x + 20)°\mathrm{C}$$

计算相应的应力和节点位移. 假设是连续介质, 得出解析解, 并且简要讨论所得结果.

4.9 考虑如图 Ex.4.9 所示的有限元分析.

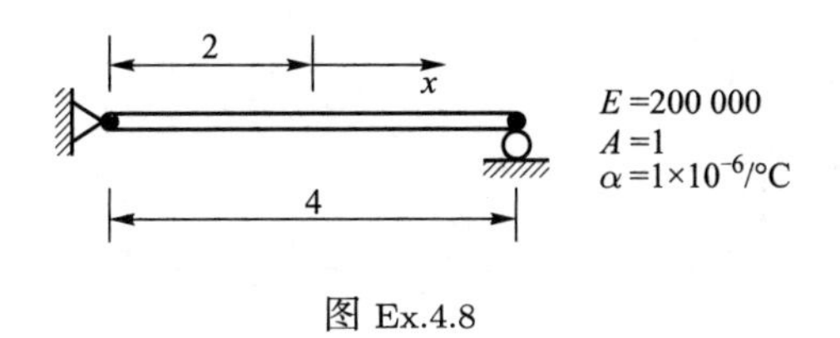

图 Ex.4.8

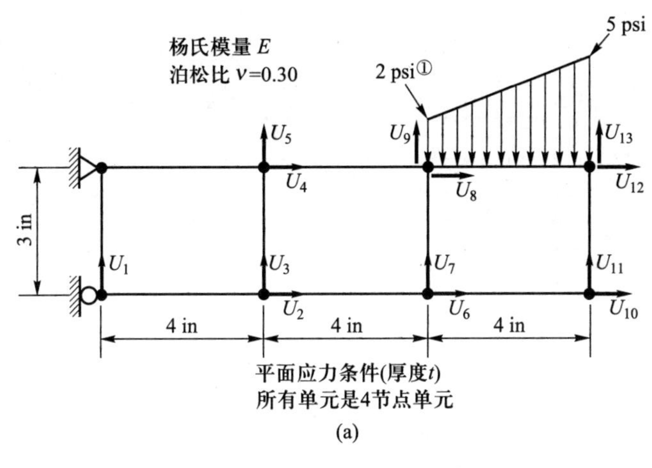

(a)

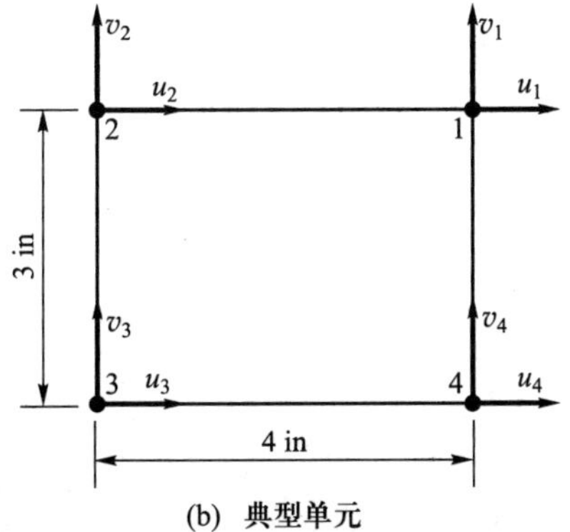

(b) 典型单元

图 Ex.4.9

[219]

(a) 首先, 对向量 $\hat{\mathbf{u}}^{\mathrm{T}} = [u_1 \quad v_1 \quad u_2 \quad v_2 \quad u_3 \quad v_3 \quad u_4 \quad v_4]$, 建立单元的典型矩阵 **B**.

(b) 计算单元的 **K** 矩阵和结构组合体的 $K_{U_2U_2}$、$K_{U_6U_7}$、$K_{U_7U_6}$ 和 $K_{U_5U_{12}}$.

(c) 计算由于线性变化的表面压力分布导致的节点负载 R_9.

4.10 考虑如图 Ex.4.10.1 和图 Ex.4.10.2 所示的简支梁.

(a) 假设采用常规梁理论和使用虚功原理计算支反力 R_1 和 R_2.

(b) 现假设梁由 4 节点的有限单元建模. 证明, 为能计算问题 (a) 中 R_1 和 R_2, 有限元位移函数必须能表示刚体模式位移.

① 1 in = 25.4 mm, 1 psi = 6.895 kpa. —— 译者注

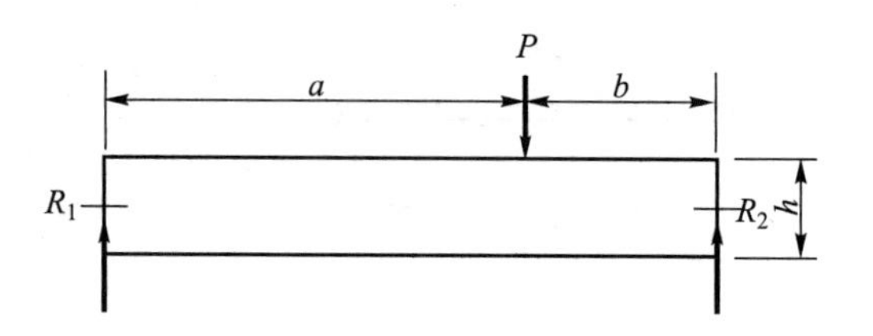

图 Ex.4.10.1

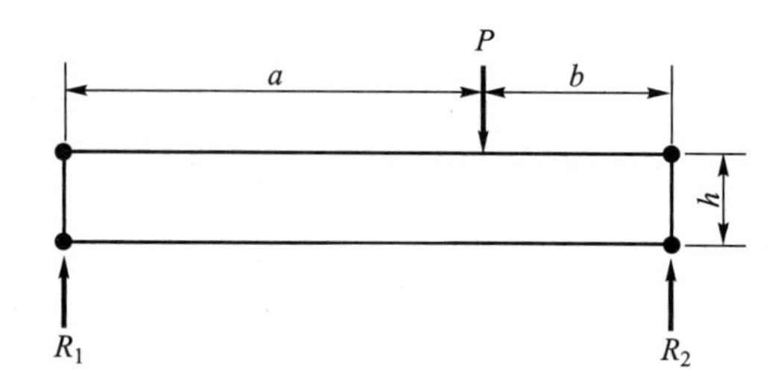

图 Ex.4.10.2

4.11 如图 Ex.4.11 所示 4 节点平面应力单元承载初始应力

$$\tau_{xx}^I = 0 \text{ MPa}$$
$$\tau_{yy}^I = 10 \text{ MPa}$$
$$\tau_{xy}^I = 20 \text{ MPa}$$

[220]

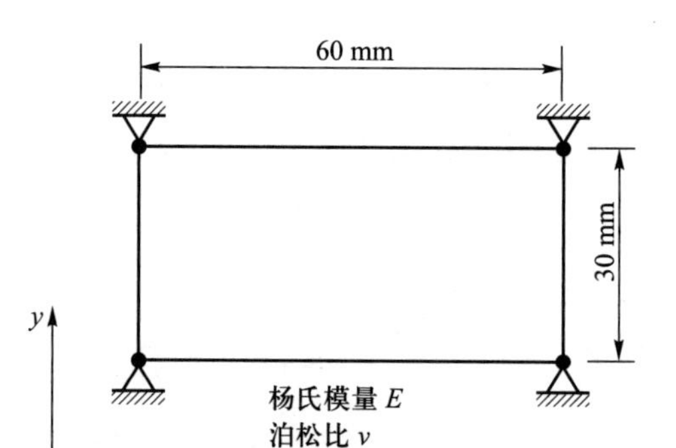

图 Ex.4.11

(a) 计算相应的节点力 $\mathbf{R}_I$.

(b) 计算对应于单元应力并等效于面力的节点力 $\mathbf{R}_S$. 使用初等静力学检查您的结果, 并证明 $\mathbf{R}_S$ 等于问题 (a) 中已算出的 $\mathbf{R}_I$. 解释为什么这一结果合理.

(c) 推导一般的结果: 假设给定所有的应力, 并算出 $\mathbf{R}_I$ 和 $\mathbf{R}_S$. 给定的应力必须满足什么条件才能够保证 $\mathbf{R}_I = \mathbf{R}_S$. 其中, $\mathbf{R}_S$ 中的面力从例 4.2 中

方程 (b) 中得到.

4.12 如图 Ex.4.12 所示的 4 节点平面应变单元受到常应力作用

$$\tau_{xx} = 20 \text{ psi}$$

$$\tau_{yy} = 10 \text{ psi}$$

$$\tau_{xy} = 10 \text{ psi}$$

计算单元的节点位移.

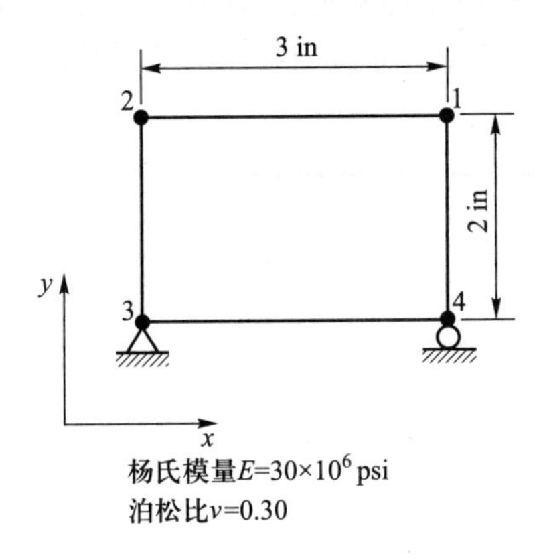

图 Ex.4.12

4.13 考虑图 E4.9 中的单元 2, [221]

(a) 显式证明,

$$\mathbf{F}^{(2)} = \int_{V^{(2)}} \mathbf{B}^{(2)\mathrm{T}} \boldsymbol{\tau}^{(2)} \mathrm{d}V^{(2)}$$

(b) 证明单元节点力 $\mathbf{F}^{(2)}$ 处于平衡.

4.14 假设已算出对应于所示单元位移的单元刚度矩阵 $\mathbf{K}_A$ 和 $\mathbf{K}_B$. 根据如图 Ex.4.14 所示边界位移条件, 把单元矩阵直接组装到结构全局刚度矩阵中.

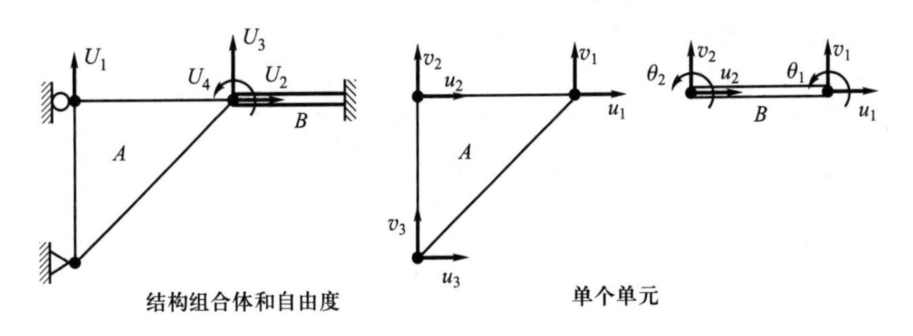

图 Ex.4.14

$$\mathbf{K}_A = \begin{bmatrix} a_{11} & a_{12} & a_{13} & a_{14} & a_{15} & a_{16} \\ a_{21} & a_{22} & a_{23} & a_{24} & a_{25} & a_{26} \\ a_{31} & a_{32} & a_{33} & a_{34} & a_{35} & a_{36} \\ a_{41} & a_{42} & a_{43} & a_{44} & a_{45} & a_{46} \\ a_{51} & a_{52} & a_{53} & a_{54} & a_{55} & a_{56} \\ a_{61} & a_{62} & a_{63} & a_{64} & a_{65} & a_{66} \end{bmatrix} \begin{matrix} u_1 \\ v_1 \\ u_2 \\ v_2 \\ u_3 \\ v_3 \end{matrix} \quad \mathbf{K}_B = \begin{bmatrix} b_{11} & b_{12} & b_{13} & b_{14} & b_{15} & b_{16} \\ b_{21} & b_{22} & b_{23} & b_{24} & b_{25} & b_{26} \\ b_{31} & b_{32} & b_{33} & b_{34} & b_{35} & b_{36} \\ b_{41} & b_{42} & b_{43} & b_{44} & b_{45} & b_{46} \\ b_{51} & b_{52} & b_{53} & b_{54} & b_{55} & b_{56} \\ b_{61} & b_{62} & b_{63} & b_{64} & b_{65} & b_{66} \end{bmatrix} \begin{matrix} u_1 \\ v_1 \\ \theta_1 \\ u_2 \\ v_2 \\ \theta_2 \end{matrix}$$

4.15 假设已算出对应于如图 Ex.4.15 所示单元位移的单元刚度矩阵 $\mathbf{K}_A$ 和 $\mathbf{K}_B$. 根据边界条件, 把单元矩阵直接组装到结构全局刚度矩阵中.

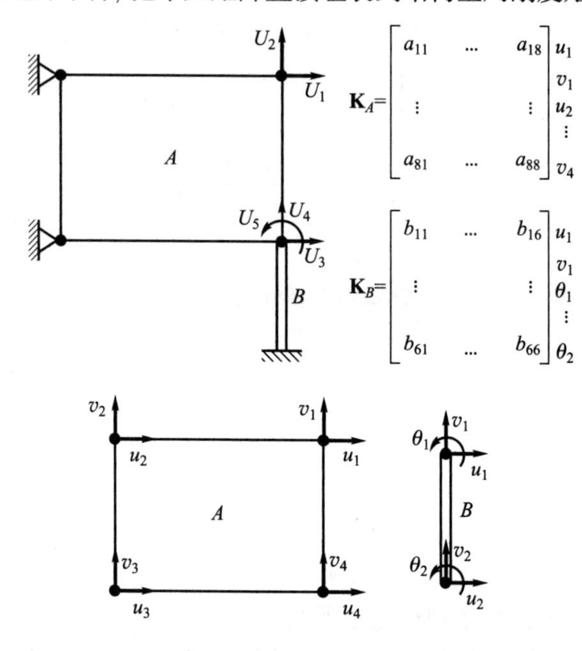

[222]

图 Ex.4.15

4.16 考虑例 4.11. 假设在支点 A 仅允许滚子沿斜坡有位移, 该斜坡与水平方向成 30° 夹角, 如图 Ex.4.16 所示. 确定对例 4.11 中的解进行必要的修改, 以获得这种情况下的结构矩阵 $\mathbf{K}$.

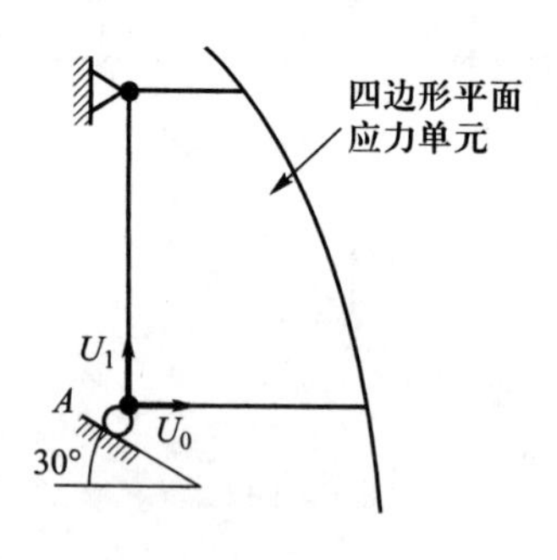

图 Ex.4.16

(a) 考虑施加精确的零位移条件.

(b) 考虑使用罚 (函数) 方法施加零位移条件.

4.17　考虑如图 Ex.4.17 所示的梁元. 计算刚度系数 k_{11} 和 k_{12}.

(a) 从平衡微分方程解中获得这些精确的系数 (使用伯努利梁理论的数学模型).

(b) 使用虚功原理和 Hermite 梁函数得到这些系数 (见例 4.16).

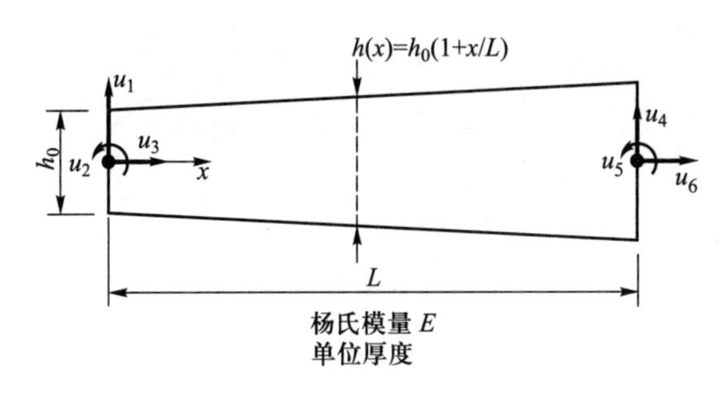

图 Ex4.17

4.18　考虑如图 Ex.4.18 所示的 2 单元组合体.　　[223]

(a) 计算有限元模型的刚度系数 k_{11} 和 k_{14}.

(b) 计算该组合体的载荷向量.

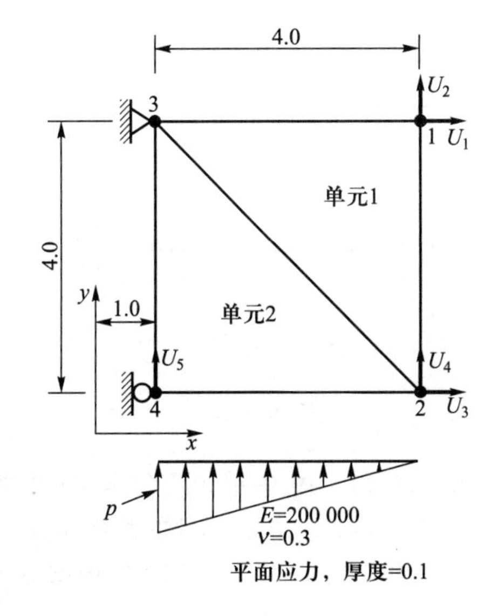

图 Ex.4.18

4.19　考虑习题 4.18 中的 2 单元组合体, 但现在假设轴对称条件, y 轴是旋转轴.

(a) 计算有限元模型的刚度系数 k_{11} 和 k_{14}.

(b) 计算相应的载荷向量.

4.20　考虑例 4.20, 令结构上的载荷是 $R_r = f_1(t)\cos\theta$.

(a) 建立如图 Ex.4.20 所示 3 节点单元的刚度矩阵、质量矩阵和载荷向量. 显式地建立您需要的所有矩阵, 但不要执行任何乘法和积分运算.

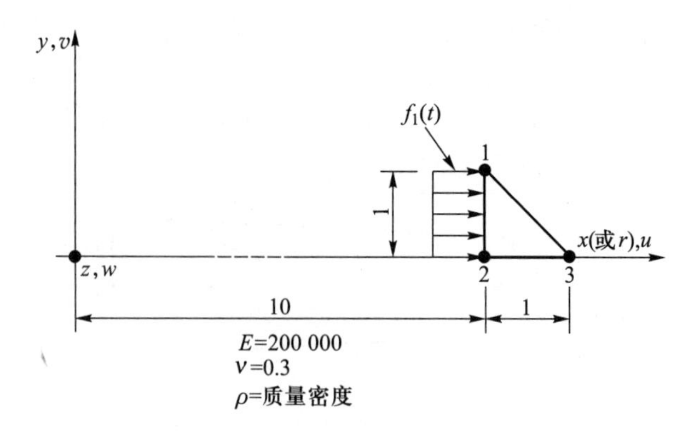

图 Ex.4.20

(b) (通过物理推理) 解释你对 u、v 和 w 的假设合理.

[224]

4.21　无黏流元 (对声传播) 可以通过只考虑体积应变能得到 (因为无黏流没有剪切阻力). 对如图 Ex.4.21 所示 4 节点平面单元, 建立有限元流体刚度矩阵, 并写出所需的所有矩阵.

不要实际执行任何积分或矩阵乘法运算. 提示: 请注意, $p = -\beta\Delta V/V$, $\boldsymbol{\tau}^{\mathrm{T}} = [\tau_{xx} \quad \tau_{yy} \quad \tau_{xy} \quad \tau_{zz}] = [-p \quad -p \quad 0 \quad -p]$ 和 $\Delta V/V = \varepsilon_{xx} + \varepsilon_{yy}$.

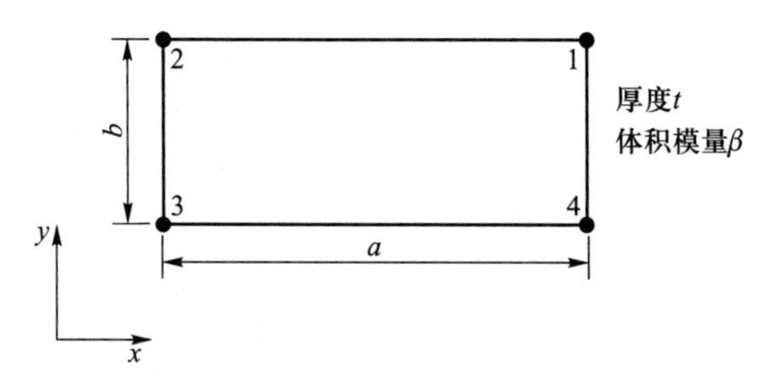

图 Ex.4.21

4.22　考虑在习题 4.18 和 4.19 中单元组合体. 对每种情况, 计算一个集总质量矩阵 (使用均匀的质量密度 ρ) 和集总的载荷向量.

4.23　使用有限元程序求解例 4.6 所示问题的模型, 8 个常应变三角形如图 Ex.4.23 所示.

(a) 打印出单元应力和单元节点力并绘制如例 4.9 中的应力和节点力的“分解单元视图”.

(b) 证明单元 5 的单元节点力处于平衡、单元 5 和单元 6 的单元节点力与作用载荷平衡.

(c) 打印出支反力并证明单元节点力与这些支反力平衡.

(d) 计算有限元模型的应变能.

4.24 使用有限元程序求解例 4.6 所示问题的模型, 8 个常应变三角形如图 Ex.4.24 所示. 打印出单元应力和支反力并计算模型的应变能. 绘制应力和节点力的 “分解单元视图”. 比较您的结果和习题 4.23 中的结果并讨论为什么我们不应对得到不同的结果感到意外 (尽管在这两个模型中使用相同类型和相同数量的单元). [225]

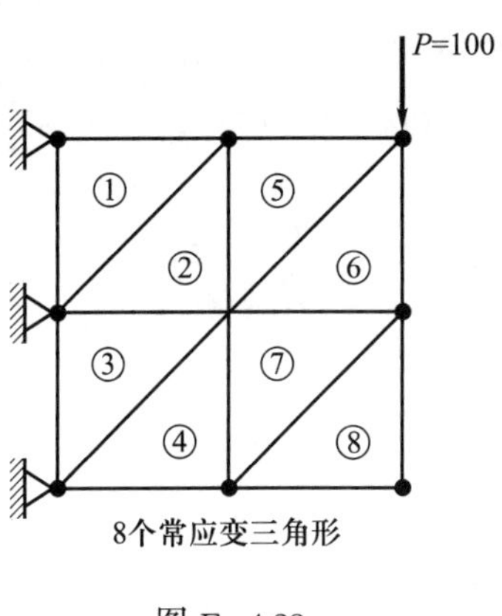

图 Ex.4.23

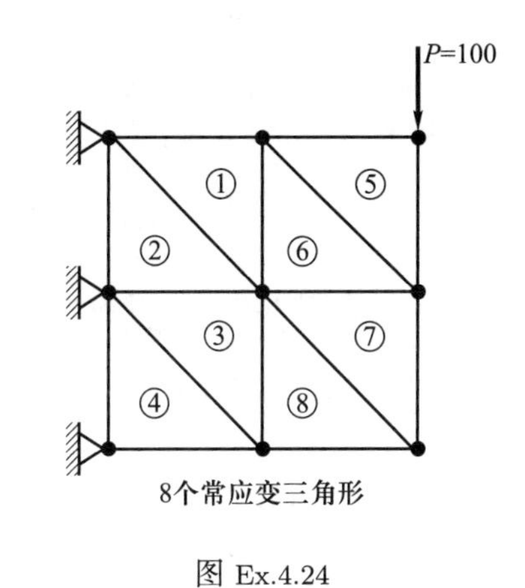

图 Ex.4.24

4.3 分析结果的收敛性

由于有限元法是一种求解复杂工程问题的数值方法, 所以我们需要对分析结果的准确性和数值解的收敛性给予足够的重视. 本节将解决这些问题. 首先, 我们在第 4.3.1 节定义所谓的收敛性. 其次, 从物理意义上考虑单调收敛性的准则和探讨这些准则与 Ritz 分析 (第 3.3.3 节所介绍的) 条件之间的联系. 接着, 总结 (并证明) 一些有限元法的重要性质, 同时讨论收敛率. 最后, 我们考虑应力及其误差度量的计算, 该误差度量表示在完成分析后应力误差的大小.

在本节中, 我们考虑具有单调收敛解的基于位移的有限单元. 在第 4.4 和第 4.5 节考虑具有非单调收敛性的有限单元.

4.3.1 模型问题和收敛性的定义

基于前面的讨论, 现在我们可以说, 有限元分析通常需要把实际物理问题理想化为数学模型; 然后求出模型的有限元解 (见第 1.2 节). 图 4.8 对这些概念做出了总结. 由于没有涉及数学模型运动的微分方程, 在实际分析时往往意识不到图 4.8 中所示的差别. 在分析复杂问题, 如预测三维壳体的响应时, 这些微分方程可能是无法知道的.

[226]

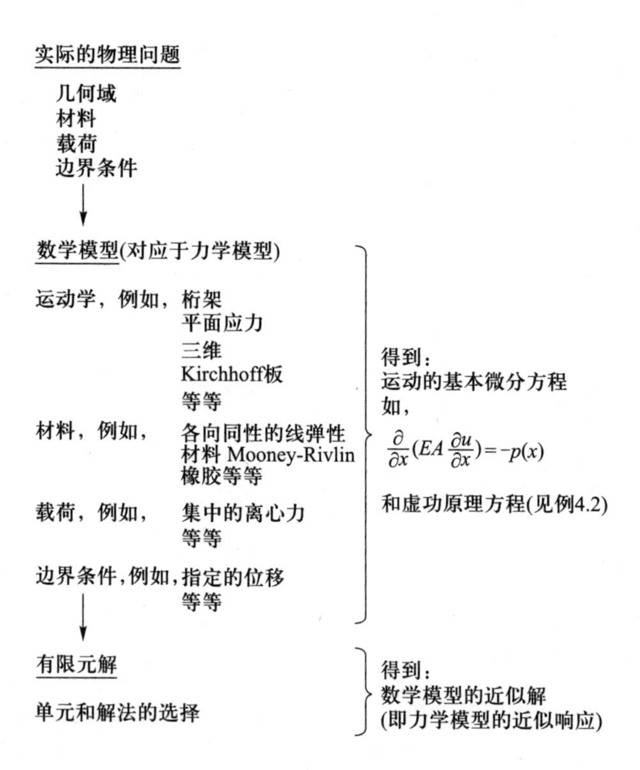

图 4.8　有限元求解过程

而在实际分析中, 对物理问题直接建立有限元模型. 但为研究随着有限单元个数增加时有限元解的收敛性, 一定要认识到物理问题的数学模型实际上隐含在有限元表示中. 即一个正确的有限元解 (随着单元个数的增加) 应该收敛于支配数学模型响应的微分方程的解析 (精确) 解. 收敛性之所以说明有限元方法的所有特征, 是因为数学模型的运动微分方程以一种非常精确和简明的方式表示了解变量 (应力、位移和应变等) 必须满足的基本条件. 如果运动的微分方程是未知的, 如在复杂的壳体分析中, 或不能得到解析解, 这时有限元解的收敛性只能根据以下事实估计: 数学模型中包含的所有基本的运动学条件、静力学条件和本构条件最终 (收敛时) 应得到满足. 因此, 在关于有限元解的收敛性的所有讨论中, 所谓收敛性是指收敛于数学模型的精确解.

[227]

这里着重指出, 在线弹性分析中, 数学模型存在一个唯一的精确解. 因此如果有一个解精确满足基本数学方程, 那么它就是问题的精确解 (见第 4.3.4 节).

考虑把有限元解作为精确数学模型的近似响应时, 我们需要认识到影响有限元解结果的误差的各种来源. 表 4.4 总结了各种误差的常见来源, 其中, 舍入误差是计算机的有限精度运算造成的; 本构建模所产生的解误差是由于本构关系线性化和积分导致的; 计算动力学响应时的解误差在运动方程的数值积分或者因为只有几个模态用于模态叠加分析中产生的; 迭代运算所产生的解误差, 是由于收敛在解变量的很小但不为零的增量上估计所造成的; 在本节中, 我们只讨论有限元的离散化误差, 这些误差是由于解变量的插值产生的. 因此, 本节实质上只考虑模型问题, 该问题中不会出现上述所提到的其他求解误差: 一个线弹性几何结构的静态问题, 可由忽略舍入误差而精确计算的单元矩阵和方程求解完全表示出来. 为便于说明, 我们假设指定的位移为零. 如果有非零位移的边界条件, 可按照第 4.2.2 节中所讨论的方式施加, 并且该边界条件不会改变有限元解的性质.

表 4.4 有限元解的误差

误差类型	误差来源	参考章节
离散化	对几何变量和解变量使用有限元插值	4.2.1、4.2.3、5.3
空间中数值积分	采用数值积分计算有限单元矩阵	5.5、6.8.4
本构关系计算	采用非线性材料模型	6.6.3、6.6.4
动态平衡方程求解	直接时间积分、模态叠加	9.2 ~ 9.4
有限元方程迭代运算	Gauss-Seidel、共轭梯度法、Newton-Raphson、拟 Newton 法、特征解	8.3、8.4、9.5、10.4
舍入	建立方程并求解	8.2.6

对于该模型问题, 为方便讨论, 我们重述一下虚功原理的基本方程, 这些方程支配着数学模型的精确解

$$\int_V \bar{\boldsymbol{\varepsilon}}^{\mathrm{T}} \boldsymbol{\tau} \mathrm{d}V = \int_{S_f} \bar{\mathbf{u}}^{S_f^{\mathrm{T}}} \mathbf{f}^{S_f} \mathrm{d}S + \int_V \bar{\mathbf{u}}^{\mathrm{T}} \mathbf{f}^B \mathrm{d}V \tag{4.62}$$

[228]

我们知道由于 $\boldsymbol{\tau}$ 是数学模型的精确解, 式 (4.62) 必须对任意虚位移 $\bar{\mathbf{u}}$ (对应于虚应变 $\bar{\boldsymbol{\varepsilon}}$) 都成立且 $\bar{\mathbf{u}}$ 在和对应于指定位移处为零. 式 (4.62) 可以紧凑地表示为

对所有允许的 $\mathbf{v}$, 寻找位移 $\mathbf{u}$ (相应的应力 $\boldsymbol{\tau}$) 使得

$$a(\mathbf{u}, \mathbf{v}) = (\mathbf{f}, \mathbf{v}) \tag{4.63}$$

此处, $a(.,.)$ 是双线性形式, $(\mathbf{f},.)$ 是线性形式[①], 这些形式依赖于所考虑的数学模型; $\mathbf{u}$ 是位移的精确解, $\mathbf{v}$ 是任何允许的虚位移, "允许的" 是因为函数 "$\mathbf{v}$" 必须是连续的, 并且在和对应于实际指定的位移处为零 (见式 (4.7)), $\mathbf{f}$ 表示载荷函数 (载荷 $\mathbf{f}^{S_f}$ 和 $\mathbf{f}^B$). 注意式 (4.63) 中记号含有积分过程. 本节考虑双线性形式 $a(.,.)$, 在 $a(\mathbf{u}, \mathbf{v}) = a(\mathbf{v}, \mathbf{u})$ 意义上是对称的.

① 双线性形式 $a(.,.)$ 指对于任意常量 γ_1 和 γ_2

$$a(\gamma_1 \mathbf{u}_1 + \gamma_2 \mathbf{u}_2, \mathbf{v}) = \gamma_1 a(\mathbf{u}_1, \mathbf{v}) + \gamma_2 a(\mathbf{u}_2, \mathbf{v})$$
$$a(\mathbf{u}, \gamma_1 \mathbf{v}_1 + \gamma_2 \mathbf{v}_2) = \gamma_1 a(\mathbf{u}, \mathbf{v}_1) + \gamma_2 a(\mathbf{u}, \mathbf{v}_2)$$

且 $(\mathbf{f},.)$ 的线性形式指对于任意常量 γ_1 和 γ_2

$$(\mathbf{f}, \gamma_1 \mathbf{v}_1 + \gamma_2 \mathbf{v}_2) = \gamma_1 a(\mathbf{f}, \mathbf{v}_1) + \gamma_2 a(\mathbf{f}, \mathbf{v}_2)$$

从式 (4.63), 我们知道对应精确解 $\mathbf{u}$ 的应变能是 $1/2a(\mathbf{u},\mathbf{u})$. 我们假定模型问题的材料特性和边界条件使得其应变能是有限的. 在实际中这种限制并不难做到, 只是需要选择合适的数学模型. 特别是, 材料性质必须是物理可实现的, 载荷分布 (外部施载或由于位移约束) 必须是充分光滑的. 我们在第 1.2 节已经讨论过适当建模作用载荷的必要性, 并在第 4.3.4 节做进一步的评价.

假设有限元的解是 $\mathbf{u}_h$: 这个解当然在由位移插值函数给定的有限元空间 (h 表示一般单元的尺寸, 因此表示一个具体的网格) 中. 则定义收敛是指

$$a(\mathbf{u}-\mathbf{u}_h,\mathbf{u}-\mathbf{u}_h)\rightarrow 0 \text{ 当 } h\rightarrow 0 \tag{4.64}$$

或者, 等价地 (见式 (4.90)), 即

$$a(\mathbf{u}_h,\mathbf{u}_h)\rightarrow a(\mathbf{u},\mathbf{u}) \text{ 当 } h\rightarrow 0$$

实际上, 这就是说随着有限元网格变精细, 通过有限元法计算的应变能收敛于数学模型的应变能的精确值. 考虑一个简单的例子, 说明我们所谓的双线性形式 $a(.,.)$.

[229]

例 4.22: 假设一个承受预应力的简支薄膜且 (常) 预张力为 T, 受到要分析的横向载荷 p 作用, 如图 E4.22 所示. 对这个问题, 建立虚功原理的形式式 (4.63).

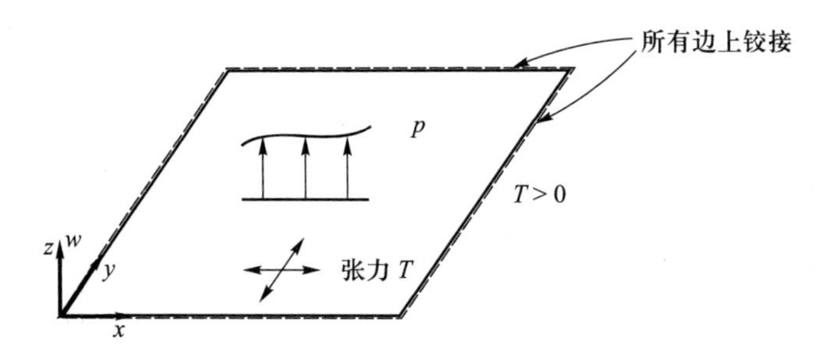

图 E4.22　预应力膜

给出这个问题的虚功原理

$$\iint_A \begin{bmatrix}\dfrac{\partial\overline{w}}{\partial x}\\ \dfrac{\partial\overline{w}}{\partial y}\end{bmatrix}^{\mathrm{T}} T \begin{bmatrix}\dfrac{\partial w}{\partial x}\\ \dfrac{\partial w}{\partial y}\end{bmatrix}\mathrm{d}x\mathrm{d}y=\iint_A p\overline{w}\mathrm{d}x\mathrm{d}y$$

其中, $w(x,y)$ 是横向位移. 方程的左边给出双线性形式 $a(.,.)$, 即 $v=\overline{w}$, $u=w$, 右边的积分给出线性形式 (f,v).

上面定义的模型问题的分析使用了基于位移的有限单元, 随着该有限单元数量的增加, 根据所用具体的 (适当构造的) 单元, 其结果可以单调或非单调收敛于精确解. 在后面的讨论中, 我们将考虑单调收敛解的准则. 在第 4.4 节中我们会讨论导致非单调收敛的有限元分析的条件.

4.3.2　单调收敛准则

对于单调收敛, 单元必须是完备的, 单元和网格必须是协调的. 如果这些条件都满足, 则随着我们不断细化有限元网格, 求解结果的精确性将不断提高. 这种网格细化应该通过把先前使用的单元细分为两个或者更多单元来进行; 因此, 旧的网格会嵌入到新的网格中. 从数学上, 这就意味着新的有限元插值函数的空间将包含先前使用的空间, 并随着网格的细化, 有限元解空间的维数也会持续增加, 直到最后包含精确解为止.

单元完备性要求是指单元的位移函数必须能够表示刚体位移和常应变状态. [230]

刚体位移模式是指单元必须能够像刚体一样内部不产生应力的位移模式. 例如一个二维平面应力单元应能够在平面的任意方向均匀移动和转动而没有产生应变. 该单元应能够经历这些位移而没有产生应力的原因在如图 4.9 所示的悬臂梁分析中进行说明. 对任意的单元大小, 梁端的单元必须能够不承受应力地移动和转动, 因为根据简单静力学, 悬臂梁梁端的单元在载荷作用点以外是不承受应力的.

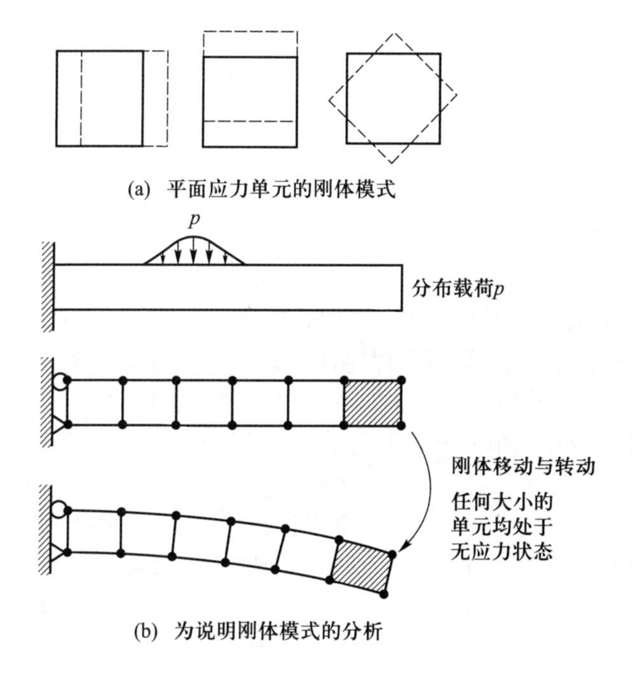

图 4.9　在悬臂梁分析中平面应力单元的使用

一般通过检查不难确定单元能够经受的刚体位移模式的个数. 但应说明的是, 单元刚体位移模式的个数等于单元的自由度个数减去单元应变模式 (或自然模式) 的个数. 例如, 一个 2 节点的桁架有一个应变模式 (常应变状态), 因此在一维、二维和三维的条件下分别有一个、三个和五个刚体模式. 对于

更复杂的有限元, 可通过按特征向量基的形式表示刚体矩阵可有效得出各个应变模式和刚体模式. 因此通过求解特征问题, 得到

$$\mathbf{K}\boldsymbol{\varphi} = \lambda\boldsymbol{\varphi} \tag{4.65}$$

有 (见第 2.5 节)

$$\mathbf{K}\boldsymbol{\Phi} = \boldsymbol{\Phi}\boldsymbol{\Lambda} \tag{4.66}$$

[231] 其中, $\boldsymbol{\Phi}$ 是储存特征向量 $\boldsymbol{\varphi}_1, \cdots, \boldsymbol{\varphi}_n$ 的矩阵, $\boldsymbol{\Lambda}$ 是对角矩阵, 储存相应的特征值, $\boldsymbol{\Lambda} = \mathrm{diag}(\lambda_i)$. 通过使用特征向量正交性质, 因此有

$$\boldsymbol{\Phi}^{\mathrm{T}}\mathbf{K}\boldsymbol{\Phi} = \boldsymbol{\Lambda} \tag{4.67}$$

我们可以把 $\boldsymbol{\Lambda}$ 看做对应于特征向量位移模式的单元刚度矩阵. 刚度系数 $\lambda_1, \cdots, \lambda_n$ 说明了在对应的位移模式中单元的刚度大小程度. 因此, 变换式 (4.67) 清楚地显示了是否存在刚体模式和具有什么样的应变模式.① 例如, 在图 4.10 中显示了 4 节点平面应力单元的特征向量及其特征值.

如果我们想象在单元组合体中使用越来越多的单元建模结构, 则就很容易从物理上理解常应力状态的必要性. 当每个单元趋近于非常小的极限尺寸时, 则每个单元内部的应变趋近于常值, 可以近似表示结构内部任何复杂变化的应变. 例如, 图 4.9 中使用的平面应力单元应能够表示两个常正应力状态和一个常剪应力状态. 图 4.10 表示该单元可以表示这些常应力状态, 此外, 还包含两个挠曲应变模式.

可以通过研究单元的应变 – 位移矩阵直接确定一个单元能够表示的刚体模式和常应变状态 (见例 4.23).

*协调性的要求*是指单元内部和跨越单元边界的位移必须是连续的. 从物理上讲, 协调性保证了对单元组合体加载时单元之间没有间隙. 当在单元节点上只定义平移自由度时, 则只需保持任何适用的位移 u、v 或 w 的连续性. 但当还定义了转动自由度, 并通过横向位移的导数而得到 (例如在例 4.18 中弯曲板元的构造) 时, 则单元还必须满足相应的位移一阶导数的连续性. 这是曲板单元的位移对厚度的运动学假设的结果, 即沿各自单元边缘的位移 w 以及导数 $\partial w/\partial x$ 和 $\partial w/\partial y$ 的连续性保证了相邻单元沿厚度的位移连续性.

在桁架元和梁元之间的协调性是自动保持的, 因为它们在节点处连接, 当只有自由度 u、v 和 w 被用作节点变量时, 在二维平面应变、平面应力和轴对称分析与三维分析中, 相对来说比较容易满足协调性. 但如果转角是从横向位移中导出的, 在曲板分析, 特别是薄板分析中, 则很难满足协调性要求. 由于这个原因, 协调性要求在板元和壳元的发展上得到更多的关注, 其中单元变量是位移和转角 (见第 5.4 节). 对于这些单元来说, 就像只处理平移自由度那样很容易满足协调性要求.

---

① 还应指出, 有限元分析高估了刚度值, 如在第 4.3.4 节所讨论的, 特征值越小, 该单元越有效.

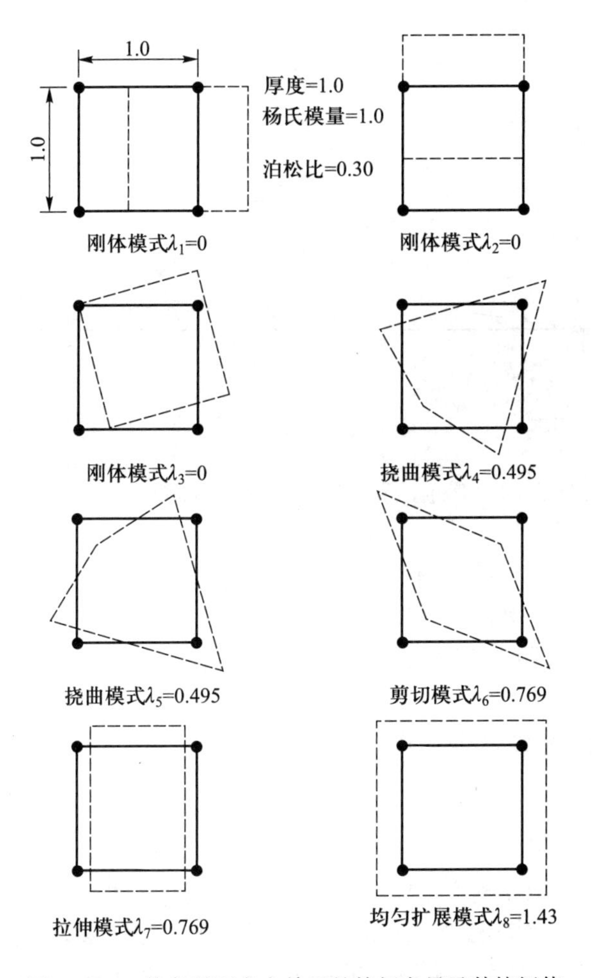

图 4.10　4 节点平面应力单元的特征向量及其特征值

一个具体的单元是否是完备的和协调的取决于所使用的构造方法, 因此, 每一个构造方法需要单独分析. 考虑以下简单的例子. [233]

例 4.23: 检验例 4.6 中所用的平面应力单元是否是协调的和完备的.

对单元的位移, 有

$$u(x,y)=\alpha_1+\alpha_2x+\alpha_3y+\alpha_4xy$$
$$v(x,y)=\beta_1+\beta_2x+\beta_3y+\beta_4xy$$

观察到单元内位移是连续的, 为了证明单元是协调的, 我们只需要检查当一个单元组合体受载时, 是否还能保持单元之间的连续性. 考虑在两节点处连接的两单元, 如图 E4.23 所示, 我们在两节点处施加两个任意的位移. 按位移假设, 在相邻单元边缘的点 (如质点) 位移是线性变化的, 从而保持了单元之间的连续性. 因此, 单元是协调的.

再考虑完备性, 位移函数表明只要 α_1 是非零, 就有 x 方向上的刚体平

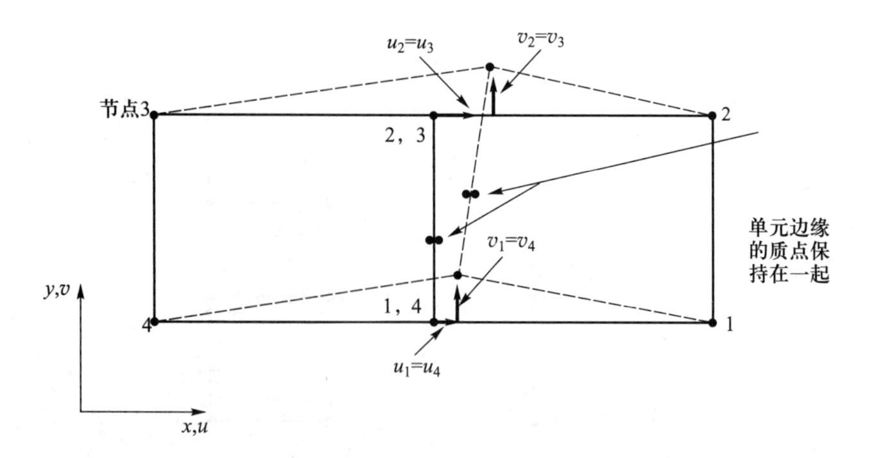

图 E4.23　平面应力单元的协调性

移. 同样, 只要 β_1 非零, 就有 y 方向上的刚体平移. 对刚体转动, α_3 和 β_2 应非零且 $\beta_2=-\alpha_3$. 利用广义坐标中的应变矩阵 $\mathbf{E}$ 也能得到同样的结论 (见例 4.6). 该矩阵还表明常应变状态是可能的. 因此单元是完备的.

[234]

4.3.3　单调收敛有限元解: Ritz 解

由上述可见, 虚功原理和系统总势能的驻值原理的应用是等价的 (见例 4.4). 如果还考虑到第 3.3.3 节对 Ritz 法的讨论, 则我们得到结论, 单调收敛的基于位移的有限元解确实只应用了该方法. 在有限元分析中,Ritz 函数包含在单元位移插值矩阵 $\mathbf{H}^{(m)}$ 中, $m=1,2,\cdots$, 以及 Ritz 参数是存储在 $\mathbf{U}$ 中的未知节点位移. 正如我们在下面进一步要讨论的, 为了让有限元解是 Ritz 分析的解, 矩阵 $\mathbf{H}^{(m)}$ 中位移插值函数的数学条件, 正是我们前面用物理分析确定的那些条件. 在例 3.22 和例 4.5 中说明了两种分析方法的对应关系.

考虑具有有限元插值的 Ritz 法分析, 有

$$\prod=\frac{1}{2}\mathbf{U}^{\mathrm{T}}\mathbf{K}\mathbf{U}-\mathbf{U}^{\mathrm{T}}\mathbf{R} \tag{4.68}$$

其中, Π 是系统的总势能. 对储存在 $\mathbf{U}$ 中的 Ritz 参数 U_i 取 Π 的驻值, 并注意到矩阵 $\mathbf{K}$ 是对称的, 有

$$\mathbf{K}\mathbf{U}=\mathbf{R} \tag{4.69}$$

由式 (4.69) 的解得到 Ritz 参数, 并且在所考虑的域内位移解为

$$\mathbf{u}^{(m)}=\mathbf{H}^{(m)}\mathbf{U};\quad m=1,2,\cdots \tag{4.70}$$

只要所用的插值函数满足一定条件, 式 (4.68) 至式 (4.70) 就是一种 Ritz 分析. 我们在第 3.3.2 节中定义 C^{m-1} 变分问题, 是指该问题的变分式包含 m 阶或者 m 阶以下的导数. 随后我们注意到, 对收敛性来说,Ritz 函数必须满

足问题涉及直到 $(m-1)$ 阶导数的本质 (几何) 边界条件, 但不必满足涉及 m 至 $(2m-1)$ 阶导数的自然 (力) 边界条件, 因为这些条件隐含在变分式 Π 中. 因此, 为使有限元解是一个 Ritz 分析的解, 有限元节点位移和节点之间的位移插值必须完全满足本质边界条件. 但在选择有限元位移函数时, 不必特别考虑自然边界条件, 因为这些条件是随载荷向量一起施加的, 在 Ritz 解中是近似得到满足的. 这些自然或力边界条件得到满足的准确性依赖于所采用的具体的 Ritz 函数, 但通过使用大量的函数, 如大量的有限单元对问题建模, 总是可以提升其准确性.

在经典 Ritz 分析法中, 在所考虑的整个分析域上展开 Ritz 函数, 但是在有限元分析中, 整个分析域中的子域 (有限单元) 内展开单个 Ritz 函数. 因此, 这里必然存在一个问题, 即对子域之间的连续性要求来说, 有限元插值必须满足什么样的条件. 为回答这个问题, 需要考虑计算系数矩阵 $\mathbf{K}$ 的积分运算. 我们认识到考虑一个 C^{m-1} 的问题时, 为了能够跨单元边界进行积分, 需要 Ritz 试函数至少 $(m-1)$ 阶导数的连续性. 而这种连续性的要求与我们在第 4.3.2 节中的单元协调条件是完全对应的. 例如, 在一个完全三维问题的分析中, 只需要单元间的位移必须是连续的, 而在使用 Kirchhoff 板理论的板问题分析中, 我们还需要位移函数的一阶导数是连续的.

[235] 因此, 总而言之, 对于一个 C^{m-1} 问题, 即试函数及 其直到 $(m-1)$ 阶导数的连续性, 在经典的 Ritz 分析中, 试函数被选来精确满足涉及直到 $(m-1)$ 阶导数的所有边界条件. 在有限元分析中同样如此, 但是, 为使有限元解是相应 Ritz 分析的解, 必须在单元之间也满足试函数及其直到 $(m-1)$ 阶的导数的连续性.

尽管经典 Ritz 分析过程在理论上与位移法是等同的, 实际上, 有限元法比经典 Ritz 法更具有优势. 其中传统 Ritz 分析的一个缺点是在考虑的整个分析域中定义 Ritz 函数. 例如, 在例 3.24 悬臂梁分析中, Ritz 函数从 $x=0$ 到 $x=L$ 展开的. 因此, 在传统的 Ritz 法中, 矩阵 $\mathbf{K}$ 是满秩的, 正如第 8.2.3 节中所指出来的, 如果使用许多的试函数, 在求解相应的代数方程时, 则所需要的数值运算量是相当可观的.

在经典 Ritz 分析中一个较大的困难是选择合适的 Ritz 函数, 这是由于解为这些函数的线性组合. 为了精确求解大位移和应力梯度, 需要很多这些函数. 而这些函数没有必要展开到那些位移和应力变化很慢的区域, 而该区域上并不需要那么多的函数.

在 Ritz 分析中产生的另一个困难是感兴趣的整个分析域是由不同的应变分布的子域组成的. 例如, 考虑一个由边梁和柱支撑的板. 在这种情况下, 用于一个区域 (如板) 的 Ritz 函数并不适用于另一个区域 (如边梁和柱), 因此必须引进特别的位移连续条件和边界条件.

已经给出的几点原因表明, 除了在一些特殊目的程序开发的情况下, 传统 Ritz 分析一般不是特别面向计算机的. 另一方面, 有限元法在保持传统 Ritz

法的有利性质基础上, 在很大程度上消除了这些实际困难. 至于上述提到的困难, 使用计算机程序中充足的单元库来解决 Ritz 函数的选择问题. 原来在高应力和大位移梯度的域内要使用相对较多的函数, 现在可能只使用几个单元就解决了; 各种不同应变分布组合的区域, 可能通过使用不同种类的单元建模该域就可以了. 正是有限元法的通用性和很好的数学基础使得有限元法在今天的工程领域成为了应用非常广泛的分析工具.

[236]

4.3.4 有限元解的性质

考虑一般的线弹性问题及其有限元解, 并证明一些对于我们理解有限元法有用的性质. 将用到表 4.5 中总结的符号.

表 4.5 在讨论有限元解收敛时用到的符号

符号	含义
$a(.,.)$	对应于所考虑模型问题的双线性形式 (见例 4.22)
$\mathbf{f}$	载荷向量
$\mathbf{u}$	数学模型的精确位移解; 空间 V 的一个元素
$\mathbf{v}$	位移; 空间 V 的一个元素
$\mathbf{u}_h$	有限元解; 空间 V_h 的一个元素
$\mathbf{v}_h$	有限元位移; 空间 V_h 的一个元素
$\forall$	对所有
$\in$	属于 …… 的一个元素
V, V_h	函数空间 [见式 (4.72) 和式 (4.84)]
Vol	所考虑物体的体积
L^2	一个平方可积函数的空间 [见式 (4.73)]
$\mathbf{e}_h$	精确解与有限元解的误差, $\mathbf{e}_h = \mathbf{u} - \mathbf{u}_h$
$\exists$	存在
$\subset$	包含于
$\subsetneq$	包含于但不等于
$\Vert\ \Vert_E$	能量模 [见式 (4.74)]
inf	取下确界
sup	取上确界

弹性问题可以表述如下 (如见 G. Strang 和 G. J. Fix [A], P. G. Ciarlet [A] 或 F. Brezzi 和 M. Fortin[A])

求解 $\mathbf{u} \in V$, 使得

$$a(\mathbf{u}, \mathbf{v}) = (\mathbf{f}, \mathbf{v}) \quad \forall \mathbf{v} \in V \tag{4.71}$$

其中, 空间 V 定义如下

$$V=\left\{\mathbf{v}|\mathbf{v}\in L^2(\mathrm{Vol});\frac{\partial v_i}{\partial x_j}\in L^2(\mathrm{Vol}),i,j=1,2,3;v_i|_{S_u}=0,i=1,2,3\right\} \tag{4.72}$$

其中, $L^2(\mathrm{Vol})$ 是指在被考虑的物体体积 "Vol" 中的平方可积函数的空间,

$$L^2(\mathrm{Vol})=\left\{\mathbf{w}|\mathbf{w}\ \text{定义在 Vol 和}\ \int_{\mathrm{Vol}}\left(\sum_{i=1}^{3}(w_i)^2\right)\mathrm{d\ Vol}=\|\mathbf{w}\|^2_{L^2(\mathrm{Vol})}<+\infty\right\} \tag{4.73}$$

因此, 式 (4.72) 定义了一个对应于一般三维分析的函数空间. 空间中函数在边界 S_u 上为零, 函数的平方及其一阶导数的平方是可积的. 与 V 对应, 我们使用能量模为 [237]

$$\|\mathbf{v}\|_E^2=a(\mathbf{v},\mathbf{v}) \tag{4.74}$$

当物体受到位移场 $\mathbf{v}$ 时, 式 (4.74) 实际上对应于两倍储存在物体中的应变能.

我们在讨论中假设式 (4.71) 中所考虑的结构为适当支撑的, 对应于 S_u 上的零位移条件, 因此对任何不等于零的 $\mathbf{v}$, $\|\mathbf{v}\|_E^2$ 大于零.

另外, 可以使用 $m=0$ 和 $m=1$ 阶的 Sobolev 模, 定义为

对 $m=0$

$$(\|\mathbf{v}\|_0)^2=\int_{\mathrm{Vol}}\left(\sum_{i=1}^{3}(v_i)^2\right)\mathrm{dVol} \tag{4.75}$$

对 $m=1$

$$(\|\mathbf{v}\|_1)^2=(\|\mathbf{v}\|_0)^2+\int_{\mathrm{Vol}}\left(\sum_{i=1,j=1}^{3}\left(\frac{\partial v_i}{\partial x_j}\right)^2\right)\mathrm{dVol} \tag{4.76}$$

对弹性问题, 使用 1 阶模①, 对双线性形式 a, 有如下两个重要的性质.

连续性

$$\exists M>0\quad \text{使得}\ \forall \mathbf{v}_1,\mathbf{v}_2\in V,\quad |a(\mathbf{v}_1,\mathbf{v}_2)|\leqslant M\|\mathbf{v}_1\|_1\|\mathbf{v}_2\|_1 \tag{4.77}$$

椭圆性

$$\exists \alpha>0\quad \text{使得}\ \forall \mathbf{v}\in V,\quad a(\mathbf{v},\mathbf{v})\geqslant \alpha\|\mathbf{v}\|_1^2 \tag{4.78}$$

其中, 常数 α 和 M 依赖于所考虑的实际弹性问题, 包括所用的材料常数, 但独立于 $\mathbf{v}$.

---

① 在我们的讨论中, 也使用 Poincaré-Friedrichs 不等性, 即对于所考虑的分析问题, 对任意 $\mathbf{v}$, 有

$$\int_{\mathrm{Vol}}\left(\sum_{i=1}^{3}(v_i)^2\right)\mathrm{dVol}\leqslant c\int_{\mathrm{Vol}}\left(\sum_{i,j=1}^{3}\left(\frac{\partial v_i}{\partial x_j}\right)^2\right)\mathrm{dVol}$$

其中, c 是一个常数 (如见 P. G. Ciarlet [A]).

[238] 由于在式 (4.77) 中使用了合理的模, 所以满足连续性质; 由于考虑的是适当支撑的 (即稳定的) 结构, 所以椭圆性得到满足 (数学证明参看 P. G. Ciarlet [A]). 基于这些性质, 有

$$c_1 \|\mathbf{v}\|_1 \leqslant (a(\mathbf{v},\mathbf{v}))^{1/2} \leqslant c_2 \|\mathbf{v}\|_1 \tag{4.79}$$

其中, c_1 和 c_2 与 $\mathbf{v}$ 无关, 因此可以得到与 1-模等价的能量模. 在数学分析中, 索伯列夫 (Sobolev) 模常被用于度量收敛率 (见第 4.3.5 节), 但在实际中, 能量模通常更容易计算 (见式 (4.97)). 由于式 (4.79), 因此, 不使用式 (4.64), 收敛还可以定义为

$$\text{当 } h \to 0 \quad \|\mathbf{u}-\mathbf{u}_h\|_1 \to 0$$

以及问题解中能量模将与 1-模同阶收敛. 我们在下例中检查双线性形式 a 的连续性和椭圆性.

例 4.24: 考虑例 4.22 中的问题, 证明非线性形式的 a 满足连续性和椭圆性条件.

满足连续性是因为①

$$\begin{aligned}
a(w_1,w_2) &= \iint_A T\left(\frac{\partial w_1}{\partial x}\frac{\partial w_2}{\partial x}+\frac{\partial w_1}{\partial y}\frac{\partial w_2}{\partial y}\right)\mathrm{d}x\mathrm{d}y \\
&\leqslant \iint_A T\left[\left(\frac{\partial w_1}{\partial x}\right)^2+\left(\frac{\partial w_1}{\partial y}\right)^2\right]^{1/2}\left[\left(\frac{\partial w_2}{\partial x}\right)^2+\left(\frac{\partial w_2}{\partial y}\right)^2\right]^{1/2}\mathrm{d}x\mathrm{d}y \\
&\leqslant \left\{\iint_A T\left[\left(\frac{\partial w_1}{\partial x}\right)^2+\left(\frac{\partial w_1}{\partial y}\right)^2\right]\mathrm{d}x\mathrm{d}y\right\}^{1/2} \\
&\quad\times\left\{\iint_A T\left[\left(\frac{\partial w_2}{\partial x}\right)^2+\left(\frac{\partial w_2}{\partial y}\right)^2\right]\mathrm{d}x\mathrm{d}y\right\}^{1/2} \\
&\leqslant c\|w_1\|_1\|w_2\|_1
\end{aligned}$$

椭圆性要求

$$\begin{aligned}
a(w,w) = \iint_A T\left[\left(\frac{\partial w}{\partial x}\right)^2+\left(\frac{\partial w}{\partial y}\right)^2\right]\mathrm{d}x\mathrm{d}y \geqslant \\
\alpha\iint_A\left[w^2+\left(\frac{\partial w}{\partial x}\right)^2+\left(\frac{\partial w}{\partial y}\right)^2\right]\mathrm{d}x\mathrm{d}y = \alpha\|w\|_1^2
\end{aligned} \tag{a}$$

而 Poincaré-Friedrichs 不等式

$$\iint_A w^2\mathrm{d}x\mathrm{d}y \leqslant c\iint_A\left[\left(\frac{\partial w}{\partial x}\right)^2+\left(\frac{\partial w}{\partial y}\right)^2\right]\mathrm{d}x\mathrm{d}y$$

① 我们使用 Schwaiz 不等式, 即对于向量 $\mathbf{a}$ 和 $\mathbf{b}$, 其中 $|\mathbf{a}\cdot\mathbf{b}| \leqslant \|\mathbf{a}\|_2\cdot\|\mathbf{b}\|_2$, 其中 $\|\cdot\|_2$ 在式 (2.148) 定义.

其中, c 是常数, 确保式 (a) 满足.

上述弹性问题的介绍包含一个已经提过的要点: 问题的精确解必须对应于有限大小的应变能. 因此, 不推荐使用数学上理想化的点载荷求解一般二或三维的弹性问题 (一个半空间的点载荷的解对应于一个无限的应变能, 如见 S. Timoshenko 和 J. N. Goodier [A]). 与之相反, 我们在弹性体问题中表示载荷的方式尽量接近它们在自然状态下作用的方式, 即平滑的分布载荷, 可能在一个很小的区域作用很大的载荷. 在式 (4.71) 中变分形式的解和微分形式的解是一致的. 当然, 在有限元分析中只要有限单元比加载区域大很多, 为了提高求解效率, 我们可以用一个等价的点载荷代替在区域上的分布载荷, 参看第 1.2 节和图 1.4 中的例子.

[239]

一个重要的事实是弹性问题有唯一的精确解. 即假设 $\mathbf{u}_1$ 和 $\mathbf{u}_2$ 是两个不同的解, 则有

$$a(\mathbf{u}_1, \mathbf{v}) = (\mathbf{f}, \mathbf{v}) \quad \forall\ \mathbf{v} \in V \tag{4.80}$$

$$a(\mathbf{u}_2, \mathbf{v}) = (\mathbf{f}, \mathbf{v}) \quad \forall\ \mathbf{v} \in V \tag{4.81}$$

相减, 得到

$$a(\mathbf{u}_1 - \mathbf{u}_2, \mathbf{v}) = 0 \quad \forall\ \mathbf{v} \in V \tag{4.82}$$

令 $\mathbf{v} = \mathbf{u}_1 - \mathbf{u}_2$, 有 $a(\mathbf{u}_1 - \mathbf{u}_2, \mathbf{u}_1 - \mathbf{u}_2) = 0$. 使用式 (4.79) 和 $\mathbf{v} = \mathbf{u}_1 - \mathbf{u}_2$, 得到 $\|\mathbf{u}_1 - \mathbf{u}_2\|_1 = 0$, 意味着 $\mathbf{u}_1 \equiv \mathbf{u}_2$. 因此可以证明有两个不同解的假设是矛盾的.

现在令 V_h 为有限元位移函数的空间 (对应包含于所有单元位移插值矩阵 $\mathbf{H}^{(m)}$ 中的位移插值函数), 且令 $\mathbf{v}_h$ 是空间中的任意元素 (例如, 任意位移模式可由位移插值函数得到). 令 $\mathbf{u}_h$ 为有限元解; 因此, $\mathbf{u}_h$ 也是 V_h 中的一个元素, 是我们要寻找的特定元素. 则式 (4.71) 中问题的有限元解可以写为

求出 $\mathbf{u}_h \in V_h$ 使得

$$a(\mathbf{u}_h, \mathbf{v}_h) = (\mathbf{f}, \mathbf{v}_h) \quad \forall \mathbf{v}_h \in V_h \tag{4.83}$$

V_h 空间定义为

$$V_h = \left\{ \mathbf{v}_h | \mathbf{v}_h \in L^2(\text{Vol}); \frac{\partial (v_h)_i}{\partial x_j} \in L^2(\text{Vol}), i, j = 1, 2, 3; (v_h)_i|_{S_u} = 0, i = 1, 2, 3 \right\} \tag{4.84}$$

对此空间中元素, 我们使用能量模 (4.74) 和 Sobolev 模 (4.76). 当然, $V_h \subset V$.

式 (4.83) 是对应于 V_h 的有限元离散化的虚功原理. 在解空间中, 连续性条件式 (4.77) 和椭圆性条件式 (4.78) 是满足的, 使用 $\mathbf{v}_h \in V_h$, 对于任何 V_h 可以得到一个正定刚度矩阵.

[240] 应该指出, V_h 对应于一个给定的网格, 其中 h 指一般单元尺寸, 在讨论收敛性时, 当然考虑的是一系列的空间 V_h (随着 h 减小的一系列网格). 我们在图 4.11 中说明了例 4.6 涉及的离散化的 V_h 的元素.

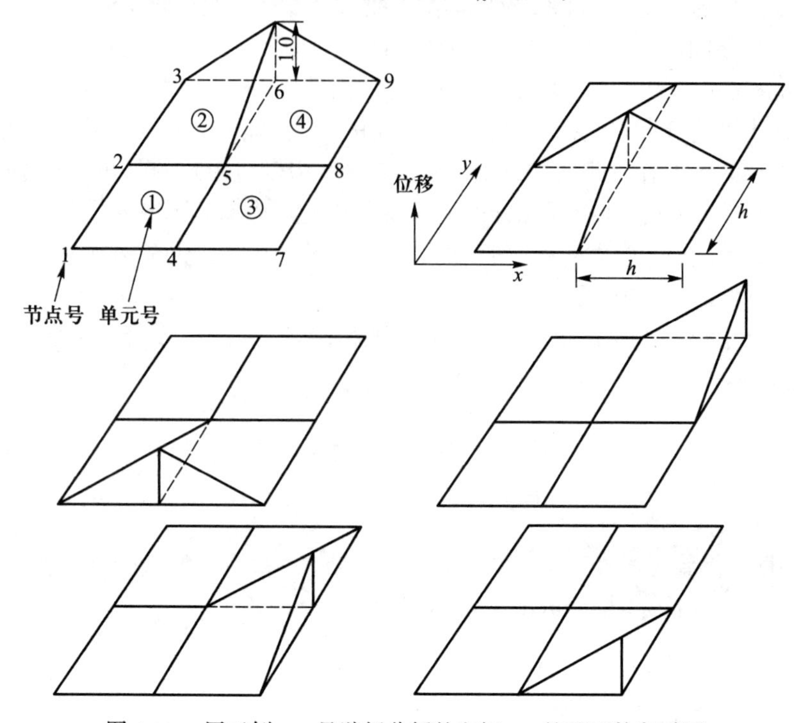

图 4.11 用于例 4.6 悬臂板分析的空间 V_h 的基函数鸟瞰图

为方便图示, 位移函数向上画出, 而所示的函数可应用于位移 $\mathbf{u}$ 和 $\mathbf{v}$. V_h 中一个元素是任意 12 个位移函数的线性组合. 应该指出, 如例 4.6 中讨论的, 该函数对应于单元位移插值矩阵 $\mathbf{H}^{(m)}$, 在节点 1、2、3 处的位移为零.

考虑到问题的有限元解 $\mathbf{u}_h$ 和精确解 $\mathbf{u}$, 我们有如下重要性质.

[241] **性质 1** 精确解 $\mathbf{u}$ 和有限元解 $\mathbf{u}_h$ 之间的误差为 $\mathbf{e}_h$

$$\mathbf{e}_h = \mathbf{u} - \mathbf{u}_h \tag{4.85}$$

第一个性质为

$$a(\mathbf{e}_h, \mathbf{v}_h) = 0 \quad \forall \mathbf{v}_h \in V_h \tag{4.86}$$

可以通过虚功原理证明如下

$$a(\mathbf{u}, \mathbf{v}_h) = (\mathbf{f}, \mathbf{v}_h) \quad \forall \mathbf{v}_h \in V_h \tag{4.87}$$

和

$$a(\mathbf{u}_h, \mathbf{v}_h) = (\mathbf{f}, \mathbf{v}_h) \quad \forall \mathbf{v}_h \in V_h \tag{4.88}$$

因此相减后得到式 (4.86). 我们可以说对所有 V_h 中的 $\mathbf{v}_h$, 误差按 $a(.,.)$ 意义正交. 显然, 随着空间 V_h 的增加且大空间总是包含小空间, 有限元求解精度将不断增加. 下面两个性质是基于性质 1 的.

性质 2 第二个性质是

$$a(\mathbf{u}_h, \mathbf{u}_h) \leqslant a(\mathbf{u}, \mathbf{u}) \tag{4.89}$$

通过考虑下式证明此性质

$$\begin{aligned} a(\mathbf{u}, \mathbf{u}) &= a(\mathbf{u}_h + \mathbf{e}_h, \mathbf{u}_h + \mathbf{e}_h) \\ &= a(\mathbf{u}_h, \mathbf{u}_h) + 2a(\mathbf{u}_h, \mathbf{e}_h) + a(\mathbf{e}_h, \mathbf{e}_h) \\ &= a(\mathbf{u}_h, \mathbf{u}_h) + a(\mathbf{e}_h, \mathbf{e}_h) \end{aligned} \tag{4.90}$$

其中, 利用了式 (4.86) 且 $\mathbf{v}_h = \mathbf{u}_h$. 由于对于任意 $\mathbf{e}_h \neq \mathbf{0}, a(\mathbf{e}_h, \mathbf{e}_h) >0$, 则式 (4.89) 成立 (对适当支撑的结构, 对任何非零的 $\mathbf{v}$, $\|\mathbf{v}\|_E > 0$).

因此, 对应于有限元解的应变能总是小于或者等于对应于精确解的应变能.

性质 3 第三个性质是

$$a(\mathbf{e}_h, \mathbf{e}_h) \leqslant a(\mathbf{u} - \mathbf{v}_h, \mathbf{u} - \mathbf{v}_h) \quad \forall \mathbf{v}_h \in V_h \tag{4.91}$$

证明如下: 对于任何属于 V_h 的 $\mathbf{w}_h$, 有

$$a(\mathbf{e}_h + \mathbf{w}_h, \mathbf{e}_h + \mathbf{w}_h) = a(\mathbf{e}_h, \mathbf{e}_h) + a(\mathbf{w}_h, \mathbf{w}_h) \tag{4.92}$$

因此,

$$a(\mathbf{e}_h, \mathbf{e}_h) \leqslant a(\mathbf{e}_h + \mathbf{w}_h, \mathbf{e}_h + \mathbf{w}_h) \tag{4.93}$$

选择 $\mathbf{w}_h = \mathbf{u}_h - \mathbf{v}_h$, 即得式 (4.91). [242]

第三个性质说明有限元解 $\mathbf{u}_h$ 是从在 V_h 的所有可能的位移模式中选择的, 使得对应于 $\mathbf{u} - \mathbf{u}_h$ 的应变能是最小的. 因此, 按此意义, V_h 中的解 $\mathbf{u}_h$ 使得 $\mathbf{u}$ 与 V_h 中元素之间的能量距离最小.

使用式 (4.91) 和双线性形式的椭圆性和连续性, 我们可以进一步得到

$$\begin{aligned} \alpha \|\mathbf{u} - \mathbf{u}_h\|_1^2 &\leqslant a(\mathbf{u} - \mathbf{u}_h, \mathbf{u} - \mathbf{u}_h) \\ &= \inf_{\mathbf{v}_h \in V_h} a(\mathbf{u} - \mathbf{v}_h, \mathbf{u} - \mathbf{v}_h) \\ &\leqslant M \inf_{\mathbf{v}_h \in V_h} \|\mathbf{u} - \mathbf{v}_h\|_1 \|\mathbf{u} - \mathbf{v}_h\|_1 \end{aligned} \tag{4.94}$$

其中, inf 表示下确界 (见表 4.5), 如果令 $d(\mathbf{u} - V_h) = \lim\limits_{\mathbf{v}_h \in V_h} \|\mathbf{u} - \mathbf{v}_h\|_1$, 则可知有如下性质

$$\|\mathbf{u} - \mathbf{u}_h\|_1 \leqslant c d(\mathbf{u}, V_h) \tag{4.95}$$

其中, c 是一个常数, $c = \sqrt{M/\alpha}$, 独立于 h, 但与材料的特性有关①, 这个结果称之为 Cea 引理 (如见 P. G. Ciarlet [A]).

---

① 在考虑性质式 (4.95) 和随后讨论到的条件式 (4.156) 时有一个细微差别, 即尽管式 (4.95) 对于任何体积和剪切模量总是有效的, 但是随着体积模量的增加, 常数 c 也将变得很大, 性质式 (4.95) 将不再有用. 因此, 当体积模量 κ 很大时, 我们需要新的性质式 (4.156), 其中, 常数 c 独立于模量 κ, 这将得出 inf-sup 条件.

上述三个性质给了我们有价值的启示, 即从可能的位移模式且给定的有限元网格中怎样选择有限元解, 以及随着网格细化后我们期望得到什么结果.

应特别地指出, 基于性质 3 的式 (4.95) 说明了有限元空间序列的收敛的充分条件是对于任何 $\mathbf{u} \in V$, 有 $\lim_{h\to 0} \inf \|\mathbf{u}-\mathbf{v}_h\|_1 = 0$. 此外, 随着网格细化, 式 (4.95) 还能被用于度量收敛率, 这是通过对 $d(\mathbf{u}, \mathbf{v}_h)$ 怎样随着网格粗细变化而引进一个上界实现的 (见第 4.3.5 节).

还有, 性质 2 和性质 3 表明对有限元解, 在给定网格可能的位移模式中应变能误差是极小的, 以及对应于有限元解的应变能将随着网格不断细化趋近于精确的应变能 (从下界). (精细网格的位移模式包含先前的粗大网格的位移模式).

我们还可以将这些结论与先前的事实联系起来, 即在有限元解中, 建立了总势能的驻值 (见第 4.2.3 节). 即对于一个给定的网格和任何节点位移 $\mathbf{U}_{\text{any}}$, 有

$$\prod|_{\mathbf{U}_{\text{any}}} = \frac{1}{2}\mathbf{U}_{\text{any}}^{\mathrm{T}}\mathbf{K}\mathbf{U}_{\text{any}} - \mathbf{U}_{\text{any}}^{\mathrm{T}}\mathbf{R} \tag{4.96}$$

[243] 有限元解 $\mathbf{U}$ 是通过取 $\prod$ 的驻值得到

$$\mathbf{KU} = \mathbf{R}$$

根据有限元的位移解 $\mathbf{U}$, 我们可以得到总势能 $\prod$ 和应变能 $\mathcal{U}$

$$\prod = -\tfrac{1}{2}\mathbf{U}^{\mathrm{T}}\mathbf{R}; \quad \mathcal{U} = \tfrac{1}{2}\mathbf{U}^{\mathrm{T}}\mathbf{R} \tag{4.97}$$

因此, 为了计算对应于有限元解的应变能, 我们只需要进行向量乘法.

为了说明这个概念, 即在一个给定可能的有限元位移中 (即在空间 V_h 中), 有限元解 $\mathbf{U}$ 处的 $\prod$ 是极小的, 计算在 $\mathbf{U}+\boldsymbol{\varepsilon}$ 处的 $\prod$, 其中 $\boldsymbol{\varepsilon}$ 是任意向量

$$\begin{aligned}
\prod|_{\mathbf{U}+\boldsymbol{\varepsilon}} &= \frac{1}{2}(\mathbf{U}+\boldsymbol{\varepsilon})^{\mathrm{T}}\mathbf{K}(\mathbf{U}+\boldsymbol{\varepsilon}) - (\mathbf{U}+\boldsymbol{\varepsilon})^{\mathrm{T}}\mathbf{R} \\
&= \prod|_{\mathbf{U}} + \boldsymbol{\varepsilon}^{\mathrm{T}}(\mathbf{KU}-\mathbf{R}) + \tfrac{1}{2}\boldsymbol{\varepsilon}^{\mathrm{T}}\mathbf{K}\boldsymbol{\varepsilon} \\
&= \prod|_{\mathbf{U}} + \tfrac{1}{2}\boldsymbol{\varepsilon}^{\mathrm{T}}\mathbf{K}\boldsymbol{\varepsilon}
\end{aligned} \tag{4.98}$$

其中, 使用 $\mathbf{KU}=\mathbf{R}$, 并且 $\mathbf{K}$ 是对称矩阵. 但由于 $\mathbf{K}$ 是正定的, 对于给定的有限元网格, $\prod|_{\mathbf{U}}$ 是 $\prod$ 的最小值. 随着网格细化, $\prod$ 将减小, 根据式 (4.97), $\mathcal{U}$ 将相应地增加.

考虑式 (4.89)、式 (4.91) 和式 (4.97), 我们看出在有限元解中位移 (整个) 被低估了, 因此数学模型的刚度被高估了. 这种刚度的过高估计 (物理上) 源于 "内部位移约束", 是作为位移假设的结果隐含地施加在解上. 随着有限元离散网格的细化, 这些 "内部位移约束" 减少, 得到收敛于数学模型的精确解 (和刚度).

为了举例说明上述讨论, 图 4.12 显示了二维有限元离散化的特别测试问题的分析结果. 该问题没有奇异性. 正如在第 4.3.5 节要讨论的, 在这种情况下, 在一系列的有限单元均匀网格 (在每个网格中所有单元是相等的正方形大小) 中, 一个给定的有限元可得满阶 (最大阶) 的收敛.

[244]

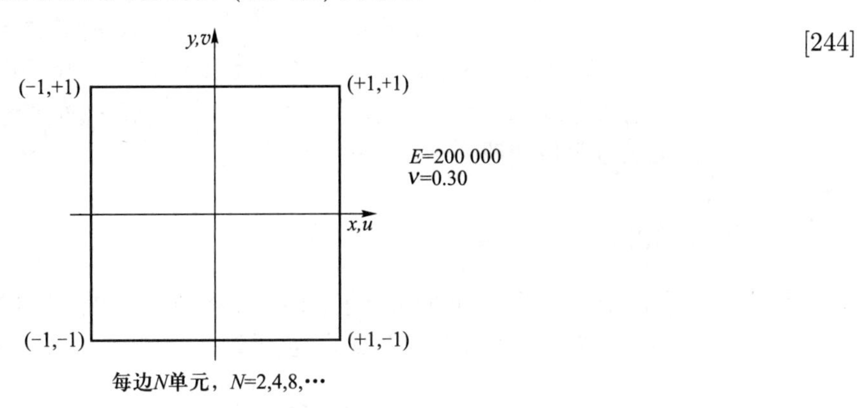

每边 N 单元，N=2,4,8,···

(a) 所考虑的正方形域

$$u=c_1(1-x^2)(1-y^2)e^{ky}\cos kx$$

$$v=c_1(1-x^2)(1-y^2)e^{ky}\sin kx$$

c_1=常数; k=5

(b) 精确的面内位移

对体力 f_x^B 和 f_y^B, 求得有限元解，其中

$$f_x^B=-\left(\frac{\partial\tau_{xx}}{\partial x}+\frac{\partial\tau_{xy}}{\partial y}\right)$$

$$f_y^B=-\left(\frac{\partial\tau_{yy}}{\partial y}+\frac{\partial\tau_{yx}}{\partial x}\right)$$

对应于在(b)中给出的精确面内位移的应力 τ_{xx}、τ_{yy}、τ_{xy}

(c) 测试问题

[245]

$\log(E-E_h)$

$E=a(\mathbf{u},\mathbf{u})$

$E_h=a(\mathbf{u}_h,\mathbf{u}_h)$

$h=2/N, N=2,4,8,\cdots$

$\log h$

(d) 平面应力问题的解

图 4.12　平面应力 (或者平面应变, 轴对称) 单元特别测试问题

图 4.12 中对小 h, 使用 $E-E_h=ch^\alpha$, 因此 $\log(E-E_h)=\log c+\alpha\log h$ (也见式 (4.101)). 数值解给出 $\alpha=3.91$.

如图 4.12 所示, 当 9 节点单元一系列均匀网格用于问题求解时应变能的收敛. 首先构造单位边长 ($h=1$) 的正方形单元 2×2 网格, 然后将每个单元细分为 4 个相等的正方形单元 (其中 $h=\frac{1}{2}$), 以获得第二级网格, 重复上述过程. 我们可以清楚地看到, 正如我们根据式 (4.91) 中所预测的, 随着单元尺寸 h 的减少, 应变能的误差也随之减小. 我们在第 4.3.5 节将比较收敛阶数的有限元计算值和理论值.

4.3.5 收敛率

在前面几节, 我们考虑了有限元分析结果的单调收敛的要求条件, 并且讨论了一般收敛性是如何达到的, 但是没有提到收敛率的大小.

正如所预料的, 收敛率取决于在位移假设中所用的多项式阶数. 在下文中, 完备多项式的概念是有用的.

如图 4.13 所示的多项式项, 即在二维分析中应该包含 x 和 y 的完备多项式. 可以看到 $x^\alpha y^\beta$ 的所有可能的项都出现, 其中 $\alpha+\beta=k$, k 是完备多项式的阶. 例如, 我们注意到, 例 4.6 中研究的单元使用了一个只有 1 阶的完备多项式位移.

[246]

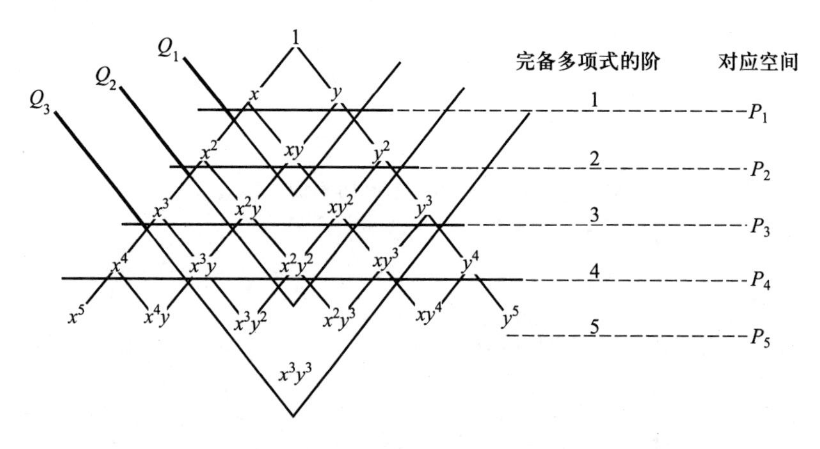

图 4.13 二维分析中的多项式项, Pascal 三角形

图 4.13 同时还说明了对于多项式空间来说非常重要的概念. 空间 P_k 对应于直到 k 阶的完备多项式. 它们可以看做是三角单元的基函数: 在 P_1 中的函数对应于线性位移 (常应变) 三角形函数 (见例 4.17), 在 P_2 中的函数对应于抛物线位移 (线应变) 函数的三角形 (见第 5.3.2 节), 等等.

另外, 图 4.13 表示多项式空间 Q_k, $k=1,2,3$, 对应于 4 节点、9 节点和 16 节点单元, 指的是 Lagrange 单元, 因为这些单元的位移函数都是 Lagrange 函数 (见第 5.5.1 节).

在考虑三维分析时, 当然, 可以画出一个类似于图 4.13 的图形, 其中变量 z 要包括在内.

考虑一系列均匀的网格建模所求物体的整个体积. 当使用多项式空间 Q_k 时, 一系列均匀的网格是由相等大小的正方形单元组成的. 因此, 参数 h 可以被看做单元的典型边长. 通过从单元起始网格开始, 然后采用自然的模式细分每个单元以得到下一级网格, 然后重复这个过程, 从而得到该网格序列. 这样做的目的是为了解决图 4.12 中特别测试问题. 而对另外一个分析问题, 如例 4.6 中的问题, 我们可以在图 4.11 中将每一个 4 节点单元细分为四个相等的新的 4 节点单元来得到第一级细分网格, 然后可以将第一级细分网格的每个单元再细分为四个新的相等的 4 节点单元得到第二级细分网格; 等等. 不断细分的过程将给出网格的完整序列.

为了获得收敛率的表达式, 我们可以理想地使用式 (4.95) 中给出的作为一个 h 的函数 $d(\mathbf{u}, V_h)$ 公式. 但很难获取这样一个公式, 相对简便的方法是使用插值理论, 研究 $d(\mathbf{u}, V_h)$ 的上界.

假设我们使用阶为 k 的完备多项式的单元, 按解满足下式[①] 的意义上, 精确解 $\mathbf{u}$ 对该弹性问题是光滑的

$$\|\mathbf{u}\|_{k+1} = \left\{ \int_{\mathrm{Vol}} \left[\sum_{i=1}^{3} (u_i)^2 + \sum_{i=1}^{3} \sum_{j=1}^{3} \left(\frac{\partial u_i}{\partial x_j} \right)^2 + \sum_{n=2}^{k+1} \sum_{i=1}^{3} \sum_{r+s+t=n} \left(\frac{\partial^n u_i}{\partial x_1^r \partial x_2^s \partial x_3^t} \right)^2 \right] \mathrm{dVol} \right\}^{1/2} < \infty \tag{4.99}$$

其中, $k \geqslant 0$.

所以, 假设式 (4.99) 中可以计算所有精确解直到 $(k+1)$ 阶的导数.

插值理论的一个基本结果是存在插值函数 $\mathbf{u}_I \in V_h$ 使得

$$\|\mathbf{u} - \mathbf{u}_I\|_1 \leqslant \hat{c} h^k \|\mathbf{u}\|_{k+1} \tag{4.100}$$

其中, h 是表示单元的 "大小" 的网格参数, $\hat{c}$ 是一个与 h 无关的常数. h 典型地取为一般单元的边长或者包围单元的圆的直径. 注意到 $\mathbf{u}_I$ 不是 V_h 中有限元的解, 只是 V_h 中的元素, 几何上对应于一个靠近 $\mathbf{u}$ 的函数. [247]

使用式 (4.100) 和在第 4.3.4 节中讨论的性质 3 (参看式 (4.91)), 现在可以得到有限元解 $\mathbf{u}_h$ 的收敛率对弹性精确解 $\mathbf{u}$ 的误差估计为

$$\|\mathbf{u} - \mathbf{u}_h\|_1 \leqslant c h^k \|\mathbf{u}\|_{k+1} \tag{4.101}$$

其中, c 是一个与 h 无关但与材料性质有关的常数. 即, 利用式 (4.95) 和式

① 则 $\mathbf{u}$ 是 Hilbert 空间 H^{k+1} 的一个元素.

(4.100), 有

$$\begin{aligned}\|\mathbf{u}-\mathbf{u}_h\|_1 &\leqslant cd(\mathbf{u},V_h)\\ &\leqslant c\|\mathbf{u}-\mathbf{u}_I\|_1\\ &\leqslant c\widehat{c}h^k\|\mathbf{u}\|_{k+1}\end{aligned} \tag{4.101a}$$

其给出含一个新常数 c 的式 (4.101). 对于式 (4.101), 收敛率由右侧整个表达式给出, 收敛的阶数是 k, 即有 $o(h^k)$ 收敛.

从另一个角度看式 (4.101) 推导, 显然与先前的推导密切有关, 是使用式 (4.79) 和式 (4.91). 有

$$\begin{aligned}\|\mathbf{u}-\mathbf{u}_h\|_1 &\leqslant \frac{1}{c_1}[a(\mathbf{u}-\mathbf{u}_h,\mathbf{u}-\mathbf{u}_h)]^{1/2}\\ &\leqslant \frac{1}{c_1}[a(\mathbf{u}-\mathbf{u}_I,\mathbf{u}-\mathbf{u}_I)]^{1/2}\\ &\leqslant \frac{c_2}{c_1}\|\mathbf{u}-\mathbf{u}_I\|_1\\ &\leqslant ch^k\|\mathbf{u}\|_{k+1}\end{aligned} \tag{4.101b}$$

因此, 可以直接得到收敛率, 我们确实只是按式 (4.100) 给出的上界表示了距离 $d(\mathbf{u},V_h)$.

事实上, 常可以简单地把式 (4.101) 写做

$$\|\mathbf{u}-\mathbf{u}_h\|_1 \leqslant ch^k \tag{4.102}$$

现在看出, 常数 c 独立于 h 但与解和材料特性 (因为在式 (4.101a) 中 c 和式 (4.101b) 中 c_1、c_2 依赖材料特性) 有关. 当考虑 (几乎) 不压缩的材料条件时, 这种依赖于材料特性的特点是不利的, 因为该常数会很大, k 阶收敛只在非常小的 h 值 (不实际) 才能得到精确解. 由于这个原因, 此时我们需要具有与材料性质无关的常数的性质式 (4.95), 该要求得到了条件式 (4.156) (见第 4.5 节).

[248] 常数 c 同样依赖于所用的单元的类型. 假设该类单元是基于一个 k 阶完备的多项式, 该类中不同的单元对于相同的分析问题一般呈现不同的常数 c(例如三角形单元和四边形单元). 因此, 对于给定 h, 可能有很不相同的实际误差大小, 但随着网格细化, 误差下降的阶数是相同的. 显然, 常数 c 的大小在实际分析中很重要, 为了获得一个可接受的误差, 它很大程度上决定 h 实际上可以取多小.

这些推导当然表示的是理论结果, 我们可能会问这些理论结果与实际应用距离有多远. 实际经验表明, 所考虑的有限元离散化的实际收敛解与理论解确实很接近. 的确, 为估计收敛的阶数, 我们可以简单地考虑在式 (4.102) 中的等号以得到

$$\log(\|\mathbf{u}-\mathbf{u}_h\|_1) = \log c + k\log h \tag{4.103}$$

如果从算得的结果画出 $\log(\|\mathbf{u}-\mathbf{u}_h\|_1)$ 对 $\log h$ 的图形, 我们发现当 h 充分小时, 则相应的曲线确实有近似的斜率 k.

计算 Sobolev 模需要很大的计算量, 在实际中, 我们可以用 1-模能量模的等价形式. 即, 由于式 (4.79), 我们看出对左侧能量模, 式 (4.101) 成立, 通常更容易计算能量模 (见式 (4.97)). 图 4.12 给出了一个应用. 还注意到, 应变能的误差可以通过从极限解 (或如果已知, 采用精确解) 的应变能减去当前应变能直接地做出计算 (见式 (4.90)). 在图 4.12 的解中我们获得了 3.91 (数值结果) 的收敛阶, 与理论值为 4 的结果符合得非常好 (此处 $k=2$, 应变能是能量模的平方). 对于这种特别测试问题, 由图 5.39 给出了进一步的收敛结果 (其中, 考虑的是扭曲的单元和数值积分刚度矩阵).

实际上, 式 (4.101) 给出了位移梯度的误差估计, 因此, 也给出了应变和应力的误差估计, 因为在 1-模中的主要贡献是由于位移导数的误差. 我们将主要使用式 (4.101) 和式 (4.102), 同时注意到位移的误差由式 (4.104) 给出

$$\|\mathbf{u}-\mathbf{u}_h\|_0 \leqslant ch^{k+1}\|\mathbf{u}\|_{k+1} \tag{4.104}$$

因此, 位移的收敛阶数比应变的要高一阶.

这些结果直观上是合理的. 即, 可以考虑泰勒级数分析. 由于具有 k 阶的完备位移展开的 “h 维” 单元可以精确地表示位移直到 k 阶的变化, 则具有均匀网格的表示任意位移的局部误差应该是 $o(h^{k+1})$. 此外, 对于一个 C^{m-1} 的问题, 通过对位移求导 m 次算出应力, 因此应力的误差是 $o(h^{k+1-m})$. 对上面所讨论的理论弹性问题, $m=1$, 因此式 (4.101) 和式 (4.104) 是我们想要的结果.

例 4.25: 考虑如图 E4.25 所示的问题. 如果使用 2 节点的线性单元, 估计有限元解的误差. [249]

在该例中, 有限元问题是要计算 $u_h \in V_h$, 使得

$$(EAu_h', v_h') = (f^B, v_h) \quad \forall v_h \in V_h$$

且

$$V_h = \left\{ v_h | v_h \in L^2(\mathrm{Vol}), \frac{\partial v_h}{\partial x} \in L^2(\mathrm{Vol}), v_h|_{x=0} = 0 \right\}$$

为了估计误差, 使用式 (4.91), 对这个简单的问题, 直接写出

$$\int_0^L (u' - u_h')^2 \mathrm{d}x \leqslant \int_0^L (u' - u_I')^2 \mathrm{d}x \tag{a}$$

其中, u 是精确解, u_h 是有限元解, u_I 是插值大小, 即它在节点处等于 u. 因此, 现在目的是获得 $\int_0^L (u'-u_I')^2 \mathrm{d}x$ 的一个上界.

考虑网格中任意一个具有端点 x_i 和 x_{i+1} 的单元. 则对于精确解 $u(x)$ 和 $x_i \leqslant x \leqslant x_{i+1}$, 有

$$u'(x) = u'|_{x_c} + (x - x_c)u''|_{x=\overline{x}}$$

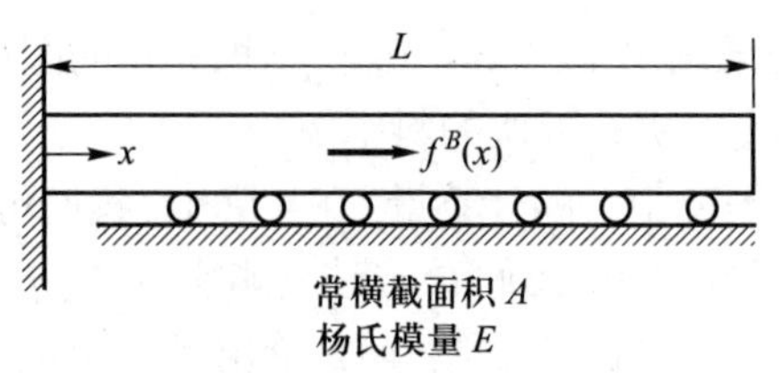

(a) 受到每单位长度载荷$f^B(x)=ax$的杆

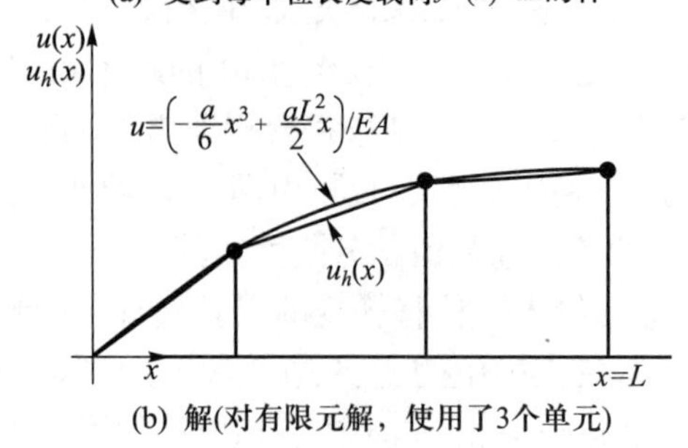

(b) 解(对有限元解，使用了3个单元)

图 E4.25 杆的分析

[250] 其中, $x=x_c$ 指单元中选定的一个点, $\overline{x}$ 也是单元中一个点. 选择当 $u'|_{x_c}=u'_I$ 时的一个 x_c, 这总是能做到的, 因为

$$u_I(x_i)=u(x_i), u_I(x_{i+1})=u(x_{i+1})$$

对该单元, 则有

$$|u'(x)-u'_I|\leqslant h(\max_{0\leqslant x\leqslant L}|u''|) \tag{b}$$

其中, 我们引入了精确解的二阶导数的最大绝对值以得到一个上界.

利用式 (b), 有

$$\int_0^L (u'-u'_I)^2\mathrm{d}x\leqslant Lh^2(\max_{0\leqslant x\leqslant L}|u''|)^2$$

因此

$$\left(\int_0^L (u'-u'_h)^2\mathrm{d}x\right)^{1/2}\leqslant ch \tag{c}$$

其中, 常数 c 依赖于 A、E、L 和 f^B, 但独立于 h.

应指出, 这种分析是相当一般性的, 只是假设精确解是光滑的, 故可以计算它的二阶导数 (在该例中, 由 $-f^B/EA$ 给出). 当然结果式 (c) 正好是误差估计式 (4.102).

另外一个有趣的结果是, 有限元解的节点位移是精确的位移, 这是由于两个原因. 首先, 节点处由分布载荷得到的精确解与由等价的集中载荷得到的精确解是相等的 (通过虚功原理计算 "等价" 载荷). 第二, 有限元空间 V_h 包含对应于等价的集中载荷的精确解. 当然, 这个良好的结果是一维问题的解的一个特性, 在一般的二维和三维分析中并不存在.

在上面的收敛研究中, 假设所用离散化是均匀的 (如在二维分析中单元是正方形且大小相等), 以及精确解是光滑的. 并且隐含着单元位移展开的多项式的阶是不变的. 在实际中一般不会遇到这些情况, 但我们需要知道可能的结果是什么.

如果解不是光滑的, 例如, 由于结构几何、加载或者材料性质或者厚度的突然变化, 以及使用均匀的网格划分, 则收敛的阶数减小; 因此, 在式 (4.102) 中 h 的指数不再是 k, 而是依赖于 "光滑度损失" 程度的一个较小值.

[251]

实际上, 在这类分析中使用了分级网格, 在高应力区域使用细小网格, 而远离这些区域使用粗大网格. 解的收敛阶还是通过式 (4.101) 给出, 写做

$$\|\mathbf{u}-\mathbf{u}_h\|_1^2 \leqslant c\sum_m h_m^{2k}\|\mathbf{u}\|_{k+1,m}^2 \tag{4.101c}$$

其中, m 指单个的单元, h_m 是单元大小的度量. 因此现可以通过对来自每个单元的式 (4.101) 中局部贡献求和得到总误差. 一个好的单元网格分级意味着每个单元的误差密度大约是一样的.

实际上, 当采用网格分级时, 经常会用到几何扭曲的单元. 因此, 例如在二维分析中常会遇到一般的四边形单元, 我们在第 5 章讨论了一般的几何形状的单元和在第 5.5.3 节中指出, 只要几何扭曲的大小是适当的, 则这些单元具有同样的收敛阶.

在上述网格序列中, 使用同类的单元, 且单元的大小均匀地减小. 这种方法称为 h 分析法. 另外一种方法是, 选择一种相对较大的初始网格和低阶的单元, 而逐渐增加单元内位移的多项式展开的阶次. 例如, 可能使用具有双线性位移假设的单元网格 (此处 $k=1$), 而多项式展开式的阶逐次到 $2,3,\cdots,p$ 阶, 其中 p 可能是 10 或更高. 这种方法称为 p 分析法. 为更有效地增加这种单元多项式的阶数, 提出了特殊的插值函数, 通过使用先前算得的刚度矩阵且通过直接修改该矩阵, 该插值函数允许对应于更高阶插值的单元刚度矩阵的计算, 且具有良好的正交性质 (见 B. Szabó 和 I. Babuška [A]). 但遗憾的是, 当单元几何扭曲时, 这些函数不足以描述单元内部很重要的位移变化 (见 K. Kato、N. S. Lee 和 K. J. Bathe [A] 以及第 5.3.3 节). 我们在下例中将说明这些函数的使用.

例 4.26: 考虑如图 E4.26 所示的一维杆元, 令 $(\mathbf{K})_p$ 为对应于 p 阶的位移插值函数的刚度矩阵, 其中 $p=1,2,3,\cdots$, 令对应于 p=1 的插值函数为

$$h_1=\frac{1}{2}(1-x);\quad h_2=\frac{1}{2}(1+x) \tag{a}$$

对高阶插值函数, 使用

$$h_i=\varphi_{i-1}(x);\quad i=3,4,\cdots \tag{b}$$

其中

$$\varphi_j=\frac{1}{[2(2j-1)]^{1/2}}[P_j(x)-P_{j-2}(x)] \tag{c}$$

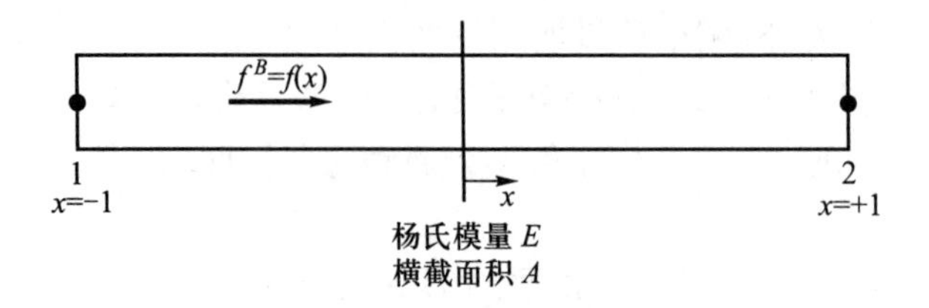

图 E4.26 受到变化体力作用的杆元

[252] 其中, P_j 是 Legendre 多项式 (如见 E. Kreyszig [A])

$$
\begin{aligned}
P_0 &= 1 \\
P_1 &= x \\
P_2 &= \frac{1}{2}(3x^2-1) \\
P_3 &= \frac{1}{2}(5x^3-3x) \\
P_4 &= \frac{1}{8}(35x^4-30x^2+3) \\
&\cdots\cdots\cdots\cdots \\
(n+1)P_{n+1} &= (2n+1)xP_n - nP_{n-1}
\end{aligned}
$$

计算刚度矩阵 $(\mathbf{K})_p$ 和对应于 $p \geqslant 1$ 单元载荷向量.

我们首先指出, 这些插值函数满足单调收敛的要求: 单元间的位移连续性被施加, 函数是完备的 (它们可以表示刚体运动模式和常应变状态). 因为函数 (a) 满足这些要求, 而函数 (b) 只是在单元内增加了更高阶的位移变化且在 $x=\pm 1$ 处, $h_i=0,\ i\geqslant 3$.

使用式 (4.19) 和式 (4.20) 得到单元的刚度矩阵和载荷向量. 因此, 典型的单元刚度矩阵和载荷向量如下

$$
\begin{aligned}
K_{ij} &= \int_{-1}^{+1} AE\frac{\mathrm{d}h_i}{\mathrm{d}x}\frac{\mathrm{d}h_j}{\mathrm{d}x}\mathrm{d}x \\
R_i^B &= \int_{-1}^{+1} f(x)h_i\mathrm{d}x
\end{aligned}
\tag{d}
$$

式 (d) 的计算给出

$$
(\mathbf{K})_p = \frac{AE}{2}\begin{bmatrix}
1 & -1 & & & & & \\
-1 & 1 & & & & & \\
 & & 2 & & & 0 & \\
 & & & \ddots & & & \\
 & & & & 2 & & \\
 & 0 & & & & \ddots & \\
 & & & & & & 2
\end{bmatrix}_{(p+1)\times(p+1)}
\tag{e}
$$

其中应指出, 对应于插值函数式 (a) 的常规 2×2 的刚度矩阵实际上已经被对应于单元内部位移模式 (b) 的对角元素所修改. 在这个特例中, 由于勒让德 (Legendre) 正交函数的性质, 所以每一个元素与所有其他元素没有耦合. 因此, 随着单元阶数的提高, 仅计算要添加的对角元素而所有其他元素的刚度系数保持不变.

该结构的矩阵 $(\mathbf{K})_p$ 使得单元组合体的控制方程的解更为简单, 而且不管单元矩阵的阶数有多高, 系数矩阵的条件数总是良态的. 还注意到, 如果有限元的解对于一个给定阶的插值函数是已知的, 那么很容易地通过计算和添加由于附加的单元内部模式所增加的位移得到一个增加阶的插值函数的解.

由于对应于矩阵 $(\mathbf{K})_{p+1}$ 的函数集合包含对应于 $(\mathbf{K})_p$ 的函数集合, 我们便称该位移函数和刚度矩阵为级联函数和级联矩阵. 当插值函数的阶数增加时, 这种级联性质一般是可得到的 (见习题 4.29 和第 5.2 节).

例 4.26 中给出的概念同样还可以用来给高阶的二维 和三维单元建立位移函数. 例如, 在二维情况中, 基函数是 h_i, $i = 1, 2, 3, 4$, 用在例 4.6 中, 而附加的函数是由于边沿模式和内部模式而添加的 (见习题 4.30 和习题 4.31). [253]

我们应指出, 在例 4.26 中讨论的, 由该类单元建模的杆结构的分析中, 单元间的耦合只是源于函数 h_1 和 h_2 间的节点位移, 这得到一个非常高效的解. 但在二维和三维情况中, 该计算效率并没有出现, 是因为该单元位移边沿模式与相邻单元的位移耦合, 且有限元组合体的控制方程实际上有一个大的带宽 (见第 8.2.3 节).

如果我们增加单元的数量, 同时增加在单元中的位移插值函数的阶次, 则在一般的应力条件下的解可以有非常高的收敛率. 这种网格/单元细化的方法即是 h/p 方法, 可以得到一个指数级的收敛率 (见 B. Szabó 和 I. Babuška [A]).

$$\|\mathbf{u} - \mathbf{u}_h\|_1 \leqslant \frac{c}{\exp[\beta(N)^\gamma]} \tag{4.105}$$

其中, c、β 和 γ 是正常数, N 是网格中节点的个数. 如果与式 (4.105) 比较, 我们可以按同样形式写出式 (4.101), 对于 h 方法, 得到代数收敛速率

$$\|\mathbf{u} - \mathbf{u}_h\|_1 \leqslant \frac{c}{(N)^{k/d}}$$

其中, $d = 1, 2, 3$, 分别对应一维、二维和三维问题. h/p 方法的有效性在于它结合了 h 算法和 p 算法的两种有吸引力的性质. 当精确解是光滑的, 使用 p 方法, 可以获得指数收敛率. 使用 h 方法, 通过与精确解光滑性无关的适当的网格分级保持最优的收敛率.

尽管 h/p 方法收敛率很高, 但是计算过程是否有效, 依赖于得到特定误差所花费的总计算量 (还依赖于常数 c).

使用 h 算法、p 算法或者 h/p 方法的有限元解的一个重要特征是有"合适"的网格分级. 上述表达式预先指明随着单元密度的增加和插值函数阶数

的增加, 如何得到精确解的收敛性, 但是在一系列解中使用的网格必须有适当的分级. 这就意味着在每个单元中的局部密度误差也应该大约是常数. 我们在第 4.3.6 节讨论误差的计算.

在上面收敛性的讨论中还假设考虑的是线性静态模型问题, 即精确地计算有限元矩阵, 以及平衡控制方程的求解没有误差. 实际上, 在单元矩阵的计算中采用了数值积分 (见第 5.5 节), 采用有限精度的运算求解平衡控制方程 (见第 8.2.6 节). 因此, 在求解步骤中肯定引入一些误差. 然而, 只要使用可靠的足够高阶的积分法, 数值积分误差不会降低收敛的阶 (见第 5.5.5 节). 除非求解非常病态的方程组, 一般情况下, 方程解的误差是很小的 (见第 8.2.6 节).

[254]

4.3.6 应力计算和误差估计

我们前面已经讨论过, 为单调收敛于精确解 (在力学, 即数学假设中的"精确"), 单元必须是完备和协调的. 使用协调的 (或者说相容的) 单元意味着在 C^{m-1} 变分问题的有限元构造中, 位移和它们的 $(m-1)$ 阶导数跨越单元边界是连续的. 因此, 如在平面应力分析中, 位移 u 和 v 是连续的, 在曲板问题的分析中, 横向位移 w 是唯一未知变量, 该位移 w 和它的导数 $\partial w/\partial x$ 和 $\partial w/\partial y$ 是连续的. 但该连续性并不意味着跨单元边界的单元应力是连续的.

单元应力是通过使用位移的导数来计算的 (见式 (4.11) 和式 (4.12)). 如果使用粗大的有限单元网格, 则在相邻两个单元中计算时, 在同一单元边沿 (或面) 上得到的两个应力值, 可能相差很大. 随着单元网格细化, 在单元边界上的应力差将减少, 而减少的速率当然由离散化时单元的 (插值函数的) 阶次确定.

由于同样的数学原因, 跨单元边界的单元应力一般不连续, 被建模结构的表面上的单元应力一般与外部施加的面力不相等. 但对于单元间应力突变, 外部作用的面力和单元应力之差, 随着用于建模结构的单元个数的增加而减少.

跨单元边界出现应力突变和物体边界出现应力不平衡, 这当然是由于下列事实的结果, 即在微元级上没有精确满足应力平衡, 除非使用一个非常精细的有限元离散化, 见前面例 4.2 中的虚功原理的推导. 该例推导说明, 只要对于任意虚位移 (在位移边界条件的表面上虚位移为零的) 虚功原理满足, 则平衡的微分方程才能满足. 在有限元分析中,"真实" 位移和虚位移的个数等于节点自由度的个数, 因此只能得到在微元级上满足应力平衡条件的近似解 (当协调性和本构条件精确满足时). 因此有限元解的误差可以通过下述方式估测, 即将应力的有限元解 τ_{ij}^{h} 代入平衡的控制方程, 对有限单元表示的每个几何域, 找出

$$\tau_{ij,j}^{h} + f_i^B \neq 0 \tag{4.106}$$

$$\tau_{ij}^{h} n_j - t_i \neq 0 \tag{4.107}$$

其中, n_j 表示单元域边界上的法向方向余弦, t_i 为沿边界上精确面力向量的分量, 如图 4.14 所示. 当然, 精确解的面力向量是未知的, 式 (4.107) 中左手侧非零只是说明单元间有应力突变.

[255]

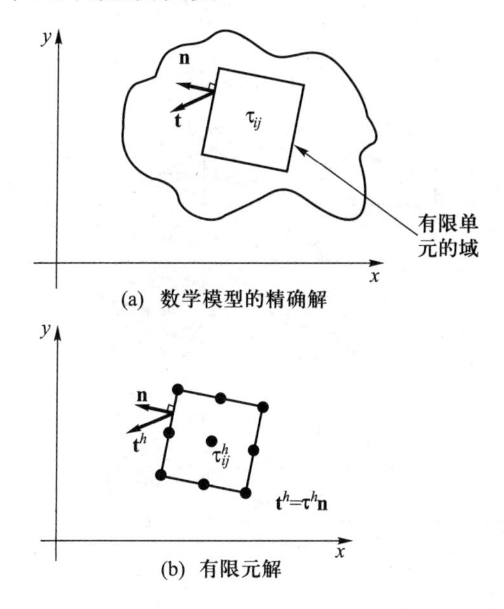

图 4.14　有限单元表示的连续介质子域

可以证明, 对于低阶单元, 式 (4.107) 的不平衡比在式 (4.106) 的不平衡要大, 对于高阶单元, 式 (4.106) 的不平衡成为了主要因素. 实际上, 式 (4.107) 可以用来得到应力解的精度指标, 并可通过使用应力等值带 (由 T. Sussman 和 K. J. Bathe [A] 提出) 很容易实现. 这些等值带可以不需要的应力平滑通过使用算得的应力按如下方式构建:

- 选择一个应力度量, 通常选择压力或者有效 (von Mises) 应力, 当然可以选择其他任何的应力分量.
- 将整个应力度量划分为应力区间, 并给应力区间指定一种颜色 (使用黑色或者白色阴影或者只是简单的黑白交替).
- 网格中点的颜色由对应于该点应力度量区间的颜色给出.

如果所有跨单元边界的应力是连续的, 那么这个过程将产生不间断的应力等值带. 但实际上, 跨单元边界的应力出现不连续, 等值带中产生 "断裂". 应力带宽的区间大小及其断裂的严重性可直接表示应力不连续的大小, 如图 4.15 所示. 因此, 对给定有限元网格的应力预测 τ_{ij}^h 的准确性来说, 等值带表示一个 "眼球准则".

在线性分析中, 可通过关系 $\boldsymbol{\tau}^h = \mathbf{C}\mathbf{B}\hat{\mathbf{u}}$ 算出单元内任意一点的有限元应力值; 但计算量相当大, 在一般非线性分析中几乎是不可能的 (包括由于材料非线性的影响). 一种可行的方法是, 使用积分点在单元相应的区域进行双线性插值. 图 4.16 说明了二维分析中的一个例子.

[256]

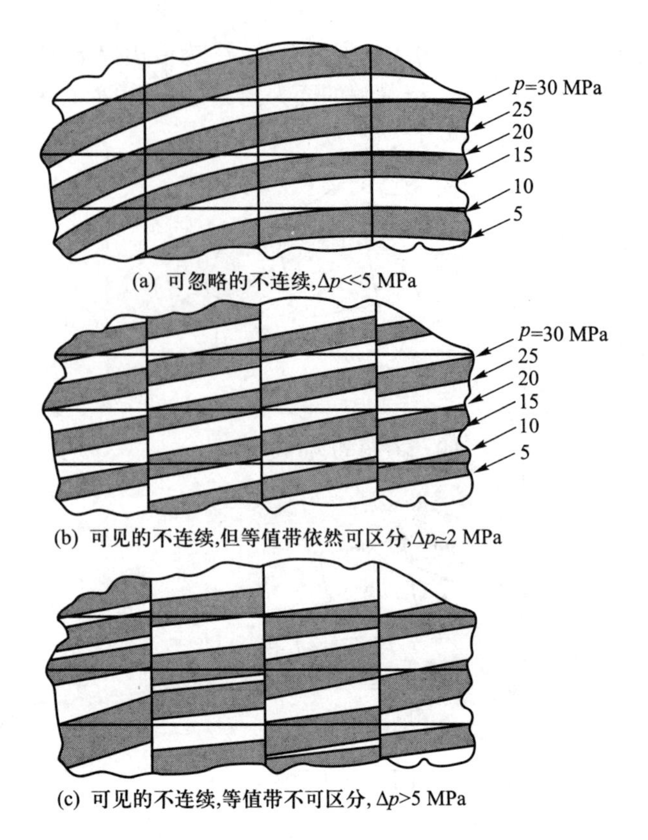

图 4.15　使用压力带估计应力不连续的示意图, 带宽 $= 5$ MPa; 使用黑色和白色区间

[257]

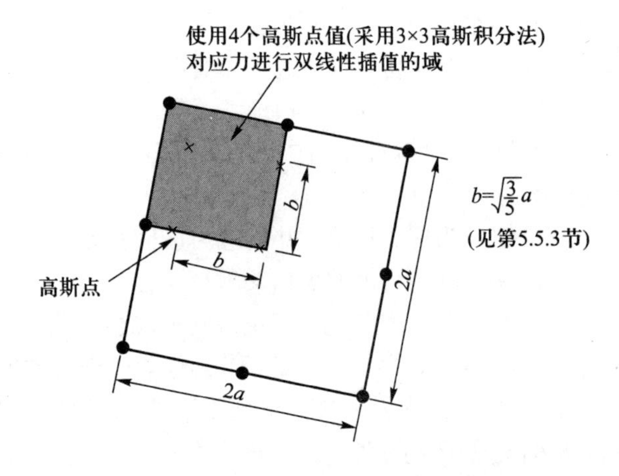

图 4.16　来自高斯点应力的应力插值

另外一个得到算出的应力 τ_{ij}^h 的误差近似值的方法是, 先找到一些改进的值 $\left(\tau_{ij}^h\right)_{\text{impr.}}$, 然后计算并显示

$$\Delta\tau_{ij} = \tau_{ij}^h - \left(\tau_{ij}^h\right)_{\text{impr.}} \tag{4.108}$$

可以通过使用上述的等值带方法来有效显示这些应力值.

改进值可以使用在图 4.16 中的处理过程, 即通过节点处应力的简单平均或在单元的积分点上采用最小二乘拟合法得到 (见 E. Hinton 和 J. S. Campbell [A]).

最小二乘法可用于相邻的单元片甚至整个网格. 但如果最小二乘拟合作用域上涉及许多的应力点, 求解将很费时, 并且域中一个部分的一个大误差将相当强烈地影响其他部分的最小二乘预测. 另一个值得考虑的是, 当使用式 (4.12) 直接计算应力时, 在数值积分点处比在节点处的应力通常更准确, 见 J. Barlow[A], J.F. Hiller 和 K. J. Bathe[A]. 因此, 对于最小二乘拟合, 使用高阶的函数比那些从假设的位移函数得到的应力变化的函数更有价值, 因为通过这种方法可以得到改进值, 如见 O. C. Zienkiewicz 和 J. Z. Zhu[A].

我们在下例中说明最小二乘应力平均法.

例 4.27: 考虑如图 E4.27 所示 9 节点单元的网格. 为通过节点平均和最小二乘拟合的方法来改进应力的结果提出一个合理的方案.

[258]

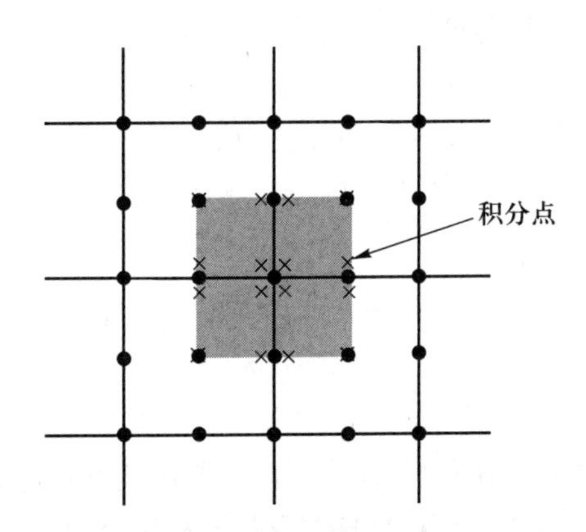

图 E4.27　9 节点单元的网格, 并显示了靠近节点 i 的积分点

令 τ 为一个典型的应力分量. 一个简单并且通常有效的提高应力结果的方法是, 对来自节点 i 的每个单元的积分点上, 对已算得的应力分量进行双线性外插. 通过这种方法, 对于图 E4.27 所示的情况和节点 i, 得到每个应力分量的 4 个值. 4 个值的平均值, 即 $(\tau^h)^i_{\text{mean}}$, 作为节点 i 处的值. 通过对每个节点进行类似的计算后, 在典型单元上改进的应力分量值

$$(\tau^h)_{\text{impr.}} = \sum_{i=1}^{9} h_i (\tau^h)^i_{\text{mean}} \tag{a}$$

其中, h_i 是位移插值函数, 因为平均节点值一定比简单地从位移导数中获得的值 (暗含低一阶的插值函数更好) 要精确.

该方法的关键步骤是 $(\tau^h)^i_{\text{mean}}$ 的计算. 使用基于最小二乘法, 也能求取这样的改进值.

考虑最接近于节点 i 的 8 个节点, 加上节点 i, 以及在最接近于节点 i 的 16 个积分点处的感兴趣的应力分量的值 (见图 E4.27). 令 $(\tau^h)^j_{\text{integr.}}$ 为积分点处的已知应力值, $j=1,\cdots,16$, 令 $(\tau^h)^k_{\text{nodes}}$ 为 9 个节点处的未知量 (其域对应于积分点).

我们可通过给定的积分点值与从节点值 $(\tau^h)^k_{\text{nodes}}$ 在同样点处插值而算出的值之间的误差极小化, 使用最小二乘法计算这个值 $(\tau^h)^k_{\text{nodes}}$.

$$\frac{\partial}{\partial(\tau^h)^k_{\text{nodes}}}\left[\sum_{j=1}^{16}((\tau^h)^j_{\text{integr.}}-(\hat{\tau}^h)^j_{\text{integr.}})^2\right]=0, k=1,\cdots,9 \tag{b}$$

其中

$$(\hat{\tau}^h)^j_{\text{integr.}}=\sum_{k=1}^{9}h_k\Big|_{\text{在积分点 } j}(\tau^h)^k_{\text{nodes}} \tag{c}$$

注意到, 在式 (c) 中我们估计了如图 E4.27 所示的 16 个积分点处的插值函数. 式 (b) 和式 (c) 给出了对值 $(\tau^h)^k_{\text{nodes}}$, $k=1,\cdots,9$ 的 9 个方程. 我们求解这些值, 但只接受节点 i 处的值作为改进的应力值, 即现在是式 (a) 中的 $(\tau^h)^i_{\text{mean}}$ 值. 对所有的节点, 使用同样方法求得节点 "平均" 值, 因此式 (a) 能用于所有的单元.

当然, 图 E4.27 介绍了 4 个大小一样的正方形单元的情形. 实际分析中, 单元一般呈扭曲形状且单元可能或多或少与节点 i 耦合. 还要考虑单元非角节点和边界处的特殊的网格结构.

实际中, 常常倾向使用低阶单元. 在二维求解的低阶 3 节点单元和三维求解的低阶 4 节点单元的应力改进的特殊方法由 D. J. Payen 和 K. J. Bathe [A] 提出. 使用高阶假设应力和所计算单元应力之差的投影方程得出应力解, 该解为 2 阶而非 1 阶收敛.

当使用低阶单元时, 另一种改进应力预测的方法是使用插值覆盖. 该方法为固体单元开发, 见 J. H. Kim 和 K. J. Bathe[A,B], 3 节点壳单元见 H. M. Jeon、P. S. Lee 和 K. J. Bathe[A].

[259] 使用式 (4.108) 以及改进应力值只是给出误差显示值, 在理想情况下, 应得到实际误差度量. 大量研究致力于建立有限元解的有效误差度量, 综述见 M. Ainsworth 和 J. T. Oden, T. Grätsch 和 K. J. Bathe[A]. 主要困难在于考虑非线性和动态分析时, 基于未知和十分复杂的数学模型的精确解之上的有限元解的度量. 误差度量在整个分析域上应总是接近精确误差, 并且应是守恒的和易于计算的. 这样的误差度量很难实现, 故仍十分需要基于式 (4.108) 的误差表示.

4.3.7 习题

4.25 计算在有限元程序中可得到的 4 节点壳单元刚度矩阵的 8 个最小的特征值并且解释每一个特征值及其对应的特征向量. (提示: 可以用一个对应于每一个自由度的单位质量的质量矩阵通过进行频率求解来得到单元刚度矩阵的特征值.)

4.26 证明对应于位移误差 $\mathbf{e}_h$ 的应变能, 其中 $\mathbf{e}_h = \mathbf{u} - \mathbf{u}_h$, 等于对应于位移的精确解 $\mathbf{u}$ 和有限元解 $\mathbf{u}_h$ 的应变能之差.

4.27 考虑例 4.6 中的分析问题. 使用如图 4.12 所示 9 节点和 4 节点 (Lagrange) 单元和有限元程序进行收敛性的研究. 即用能量模度量收敛率, 并用第 4.3.5 节给出的理论结果比较收敛率. 使用 $N=2,4,6,8,16,32$; 考虑 $N=32$ 为极限解, 使用均匀和分级网格.

4.28 使用有限元程序对如图 Ex.4.28 所示的悬臂梁进行分析. 使用一个二维平面应力单元模型求解稳态响应.

(a) 使用 4 节点单元的网格.

(b) 使用 9 节点单元的网格.

在上述情况下, 构造网格序列并求得应变能的收敛率.

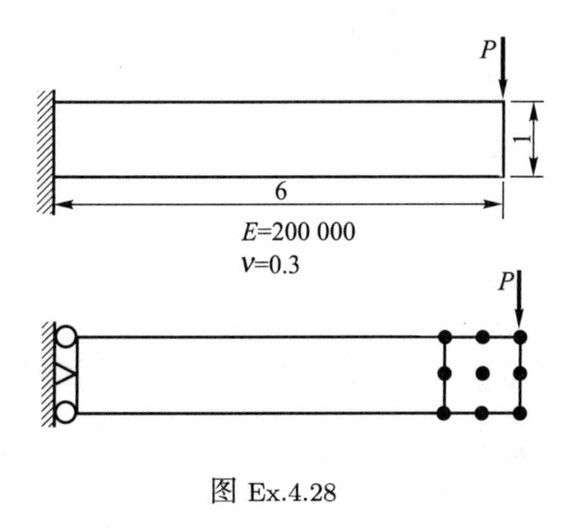

图 Ex.4.28

同时, 用有限元解与使用 Bernoulli-Euler 和 Timoshenko 梁理论求得的解做比较 (见 S. H. Crandall、N. C. Dahl, 和 T. J. Lardner [A] 以及第 5.4.1 节). [260]

4.29 考虑如图 Ex.4.29 所示 3 节点杆元, 对下面两种情况构造并画出单元的位移函数,

情况 1:

$$\begin{aligned} h_i &= 1 \text{ 在节点 } i,\ i=1,2,3 \\ &= 0 \text{ 在节点 } j \neq i \end{aligned}$$

情况 2:

$$\begin{aligned} h_i &= 1 \text{ 在节点 } i,\ i=1,2 \\ &= 0 \text{ 在节点 } j \neq i,\ j=1,2 \\ h_3 &= 1 \text{ 在节点 } 3 \\ h_3 &= 0 \text{ 在节点 } 1,2 \end{aligned}$$

我们注意到对于情况 1 和情况 2, 该函数包含同样的位移变化, 因此对应同样的位移空间. 同时, 函数集是级联的, 这是因为 3 节点单元包含两节点单元的函数.

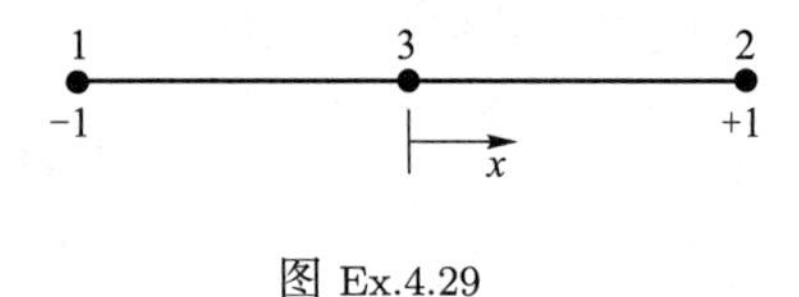

图 Ex.4.29

4.30 考虑如图 Ex.4.30 所示 8 节点单元. 确定出现在单元插值函数中 Pascal 三角形的项.

$$h_1 = \frac{1}{4}(1+x)(1+y),\ h_2 = \frac{1}{4}(1-x)(1+y)$$

$$h_3 = \frac{1}{4}(1-x)(1-y),\ h_4 = \frac{1}{4}(1+x)(1-y)$$

$$h_5 = \frac{1}{2}(1+y)\varphi_2(x),\ h_6 = \frac{1}{2}(1-x)\varphi_2(y)$$

$$h_7 = \frac{1}{2}(1-y)\varphi_2(x),\ h_8 = \frac{1}{2}(1+x)\varphi_2(y)$$

其中, φ_2 在例 4.26 中定义.

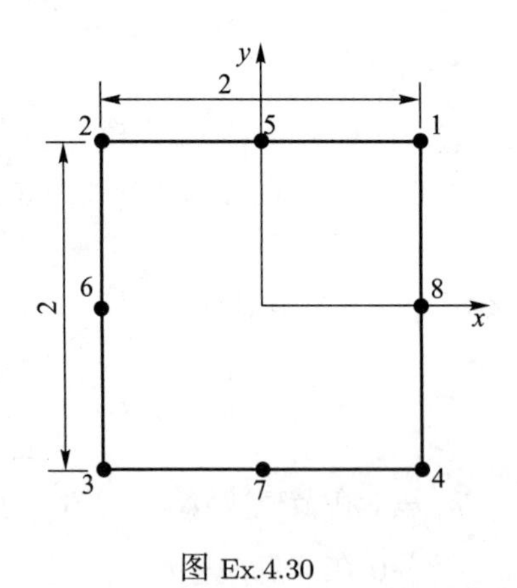

图 Ex.4.30

4.31 使用下列位移函数得到阶为 4 的 p 单元. $h_i(i=1,2,3,4)$ 为基本 4 节点单元 (只有角节点, 见例 4.6). h_i $(i=5,\cdots,16)$ 表示边模式. [261]

$$边\ 1:\quad h_i^{(1)}=\frac{1}{2}(1+y)\varphi_j(x);\quad i=5,9,13;j=2,3,4$$

$$边\ 2:\quad h_i^{(2)}=\frac{1}{2}(1-x)\varphi_j(y);\quad i=6,10,14;j=2,3,4$$

$$边\ 3:\quad h_i^{(3)}=\frac{1}{2}(1-y)\varphi_j(x);\quad i=7,11,15;j=2,3,4$$

$$边\ 4:\quad h_i^{(4)}=\frac{1}{2}(1+x)\varphi_j(y);\quad i=8,12,16;j=2,3,4$$

其中, φ_2、φ_3 和 φ_4 已在例 4.26 定义, h_{17} 表示内部模式

$$h_{17}=(1-x^2)(1-y^2)$$

确定在单元插值函数中出现的 Pascal 三角形 (如图 Ex.4.31 所示) 的项.

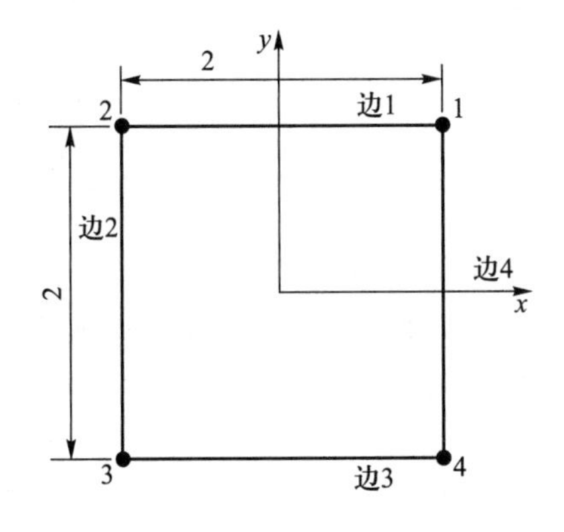

图 Ex.4.31

4.32 考虑例 4.6 模型中的分析问题. 采用 9 节点网格和有限元程序求解习题 4.27 中的问题, 并画出 Mises 应力和压力 (不需应力平滑) 的等值带图. 故等值带图将显示单元之间的不连续性. 说明悬臂板上的等值带如何收敛于连续应力带.

4.4 非协调有限元和混合有限元模型

[262]

前几节中, 我们考虑了基于位移的有限元法, 迄今为止, 施加在假设位移 (或场) 函数上的条件是完备的和协调的. 如果满足这些条件, 计算解将按应变能意义单调地 (单边地) 收敛于精确解. 比较容易满足完备性条件. 例如在平面应力和平面应变问题或大坝等三维体分析等 C^0 问题中, 也不太难满足协调性条件. 但在壳问题分析中, 和必须用完全不同类型的有限单元建模结构

的不同区域的复杂分析中, 这几乎不大可能满足协调性. 但经验表明, 尽管有限单元不满足协调性要求, 但仍然可以得到好的结果.

此外, 在研究有限单元时, 对壳问题和不可压缩介质分析中, 常注意到基于纯位移的方法不是很有效的. 发展基于位移的协调有限元以有效计算等问题所带来的困难, 和通过使用变分法可以提出更多有限元离散化的方法, 吸引了大量的研究者. 在这些研究中, 提出了许多不同类型的新单元, 也可以得到关于这些单元的很多介绍. 这里不详细说明这些单元的构造方法, 而是简要概括这些方法的主要思想, 然后重点阐述一大类问题 —— 几乎不可压缩介质的分析. 下文介绍板和壳结构分析的若干概念, 在第 5 章做进一步探讨.

4.4.1 基于位移的非协调模型

实践中经常看到的事实是, 尽管所用网格中基于位移的单元之间的某些连续性要求得不到满足, 但是有限元分析得到的结果却是令人满意的. 在某些情况, 节点布局使得单元之间的连续性无法保持; 在另外一些情况, 所用单元包含了单元之间的非协调性 (见例 4.28). 两者最终结果是相同的, 即对第 4.3.2 节中讨论过的满足全部协调条件所需要的自由度来说, 单元间的位移及其导数是不连续的.

由于在有限元分析中使用非协调性 (非相容) 单元不满足第 4.3.2 节中所提出的要求, 所以计算的总势能不一定是系统的精确总势能的上界, 因此, 无法保证单调收敛. 但在分析中当放松单调收敛的要求时, 我们仍然需要建立条件以保证至少是非单调收敛的.

参考第 4.3 节, 必须满足单元完备性条件, 而且注意到这个条件不受有限单元大小的影响. 我们回想前面如果单元能够表示物理刚体模式 (但单元矩阵没有伪的零特征值) 和常应变状态, 那么该单元是完备的.

以不能得到单调收敛解为代价, 可以适当放宽协调性条件, 只要放宽这个要求时, 并没有失去完备性的这个关键条件. 前面介绍过, 随着不断细化有限单元网格 (例如单元的尺寸变得更小), 每个单元应该趋近于常应变状态. 因此, 非协调性有限单元的组合体收敛的第二个条件是所有单元一起能够表示常应变状态, 其中单元可以是任意大小的. 应指出, *并不是指单个单元上的条件, 而是指单元组合体上的条件*. 即尽管单个单元能够表示所有常应变状态, 当单元用于单元组合体时, 单元之间的非协调性可能使常应变状态无法表示出来. 我们把这个条件称为单元组合体上的完备条件.

[263]

因此, 需要研究非协调单元组合体是否完备的一种检验方法, 故分片检验应运而生 (见 B. M. Irons 和 A. Razzaque [A]). 在这个检验中, 考虑一个具体的单元, 一单元片受到最小位移边界条件约束以消除所有刚体模式和受到边界节点力作用, 通过分析, 该节点力应产生常应力状态. 如果对任一单元片, 单元应力实际表示常应力状态, 并且精确预测所有节点位移, 则我们认为这个单元通过了分片检验. 由于单元片可能只包含一个单元, 则该检验要保证该单元本身是完备的, 且任何单元组合体都要满足完备性条件.

在分片检验中常应力状态的个数取决于数学模型中常应力状态的实际个数, 例如, 平面应力问题中, 在分片检验中必须考虑 3 个常应力状态, 在三维问题中, 则可能是 6 个常应力状态.

如图 4.17 所示为几种问题的数值研究中所用的典型的分片单元. 这里只考虑一个有扭曲单元的网格, 实际上应该分析任何一片扭曲单元. 但这需要一个解析解. 如果在实际中单元是完备的, 并且这里所示的具体分析产生了正确结果, 那么该单元很有可能通过分片检验.

[264]

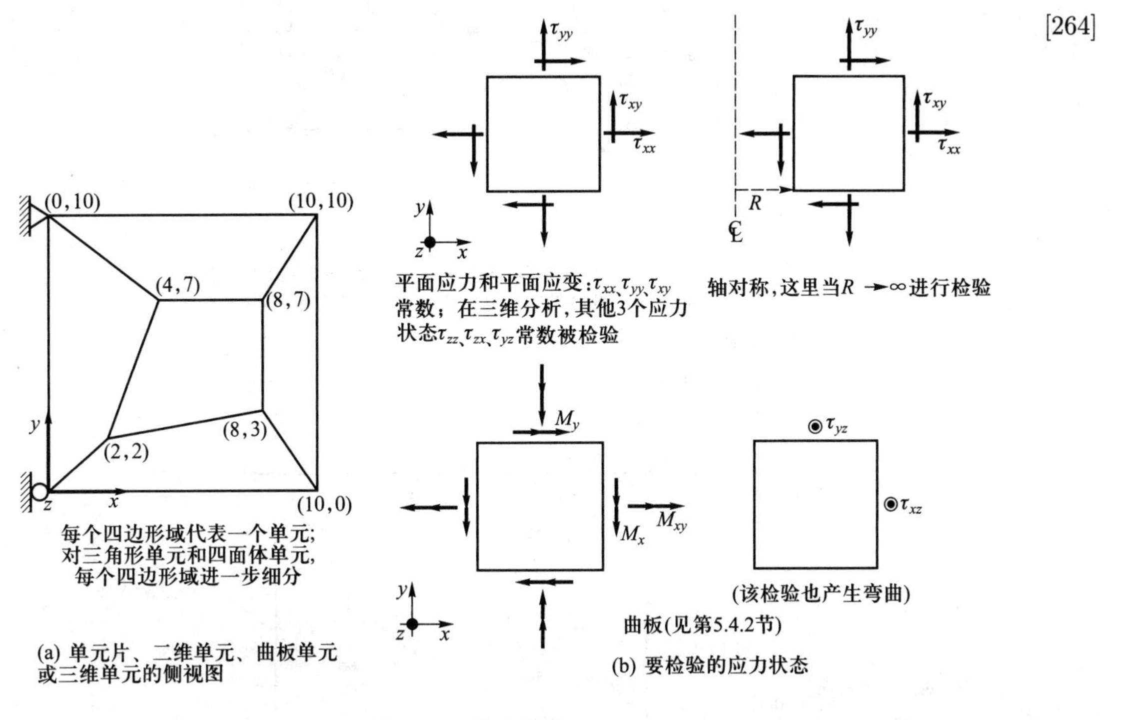

图 4.17　分片检验

当考虑基于位移的非协调单元时, 如果它通过了分片检验, 则可以保证收敛 (尽管收敛不一定单调并且收敛可能很慢).

分片检验是用于评估非协调有限单元网格, 我们也注意到, 当适当构造的基于位移的单元用于协调网格时, 则自动通过分片检验.

如图 4.18(a) 所示一片 8 节点单元 (将在第 5.2 节详细介绍), 其中也显示了对应于平面应力的分片检验的面力. 单元片形成了一个协调网格, 因此通过分片检验.

但是, 如果我们接着给相邻单元的节点 $1\sim8$ 指定独立的自由度 (例如, 在节点 2, 我们分别给单元 1 和单元 2 各指定两个自由度 u 和 v) 使得这些位移不能在这些节点处绑定在一起 (因此沿着边缘存在位移非协调性), 则不

[265]

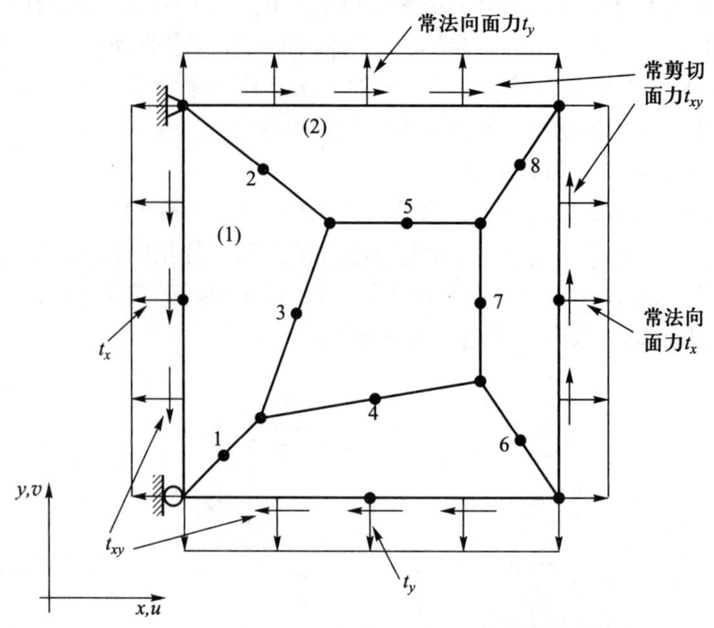

(a) 8节点单元的协调网格的分片检验(在第5.31节讨论)
通过分片检验,即所有算出的单元应力等于作用的面力.

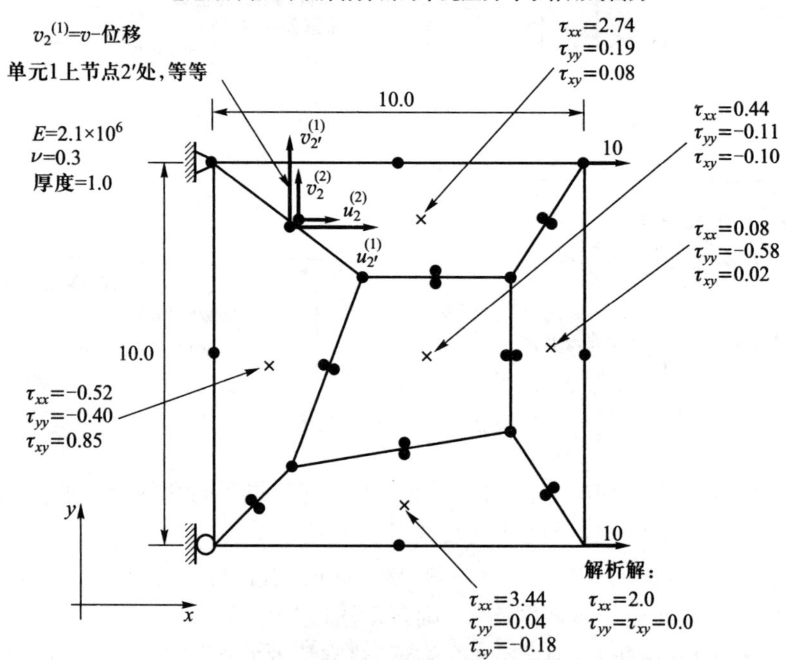

(b) 8节点单元的非协调网格的分片检验
所有单元中间节点是自由度不与相邻单元耦合的单元的单独节点.因此,两个节点都位于图4.18(a)中只有一个节点所处的位置上.分片检验结果显示在x方向外部面力作用的单元中心(注意,只有整个单元片的角节点受到外部施加的载荷.)

图 4.18　使用图 4.17 的单元片和单元几何形状的分片检验

能通过分片检验. 图 4.18(b) 给出了解的结果.

图 4.18(b) 中例子实际上利用了 E. L. Wilson、R. L. Taylor、W. P. Doherty 和 J. Ghaboussi[A] 提出的一个单元. 由于单元中间节点的自由度没有连接到相邻单元, 它们可在单元级被静态凝聚 (见第 8.2.4 节), 从而得到 4 节点单元. 但如在图 4.18(b) 中表示的, 这个单元没有通过分片检验. 在下例中, 我们将更详细考虑这些单元, 首先是正方形单元, 然后是一般四边形单元. 我们也提出了修正单元的措施, 以使单元总是可以通过分片检验 (见 E. L. Wilson 和 A. Ibrahimbegovic [A]).

例 4.28: 考虑具有非协调模式的 4 节点正方形单元, 如图 E4.28(a) 所示, 确定其是否通过分片检验. 再考虑一般四边形单元, 如图 E4.28(b) 所示, 重复进行分片检验. [266]

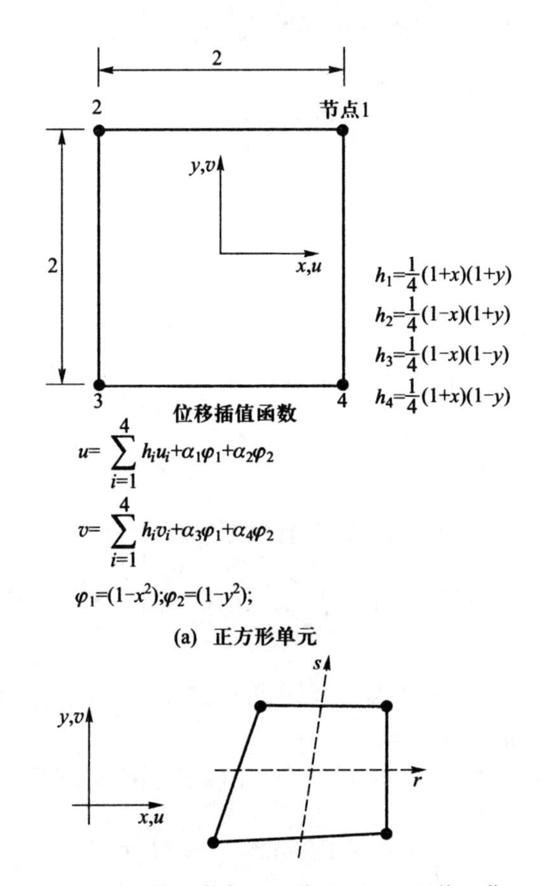

图 E4.28 具有非协调模式和均匀厚度的 4 节点平面应力单元

我们注意到正方形单元只是一般四边形单元的特殊形式. 实际上, 四边形单元是以正方形单元为基础, 并在插值中利用自然坐标 (r, s) 所形成的 (见 [267]

第 5.2 节).

对这个单元格式, 我们可以解析地验证它是否或在何种条件下能通过分片检验. 首先, 前面已介绍 4 节点协调单元 (即当没有利用 φ_1、φ_2 位移插值时) 通过了分片检验.

然后, 考虑单元处在常应力 $\boldsymbol{\tau}^c$ 状态. 则通过分片检验的要求是, 在这些常应力条件下, 单元的性质应该如同 4 节点协调单元那样.

严格的数学条件可以通过考虑非协调模式的单元刚度矩阵得到.

令

$$\widehat{\mathbf{u}}^* = \begin{bmatrix} \widehat{\mathbf{u}} \\ \boldsymbol{\alpha} \end{bmatrix}$$

其中

$$\widehat{\mathbf{u}}^{\mathrm{T}} = [u_1 \ \cdots \ u_4 \mid v_1 \ \cdots \ v_4]$$

和

$$\boldsymbol{\alpha}^{\mathrm{T}} = [\alpha_1 \ \cdots \ \alpha_4]$$

则

$$\boldsymbol{\varepsilon} = [\mathbf{B} \mid \mathbf{B_{IC}}] \begin{bmatrix} \widehat{\mathbf{u}} \\ \cdots \\ \boldsymbol{\alpha} \end{bmatrix}$$

其中, $\mathbf{B}$ 是通常的 4 节点单元的应变 – 位移矩阵, $\mathbf{B}_{\mathrm{IC}}$ 是由于非协调模式的贡献.

因此, 使用通用符号, 有

$$\begin{bmatrix} \int_V \mathbf{B}^{\mathrm{T}}\mathbf{C}\mathbf{B}\mathrm{d}V & \int_V \mathbf{B}^{\mathrm{T}}\mathbf{C}\mathbf{B}_{\mathrm{IC}}\mathrm{d}V \\ \int_V \mathbf{B}_{\mathrm{IC}}^{\mathrm{T}}\mathbf{C}\mathbf{B}\mathrm{d}V & \int_V \mathbf{B}_{\mathrm{IC}}^{\mathrm{T}}\mathbf{C}\mathbf{B}_{\mathrm{IC}}\mathrm{d}V \end{bmatrix} \begin{bmatrix} \widehat{\mathbf{u}} \\ \boldsymbol{\alpha} \end{bmatrix} = \begin{bmatrix} \mathbf{R} \\ \mathbf{0} \end{bmatrix} \tag{a}$$

事实上, 非协调位移参数 α 现在可以被静态凝聚掉, 从而得到只关于自由度 $\widehat{\mathbf{u}}$ 的单元刚度矩阵.

如果节点位移是对应常应力 $\boldsymbol{\tau}^c$ 的正确实际值 $\widehat{\mathbf{u}}^c$, 有

$$\int_V \mathbf{B_{IC}^T}\mathbf{C}\mathbf{B}\mathrm{d}V\widehat{\mathbf{u}}^c = \int_V \mathbf{B_{IC}^T}\boldsymbol{\tau}^c\mathrm{d}V \tag{b}$$

现为使单元在常应力条件下具有 4 节点协调单元同样的性质, 要求 (由于量 $\boldsymbol{\tau}^c$ 互相独立)

$$\int_V \mathbf{B_{IC}^T}\mathrm{d}V = \mathbf{0} \tag{c}$$

即当式 (c) 满足时, 我们由式 (a) 得出:

如果单元节点力是 4 节点协调单元的节点力, 那么解为 $\hat{\mathbf{u}} = \hat{\mathbf{u}}^c$ 和 $\boldsymbol{\alpha} = 0$. 当然, 还有, 如果令 $\hat{\mathbf{u}} = \hat{\mathbf{u}}^c$ 和 $\boldsymbol{\alpha} = 0$, 则我们由式 (a) 得到 4 节点协调单元的节点力和非协调模式所对应的无节点力部分.

因此, 在常应力状态下, 该单元的性质好像非协调模式不存在一样.

我们现在可以容易地验证条件式 (c) 对正方形单元是满足的 [268]

$$\int_V \begin{bmatrix} -2x & 0 & 0 & 0 \\ 0 & 0 & 0 & -2y \\ 0 & -2y & -2x & 0 \end{bmatrix} \mathrm{d}V = \mathbf{0}$$

但对一般四边形单元来说, 我们还验证了该条件是不满足的 (其中第 5.2 节中的 Jacobi 变换用于求 $\mathbf{B}_{\mathrm{IC}}$). 为了满足式 (c), 我们通过一个修正 $\mathbf{B}_{\mathrm{IC}}^C$ 来更改矩阵 $\mathbf{B}_{\mathrm{IC}}$, 利用

$$\mathbf{B}_{\mathrm{IC}}^{\mathrm{new}} = \mathbf{B}_{\mathrm{IC}} + \mathbf{B}_{\mathrm{IC}}^C$$

对 $\mathbf{B}_{\mathrm{IC}}^{\mathrm{new}}$ 的条件式 (c) 给出

$$\mathbf{B}_{\mathrm{IC}}^C = -\frac{1}{V}\int_V \mathbf{B}_{\mathrm{IC}} \mathrm{d}V$$

通过用式 (a) 中的 $\mathbf{B}_{\mathrm{IC}}^{\mathrm{new}}$ 替代 $\mathbf{B}_{\mathrm{IC}}$ 以获得单元刚度矩阵. 事实上, 单元刚度矩阵是通过数值积分 (见第 5 章) 算出的. 在得出式 (a) 的值之前, $\mathbf{B}_{\mathrm{IC}}^C$ 是通过数值积分计算的.

利用上述分片检验, 我们只检验常应力状态. 如果要保证收敛, 则任何具有非协调的单元片必须能够表示这些常应力状态.

事实上, 该分片检验是边值问题, 在这个问题中, 外部力是指定的 (体力 $\mathbf{f}^B$ 为 0, 面力 $\mathbf{f}^S$ 为常数), 计算出变形和内部应力 (忽略刚体模式只是使求解成为可能). 如果正确预测变形和常应力, 则通过分片检验, 并且 (因为至少能够精确预测常应力) 应力至少以 $o(h)$ 收敛.

这些对分片检验的解释告诉我们, 可以以一种类似的方法检验离散化网格的收敛阶. 即利用相同的概念, 可以施加对应内部应力高阶变化的外部力, 检验这些应力是否被正确预测. 例如, 为了检验一个离散化是否给出应力 2 阶收敛, 即如果应力以 $o(h^2)$ 收敛, 则要正确表示应力线性变化. 我们从平衡的控制微分方程可以得知, 相应的分片检验是要作用一个常值的内部力和对应的边界面力. 虽然对常应力状态的检验中的数值结果是感兴趣的和有价值的, 但对单元片中所有单元的几何扭曲, 只有解析解能够保证得到正确的应力和应变 (进一步的讨论和结果详见第 5.3.3 节).

当然在事实上, 当检验单元格式时, 通常并不遵从这种严格的计算收敛阶的方法, 而是利用一系列简单的检验问题以确定单元的预测能力.

4.4.2 混合格式

为了构造基于位移的有限单元, 我们已经利用了虚位移原理, 相当于利用了总势能 Π 取驻值 (见例 4.4). 它的基本原理简要总结如下.

[269] 第一, 我们用①

$$\Pi(\mathbf{u})=\frac{1}{2}\int_V \boldsymbol{\varepsilon}^{\mathrm{T}}\mathbf{C}\boldsymbol{\varepsilon}\mathrm{d}V-\int_V \mathbf{u}^{\mathrm{T}}\mathbf{f}^B\mathrm{d}V-\int_{S_f}\mathbf{u}^{S_f^{\mathrm{T}}}\mathbf{f}^{S_f}\mathrm{d}S=\text{驻值} \tag{4.109}$$

且条件

$$\boldsymbol{\varepsilon}=\partial_\varepsilon\mathbf{u} \tag{4.110}$$

$$\mathbf{u}^{S_u}-\mathbf{u}_p=\mathbf{0} \tag{4.111}$$

其中, ∂_ε 表示对 $\mathbf{u}$ 的微分算子, 以求得应变分量, 向量 $\mathbf{u}_p$ 为指定的位移, 向量 $\mathbf{u}^{S_u}$ 为 $\mathbf{u}$ 的对应的位移分量.

如果应变分量顺序如式 (4.3), 有

$$\mathbf{u}=\begin{bmatrix}u(x,y,z)\\v(x,y,z)\\w(x,y,z)\end{bmatrix};\quad \partial_\varepsilon=\begin{bmatrix}\frac{\partial}{\partial x}&0&0\\0&\frac{\partial}{\partial y}&0\\0&0&\frac{\partial}{\partial z}\\\frac{\partial}{\partial y}&\frac{\partial}{\partial x}&0\\0&\frac{\partial}{\partial z}&\frac{\partial}{\partial y}\\\frac{\partial}{\partial z}&0&\frac{\partial}{\partial x}\end{bmatrix}$$

第二, 通过势能 Π 取驻值 (对出现在应变中的位移) 得到平衡方程

$$\int_V \delta\boldsymbol{\varepsilon}^{\mathrm{T}}\mathbf{C}\boldsymbol{\varepsilon}\mathrm{d}V=\int_V \delta\mathbf{u}^{\mathrm{T}}\mathbf{f}^B\mathrm{d}V+\int_{S_f}\delta\mathbf{u}^{S_f^{\mathrm{T}}}\mathbf{f}^{S_f}\mathrm{d}S \tag{4.112}$$

在和对应于表面 S_u 上指定的位移, 对 $\mathbf{u}$ 的变分应为零. 为了从式 (4.112) 得到平衡的微分方程和应力 (自然) 边界条件, 我们令 $\mathbf{C}\boldsymbol{\varepsilon}=\boldsymbol{\tau}$, 并且把例 4.2 (见第 3.3.2 和第 3.3.4 节) 所用的变换过程反过来. 因此, 应力 - 应变关系、应变 - 位移条件 (式 (4.110))、位移边界条件 (式 (4.111)) 都直接满足, 微分方程的条件 (在内部和边界上) 为 Π 的驻值条件的结果.

---

① 在本节中, 如同方程 (4.7), 我们使用符号 $\mathbf{f}^{S_f}$ 而不是通常的 $\mathbf{f}^S$ 显式地表示作用在 S_f 上的面力. 同样的, 我们在这一节中也定义面力 $\mathbf{f}^{S_u}$ 和表面位移 $\mathbf{u}^{S_f}$ 和 $\mathbf{u}^{S_u}$. 关于这些量的定义, 见第 4.2.1 节.

第三, 在基于位移的有限元解中, 应力 – 应变关系、应变 – 位移条件(式 (4.110))、位移边界条件 (式 (4.111)) 都精确满足, 但是在内部的平衡微分方程以及应力 (自然) 边界条件只在单元数量增加的极限条件下满足.

需要注意是, 利用式 (4.109) 到式 (4.112) 求解有限元解, 其唯一的变量是位移, 它必须满足位移边界条件式 (4.111) 和适当的单元间条件. 一旦我们计算出位移, 就能够直接得到其他感兴趣的变量, 如应变和应力. [270]

在实际工作中, 广泛使用了基于位移的有限元格式; 而同时其他方法也成功得到了应用, 在某些情况下还更为有效 (见第 4.4.3 节).

通过利用变分法, 它可以看做是总势能驻值原理的扩展, 得到了十分一般的有限元格式. 这些广义的变分原理不但把位移, 而且把应变和/或应力作为变量. 在有限元解中, 未知变量为位移和应变和/或应力. 这些有限元格式被称为混合有限元格式.

许多广义的变分原理可以作为有限元格式的依据, 并且可以使用许多不同的有限元插值函数. 虽然已经提出大量的混合有限元格式 (如见 H. Kardestuncer 和 D. H. Norrie (eds.) [A] 以及 F. Brezzi 和 M. Fortin[A]), 在此我们的目的只是简要介绍一些基本思想, 然后利用这些基本思想构造一些高效的解法 (见第 4.4.3 节和第 5.4 节).

为了得到更一般和强有力的变分原理, 我们将式 (4.109) 重新写为

$$\Pi^* = \Pi - \int_V \boldsymbol{\lambda}_\varepsilon^{\mathrm{T}}(\boldsymbol{\varepsilon} - \partial_\varepsilon \mathbf{u})\mathrm{d}V - \int_{S_u} \boldsymbol{\lambda}_u^{\mathrm{T}}(\mathbf{u}^{S_u} - \mathbf{u}_p)\mathrm{d}S = \text{驻值} \tag{4.113}$$

其中, $\boldsymbol{\lambda}_\varepsilon$ 和 $\boldsymbol{\lambda}_u$ 是 Lagrange 乘子, S_u 是指定位移处的表面. 此处 Lagrange 乘子用于施加边界条件式 (4.110) 和式 (4.111) (见第 3.4 节). 式 (4.113) 中变量为 $\mathbf{u}$、$\boldsymbol{\varepsilon}$、$\boldsymbol{\lambda}_\varepsilon$ 和 $\boldsymbol{\lambda}_u$. 利用 $\delta\Pi^* = 0$ 取驻值, Lagrange 乘子 $\boldsymbol{\lambda}_\varepsilon$ 和 $\boldsymbol{\lambda}_u$ 被分别确定为应力 $\boldsymbol{\tau}$ 和在 S_u 上面积力 $\mathbf{f}^{S_u}$, 所以式 (4.113) 的泛函为

$$\Pi_{\mathrm{HW}} = \Pi - \int_V \boldsymbol{\tau}^{\mathrm{T}}(\boldsymbol{\varepsilon} - \partial_\varepsilon \mathbf{u})\mathrm{d}V - \int_{S_u} \mathbf{f}^{S_u\mathrm{T}}(\mathbf{u}^{S_u} - \mathbf{u}_p)\mathrm{d}S \tag{4.114}$$

这个泛函是指胡 – 鹫津泛函 (见 H. C. Hu [A] 和 K. Washizu [A, B]). 泛函的独立变量是位移 $\mathbf{u}$、应变 $\boldsymbol{\varepsilon}$、应力 $\boldsymbol{\tau}$ 和面力 $\mathbf{f}^{S_u}$. 这个泛函可以导出其他的泛函, 诸如 Hellinger-Reissner 泛函 (见 E. Hellinger [A] 和 E. Reissner [A]、例 4.30 和例 4.31 以及习题 4.36), 最小余能泛函, 可以视做许多有限元法的基础 (见 H. Kardestuncer 和 D. H. Norrie (eds.)[A], T. H. H. Pian 和 P. Tong [A], 以及 W. Wunderlich [A]).

对位移 $\mathbf{u}$、应变 $\boldsymbol{\varepsilon}$、应力 $\boldsymbol{\tau}$ 和面力 $\mathbf{f}^{S_u}$ 取 Π_{HW} 的驻值, 得到

[271]

$$\int_V \delta\boldsymbol{\varepsilon}^{\mathrm{T}}\mathbf{C}\boldsymbol{\varepsilon}\mathrm{d}V - \int_V \delta\mathbf{u}^{\mathrm{T}}\mathbf{f}^B\mathrm{d}V - \int_{S_f} \delta\mathbf{u}^{S_f\mathrm{T}}\mathbf{f}^{S_f}\mathrm{d}S - \int_V \delta\boldsymbol{\tau}^{\mathrm{T}}(\boldsymbol{\varepsilon} - \partial_\varepsilon \mathbf{u})\mathrm{d}V -$$
$$\int_V \boldsymbol{\tau}^{\mathrm{T}}(\delta\boldsymbol{\varepsilon} - \partial_\varepsilon \mathbf{u})\mathrm{d}V - \int_{S_u} \delta\mathbf{f}^{S_u\mathrm{T}}(\mathbf{u}^{S_u} - \mathbf{u}_p)\mathrm{d}S - \int_{S_u} \mathbf{f}^{S_u\mathrm{T}}\delta\mathbf{u}^{S_u}\mathrm{d}S = 0 \tag{4.115}$$

其中, S_f 是指定的已知面力所在表面.

以上的讨论表明胡 – 鹫津泛函式可以看做是虚位移原理的推广, 其中位移边界条件和应变协调条件已经放宽, 接着通过施加 Lagrange 乘子, 对所有未知的位移、应变、应力和未知面力上进行变分运算. 该原理的确有效, 且是对被研究结构静态和动态状况的最一般描述, 由于式 (4.115) 应对单个变分成立, 所以由式 (4.115) 得出以下结果.

对于结构体积,

应力 – 应变条件

$$\boldsymbol{\tau} = \mathbf{C}\boldsymbol{\varepsilon} \tag{4.116}$$

协调性条件

$$\boldsymbol{\varepsilon} = \partial_\varepsilon \mathbf{u} \tag{4.117}$$

平衡条件

$$\begin{aligned}
\frac{\partial \tau_{xx}}{\partial x} + \frac{\partial \tau_{xy}}{\partial y} + \frac{\partial \tau_{xz}}{\partial z} + f_x^B = 0 \\
\frac{\partial \tau_{yx}}{\partial x} + \frac{\partial \tau_{yy}}{\partial y} + \frac{\partial \tau_{yz}}{\partial z} + f_y^B = 0 \\
\frac{\partial \tau_{zx}}{\partial x} + \frac{\partial \tau_{zy}}{\partial y} + \frac{\partial \tau_{zz}}{\partial z} + f_z^B = 0
\end{aligned} \tag{4.118}$$

对于结构表面,

作用面力与应力平衡

$$\mathbf{f}^{S_f} = \bar{\boldsymbol{\tau}}\mathbf{n} \text{ 在 } S_f \text{ 上} \tag{4.119}$$

支反力与应力平衡

$$\mathbf{f}^{S_u} = \bar{\boldsymbol{\tau}}\mathbf{n} \text{ 在 } S_u \text{ 上} \tag{4.120}$$

其中, $\mathbf{n}$ 表示表面单位法向量, $\bar{\boldsymbol{\tau}}$ 为矩阵形式, 由向量 $\boldsymbol{\tau}$ 的分量组成.

S_u 上位移等于指定位移

$$\mathbf{u}^{S_u} = \mathbf{u}_p \text{ 在 } S_u \text{ 上} \tag{4.121}$$

[272] 式 (4.115) 变分公式是表示弹性力学问题的很一般的连续介质力学公式.

现在考虑有限元求解步骤的可行性, 胡 – 鹫津变分原理以及由它引申出来的原理可以直接用于导出不同的有限元离散化. 在这些有限元求解步骤中, 需要直接满足或者通过施加 Lagrange 乘子满足单元之间以及在边界上的有限单元变量的适用的连续性要求. 现在清楚的是, 通过在构造有限单元中增加灵活性, 可以设计大量不同的有限单元离散化方法, 这依赖作为构造基础的变分原理、采用的有限单元插值函数以及如何满足连续性要求. 一大类离散化方法被归类为混合有限元格式 (见 H. Kardestuncer 和 D. H. Norrie (eds.) [A]、T. H. H. Pian 和 P. Tong [A]).

我们在下例中说明如何应用胡 – 鹫津变分原理.

例 4.29: 考虑 3 节点桁架单元, 如图 E4.29 所示. 假设位移按抛物线变化, 应力和应变为线性变化. 则令应力和应变变量对应于单元的内部自由度, 使得只有节点 1 和 2 的位移与相邻单元连接. 利用胡 – 鹫津变分计算单元刚度矩阵

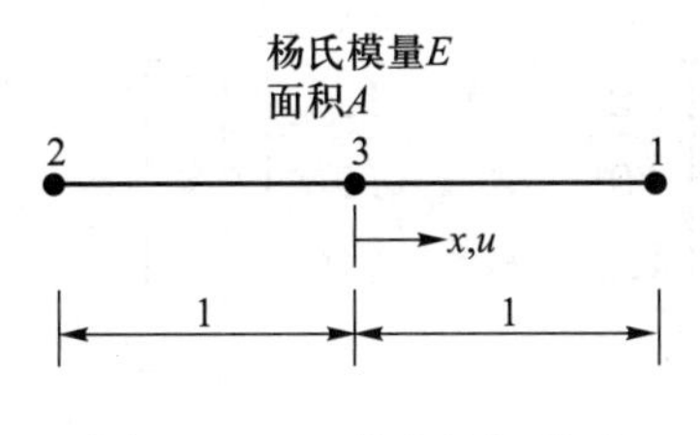

图 E4.29　3 节点桁架单元

由式 (4.115) 可直接得到

$$\underbrace{\int_V \delta\varepsilon^{\mathrm{T}}(C\varepsilon-\tau)\mathrm{d}V}_{①}-\underbrace{\int_V \delta\tau^{\mathrm{T}}(\varepsilon-\partial_\varepsilon u)\mathrm{d}V}_{②}+\underbrace{\int_V (\partial_\varepsilon\delta u)^{\mathrm{T}}\tau\mathrm{d}V}_{③}-\int_V \delta u^{\mathrm{T}}f^B\mathrm{d}V+\text{边界项}=0 \tag{a}$$

其中,

$$\varepsilon=\varepsilon_{xx};\quad \partial_\varepsilon=\frac{\partial}{\partial x};\quad \tau=\tau_{xx};\quad C=E;\quad f^B=f_x^B$$

且对应于 S_f 和 S_u 的表达式的边界项, 不需要计算单元刚度矩阵.

我们用下面的插值

$$u=\mathbf{H}\widehat{\mathbf{u}};\quad \mathbf{H}=\left[\frac{(1+x)x}{2}\quad -\frac{(1-x)x}{2}\quad 1-x^2\right]$$

$$\widehat{\mathbf{u}}^{\mathrm{T}}=[u_1\quad u_2\quad u_3]$$

$$\tau=\mathbf{E}\widehat{\boldsymbol{\tau}};\quad \mathbf{E}=\left[\frac{1+x}{2}\quad \frac{1-x}{2}\right]$$

$$\varepsilon=\mathbf{E}\widehat{\boldsymbol{\varepsilon}}$$

$$\widehat{\boldsymbol{\tau}}^{\mathrm{T}}=[\tau_1\quad \tau_2];\quad \widehat{\boldsymbol{\varepsilon}}^{\mathrm{T}}=[\varepsilon_1\quad \varepsilon_2]$$

将插值代入式 (a), 得到项 ①

$$\delta\widehat{\boldsymbol{\varepsilon}}^{\mathrm{T}}\left[\left(\int_V \mathbf{E}^{\mathrm{T}}C\mathbf{E}\mathrm{d}V\right)\widehat{\boldsymbol{\varepsilon}}-\left(\int_V \mathbf{E}^{\mathrm{T}}\mathbf{E}\mathrm{d}V\right)\widehat{\boldsymbol{\tau}}\right]$$

对应于项 ②

$$\delta\widehat{\boldsymbol{\tau}}^{\mathrm{T}}\left[-\left(\int_V \mathbf{E}^{\mathrm{T}}\mathbf{E}\mathrm{d}V\right)\widehat{\boldsymbol{\varepsilon}}+\left(\int_V \mathbf{E}^{\mathrm{T}}\mathbf{B}\mathrm{d}V\right)\widehat{\mathbf{u}}\right]$$

对应于项 ③

$$\delta\widehat{\mathbf{u}}^{\mathrm{T}}\left(\int_V \mathbf{B}^{\mathrm{T}}\mathbf{E}\mathrm{d}V\right)\widehat{\boldsymbol{\tau}}$$

其中,

$$\mathbf{B}=\left[\left(\frac{1}{2}+x\right)\quad\left(-\frac{1}{2}+x\right)\quad -2x\right]$$

因此, 有

$$\begin{bmatrix}\mathbf{0} & \mathbf{0} & \mathbf{K}_{u\tau}\\ \mathbf{0} & \mathbf{K}_{\varepsilon\varepsilon} & \mathbf{K}_{\varepsilon\tau}\\ \mathbf{K}_{u\tau}^{\mathrm{T}} & \mathbf{K}_{\varepsilon\tau}^{\mathrm{T}} & \mathbf{0}\end{bmatrix}\begin{bmatrix}\widehat{\mathbf{u}}\\ \widehat{\boldsymbol{\varepsilon}}\\ \widehat{\boldsymbol{\tau}}\end{bmatrix}=\cdots \tag{b}$$

其中,

$$\mathbf{K}_{\varepsilon\varepsilon}=\int_V \mathbf{E}^{\mathrm{T}}\mathbf{C}\mathbf{E}\mathrm{d}V$$

$$\mathbf{K}_{u\tau}=\int_V \mathbf{B}^{\mathrm{T}}\mathbf{E}\mathrm{d}V$$

$$\mathbf{K}_{\varepsilon\tau}=-\int_V \mathbf{E}^{\mathrm{T}}\mathbf{E}\mathrm{d}V$$

如果将 $\mathbf{B}$ 和 $\mathbf{E}$ 的表达式代入, 消去自由度 ε_i 和 τ_i (因为假设它们只属于这个单元, 因此允许相邻单元之间的应力和应变发生跳跃), 由式 (b) 得

$$\frac{EA}{6}\begin{bmatrix}7 & 1 & -8\\ 1 & 7 & -8\\ -8 & -8 & 16\end{bmatrix}\begin{bmatrix}u_1\\ u_2\\ u_3\end{bmatrix}=\cdots$$

该刚度矩阵与 3 节点基于位移的桁架单元相同 —— 与应用线性应变和抛物线位移假设所期望的一样.

但应该指出, 如果单元应力和应变变量没有在单元级上被消去, 而是用于施加单元间应力和应变的连续性, 则很明显由式 (b) 中单元刚度矩阵而产生的全局刚度矩阵不是正定的. 这个推导当然可以推广得到桁架单元不同位移、应力和应变假设的刚度矩阵. 但只有 “审慎地” 选择插值函数, 才能得到有用的单元, 并且实际满足了特殊的要求 (见第 4.5 节).

[274]

例 4.30: 考虑 2 节点梁单元, 如图 E4.30 所示. 假设横向位移 w 和截面转角 θ 为线性变化, 单元常剪切应变为 γ. 建立有限元方程.

假设应力由应变给出, 将 $\boldsymbol{\tau}=\mathbf{C}\boldsymbol{\varepsilon}$ 代入式 (4.114), 得

$$\Pi_{\mathrm{HR}}^{*}=\int_V\left(-\frac{1}{2}\boldsymbol{\varepsilon}^{\mathrm{T}}\mathbf{C}\boldsymbol{\varepsilon}+\boldsymbol{\varepsilon}^{\mathrm{T}}\mathbf{C}\partial_{\varepsilon}\mathbf{u}-\mathbf{u}^{\mathrm{T}}\mathbf{f}^{B}\right)\mathrm{d}V+\text{ 边界项} \tag{a}$$

这个变分式是 Hellinger-Reissner 泛函, 但将式 (a) 和习题 4.36 中泛函做对比, 可以看出这里的应变和位移是独立变量 (与习题 4.36 中的应力和位移不同).

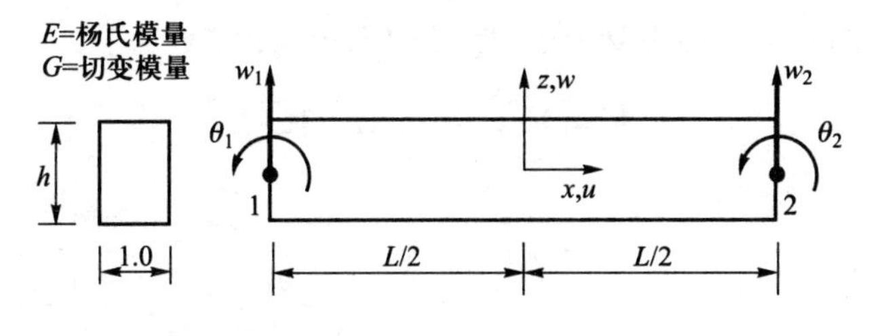

图 E4.30　2 节点梁单元

在梁单元构造中, 变量是 u、w 和 $\gamma_{xz}^{\mathrm{AS}}$ (上标 AS 表示假设的常值). 因此, 可由位移得出弯曲应变 ε_{xx}, 我们可以进一步列出式 (a) 的细节

$$\widetilde{\Pi}_{\mathrm{HR}}^{*}=\int_{V}\left(\frac{1}{2}\varepsilon_{xx}E\varepsilon_{xx}-\frac{1}{2}\gamma_{xz}^{\mathrm{AS}}G\gamma_{xz}^{\mathrm{AS}}+\gamma_{xz}^{\mathrm{AS}}G\gamma_{xz}-\mathbf{u}^{\mathrm{T}}\mathbf{f}^{B}\right)\mathrm{d}V+\text{ 边界项}$$

其中,

$$\mathbf{u}=\begin{bmatrix}u\\ w\end{bmatrix};\quad \varepsilon_{xx}=\frac{\partial u}{\partial x};\quad \gamma_{xz}=\frac{\partial w}{\partial x}+\frac{\partial u}{\partial z}$$

取驻值 $\delta\widetilde{\Pi}_{\mathrm{HR}}^{*}=0$, 对应于 $\delta\mathbf{u}$ (不包含边界量), 得出

$$\int_{V}(\delta\varepsilon_{xx}E\varepsilon_{xx}+\delta\gamma_{xz}G\gamma_{xz}^{\mathrm{AS}})\mathrm{d}V=\int_{V}\delta\mathbf{u}^{\mathrm{T}}\mathbf{f}^{B}\mathrm{d}V \tag{b}$$

对应 $\gamma_{xz}^{\mathrm{AS}}$

$$\int_{V}\delta\gamma_{xz}^{\mathrm{AS}}G(\gamma_{xz}-\gamma_{xz}^{\mathrm{AS}})\mathrm{d}V=0 \tag{c}$$

令

$$\widehat{\mathbf{u}}=\begin{bmatrix}w_1\\ \theta_1\\ w_2\\ \theta_2\end{bmatrix};\quad \widehat{\boldsymbol{\varepsilon}}=[\gamma^{\mathrm{AS}}]$$

则可写为

$$\mathbf{u}=\mathbf{H}\widehat{\mathbf{u}};\qquad \varepsilon_{xx}=\mathbf{B}_b\widehat{\mathbf{u}}$$
$$\gamma_{xz}=\mathbf{B}_s\widehat{\mathbf{u}};\quad \gamma_{xz}^{\mathrm{AS}}=\mathbf{B}_s^{\mathrm{AS}}\widehat{\boldsymbol{\varepsilon}}$$

将式 (b) 代入式 (c), 得 [275]

$$\begin{bmatrix}\mathbf{K}_{uu} & \mathbf{K}_{u\varepsilon}\\ \mathbf{K}_{u\varepsilon}^{\mathrm{T}} & \mathbf{K}_{\varepsilon\varepsilon}\end{bmatrix}\begin{bmatrix}\widehat{\mathbf{u}}\\ \widehat{\boldsymbol{\varepsilon}}\end{bmatrix}=\begin{bmatrix}\mathbf{R}_B\\ \mathbf{0}\end{bmatrix} \tag{d}$$

其中,

$$\mathbf{K}_{uu}=\int_{V}\mathbf{B}_b^{\mathrm{T}}E\mathbf{B}_b\mathrm{d}V;\quad \mathbf{K}_{u\varepsilon}=\int_{V}\mathbf{B}_s^{\mathrm{T}}G\mathbf{B}_s^{\mathrm{AS}}\mathrm{d}V;$$
$$\mathbf{K}_{\varepsilon\varepsilon}=-\int_{V}(\mathbf{B}_s^{\mathrm{AS}})^{\mathrm{T}}G\mathbf{B}_s^{\mathrm{AS}}\mathrm{d}V;\quad \mathbf{R}_B=\int_{V}\mathbf{H}^{\mathrm{T}}\mathbf{f}^{B}\mathrm{d}V;$$

现在我们对 $\widehat{\boldsymbol{\varepsilon}}$ 用静态凝聚法, 得到最终的单元刚度矩阵

$$\mathbf{K} = \mathbf{K}_{uu} - \mathbf{K}_{u\varepsilon}\mathbf{K}_{\varepsilon\varepsilon}^{-1}\mathbf{K}_{u\varepsilon}^{\mathrm{T}}$$

有

$$\mathbf{H} = \begin{bmatrix} 0 & -\dfrac{z}{L}\left(\dfrac{L}{2}-x\right) & 0 & -\dfrac{z}{L}\left(\dfrac{L}{2}+x\right) \\ \dfrac{1}{L}\left(\dfrac{L}{2}-x\right) & 0 & \dfrac{1}{L}\left(\dfrac{L}{2}+x\right) & 0 \end{bmatrix}$$

$$\mathbf{B}_b = \begin{bmatrix} 0 & \dfrac{z}{L} & 0 & -\dfrac{z}{L} \end{bmatrix}$$

$$\mathbf{B}_s = \begin{bmatrix} -\dfrac{1}{L} & -\dfrac{1}{L}\left(\dfrac{L}{2}-x\right) & \dfrac{1}{L} & -\dfrac{1}{L}\left(\dfrac{L}{2}+x\right) \end{bmatrix}$$

$$\mathbf{B}_s^{\mathrm{AS}} = [1]$$

所以,

$$\mathbf{K} = \begin{bmatrix} \dfrac{Gh}{L} & \dfrac{Gh}{2} & \dfrac{-Gh}{L} & \dfrac{Gh}{2} \\ \dfrac{Gh}{2} & \dfrac{GhL}{4}+\dfrac{Eh^3}{12L} & \dfrac{-Gh}{2} & \dfrac{GhL}{4}-\dfrac{Eh^3}{12L} \\ \dfrac{-Gh}{L} & \dfrac{-Gh}{2} & \dfrac{Gh}{L} & \dfrac{-Gh}{2} \\ \dfrac{Gh}{2} & \dfrac{GhL}{4}-\dfrac{Eh^3}{12L} & \dfrac{-Gh}{2} & \dfrac{GhL}{4}+\dfrac{Eh^3}{12L} \end{bmatrix} \tag{e}$$

有趣的是纯位移格式给出相似的刚度矩阵. 仅有的区别是加圈项在对角线上是 $GhL/3$, 不在对角线位置上是 $GhL/6$. 但基于纯位移的格式的单元预测能力是显著不同的, 会出现一个现象, 即在当单元薄时, 其刚性太大 (在第 4.5.7 和第 5.4.1 节讨论这个现象).

注意, 如果假设只对应端面转角的位移向量

$$\widehat{\mathbf{u}} = [0 \quad \alpha \quad 0 \quad -\alpha]$$

则利用式 (e), 单元只表现出弯曲刚度, 而基于纯位移的单元表现出错误的剪切贡献.

最后指出, 式 (e) 中刚度矩阵对应于第 5.4.1 节中详细讨论的混合插值法得到的矩阵. 即如果用式 (d) 中最后一个方程, 其对应于方程 (c), 有

$$\gamma_{xz}^{\mathrm{AS}} = \frac{w_2 - w_1}{L} - \frac{\theta_1 + \theta_2}{2}$$

[276]

它表明假设的剪切应变值与由节点位移算出的梁单元中点的剪切应变值相等.

前面已经指出, 胡 – 鹫津变分原理作为导出其他变分原理的基础, 从而能设计出许多不同的混合有限元离散化. 但一种特定有限元离散化对于实际

分析是否有效取决于一系列因素, 尤其取决于该方法对于某一类应用是否具有一般性、该方法是否稳定且具有充分高的收敛率、该方法计算时如何高效以及与其他方法的对比效果怎么样. 虽然与标准基于位移的有限元离散化相比, 混合有限元离散化在一些分析中具有一些优势, 但是在两个大的领域利用混合有限元比基于纯位移的有限元更高效. 这两个领域是几乎不可压缩介质分析以及板壳问题分析 (见下面几节和第 5.4 节).

4.4.3 不可压缩分析的混合插值位移/压力格式

第 4.2 节中基于位移的有限元方法具有简易性和有效性, 得到了广泛应用. 但基于纯位移的有限元法在两个领域不十分有效, 即求解不可压缩 (或几乎不可压缩) 介质和板壳问题分析. 在这些情况中, 混合插值法更加有效, 实际上是胡 – 鹫津变分原理的具体应用 (见例 4.30).

我们在第 5.4 节讨论梁和板壳问题的混合插值, 在这里讨论不可压缩介质的分析.

我们处理不可压缩固体介质的解, 但同样的基本原理也可直接适用于不可压缩流体分析中 (见第 7.4 节). 例如, 表 4.6 和表 4.7 中总结的单元 (本节后面介绍) 在流体流动求解中同样有效.

1. 不可压缩分析的基本微分方程

在固体分析中, 有时需要要把材料看做几乎不可压缩的. 如类橡胶的材料和无弹性的材料, 可能表现出几乎不可压缩特性. 事实上, 压缩影响可能非常小以至于可忽略, 在这种情况下材料可理想化为完全不可压缩的.

几乎不可压缩介质问题的基本问题是很难准确预测压力. 取决于材料不可压缩性到何种程度, 基于位移的有限元法可能仍然给出精确解, 但为得到所给解的精度, 所需单元数比求解可压缩材料要多得多.

为了更详细地认清其基本困难, 我们再次考虑三维体问题, 如图 4.1 所示结构体的材料是各向同性的, 由杨氏模量 E 和泊松比 ν 描述. [277]

利用指标表示法, 三维体的控制微分方程为 (见例 4.2)

$$\tau_{ij,j} + f_i^B = 0 \qquad \text{三维体的体积 } V \text{ 所有部分} \tag{4.122}$$

$$\tau_{ij} n_j = f_i^{S_f} \qquad \text{在 } S_f \text{ 上} \tag{4.123}$$

$$u_i = u_i^{S_u} \qquad \text{在 } S_u \text{ 上} \tag{4.124}$$

如果结构体由几乎不可压缩材料构成, 则我们认为体应变相对于偏斜应变要小, 因此利用 (习题 4.39) 中本构关系

$$\tau_{ij} = \kappa \varepsilon_V \delta_{ij} + 2G\varepsilon'_{ij} \tag{4.125}$$

其中, κ 是体积模量

$$\kappa = \frac{E}{3(1-2\nu)} \tag{4.126}$$

ε_V 是体积应变

$$\begin{aligned}\varepsilon_V &= \varepsilon_{kk}\\ &= \frac{\Delta V}{V}(= \varepsilon_{xx} + \varepsilon_{yy} + \varepsilon_{zz} \text{ 在笛卡儿坐标中})\end{aligned} \tag{4.127}$$

δ_{ij} 是 Kronecker delta

$$\delta_{ij}\begin{cases} = 1; & i = j \\ = 0; & i \neq j \end{cases} \tag{4.128}$$

ε'_{ij} 是偏斜应变分量

$$\varepsilon'_{ij} = \varepsilon_{ij} - \frac{\varepsilon_V}{3}\delta_{ij} \tag{4.129}$$

G 是切变模量

$$G = \frac{E}{2(1+\nu)} \tag{4.130}$$

对体内压力, 有

$$p = -\kappa\varepsilon_V \tag{4.131}$$

其中

$$p = -\frac{\tau_{kk}}{3}\left(= -\frac{\tau_{xx} + \tau_{yy} + \tau_{zz}}{3} \text{ 在笛卡儿坐标中}\right) \tag{4.132}$$

[278] 现在逐渐增大 κ (通过增大泊松比 ν, 以接近 0.5). 则随着 κ 的增大, 体应变 ε_V 逐渐变小, 并且变得非常小.

实际上, 完全不可压缩材料的 ν 正好等于 0.5, 体积模量无限大, 体积应变为零, 而压力当然是有限的 (是边界面积作用力的数量级). 应力分量由式 (4.133) 表示 (见式 (4.125) 和式 (4.131))

$$\tau_{ij} = -p\delta_{ij} + 2G\varepsilon'_{ij} \tag{4.133}$$

求解控制微分方程式 (4.122) 至式 (4.124) 现涉及把位移和压力作为未知量.

另外, 当考虑材料不可压缩性, 结构体整个表面的位移都被指定, 例如在特殊情况 $S_u = S$, $S_f = 0$ 时, 应特别要注意式 (4.123) 和式 (4.124) 的边界条件. 如果材料是完全不可压缩的, 第一个条件是指定位移 u_i^S 必须与整个结构体的体应变为 0 要相容. 物理上事实表示为

$$\varepsilon_{ii} = 0 \qquad \text{对整个 } V \tag{4.134}$$

因此

$$\int_V \varepsilon_{ii}\mathrm{d}V = \int_V \mathbf{u}^S\cdot\mathbf{n}\mathrm{d}S = 0 \tag{4.135}$$

其中, 应用了散度定理, $\mathbf{n}$ 是物体表面上的单位法向量. 因此, 指定的物体表面的法向位移必须使得结构体积不变. 如果指定的位移为零 (三维体表面的质点没有位移), 可自动满足这个条件.

假设满足体应变/边界位移协调条件, 对情况 $S_u = S$, 第二个条件是需要指定物体内某点处的压力. 否则, 由于任意的常压力不会引起变形, 故压力不是唯一的. 只有当同时满足这两个条件时, 对解来说, 问题是适定的.

当然, 在物体整个表面上指定位移的条件从某种意义上说是固体分析中的特殊情况, 但是在流体力学中经常遇到类似的情况. 可能指定整个流体域内的速度 (见第 7 章).

尽管这里我们考虑完全不可压缩介质, 显然, 当材料只是几乎不可压缩时, 这些考虑也是重要的. 违反上述条件将会导致不适定问题.

当然, 这些内容属于虚功原理的应用. 现考虑如图 4.19 所示的简单问题. 由于只出现体应变能, 这种情况下应用虚功原理

$$\int_V \overline{\varepsilon}_V \kappa \varepsilon_V \mathrm{d}V = -\int_{S_f} \overline{v}^S p^* \mathrm{d}S \tag{4.136}$$

[279]

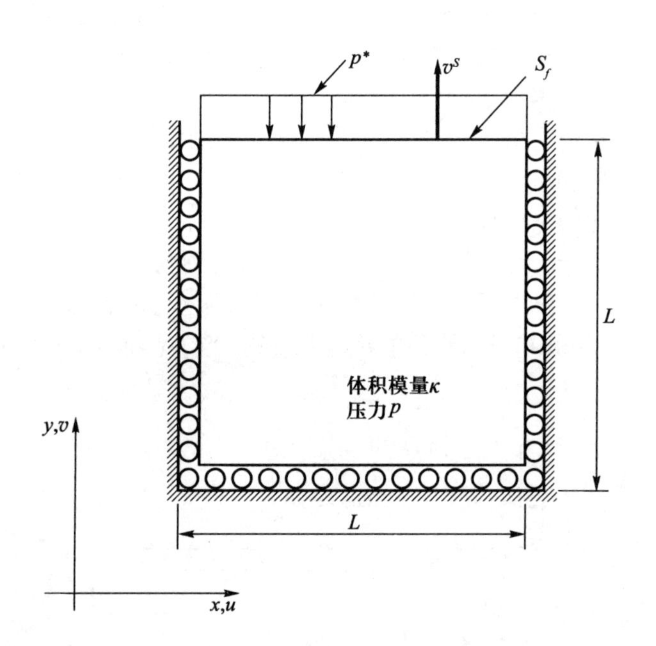

图 4.19　在平面应变条件下材料块, 受到均匀表面压力 p^*; $G=0$

如果体积模量 κ 是有限值, 由式 (4.136) 直接得出

$$v^S = -\frac{p^*}{\kappa}L \tag{4.137}$$

和

$$p = p^* \tag{4.138}$$

然而, 如果 κ 是无限大的, 我们需要利用下列形式的虚功原理, 而不用式 (4.136), 压力 p 为未知量

$$\int_V \overline{\varepsilon}_V(-p)\mathrm{d}V = -\int_{S_f} \overline{v}^S p^* \mathrm{d}S \tag{4.139}$$

再次得到 $p = p^*$. 当然, 式 (4.139) 的求解没有用到本构关系, 而只用到了平衡条件.

2. 几乎不可压缩状态的有限元解

前面的讨论表明当用基于纯位移的有限元法求解几乎不可压缩介质时, 将会遇到很大困难. 体应变很小, 在完全不可压缩性限制下接近于零. 体应变是由位移导数决定的, 而该导数不能像位移那样能精确预测. 任何预测体应变上的误差将会导致应力的巨大误差, 由于外部载荷与应力平衡 (利用虚功原理), 这个误差将会反过来影响位移的计算. 实际上, 需要一个很精细的有限元离散化以获得理想的求解精度.

图 4.20 为受到压力载荷的悬臂支架的分析结果. 我们考虑平面应变条件, 和泊松比 $\nu = 0.3$ 和 $\nu = 0.499$ 两种情况. 在所有解中, 应用了基于位移的 9 节点有限单元 (用 3×3 高斯积分, 见第 5.5 节). 分别用了一个粗大网格和一个十分精细网格, 图 4.20(a) 为只有 16 个单元的粗大模型. 最大主应力 σ_1 的求解结果用等值带表示, 见第 4.3.6 节. 当泊松比接近 0.5 时, 为了能看到基于位移的有限元法的相当差的结果, 我们选择了这样的带宽. 图 4.20(b) 表示当 $\nu = 0.3$ 时, 对粗大网格, 单元应力在边界处相当光滑, 对精细网格, 则十分光滑. 事实上, 粗大模型得出了十分好的应力预测. 但当 $\nu = 0.499$ 时, 同样的基于位移的 9 节点单元网格, 产生很差的应力预测, 如图 4.20(c) 所示. 在单个粗大单元和精细单元上可以看到大的应力不连续性.① 总之, 当 $\nu = 0.3$ 时, 分析中所使用的基于位移的单元是有效的, 当 ν 接近 0.5 时, 应力预测变得很不精确.

[280]

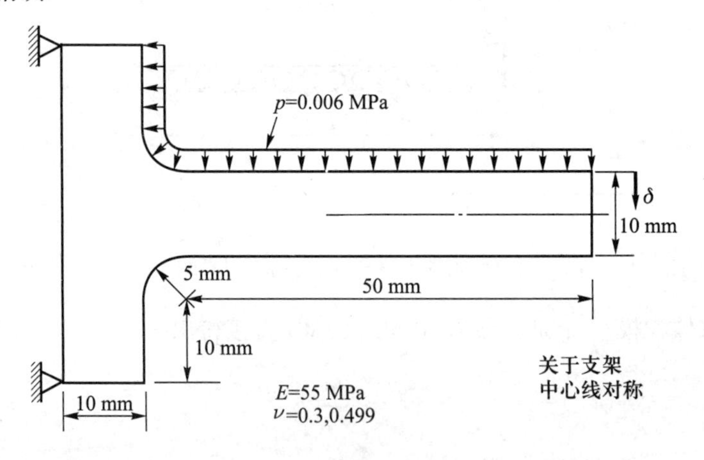

① 我们在第 5.5.6 节简要地讨论了 "缩减积分" 的使用. 如果在这个分析中使用 2×2 高斯积分的缩减积分, 则由于相应的刚度矩阵是奇异的, 不能得出结果.

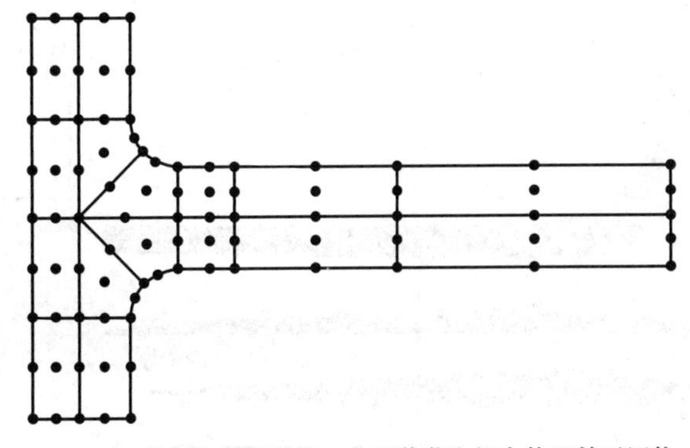

(a) 几何、材料特性、作用载荷和粗大的16单元网格

[281]

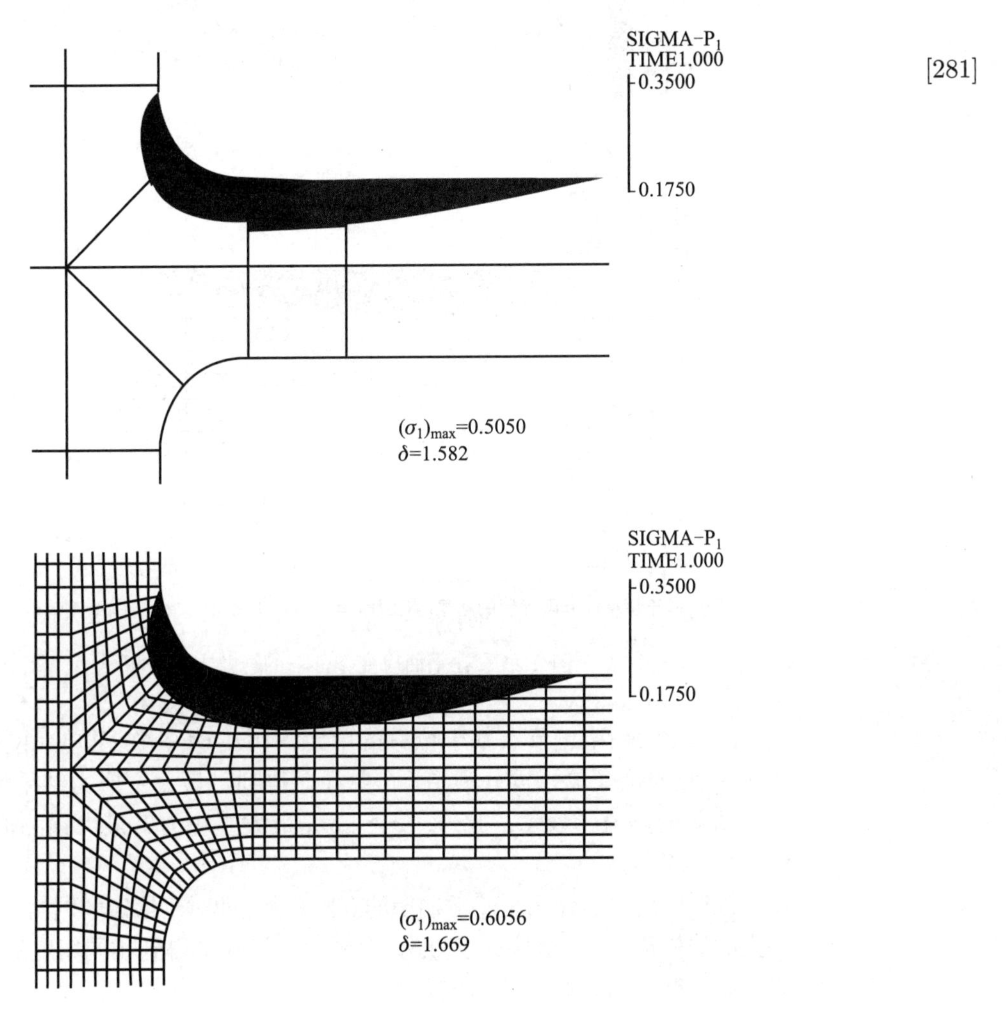

(b) 基于位移的有限元解的结果(泊松比ν=0.3，16个单元和16×64单元网格结果)

[282]

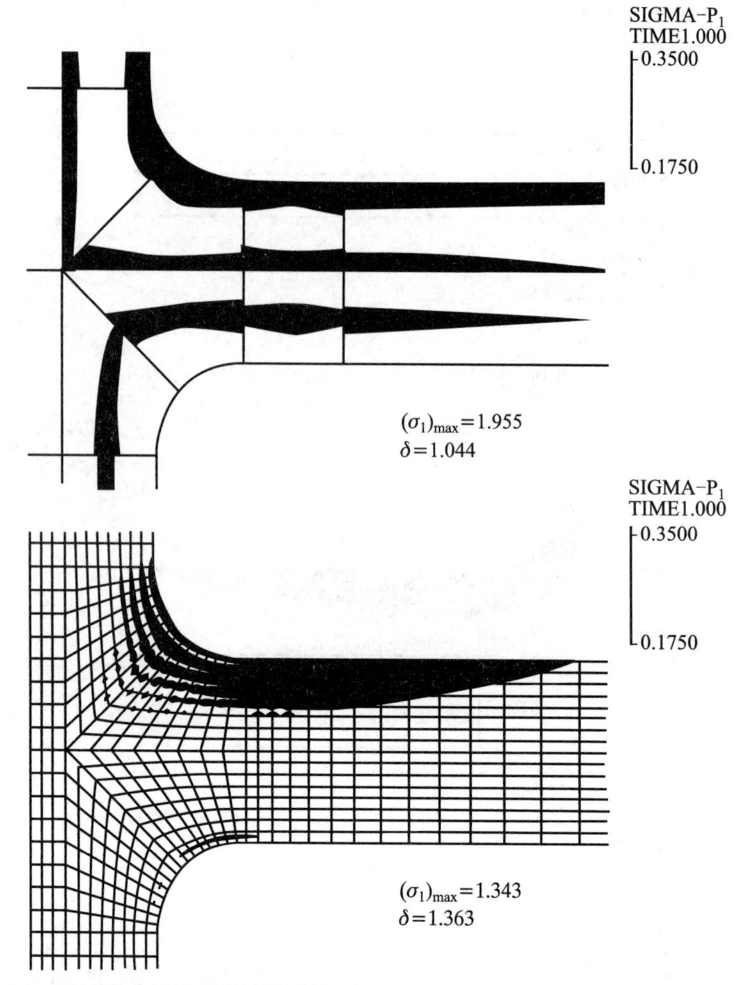

(c) 基于位移的有限元解的结果(泊松比ν=0.499，16个单元和16×64单元网格结果)

图 4.20 在平面应变条件下的悬臂支架分析

图 4.20 使用 9 节点基于位移的单元. $16 \times 64 = 1024$ 单元网格, 通过 16 个单元的每个单元再分为 64 个单元而得到. 最大主应力结果使用如图 4.15 所示的等值带表示. 此外, $(\sigma_1)_{\max}$ 是最大主应力的最大预测值, δ 是按图 4.20 (a) 定义.

该讨论说明了什么是非常期望的有限单元, 即对于给定的网格, 无论采用多大的泊松比 (ν 甚至接近于 0.5), 有限单元格式都得到相同精度的结果. 如果有限元格式对位移和应力的预测能力与所用的体积模量无关, 则可观察到这样的性质.

[283] 我们把具有这种特性的有限元格式称为 "不闭锁", 否则称该有限单元为闭锁.

"闭锁" 是基于梁、板和壳的分析经验 (见第 5.4.1 节), 在这些问题中不合适的格式出现闭锁, 即对于一个给定的网格, 位移比直观预期的要小 (用合适的格式计算, 见图 5.20). 在分析几乎不可压缩特性时, 如果采用产生闭锁的格式, 尽管位移不一定有很大误差, 但应力 (压力) 会很不精确. 我们指出纯位移格式在几乎不可压缩分析中通常是闭锁的. 这些内容在第 4.5 节将有更确切的讨论.

对于分析几乎不可压缩问题, 不闭锁的有效有限元格式是通过位移和压力插值实现的. 图 4.21 表示了图 4.20 中悬臂架的分析结果, 所用的是位移/压力格式, 写做 u/p 格式, 利用 9/3 单元 (见下面的格式和单元的解释). 我们看到最大主应力的等值带在所有情况下都有令人满意的平滑度, 当泊松比接近 0.5 时应力预测也没有劣化.

[284]

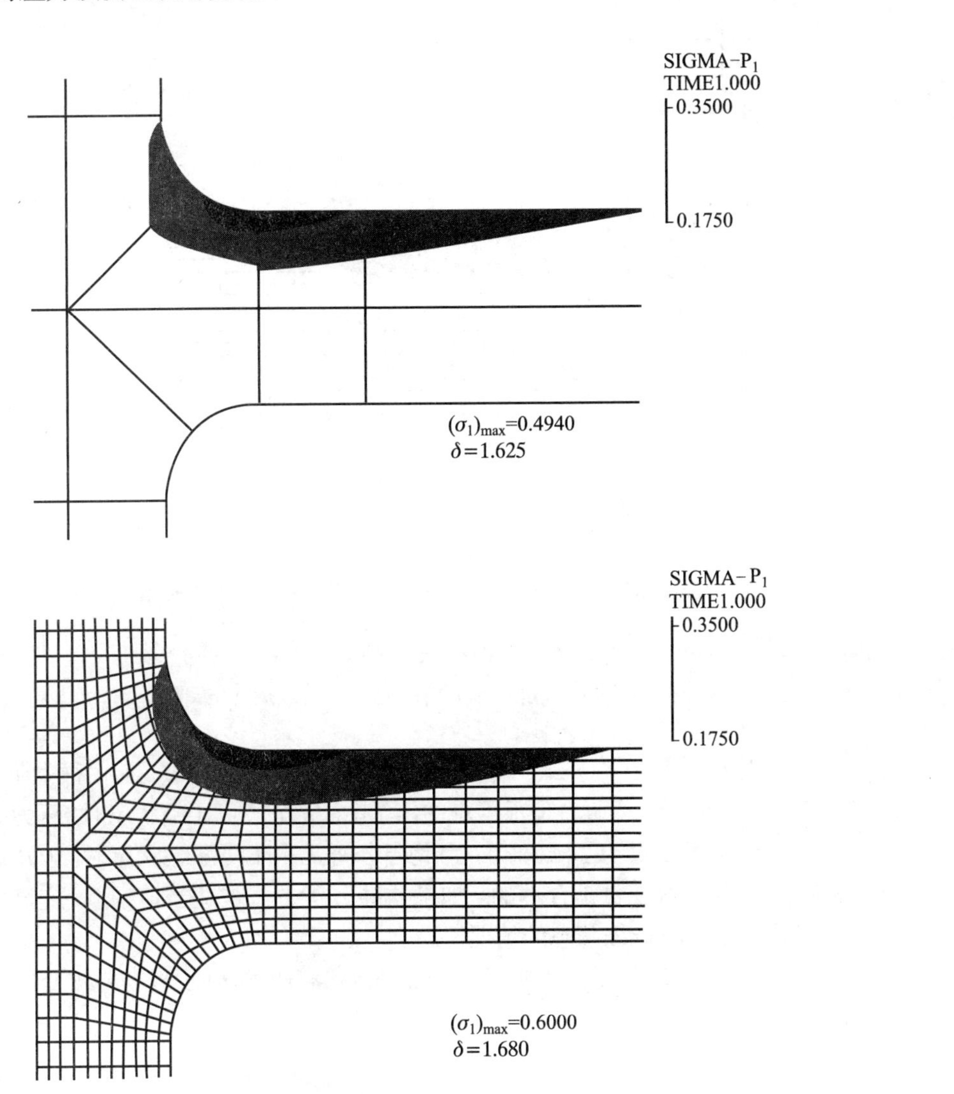

(a) 最大主应力带(泊松比ν=0.3,16个单元和16×64单元网格结果)

[285]

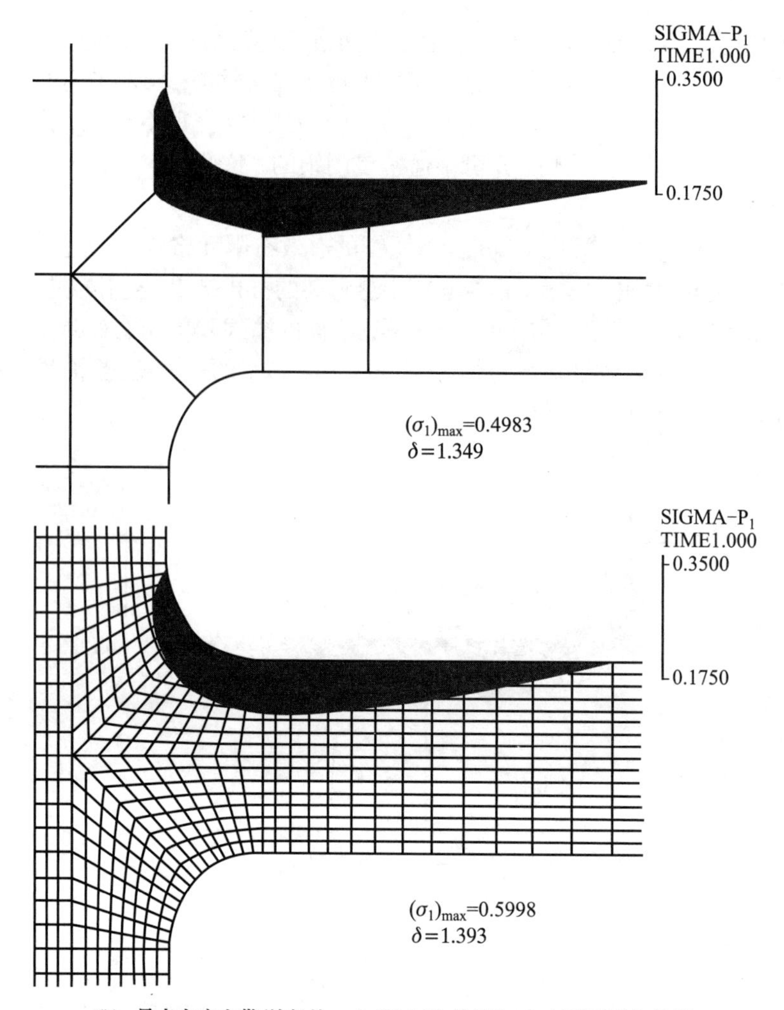

(b) 最大主应力带(泊松比ν=0.499,16个单元和16×64单元网格结果)

图 4.21 在平面应变条件下的悬臂支架分析

支架及其网格如图 4.20 所示, 使用 9 节点混合插值单元 (9/3 单元). 与图 4.20 给出的结果比较.

为引入位移/压力格式, 我们首先回想在纯位移格式中, 当 κ 很大 (与 G 相比) 从体应变计算压力是很困难的, 当考虑完全不可压缩状态时, 压力必须作为一个求解变量 [见 (4.133)]. 因此当分析几乎不可压缩状态时, 未知位移和压力作为求解变量是合理的. 如果这些分析方法被适当地构造, 应该可以直接适用于不可压缩状态的情况.

位移/压力有限元格式的基本方法是位移和压力插值. 这需要按变量 $\mathbf{u}$ 和 p 来表示虚功原理, 给出

$$\int_V \bar{\boldsymbol{\varepsilon}}'^{\mathrm{T}}\mathbf{S}\mathrm{d}V - \int_V \bar{\varepsilon}_V p\mathrm{d}V = \Re \tag{4.140}$$

其中, 按惯例, 上横杠表示虚量; $\Re$ 表示通常的外部虚功, $\Re$ 等于式 (4.7) 的右

手端; $\mathbf{S}$ 和 $\boldsymbol{\varepsilon}'$ 是偏斜应力和偏斜应变向量

$$\mathbf{S} = \boldsymbol{\tau} + p\delta \tag{4.141}$$

$$\boldsymbol{\varepsilon}' = \boldsymbol{\varepsilon} - \frac{1}{3}\boldsymbol{\varepsilon}_V \delta \tag{4.142}$$

其中, δ 是 Kronecker delta 符号, 见式 (4.128).

注意到利用式 (4.131) 中 p 的定义, 均匀压缩的应力产生正压力, 如图 4.19 所示的简单例子, 只有内部虚功的体积部分有贡献.

在式 (4.140) 中, 我们已经分离偏斜应变能和体积应变能和接着对它们求和. 由于考虑到位移和压力是独立变量, 需要另外一个方程来将两个变量联系起来. 这个方程是式 (4.131) 的积分形式 (见例 4.31)

$$\int_V \left(\frac{p}{\kappa} + \varepsilon_V\right) \overline{p} \mathrm{d}V = 0 \tag{4.143}$$

还可以通过变分原理 (见 L. R. Herrmann [A] 和 S. W. Key [A]) 更严格地推导这些基本方程. 我们通过下例利用胡 – 鹫津泛函推导基本方程.

例 4.31: 由胡 – 鹫津变分原理推导 u/p 格式.

推导过程与例 4.30 很类似, 在例 4.30 中推导了梁单元混合插值.

首先令式 (4.114) 中 $\boldsymbol{\tau} = \mathbf{C}\boldsymbol{\varepsilon}$, 从而得到 Hellinger-Reissner 泛函.

$$\Pi^*_{\mathrm{HR}}(\mathbf{u}, \boldsymbol{\varepsilon}) = -\int_V \frac{1}{2}\boldsymbol{\varepsilon}^{\mathrm{T}}\mathbf{C}\boldsymbol{\varepsilon}\mathrm{d}V + \int_V \boldsymbol{\varepsilon}^{\mathrm{T}}\mathbf{C}\partial_\varepsilon \mathbf{u}\mathrm{d}V - \int_V \mathbf{u}^{\mathrm{T}}\mathbf{f}^B\mathrm{d}V - \int_{S_f} \mathbf{u}^{S_f\mathrm{T}}\mathbf{f}^{S_f}\mathrm{d}S \tag{a}$$

其中, 假设精确满足位移边界条件 (所以, 对指定位移的表面上的位移变分为零).

然后, 我们建立偏斜部分和体积部分, 并且假设偏斜部分可以通过位移算出. 因此, 由式 (a) 得出 [286]

$$\begin{aligned}\widetilde{\Pi}^*_{\mathrm{HR}}(\mathbf{u}, p) = &\int_V \frac{1}{2}\boldsymbol{\varepsilon}'^{\mathrm{T}}\mathbf{C}'\boldsymbol{\varepsilon}'\mathrm{d}V - \int_V \frac{1}{2}\frac{p^2}{\kappa}\mathrm{d}V - \int_V p\varepsilon_V\mathrm{d}V \\ &- \int_V \mathbf{u}^{\mathrm{T}}\mathbf{f}^B\mathrm{d}V - \int_{S_f} \mathbf{u}^{S_f\mathrm{T}}\mathbf{f}^{S_f}\mathrm{d}S\end{aligned} \tag{b}$$

其中, 撇号表示偏斜量, ε_V 是体积应变, 可由位移计算, p 是压力, κ 是体积模量. 注意到式 (a) 中独立变量为 $\mathbf{u}$ 和 $\boldsymbol{\varepsilon}$, 式 (b) 中独立变量为 $\mathbf{u}$ 和 p.

对位移和压力, 取 $\widetilde{\Pi}^*_{\mathrm{HR}}$ 驻值, 得

$$\int_V \delta\boldsymbol{\varepsilon}'^{\mathrm{T}}\mathbf{C}'\boldsymbol{\varepsilon}'\mathrm{d}V - \int_V p\delta\varepsilon_V\mathrm{d}V = \Re$$

和

$$\int_V \left(\frac{p}{\kappa} + \varepsilon_V\right)\delta p\mathrm{d}V = 0$$

其中, $\Re$ 对应于外部作用载荷的虚功, 见式 (4.7).

有趣的是, 我们可以将式 (b) 看作为总势能, 它是关于位移和压力加上 Lagrange 乘子的函数, Lagrange 乘子施加体积应变和压力之间的约束.

$$\begin{aligned}\widetilde{\widetilde{\Pi}}{}^{*}_{\mathrm{HR}} = &-\int_V \frac{1}{2}\boldsymbol{\varepsilon}'^{\mathrm{T}}\mathbf{C}'\boldsymbol{\varepsilon}'\mathrm{d}V + \int_V \frac{1}{2}\frac{p^2}{\kappa}\mathrm{d}V - \int_V \mathbf{u}^{\mathrm{T}}\mathbf{f}^B\mathrm{d}V \\ &- \int_{S_f} \mathbf{u}^{S_f\mathrm{T}}\mathbf{f}^{S_f}\mathrm{d}S - \int_V \lambda\left(\varepsilon_V + \frac{p}{\kappa}\right)\mathrm{d}V\end{aligned} \tag{c}$$

在式 (c) 中最后一个积分表示 Lagrange 乘子约束, 我们得出 $\lambda = p$.

为了得到有限元控制方程, 我们现在利用第 4.2.1 节中式 (4.140) 和式 (4.143), 但是除了插值位移, 我们还插值压力 p. 第 4.2.1 节中的讨论表明我们只需要考虑单个单元的构造, 随后通过标准方法得到单元组合体矩阵.

利用第 4.2.1 节中所提到的

$$\mathbf{u} = \mathbf{H}\widehat{\mathbf{u}} \tag{4.144}$$

从而计算

$$\boldsymbol{\varepsilon}' = \mathbf{B}_D\widehat{\mathbf{u}}; \quad \varepsilon_V = \mathbf{B}_V\widehat{\mathbf{u}} \tag{4.145}$$

另外的插值假设是

$$p = \mathbf{H}_p\widehat{\mathbf{p}} \tag{4.146}$$

其中, 向量 $\widehat{\mathbf{p}}$ 表示压力变量, 见式 (4.148) 后的讨论.

将式 (4.144) 至式 (4.146) 代入式 (4.140) 和式 (4.143) 中, 得到

$$\begin{bmatrix}\mathbf{K}_{uu} & \mathbf{K}_{up} \\ \mathbf{K}_{pu} & \mathbf{K}_{pp}\end{bmatrix}\begin{bmatrix}\widehat{\mathbf{u}} \\ \widehat{\mathbf{p}}\end{bmatrix} = \begin{bmatrix}\mathbf{R} \\ \mathbf{0}\end{bmatrix} \tag{4.147}$$

其中

[287]

$$\begin{aligned}\mathbf{K}_{uu} &= \int_V \mathbf{B}_D^{\mathrm{T}}\mathbf{C}'\mathbf{B}_D\mathrm{d}V \\ \mathbf{K}_{up} = \mathbf{K}_{pu}^{\mathrm{T}} &= -\int_V \mathbf{B}_V^{\mathrm{T}}\mathbf{H}_p\mathrm{d}V \\ \mathbf{K}_{pp} &= -\int_V \mathbf{H}_p^{\mathrm{T}}\frac{1}{\kappa}\mathbf{H}_p\mathrm{d}V\end{aligned} \tag{4.148}$$

其中, $\mathbf{C}'$ 是关于偏斜应力和偏斜应变分量的应力 – 应变矩阵.

式 (4.144) 到式 (4.148) 给出了构造单元的基本方程, 其中位移和压力作为变量. 现在关键的问题是应该用什么样的压力和位移插值函数才能得到有效的单元? 例如, 如果压力插值函数的阶数比位移插值函数的高太多, 单元可能又像基于位移的单元那样, 变得不有效.

暂时只考虑压力插值, 下面存在两个主要可能性, 我们以不同的符号标记这两个格式.

u/p 格式. 在这个格式中, 压力变量只属于我们考虑的特定单元. 在几乎不可压缩介质的分析中 (到目前为止讨论的), 在单元组装之前, 单元压力变量可以被静态凝聚掉. 单元之间没有施加压力连续性, 但是如果所使用的网格足够精细, 它将是有限单元求解的结果.

u/p-c 格式. 字母 "c" 表示压力连续.

在这个格式中, 单元压力由节点压力变量定义, 它属于单元组合体中的相邻单元. 因此压力变量不能在单元组装之前静态凝聚. 单元之间压力的连续性被施加, 因此它将总是解的一个结果, 不管所用的网格是精细还是粗大.

下面考虑两个单元, 每个对应于上面的一个格式.

例 4.32: 对于如图 E4.32 所示 4 节点平面应变单元, 假设位移使用 4 节点插值, 压力为常数值. 计算 u/p 格式的矩阵表达式.

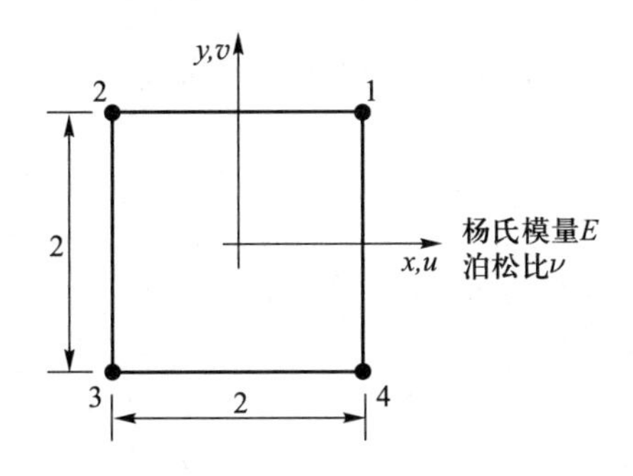

图 E4.32　4/1 单元

这个单元为 u/p 格式 4/1 单元. 在平面应变分析中, 有 [288]

$$\boldsymbol{\varepsilon}' = \begin{bmatrix} \varepsilon_{xx} - \frac{1}{3}(\varepsilon_{xx}+\varepsilon_{yy}) \\ \varepsilon_{yy} - \frac{1}{3}(\varepsilon_{xx}+\varepsilon_{yy}) \\ \gamma_{xy} \\ -\frac{1}{3}(\varepsilon_{xx}+\varepsilon_{yy}) \end{bmatrix} = \begin{bmatrix} \frac{2}{3}\frac{\partial u}{\partial x} - \frac{1}{3}\frac{\partial v}{\partial y} \\ \frac{2}{3}\frac{\partial v}{\partial y} - \frac{1}{3}\frac{\partial u}{\partial x} \\ \frac{\partial u}{\partial y} + \frac{\partial v}{\partial x} \\ -\frac{1}{3}\left(\frac{\partial u}{\partial x} + \frac{\partial v}{\partial y}\right) \end{bmatrix} \qquad \varepsilon_V = \varepsilon_{xx} + \varepsilon_{yy} \tag{a}$$

并且

$$\mathbf{S} = \mathbf{C}'\boldsymbol{\varepsilon}'$$

其中

$$\mathbf{C}' = \begin{bmatrix} 2G & 0 & 0 & 0 \\ 0 & 2G & 0 & 0 \\ 0 & 0 & G & 0 \\ 0 & 0 & 0 & 2G \end{bmatrix}; \quad G = \frac{E}{2(1+\nu)}$$

位移插值如例 4.6 所示

$$\mathbf{u} = \mathbf{H}\widehat{\mathbf{u}}$$

$$\mathbf{u}(x,y) = \begin{bmatrix} u(x,y) \\ v(x,y) \end{bmatrix}; \quad \widehat{\mathbf{u}}^{\mathrm{T}} = \begin{bmatrix} u_1 & u_2 & u_3 & u_4 & \vdots & v_1 & v_2 & v_3 & v_4 \end{bmatrix}$$

$$\mathbf{H} = \begin{bmatrix} h_1 & h_2 & h_3 & h_4 & \vdots & 0 & 0 & 0 & 0 \\ 0 & 0 & 0 & 0 & \vdots & h_1 & h_2 & h_3 & h_4 \end{bmatrix} \tag{b}$$

$$h_1 = \frac{1}{4}(1+x)(1+y); \quad h_2 = \frac{1}{4}(1-x)(1+y)$$
$$h_3 = \frac{1}{4}(1-x)(1-y); \quad h_4 = \frac{1}{4}(1+x)(1-y)$$

由式 (a) 和式 (b), 得应变 – 位移插值矩阵是

$$\mathbf{B}_D = \begin{bmatrix} \frac{2}{3}h_{1,x} & \frac{2}{3}h_{2,x} & \cdots & \vdots & -\frac{1}{3}h_{1,y} & -\frac{1}{3}h_{2,y} & \cdots \\ -\frac{1}{3}h_{1,x} & -\frac{1}{3}h_{2,x} & \cdots & \vdots & \frac{2}{3}h_{1,y} & \frac{2}{3}h_{2,y} & \cdots \\ h_{1,y} & h_{2,y} & \cdots & \vdots & h_{1,x} & h_{2,x} & \cdots \\ -\frac{1}{3}h_{1,x} & -\frac{1}{3}h_{2,x} & \cdots & \vdots & -\frac{1}{3}h_{1,y} & -\frac{1}{3}h_{2,y} & \cdots \end{bmatrix}$$

$$\mathbf{B}_V = \begin{bmatrix} h_{1,x} & h_{2,x} & \cdots & \vdots & h_{1,y} & h_{2,y} & \cdots \end{bmatrix}$$

假设压力为常数, 有

$$\mathbf{H}_p = [1]; \quad \widehat{\mathbf{p}} = [p_0]$$

由于自由度 $\widehat{\mathbf{p}} = [p_0]$ 只属于这个单元, 而不属于相邻单元, 由式 (4.147), 根据静态凝聚法, 得到只对应于节点位移自由度的单元刚度矩阵

$$\mathbf{K} = \mathbf{K}_{uu} - \mathbf{K}_{up}\mathbf{K}_{pp}^{-1}\mathbf{K}_{pu}$$

在例 4.38 中将会继续讨论这种单元.

[289]

例 4.33: 考虑如图 E4.33 所示的 9 节点平面应变单元. 假设位移用 9 节点插值, 压力只用 4 个角节点插值. 参考例 4.32 所给出的数据, 讨论计算该单元矩阵表达式的其他考虑.

该单元由 P. Hood 和 C. Taylor [A] 提出. 在该格式中, 节点压力属于相邻单元, 根据上面的单元命名法, 我们把这种单元称做 u/p-c 单元 (它是 9/4-c 单元).

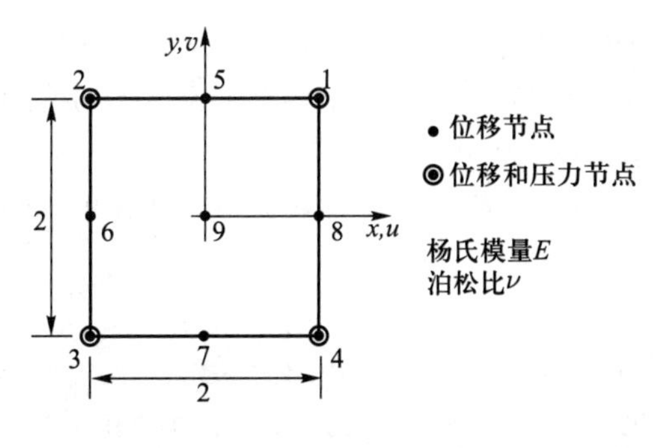

图 E4.33　一个 9/4 单元

例 4.32 式 (a) 中给出偏斜应变和体积应变. 对应于 9 节点单元的位移插值为

$$\begin{bmatrix} u(x,y) \\ v(x,y) \end{bmatrix} = \begin{bmatrix} h_1^* & \cdots & h_9^* & \vdots & 0 & \cdots & 0 \\ 0 & \cdots & 0 & \vdots & h_1^* & \cdots & h_9^* \end{bmatrix} \begin{bmatrix} u_1 \\ \vdots \\ u_9 \\ \cdots \\ v_1 \\ \vdots \\ v_9 \end{bmatrix} \tag{a}$$

其中, 插值函数 h_i^* 构造在第 4.2.3 节进行了解释 (或见第 5.3 节和图 5.4).

偏斜和体积应变 – 位移矩阵按例 4.32 方式得到.

压力插值如下

$$p = \begin{bmatrix} h_1 & h_2 & h_3 & h_4 \end{bmatrix} \begin{bmatrix} p_1 \\ p_2 \\ p_3 \\ p_4 \end{bmatrix} \tag{b}$$

其中, h_i 在例 4.32 中按式 (b) 给出.

这种单元与在例 4.32 中所讨论的 4 节点单元之间的主要计算区别为, 压力自由度不能在单元级被静态凝聚. 因为变量 $p_1, \cdots, p_4$ 属于这个我们所考虑的单元和也属于相邻单元, 因此其描述了一个连续的压力场离散化.

现在回来讨论应该用什么样的压力和位移插值才能得到有效的单元. [290]

例如, 在例 4.32 中, 用 4 个节点插值位移, 假设压力为常数, 我们可能要问常压力对于 4 节点单元是否是合适的选择. 实际上, 对于这种单元, 这是很自然的选择, 因为体应变由位移算出的, 位移包含按 x 和 y 的线性变化, 而假设压力插值函数应该是低阶的.

当使用高阶位移插值函数时, 选择合适的压力插值函数不是很明显的, 而是相当困难的: 压力不应过低阶插值, 因为压力插值函数阶次高, 则压力预测会更精确. 但压力也不能过高阶插值, 这是因为单元将会又具有基于位移的单元那样的性质, 造成闭锁. 因此, 我们希望得到最高阶的压力插值, 但这个插值又不至于引起单元闭锁.

例如, 考虑 u/p 格式以及双 2 次位移插值 (即用 9 节点描述位移), 我们自然地试一试以下情况:

① 常压力, $p = p_0$ (9/1 单元);

② 线性单元, $p = p_0 + p_1 x + p_2 y$ (9/3 单元);

③ 双线性单元, $p = p_0 + p_1 x + p_2 y + p_3 xy$ (9/4 单元);

等等, 直到二次压力插值为止 (对应于 9/9 单元).

这些单元已经过理论分析和数值检验验证. 这些单元的研究结果表明 9/1 单元不闭锁, 但随网格细化, 压力 (以及应力) 的收敛率只有 $o(h)$, 因为在每个 9 节点单元, 压力都被假设为常数. 压力预测的低质量当然对位移的预测产生负面的影响.

研究还表明 9/3 单元是最吸引人的, 因为它不闭锁, 并且应力的收敛率为 $o(h^2)$. 因此, 该单元的预测能力是最优的, 这是由于如果使用双 2 次位移展开, 则不会得到应力的高阶收敛率. 另外, 对于泊松比直到 0.5, 9/3 单元仍然是有效的 (但只有对 $\nu < 0.5$, 压力自由度静态凝聚才是可能的).

因此, 我们可以尝试总是应用 9/3 单元 (而不是基于位移的 9 节点单元). 但我们注意到实际上 9/3 单元在计算中比基于位移的 9 节点单元更为耗时, 当 $\nu < 0.48$ 时, 基于位移的单元的压力展开中的附加项能够使其得到更好的应力预测.

接下来感兴趣的 u/p 单元是 9/4 单元, 研究表明当 ν 接近 0.50 时单元是闭锁的; 因此不推荐它用于几乎不可压缩分析.

可用类似的方法得到其他 u/p 单元, 表 4.6 总结了一些选择. 对于这些单元, 我们注意到在实际中广泛应用二维 4 节点单元和三维 8 节点单元. 但二维 9 节点和三维 27 节点单元常更加有效.

在表 4.6 中, $Q_2 - P_1$ 和 $P_2^+ - P_1$ 单元是可能使用的两大类单元中第一类单元. 即四边形单元 $Q_n - P_{n-1}$ 和三角形单元 $P_n^+ - P_{n-1}$, $n > 2$, 同样是有效单元.

在表 4.6 中, 我们引用 inf-sup 条件, 该条件将会在第 4.5 节进行介绍.

从计算的角度来看, u/p 单元是吸引人的, 因为它的单元压力自由度可以在单元组装前 (假设 $\nu < 0.5$, 但可能很接近 0.5) 被静态凝聚掉. 因此, 单元组合体的自由度与基于纯位移解中的节点位移自由度相等.

[291]

而 u/p-c 格式具有连续压力场总是可计算的优势. 表 4.7 列出了一些有效单元.

3. 完全不可压缩状态的有限元解

如果我们要考虑的材料是完全不可压缩的, 则式 (4.140) 和式 (4.143) 仍然可用, 但是要令 $\kappa \to \infty$. 基于此, 我们称这种情况为极限问题. 则式 (4.143)

变为

$$\int_V \varepsilon_V \overline{p} \mathrm{d}V = 0 \tag{4.149}$$

相应的, 式 (4.147) 变为

$$\begin{bmatrix} \mathbf{K}_{uu} & \mathbf{K}_{up} \\ \mathbf{K}_{pu} & \mathbf{0} \end{bmatrix} \begin{bmatrix} \widehat{\mathbf{u}} \\ \widehat{\mathbf{p}} \end{bmatrix} = \begin{bmatrix} \mathbf{R} \\ \mathbf{0} \end{bmatrix} \tag{4.150}$$

因此, 在系数矩阵中, 对应于压力自由度的对角单元现在为零. 于是 u/p 格式中单元压力自由度的静态凝聚不再可行, 单元的组合体方程的解需要特殊的考虑 (除了基于纯位移的解), 以避免遇到零主元 (见第 8.2.5 节).

表 4.6 和表 4.7 中列出了适合求解的单元. 这些单元是有效的 (看表中的注解), 因为不管介质特性如何接近完全不可压缩状态, 它们都有着很好的预测能力 (但求解有限元控制方程的步骤必须考虑到, 当逐渐接近完全不可压缩性时, $\mathbf{K}_{pp}$ 中的元素会不断减小).

正如前面所提到的, 我们在表 4.6 和表 4.7 中的引用 inf-up 条件. 这个条件是来用确定有限元离散化是否是稳定的和收敛的 (因此可以得到可靠的解) 的基本数学准则. 这个条件由 I. Babuška [A] 和 F. Brezzi [A] 用于混合有限元格式的基本检验, 自此以后, 它就被广泛应用于混合有限元格式分析中. 除

[292]

表 4.6 各种有效 u/p 单元 (单元之间的位移是连续的和压力变量属于单个单元)+

单元	节点		备注
	二维单元	三维单元	
Q_1-P_0 二维: 4/1 三维: 8/1	v_1, u_1, 节点1 $p=p_0$	w_1, v_1, u_1, 节点1 $p=p_0$	单元位移预测相当不错,但因为常压力假设和可能的压力不连续性, 压力可能是不精确的. 单元不满足 inf-sup 条件 (见第 4.5.5 节中讨论的单元)
$Q_2^r-P_0$; $Q_2^r=Q_2\cap P_3$ 二维: 8/1 三维: 20/1	$p=p_0$	$p=p_0$	单元满足 inf-sup 条件, 但常压力假设可能需要精细的离散化以精确预测压力*

续表

单元	节点		备注
	二维单元	三维单元	
Q_2-P_1 二维: 9/3 三维: 27/4	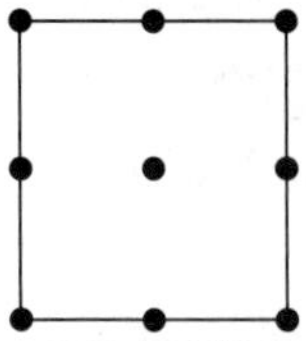 $p=p_0+p_1x+p_2y$	总 27 个节点中只显示了 19 个可见节点 只显示了 8 个不可见节点 单元中心的节点 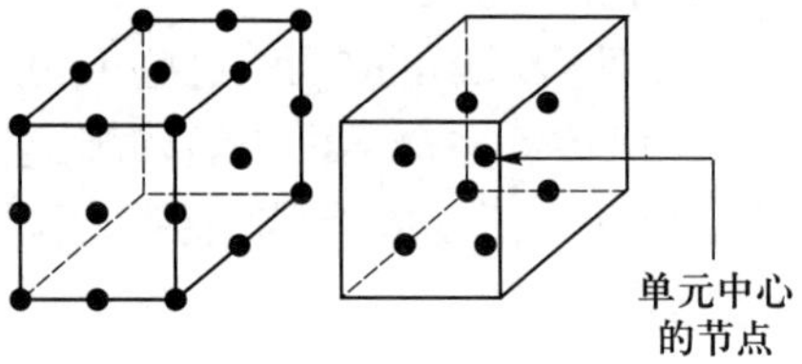 $p=p_0+p_1x+p_2y+p_3z$	最优四边形单元使用双二次位移展开. 最多数量的压力变量用于满足 inf-sup 条件. 四边形大类单元 $Q_n-P_{n-1}, n\geqslant 2$ 的第 1 个成员. 所有这些单元满足 inf-sup 条件 (见例 4.36)
P_2-P_0 二维: 6/1 三维: 10/1	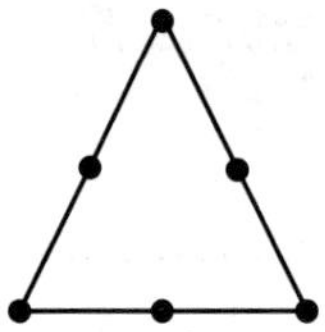 $p=p_0$	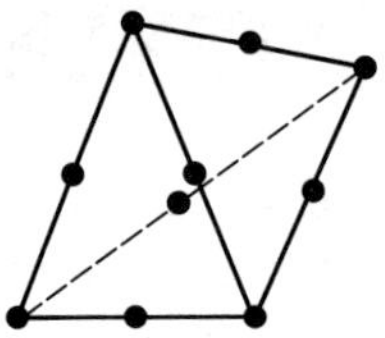 $p=p_0$	见 M. Crouzeix 和 P.A. Raviart [A]. 单元满足 inf-sup 条件, 但常压力假设可能需要精细的离散化*
$P_2^+-P_1$ 二维: 7/3 三维: 11/4	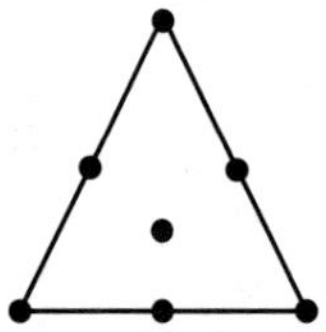 $p=p_0+p_1x+p_2y$	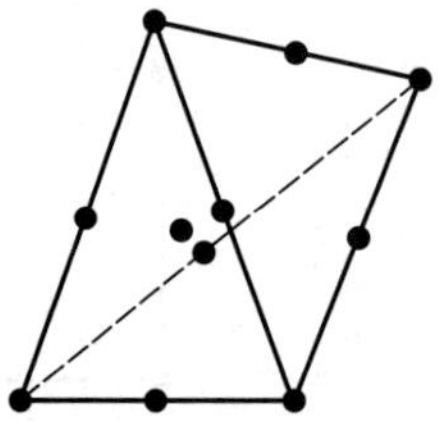 $p=p_0+p_1x+p_2y+p_3z$	见 M. Crouzeix 和 P. A. Raviart [A]. 最优三角形单元使用二次位移展开 (立方气泡函数). P_2^+ 表示由立方气泡函数扩展的多项式 P_2 空间. 最多数量的压力变量用于满足 inf-sup 条件. 三角形大类单元 $P_n^+-P_{n-1}, n\geqslant 2$ 的第 1 个成员. 所有这些单元满足 inf-sup 条件

+ 对插值函数, 见图 4.13、图 5.4、图 5.5、图 5.11 和图 5.13.

* 轴对称和三维单元不满足椭圆条件, 使用时应注意.

表 4.7 各种有效 u/p-c 单元 (单元之间的位移和压力是连续的, 所有单元满足 inf-sup 条件)+ [294]

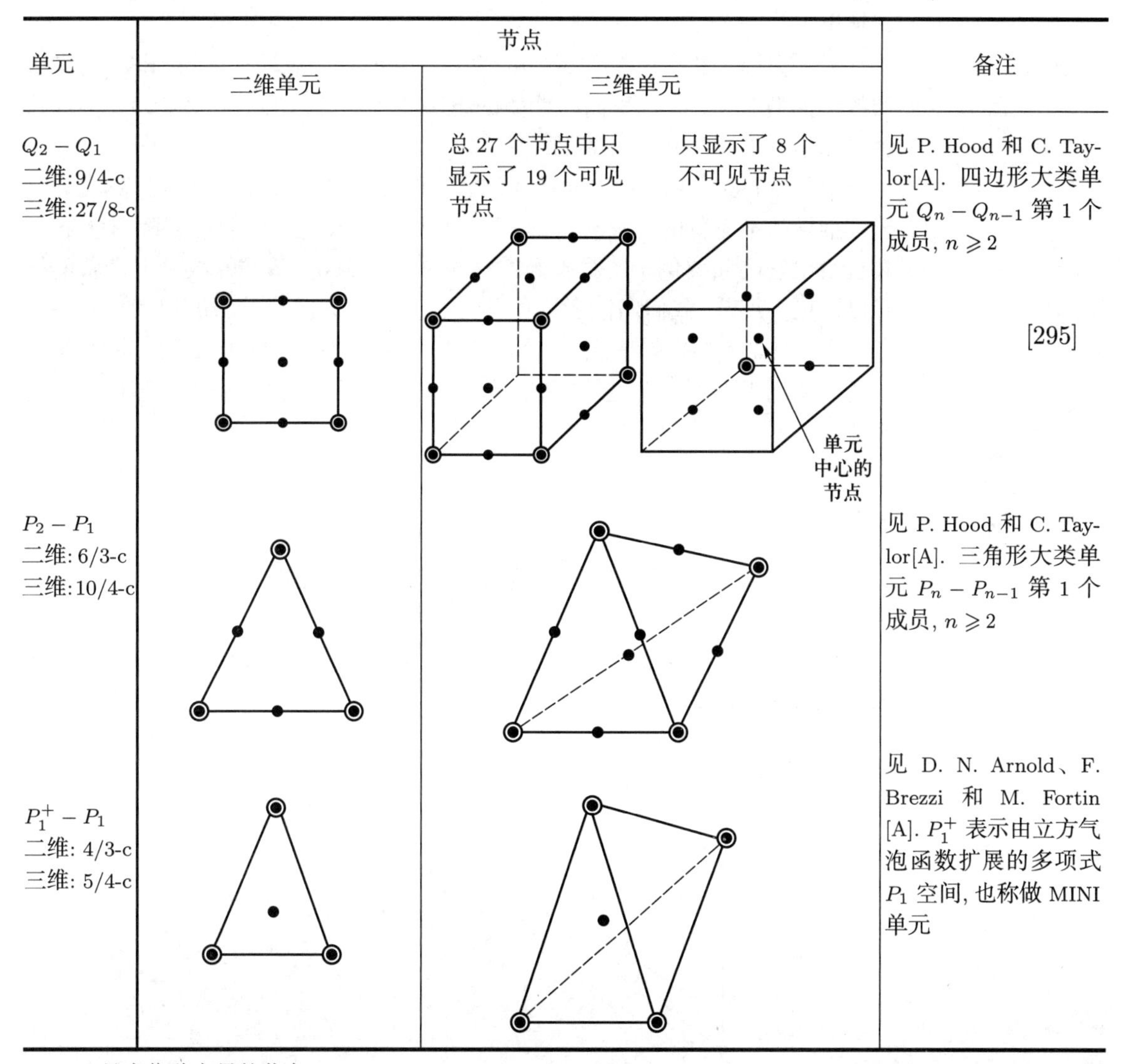

单元	节点		备注
	二维单元	三维单元	
$Q_2 - Q_1$ 二维:9/4-c 三维:27/8-c		总 27 个节点中只显示了 19 个可见节点 只显示了 8 个不可见节点 单元中心的节点	见 P. Hood 和 C. Taylor[A]. 四边形大类单元 $Q_n - Q_{n-1}$ 第 1 个成员, $n \geqslant 2$
$P_2 - P_1$ 二维: 6/3-c 三维: 10/4-c			见 P. Hood 和 C. Taylor[A]. 三角形大类单元 $P_n - P_{n-1}$ 第 1 个成员, $n \geqslant 2$
$P_1^+ - P_1$ 二维: 4/3-c 三维: 5/4-c			见 D. N. Arnold、F. Brezzi 和 M. Fortin [A]. P_1^+ 表示由立方气泡函数扩展的多项式 P_1 空间, 也称做 MINI 单元

[295]

● 具有位移变量的节点

◉ 具有位移和压力变量的节点

+ 对插值函数, 见图 4.13、图 5.4、图 5.5、图 5.11 和图 5.13.

了 inf-sup 条件, 还有椭圆性条件, 而它不被过多地关注是因为在几乎不可压缩介质分析中椭圆性条件自动得到满足.

我们可能会问, 在实际中满足 inf-sup 条件是否很重要, 即这个条件是否太强, 和不能满足该条件的单元是否仍然能可靠地使用. 我们的经验是如果满足 inf-sup 条件, 则对所用的插值函数来说, 单元将如我们合理期望的一样有效, 也是在这个意义上最优的. 例如, 表 4.6 中平面应变分析的 9/3 单元, 该单元是基于抛物线位移插值和线性压力插值. 该单元没有闭锁, 位移的收敛

阶总是 $o(h^3)$, 应力收敛阶是 $o(h^2)$, 这肯定是我们能够利用插值能够得到的最好结果了.

[296] 另一方面, 如果不满足 inf-sup 条件, 单元不总是对所有的问题 (与考虑的数学模型有关) 具有我们所期望的也是实际的确需要的收敛特性. 因此这种单元是不鲁棒的和不可靠的.

由于 inf-sup 条件如此重要, 我们将在下一节给出它的推导, 虽然在数学上该推导是不完备的但很有价值. 在这个讨论中我们同样会遇到椭圆性条件, 并且给出它的简要例子. 对于椭圆性条件和 inf-sup 条件的数学上完备的推导以及更多细节, 我们向读者推荐参考 F. Brezzi and M.Fortin [A].

在第 4.5 节的推导中, 我们将研究不可压缩弹性问题, 但是我们的结果也可直接适用于不可压缩流体问题, 如第 4.5.7 节所示, 以及适用于结构单元的构造.

4.4.4 习题

4.33 用有限元程序中的 4 节点和 8 节点壳单元进行如图 4.17 所示的分片检验.

4.34 考虑如图 Ex.4.34 所示的三维 8 节点单元. 设计分片检验并确定该单元对它是否能够通过.

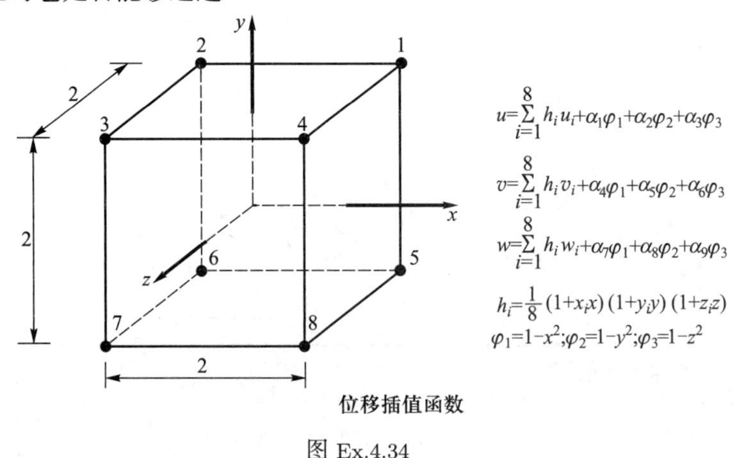

图 Ex.4.34

[297] 4.35 考虑式 (4.114) 中胡 – 鹫津泛函 Π_{HW}, 详细推导方程 (4.116) 至方程 (4.121).

4.36 下面的泛函被称为 Hellinger-Reissner 泛函①

$$\Pi_{\mathrm{HR}}(\mathbf{u},\boldsymbol{\tau})=\int_V -\frac{1}{2}\boldsymbol{\tau}^{\mathrm{T}}\mathbf{C}^{-1}\boldsymbol{\tau}\mathrm{d}V+\int_V \boldsymbol{\tau}^{\mathrm{T}}\partial_{\varepsilon}\mathbf{u}\mathrm{d}V$$
$$-\int_V \mathbf{u}^{\mathrm{T}}\mathbf{f}^B\mathrm{d}V-\int_{S_f}\mathbf{u}^{S_f\mathrm{T}}\mathbf{f}^{S_f}\mathrm{d}S-\int_{S_u}\mathbf{f}^{S_u\mathrm{T}}(\mathbf{u}^{S_u}-\mathbf{u}_p)\mathrm{d}S$$

① 这个泛函有时是通过对该式第二项应用散度定理而给出不同的形式.

其中, 指定 (不变化) 量是 V 中的 $\mathbf{f}^B$, S_u 上的 $\mathbf{u}_p$ 以及 S_f 上的 $\mathbf{f}^{S_f}$.

试由胡 – 鹫津泛函导出上式, 其中, $\boldsymbol{\varepsilon} = \mathbf{C}^{-1}\boldsymbol{\tau}$. 然后对 Π_{HR} 取驻值, 建立物体体积和表面的其余微分条件.

4.37 考虑泛函

$$\Pi_1 = \Pi - \int_{S_u} \mathbf{f}^{S_u\mathrm{T}}(\mathbf{u}^{S_u} - \mathbf{u}_p)\mathrm{d}S$$

其中, Π 在式 (4.109) 中已给出, $\mathbf{u}_p$ 是 S_u 表面上指定的位移. 因此, 向量 $\mathbf{f}^{S_u}$ 表示 Lagrange 乘子 (面力), 用于施加表面位移条件. 对 Π_1 取驻值, 证明 Lagrange 乘子施加 S_u 上的位移边界条件.

4.38 考虑图 E4.29 中的 3 节点桁架单元. 利用胡 – 鹫津变分原理, 建立对下面假设的刚度矩阵:

(a) 抛物线位移, 线性应变, 常应力

(b) 抛物线位移, 常应变, 常应力

讨论你按插值选择的结果是否合理 (见例 4.29).

4.39 证明下面的各向同性材料应力 – 应变表达式是等价的.

$$\tau_{ij} = \kappa\varepsilon_V\delta_{ij} + 2G\varepsilon'_{ij} \tag{a}$$

$$\tau_{ij} = C_{ijrs}\varepsilon_{rs} \tag{b}$$

$$\boldsymbol{\tau} = \mathbf{C}\boldsymbol{\varepsilon} \tag{c}$$

其中, κ 是体积模量, G 是切变模量

$$\kappa = \frac{E}{3(1-2\nu)}; \quad G = \frac{E}{2(1+\nu)}$$

其中, E 是杨氏模量, ν 是泊松比, ε_V 是体应变, ε'_{ij} 是偏斜应变分量以及

$$\varepsilon_V = \varepsilon_{kk}; \quad \varepsilon'_{ij} = \varepsilon_{ij} - \frac{\varepsilon_V}{3}\delta_{ij}$$
$$C_{ijrs} = \lambda\delta_{ij}\delta_{rs} + \mu(\delta_{ir}\delta_{js} + \delta_{is}\delta_{jr})$$

其中, λ 和 μ 是 Lamé 常数 [298]

$$\lambda = \frac{E\nu}{(1+\nu)(1-2\nu)}; \quad \mu = \frac{E}{2(1+\nu)}$$

在式 (a) 和式 (b) 中应用了张量, 但是在式 (c) 应变向量包含工程剪切应变 (等于张量分量的 2 倍, 如 $\gamma_{xy} = \varepsilon_{12} + \varepsilon_{21}$). 另外, 式 (c) 中应力 – 应变矩阵 $\mathbf{C}$ 在表 4.3 中给出.

4.40 确定压力插值函数的阶数, 该插值函数应用于 u/p 格式以获得与纯位移格式相同的刚度矩阵. 考虑下面几何形状的 2×2 单元.

(a) 平面应变 4 节点单元;

(b) 轴对称条件 4 节点单元;

(c) 平面应变 9 节点单元.

4.41　考虑例 4.32 中的 4/1 单元, 假设位移边界条件定为 $u_1=\bar{u}$. 证明在静态凝聚压力自由度之前和之后加上位移边界条件, 对组合体刚度矩阵将产生相同的单元贡献量.

4.42　考虑如图 Ex.4.42 所示轴对称 4/1 u/p 单元. 构造该单元的矩阵 $\mathbf{B}_D$、$\mathbf{B}_V$、$\mathbf{C}'$ 和 $\mathbf{H}_p$.

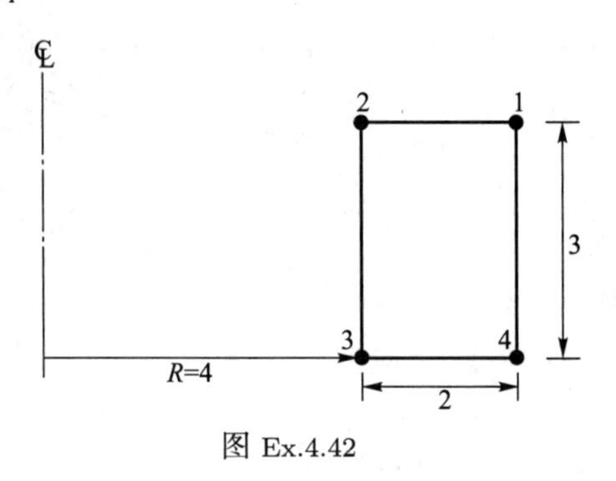

图 Ex.4.42

4.43　考虑如图 Ex.4.43 所示平面应变条件下考虑 4/3-c 单元. 构造出该单元的所有位移和应变插值矩阵 (见表 4.7)

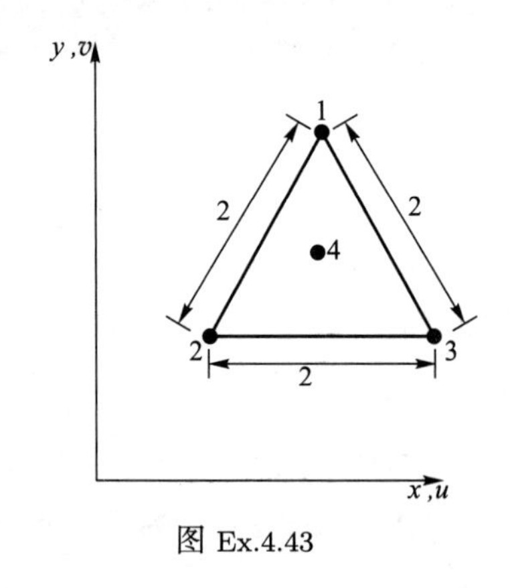

图 Ex.4.43

[299]　4.44　考虑如图 Ex.4.44 所示 9/3 平面应变 u/p 单元. 计算矩阵 $\mathbf{K}_{pp}$.

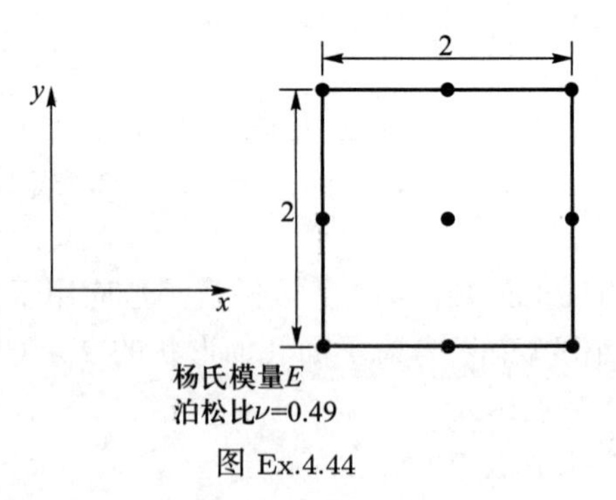

图 Ex.4.44

4.45 考虑如图 Ex.4.45 所示一个内有圆孔的平板. 用有限元程序求解沿截面 AA 的应力分布, 泊松比分别为 $\nu = 0.3$ 和 $\nu = 0.499$. 利用误差度量评估你得出结果的精度 (提示: 当 $\nu = 0.499$ 时, 9/3 单元是有效的).

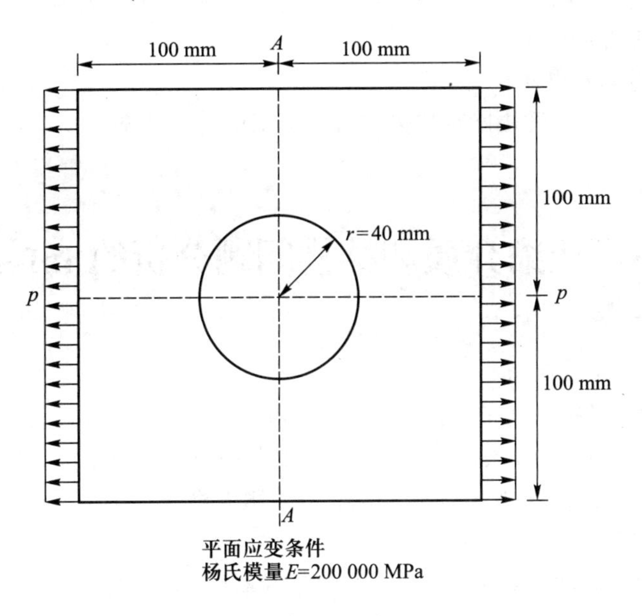

图 Ex.4.45

4.46 使用有限元程序计算如图 Ex.4.46 所示厚圆柱体的静态响应. [300]

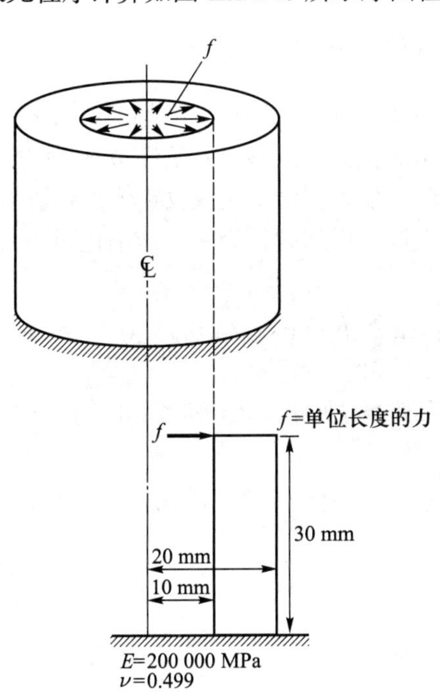

图 Ex.4.46

使用基于下列单元的模型分析该柱体.

(a) 基于位移的 4 节点单元;

(b) 基于位移的 9 节点单元;

(c) 4/1 u/p 单元;

(d) 9/3 u/p 单元.

针对上述情况使用网格序列并确定应变能的收敛率.

4.5 不可压缩介质和结构问题分析的 inf-sup 条件

正如我们在第 4.4 节指出的, 对几乎和完全不可压缩介质分析来说, 有限元离散化满足 inf-sup 条件是很重要的. 本节的目的是介绍该条件. 我们首先考虑固体分析纯位移格式, 然后考虑位移/压力格式. 最后, 我们还简要讨论适用于结构单元的 inf-sup 条件.

[301]

我们讨论固体介质中使用位移格式和位移/压力格式. 如果使用速度而不是位移, 则相关基本事实和结论亦直接适用于不可压缩流体流动的求解 (见第 7.4 节).

4.5.1 从收敛性导出 inf-sup 条件

考虑求解一般线弹性问题 (见第 4.2.1 节), 其中, 物体受到体积力 $\mathbf{f}^B$, 表面 S_f 上面力 $\mathbf{f}^{S_f}$ 和表面 S_u 上位移边界条件 $\mathbf{u}^{S_u}$. 不失一般性, 假设指定位移 $\mathbf{u}^{S_u}$ 和指定面力 $\mathbf{f}^{S_f}$ 为 0. 当然, 还假设物体得到适当的支撑, 因此, 没有任何刚体运动. 可以把该分析问题作为一个最小化问题, 写为

$$\min_{\mathbf{v}\in V}\left\{\frac{1}{2}a(\mathbf{v},\mathbf{v})+\frac{\kappa}{2}\int_{\text{Vol}}(\text{div}\mathbf{v})^2\text{d Vol}-\int_{\text{Vol}}\mathbf{f}^B\cdot\mathbf{v}\text{d Vol}\right\} \tag{4.151}$$

其中, 使用指标符号和张量 (见第 4.3.4 和 4.4.3 节)

$$\begin{aligned}
a(\mathbf{u},\mathbf{v})&=2G\int_{\text{Vol}}\sum_{i,j}^{3}\varepsilon'_{ij}(\mathbf{u})\varepsilon'_{ij}(\mathbf{v})\text{dVol}\\
\varepsilon'_{ij}(\mathbf{u})&=\varepsilon_{ij}(\mathbf{u})-\frac{1}{3}\text{div}\mathbf{u}\delta_{ij}\\
\varepsilon_{ij}(\mathbf{u})&=\frac{1}{2}\left(\frac{\partial u_i}{\partial x_j}+\frac{\partial u_j}{\partial x_i}\right);\quad \text{div}\mathbf{v}=v_{i,i}
\end{aligned} \tag{4.152}$$

其中, 体积模量 $\kappa=E/[3(1-2\nu)]$, 切变模量 $G=E/[2(1+\nu)]$, $E=$ 杨氏模量,

$\nu =$ 泊松比.

$$V=\left\{\mathbf{v}|\frac{\partial v_i}{\partial x_j}\in L^2(\text{Vol}),i,j=1,2,3;v_i|_{S_u}=0,i=1,2,3\right\}$$

在这些表示中, 我们使用前面定义的符号 (见第 4.3 节)、用 "Vol" 表示积分作用域, 以避免与向量空间 V 混淆. 对向量 $\mathbf{v}$ 和标量 q, 使用模

$$\|\mathbf{v}\|_V^2=\sum_{i,j}\left\|\frac{\partial v_i}{\partial x_j}\right\|_{L^2(\text{Vol})}^2;\quad \|q\|_0^2=\|q\|_{L^2(\text{Vol})}^2 \tag{4.153}$$

其中, 向量模 $\|\bullet\|_v$ 比较容易应用, 相当于定义在式 (4.76) 中的 Sobolev 模 $\|\bullet\|_1$ (由 Poincaré-Friedrichs 不等式给出).

在以下的讨论中, 我们将不再显式地在模上给出下标, 但总是隐含一个向量 $\mathbf{w}$ 有模 $\|\mathbf{w}\|_V$ 和标量 γ 有模 $\|\gamma\|_0$. [302]

令 $\mathbf{u}$ 是式 (4.151) 的最小值 (即问题的精确解), 令 V_h 是一个一系列的有限元空间的空间, 我们选择该空间来求解该问题. 这些空间在式 (4.84) 中定义. 当然, 对每一个离散的问题

$$\min_{\mathbf{v}_h\in V_h}\left\{\frac{1}{2}a(\mathbf{v}_h,\mathbf{v}_h)+\frac{\kappa}{2}\int_{\text{Vol}}(\text{div}\mathbf{v}_h)^2\text{d Vol}-\int_{\text{Vol}}\mathbf{f}^B\cdot\mathbf{v}_h\text{d Vol}\right\} \tag{4.154}$$

有一个唯一的有限元解 $\mathbf{u}_h$. 我们考虑第 4.3.4 节中这个解的性质, 特别是给出了性质式 (4.95) 和式 (4.101). 但还需指出在这些关系中, 常数 c 都依赖于材料的性质. 现在要强调的是, 当体积模量 κ 非常大时, 式 (4.95) 和式 (4.101) 不再有用, 因为常数 c 太大. 因此, 有限元空间 V_h 应满足另一个性质, 仍然是式 (4.95) 的形式, 但其中常数 c, 要求除了独立于 h 外, 还要独立于 κ.

为阐述这个所期望的新性质, 首先定义精确解 $\mathbf{u}$ 和有限元空间 V_h 之间的 "距离", 如图 4.22 所示,

$$\text{d}(\mathbf{u},V_h)=\inf_{\mathbf{v}_h\in V_h}\|\mathbf{u}-\mathbf{v}_h\|=\|\mathbf{u}-\widetilde{\mathbf{u}}_h\| \tag{4.155}$$

其中, $\widetilde{\mathbf{u}}_h$ 是 V_h 中一个元素, 但一般不是的有限元解.

1. 基本要求

在工程实践中, 体积模量 κ 可能会从 G 的数量级到很大值之间变化, 事实上, 当考虑完全不可压缩流体时, 其值甚至是无穷大的. 我们的目的是使用这样的有限元, 即不论 κ 取何值, 该有限元是一致有效的.

因此, 在数学上, 我们的目的是对 V_h 找到条件, 满足 [303]

$$\begin{aligned}&\|\mathbf{u}-\mathbf{u}_h\|\leqslant c\quad d(\mathbf{u},V_h)\\&\text{且常数 } c \text{ 独立于 } h \text{ 和 } \kappa.\end{aligned} \tag{4.156}$$

该条件将指导我们选择有效的有限单元和离散化方法.

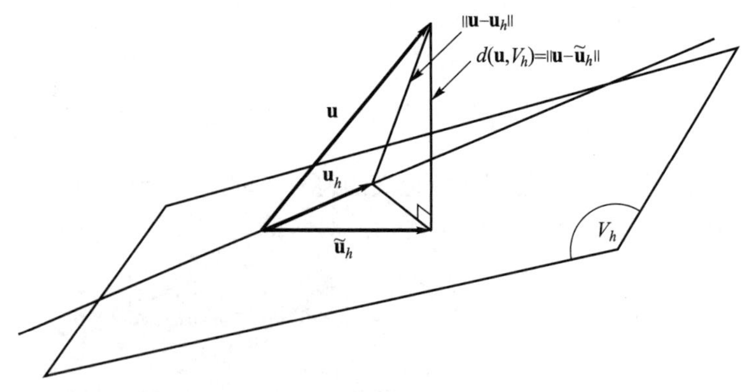

图 4.22　解和距离的示意图

不等式 (4.156) 意味着连续解 $\mathbf{u}$ 和有限元解 $\mathbf{u}_h$ 之间的距离将小于 (适当大小的) 常数 c 乘以 $d\,(\mathbf{u}, V_h)$, 这种关系满足相同的常数 c, 与所用的体积模量无关. 注意, 当我们推导出如式 (4.156) (见式 (4.95)) 的一个关系, 常数 c 独立于体积模量是关键的性质, 这是在第 4.3.4 节所没有的.

假设条件式 (4.156) 成立 (合理大小的常数 c). 如果 $d\,(\mathbf{u}, V_h)$ 是 $o(h^k)$, 则 $\|\mathbf{u}-\mathbf{u}_h\|$ 也是 $o(h^k)$, 由于 c 是适当大小的和独立于 κ, 在该问题中, 我们将实际上观察到同样的解的精度, 并且精度随 h 减小而提高, 与体积模量无关. 在这种情况下, 对任何值 κ, 有限元空间有良好的近似性质, 表明有限元离散化是可靠的 (见第 1.3 节).

式 (4.156) 表达了我们对有限元离散化的基本要求, 即满足式 (4.156) 的有限元格式不闭锁 (见第 4.4.3 节). 在下面的讨论中, 为了有效选择有限单元, 以方便处理的形式重写式 (4.156). 其中一种形式, 使用一个 inf-sup 值, 即著名的 inf-sup 条件.

为进一步处理, 定义空间 K 和 D

$$K(q) = \{\mathbf{v}|\mathbf{v} \in V,\ \mathrm{div}\mathbf{v} = q\} \tag{4.157}$$

$$D = \{q|q = \mathrm{div}\mathbf{v}\ \text{对某个}\ \mathbf{v} \in V\} \tag{4.158}$$

和相应的离散化空间

$$K_h(q_h) = \{\mathbf{v}_h|\mathbf{v}_h \in V_h,\quad \mathrm{div}\mathbf{v}_h = q_h\} \tag{4.159}$$

$$D_h = \{q_h|q_h = \mathrm{div}\mathbf{v}_h\quad \text{对某个}\ \mathbf{v}_h \in V_h\} \tag{4.160}$$

因此, 对于一个给定的 q_h, 空间 $K_h(q_h)$ 对应于 V_h 中所有满足 $\mathrm{div}\mathbf{v}_h = q_h$ 的元素 $\mathbf{v}_h$. 同样, 空间 D_h 对应于所有的元素 q_h 且 V_h 中的某个元素 $\mathbf{v}_h$ 可达 q_h= div $\mathbf{v}_h$; 即, 对于 D_h 中任何一个元素 q_h, 在 V_h 中至少存在一个元素 $\mathbf{v}_h$, 满足 $q_h = \mathrm{div}\mathbf{v}_h$. 同样的思想适用于空间 K 和 D.

如前所述, 当 κ 大时, 量 $\|\text{div}\mathbf{u}_h\|$ 小; κ 越大, $\|\text{div}\mathbf{u}_h\|$ 越小, 因此, 很难得到一个精确的压力预测 $p_h = -\kappa\text{div}\mathbf{u}_h$. 在极限 $\kappa \to \infty$, 有 $\text{div}\mathbf{u}_h = 0$, 而压力 p_h 仍然是有限的 (当然, 在作用面力的数量级上), 因此 $\kappa\,(\text{div}\mathbf{u}_h)^2 = 0$.

在推导 inf-sup 条件之前, 我们先介绍完全不 可压缩性问题的椭圆性条件: 存在一个大于零的常数 α, 并且独立于 h, 使得 [304]

$$a(\mathbf{v}_h, \mathbf{v}_h) \geqslant \alpha\|\mathbf{v}_h\|^2 \qquad \forall \mathbf{v}_h \in K_h(0) \tag{4.161}$$

该条件在本质上说明偏斜应变能有下界, 该条件显然是满足的. 我们进一步引用并解释第 4.5.2 节中不可压缩弹性问题的椭圆性条件. 我们着重指出在该有限元格式中, 唯一的变量是位移.

2. 获得 inf-sup 条件

当 inf-sup 条件满足时, 确保式 (4.156) 成立, 现在按下列方式推导 inf-sup 条件. 由于完全不可压缩性条件明确表示了最严格的约束, 我们考虑这种体积应变为 0 情况. 因此 $q = 0$, 对 $q = 0, \mathbf{u}$ 属于 $K(q)$, 即 $K(0)$, 则连续问题式 (4.151) 转化为

$$\min_{\mathbf{v}\in K(0)} \left\{\frac{1}{2}a(\mathbf{v}, \mathbf{v}) - \int_{\text{Vol}} \mathbf{f}^B \cdot \mathbf{v}\text{dVol}\right\} \tag{4.162}$$

其解是 $\mathbf{u}$, 而离散问题是

$$\min_{\mathbf{v}_h\in K_h(0)} \left\{\frac{1}{2}a(\mathbf{v}_h, \mathbf{v}_h) - \int_{\text{Vol}} \mathbf{f}^B \cdot \mathbf{v}_h\text{dVol}\right\} \tag{4.163}$$

其解是 $\mathbf{u}_h$.

现在考虑条件式 (4.156). 注意到, 在这种条件下我们比较距离. 在下面的讨论中, 我们定义一个距离是 "小" 的, 如果当 h 减少时, 它保持如 $d(\mathbf{u}, V_h)$ 大小一样的同一个数量级. 类似地, 如果向量的长度满足上述定义, 则该向量是小的; 以及如果两个向量之差是小的, 则向量是 "接近于" 另一个向量的.

由于 $\mathbf{u}_h \in K_h(0)$, 因此总有 $\|\mathbf{u} - \mathbf{u}_h\| \leqslant \widetilde{c}d[\mathbf{u}, K_h(0)]$ (见习题 4.47), 我们还可以写出条件式 (4.156) 的形式

$$d(\mathbf{u}, K_h(0)) \leqslant cd(\mathbf{u}, V_h) \tag{4.164}$$

这意味着要求 $\mathbf{u}$ 到 $K_h(0)$ 的距离是小的. 该式表示要求, 如果随着 $h \to 0$, $\mathbf{u}$ 和 V_h 之间的距离 (整个有限元位移空间) 以某种速率减少, 则 $\mathbf{u}$ 和实际解 $\mathbf{u}_h$ 所在空间 (因为 $\mathbf{u}_h \in K_h(0)$) 之间的距离以相同的速率减少.

如图 4.23 所示是所用的空间和向量的示意图. 令 $\mathbf{u}_{h0}$ 是一个在 $K_h(0)$ 中选择的向量, 设 $\mathbf{w}_h$ 是其对应的向量, 使得

$$\widetilde{\mathbf{u}}_h = \mathbf{u}_{h0} + \mathbf{w}_h \tag{4.165}$$

[305]

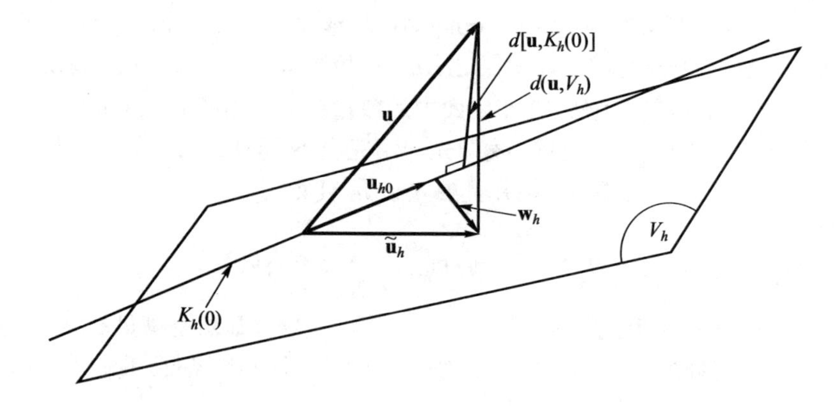

图 4.23　推导 inf-sup 条件所考虑的空间和向量示意图

接着, 可以证明条件式 (4.164) 是满足的, 只要:

$$\text{对于所有 } q_h \in D_h, \text{ 存在一个 } \mathbf{w}_h \in K_h(q_h) \text{ 使得}$$
$$\|\mathbf{w}_h\| \leqslant c'\|q_h\| \tag{4.166}$$
$$\text{其中, } c' \text{ 是独立于 } h \text{ 和体积模量 } \kappa.$$

首先, 总是有 (见习题 4.48)

$$\|\mathrm{div}(\mathbf{u} - \widetilde{\mathbf{u}}_h)\| \leqslant \alpha\|\mathbf{u} - \widetilde{\mathbf{u}}_h\| \tag{4.167}$$

因此,

$$\|\mathrm{div}\widetilde{\mathbf{u}}_h\| \leqslant \alpha d(\mathbf{u}, V_h) \tag{4.168}$$

其中, α 是一个常数, 还利用了 $\mathrm{div}\mathbf{u} = 0$.

第二, 考虑

$$\begin{aligned}\|\mathbf{u} - \mathbf{u}_{h0}\| &= \|\mathbf{u} - \widetilde{\mathbf{u}}_h + \mathbf{w}_h\| \\ &\leqslant \|\mathbf{u} - \widetilde{\mathbf{u}}_h\| + \|\mathbf{w}_h\|\end{aligned}$$

现在, 假设式 (4.166) 成立且 $q_h = \mathrm{div}\widetilde{\mathbf{u}}_h$. 因为 $\mathrm{div}\mathbf{u}_{h0} = 0$, 有 $\mathrm{div}\widetilde{\mathbf{u}}_h = \mathrm{div}\mathbf{w}_h$, 其中注意到 $\widetilde{\mathbf{u}}_h$ 由式 (4.155) 固定, 因此 q_h 是固定的, 但通过选择不同的 $\mathbf{u}_{h0}$ 值, 可以得到不同的 $\mathbf{w}_h$ 值. 则有

$$\begin{aligned}\|\mathbf{u} - \mathbf{u}_{h0}\| &\leqslant d(\mathbf{u}, V_h) + c'\,\|q_h\| \\ &= d(\mathbf{u}, V_h) + c'\,\|\mathrm{div}\widetilde{\mathbf{u}}_h\| \\ &\leqslant d(\mathbf{u}, V_h) + c'\alpha d(\mathbf{u}, V_h)\end{aligned} \tag{4.169}$$

应着重指出, 在推导中使用了条件式 (4.166), 以及假设 $\mathbf{u}_{h0}$ 是 $K_h(0)$ 中的一个元素, 使得 $\mathbf{w}_h$ 满足式 (4.166). 此外注意到, 式 (4.168) 只确定 $\|\mathrm{div}\widetilde{\mathbf{u}}_h\|$ 是小的, 而另一方面, 式 (4.169) 确定 $\|\mathbf{u} - \mathbf{u}_{h0}\|$ 是小的.

第三, 由于 $\mathbf{u}_{h0} \in K_h(0)$, 从式 (4.169) 得到

$$d(\mathbf{u}, K_h(0)) \leqslant \|\mathbf{u} - \mathbf{u}_{h0}\| \leqslant (1 + \alpha c')d(\mathbf{u}, V_h) \tag{4.170}$$

[306]

式 (4.170) 是令 $c = 1 + \alpha c'$ 情况下的式 (4.164), 注意到 c' 是独立于 h 和体积模量的.

推导式 (4.164) 最关键的一步是, 使用式 (4.166) 且 $q_h = \text{div}\widetilde{\mathbf{u}}_h$, 我们可以选择一个小的向量 $\mathbf{w}_h$, 通过利用式 (4.166) 和式 (4.168). 注意到, 为了证明式 (4.164), 式 (4.166) 是唯一需要的条件. 因而, 为了有一个给出最优收敛率的有限元离散化, 式 (4.166) 是要满足的基本要求.

式 (4.164) 中最优收敛率要求式 (4.166) 中的常数 c' 独立于 h. 例如, 假设与式 (4.166) 不同, 有 $\|\mathbf{w}_h\| \leqslant (1/\beta_h)\|q_h\|$ 且 β_h 随 h 减小. 则式 (4.170) 改写为

$$d\left(\mathbf{u}, K_h(0)\right) \leqslant \left(1 + \frac{\alpha}{\beta_h}\right) d\left(\mathbf{u}, V_h\right) \tag{4.171}$$

因此, $\mathbf{u}$ 和 $K_h(0)$ 之间的距离并不以 $d(\mathbf{u}, V_h)$ 同样的速率减少. 但如果 $d(\mathbf{u}, V_h)$ 下降的速率比 β_h 值快, 那么尽管收敛不最优的, 仍会出现. 这表明对离散化的良好收敛性质来说, 条件式 (4.166) 是一个强有力的保证.

现在按 inf-sup 条件的形式重写式 (4.166). 从式 (4.166)、q_h 和 $\mathbf{w}_h$ 变量, $\mathbf{w}_h \in K_h(q_h)$, 得到条件

$$\|\mathbf{w}_h\| \, \|q_h\| \leqslant c' \, \|q_h\|^2 = c' \int_{\text{Vol}} q_h \text{div}\mathbf{w}_h \text{dVol} \tag{4.172}$$

或条件是, 对所有 $q_h \in D_h$, 存在一个 $\mathbf{w}_h \in K_h(q_h)$, 使得

$$\frac{1}{c'} \|q_h\| \leqslant \frac{\displaystyle\int_{\text{Vol}} q_h \text{div}\mathbf{w}_h \text{dVol}}{\|\mathbf{w}_h\|} \tag{4.173}$$

因此, 希望

$$\frac{1}{c'} \|q_h\| \leqslant \sup_{\mathbf{v}_h \in V_h} \frac{\int_{\text{Vol}} q_h \text{div}\mathbf{v}_h \text{dVol}}{\|\mathbf{v}_h\|} \tag{4.174}$$

和 inf-sup 条件满足

$$\inf_{q_h \in D_h} \sup_{\mathbf{v}_h \in V_h} \frac{\displaystyle\int_{\text{Vol}} q_h \text{div}\mathbf{v}_h \text{dVol}}{\|\mathbf{v}_h\| \, \|q_h\|} \geqslant \beta > 0 \tag{4.175}$$

且 β 是独立于 κ 和 h 的常数

注意到 $\beta = 1/c'$.

因此, 式 (4.166) 隐含着式 (4.175), 而且还可以证明式 (4.175) 与式 (4.166) 等价 (见例 4.42). (这里不给出证明, 待到后来因为必须首先讨论某些基本事实时, 再给出.) 因此, 也可把式 (4.166) 作为一种 inf-sup 条件.

[307] Inf-sup 条件是说, 对于一个有效的有限元离散化, 必须确保对有限元空间序列, 如果任取一个 $q_h \in D_h$, 则应存在一个 $\mathbf{v}_h \in V_h$, 使得式 (4.175) 中的商 $\geqslant \beta > 0$. 如果有限元空间的序列满足 inf-sup 条件, 那么有限元离散化方法将呈现所需的良好的逼近性质, 即式 (4.156) 将会得到保证.

注意, 如果 β 是依赖于 h, 即式 (4.175) 对 β_h 满足, 而不是 β, 那么式 (4.171) 将是适用的 (如见第 4.5.7 节中的 3 节点等参梁单元).

Inf-sup 条件是否满足, 在一般情况下, 依赖于我们使用的特定的有限单元, 网格结构和边界条件. 如果使用一个具体的有限单元, 对于任何网格结构和边界条件, 该离散化总是满足式 (4.175), 那么我们就说这个单元满足 inf-sup 条件. 另一方面, 如果我们知道有一个网格结构和/或一组 (实际物理) 边界条件的离散化不满足式 (4.175), 则说这个单元不满足 inf-sup 条件.

3. 另一种形式的 inf-sup 条件

分析一种单元是否满足 inf-sup 条件式 (4.175), 另外一种形式的条件是非常有用的, 即

对于所有 $\mathbf{u}$, 存在一个 $\mathbf{u}_I \in V_h$ (一个插值 $\mathbf{u}$ 的向量) 使得

$$\int_{\text{Vol}} \text{div}(\mathbf{u} - \mathbf{u}_I) q_h \text{dVol} = 0 \qquad \text{对所有 } q_h \in D_h$$
$$\|\mathbf{u}_I\| \leqslant c\|\mathbf{u}\| \tag{4.176}$$

且常数 c 是独立于 $\mathbf{u}$, $\mathbf{u}_I$ 和 h 的.

式 (4.176) 和式 (4.175) 的等价性 (并因此与式 (4.166) 等价) 可以被严格证明 (见 F. Brezzi 和 M. Fortin [A]、F. Brezzi 和 K. J. Bathe [A, B]), 但为了直接把式 (4.176) 与先前讨论的联系起来, 我们注意到出现在推导 inf-sup 条件的两个基本要求, 即存在一个向量 $\mathbf{w}_h$ 使得 (如图 4.23 所示)

$$\text{div } \mathbf{w}_h = \text{div} \widetilde{\mathbf{u}}_h \tag{4.177}$$

和 (见式 (4.166) 和式 (4.168))

$$\|\mathbf{w}_h\| \leqslant c^* \, d(\mathbf{u}, V_h) \tag{4.178}$$

其中, c^* 是一个常数.

应指出, 如果把向量 $\widetilde{\mathbf{u}}_h - \mathbf{u}$ (V_h 中最优近似和精确解 $\mathbf{u}$ 之间向量差) 看做解向量和把向量 $\mathbf{w}_h$ 看做插值向量, 那么, 式 (4.176) 对应于式 (4.177) 和式 (4.178).

因此, 为了有一个有效的离散化方案, 条件是插值向量 $\mathbf{w}_h$ 应当满足上述散度条件和以向量 $(\widetilde{\mathbf{u}}_h - \mathbf{u})$ 度量的 "小尺度" 条件.

[308] Inf-sup 条件的三个表达式式 (4.166)、 式 (4.175) 和式 (4.176) 应用在不同的场合, 当然都表达了相同的要求. 在数学分析中, 常用式 (4.166) 和式 (4.175), 而式 (4.176) 通常用于证明特定单元是否满足该条件 (见例 4.36).

我们看出, 对 inf-sup 条件, 空间 $K_h(0)$ 越丰富, 则满足式 (4.175) (即式 (4.164)) 的可能越大. 但遗憾的是, 使用基于位移的标准单元, 一般来说该约束条件对相关单元和网格 (即空间 V_h) 太严格, 导致该离散化闭锁 (见图 4.20). 我们因而使用混合格式, 它不闭锁和具有期望的收敛率. 位移/压力格式已经在第 4.4.3 节介绍了, 可优先考虑它. 而纯位移格式 (总) 是稳定的, 但一般闭锁. 对于任何混合格式, 另外一个主要的考虑是, 它应该是稳定的. 我们将在下面的讨论中看出, 如果通过选择适当的位移和压力的插值函数, 使得满足椭圆条件和 inf-sup 条件, 那么稳定性和不闭锁的条件就能满足, 并且如果再适当选择插值函数, 则可得到所期望 (最优) 的收敛率.

4. 弱化约束

考虑 u/p 格式. 在 u/p 格式 (对应式 (4.140) 和式 (4.143)) 中的离散变分问题是

$$\min_{\mathbf{v}_h \in V_h} \left\{ \frac{1}{2} a(\mathbf{v}_h, \mathbf{v}_h) + \frac{\kappa}{2} \int_{\text{Vol}} [P_h(\text{div}\mathbf{v}_h)]^2 \, \text{dVol} - \int_{\text{Vol}} \mathbf{f}^B \cdot \mathbf{v}_h \text{dVol} \right\} \tag{4.179}$$

其中, 投影算子 P_h 定义为

$$\int_{\text{Vol}} [P_h(\text{div}\mathbf{v}_h) - \text{div}\mathbf{v}_h] \, q_h \text{dVol} = 0 \qquad \text{对所有 } q_h \in Q_h \tag{4.180}$$

而 Q_h 是一个要选择的 "压力空间". 我们看到, Q_h 总是包含 $P_h(D_h)$, 但 Q_h 有时比 $P_h(D_h)$ 大, 我们稍后将要讨论该情况.

认识到式 (4.179) 和式 (4.180) 确实是等价于 u/p 格式, 重写式 (4.179) 和式 (4.180) 如下

$$2G \int_{\text{Vol}} \varepsilon'_{ij}(\mathbf{u}_h) \varepsilon'_{ij}(\mathbf{v}_h) \text{dVol} - \int_{\text{Vol}} p_h \text{div}\mathbf{v}_h \text{dVol} = \int_{\text{Vol}} \mathbf{f}^B \cdot \mathbf{v}_h \text{dVol} \quad \forall \mathbf{v}_h \in V_h \tag{4.181}$$

$$\int_{\text{Vol}} \left(\frac{p_h}{\kappa} + \text{div}\mathbf{u}_h \right) q_h \text{dVol} = 0 \quad \forall q_h \in Q_h \tag{4.182}$$

这些方程是第 4.4.3 节中式 (4.140) 和式 (4.143). 我们知道, 对于任何 $\kappa > 0$, 它们都是有效的. u/p 格式的关键点是式 (4.180) (即式 (4.182)) 单独应用于每个单元, 只要 κ 是有限的, 压力变量在单元级上可以被静态凝聚掉 (在单元刚度矩阵组装到结构全局刚度矩阵之前).

考虑下面例子.

例 4.34: 对如图 E4.34 所示 4/1 单元, 推导 $P_h(\text{div}\mathbf{v}_h)$. 因此, 计算式 (4.179) 中 $(\kappa/2) \int_{\text{Vol}} [P_h(\text{div}\mathbf{v}_h)]^2 \, \text{dVol}$ 项. [309]

有

$$\text{div}\mathbf{v}_h = [h_{1,x} \quad \cdots \quad h_{4,x} \ \vdots \ h_{1,y} \quad \cdots \quad h_{4,y}] \hat{\mathbf{u}}$$

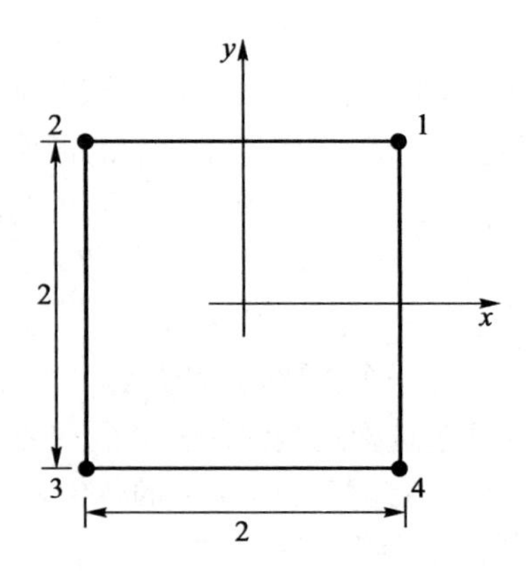

图 E4.34　一个 4/1 的平面应变单元

其中,

$$\hat{\mathbf{u}}^{\mathrm{T}} = \left[u_1 \quad \cdots \quad u_4 \,\vdots\, v_1 \quad \cdots \quad v_4 \right]$$

现在使用式 (4.180) 且 q_h 是一个任意非零常数 (即 $q_h = \alpha$), 因为这里 Q_h 是常压力空间. 由于 $P_h(\mathrm{div}\mathbf{v}_h)$ 也是不变的, 我们从式 (4.180), 有

$$4P_h(\mathrm{div}\mathbf{v}_h)\alpha = \alpha \int_{\mathrm{Vol}} \mathrm{div}\mathbf{v}_h \mathrm{dVol}$$

给出

$$P_h(\mathrm{div}\mathbf{v}_h) = \frac{1}{4}[1 \quad -1 \quad -1 \quad 1 \quad \vdots \quad 1 \quad 1 \quad -1 \quad -1]\hat{\mathbf{u}} = \mathbf{D}\hat{\mathbf{u}}$$

因此,

$$\frac{\kappa}{2}\int_{\mathrm{Vol}} \left[P_h(\mathrm{div}\mathbf{v}_h)\right]^2 \mathrm{dVol} = \frac{\kappa}{2}\hat{\mathbf{u}}^{\mathrm{T}}\mathbf{G}_h\hat{\mathbf{u}}$$

其中

$$\mathbf{G}_h = 4\mathbf{D}^{\mathrm{T}}\mathbf{D}$$

注意, 尽管我们已经使用压力空间 Q_h, 从式 (4.179) 得到的刚度矩阵将只对应于节点位移.

还应指出, 项 $P_h(\mathrm{div}\mathbf{v}_h)$ 仅仅是在 $x = y = 0$ 处的 $\mathrm{div}\mathbf{v}_h$.

例 4.35: 考虑如图 E4.35 所示 9 节点单元. 假设 $\mathbf{v}_h$ 由节点位移 $u_1 = 1$, $u_5 = 0.5$, $u_8 = 0.5$, $u_9 = 0.25$ 且所有其他节点位移等于零所给出. 设 Q_h 是对应于 $\{1, x, y\}$ 的空间. 计算 $P_h(\mathrm{div}\mathbf{v}_h)$.

为计算 $P_h(\mathrm{div}\mathbf{v}_h)$, 使用一般关系

$$\int_{\mathrm{Vol}} (P_h(\mathrm{div}\mathbf{v}_h) - \mathrm{div}\mathbf{v}_h) q_h \mathrm{dVol} = 0 \quad \forall q_h \in Q_h \tag{a}$$

在这个例子中,

$$\mathrm{div}\mathbf{v}_h = \frac{\partial u_h}{\partial x} + \frac{\partial v_h}{\partial y}$$

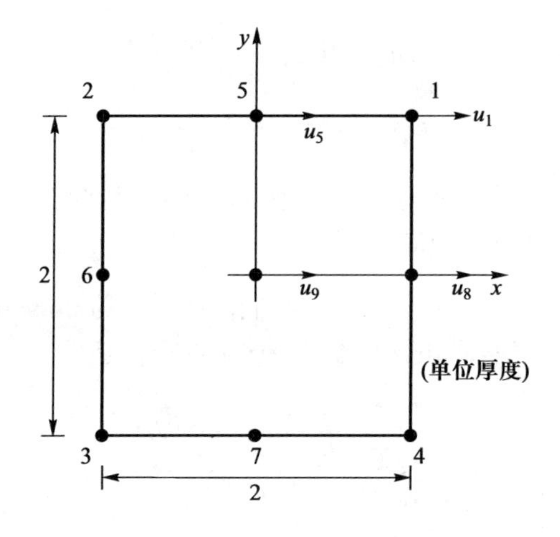

图 E4.35　一个经历节点位移的 9/3 单元

其中, u_h 和 v_h 由单元节点位移给出. 因此　[310]

$$u_h = \frac{1}{4}(1+x)(1+y)$$
$$v_h = 0$$

和

$$\text{div } \mathbf{v}_h = \frac{1}{4}(1+y)$$

令

$$P_h(\text{div}\mathbf{v}_h) = a_1 + a_2 x + a_3 y$$

然后式 (a) 给出

$$\iint_{\text{Vol}} \left[(a_1 + a_2 x + a_3 y) - \frac{1}{4}(1+y)\right] q_h \text{d}x\text{d}y = 0 \tag{b}$$

对于 $q_h = 1, x, y$. 因此, 式 (b) 给出了方程组

$$\begin{bmatrix} \iint_{\text{Vol}} \text{d}x\text{d}y & \iint_{\text{Vol}} x\text{d}x\text{d}y & \iint_{\text{Vol}} y\text{d}x\text{d}y \\ & \iint_{\text{Vol}} x^2\text{d}x\text{d}y & \iint_{\text{Vol}} xy\text{d}x\text{d}y \\ \text{对称} & & \iint_{\text{Vol}} y^2\text{d}x\text{d}y \end{bmatrix} \begin{bmatrix} a_1 \\ a_2 \\ a_3 \end{bmatrix} = \begin{bmatrix} \iint_{\text{Vol}} \frac{1}{4}(1+y)\text{d}x\text{d}y \\ \iint_{\text{Vol}} \frac{1}{4}(1+y)x\text{d}x\text{d}y \\ \iint_{\text{Vol}} \frac{1}{4}(1+y)y\text{d}x\text{d}y \end{bmatrix}$$

或

$$\begin{bmatrix} 4 & 0 & 0 \\ & \frac{4}{3} & 0 \\ \text{对称} & & \frac{4}{3} \end{bmatrix} \begin{bmatrix} a_1 \\ a_2 \\ a_3 \end{bmatrix} = \begin{bmatrix} 1 \\ 0 \\ \frac{1}{3} \end{bmatrix} \tag{c}$$

式 (c) 的解给出 $a_1 = \frac{1}{4}, a_2 = 0, a_3 = \frac{1}{4}$, 因此

$$P_h(\mathrm{div}\mathbf{v}_h) = 1/4(1+y)$$

这个结果是正确的, 因为 div $\mathbf{v}_h$ 在 Q_h 中可以被精确表示, 在这种情况下, 投影当然给出 div$\mathbf{v}_h$ 的值.

对应式 (4.179) 的 inf-sup 条件与我们前面讨论的 inf-sup 条件一样, 只是使用项 $P_h(\mathrm{div}\mathbf{v}_h)$ 而不是 div$\mathbf{v}_h$. 因此, 该条件现在是

[311]

$$\inf_{q_h \in P_h(D_h)} \sup_{\mathbf{v}_h \in V_h} \frac{\int_{\mathrm{Vol}} q_h \mathrm{div}\mathbf{v}_h \mathrm{dVol}}{\|\mathbf{v}_h\| \|q_h\|} \geqslant \beta > 0 \tag{4.183}$$

换句话说, inf-sup 条件现在对应于 V_h 和 $P_h(D_h)$ 的任何元素. 因此, 对混合插值 u/p 单元应用式 (4.166)、式 (4.175) 或式 (4.176) 时, 需要考虑有限元空间 V_h 和 $P_h(D_h)$, 其中, 使用 $P_h(D_h)$, 而不使用 D_h.

例 4.36: 证明第 4.4.3 节给出的 9/3 二维 u/p 单元满足 inf-sup 条件.

为证明该题, 我们使用式 (4.176) 中给出 inf-sup 条件的形式 (见 F. Brezzi 和 K. J. Bathe [A]). 令 $\mathbf{u}$ 光滑, 我们必须找一个插值函数, $\mathbf{u}_I \in V_h$, 对于每个单元 m 满足

$$\int_{\mathrm{Vol}^{(m)}} (\mathrm{div}\mathbf{u} - \mathrm{div}\mathbf{u}_I) q_h \mathrm{dVol}^{(m)} = 0 \tag{a}$$

对于 $\mathrm{Vol}^{(m)}$ 中所有 q_h 多项式的阶 $\leqslant 1$. 为定义 $\mathbf{u}_I$, 我们在单元的 9 个节点 (角节点、中边节点和中心节点) 指定位移值. 我们从角节点开始, 对这些节点 $i = 1, 2, 3, 4$

$$\mathbf{u}_I|_i = \mathbf{u}|_i \qquad 8\text{ 个条件} \tag{b}$$

则我们以下面的方式, 对单元的每个边 $S_1, \cdots, S_4$ 且边上单位法向量 $\mathbf{n}$ 和单位切向量 $\boldsymbol{\tau}$, 调整在中边节点 $j = 5, 6, 7, 8$ 上的值

$$\int_{S_j} (\mathbf{u} - \mathbf{u}_I) \cdot \mathbf{n} \mathrm{d}S = \int_{S_j} (\mathbf{u} - \mathbf{u}_I) \cdot \boldsymbol{\tau} \mathrm{d}S = 0 \qquad 8\text{ 个条件} \tag{c}$$

接着注意到, 对于每个常数 q_h, 式 (a) 意味着

$$\int_{\mathrm{Vol}^{(m)}} \mathrm{div}(\mathbf{u} - \mathbf{u}_I) q_h \mathrm{d}\ \mathrm{Vol}^{(m)} = q_h \sum_{S_1, \cdots, S_4} \int_{S_j} (\mathbf{u} - \mathbf{u}_I) \cdot \mathbf{n} \mathrm{d}S \tag{d}$$

我们留给单元中心节点使用两个自由度. 按下列方式选择它们

$$\int_{\mathrm{Vol}^{(m)}} \mathrm{div}(\mathbf{u} - \mathbf{u}_I) x \mathrm{dVol}^{(m)} = \int_{\mathrm{Vol}^{(m)}} \mathrm{div}(\mathbf{u} - \mathbf{u}_I) y \mathrm{dVol}^{(m)} = 0 \tag{e}$$

现在注意到, 式 (d) 和式 (e) 意味着式 (a), 以及通过式 (b) 和式 (c) 一个单元接着一个单元构造 $\mathbf{u}_I$, 因而 $\mathbf{u}_I$ 从单元到单元将是连续的. 最后应指

出, 如果 $\mathbf{u}$ 是单元上一个阶 $\leqslant 2$ 的多项式 (向量), 则我们得到 $\mathbf{u}_I = \mathbf{u}$, 这确保 $\|\mathbf{u}-\mathbf{u}_I\|$ 的最优边界, 意味着对所有 $\mathbf{u}$, 式 (4.176) 条件 $\|\mathbf{u}_I\| \leqslant c\|\mathbf{u}\|$.

在 u/p 格式中, 投影式 (4.180) 对每个单元单独进行, 在 u/p-c 格式中, 假设连续压力插值, 然后应用式 (4.181) 和式 (4.182). 式 (4.182) 连同连续压力插值函数给出了耦合邻近单元位移和压力的方程组.

在这种情况下, inf-sup 条件仍由式 (4.183) 给出, 但是现在压力空间对应于节点连续压力插值函数. [312]

在涉及 inf-sup 条件时, 我们看出, 满足该条件的能力, 取决于空间 $P_h(D_h)$ 与位移空间 V_h 之间的相互关系. 其中 P_h 是投影于空间 Q_h 的算子 (见式 (4.180) 和式 (4.182)), 一般说来, 空间 Q_h 越小, 就越容易满足该条件. 当然, 如果对于给定的空间 V_h,inf-sup 条件满足且 Q_h 比必要的小一些, 则我们有一个更稳定的单元, 但其预测能力并不是尽可能高的 (即, 在仍满足 inf-sup 条件前提下, 尽可能使用大一些的空间 Q_h, 这样可提高单元预测能力).

例如, 考虑 9 节点等参元 (见第 4.4.3 节给出). 使用 u/p 格式且 $P_h = I$(恒等算子), 得到基于位移的格式, 但单元闭锁. 减少约束以得到 9/3 单元, 满足 inf-sup 条件 (见例 4.36) 和对位移和压力, 得到了最优收敛率; 即位移的收敛率是 $o(h^3)$ 和应力的是 $o(h^2)$, 这正是我们使用位移抛物线插值和压力线性插值所期望的. 进一步减少约束以得到 9/1 单元, 也满足 inf-sup 条件, 而所使用的插值函数的单元性质仍然是最优的, 但该 9/1 单元的预测能力可能不是最好的 (因为假设是一个常压力单元, 而压力可能具有线性变化).

这个事实 (关于解的质量) 由误差限得到解释 (例如, 见 F. Brezzi 和 K. J. Bathe [B]). 令 $\mathbf{u}_I \in V_h$ 是一个 $\mathbf{u}$ 的插值, 满足

$$\left.\begin{aligned} \int_{\mathrm{Vol}} [\operatorname{div}(\mathbf{u}-\mathbf{u}_I)] q_h \mathrm{dVol} = 0 \quad & \forall q_h \in P_h(D_h) \\ \|\mathbf{u}_I\| \leqslant c\,\|\mathbf{u}\| & \end{aligned}\right\} \tag{4.184}$$

如果式 (4.184) 对所有可能的解 $\mathbf{u}$ 成立, 则

$$\|\mathbf{u}-\mathbf{u}_h\| \leqslant c_1\left(\|\mathbf{u}-\mathbf{u}_I\| + \|(I-P_h)p\|\right) \tag{4.185}$$

和

$$\|p+\kappa P_h(\operatorname{div}\mathbf{u}_h)\| \leqslant c_2\left(\|\mathbf{u}-\mathbf{u}_I\| + \|(I-P_h)p\|\right) \tag{4.186}$$

其中, $p = -\kappa \operatorname{div}\mathbf{u}$、$c_1$、$c_2$ 是常数, 独立于 h 和 κ. 我们注意到, 式(4.184) 是具有弱化约束 $q_h \in P_h(D_h)$ 的 inf-sup 条件 (见式 (4.176)), 而式 (4.185) 和式 (4.186) 右手侧越小, P_h 越接近 I.

4.5.2 从矩阵方程推导 inf-sup 条件

为进一步加深对 inf-sup 条件的理解, 我们研究有限元的代数控制方程

组. 考虑完全不可压缩的情况 (这是最严格的情况)

$$\begin{bmatrix} (\mathbf{K}_{uu})_h & (\mathbf{K}_{up})_h \\ (\mathbf{K}_{pu})_h & \mathbf{0} \end{bmatrix} \begin{bmatrix} \mathbf{U}_h \\ \mathbf{P}_h \end{bmatrix} = \begin{bmatrix} \mathbf{R}_h \\ \mathbf{0} \end{bmatrix} \tag{4.187}$$

[313] 其中, $\mathbf{U}_h$ 包含所有未知节点位移和 $\mathbf{P}_h$ 包含未知的压力变量. 由于假设是完全不可压缩材料, 我们有一个零方矩阵, 其维数等于系数矩阵右下方压力变量的个数.

式 (4.187) 的数学分析包含方程的可解性及稳定性研究, 其中, 方程的稳定性意味着可解性.

式 (4.187) 的可解性, 仅仅是指当 $\mathbf{R}_h$ 给定时, 对唯一的向量 $\mathbf{U}_h$ 和 $\mathbf{P}_h$ 值, 式 (4.187) 实际上可解的.

可解性条件 (见习题 4.54) 是

条件 I

$$\mathbf{V}_h^{\mathrm{T}}(\mathbf{K}_{uu})_h\mathbf{V}_h > 0 \qquad \text{对所有 } \mathbf{V}_h \text{ 满足 } (\mathbf{K}_{pu})_h\mathbf{V}_h = \mathbf{0} \tag{4.188}$$

条件 II

$$(\mathbf{K}_{up})_h\mathbf{Q}_h = \mathbf{0} \quad \text{意味着 } \mathbf{Q}_h \text{ 应为零} \tag{4.189}$$

满足 $(\mathbf{K}_{pu})_h\mathbf{V}_h = \mathbf{0}$ 的位移向量 $\mathbf{V}_h$ 的空间表示 $(\mathbf{K}_{pu})_h$ 的核.

格式的稳定性是通过考虑式 (4.187) 随着越来越细网格带来的一系列问题进行研究的. 令 S 是最小的常数, 使得

$$\frac{\|\Delta\mathbf{u}_h\|_V + \|\Delta p_h\|_0}{\|\mathbf{u}_h\|_V + \|p_h\|_0} \leqslant S\frac{\|\Delta\mathbf{f}^B\|_{DV}}{\|\mathbf{f}^B\|_{DV}} \tag{4.190}$$

对于所有 $\mathbf{u}_h$、p_h、$\mathbf{f}^B$、$\Delta\mathbf{u}_h$、Δp_h 和 $\Delta\mathbf{f}^B$, 其中, $\|\bullet\|_v$ 和 $\|\bullet\|_0$ 是按式 (4.153) 定义的模, $\|\bullet\|_{DV}$ 是 $\|\bullet\|_v$ 的对偶模 (见第 2.7 节), $\Delta\mathbf{f}^B$、$\Delta\mathbf{u}_h$ 和 Δp_h 定义了对载荷函数 $\mathbf{f}^B$ 指定的扰动和由此产生的位移向量 $\mathbf{u}_h$ 和压力 p_h 的扰动. 显然有

$$\begin{bmatrix} (\mathbf{K}_{uu})_h & (\mathbf{K}_{up})_h \\ (\mathbf{K}_{pu})_h & \mathbf{0} \end{bmatrix} \begin{bmatrix} \Delta\mathbf{U}_h \\ \Delta\mathbf{P}_h \end{bmatrix} = \begin{bmatrix} \Delta\mathbf{R}_h \\ \mathbf{0} \end{bmatrix} \tag{4.191}$$

其中, $\Delta\mathbf{R}_h$ 对应于载荷变化 $\Delta\mathbf{f}^B$, 和式 (4.190) 中有限元变量的模是利用列在解向量中的节点值所给出. 因此, 式 (4.190) 表示, 对于载荷向量中一个给定的相对扰动, 在解中相应的相对扰动由 S 乘以载荷中的相对扰动所限制.

对于任何给定的固定网格, 满足可解性条件式 (4.188) 和式 (4.189) 意味着对某个 S(它的值取决于网格), 式 (4.190) 是满足的.

如果对于网格的任何序列, 稳定性常数 S 是一致有界的, 则格式是稳定的. 因此, 问题的稳定性简化为要求对矩阵 $(\mathbf{K}_{uu})_h$ 和 $(\mathbf{K}_{up})_h$ 的条件, 以确保当使用任何网格序列时, S 保持一致有界.

我们在第 2.7 节中简要考虑了与格式相关的稳定性条件, 得出一般系数矩阵 $\mathbf{A}$ (见式 (2.169) 至式 (2.179)). 如果我们把这些考虑实际用于位移/压力格式的特定的系数矩阵, 则会得到一个相当自然的结果 (见 F. Brezzi 和 K. J. Bathe [B]), 即稳定性条件是可解性条件式 (4.188) 和式 (4.189) 的扩展, 这是因为随着网格越来越精细, 必须保持用于这些关系式中的稳定性.

对应可解性条件式 (4.188) 的稳定性条件是, 存在一个独立于网格大小的一个 $\alpha > 0$ 使得 [314]

$$\mathbf{V}_h^{\mathrm{T}}(\mathbf{K}_{uu})_h\mathbf{V}_h > \alpha \|\mathbf{v}_h\|_V^2 \quad \text{对所有 } \mathbf{V}_h \in \mathrm{kernel}[(\mathbf{K}_{pu})_h] \tag{4.192}$$

这种条件是在第 4.5.1 节中已经简要提到的椭圆性条件. 该式表明, 对于任意的网格大小, 和任意向量 $\mathbf{V}_h$ 满足 $(\mathbf{K}_{pu})_h\mathbf{V}_h = \mathbf{0}$ 得到的瑞利 (Rayleigh) 商将有下界, 下界由常数 α 限定 (α 独立于单元网格大小). 这个椭圆性条件在位移/压力格式中很容易 (即通过选择足够高的压力插值函数) 得到满足. 我们在例 4.37 中详细阐述这个事实.

例 4.37: 考虑椭圆性条件式 (4.192) 和讨论对任何 (实际) 位移/压力格式, 该条件满足.

要理解椭圆性条件是满足的, 我们需要知道式 (4.187) 是式 (4.179) 中的有限元离散化的结果. 因此,

$$\mathbf{V}_h^{\mathrm{T}}(\mathbf{K}_{uu})_h\mathbf{V}_h; \quad \mathbf{V}_h \in \mathrm{ker\,nel}[(\mathbf{K}_{pu})_h] \tag{a}$$

当 $\mathbf{v}_h$ 对应一个 V_h 中的元素, 满足 $P_h(\mathrm{div}\mathbf{v}_h) = 0$ 时, 对应两倍存储在有限元离散化中的应变能. 因此通过选择压力空间 Q_h 足够大 (见表 4.6), 式 (a) 将总是大于零 (和有下界). 例如, 对表 4.6 中的 8/1 轴对称单元和 20/1 三维单元, 压力空间不够大.

如果式 (4.192) 是不满足的, 我们也可以使解稳定. 这是通过考虑几乎不可压缩的情况和利用变分公式可以实现

$$\min_{\mathbf{v}_h \in V_h} \left\{ \frac{1}{2}a(\mathbf{v}_h, \mathbf{v}_h) + \frac{\kappa^*}{2}\int_{\mathrm{Vol}} (\mathrm{div}\mathbf{v}_h)^2 \mathrm{dVol} + \frac{\kappa - \kappa^*}{2}\int_{\mathrm{Vol}} [P_h(\mathrm{div}\mathbf{v}_h)]^2 \mathrm{dVol} \right.$$
$$\left. - \int_{\mathrm{Vol}} \mathbf{f}^B \cdot \mathbf{v}_h \mathrm{dVol} \right\} \tag{b}$$

其中, κ^* 是剪切模量数量级的体积模量并且不会导致闭锁. 当然, 现在我们可以假设 $(\kappa - \kappa^*) \to \infty$.

这个过程相当于如位移法一样先计算一部分的体积应变能, 再对剩余部分使用投影. 注意, 当 κ 等于 κ^*, 要投影的部分是零. 因此, 该方法本质是, 难以处理的但性质好的部分被移出而无需投影计算. 这种稳定化满足椭圆性条件, 在有限元格式设计中是重要的 (见 F. Brezzi 和 M. Fortin [A]). 在无黏流体分析 (见 C. Nitikitpaiboon 和 K. J. Bathe [A]) 和发展板壳单元 (见

D. N. Arnold 和 F. Brezzi [A]) 中, 已经提出了很多方法确保位移/压力格式具有稳定性. 但这种方法的困难可能在于选择通过有和没有投影要计算的能量比, 特别是当各种运动是完全耦合的, 例如, 在壳体结构分析中 (见第 5.4.2 节).

对应于可解性条件式 (4.189) 的稳定性条件是, 存在一个 $\beta > 0$, 独立于网格大小 h, 使得

$$\inf_{\mathbf{Q}_h} \sup_{\mathbf{V}_h} \frac{\mathbf{Q}_h^{\mathrm{T}} (\mathbf{K}_{pu})_h \mathbf{V}_h}{\|q_h\| \, \|\mathbf{v}_h\|} \geqslant \beta > 0 \tag{4.193}$$

对序列中的每个问题成立.

[315] 注意, 这里我们对 $\mathbf{V}_h$ 中元素取 sup 操作, 对 $\mathbf{Q}_h$ 中元素取 inf 操作. 当然, 这种关系是代数形式的 inf-sup 条件式 (4.183), 而现在有 $q_h \in Q_h$, 其中, Q_h 并不一定等于 $P_h(D_h)$.

我们注意到一次简单检验 (包含计数位移和压力变量和比较这些变量的数目) 不足以确定一个混合格式是否稳定. 上面的讨论表明, 这样一个检验肯定不足以保证格式的稳定性, 甚至一般不保证满足可解性条件式 (4.189) (还见习题 4.60 和习题 4.64).

4.5.3 常 (物理) 压力模式

假设在本节中, 有限元离散化不包含任何伪压力模式 (我们将在第 4.5.4 节中讨论), 以及 inf-sup 条件对 $q_h \in P_h\ (D_h)$ 是满足的.

我们前面所提到的 (见第 4.4.3 节给出), 当弹性问题对应于完全不可压缩介质 (即考虑 $q = \mathrm{div}\mathbf{u} = 0$) 和所有物体表面法向位移都指定 (即 S_u 等于 S), 特别的考虑是必要的. 实际上, 我们可以考虑以下两种情况.

情况 I *所有物体表面法向位移都指定为零*. 此时压力是不确定的, 除非物体上的一点指定压力. 即假设 p_0 是一个常压力. 则

$$\int_{\mathrm{Vol}} p_0 \mathrm{div}\mathbf{v}_h \mathrm{d\,Vol} = p_0 \int_S \mathbf{v}_h \cdot \mathbf{n} \mathrm{d}S = 0 \quad \forall \mathbf{v}_h \in V_h \tag{4.194}$$

其中, $\mathbf{n}$ 是物体表面单位法向量. 因此, 如果在一个点上没有指定压力, 我们可以添加任意的常压力 p_0 到任何提出的解中. 结果是, 不能求解方程式 (4.187), 除非在一个点上指定压力, 这相当于减少一个压力的自由度 ($(\mathbf{K}_{up})_h$ 中的一列和相应的 $(\mathbf{K}_{pu})_h$ 中的一行). 如果没有去掉该压力自由度, Q_h 大于 $P_h\ (D_h)$, 则可解性条件式 (4.189) 不满足, 包括这种压力模式的 inf-sup 值是零. 对于 Q_h 大于 $P_h\ (D_h)$ 而属于伪压力模式情况的讨论见第 4.5.4 节.

当然, 不减少一个压力自由度, 它可能会更有利于在实践中释放一些物体表面法向位移自由度.

情况 II *所有物体表面法向位移指定非零值*. 该情况的困难是, 完全不可

压缩条件必须保证

$$\int_{\text{Vol}} \text{div}\mathbf{v}_h \text{dVol} = \int_S \mathbf{v}_h \cdot \mathbf{n} \text{d}S = 0 \quad \forall \mathbf{v}_h \in V_h \tag{4.195}$$

也将出现一个常压力模式, 如同情况 I 所讨论的, 这也可被消去. 如果物体几何是复杂的, 很难精确满足式 (4.195) 中的曲面积分条件. 因为满足这一条件的任何误差会导致很大的压力预测误差, 实践中, 可能最好是让物体表面法向位移在某些节点保持自由.

接下来, 只考虑物体是几乎不可压缩的, κ 很大但有限, 使用 u/p 格式. 在情况 I, 任意常压力 p_0 将自动被设置为 0(以伪压力模式同样的方式, 把 p_0 设置为零, 见第 4.5.4 节). 这是一个非常方便的结果, 因为我们不必关心压力自由度的消去. 当然, 在实践中我们也能够留下一些节点的物体表面法向位移自由度保持自由, 这将消去常压力模式. [316]

伴随常压力模式出现在模型中, Q_h(通过一个基向量) 大于 $P_h(D_h)$ 和对应于该模式的 inf-sup 值是零. 不过, 我们可以求解代数方程组, 得到一个可靠的解 (除非 κ 太大, 以致病态的系数矩阵产生明显的舍入错误, 见第 8.2.6 节).

在情况 II, 最好按照上面推荐的, 即留下一些节点的物体表面法向位移自由度保持自由, 为了给材料自由度以满足几乎不可压缩性的约束. 则常压力模式在有限元模型中不出现.

在这些考虑中的一个要点是, 如果指定所有物体表面法向位移, 压力空间会大于 $P_h(D_h)$, 则只能是常压力模式. 这种模式当然是一个实际现象, 而不是一个伪压力模式. 如果对 $q_h \in P_h(D_h)$, inf-sup 条件得到满足, 通过简单的消去常压力模式 (或使用 u/p 格式与一个不太大的 κ 值自动设定常压力为零), 那么, 解是稳定、精确的. 我们在下节中考虑 Q_h 大于 $P_h(D_h)$, 作为伪压力模式结果的例子.

4.5.4 伪压力模式: 完全不可压缩情况

在这一节中, 我们考虑完全不可压缩状态, 只是为了讨论简便, 在该模型中不存在前面提到的常压力物理模式. 如果它实际上是存在的, 那么上面给出的考虑将另外加到我们现在提出的模型上.

按这一假定, 我们在前面讨论的 inf-sup 条件时, 假设空间 Q_h 等于空间 $P_h(D_h)$, 见式 (4.183), 而在式 (4.193) 我们没有这样的限制. 在实际的有限元解中, 我们可能有 $P_h(D_h) \subsetneq Q_h$, 重要的是要理解其结果.

如果空间 Q_h 大于 $P_h(D_h)$, 解就表现出伪压力模式. 这些模式只是数值解法的结果, 即对所用特定的有限单元和网格模式, 没有物理意义.

我们定义一个伪压力模式是一个 (非零) 压力分布 p_s, 满足关系式

$$\int_{\text{Vol}} p_s \text{div}\mathbf{v}_h \text{dVol} = 0 \quad \forall \mathbf{v}_h \in V_h \tag{4.196}$$

[317] 在矩阵公式 (4.187) 中, 一个伪压力模式对应情况

$$(\mathbf{K}_{up})_h \mathbf{P}_s = \mathbf{0} \tag{4.197}$$

其中, $\mathbf{P}_s$ 是对应于 p_s 的 (非零) 压力变量向量. 因此, 当伪压力模式存在, 可解性条件式 (4.189) 并不满足, 当然, 当在式 (4.193) 中整个空间 Q_h 上检验, inf-sup 值都是零.

我们要证明, 如果 Q_h 等于 $P_h(D_h)$, 就不可能有伪压力模式. 假设 $\widehat{p}_h$ 是一个伪压力模式. 如果 $Q_h = P_h(D_h)$, 总存在一个向量 $\widehat{\mathbf{v}}_h$, 使得 $\widehat{p}_h = -P_h(\text{div}\widehat{\mathbf{v}}_h)$. 而使用式 (4.196) 中 $\widehat{\mathbf{v}}_h$, 得到

$$-\int_{\text{Vol}} \widehat{p}_h \text{div}\widehat{\mathbf{v}}_h \text{dVol} = -\int_{\text{Vol}} \widehat{p}_h P_h(\text{div}\widehat{\mathbf{v}}_h) \text{dVol} = \int_{\text{Vol}} \widehat{p}_h^2 \text{dVol} > 0 \tag{4.198}$$

这意味着式 (4.196) 不满足. 另一方面, 如果 Q_h 大于 $P_h(D_h)$, 尤其是 $P_h(D_h) \subsetneq Q_h$, 那么我们可以找到一个正交于 $P_h(D_h)$ 空间中的压力分布, 对该压力分布, 式 (4.196) 是满足的 (见例 4.38).

因此, 我们现在知道, 当使用位移和压力作为变量检验特定的有限元离散化时, 实际上可能发生两个现象:

① 闭锁现象, 通过 inf-sup 表达式的最小值而检测, 该值下界没有被大于 0 的 β 所限定 (见式 (4.156)).

② 伪模式现象, 当我们对 $q_h \in Q_h$ 检验时, 它对应于 inf-sup 的表达式一个零值.

当然, 当考虑一个具有伪模式的离散化时, 我们还可能感兴趣 inf-sup 表达式的最小非零值, 我们只对 $q_h \in P_h(D_h)$ 检验, 注重于这个非零值, 换句话说, 忽视所有伪压力模式.

第 4.5.6 节所描述的数值 inf-sup 检验, 实际给出了 inf-sup 表达式最小非零值, 以及还计算伪模式压力的数目.

值得注意的是, 作为一种旁注, 伪压力模式与第 5.5.6 节中提到伪零能模式没有关系 (是由于计算单元刚度矩阵使用降阶的或选择的数值积分). 在这里考虑的位移/压力格式, 每个单元刚度矩阵得到精确的计算和仅仅表现了正确的物理刚体模式. 在整个网格中的伪压力模式是用于整个离散化的特定位移和压力空间的结果.

一个获得更深入理解关系式 (4.193) 的方式, 就是想象对角形式的矩阵 $(\mathbf{K}_{up})_h$, 或 $(\mathbf{K}_{pu})_h = (\mathbf{K}_{up})_h^{\text{T}}$ (对位移和压力变量, 选择合适的基), 在这种情况下, 有

[318]

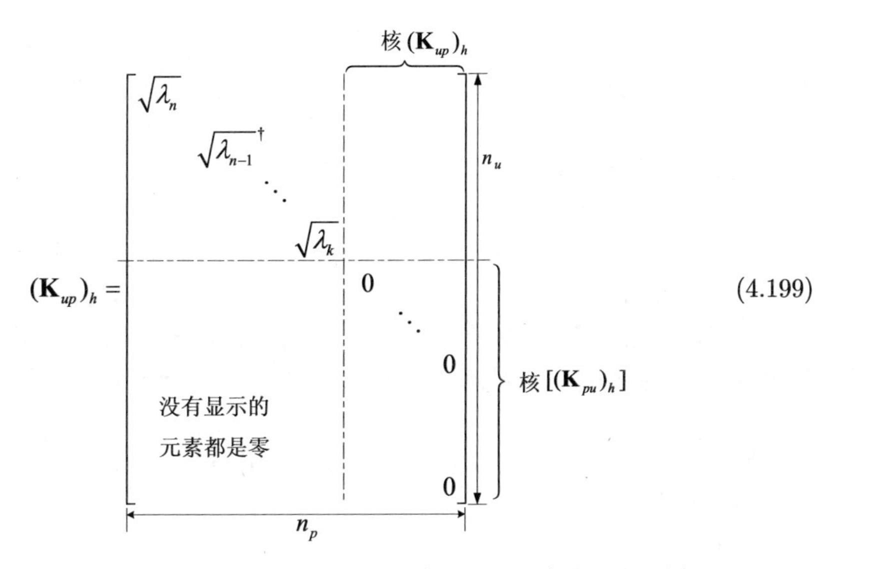

(4.199)

其中, † 在将要讨论的第 4.5.6 节中, 称为元素 $\sqrt{\lambda_i}$. 元素为 0 的列定义 $(\mathbf{K}_{up})_h$ 的核, 以及元素为 0 的列对应一个伪压力模式. 此外, 因为对任何位移向量 $\widehat{\mathbf{U}}_h$, 要求

$$(\mathbf{K}_{pu})_h\widehat{\mathbf{U}}_h = \mathbf{0} \tag{4.200}$$

且 $(\mathbf{K}_{pu})_h = (\mathbf{K}_{up})_h^{\mathrm{T}}$, $(\mathbf{K}_{pu})_h$ 核的大小确定解是否是超定约束. 然而, 一方面, 我们希望 $(\mathbf{K}_{pu})_h$ 核为 0(没有伪压力模式), 另一方面, 我们希望 $(\mathbf{K}_{pu})_h$ 核是很大的以允许线性独立向量 $\widehat{\mathbf{U}}_h$ 满足式 (4.200). 我们对问题式 (4.187) 的实际位移解, 将处在这些向量张成的子空间中, 如果子空间太小, 是压力空间 Q_h 太大的结果, 那么解将是超定约束的. 关于 inf-sup 条件的理论 (见第 4.5.1 节中的讨论和式 (4.193)) 表明, 该超定约束可由随着网格变细小, $\sqrt{\lambda_k}$ 减小到 0 来检测. 反之亦然, 如果对任何网格, 随着单元的尺度减小, 且 β 独立于网格, $\sqrt{\lambda_k} \geqslant \beta > 0$, 则解空间不是超定约束, 该离散化得到一个可靠的解 (具有位移和压力的最优收敛率, 只要压力空间是最大的, 不违反 inf-sup 条件见第 4.5.1 节).

4.5.5 伪压力模式: 几乎不可压缩情况

[319]

在上面的讨论中, 假设完全不可压缩条件, 使用要么 u/p 或 u/p-c 格式. 现考虑有一个有限的 (但大的) κ, u/p 格式且对压力自由度进行静态凝聚 (如典型情况一样). 在这种情况下对一个典型的单元, 有限元控制方程 (或整个网格)

$$\begin{bmatrix} (\mathbf{K}_{uu})_h & (\mathbf{K}_{up})_h \\ (\mathbf{K}_{pu})_h & (\mathbf{K}_{pp})_h \end{bmatrix} \begin{bmatrix} \mathbf{U}_h \\ \mathbf{P}_h \end{bmatrix} = \begin{bmatrix} \mathbf{R}_h \\ \mathbf{0} \end{bmatrix} \tag{4.201}$$

或

$$[(\mathbf{K}_{uu})_h - (\mathbf{K}_{up})_h(\mathbf{K}_{pp})_h^{-1}(\mathbf{K}_{pu})_h]\mathbf{U}_h = \mathbf{R}_h \tag{4.202}$$

到目前为止, 我们已经假设没有指定非零位移. 这是一个重要的事实, 此时任何伪压力模式不影响预测的位移和压力. 理由可以通过考虑式 (4.199) 中 $(\mathbf{K}_{up})_h$ 具有元素为 0 的列得到证明. 因为在同一基上, $(\mathbf{K}_{pp})_h$ 的对角线具有体积模量 $-\kappa^{-1}$ 作为对角元素和相应的右手侧是零向量, 伪压力模式的解是零 (另见例 4.39).

不同的一点是, 式 (4.201) 中的系数矩阵包含一个大体积模量, 当 κ^{-1} 接近零时, 产生病态, 但无论是否存在伪压力模式, 这病态都出现.

当指定非零位移时, 这个伪压力模式有强烈的影响. 此时我们认识到对应于压力自由度的右手侧可能不是零 (见第 4.2.2 节关于如何施加非零位移), 可能产生一个大的伪压力.

显然, 一个可靠的单元不应闭锁, 对任何网格, 理想的情况是不应该产生任何伪压力模式.

除了对 4/1 二维 u/p 单元 (和类似的 8/1 的三维单元), 表 4.6 和 4.7 列出的单元是具有这样性质的单元. 使用 4/1 单元, 具有某些边界条件的特定网格出现一个伪压力模式, 4/1 单元不满足 inf-sup 条件式 (4.183), 除非用于宏单元特殊的几何布形 (一个例子见 P. Le Tallec 和 V. Ruas [A]). 但由于它的简单性,4/1 单元得到了相当广泛的实际应用. 在例 4.38, 我们更加详细地研究这个单元.

例 4.38: 如图 E4.38 所示, 考虑 4/1 单元的有限元离散化, 说明图中存在方格盘状伪压力.

[320] 注意到, 对于这个模型所有边界上切向位移均设置为零. 为了证明图 E4.38 指明的压力分布对应于一个伪压力模式, 需要证明式 (4.196) 成立.

首先考虑如图 E4.38(a) 所示的单个单元. 有

$$\int_{\mathrm{Vol}} p^{e_i} \mathrm{div} \mathbf{v}_h^e \mathrm{dVol} = p^{e_i} [1 \quad -1 \quad -1 \quad 1 \quad \vdots \quad 1 \quad 1 \quad -1 \quad -1] \hat{\mathbf{u}}$$

其中, p^{ei} 是单元 e_i 中的常压力.

其次考虑一块由四个相邻单元构成的单元片, 对位移 u_i, 如图 E4.38(b) 所示, 只要压力分布对应于 $p^{e_1} = -p^{e_2} = p^{e_3} = -p^{e_4}$, 有

$$\int_{\mathrm{Vol}} p \mathrm{div} \mathbf{v}_h \mathrm{dVol} = [p^{e_1}(1) + p^{e_2}(1) + p^{e_3}(-1) + p^{e_4}(-1)] u_i = 0 \tag{a}$$

类似地, 对于任何位移 v_i, 有

$$\int_{\mathrm{Vol}} p \mathrm{div} \mathbf{v}_h \mathrm{dVol} = [p^{e_1}(-1) + p^{e_2}(1) + p^{e_3}(1) + p^{e_4}(-1)] v_i = 0 \tag{b}$$

对块边沿的法向位移 v_j, 类似地得到

$$\int_{\mathrm{Vol}} p \mathrm{div} \mathbf{v}_h \mathrm{dVol} = [p^{e_1}(1) + p^{e_2}(1)] v_j = 0 \tag{c}$$

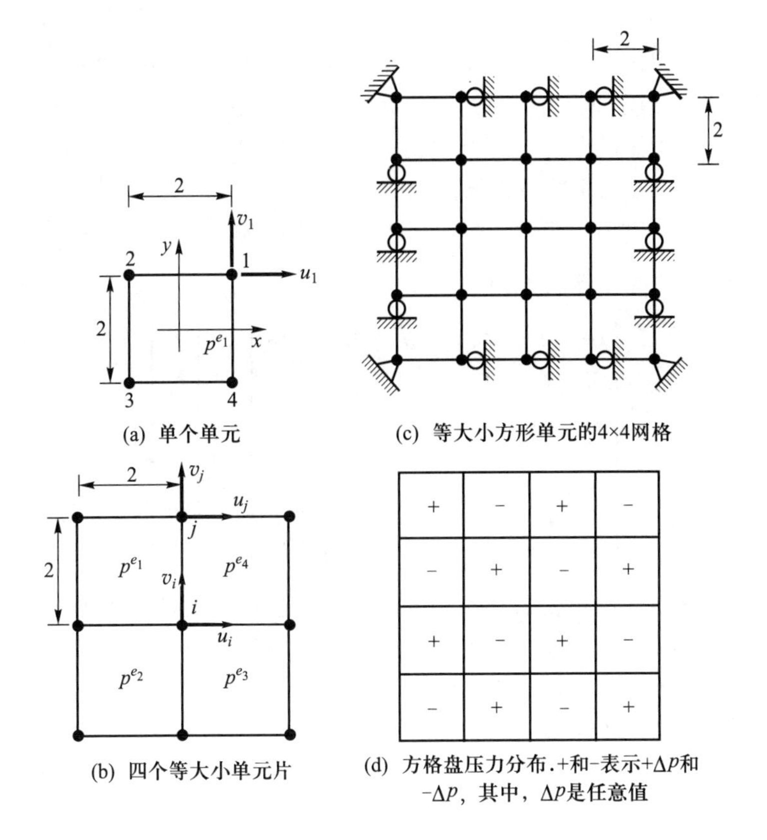

图 E4.38　4/1 单元

另一方面, 对切向位移 u_j, 积分

$$\int_{\text{Vol}} p\text{div}\mathbf{v}_h\text{dVol} \neq 0$$

最后如图 E4.38(c) 所示模型, 所有的切向位移被约束为零. 因此, 通过叠加, 使用式 (a) 至式 (c), 对任何节点位移, 当压力分布是方格盘所示的压力分布时, 满足式 (4.196).

注意, 当比图 E4.38(c) 所示更多的节点位移被约束为零时, 同样的方格盘压力分布也是一个伪压力模式. 还请注意, 通过任何节点位移, 不能得到在图 E4.38(d) 中的 (假设) 压力分布, 因此这种压力分布并不对应于 P_h (D_h) 的一个元素.

在例 4.38 中, 当 4/1 单元用于具有特定边界条件的等大小正方形单元的离散化时, 我们证明了伪压力模式是存在的. 当使用非均匀网格或表面上至少一个切向位移被释放是自由的, 这个伪压力模式不再存在.　[321]

现在来考虑, 力作用于任何一个自由的自由度上, 如图 E4.38(c) 所示. 通过式 (4.201) 得到解. 前面已经指出, 这个伪压力模式不会引入到解中 (它不会被观察到).

但是这个伪压力模式, 对计算的应力有非常显著的影响, 例如, 当一个边界切向位移被指定非零值, 而其他边界切向位移保持为零时.[1] 在本例中, 对压力自由度, 指定的节点位移产生在一个非零力向量, 从而激起伪压力模式. 因此, 在实际中不约束所考虑物体上所有切向节点位移是有用的.

通过考虑下例结束本节, 因为它简要说明了我们得到的一些重要事实.

例 4.39:[2] 假设控制方程式 (4.187) 是

$$\left[\begin{array}{ccc:cc} \alpha_1 & 0 & 0 & \beta_1 & 0 \\ 0 & \alpha_2 & 0 & 0 & \beta_2 \\ 0 & 0 & \alpha_3 & 0 & 0 \\ \hdashline \beta_1 & 0 & 0 & 0 & 0 \\ 0 & \beta_2 & 0 & 0 & 0 \end{array}\right] \left[\begin{array}{c} u_1 \\ u_2 \\ u_3 \\ \hdashline p_1 \\ p_2 \end{array}\right] = \left[\begin{array}{c} r_1 \\ r_2 \\ r_3 \\ \hdashline g_1 \\ g_2 \end{array}\right] \tag{a}$$

当然, 这样的简单公式在实用的有限元分析中是无法获得的, 但这些是一般方程式 (4.187) 的基本形式. 注意到, 系数矩阵对应于一个完全不可压缩的材料状态, 元素 g_1 和 g_2 对应于指定的边界位移.

这些方程也可以写成

$$\alpha_i u_i + \beta_i p_i = r_i; \quad \beta_i u_i = g_i; \quad i = 1, 2; \quad \alpha_3 u_3 = r_3$$

假设对所有 i, $\alpha_i > 0$ (在实际中会存在). 则 $u_3 = r_3/\alpha_3$, 只需要考虑典型的方程

$$\alpha u + \beta p = r; \quad \beta u = g \tag{b}$$

(其中, 已经省略下标 i).

当材料是几乎不可压缩时, u_3 是不变的, 而式 (b) 成为

$$\alpha u_\varepsilon + \beta p_\varepsilon = r; \quad \beta u_\varepsilon - \varepsilon p_\varepsilon = g \tag{c}$$

其中, $\varepsilon = 1/\kappa$ (当体积模量 κ 是非常大时, ε 很小) 和 u_ε, p_ε 是所求的解. 方程 (c) 给出

$$u_\varepsilon = \frac{\varepsilon r + \beta g}{\varepsilon\alpha + g^2}; \quad p_\varepsilon = \frac{\beta r - \alpha g}{\varepsilon\alpha + \beta^2} \tag{d}$$

现在可以给出以下的事实.

首先, 考虑伪压力模式情况, 即 $\beta = 0$.

情况 I　$\beta = g = 0$

这种情况对应于一个伪压力模式和指定位移为零.

式(b) 的解给出 $u = r/\alpha$, p 待定.

---

① 应指出, 这些分析条件和结果都类似于当所有物体表面法向位移被约束为零 (除了一个法向位移被指定外) 的条件和结果, 见式 (4.195).

② 这个例子由 F. Brezzi 和 K. J. Bathe [B] 给出.

式 (c) 的解给出 $u_\varepsilon = r/\alpha,\ p_\varepsilon = 0$.

因此, 应指出, 使用有限体积模量允许我们求解这些方程和抑制伪压力. [322]

情况 II $\beta = 0,\ g \neq 0$

这种情况对应于一个伪压力模式和非零指定位移 (对应于该模式).

对 u 和 p, 式 (b) 没有解.

式 (c) 的解是 $u_\varepsilon = r/\alpha,\ p_\varepsilon = -g/\varepsilon$.

因此, 伪压力随 κ 增加而变大.

其次, 考虑 β 非常小情况.

因此, 没有伪压力模式. 当然, 如果 $\beta \to 0$, 则不能通过 inf-sup 条件.

情况 III β 很小

还假设 $g = 0$.

现在式 (b) 给出了解 $u = 0,\ p = r/\beta$.

式 (c) 的解是 $u_\varepsilon \to 0$ 和对 $\varepsilon \to 0$, $p_\varepsilon \to r/\beta$ (β 固定, 我们有 $\beta^2 \gg \varepsilon\alpha$), 这与式 (b) 的解一致. 因此, 当 β 很小和体积模量增加时, 则位移接近于零, 压力变大. 当然, 我们可利用 inf-sup 条件检验这个性质. 对一个实际的有限元解, 这个事实可以被解释为采用固定网格 (β 是固定的) 和增加 κ. 结果是, 对 β 是小的模式, 压力增大, 而位移减少.

式 (c) 也给出 $u_\varepsilon \to r/\alpha$ 和对 $\beta \to 0$, $p_\varepsilon \to 0$ (ε 固定, 因此我们有 $\beta^2 \ll \varepsilon\alpha$), 这是前面情况 I 提到的性质. 对于一个实际的有限元解, 这个事实可以被解释为取一个固定的 κ 和增加网格的密度. 随网格变细小, β 减少, 对应于该模式的压力变小. 因此, 当 β 充分小时 (这可能意味着当 κ 是大时, 一个很精细的网格) 这种压力模式的性质就像是一个伪模式的性质.

4.5.6 Inf-sup 检验

各种位移/压力单元的 inf-sup 特征分析研究的结果归纳在表 4.6 和表 4.7 (见 F. Brezzi 和 M. Fortin [A]). 但特定单元是否满足 inf-sup 条件, 它的解析证明是很困难的, 因为这个原因, 所以数值检验是有价值的. 这种检验可以应用于新提出的单元和几何扭曲单元的离散化 (前面的分析研究假设正方形单元网格是均匀的). 当然, 数值检验不是完全无误的 (解析证明则是), 但如果通过正确设计的数值检验, 那么该格式很可能是有效的. 由于不能得到解析计算结果, 当只能按数值形式执行分片检验 (来研究不协调的位移格式和单元几何形状扭曲的影响) 时, 利用了同样的思想 (见第 4.1.1 节).

在下述讨论中, 我们给出了由 D. Chapelle 和 K. J. Bathe [A] 提出的数值 inf-sup 检验.

首先, 考虑 u/p 格式. 在这种情况下, inf-sup 条件式 (4.183) 可以被写成形式

$$\inf_{\mathbf{w}_h \in V_h} \sup_{\mathbf{v}_h \in V_h} \frac{\displaystyle\int_{\mathrm{Vol}} P_h(\mathrm{div}\mathbf{w}_h)\mathrm{div}\mathbf{v}_h \mathrm{dVol}}{\|P_h(\mathrm{div}\mathbf{w}_h)\|\,\|\mathbf{v}_h\|} \geqslant \beta > 0 \tag{4.203}$$

[323] 或

$$\inf_{\mathbf{w}_h \in V_h} \sup_{\mathbf{v}_h \in V_h} \frac{b'(\mathbf{w}_h, \mathbf{v}_h)}{[b'(\mathbf{w}_h, \mathbf{v}_h)]^{1/2} \|\mathbf{v}_h\|} \geqslant \beta > 0 \tag{4.204}$$

其中,

$$b'(\mathbf{w}_h, \mathbf{v}_h) = \int_{\mathrm{Vol}} P_h(\mathrm{div}\mathbf{w}_h) P_h(\mathrm{div}\mathbf{v}_h) \mathrm{dVol} = \int_{\mathrm{Vol}} P_h(\mathrm{div}\mathbf{w}_h) \mathrm{div}\mathbf{v}_h \mathrm{dVol} \tag{4.205}$$

式 (4.204) 按矩阵形式是

$$\inf_{\mathbf{W}_h} \sup_{\mathbf{V}_h} \frac{\mathbf{W}_h^{\mathrm{T}} \mathbf{G}_h \mathbf{V}_h}{\left[\mathbf{W}_h^{\mathrm{T}} \mathbf{G}_h \mathbf{W}_h\right]^{1/2} \left[\mathbf{V}_h^{\mathrm{T}} \mathbf{S}_h \mathbf{V}_h\right]^{1/2}} \geqslant \beta > 0 \tag{4.206}$$

其中, $\mathbf{W}_h$ 和 $\mathbf{V}_h$ 是对应于 $\mathbf{w}_h$ 和 $\mathbf{v}_h$ 的节点位移值的向量, $\mathbf{G}_h$ 和 $\mathbf{S}_h$ 是分别对应于算子 b' 和模 $\|\cdot\|_v$ 的矩阵. 矩阵 $\mathbf{G}_h$ 和 $\mathbf{S}_h$ 分别为半正定和正定的 (对于这个问题, 见第 4.5.1 节).

例 4.40: 在例 4.34 中, 我们计算了 4/1 单元的矩阵 $\mathbf{G}_h$. 现在也建立这个单元的矩阵 $\mathbf{S}_h$.

为计算 $\mathbf{S}_h$, 前面提起 $\mathbf{w}$ 的模由下式给出 (见式 (4.153))

$$\|\mathbf{w}\|_V^2 = \sum_{i,j} \left\| \frac{\partial w_i}{\partial x_j} \right\|_{L^2(\mathrm{Vol})}^2$$

因此, 对于该情况

$$\|\mathbf{w}\|_V^2 = \int_{-1}^{+1} \int_{-1}^{+1} \left[\left(\frac{\partial u}{\partial x}\right)^2 + \left(\frac{\partial u}{\partial y}\right)^2 + \left(\frac{\partial v}{\partial x}\right)^2 + \left(\frac{\partial v}{\partial y}\right)^2 \right] \mathrm{d}x\mathrm{d}y \tag{a}$$

其中, u, v 是分量 w_i, $i = 1, 2$.

令在 $\hat{\mathbf{u}}$ 中节点位移排序如例 4.34 一样,

$$\hat{\mathbf{u}}^{\mathrm{T}} = \begin{bmatrix} u_1 & u_2 & u_3 & u_4 & \vdots & v_1 & v_2 & v_3 & v_4 \end{bmatrix}$$

根据定义, $\|\mathbf{w}_h\|_V^2 = \hat{\mathbf{u}}^{\mathrm{T}} \mathbf{S}_h \hat{\mathbf{u}}$. 同时, 有

$$\frac{\partial u}{\partial x} = \sum_{i=1}^{4} h_{i,x} u_i; \quad \frac{\partial u}{\partial y} = \sum_{i=1}^{4} h_{i,y} u_i \tag{b}$$

而我们写出式 (a) 的项

$$\begin{aligned} \left(\frac{\partial u}{\partial x}\right)^2 &= \left(\frac{\partial u}{\partial x}\right)^{\mathrm{T}} \left(\frac{\partial u}{\partial x}\right) \\ \left(\frac{\partial u}{\partial y}\right)^2 &= \left(\frac{\partial u}{\partial y}\right)^{\mathrm{T}} \left(\frac{\partial u}{\partial y}\right) \end{aligned} \tag{c}$$

将式 (c) 和式 (b) 代入式 (a), 得到

$$\mathbf{S}_h(1,1) = \int_{-1}^{+1}\int_{-1}^{+1}\left[(h_{1,x})^2 + (h_{1,y})^2\right]\mathrm{d}x\mathrm{d}y = \frac{2}{3}$$

$$\mathbf{S}_h(1,2) = \int_{-1}^{+1}\int_{-1}^{+1}[h_{1,x}h_{2,x} + h_{1,y}h_{2,y}]\,\mathrm{d}x\mathrm{d}y = -\frac{1}{6}$$

等.

类似地, 计算对应于 v_i 自由度的项, 得到 [324]

$$\mathbf{S}_h = \begin{bmatrix} \widetilde{\mathbf{S}}_h & \mathbf{0} \\ \mathbf{0} & \widetilde{\mathbf{S}}_h \end{bmatrix};\widetilde{\mathbf{S}}_h = \frac{1}{6}\begin{bmatrix} 4 & -1 & -2 & -1 \\ -1 & 4 & -1 & -2 \\ -2 & -1 & 4 & -1 \\ -1 & -2 & -1 & 4 \end{bmatrix}$$

现在, 再考虑 u/p-c 格式. 在这种情况下, 应用同样的式 (4.206), 但需要使用 $\mathbf{G}_h = (\mathbf{K}_{pu})_h^{\mathrm{T}}\mathbf{T}_h^{-1}(\mathbf{K}_{pu})_h$, 其中, $\mathbf{T}_h$ 是 p_h 的 L^2– 模的矩阵 (见习题 4.59), 即对节点压力值 $\mathbf{P}_h$ 值的任何向量, 我们有 $\|p_h\| = \mathbf{P}_h^{\mathrm{T}}\mathbf{T}_h\mathbf{P}_h$.

Inf-sup 条件式 (4.206) 是有效的, 因为我们能够数值计算左手侧 inf-sup 值, 以及对网格序列也这样做. 如果左手侧 inf-sup 值逼近 (渐近地) 一个大于 0 的值 (和没有伪压力模式, 下面将进一步讨论), 那么 inf-sup 条件得到满足. 在实际中, 仅需要考虑约三套网格的一个序列 (见例 4.41).

关键是计算式 (4.206) 的 inf-sup 值. 我们可以证明该问题的最小非零特征值的平方根给出了这个值.

$$\mathbf{G}_h\boldsymbol{\varphi}_h = \lambda\mathbf{S}_h\boldsymbol{\varphi}_h \tag{4.207}$$

因此, 如果有 $(k-1)$ 个零特征值 (因为 $\mathbf{G}_h$ 是半正定矩阵), 并按特征值递增排序, 我们得到式 (4.206) 的 inf-sup 值是 $\sqrt{\lambda_k}$. 我们在例 4.41 中证明这个结果.

例 4.41: 考虑函数 $f(\mathbf{U},\mathbf{V})$ 定义为

$$f(\mathbf{U},\mathbf{V}) = \frac{\mathbf{U}^{\mathrm{T}}\mathbf{G}\mathbf{V}}{(\mathbf{U}^{\mathrm{T}}\mathbf{G}\mathbf{U})^{1/2}(\mathbf{V}^{\mathrm{T}}\mathbf{S}\mathbf{V})^{1/2}} \tag{a}$$

其中, $\mathbf{G}$ 是一个 $n\times n$ 对称半正定矩阵, $\mathbf{S}$ 是一个 $n\times n$ 正定矩阵, $\mathbf{U}$ 和 $\mathbf{V}$ 是 n 维向量. 证明

$$\inf_{\mathbf{U}}\sup_{\mathbf{V}} f(\mathbf{U},\mathbf{V}) = \sqrt{\lambda_k} \tag{b}$$

其中, $\sqrt{\lambda_k}$ 是下面问题的最小非零特征值

$$\mathbf{G}\boldsymbol{\varphi} = \lambda\mathbf{S}\boldsymbol{\varphi} \tag{c}$$

令式 (c) 的特征值是

$$\lambda_1 = \lambda_2 = \cdots = \lambda_{k-1} = 0 < \lambda_k \leqslant \lambda_{k+1}\cdots \leqslant \lambda_n$$

且相应的特征向量是 $\boldsymbol{\varphi}_1, \boldsymbol{\varphi}_2, \cdots, \boldsymbol{\varphi}_n$.

为计算 $f(\mathbf{U}, \mathbf{V})$, 我们把 $\mathbf{U}$ 和 $\mathbf{V}$ 表示成

$$\mathbf{U} = \sum_{i=1}^{n} \widetilde{u}_i \boldsymbol{\varphi}_i; \quad \mathbf{V} = \sum_{i=1}^{n} \widetilde{v}_i \boldsymbol{\varphi}_i$$

[325] 因此, 对于任何 $\mathbf{U}$

$$\begin{aligned}\sup_{\mathbf{V}} f(\mathbf{U}, \mathbf{V}) &= \sup_{\widetilde{v}_i} \frac{\sum_{i=1}^{n} \lambda_i \widetilde{u}_i \widetilde{v}_i}{\left(\sum_{i=1}^{n} \lambda_i \widetilde{u}_i^2\right)^{1/2} \left(\sum_{i=1}^{n} \widetilde{v}_i^2\right)^{1/2}} \\ &= \frac{1}{\left(\sum_{i=1}^{n} \lambda_i \widetilde{u}_i^2\right)^{1/2}} \sup_{\widetilde{v}_i} \frac{\sum_{i=1}^{n} \lambda_i \widetilde{u}_i \widetilde{v}_i}{\left(\sum_{i=1}^{n} \widetilde{v}_i^2\right)^{1/2}}\end{aligned} \tag{d}$$

为计算式 (d) 上确界值, 定义 $\alpha_i = \lambda_i \widetilde{u}_i$; 然后注意到

$$\sum_{i=1}^{n} \lambda_i \widetilde{u}_i \widetilde{v}_i = \sum_{i=1}^{n} \alpha_i \widetilde{v}_i \leqslant \sqrt{\sum_{i=1}^{n} \alpha_i^2 \sum_{i=1}^{n} \widetilde{v}_i^2} \tag{e}$$

由施瓦茨 (Schwarz) 不等式, 当 $\widetilde{v}_i = \alpha_i$, 等号成立. 将式 (e) 代入式 (d) 并使用 $\lambda_1 = \cdots = \lambda_{k-1} = 0$, 得到

$$\sup_{\mathbf{V}} f(\mathbf{U}, \mathbf{V}) = \sqrt{\frac{\sum_{i=1}^{n} \lambda_i^2 \widetilde{u}_i^2}{\sum_{i=1}^{n} \lambda_i \widetilde{u}_i^2}} = \sqrt{\frac{\sum_{i=k}^{n} \lambda_i^2 \widetilde{u}_i^2}{\sum_{i=k}^{n} \lambda_i \widetilde{u}_i^2}}$$

如果令 $\sqrt{\lambda_i}\widetilde{u}_i = \beta_i$, 则可以写为

$$\inf_{\mathbf{U}} \sup_{\mathbf{V}} f(\mathbf{U}, \mathbf{V}) = \inf_{(\widetilde{u}_i)_{i=1}^{n}} \sqrt{\frac{\sum_{i=k}^{n} \lambda_i^2 \widetilde{u}_i^2}{\sum_{i=k}^{n} \lambda_i \widetilde{u}_i^2}} = \inf_{(\beta_i)_{i=k}^{n}} \sqrt{\frac{\sum_{i=k}^{n} \lambda_i \beta_i^2}{\sum_{i=k}^{n} \beta_i^2}} \tag{f}$$

在式 (f) 中最后一个表达式具有瑞利商形式 (见第 2.6 节), 我们知道, 最小值是 $\sqrt{\lambda_k}$, 对 $\beta_k \neq 0$ 和 $i \neq k, \beta_i = 0$ 成立, 这给出了所要求的结果.

在实际中, 为计算 inf-sup 值 $\sqrt{\lambda_k}$, 使用特征值求解程序, 可以跳过所有零特征值, 然后计算 λ_k. 一个 Sturm 序列检验 (见第 11.4.3 节), 也会给出

k 的值, 则我们可以直接得出这个模型是否包含伪压力模式. 即令 n_p 是压力自由度的个数, 和 n_u 是位移自由度的个数. 则压力模式的个数 k_{pm} 是

$$k_{pm} = k - (n_u - n_p + 1)$$

如果 $k_{pm} > 0$, 则有限元离散化包含常压力模式或伪压力模式 [式 (4.193) 中 inf-sup 值是零, 虽然 λ_k (第一个非零特征值) 可能趋近于一个大于 0 的值]. 因为没有压力模式, $(\mathbf{K}_{up})_h$ 的核应为零 (见式 (4.199)), 故这个公式成立. [326]

为说明 inf-sup 检验, 我们将在图 4.24 介绍 4 节点单元和 9 节点单元得

[327]

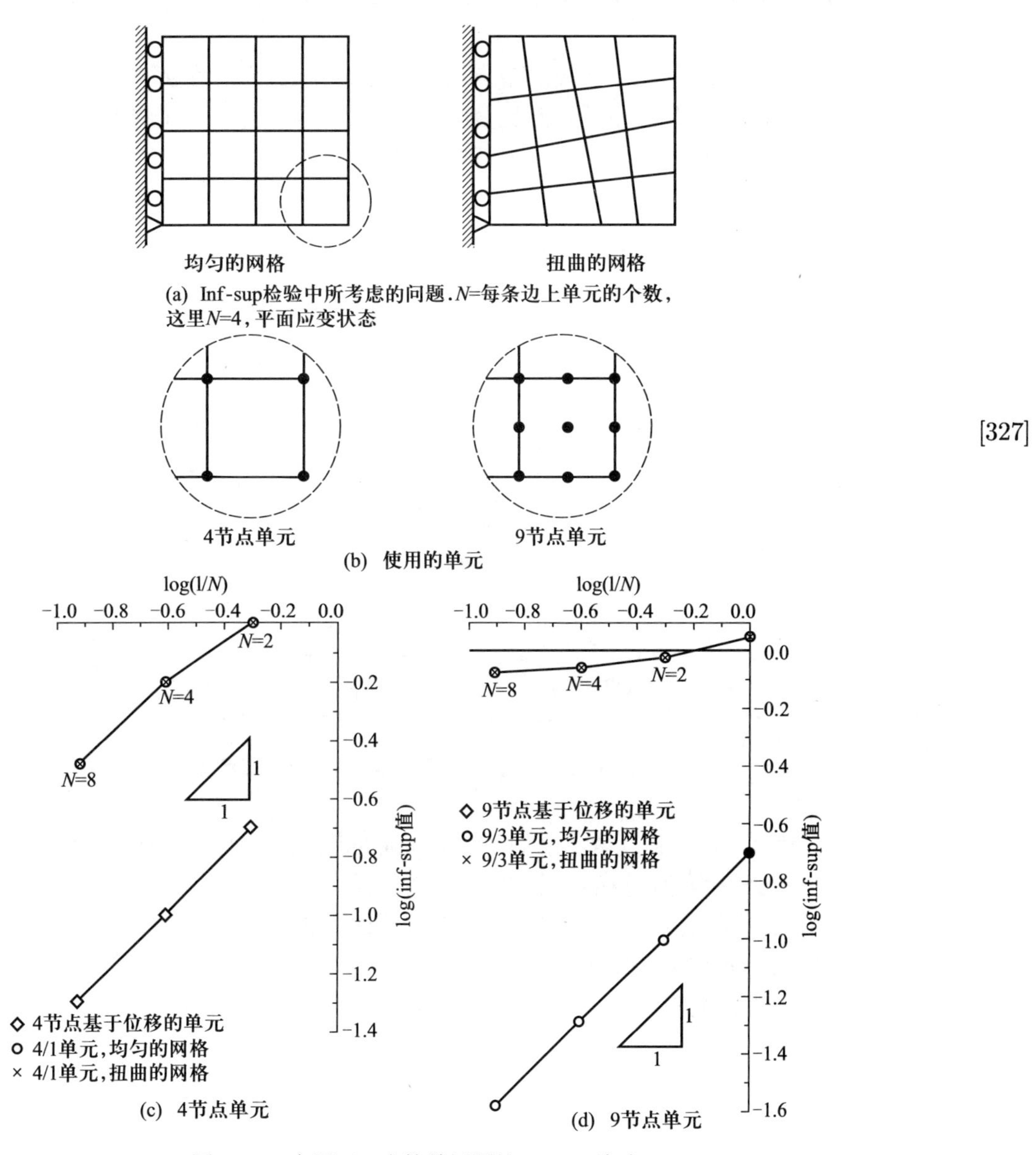

图 4.24　应用于一个简单问题的 inf-sup 检验

到的结果. 我们看到, 对于每个离散化, 用来计算 $\sqrt{\lambda_k}$ 的三个网格的序列, 足以确定该单元是否闭锁. 注意到, 基于位移的 4 节点和 9 节点单元显然不满足 inf-sup 条件, 可忽略单元扭曲对结果的影响. 在这些检验中每次 k_{pm} 为零, 因此, 正如预期的那样, 该离散化不包含任何伪压力模式. 当然, 对 4/1 单元, 如果使用例 4.38 的边界条件, 可能会发现一个伪压力模式. 即, 对单元伪模式的一般检验中, 应该在整个边界上考虑零位移条件 (对于一个给定的 Q_h, V_h 的维数越小, 满足式 (4.196) 的可能性越大).

图 4.24 中的解是只对一个问题和一个网格结构的数值结果. 但如果这些结果不满足 inf-sup 条件, 那么我们可以得出结论, 一般情况下也不满足 inf-sup 条件.

[328] 如图 4.25 所示为有关 3 节点三角形常压力元结果, 为 u/p 单元 (见习题 4.50). 结果表明, 此单元不满足 inf-sup 条件. 而且注意到一个有趣的现象, 具有模式 B 的网格不包含伪压力模式, 而其他网格一般确实含有伪压力模式.

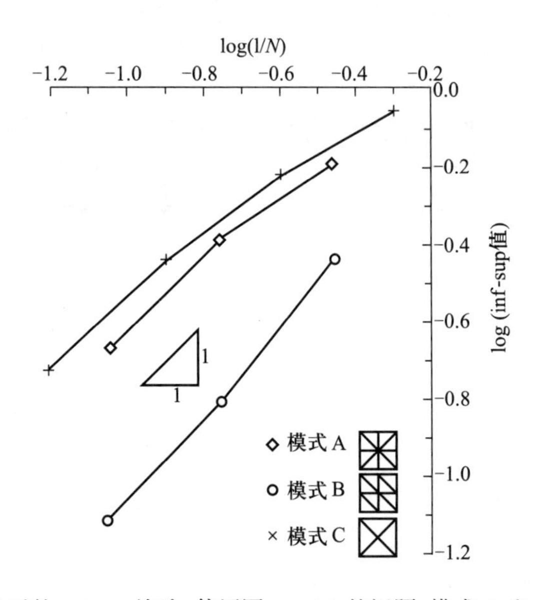

图 4.25 三角元的 inf-sup 检验, 使用图 4.24(a) 的问题. 模式 A 和 C 产生伪模式.

表 4.8 给出了其他结果 (见 D. Chapelle 和 K. J. Bathe [A]). 该表总结了 inf-sup 条件数值计算的结果和分析结果, 例如, 由 F. Brezzi 和 M. Fortin [A] 所给出. 这些数值计算是有用的, 因为同样的方法适用于所有 u/p 和 u/p-c 单元, 无论均匀或扭曲的网格, 还是在没有任何可用的解析结果情况下, 都可以对单元进行检验, 见 K. J. Bathe[E], 又如 D. Pantuso 和 K. J. Bathe [A] (也见 C. Lovadina[A]), K. J. Bathe、C. Nitikitpaiboon 和 X. Wang[A], X. Wang 和 K. J. Bathe [A],A. Iosilevich、K. J. Bathe 和 F. Brezzi[A], 以及 S. De 和 K. J. Bathe[C]. 但是考虑线性分析中, 当单元满足椭圆性和 Inf-sup 条件时, 在大变形格式下, 单元可能不稳定, 如见 P. Wriggers 和 S. Reese[A], D. Pantuso

和 K. J. Bathe [B], 甚至只有小位移和应变测得时, 见 T. Sussman 和 K. J. Bathe[E].

[329]

表 4.8 Inf-sup 数值预测

单元	inf-sup 条件		备注
	解析证明	数值预测	
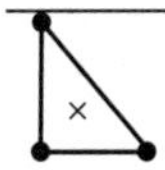 3/1	不通过	不通过	见图 4.25
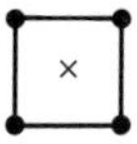 4/1	不通过	不通过	见图 4.24
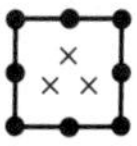 8/3	不通过	不通过	
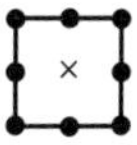 8/1	通过	通过	
 9/4	不通过	不通过	
 9/3	通过	通过	见例 4.36, 图 4.24
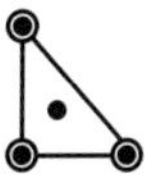 4/3-c	通过	通过	
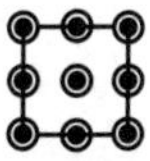 9/9-c	不通过	不通过	
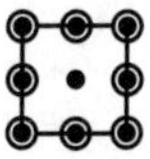 9/8-c	不通过	不通过	
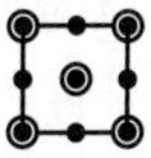 9/5-c	?	不通过	
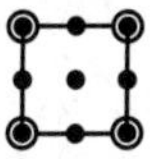 9/4-c	通过	通过	
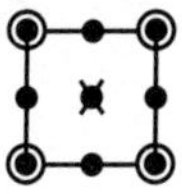 9/(4-c+1)	?	不通过	对该单元, 见 P. M. Gresho、R. L. Lee、S. T. Chan 和 J. M. Leone, Jr. [A]

注: 1. O — 连续压力自由度; × — 离散压力自由度.

2. 3/1 和 4/1 单元离散化包含伪压力模式.

例 4.42: 假设 inf-sup 条件式 (4.175) 成立. 证明式 (4.166) 成立. [330]

令具有 $\mathbf{G}_h$ 对应于 D_h (不是 $P_h(D_h)$, 因为在式 (4.175) 考虑 D_h) 的式 (4.207) 的特征向量及其特征值是 $\boldsymbol{\varphi}_i$ 和 $\lambda_i, i=1,\cdots,n$. 向量 $\boldsymbol{\varphi}_i$ 形成 V_h 的

一个标准正交基. 则我们可以把 V_h 中任意向量 $\mathbf{w}_h$ 写为

$$\mathbf{w}_h = \sum_{i=1}^{n} w_h^i \boldsymbol{\varphi}_i \tag{a}$$

利用特征值和特征向量性质 (见第 2.5 节), 有

$$\|\mathrm{div}\mathbf{w}_h\|^2 = \sum_{i=1}^{n} \lambda_i (w_h^i)^2$$

现在, 选择任意 q_h 和任意 $\widetilde{\mathbf{w}}_h$ 满足 $\mathrm{div}\widetilde{\mathbf{w}}_h = q_h$. 可以按式 (a) 的形式分解 $\widetilde{\mathbf{w}}_h$

$$\widetilde{\mathbf{w}}_h = \sum_{i=1}^{k-1} \widetilde{w}_h^i \boldsymbol{\varphi}_i + \sum_{i=k}^{n} \widetilde{w}_h^i \boldsymbol{\varphi}_i \tag{b}$$

式 (b) 中第一个求和符号定义了一个属于 $K_h(0)$ 的向量, 可能是一个大的分量. 但我们只关注不是 $K_h(0)$ 中元素的分量, 称之为 $\mathbf{w}_h$

$$\mathbf{w}_h = \sum_{i=k}^{n} \widetilde{w}_h^i \boldsymbol{\varphi}_i$$

有

$$\frac{\|q_h\|^2}{\|\mathbf{w}_h\|^2} = \frac{\displaystyle\sum_{i=k}^{n} \lambda_i (\widetilde{w}_h^i)^2}{\displaystyle\sum_{i=k}^{n} (\widetilde{w}_h^i)^2} \geqslant \lambda_k = \beta_h^2 \geqslant \beta^2$$

和式 (4.166) 成立, 且 $c' = 1/\beta$.

4.5.7 在结构单元中的应用: 等参梁元

在上述讨论中, 我们考虑的是受到 (几乎或完全) 不可压缩性约束的一般弹性问题式 (4.151) 和相应的离散变分问题式 (4.154). 而椭圆性条件和 inf-sup 条件也是开发受剪切和薄膜应变约束的梁单元、板单元和壳单元时要考虑的基本条件 (见第 5.4 节). 我们在例 4.30 中简要地介绍了混合两节点梁单元, 和考虑该单元与第 5.4.1 节中同类的高阶单元. 对混合插值的和基于纯位移的梁元, 我们简要讨论其椭圆性条件和 inf-sup 条件.

[331]

1. 一般考虑

基于位移格式的离散变分问题是

$$\min_{\mathbf{v}_h \in V_h} \left\{ \frac{EI}{2} \int_0^L (\beta_h')^2 \mathrm{d}x + \frac{GAk}{2} \int_0^L (\gamma_h)^2 \mathrm{d}x - \int_0^L p w_h \mathrm{d}x \right\} \tag{4.208}$$

其中, EI 和 GAk 是梁弯曲刚度和剪切刚度 (见第 5.4.1 节), L 是梁的长度, p 是每单位长度的横向载荷, β_h 是端面转角, γ_h 是横向剪应变. 同时,

$$\gamma_h = \frac{\partial w_h}{\partial x} - \beta_h \tag{4.209}$$

w_h 是横向位移, V_h 的一个元素是

$$\mathbf{v}_h = \begin{bmatrix} w_h \\ \beta_h \end{bmatrix} \tag{4.210}$$

现在要处理的约束是剪切约束

$$\gamma_h = \frac{\partial w_h}{\partial x} - \beta_h \to 0 \tag{4.211}$$

在实际中, γ_h 通常是非常小的, 当然亦可以为零. 因此, 用前面的符号, 有空间

$$K_h(q_h) = \{\mathbf{v}_h | \mathbf{v}_h \in V_h, \gamma_h(\mathbf{v}_h) = q_h\} \tag{4.212}$$

$$D_h = \{q_h | q_h = \gamma_h(\mathbf{v}_h) \quad \text{对某个 } \mathbf{v}_h \in V_h\} \tag{4.213}$$

且模

$$\|\mathbf{v}_h\|^2 = \int_{\text{Vol}} \left[\left(\frac{\partial w_h}{\partial x} \right)^2 + L^2 \left(\frac{\partial \beta_h}{\partial x} \right)^2 \right] \text{dVol}; \quad \|\gamma_h\|^2 = \int_{\text{Vol}} (\gamma_h)^2 \, \text{dVol} \tag{4.214}$$

对这个问题, 椭圆性条件得到满足, 因为

$$EI \int_{\text{Vol}} (\beta_h')^2 \, \mathrm{d}x \geqslant \alpha \|\mathbf{v}_h\|^2 ; \quad \forall \mathbf{v}_h \in K_h(0) \tag{4.215}$$

且 $\alpha > 0$ 和独立于 h. 为了证明该式, 我们只需注意到

$$\int_0^L \left(\frac{\partial w_h}{\partial x} \right)^2 \mathrm{d}x = \int_0^L (\beta_h)^2 \mathrm{d}x \leqslant \int_0^L L^2 \left(\frac{\partial \beta_h}{\partial x} \right)^2 \mathrm{d}x \tag{4.216}$$

因此,

$$\|\mathbf{v}_h\|^2 \leqslant 2L^2 \int_{\text{Vol}} \left(\frac{\partial \beta_h}{\partial x} \right)^2 \text{dVol} \tag{4.217}$$

其中, $\alpha = EI/2L^2$.

该格式的 inf-sup 条件是

$$\inf_{\gamma_h \in D_h} \sup_{\mathbf{v}_h \in V_h} \frac{\int_{\text{Vol}} \gamma_h [(\partial w_h / \partial x) - \beta_h] \text{dVol}}{\|\gamma_h\| \, \|\mathbf{v}_h\|} \geqslant c > 0 \tag{4.218}$$

其中, 常数 c 独立于 h. [332]

2. 节点单元

首先考虑基于位移的 2 节点单元, 假定 w_h 和 β_h 在每个单元上是线性的, 如图 4.26(a) 所示为一个示例解. 与伯努利梁理论解对比的计算结果在图 4.26 给出, 结果表明该单元性质很差. 在 $K_h(0) = \{0\}$ 情况下, 该单元不满足 inf-sup 条件式 (4.218). 参照式 (4.164), 我们还可以看到, 该单元不可能有一个好的收敛性质; 即, 当我们增加空间 $V_h, d(\mathbf{u}, V_h) \to 0$, 而 $d[\mathbf{u}, K_h(0)] = \|\mathbf{u}\|$ (一个常值).

[333]

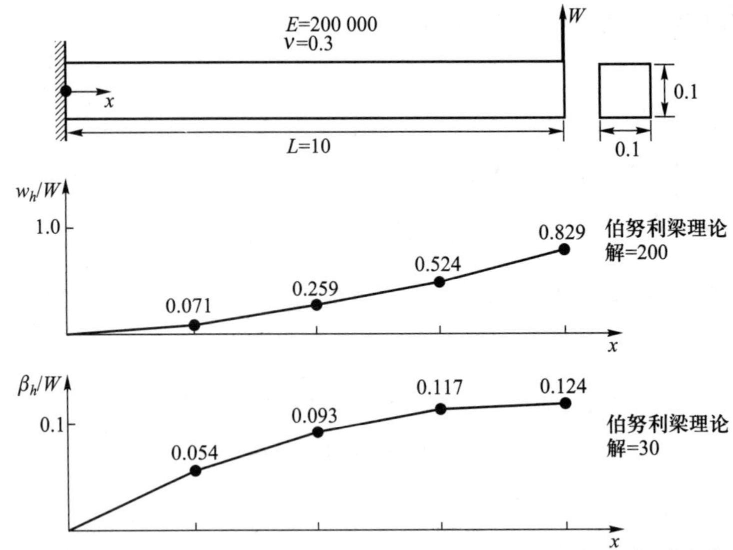

(a) 基于纯位移单元的分析：w_h和β_h在每个单元上线性变化，$\gamma_h=(\partial w_h/\partial x)-\beta_h$；由于$w_h$和$\beta_h$值不是非常精确的，故剪切应变也不精确

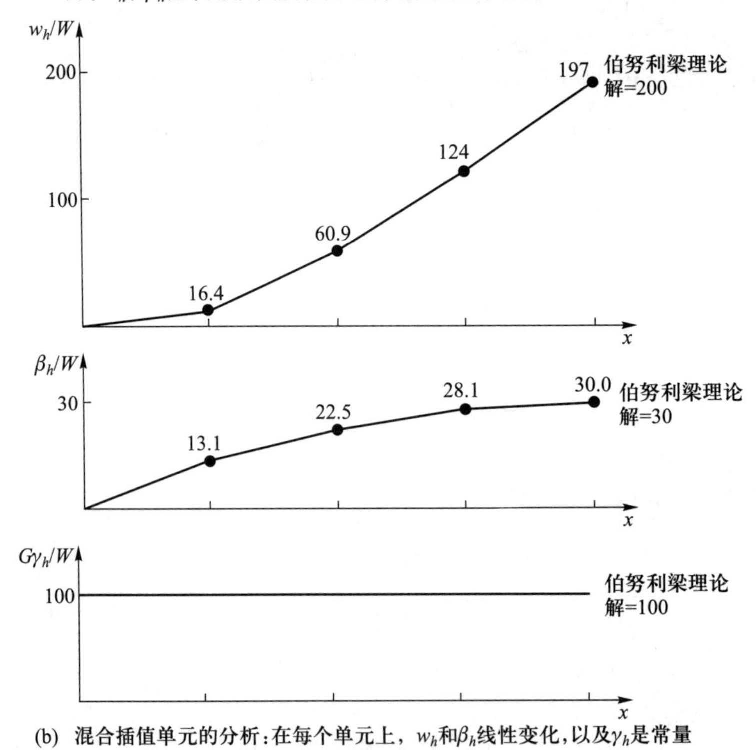

(b) 混合插值单元的分析：在每个单元上，w_h和β_h线性变化，以及γ_h是常量

图 4.26 使用 2 节点梁元分析悬臂梁 (使用了四个长度相等的单元, 式 (5.57) 剪切修正系数 k 为 1.0)

其次考虑混合插值 2 节点单元, 其中对每个元素, w_h 和 β_h 是线性的, γ_h 是常值. 图 4.26(b) 显示了悬臂梁分析结果, 该单元具有良好的预测能力. 椭

圆性条件也满足 (见习题 4.61), 此外, 我们现在需要研究以下 inf-sup 条件是否得到满足

$$\inf_{\gamma_h \in P_h(D_h)} \sup_{\mathbf{v}_h \in V_h} \frac{\int_{\mathrm{Vol}} \gamma_h[(\partial w_h/\partial x) - \beta_h]\mathrm{dVol}}{\|\gamma_h\| \, \|\mathbf{v}_h\|} \geqslant c > 0 \tag{4.219}$$

现在 $K_h(0) \neq \{0\}$, 通过考虑一个典型的 γ_h (γ_h 被看做是一个变量), 检验 inf-sup 条件. 再结合一个典型的已知 γ_h, 选择

$$\widehat{\mathbf{v}}_h = \begin{bmatrix} \widehat{w}_h \\ \widehat{\beta}_h \end{bmatrix} \tag{4.220}$$

并令 $\widehat{\beta}_h = 0$ 和 $\partial \widehat{w}_h/\partial x = \gamma_h$.

现在考虑

$$\frac{\int_{\mathrm{Vol}} \gamma_h[(\partial \widehat{w}_h/\partial x) - \widehat{\beta}_h]\mathrm{dVol}}{\|\widehat{\mathbf{v}}_h\|} = \sqrt{\int_{\mathrm{Vol}} (\gamma_h)^2 \mathrm{dVol}} \tag{4.221}$$

因此, 有 [334]

$$\begin{aligned} \sup_{\mathbf{v}_h \in V_h} \frac{\int_{\mathrm{Vol}} \gamma_h[(\partial w_h/\partial x) - \beta_h]\mathrm{dVol}}{\|\mathbf{v}_h\|} &\geqslant \frac{\int_{\mathrm{Vol}} \gamma_h[(\partial \widehat{w}_h/\partial x) - \widehat{\beta}_h]\mathrm{dVol}}{\|\widehat{\mathbf{v}}_h\|} \\ &= \sqrt{\int_{\mathrm{Vol}} (\gamma_h)^2 \mathrm{dVol}} \end{aligned} \tag{4.222}$$

且 γ_h 还是变量. 因此, 对于 2 节点混合插值的梁单元, 有

$$\inf_{\gamma_h \in P_h(D_h)} \sup_{\mathbf{v}_h \in V_h} \frac{\int_{\mathrm{Vol}} \gamma_h[(\partial w_h/\partial x) - \beta_h]\mathrm{dVol}}{\|\gamma_h\| \, \|\mathbf{v}_h\|} \geqslant 1 \tag{4.223}$$

故 inf-sup 条件得到满足.

我们也可以对 2 节点梁元进行 inf-sup 特征值检验. 所用的方程是关于弹性问题的, 而使用梁元空间 (见习题 4.63). 如图 4.27 所示是所得的结果. 在式 (4.207) 中注意到, 当网格变细时, 基于纯位移离散化的最小非零特征值趋近于 0, 而对所有网格, 混合插值梁单元网格给出特征值等于 1.0 (对应于式 (4.223) 中的等号).

高阶混合插值梁元可以按 2 节点单元同样的方法分析 (见习题 4.62). 图 4.27 还显示了对基于纯位移的 3 节点单元所求得数值 inf-sup 检验的结果.

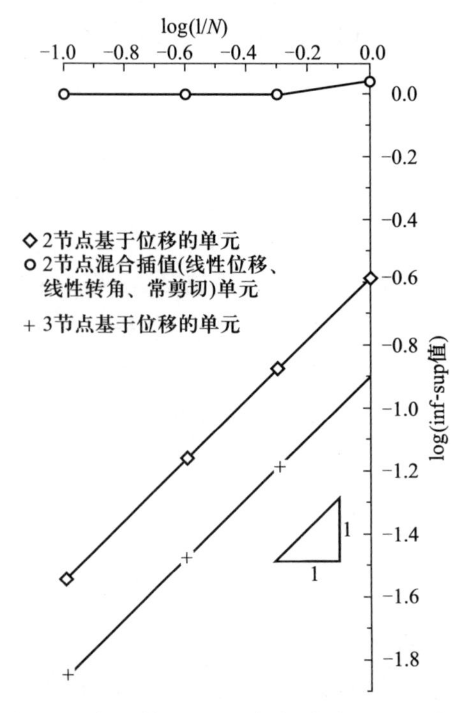

图 4.27　梁元的 inf-sup 检验 (考虑的是悬臂梁)

4.5.8　习题

[335]

4.47　证明 $\|\mathbf{u}-\mathbf{u}_h\| \leqslant \widetilde{c}d\,[\mathbf{u}, K_h(0)]$ 总是成立的, 其中 $\mathbf{u}_h$ 是有限元解和 $K_h(0)$ 按式 (4.159) 定义. 使用

$$\exists\alpha > 0 \quad 使得 \quad \forall \mathbf{v}_h \in K_h(0), a(\mathbf{v}_h, \mathbf{v}_h) \geqslant \alpha \|\mathbf{v}_h\|^2$$

$$\exists M > 0 \quad 使得 \quad \forall \mathbf{v}_{h1}, \mathbf{v}_{h2} \in V_h, |a(\mathbf{v}_{h2}, \mathbf{v}_{h1})| \leqslant M \|\mathbf{v}_{h1}\| \|\mathbf{v}_{h2}\|$$

和式 (4.94) 中的方法. 注意, 常数 $\widetilde{c}$ 独立于体积模量.

4.48　证明 $\|\mathrm{div}(\mathbf{v}_1-\mathbf{v}_2)\|_0 \leqslant c\|\mathbf{v}_1-\mathbf{v}_2\|_V$. 这里 $\mathbf{v}_1$、$\mathbf{v}_2 \in V_h$ 和 c 是一个常数.

4.49　对如图 Ex.4.49 所示 8 节点单元, 计算 $P_h(\mathrm{div}\mathbf{v}_h)$. 假设单元上是常压力场.

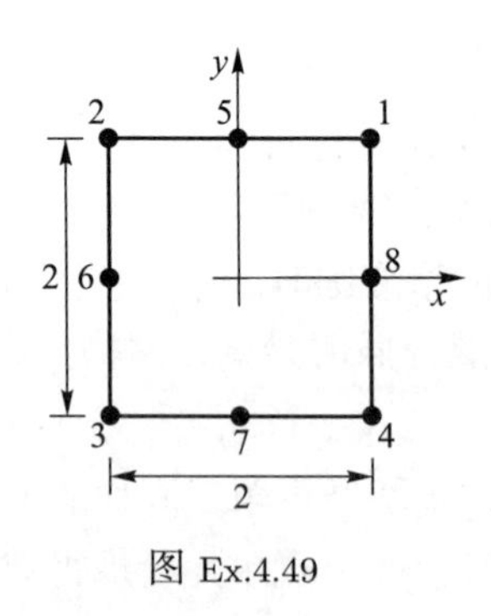

图 Ex.4.49

4.50 对于二维分析, 计算一般 3/1 三角形 u/p 单元的刚度矩阵. 因此, 假设该单元有 3 个节点和一个不连续的常压力.

使用图 E4.17 中的数据和考虑平面应力条件、平面应变条件和轴对称条件.

(a) 使用一般方法对 u/p 单元, 建立所要求的所有矩阵 (见例 4.32), 但是不执行任何矩阵乘法. 考虑 κ 为有限值情况.

(b) 比较例 4.17 和问题 (a) 所得的结果.

(c) 假设是完全不可压缩介质, 给出 u/p 单元矩阵 (因此, 不进行压力自由度的静态凝聚).

注意: 对 (几乎) 不可压缩条件的实际分析来说, 该单元不是一个可靠的单元, 只是用于练习使用.

4.51 考虑例 4.32 中的 4/1 单元. 证明使用式 (4.179) 中的项 $P_h(\text{div}\mathbf{v}_h)$ (例 4.34 中已计算), 我们得到与例 4.32 中相同的单元刚度矩阵.

4.52 考虑例 4.36 中 9/3 单元, 即假设 $Q_h = [1, x, y]$. 假设对应于 $\mathbf{v}_h$ 的节点位移是

$$
\begin{aligned}
&u_1 = 1; \quad u_2 = -1; u_3 = -1; u_4 = 1; u_6 = -1; u_8 = 1;\\
&v_1 = 1; \quad v_2 = -1; v_3 = -1; v_4 = 1; v_6 = -1; v_8 = 1;
\end{aligned}
$$

且所有其他节点位移是零. 计算投影 $P_h(\text{div}\mathbf{v}_h)$.

4.53 证明 8/1 u/p 单元满足 inf-sup 条件 (因此, 使用该单元离散化将不会出现伪压力模式). 证明可参考例 4.36. [336]

4.54 考虑式 (4.187) 的解和证明式 (4.188) 和式 (4.189) 中的条件 I 和条件 II 是有唯一解的充要条件.

4.55 考虑式 (4.192) 中椭圆性条件. 证明该条件对二维平面应力和平面应变分析中的 4/1 单元是满足的.

4.56 在不可压缩材料的一个二维平面应变方形区域, 使用 4 个 9/3 单元且所有边界位移设置为零, 对其建模, 该常压力模式, $p_0 \in Q_h$, 不是一个伪模式 (因为它物理上应该存在). 证明该模式不是 $P_h(D_h)$ 的一个元素.

4.57 考虑 4/1 的单元. 你能构建一个具有适当的边界条件并包含一个伪压力模式的 2 单元模型吗? 并解释答案.

4.58 考虑如图 Ex.4.58 所示 9 个 4/1 单元. 假设所有边界位移为零,

(a) 对下述情况, 选择一个压力分布 $\widehat{p}_h$, 即存在一个向量 $\mathbf{v}_h$, 使得

$$
\int_{\text{Vol}} \widehat{p}_h \text{div}\mathbf{v}_h \text{dVol} > 0
$$

(b) 对下述情况, 选择一个压力分布的 $\widehat{p}_h$, 即 V_h 中任何位移分布 $\mathbf{v}_h$ 将给出

$$
\int_{\text{Vol}} \widehat{p}_h \text{div}\mathbf{v}_h \text{dVol} = 0
$$

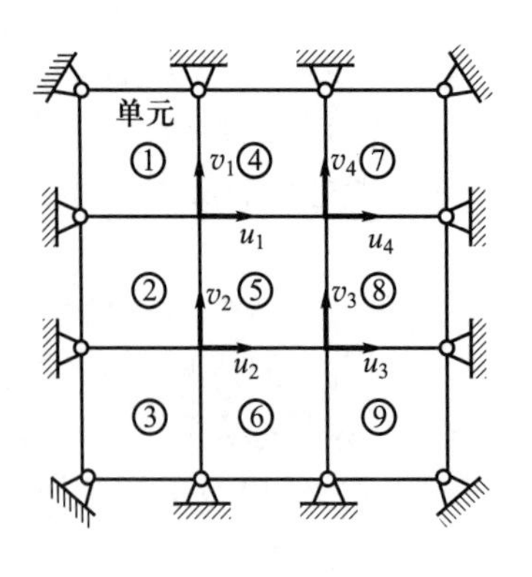

图 Ex.4.58

4.59 考虑 u/p-c 格式.

(a) 证明 inf-sup 条件可以写成式 (4.206), 而 $\mathbf{G}_h = (\mathbf{K}_{up})_h \mathbf{T}_h^{-1} (\mathbf{K}_{pu})_h$.

(b) 考虑本征问题, 证明

$$\mathbf{G}_h' \mathbf{Q}_h = \boldsymbol{\lambda}' \mathbf{T}_h \mathbf{Q}_h \tag{a}$$

其中 $\mathbf{G}_h' = (\mathbf{K}_{pu})_h \mathbf{S}_h^{-1} (\mathbf{K}_{up})_h$, 证明式 (a) 的最小的非零特征值和式 (4.207) 是相同的.

这里 $\mathbf{T}_h$ 是 p_h 的 L^2–模的矩阵, 即, 对于任何节点压力 $\mathbf{P}_h$ 的向量, 有 $\|p_h\| = \mathbf{P}_h^{\mathrm{T}} \mathbf{T}_h \mathbf{P}_h$; 因此, $\mathbf{T}_h = -\kappa (\mathbf{K}_{pp})_h$.

4.60 考虑如图 Ex.4.60 所示平面应变条件下悬臂板的分析. 假设 3/1 u/p 单元是用于均匀网格密度的一个序列. 令 n_u 是节点位移的个数和 n_p 是压力变量的个数. 证明随着网格越精细, 比率 n_u/n_p 越趋近于 1 (这清楚地说明了求解的困难.)

[337]

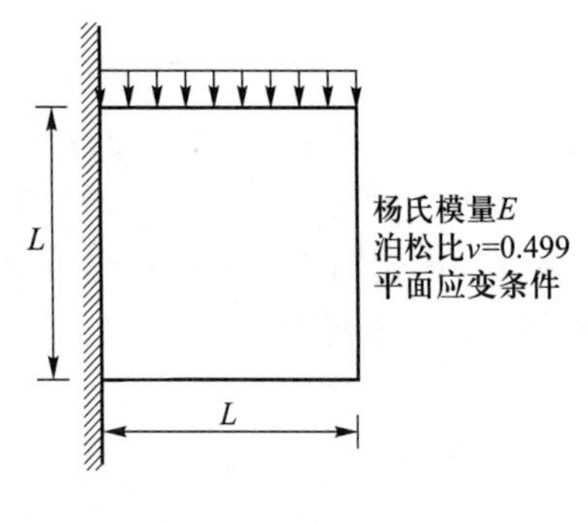

图 Ex.4.60

当使用 9/3 和 9/8-c 单元 (9/8-c 单元定义在表 4.8 中), 计算同样的比率并讨论结果.

4.61 证明混合插值 2 节点、3 节点和 4 节点梁元满足椭圆性条件. 在第 4.5.7 节考虑了 2 节点单元, 在第 5.4.1 节考虑 3 节点和 4 节点单元 (也见习题 4.62).

4.62 解析证明, 对基于位移的 3 节点和 4 节点梁元, 不满足 inf-sup 条件; 对混合插值的梁元且 γ_h 分别按线性和抛物线变化, 满足 inf-sup 条件 (见 5.4.1 节).

4.63 对第 4.5.7 节所考虑的梁元, 建立数值 inf-sup 检验的特征值问题. 使用式 (4.207) 和详细定义所有的矩阵.

4.64 考虑图 4.24 中的问题和表 4.8 中提到的单元. 对于每个单元, 约束比定义为位移自由度的个数除以压力自由度的个数, 当网格变细小时, 即 $h \to 0$, 计算该约束比. 注意, 该约束比单独并不能证明是否满足 inf-sup 条件.

第 5 章 等参有限单元矩阵的构造与计算

[338]

5.1 引言

有限元矩阵的计算是求解有限元的一个非常重要的部分. 第 4 章讨论了广义坐标有限元模型的构造与计算. 介绍广义坐标有限元的主要目的是增强我们对有限元方法的理解. 我们已经指出, 在大部分实际分析中, 等参有限单元更加有效. 要想了解这些单元的早期发展情况, 可参见 I. C. Taig [A] 和 B. M. Irons [A, B].

我们本章的目标是介绍等参有限单元的构造并阐述有效的实现方法. 在对广义坐标有限元模型推导中, 我们使用局部单元坐标系 xyz, 且假设单元的位移 $u(x,y,z)$、$v(x,y,z)$ 和 $w(x,y,z)$ (在混合方法中还包括单元应力和应变变量) 为 x、y、z 的多项式形式, 未知常系数为 α_i、β_i、γ_i, 将其定义为广义坐标. 先验地将广义坐标与物理意义联系起来是不太可能的; 但在计算中我们发现, 广义坐标所确定的位移是单元节点位移的线性组合. 等参有限单元构造的基本思想是通过使用插值函数 (也称为形函数) 建立单元中任意点的位移与单元节点位移的关系. 这意味着无需计算变换矩阵 $\mathbf{A}^{-1}$ (见式 (4.57)), 就可直接得出对应于所求自由度的单元矩阵.

5.2 杆单元等参刚度矩阵的推导

[339]

考虑利用杆单元例子说明等参刚度矩阵构造方法. 为了简化过程, 假设杆处于总体坐标 X 轴上, 如图 5.1 所示. 第一步要将实际的总体坐标 X 与自然坐标系变量 r 联系起来, 其中 $-1 \leqslant r \leqslant 1$ (图 5.1). 转换公式如下

$$X = \frac{1}{2}(1-r)X_1 + \frac{1}{2}(1+r)X_2 \tag{5.1}$$

或

$$X = \sum_{i=1}^{2} h_i X_i \tag{5.2}$$

其中, $h_1=\dfrac{1}{2}(1-r), h_2=\dfrac{1}{2}(1+r)$ 是插值函数或形函数. 式 (5.2) 建立了杆坐标 X 与 r 之间的一一对应关系.

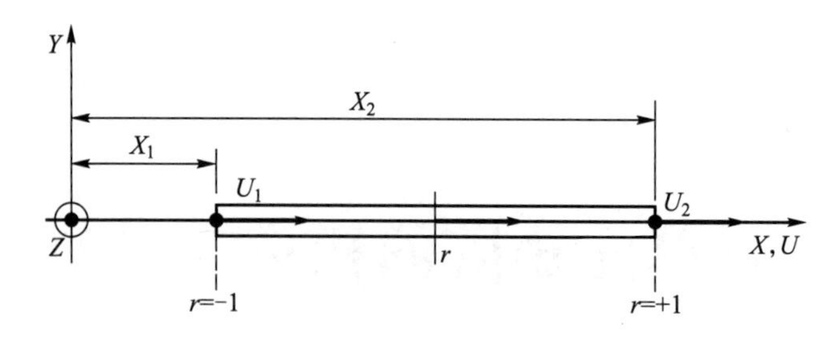

图 5.1　总体与自然坐标系下的杆单元

杆的全局位移与总体坐标系有着相同的表达方式

$$U=\sum_{i=1}^{2} h_i U_i \tag{5.3}$$

其中, 在此种情况下指定了一个线性位移变化. 单元坐标与单元位移的插值使用相同的插值函数, 该插值函数是在自然坐标系中定义的, 这种插值方法是等参有限元公式的基础.

为了计算单元的刚度矩阵, 需要知道单元的应变 $\varepsilon=\mathrm{d}U/\mathrm{d}X$. 在此使用如下形式

$$\varepsilon=\frac{\mathrm{d}U}{\mathrm{d}r}\frac{\mathrm{d}r}{\mathrm{d}X} \tag{5.4}$$

其中, 从式 (5.3) 得

$$\frac{\mathrm{d}U}{\mathrm{d}r}=\frac{U_2-U_1}{2} \tag{5.5}$$

再由式 (5.2), 得到

$$\frac{\mathrm{d}X}{\mathrm{d}r}=\frac{X_2-X_1}{2}=\frac{L}{2} \tag{5.6}$$

其中, L 是杆的长度. 因此, 正如所期望的那样, 得到

$$\varepsilon=\frac{U_2-U_1}{L} \tag{5.7}$$

[340]　因此, 与式 (4.32) 相对应的应变 – 位移转换矩阵如下

$$\mathbf{B}=\frac{1}{L}[-1\quad 1] \tag{5.8}$$

一般情况下, 应变 – 位移转换矩阵是自然坐标的函数, 因此我们利用在自然坐标中求积计算式 (4.33) 中刚度矩阵的体积分. 根据常规步骤 (尽管在此例中不必如此) 有

$$\mathbf{K}=\frac{AE}{L^2}\int_{-1}^{1}\begin{bmatrix}-1\\1\end{bmatrix}[-1\quad 1]J\mathrm{d}r \tag{5.9}$$

其中, 假设杆的横截面积 A 和弹性模量 E 为常量, J 是联系总体坐标系与自然坐标系中单元长度的雅可比 (Jacobi) 系数, 如

$$\mathrm{d}X = J\mathrm{d}r \tag{5.10}$$

从式 (5.6) 中, 得到

$$J = \frac{L}{2} \tag{5.11}$$

则计算式 (5.9), 得到众所周知的矩阵

$$\mathbf{K} = \frac{AE}{L}\begin{bmatrix} 1 & -1 \\ -1 & 1 \end{bmatrix} \tag{5.12}$$

正如引言中所述, 等参公式避免了转换矩阵 $\mathbf{A}^{-1}$ 的构造. 为了将此方程与常规坐标方程进行比较, 我们需要从方程 (5.1) 中解出 r, 然后代入方程式 (5.3) 中, 得到

$$r = \frac{X - [(X_1 + X_2)/2]}{L/2} \tag{5.13}$$

则

$$U = \alpha_0 + \alpha_1 X \tag{5.14}$$

其中

$$\left.\begin{aligned} \alpha_0 &= \frac{1}{2}(U_1 + U_2) - \frac{X_1 + X_2}{2L}(U_2 - U_1) \\ \alpha_1 &= \frac{1}{L}(U_2 - U_1) \end{aligned}\right\} \tag{5.15}$$

或者

$$\boldsymbol{\alpha} = \begin{bmatrix} \dfrac{1}{2} + \dfrac{X_1 + X_2}{2L} & \dfrac{1}{2} - \dfrac{X_1 + X_2}{2L} \\ -\dfrac{1}{L} & \dfrac{1}{L} \end{bmatrix}\mathbf{U} \tag{5.16}$$

其中

$$\boldsymbol{\alpha}^{\mathrm{T}} = [\alpha_0 \quad \alpha_1]; \quad \mathbf{U}^{\mathrm{T}} = [U_1 \quad U_2] \tag{5.17}$$

式 (5.16) 中联系 α 与 $\mathbf{U}$ 的矩阵是 $\mathbf{A}^{-1}$. 需要说明的是, 在此例中广义坐标 α_0 和 α_1 将全局单元位移与全局单元坐标联系起来 (见式 (5.14)).

5.3 连续介质单元的构造

[341]

对于一个连续介质有限单元, 在大部分情况下可以直接计算与全局自由度相对应的单元矩阵. 但我们需要先给出与单元局部自由度对应的矩阵构造, 这是因为当直接计算与全局自由度相对应的单元矩阵时还需要考虑其他因素

(见第 5.3.4 节). 下面我们考虑直桁架单元矩阵的推导, 二维平面应力、平面应变和轴对称单元; 以及全部具有可变节点数的三维单元. 典型的单元如图 5.2 所示.

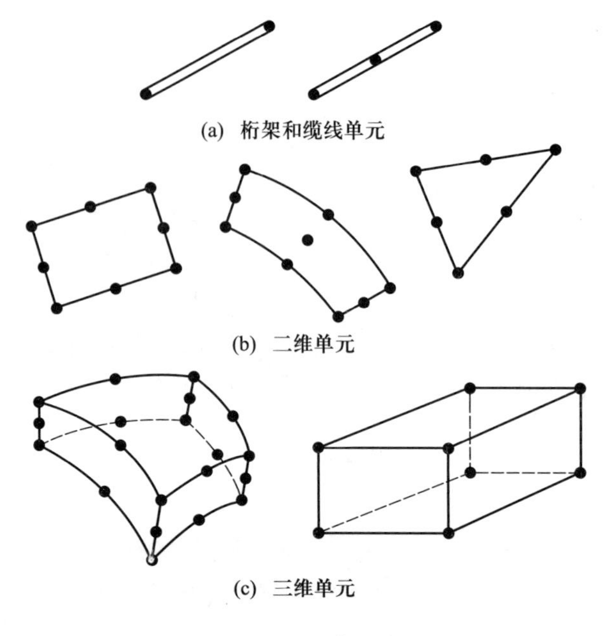

图 5.2 一些典型单元

我们直接讨论基于位移的有限单元矩阵的计算. 而同样的方法也用于计算混合格式的单元矩阵, 特别是针对不可压缩分析的基于位移/压力格式的单元矩阵, 这些将在第 5.3.5 节进行简要讨论.

[342]

5.3.1 四边形单元

等参有限元构造的基本步骤是使用单元自然坐标系以插值函数的形式表示单元坐标和单元位移. 这种坐标系可为一维、二维或三维的, 取决于单元的维数. 不论是处理一维、二维或是三维单元, 单元矩阵的构造方法是相同的. 因此, 在下文的一般性介绍中, 我们使用三维单元方程. 而仅使用有关的坐标轴和合适的插值函数, 就可推及一维和二维单元.

对于一般的三维单元, 坐标插值函数如下

$$x=\sum_{i=1}^{q}h_ix_i;\quad y=\sum_{i=1}^{q}h_iy_i;\quad z=\sum_{i=1}^{q}h_iz_i; \tag{5.18}$$

其中, x、y、z 是单元中任意点的坐标 (此处是局部坐标), (x_i,y_i,z_i), $i=1,2,\cdots,q$, 是单元的 q 个节点坐标. 插值函数 h_i 是在单元的自然坐标系中定义的, 其中, 变量 r、s 和 t 从 -1 到 $+1$ 变化. 对于一维或二维单元, 只采用式 (5.18) 中的有关方程, 插值函数分别只与自然坐标变量 r 和 r、s 有关.

目前式 (5.18) 中未知量是插值函数 h_i. 插值函数 h_i 的基本性质是, 在自然坐标中它的值在节点 i 处是 1, 而在其他节点处为 0. 根据这些条件, 可用系统化方式求解对应于指定节点位置的函数 h_i. 但通过观察, 也能较方便地构造出这些函数, 正如例 5.1 所示.

例 5.1: 构造对应于图 E5.1 所示的 3 节点桁架单元的插值函数.

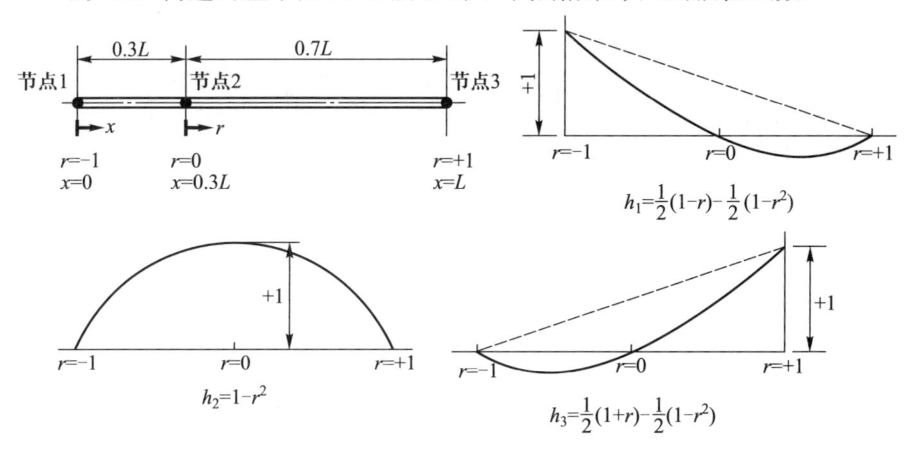

图 E5.1　桁架单元的一维插值函数

首先观察到的是对于 3 节点桁架单元, 我们希望 r^2 是插值多项式中 r 的最高次项; 换言之, 插值函数应该是抛物线函数. 因此, 能很轻松地构造出函数 h_2. 即, 满足在 $r=\pm1$ 处等于 0 和 r=0 处等于 1 条件的抛物线由式 $(1-r^2)$ 给出. 其他两个插值函数 h_1 和 h_2 是通过一个线性函数和一个抛物线函数叠加获得的. 现考虑插值函数 h_3. 我们采用 $\dfrac{1}{2}(1+r)$, 该条件满足函数在 $r=-1$ 时等于 0 和 r= 1 时等于 1. 为了保证 h_3 在 $r=0$ 处也等于 0, 我们需要使用 $h_3=\dfrac{1}{2}(1+r)-\dfrac{1}{2}(1-r^2)$. 可通过类似方法得到插值函数 h_1. [343]

例 5.1 中最终求出插值函数的构建过程说明了一个带有可变节点数单元的构造方法. 该构造方法是通过首先创建相应于一个基本 2 节点单元的插值函数而实现的. 再增加一个节点将产生一个新的插值函数, 这样就可对已存在的插值函数进行修正. 如图 5.3 所示, 在例 5.1 中所考虑的一维单元的插值函数, 包括新增加的第四个可能的节点. 如图 5.3 所示, 该单元可以有 $2\sim4$ 个节点. 应指出, 节点 3 和 4 现在是内部节点, 因为节点 1 和 2 用于定义 2 节点单元.

一维分析中单元插值函数的构造过程可直接推广到二维和三维分析中. 图 5.4 说明了一个 $4\sim9$ 个可变节点数的二维单元的插值函数, 图 5.5 给出了节点数 $8\sim20$ 个的三维单元的插值函数. 二维和三维插值函数的建立方法与一维插值函数的类似, 而实际上是已经在图 5.3 中所采用的基本函数. 我们在图 5.4 和图 5.5 中大都采用抛物线插值函数, 但也可按类似的方法推导出具有更高次插值函数的可变节点单元.

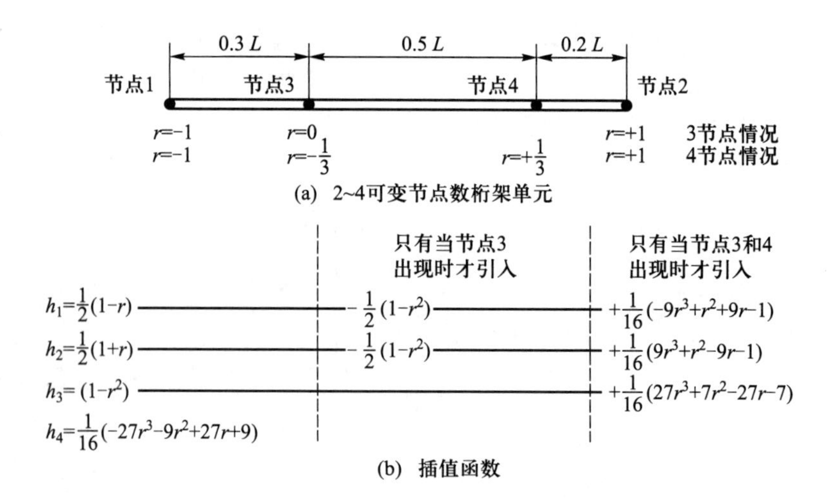

图 5.3　2 ~ 4 个可变节点数的一维单元插值函数

[344]

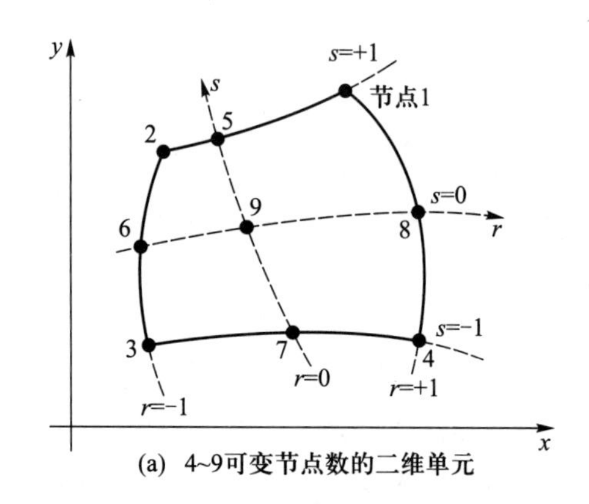

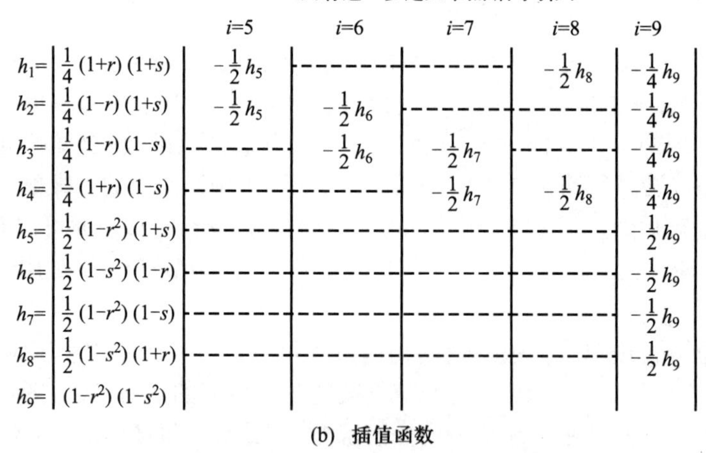

图 5.4　4 ~ 9 可变节点数的二维单元的插值函数

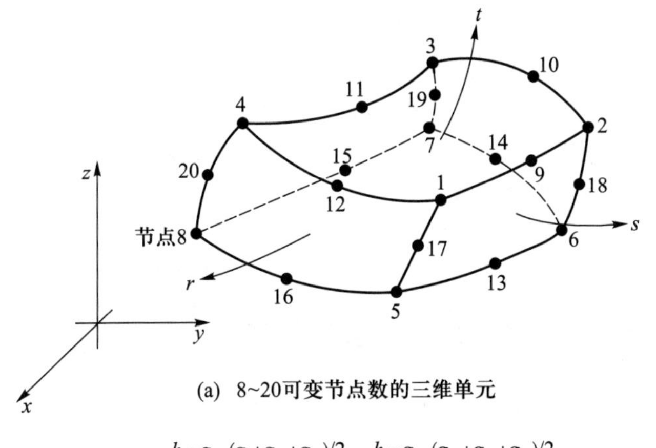

(a) 8~20可变节点数的三维单元

[345]

$h_1=g_1-(g_9+g_{12}+g_{17})/2 \quad h_6=g_6-(g_{13}+g_{14}+g_{18})/2$

$h_2=g_2-(g_9+g_{10}+g_{18})/2 \quad h_7=g_7-(g_{14}+g_{15}+g_{19})/2$

$h_3=g_3-(g_{10}+g_{11}+g_{19})/2 \quad h_8=g_8-(g_{15}+g_{16}+g_{20})/2$

$h_4=g_4-(g_{11}+g_{12}+g_{20})/2 \quad h_j=g_j,\ j=9,\cdots,20$

$h_5=g_5-(g_{13}+g_{16}+g_{17})/2$

$g_i=0$ 如果没有引入节点i；否则，

$g_i=G(r,r_i)G(s,s_i)G(t,t_i)$

$G(\beta,\beta_i)=\frac{1}{2}(1+\beta_i\beta), \quad \beta_i=\pm 1$

$G(\beta,\beta_i)=1-\beta^2, \quad \beta_i=0$

$;\beta=r,s,t$

(b) 插值函数

图 5.5 8 ~ 20 可变节点数的三维单元插值函数

图 5.3 至图 5.5 中单元的吸引力在于这些单元可以具有从最小值至最大值的任意节点数. 同理, 也能够生成三角形单元 (见第 5.3.2 节). 但一般来说, 要获得最大的精度, 可变节点数单元应该尽量接近矩形 (在三维分析中, 每个局部平面均为矩形), 且一般情况下, 非角节点应该置于其自然坐标处. 例如, 对于一个二维 9 节点单元, 一般情况下, 中部节点应该置于两个角节点中部, 而第九个节点应该处于单元的中心 (一些特例见第 5.3.2 节, 更多的细节见第 5.3.3 节)

考虑图 5.4 和图 5.5 中二维和三维单元的几何形状, 我们注意到, 使用式 (5.18) 所示的坐标插值的方法可以轻易地使单元具有曲线边界. 这相对于广义坐标有限元的构造是一个重要的优势. 另外一个重要的优势是易于构造单元的位移函数.

在等参构造中, 单元位移可以类似几何的方式进行插值. 如使用以下公式

$$u=\sum_{i=1}^{q}h_iu_i; \quad v=\sum_{i=1}^{q}h_iv_i; \quad w=\sum_{i=1}^{q}h_iw_i; \tag{5.19}$$

其中, u、v 和 w 是单元任意点处的局部单元位移, u_i、v_i 和 w_i $(i=1,\cdots,q)$ 为相应节点处的单元位移. 因此假设, 对于每一个有必要描述单元的几何形

状的节点坐标, 都对应一个节点位移[1].

为了能算出单元的刚度矩阵, 需要计算应变 – 位移转换矩阵. 单元应变是单元位移对局部坐标的求导得到的. 因为单元位移是使用式 (5.19) 在自然坐标系中定义的, 我们需要建立 (x, y, z) 的导数与 (r, s, t) 的导数之间的联系, 假设式 (5.18) 具有如下形式 [346]

$$x = f_1(r, s, t); \quad y = f_2(r, s, t); \quad z = f_3(r, s, t); \tag{5.20}$$

其中, f_i 表示 "…… 的函数". 其逆形式如下

$$r = f_4(x, y, z); \quad s = f_5(x, y, z); \quad t = f_6(x, y, z); \tag{5.21}$$

我们要求导数 $\partial/\partial x$, $\partial/\partial y$ 和 $\partial/\partial z$, 很自然可使用如下形式的链式规则

$$\frac{\partial}{\partial x} = \frac{\partial}{\partial r}\frac{\partial r}{\partial x} + \frac{\partial}{\partial s}\frac{\partial s}{\partial x} + \frac{\partial}{\partial t}\frac{\partial t}{\partial x} \tag{5.22}$$

对于 $\partial/\partial y$ 和 $\partial/\partial z$ 有类似的关系. 但为了计算式 (5.22) 中的 $\partial/\partial x$, 需要计算 $\partial r/\partial x$、$\partial s/\partial x$ 和 $\partial t/\partial x$, 这表明需要计算式 (5.21) 的逆. 一般情况下, 这些逆关系式很难显式地建立, 需要按如下的方法计算所需的导数. 使用链式规则, 可得到

$$\begin{bmatrix} \dfrac{\partial}{\partial r} \\ \dfrac{\partial}{\partial s} \\ \dfrac{\partial}{\partial t} \end{bmatrix} = \begin{bmatrix} \dfrac{\partial x}{\partial r} & \dfrac{\partial y}{\partial r} & \dfrac{\partial z}{\partial r} \\ \dfrac{\partial x}{\partial s} & \dfrac{\partial y}{\partial s} & \dfrac{\partial z}{\partial s} \\ \dfrac{\partial x}{\partial t} & \dfrac{\partial y}{\partial t} & \dfrac{\partial z}{\partial t} \end{bmatrix} \begin{bmatrix} \dfrac{\partial}{\partial x} \\ \dfrac{\partial}{\partial y} \\ \dfrac{\partial}{\partial z} \end{bmatrix} \tag{5.23}$$

或者是矩阵的形式

$$\frac{\partial}{\partial \mathbf{r}} = \mathbf{J}\frac{\partial}{\partial \mathbf{x}} \tag{5.24}$$

其中, $\mathbf{J}$ 是自然坐标的导数变换到局部坐标的导数的 Jacobi 算子. 应指出 Jacobi 算子能够很容易使用式 (5.18) 得到. 需要 $\partial/\partial\mathbf{x}$ 时, 使用

$$\frac{\partial}{\partial \mathbf{x}} = \mathbf{J}^{-1}\frac{\partial}{\partial \mathbf{r}} \tag{5.25}$$

这里要求 $\mathbf{J}$ 的逆矩阵存在. 该逆矩阵的存在保证了单元自然坐标与局部坐标的一对一 (例如, 唯一的) 的对应关系, 如式 (5.20) 和式 (5.21) 所表示的那样. 在大多数构造过程中, 都明显地给出了坐标间 (例如, 对每一个 (r, s, t) 对应唯一的 (x, y, z)) 的一对一关系, 如图 5.3 和图 5.5 所示的单元. 但在单元非常扭曲或向后卷曲的情况下, 如图 5.6 所示, 坐标系间的一一对应关系将不存在 (也可以参见第 5.3.2 节中例 5.17 的 Jacobi 算子的奇异性).

---

[1] 除了等参单元, 还存在亚参单元, 对于亚参单元, 其几何形状的插值函数的阶比位移的低 (见本节的结尾处), 对超参单元, 则正好相反 (见第 5.4 节).

[347]

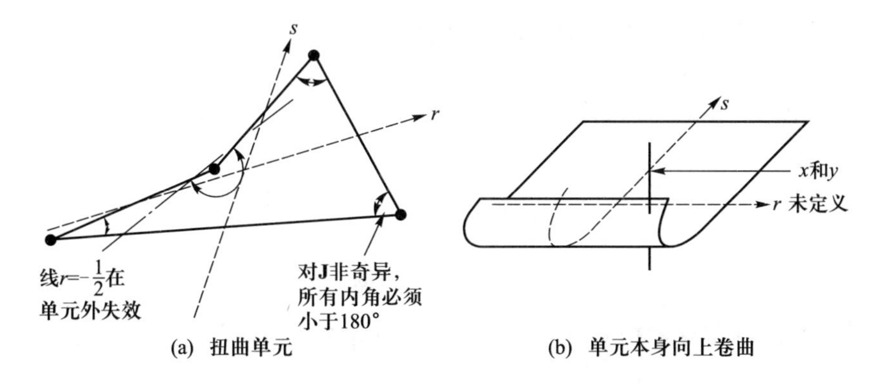

图 5.6　具有奇异性 Jacobi 矩阵的单元

使用式 (5.19) 和式 (5.25), 计算 $\partial u/\partial x, \partial u/\partial y, \partial u/\partial z, \partial v/\partial x, \cdots, \partial w/\partial z$, 从而能够构建应变 – 位移变换矩阵 $\mathbf{B}$, 其中

$$\boldsymbol{\varepsilon} = \mathbf{B}\hat{\mathbf{u}} \tag{5.26}$$

其中, $\hat{\mathbf{u}}$ 为列有式 (5.19) 中单元节点位移的向量, 且注意到 $\mathbf{J}$ 会影响 $\mathbf{B}$ 中的元素. 对应于局部单元自由度的单元刚度矩阵如下

$$\mathbf{K} = \int_V \mathbf{B}^{\mathrm{T}}\mathbf{C}\mathbf{B}\mathrm{d}V \tag{5.27}$$

应指出, $\mathbf{B}$ 的元素是自然坐标 (r, s, t) 的函数. 因此, 体积分是在自然坐标体积中进行的, 而体积微元 $\mathrm{d}V$ 也需要按自然坐标写出. 一般情况下, 有

$$\mathrm{d}V = \det \mathbf{J}\mathrm{d}r\mathrm{d}s\mathrm{d}t \tag{5.28}$$

其中, $\det \mathbf{J}$ 是式 (5.24) 中 Jacobi 算子的行列式 (见习题 5.6).

一般情况下, 式 (5.27) 中体积分的显式计算不是很有效, 特别是当使用的是高阶插值函数或单元比较扭曲的情况下. 因此, 采用数值积分. 事实上, 数值积分被视为等参单元矩阵计算中的基本组成部分. 在第 5.5 节中将详细阐述数值积分方法, 现可简述如下. 首先, 我们将式 (5.27) 写成如下形式

$$\mathbf{K} = \iiint_V \mathbf{F}\mathrm{d}r\mathrm{d}s\mathrm{d}t \tag{5.29}$$

其中, $\mathbf{F} = \mathbf{B}^{\mathrm{T}}\mathbf{C}\mathbf{B}\det\mathbf{J}$, 而积分是在单元的自然坐标系下进行的. 如上所陈述的,$\mathbf{F}$ 的元素依赖于 r、s 和 t, 但通常不计算具体的函数关系. 使用数值积分, 可按如下方式计算刚度矩阵

$$\mathbf{K} = \sum_{i,j,k} \alpha_{ijk}\mathbf{F}_{ijk} \tag{5.30}$$

其中, $\mathbf{F}_{ijk}$ 是矩阵 $\mathbf{F}$ 在点 (r_i, s_j, t_k) 处计算得到的, α_{ijk} 是依赖于 (r_i, s_j, t_k) 的值而给定的常数. 选择函数的采样点 (r_i, s_j, t_k) 及其加权因子 α_{ijk} 实现最佳精度的积分. 当然, 积分精度会随着采样点数的增加而提高. [348]

介绍该数值积分法的目的是为了说明一般等参格式的完整过程. 可能已经注意到该格式比较简单. 正是由于单元格式的简洁和以此在计算机上能实际计算出单元矩阵的高效性, 等参单元及其相关单元的开发工作吸引了大量的研究者.

现在可直接构造单元质量矩阵和载荷向量. 即将单元位移写成如下的形式

$$\mathbf{u}(r,s,t)=\mathbf{H}\hat{\mathbf{u}} \tag{5.31}$$

其中, $\mathbf{H}$ 是插值函数矩阵, 如式 (4.34) 至式 (4.37) 中那样, 得到

$$\mathbf{M}=\int_V \rho \mathbf{H}^{\mathrm{T}}\mathbf{H}\mathrm{d}V \tag{5.32}$$

$$\mathbf{R}_B=\int_V \mathbf{H}^{\mathrm{T}}\mathbf{f}^B\mathrm{d}V \tag{5.33}$$

$$\mathbf{R}_S=\int_S \mathbf{H}^{S^{\mathrm{T}}}\mathbf{f}^S\mathrm{d}S \tag{5.34}$$

$$\mathbf{R}_I=\int_V \mathbf{B}^{\mathrm{T}}\boldsymbol{\tau}^I\mathrm{d}V \tag{5.35}$$

这些矩阵采用数值积分进行计算, 正如同式 (5.30) 中刚度矩阵 $\mathbf{K}$ 的计算. 在计算中, 需要使用合适的函数 $\mathbf{F}$. 在计算体力向量 $\mathbf{R}_B$ 时, 可使用 $\mathbf{F}=\mathbf{H}^{\mathrm{T}}\mathbf{f}^B\det\mathbf{J}$; 对面力向量, 使用 $\mathbf{F}=\mathbf{H}^{S^{\mathrm{T}}}\mathbf{f}^S\det\mathbf{J}^S$; 对初始应力载荷向量, 使用 $\mathbf{F}=\mathbf{B}^{\mathrm{T}}\boldsymbol{\tau}^I\det\mathbf{J}$; 对于质量矩阵, 则使用 $\mathbf{F}=\rho\mathbf{H}^{\mathrm{T}}\mathbf{H}\det\mathbf{J}$.

这种构造方法是针对一维、二维和三维单元的. 我们现在考虑一些具体情况, 说明单元矩阵计算的细节.

例 5.2: 对于如图 E5.2 所示的 3 节点桁架单元, 推导位移插值矩阵 $\mathbf{H}$, 应变 – 位移插值矩阵 $\mathbf{B}$ 和 Jacobi 算子 $\mathbf{J}$.

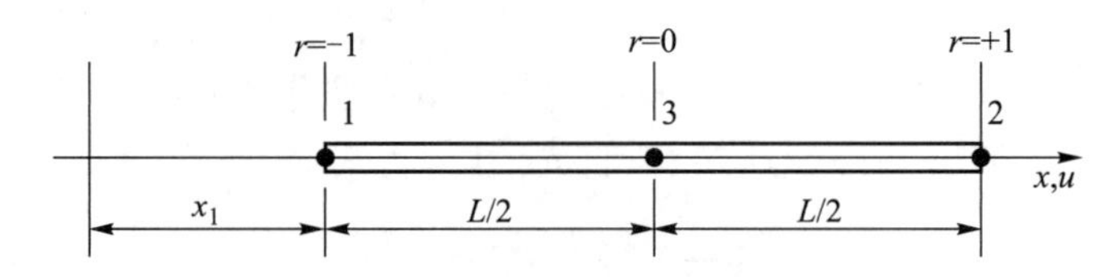

图 E5.2 节点 3 在单元中心的桁架单元

该单元的插值函数已在图 E5.1 中给出. 因此, 可得到

$$\mathbf{H}=\left[-\frac{r}{2}(1-r) \quad \frac{r}{2}(1+r) \quad (1-r^2)\right] \tag{a}$$

[349] 应变 – 位移矩阵 $\mathbf{B}$ 是通过对 $\mathbf{H}$ 关于 r 的微分和用 Jacobi 算子的逆阵左乘该微分式而得到的

$$\mathbf{B}=\mathbf{J}^{-1}\left[\left(-\frac{1}{2}+r\right) \quad \left(\frac{1}{2}+r\right) \quad -2r\right] \tag{b}$$

为了计算 **J**, 使用

$$x=-\frac{r}{2}(1-r)x_1+\frac{r}{2}(1+r)(x_1+L)+(1-r^2)\left(x_1+\frac{L}{2}\right)$$

因此,

$$x=x_1+\frac{L}{2}+\frac{L}{2}r \tag{c}$$

这里注意到, 因为节点 3 处于桁架的中心, x 在节点 1 和节点 2 间线性插值. 对几何插值, 只使用节点 1 和节点 2 会得到同样的结果. 现在使用式 (c), 得到

$$\mathbf{J}=\left[\frac{L}{2}\right] \tag{d}$$

和

$$\mathbf{J}^{-1}=\left[\frac{2}{L}\right];\det\mathbf{J}=\frac{L}{2}$$

利用式 (a) 至式 (d), 现在可以计算式 (5.27) 至式 (5.35) 中所有有限单元矩阵和向量.

例 5.3: 建立如图 E5.3 所示二维单元的 Jacobi 算子 **J**.

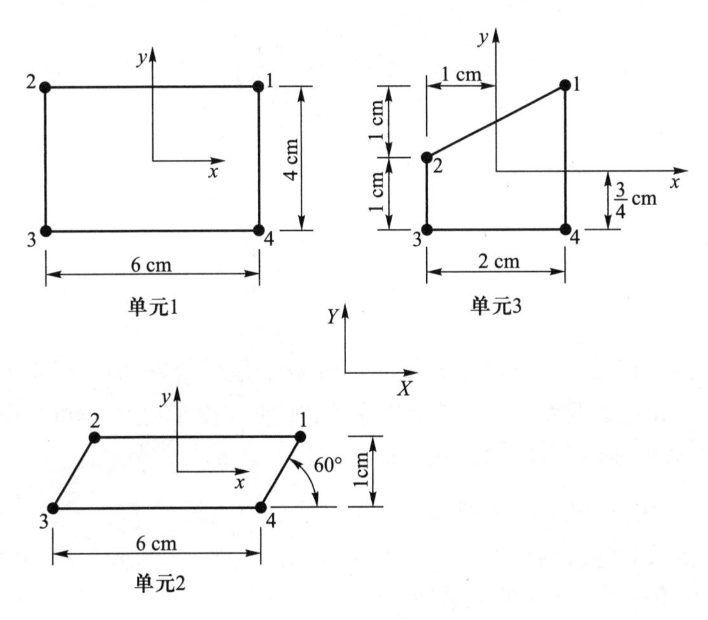

图 E5.3　一些二维单元

Jacobi 算子对于总体坐标 (X,Y) 和局部坐标 (x,y) 都是相同的. 为了方便, 使用局部坐标系. 对于单元 1, 将图 5.4 中的插值函数代入式 (5.18), 得到　[350]

$$x=3r;\quad y=2s$$

$$\mathbf{J}=\begin{bmatrix}3&0\\0&2\end{bmatrix}$$

类似地, 对单元 2 得到

$$x=\frac{1}{4}\left\{(1+r)(1+s)\left[3+1/(2\sqrt{3})\right]+(1-r)(1+s)\left[-(3-1/(2\sqrt{3}))\right]+\right.$$
$$\left.(1-r)(1-s)\left[-(3+1/(2\sqrt{3}))\right]+(1+r)(1-s)\left[3-1/(2\sqrt{3})\right]\right\};$$
$$y=\frac{1}{4}\left\{(1+r)(1+s)\left(\frac{1}{2}\right)+(1-r)(1+s)\left(\frac{1}{2}\right)+(1-r)(1-s)\left(-\frac{1}{2}\right)+\right.$$
$$\left.(1+r)(1-s)\left(-\frac{1}{2}\right)\right\};$$

因此,

$$\mathbf{J}=\begin{bmatrix}3 & 0\\ \dfrac{1}{2\sqrt{3}} & \dfrac{1}{2}\end{bmatrix}$$

同样, 对单元 3 有

$$x=\frac{1}{4}[(1+r)(1+s)(1)+(1-r)(1+s)\,(-1)+(1-r)(1-s)(-1)+$$
$$(1+r)(1-s)(+1)];$$
$$y=\frac{1}{4}\left[(1+r)(1+s)\left(\frac{5}{4}\right)+(1-r)(1+s)\left(\frac{1}{4}\right)+(1-r)(1-s)\left(-\frac{3}{4}\right)+\right.$$
$$\left.(1+r)(1-s)\left(-\frac{3}{4}\right)\right];$$

因此,

$$\mathbf{J}=\frac{1}{4}\begin{bmatrix}4 & (1+s)\\ 0 & (3+r)\end{bmatrix}$$

我们注意到, 2×2 方形单元的 Jacobi 算子是对角阵, 而一般单元的算子 $\mathbf{J}$ 的元素值表示了偏离 2×2 方形单元的扭曲量. 由于单元 1 和 2 中任意点 (r,s) 的扭曲量都是常数, 因此这些单元的算子 $\mathbf{J}$ 都是常数.

[351]

例 5.4: 建立如图 E5.4 所示二维单元的插值函数.

单个函数式通过组合对应于 r 和 s 方向的一次、二次和三次插值函数得到的. 因此使用图 5.3 中的函数, 得到

$$h_5=\left[\frac{1}{16}(-27r^3-9r^2+27r+9)\right]\left[\frac{1}{2}(1+s)\right]$$
$$h_6=\left[(1-r^2)+\frac{1}{16}(27r^3+7r^2-27r-7)\right]\left[\frac{1}{2}(1+s)\right]$$
$$h_2=\left[\frac{1}{2}(1-r)-\frac{1}{2}(1-r^2)+\frac{1}{16}(-9r^3+r^2+9r-1)\right]\left[\frac{1}{2}(1+s)\right]$$
$$h_3=\frac{1}{4}(1-r)(1-s)$$

$$h_7=\frac{1}{2}(1-s^2)(1+r)$$
$$h_4=\frac{1}{4}(1+r)(1-s)-\frac{1}{2}h_7$$
$$h_1=\frac{1}{4}(1+r)(1+s)-\frac{2}{3}h_5-\frac{1}{3}h_6-\frac{1}{2}h_7$$

其中构造的 h_1 如图 E5.4 所示, 是采用斜/俯视方式显示的.

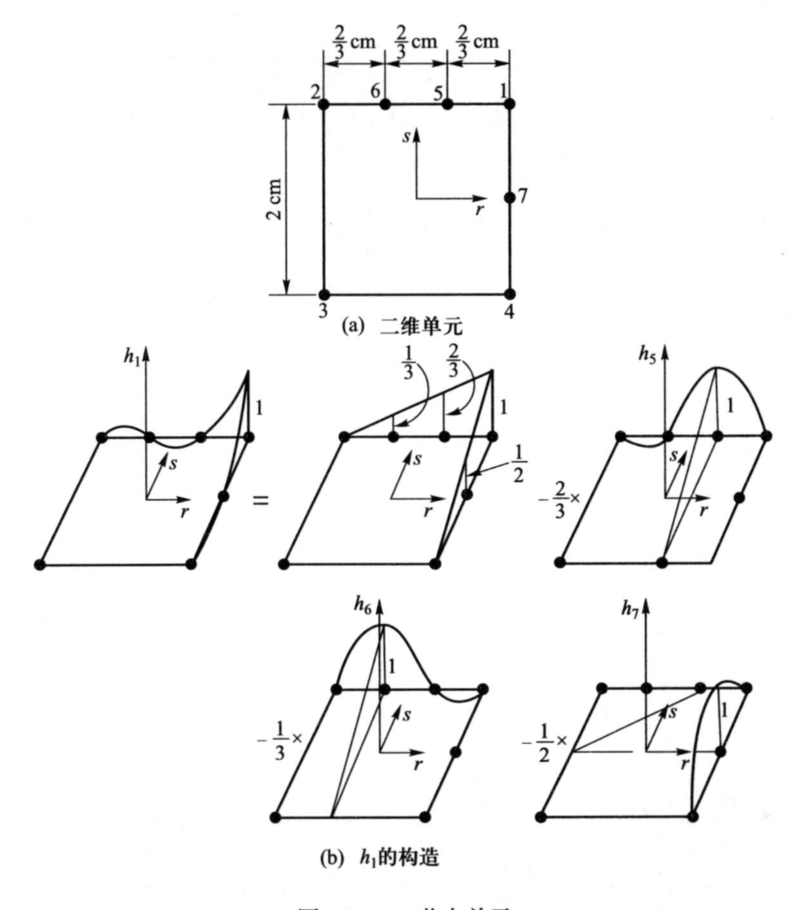

图 E5.4　7 节点单元

例 5.5: 推导图 E5.5 中计算等参 4 节点有限单元刚度矩阵所需的表达式. 假设为平面应力或平面应变条件.

使用图 5.4 中定义的插值函数 h_1、h_2、h_3 和 h_4, 对该单元, 式 (5.18) 给定的坐标插值函数如下

$$x=\frac{1}{4}(1+r)(1+s)x_1+\frac{1}{4}(1-r)(1+s)x_2+\frac{1}{4}(1-r)(1-s)x_3+\frac{1}{4}(1+r)(1-s)x_4;$$
$$y=\frac{1}{4}(1+r)(1+s)y_1+\frac{1}{4}(1-r)(1+s)y_2+\frac{1}{4}(1-r)(1-s)y_3+\frac{1}{4}(1+r)(1-s)y_4;$$

[352]

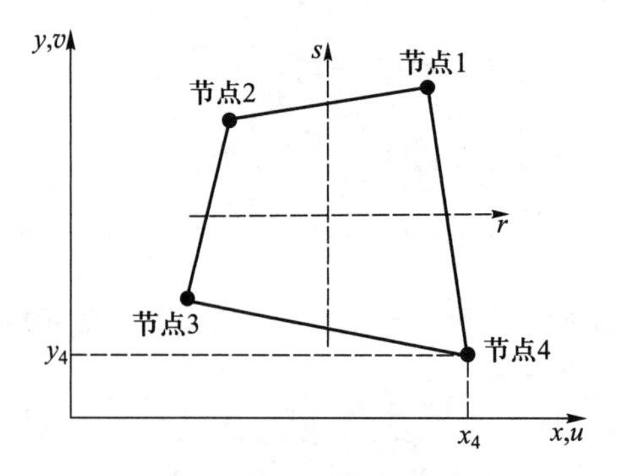

图 E5.5　二维 4 节点单元

式 (5.19) 给定的位移插值函数如下

$$u=\frac{1}{4}(1+r)(1+s)u_1+\frac{1}{4}(1-r)(1+s)u_2+\frac{1}{4}(1-r)(1-s)u_3+\frac{1}{4}(1+r)(1-s)u_4;$$
$$v=\frac{1}{4}(1+r)(1+s)v_1+\frac{1}{4}(1-r)(1+s)v_2+\frac{1}{4}(1-r)(1-s)v_3+\frac{1}{4}(1+r)(1-s)v_4;$$

单元的应变由下式给出

$$\boldsymbol{\varepsilon}^{\mathrm{T}}=[\varepsilon_{xx}\quad \varepsilon_{yy}\quad \gamma_{xy}]$$

其中,

$$\varepsilon_{xx}=\frac{\partial u}{\partial x};\quad \varepsilon_{yy}=\frac{\partial v}{\partial y};\quad \gamma_{xy}=\frac{\partial u}{\partial y}+\frac{\partial v}{\partial x}$$

为了计算位移导数, 需要计算式 (5.23)

$$\begin{bmatrix}\dfrac{\partial}{\partial r}\\ \dfrac{\partial}{\partial s}\end{bmatrix}=\begin{bmatrix}\dfrac{\partial x}{\partial r} & \dfrac{\partial y}{\partial r}\\ \dfrac{\partial x}{\partial s} & \dfrac{\partial y}{\partial s}\end{bmatrix}\begin{bmatrix}\dfrac{\partial}{\partial x}\\ \dfrac{\partial}{\partial y}\end{bmatrix}\quad 或\quad \frac{\partial}{\partial \mathbf{r}}=\mathbf{J}\frac{\partial}{\partial \mathbf{x}}$$

其中,

$$\frac{\partial x}{\partial r}=\frac{1}{4}(1+s)x_1-\frac{1}{4}(1+s)x_2-\frac{1}{4}(1-s)x_3+\frac{1}{4}(1-s)x_4$$
$$\frac{\partial x}{\partial s}=\frac{1}{4}(1+r)x_1+\frac{1}{4}(1-r)x_2-\frac{1}{4}(1-r)x_3-\frac{1}{4}(1+r)x_4$$
$$\frac{\partial y}{\partial r}=\frac{1}{4}(1+s)y_1-\frac{1}{4}(1+s)y_2-\frac{1}{4}(1-s)y_3+\frac{1}{4}(1-s)y_4$$
$$\frac{\partial y}{\partial s}=\frac{1}{4}(1+r)y_1+\frac{1}{4}(1-r)y_2-\frac{1}{4}(1-r)y_3-\frac{1}{4}(1+r)y_4$$

因此, 对于 -1 到 $+1$ 中的任意 r 和 s, 都可以使用表达式 $\partial x/\partial r$, $\partial x/\partial s$ 和 $\partial y/\partial r$, $\partial y/\partial s$ 构成 Jacobi 算子 $\mathbf{J}$. 假设在 $r=r_i$ 和 $s=s_i$ 处计算 $\mathbf{J}$, 而用 $\mathbf{J}_{ij}$ 表示算子 $\mathbf{J}$, $\det\mathbf{J}_{ij}$ 表示行列式. 则有

$$\begin{bmatrix}\dfrac{\partial}{\partial x}\\ \dfrac{\partial}{\partial y}\end{bmatrix}_{\text{在 } r=r_i \atop s=s_j}=\mathbf{J}_{ij}^{-1}\begin{bmatrix}\dfrac{\partial}{\partial r}\\ \dfrac{\partial}{\partial s}\end{bmatrix}_{\text{在 } r=r_i \atop s=s_j}$$

为了计算单元应变, 使用如下公式 [353]

$$
\begin{aligned}
\frac{\partial u}{\partial r} &= \frac{1}{4}(1+s)u_1 - \frac{1}{4}(1+s)u_2 - \frac{1}{4}(1-s)u_3 + \frac{1}{4}(1-s)u_4 \\
\frac{\partial u}{\partial s} &= \frac{1}{4}(1+r)u_1 + \frac{1}{4}(1-r)u_2 - \frac{1}{4}(1-r)u_3 - \frac{1}{4}(1+r)u_4 \\
\frac{\partial v}{\partial r} &= \frac{1}{4}(1+s)v_1 - \frac{1}{4}(1+s)v_2 - \frac{1}{4}(1-s)v_3 + \frac{1}{4}(1-s)v_4 \\
\frac{\partial v}{\partial s} &= \frac{1}{4}(1+r)v_1 + \frac{1}{4}(1-r)v_2 - \frac{1}{4}(1-r)v_3 - \frac{1}{4}(1+r)v_4
\end{aligned}
$$

因此,

$$
\begin{bmatrix} \dfrac{\partial u}{\partial x} \\ \dfrac{\partial u}{\partial y} \end{bmatrix}_{\text{在 } \substack{r=r_i \\ s=s_j}} = \frac{1}{4}\mathbf{J}_{ij}^{-1} \begin{bmatrix} 1+s_j & 0 & -(1+s_j) & 0 & -(1-s_j) & 0 & 1-s_j & 0 \\ 1+r_i & 0 & 1-r_i & 0 & -(1-r_i) & 0 & -(1+r_i) & 0 \end{bmatrix} \widehat{\mathbf{u}} \quad \text{(a)}
$$

$$
\begin{bmatrix} \dfrac{\partial v}{\partial x} \\ \dfrac{\partial v}{\partial y} \end{bmatrix}_{\text{在 } \substack{r=r_i \\ s=s_j}} = \frac{1}{4}\mathbf{J}_{ij}^{-1} \begin{bmatrix} 0 & 1+s_j & 0 & -(1+s_j) & 0 & -(1-s_j) & 0 & 1-s_j \\ 0 & 1+r_i & 0 & 1-r_i & 0 & -(1-r_i) & 0 & -(1+r_i) \end{bmatrix} \widehat{\mathbf{u}} \quad \text{(b)}
$$

其中,

$$
\widehat{\mathbf{u}} = \begin{bmatrix} u_1 & v_1 & u_2 & v_2 & u_3 & v_3 & u_4 & v_4 \end{bmatrix}
$$

计算式 (a) 和式 (b), 可以建立点 $(r_i,\ s_j)$ 处的应变 – 位移转换矩阵; 即得到

$$
\boldsymbol{\varepsilon}_{ij} = \mathbf{B}_{ij}\widehat{\mathbf{u}}
$$

其中, 下标 i 和 j 表示应变 – 位移转换是在点 (r_i, s_j) 处计算的. 例如, 如果 $x = r,\ y = s$(即一个方形单元的刚度矩阵要求边长为 2), Jacobi 算子是单位矩阵, 因此

$$
\mathbf{B}_{ij} = \frac{1}{4}\begin{bmatrix} 1+s_j & 0 & -(1+s_j) & 0 & -(1-s_j) & 0 & 1-s_j & 0 \\ 0 & 1+r_i & 0 & 1-r_i & 0 & -(1-r_i) & 0 & -(1+r_i) \\ 1+r_i & 1+s_j & 1-r_i & -(1+s_j) & -(1-r_i) & -(1-s_j) & -(1+r_i) & 1-s_j \end{bmatrix}
$$

式 (5.30) 中的矩阵 $\mathbf{F}_{ij}$ 可以简化为

$$
\mathbf{F}_{ij} = \mathbf{B}_{ij}^{\mathrm{T}}\mathbf{C}\mathbf{B}_{ij}\det\mathbf{J}_{ij}
$$

其中, 表 4.3 中给出材料特性矩阵 $\mathbf{C}$. 在平面应力或平面应变条件下, 在 rs 平面上积分, 且假设在单元的整个厚度方向上函数 $\mathbf{F}$ 是常数. 因此单元的刚度矩阵如下

$$
\mathbf{K} = \sum_{i,j} t_{ij}\alpha_{ij}\mathbf{F}_{ij}
$$

[354] 其中, t_{ij} 是单元在采样点 (r_i, s_j) 处的厚 度 (在平面应变分析中 $t_{ij} = 1.0$). 在给定矩阵 $\mathbf{F}_{ij}$ 和加权因子 α_{ij} 可用的情况下, 能方便地计算所需的刚度矩阵.

在实际应用中, 应该注意到在计算 $\mathbf{J}_{ij}$、式 (a) 和式 (b) 定义的位移导数矩阵时, 只要求插值函数 $h_1, \cdots, h_4$ 的 8 个可能的导数. 因此, 最好在开始计算 $\mathbf{B}_{ij}$ 时就计算与点 (r_i, s_j) 对应的导数, 且在任何需要它们的时候使用之.

另外应指出, 考虑到特定的点 (r_i, s_j), 式 (a) 和式 (b) 应分别写为如下形式

$$\left.\begin{aligned} \frac{\partial u}{\partial x} &= \sum_{i=1}^{4} \frac{\partial h_i}{\partial x} u_i \\ \frac{\partial u}{\partial y} &= \sum_{i=1}^{4} \frac{\partial h_i}{\partial y} u_i \end{aligned}\right\} \tag{c}$$

和

$$\left.\begin{aligned} \frac{\partial v}{\partial x} &= \sum_{i=1}^{4} \frac{\partial h_i}{\partial x} v_i \\ \frac{\partial v}{\partial y} &= \sum_{i=1}^{4} \frac{\partial h_i}{\partial y} v_i \end{aligned}\right\} \tag{d}$$

因此, 有

$$\mathbf{B} = \begin{bmatrix} \frac{\partial h_1}{\partial x} & 0 & \frac{\partial h_2}{\partial x} & 0 & \frac{\partial h_3}{\partial x} & 0 & \frac{\partial h_4}{\partial x} & 0 \\ 0 & \frac{\partial h_1}{\partial y} & 0 & \frac{\partial h_2}{\partial y} & 0 & \frac{\partial h_3}{\partial y} & 0 & \frac{\partial h_4}{\partial y} \\ \frac{\partial h_1}{\partial y} & \frac{\partial h_1}{\partial x} & \frac{\partial h_2}{\partial y} & \frac{\partial h_2}{\partial x} & \frac{\partial h_3}{\partial y} & \frac{\partial h_3}{\partial x} & \frac{\partial h_4}{\partial y} & \frac{\partial h_4}{\partial x} \end{bmatrix} \tag{e}$$

其中, 式 (c) 和式 (d) 表明导数是在点 (r_i, s_j) 处计算的, 从式 (e) 得到矩阵 $\mathbf{B}_{ij}$.

例 5.6: 推导计算例 5.5 中所考虑单元的质量矩阵所需的表达式.

该单元的质量矩阵由下式给出

$$\mathbf{M} = \sum_{i,j} \alpha_{ij} t_{ij} \mathbf{F}_{ij}$$

其中,

$$\mathbf{F}_{ij} = \rho_{ij} \mathbf{H}_{ij}^{\mathrm{T}} \mathbf{H}_{ij} \det \mathbf{J}_{ij}$$

$\mathbf{H}_{ij}$ 是位移插值矩阵. 已在例 5.5 中给出了 4 节点单元 u 和 v 的位移插值函数, 有

$$\mathbf{H}_{ij} = \frac{1}{4} \left[\begin{matrix} (1+r_i)(1+s_j) & 0 & (1-r_i)(1+s_j) & 0 \\ 0 & (1+r_i)(1+s_j) & 0 & (1-r_i)(1+s_j) \end{matrix} \right.$$
$$\left. \begin{matrix} (1-r_i)(1-s_j) & 0 & (1+r_i)(1-s_j) & 0 \\ 0 & (1-r_i)(1-s_j) & 0 & (1+r_i)(1-s_j) \end{matrix} \right]$$

在例 5.5 中已经给出 Jacobi 矩阵的行列式 $\det\mathbf{J}_{ij}$, ρ_{ij} 是采样点 (r_i, s_j) 处的质量密度. 因此, 已经定义了计算质量矩阵所需的所有变量. [355]

例 5.7: 推导计算例 5.5 中所考虑单元的体力向量 $\mathbf{R}_B$ 和初始应力向量 $\mathbf{R}_I$ 所需的表达式.

这些向量可以利用例 5.5 中定义的矩阵 $\mathbf{H}_{ij}$、$\mathbf{B}_{ij}$ 和 $\mathbf{J}_{ij}$ 得到, 即, 有

$$\mathbf{R}_B = \sum_{i,j} \alpha_{ij} t_{ij} \mathbf{H}_{ij}^{\mathrm{T}} \mathbf{f}_{ij}^B \det \mathbf{J}_{ij}$$

$$\mathbf{R}_I = \sum_{i,j} \alpha_{ij} t_{ij} \mathbf{B}_{ij}^{\mathrm{T}} \boldsymbol{\tau}_{ij}^I \det \mathbf{J}_{ij}$$

其中, $\mathbf{f}_{ij}^B$ 和 $\boldsymbol{\tau}_{ij}^I$ 是在积分采样点处计算出的体力向量和初始应力向量.

例 5.8: 考虑例 5.5 中 4 节点等参单元, 它的边 1-2 按图 E5.8 所示的方式加载时, 推导计算面力向量 $\mathbf{R}_s$ 所需的表达式.

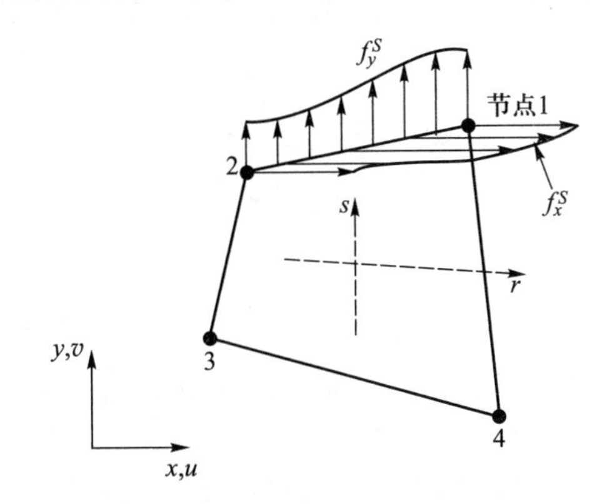

图 E5.8　沿一个 4 节点单元 1-2 边的面力分布

第一步是建立位移插值函数. 由于在边 1-2 中 $s=+1$, 故我们使用例 5.5 中给出的插值函数, 得到

$$u^S = \frac{1}{2}(1+r)u_1 + \frac{1}{2}(1-r)u_2$$

$$v^S = \frac{1}{2}(1+r)v_1 + \frac{1}{2}(1-r)v_2$$

因此, 我们可使用下式计算式 (5.34) 中的 $\mathbf{R}_s$

$$\mathbf{H}^S = \begin{bmatrix} \frac{1}{2}(1+r) & 0 & \frac{1}{2}(1-r) & 0 & 0 & 0 & 0 & 0 \\ 0 & \frac{1}{2}(1+r) & 0 & \frac{1}{2}(1-r) & 0 & 0 & 0 & 0 \end{bmatrix}$$

和

$$\mathbf{f}^S = \begin{bmatrix} f_x^S \\ f_y^S \end{bmatrix}$$

[356] 其中, f_x^S 和 f_y^S 是作用的面力 x 和 y 的分量. 这些分量可以按 r 的函数形式给出.

为了计算式 (5.34) 中的积分, 我们也要用 rs 自然坐标系表示表面积微元 $\mathrm{d}S$. 如果 t_r 是厚度, $\mathrm{d}S = t_r \mathrm{d}l$, 其中, $\mathrm{d}l$ 是微元长度

$$\mathrm{d}l = \det \mathbf{J}^S \mathrm{d}r; \quad \det \mathbf{J}^S = \left[\left(\frac{\partial x}{\partial r}\right)^2 + \left(\frac{\partial y}{\partial r}\right)^2\right]^{1/2}$$

而在例 5.5 中已给出了导数 $\partial x/\partial r$ 和 $\partial y/\partial r$. 利用 $s = +1$, 得到

$$\frac{\partial x}{\partial r} = \frac{x_1 - x_2}{2}; \quad \frac{\partial y}{\partial r} = \frac{y_1 - y_2}{2}$$

尽管向量 $\mathbf{R}_S$ 此时可按封闭解的形式算出 (只要用于 $\mathbf{f}^S$ 中的函数是简单的), 但为了在求解 $\mathbf{R}_S$ 的程序中能保持一般性, 最好使用数值积分. 这样在一个程序中可以很好地实现可变节点数单元的计算. 因此, 使用本节定义的符号, 可以得到

$$\mathbf{R}_S = \sum_i \alpha_i t_{ri} \mathbf{F}_i$$
$$\mathbf{F}_i = \mathbf{H}_i^{S\mathrm{T}} \mathbf{f}_i^S \det \mathbf{J}_i^S$$

应指出在此情况下, 只需要一维数值积分, 因为 s 不是一个变量.

例 5.9: 当所考虑的单元是轴对称单元时, 解释如何需要修改例 5.5 至例 5.7 中给出的表达式.

在此情况下, 两项修改是需要的. 首先, 考虑结构的 1 个弧度. 因此, 在所有积分中所采用的厚度都与 1 弧度相对应, 这意味着在一个积分点处的厚度等于该点的半径

$$t_{ij} = \sum_{k=1}^{4} h_k|_{r_i, s_j} x_k \tag{a}$$

第二, 注意到, 产生了周向应变和周向应力 (见表 4.2). 因此, 对于周向应变 u/R, 应变 – 位移矩阵必须扩大一行, 即有

$$\mathbf{B} = \begin{bmatrix} \cdots & & & & & & & \cdots \\ \dfrac{h_1}{t} & 0 & \dfrac{h_2}{t} & 0 & \dfrac{h_3}{t} & 0 & \dfrac{h_4}{t} & 0 \end{bmatrix} \tag{b}$$

其中, 已经在例 5.5 中定义前三行, 以及 t 等于半径. 为了获得在积分点 (i, j) 处的应变 – 位移矩阵, 使用式 (a) 计算 t, 并代入式 (b) 中.

例 5.10: 如图 E5.10 所示 4 节点轴对称有限元, 在中间受到离心载荷, 计算节点力.

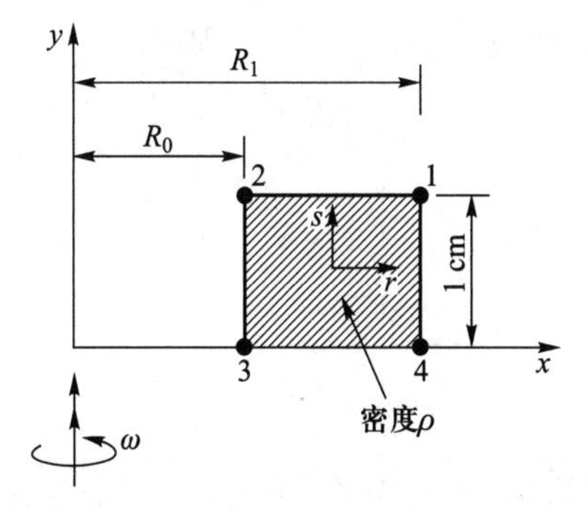

[357]

图 E5.10　以角速度 $\omega/(\mathrm{rad\cdot s^{-1}})$ 转动的 4 节点轴对称单元

这里要计算

$$\mathbf{R}_B=\int_V \mathbf{H}^{\mathrm{T}}\mathbf{f}^B\mathrm{d}V$$

其中,

$$f_x^B=\rho\omega^2 R;\quad f_y^B=0$$

$$R=\frac{1}{2}(1-r)R_0+\frac{1}{2}(1+r)R_1$$

$$\mathbf{H}=\begin{bmatrix} h_1 & 0 & h_2 & 0 & h_3 & 0 & h_4 & 0\\ 0 & h_1 & 0 & h_2 & 0 & h_3 & 0 & h_4\end{bmatrix};\quad \mathbf{J}=\begin{bmatrix}\dfrac{R_1-R_0}{2} & 0\\ 0 & \dfrac{1}{2}\end{bmatrix}$$

和在图 5.4 中定义了 h_i. 同样, 考虑 1 弧度

$$\mathrm{d}V=\det\mathbf{J}\mathrm{d}r\mathrm{d}sR=\left(\frac{R_1-R_0}{4}\right)\mathrm{d}r\mathrm{d}s\left(\frac{R_1+R_0}{2}+\frac{R_1-R_0}{2}r\right)$$

因此,

$$\mathbf{R}_B=\frac{\rho\omega^2(R_1-R_0)}{64}\int_{r=-1}^{+1}\int_{s=-1}^{+1}\begin{bmatrix}(1+r)(1+s) & 0\\ 0 & (1+r)(1+s)\\ (1-r)(1+s) & 0\\ 0 & (1-r)(1+s)\\ (1-r)(1-s) & 0\\ 0 & (1-r)(1-s)\\ (1+r)(1-s) & 0\\ 0 & (1+r)(1-s)\end{bmatrix}$$

$$[(R_1+R_0)+(R_1-R_0)r]^2\begin{bmatrix}1\\0\end{bmatrix}\mathrm{d}r\mathrm{d}s$$

如果令 $A=R_1+R_0$ 和 $B=R_1-R_0$, 则有

$$\mathbf{R}_B=\frac{\rho\omega^2 B}{64}\begin{bmatrix}\frac{2}{3}(6A^2+4AB+2B^2)\\0\\\frac{2}{3}(6A^2-4AB+2B^2)\\0\\\frac{2}{3}(6A^2-4AB+2B^2)\\0\\\frac{2}{3}(6A^2+4AB+2B^2)\\0\end{bmatrix}$$

[358] **例 5.11**: 如图 E5.11 所示的 4 节点平面应力单元受到给定的分布温度作用. 如果无应力状态下的温度为 θ_0, 计算单元应受到的节点力, 从而保证没有节点位移.

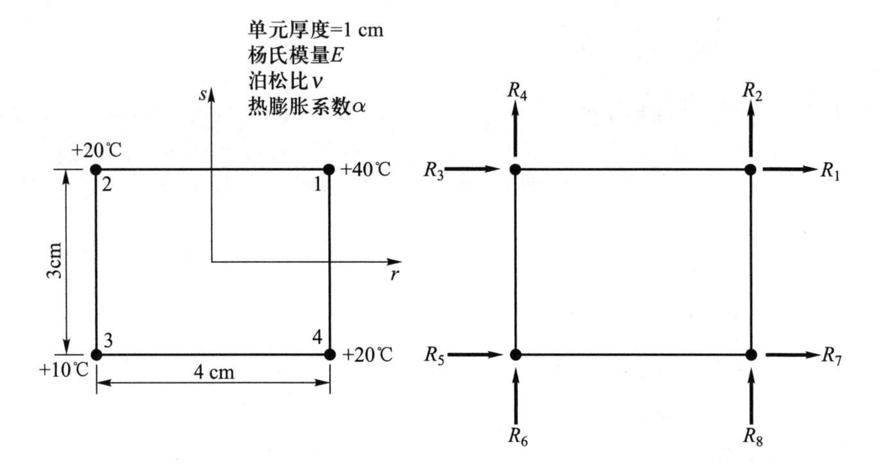

图 E5.11　初始温度分布引起的节点力

在这种情况下, 根据总应变 $\boldsymbol{\varepsilon}$ 和热应变 $\boldsymbol{\varepsilon}^{\text{th}}$, 得到总应力

$$\boldsymbol{\tau}=\mathbf{C}(\boldsymbol{\varepsilon}-\boldsymbol{\varepsilon}^{\text{th}}) \tag{a}$$

其中, $\varepsilon_{xx}^{\text{th}}=\alpha(\theta-\theta_0)$, $\varepsilon_{yy}^{\text{th}}=\alpha(\theta-\theta_0)$, $\gamma_{yy}^{\text{th}}=0$. 如果节点位移为 0, 我们得到 $\boldsymbol{\varepsilon}=\mathbf{0}$, 由热应变引起的应力可当做初始应力. 因此, 节点力为

$$\mathbf{R}_I=\int_V \mathbf{B}^{\text{T}}\boldsymbol{\tau}^I\text{d}V$$

$$\boldsymbol{\tau}^I=-\frac{E\alpha}{1-\nu^2}\begin{bmatrix}1&\nu&0\\\nu&1&0\\0&0&\frac{1-\nu}{2}\end{bmatrix}\begin{bmatrix}1\\1\\0\end{bmatrix}\left\{\left(\sum_{i=1}^{4}h_i\theta_i\right)-\theta_0\right\}$$

其中, h_i 为在图 5.4 中定义的插值函数. 同理有

$$\mathbf{J}=\begin{bmatrix}2 & 0\\ 0 & 1.5\end{bmatrix};\quad \mathbf{J}^{-1}=\begin{bmatrix}\frac{1}{2} & 0\\ 0 & \frac{2}{3}\end{bmatrix};\quad \det\mathbf{J}=3$$

$$\mathbf{B}=\begin{bmatrix}\frac{1+s}{8} & 0 & -\frac{1+s}{8} & 0 & -\frac{1-s}{8} & 0 & \frac{1-s}{8} & 0\\ 0 & \frac{1+r}{6} & 0 & \frac{1-r}{6} & 0 & -\frac{1-r}{6} & 0 & -\frac{1+r}{6}\\ \frac{1+r}{6} & \frac{1+s}{8} & \frac{1-r}{6} & -\frac{1+s}{8} & -\frac{1-r}{6} & -\frac{1-s}{8} & -\frac{1+r}{6} & \frac{1-s}{8}\end{bmatrix}$$

因此, [359]

$$\mathbf{R}_I=\int_{-1}^{+1}\int_{-1}^{+1}-\begin{bmatrix}\frac{1+s}{8} & 0 & \frac{1+r}{6}\\ 0 & \frac{1+r}{6} & \frac{1+s}{8}\\ -\frac{1+s}{8} & 0 & \frac{1-r}{6}\\ 0 & \frac{1-r}{6} & -\frac{1+s}{8}\\ -\frac{1-s}{8} & 0 & -\frac{1-r}{6}\\ 0 & -\frac{1-r}{6} & -\frac{1-s}{8}\\ \frac{1-s}{8} & 0 & -\frac{1+r}{6}\\ 0 & -\frac{1+r}{6} & \frac{1-s}{8}\end{bmatrix}\begin{bmatrix}1+\nu\\ 1+\nu\\ 0\end{bmatrix}\frac{E\alpha}{1-\nu^2}$$
$$[2.5(s+3)(r+3)-\theta_0]3\mathrm{d}r\mathrm{d}s$$

$$\mathbf{R}_I=-\frac{E\alpha}{1-\nu}\begin{bmatrix}37.5-1.5\theta_0\\ 50-2\theta_0\\ -37.5+1.5\theta_0\\ 40-2\theta_0\\ -30+1.5\theta_0\\ -40+2\theta_0\\ 30-1.5\theta_0\\ -50+2\theta_0\end{bmatrix}$$

在此处进行的初始应力向量的计算是热应力分析的一个典型步骤. 在一个完整的热应力分析中, 按第 7.2 节中描述的方法计算温度, 由于温度影响产生的单元载荷向量用此例中的方法计算, 整个单元组合体的平衡方程式 (4.17) 的解得出节点位移. 可从节点位移中计算单元的总应变 ε, 则使用式 (a) 算出最终的单元应力.

[360]

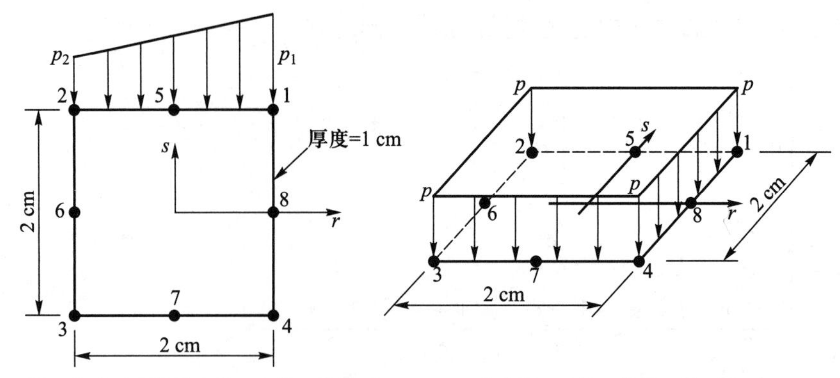

(a) 沿一条边受到线性变化压力的二维单元　　(b) 受到常压力的三维单元的平表面

图 E5.12　受到压力载荷作用的二维和三维单元

例 5.12: 考虑如图 E5.12 所示的单元. 计算与表面载荷对应的一致节点力 (假设按压力作用的方向, 节点力为正).

在此处, 要计算

$$\mathbf{R}_S = \int_S \mathbf{H}^{S^{\mathrm{T}}} \mathbf{f}^S \mathrm{d}S$$

首先考虑二维单元. 由于在边 1-2 中, $s = +1$, 使用 8 节点单元的插值函数, 如图 5.4 所示, 得到

$$h_5 = \frac{1}{2}(1 - r^2)(1 + s)|_{s=+1} = 1 - r^2$$

$$h_1 = \frac{1}{4}(1 + r)(1 + s)(r + s - 1)|_{s=+1} = \frac{1}{2}r(1 + r)$$

$$h_2 = \frac{1}{4}(1 - r)(1 + s)(s - r - 1)|_{s=+1} = -\frac{1}{2}r(1 - r)$$

上式等同于图 E5.2 中 3 节点桁架的插值函数. 因此

$$\begin{bmatrix} u^S \\ v^S \end{bmatrix} = \begin{bmatrix} \frac{1}{2}r(1+r) & 0 & -\frac{1}{2}r(1-r) & 0 & (1-r^2) & 0 \\ 0 & \frac{1}{2}r(1+r) & 0 & -\frac{1}{2}r(1-r) & 0 & (1-r^2) \end{bmatrix} \begin{bmatrix} u_1 \\ v_1 \\ u_2 \\ v_2 \\ u_5 \\ v_5 \end{bmatrix}$$

类似地,

$$\mathbf{f}^S = \begin{bmatrix} f_r^S \\ f_s^S \end{bmatrix} = \begin{bmatrix} 0 \\ \frac{1}{2}(1+r)p_1 + \frac{1}{2}(1-r)p_2 \end{bmatrix}; \quad \det \mathbf{J}^S = 1$$

因此,

$$
\mathbf{R}_S = \int_{-1}^{+1} \frac{t}{2} \begin{bmatrix} r(1+r) & 0 \\ 0 & r(1+r) \\ -r(1-r) & 0 \\ 0 & -r(1-r) \\ 2(1-r^2) & 0 \\ 0 & 2(1-r^2) \end{bmatrix} \frac{1}{2} \begin{bmatrix} 0 \\ (1+r)p_1 + (1-r)p_2 \end{bmatrix} \mathrm{d}r
$$

[361]

$$
\mathbf{R}_S = \frac{1}{3} \begin{bmatrix} 0 \\ p_1 \\ 0 \\ p_2 \\ 0 \\ 2(p_1+p_2) \end{bmatrix} \tag{a}
$$

再考虑三维单元, 可采用类似的方法. 由于该表面是平的, 以及载荷与其垂直, 因而只有垂直于表面的节点力非零 (也见式 (a)). 由对称性, 我们知道节点 1、2、3、4 和节点 5、6、7、8 处的节点力是分别相等的. 使用图 5.4 中的插值函数, 得到节点 1 处的力

$$
R_1 = p \int_{-1}^{+1} \int_{-1}^{+1} \frac{1}{4}(1+r)(1+s)(r+s-1)\mathrm{d}r\mathrm{d}s = -\frac{1}{3}p
$$

和节点 5 的力

$$
R_5 = p \int_{-1}^{+1} \int_{-1}^{+1} \frac{1}{2}(1-r^2)(1+s)\mathrm{d}r\mathrm{d}s = \frac{4}{3}p
$$

表面上总压力载荷为 $4p$, 经检验, 它等于所有节点力的和. 但应该指出, 单元角点处的一致节点力作用方向与压力方向相反!

例 5.13: 计算如图 E5.13 所示结构模型的挠度 u_A.

由于对称和边界条件, 只需要计算对应于 u_A 的刚度系数. 对 4 节点单元的矩阵, 有

$$
\mathbf{J} = \begin{bmatrix} 4 & 0 \\ 0 & 3 \end{bmatrix}; \qquad \mathbf{B} = \frac{1}{48} \begin{bmatrix} \cdots & 3(1-s) & \cdots \\ & 0 & \\ & -4(1+r) & \end{bmatrix}
$$

$$
k_{77} = \int_{-1}^{+1} \int_{-1}^{+1} \left(\frac{1}{48}\right)^2 \frac{E}{1-\nu^2} [3(1-s) \;\vdots\; 0 \;\vdots\; -4(1+r)] \begin{bmatrix} 3(1-s) \\ 3\nu(1-s) \\ -2(1-\nu)(1+r) \end{bmatrix} (12)(0.1)\mathrm{d}r\mathrm{d}s
$$

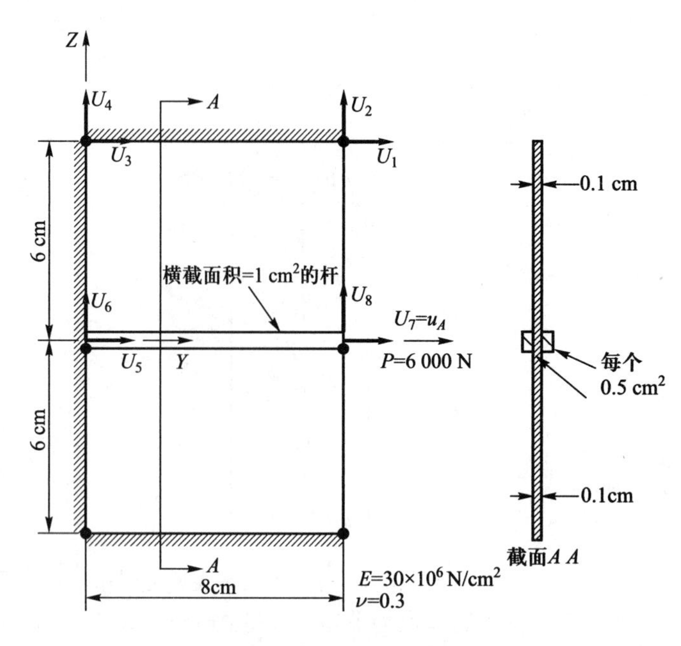

图 E5.13　一个简单的结构模型

[362]　或

$$k_{77} = 1\,336\,996.34 \text{ N/cm}$$

类似地, 桁架的刚度是 AE/L, 或者

$$k = \frac{(1)(30 \times 10^6)}{8} = 3\,750\,000 \text{ N/cm}$$

因此,

$$k_{\text{total}} = 6.424 \times 10^6 \text{ N/cm}$$

和

$$u_A = 9.34 \times 10^{-4} \text{ cm}$$

例 5.14: 考虑如图 E5.14 所示的 5 节点单元. 计算对应于所给应力的一致节点力.

使用图 5.4 中的插值函数, 可算出单元的应变 – 位移矩阵

$$\mathbf{B} = \frac{1}{8}\begin{bmatrix} (1+s) & 0 & -s(1+s) & 0 & s(1-s) & 0 & (1-s) & 0 & -2(1-s^2) & 0 \\ 0 & 2(1+r) & 0 & 2(1-r)(1+2s) & 0 & -2(1-r)(1-2s) & 0 & -2(1+r) & 0 & -8(1-r)s \\ 2(1+r) & (1+s) & 2(1-r)(1+2s) & -s(1+s) & -2(1-r)(1-2s) & s(1-s) & -2(1+r) & (1-s) & -8(1-r)s & -2(1-s^2) \end{bmatrix}$$

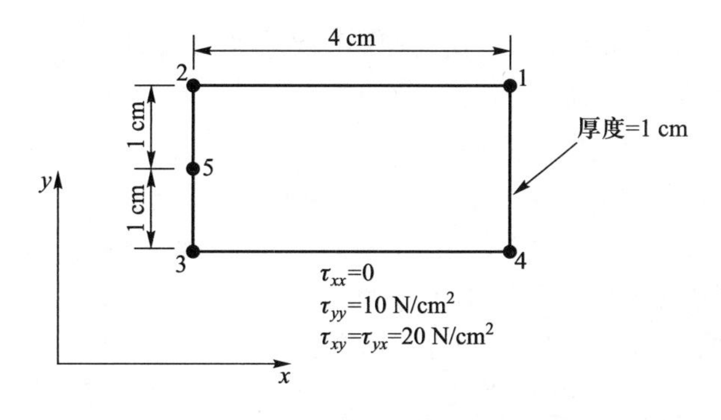

图 E5.14　给定应力的 5 节点单元

其中, 使用　　[363]

$$\mathbf{J} = \begin{bmatrix} 2 & 0 \\ 0 & 1 \end{bmatrix}$$

现在可以使用式 (5.35) 计算需要的节点力; 因此,

$$\mathbf{R}_I = \int_{-1}^{+1}\int_{-1}^{+1} \mathbf{B}^{\mathrm{T}} \begin{bmatrix} 0 \\ 10 \\ 20 \end{bmatrix} (2)\mathrm{d}r\mathrm{d}s$$

该式给出

$$\mathbf{R}_I^{\mathrm{T}} = \left[40\ 40\ 40\ \frac{40}{3}\ -40\ -\frac{80}{3}\ -40\ 0\ 0\ -\frac{80}{3} \right]$$

应指出, 该向量中的力也等于对应于 (常) 面力的一致节点力, 该一致节点力与图 E5.14 中给出的内部应力平衡.

前面我们简要地提到了使用亚参单元的可能性: 即几何坐标以低于位移的阶数进行插值. 在上述的例子中, 对应于高阶插值函数 (对二维单元的节点 5 或更高的节点) 的节点总是被置于它们的 "自然" 位置中, 从而得到相同的 Jacobi 矩阵, 对于几何插值, 只采用 "基本" 的低阶函数. 因此, 在这种情况下, 亚参二维单元的几何插值函数仅使用四个角节点, 给出与等参单元相同的单元矩阵. 例如, 在例 5.14 中, 仅使用基本 4 节点插值函数就可得到相同的 Jacobi 矩阵 $\mathbf{J}$, 而亚参单元的向量 $\mathbf{R}_I$ (对于几何插值使用四个角节点, 对于位移插值使用五个节点) 将会与等参 5 节点单元相同.

但当使用亚参单元降低计算量的同时也会限制有限单元离散化的通用性, 而且会使几何非线性分析的求解步骤复杂化 (通过对先前的几何增加位移将会得到单元的新几何形状; 见第 6 章).

5.3.2　三角形元

在第 5.3.1 节中, 讨论了能够用来建模相当一般的几何形状的四边形等参单元. 但在一些情况下使用三角或楔形单元会更具有吸引力. 可使用不同的方法构造三角形元, 我们将在这一节中简要地讨论该方法.

1. 通过折缩四边形单元构造三角形元

由于第 5.3.1 节中讨论的单元可以被扭曲, 如图 5.2 中所示, 因此产生三角形元的一个自然的方法就是简单地将基本四边形单元扭曲成所需的三角形式, 如图 5.7 所示. 在实践中, 这是通过将单元的两个角节点设定为相同的全局节点实现的. 我们在例 5.5 中说明这个过程.

[364]

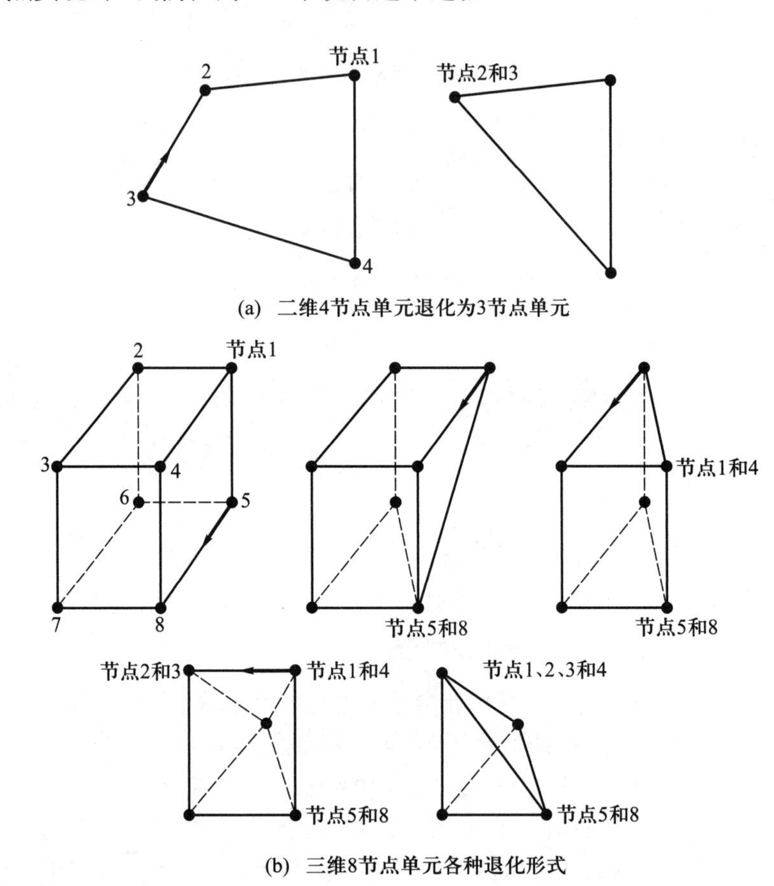

图 5.7　图 5.4 和图 5.5 中 4 节点和 8 节点单元的退化形式

[365]

例 5.15: 说明通过折缩如图 E5.15 所示的 4 节点四边形单元 的 1-2 边得到一个常应变三角形.

使用图 5.4 中的插值函数, 得到

$$x=\frac{1}{4}(1+r)(1+s)x_1+\frac{1}{4}(1-r)(1+s)x_2+\frac{1}{4}(1-r)(1-s)x_3+\frac{1}{4}(1+r)(1-s)x_4$$

$$y=\frac{1}{4}(1+r)(1+s)y_1+\frac{1}{4}(1-r)(1+s)y_2+\frac{1}{4}(1-r)(1-s)y_3+\frac{1}{4}(1+r)(1-s)y_4$$

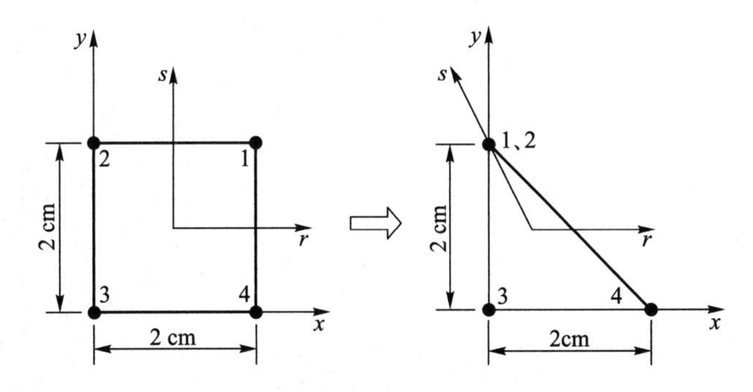

图 E5.15　将一个平面应力 4 节点单元折缩为一个三角形元

因此, 使用条件 $x_1 = x_2$ 和 $y_1 = y_2$, 得到

$$
\begin{aligned}
x &= \frac{1}{2}(1+s)x_2 + \frac{1}{4}(1-r)(1-s)x_3 + \frac{1}{4}(1+r)(1-s)x_4 \\
y &= \frac{1}{2}(1+s)y_2 + \frac{1}{4}(1-r)(1-s)y_3 + \frac{1}{4}(1+r)(1-s)y_4
\end{aligned}
$$

因此, 利用图 E5.15 中给出的节点坐标, 得到

$$
\begin{aligned}
x &= \frac{1}{2}(1+r)(1-s) \\
y &= 1+s
\end{aligned}
$$

接着, 得

$$
\begin{matrix}
\dfrac{\partial x}{\partial r} = \dfrac{1}{2}(1-s) & \dfrac{\partial y}{\partial r} = 0 \\
\dfrac{\partial x}{\partial s} = -\dfrac{1}{2}(1+r) & \dfrac{\partial y}{\partial s} = 1
\end{matrix}
;\mathbf{J} = \frac{1}{2}\begin{bmatrix} (1-s) & 0 \\ -(1+r) & 2 \end{bmatrix}; \quad \mathbf{J}^{-1} = \begin{bmatrix} \dfrac{2}{1-s} & 0 \\ \dfrac{1+r}{1-s} & 1 \end{bmatrix}
$$

使用等参假设, 还得到

$$
\begin{aligned}
u &= \frac{1}{2}(1+s)u_2 + \frac{1}{4}(1-r)(1-s)u_3 + \frac{1}{4}(1+r)(1-s)u_4 \\
v &= \frac{1}{2}(1+s)v_2 + \frac{1}{4}(1-r)(1-s)v_3 + \frac{1}{4}(1+r)(1-s)v_4
\end{aligned}
$$

$$
\frac{\partial u}{\partial r} = -\frac{1}{4}(1-s)u_3 + \frac{1}{4}(1-s)u_4; \quad \frac{\partial v}{\partial r} = -\frac{1}{4}(1-s)v_3 + \frac{1}{4}(1-s)v_4
$$

$$
\frac{\partial u}{\partial s} = \frac{1}{2}u_2 - \frac{1}{4}(1-r)u_3 - \frac{1}{4}(1+r)u_4; \quad \frac{\partial v}{\partial s} = \frac{1}{2}v_2 - \frac{1}{4}(1-r)v_3 - \frac{1}{4}(1+r)v_4
$$

$$
\begin{bmatrix} \dfrac{\partial}{\partial x} \\ \dfrac{\partial}{\partial y} \end{bmatrix} = \mathbf{J}^{-1} \begin{bmatrix} \dfrac{\partial}{\partial r} \\ \dfrac{\partial}{\partial s} \end{bmatrix}
$$

因此,

$$\begin{bmatrix}\dfrac{\partial u}{\partial x}\\ \dfrac{\partial u}{\partial y}\end{bmatrix}=\begin{bmatrix}\dfrac{2}{1-s} & 0\\ \dfrac{1+r}{1-s} & 1\end{bmatrix}\begin{bmatrix}0 & 0 & -\dfrac{1}{4}(1-s) & 0 & \dfrac{1}{4}(1-s) & 0\\ \dfrac{1}{2} & 0 & -\dfrac{1}{4}(1-r) & 0 & -\dfrac{1}{4}(1+r) & 0\end{bmatrix}\begin{bmatrix}u_2\\ v_2\\ u_3\\ v_3\\ u_4\\ v_4\end{bmatrix}$$

[366]

和

$$\begin{bmatrix}\dfrac{\partial u}{\partial x}\\ \dfrac{\partial u}{\partial y}\end{bmatrix}=\begin{bmatrix}0 & 0 & -\dfrac{1}{2} & 0 & \dfrac{1}{2} & 0\\ \dfrac{1}{2} & 0 & -\dfrac{1}{2} & 0 & 0 & 0\end{bmatrix}\begin{bmatrix}u_2\\ \vdots\\ u_4\\ v_4\end{bmatrix}$$

类似地,

$$\begin{bmatrix}\dfrac{\partial v}{\partial x}\\ \dfrac{\partial v}{\partial y}\end{bmatrix}=\begin{bmatrix}0 & 0 & 0 & -\dfrac{1}{2} & 0 & \dfrac{1}{2}\\ 0 & \dfrac{1}{2} & 0 & -\dfrac{1}{2} & 0 & 0\end{bmatrix}\begin{bmatrix}u_2\\ \vdots\\ u_4\\ v_4\end{bmatrix}$$

因此, 得到

$$\boldsymbol{\varepsilon}=\begin{bmatrix}0 & 0 & -\dfrac{1}{2} & 0 & \dfrac{1}{2} & 0\\ 0 & \dfrac{1}{2} & 0 & -\dfrac{1}{2} & 0 & 0\\ \dfrac{1}{2} & 0 & -\dfrac{1}{2} & -\dfrac{1}{2} & 0 & \dfrac{1}{2}\end{bmatrix}\begin{bmatrix}u_2\\ v_2\\ u_3\\ v_3\\ u_4\\ v_4\end{bmatrix}$$

对 u_2、v_2、u_3、v_3、u_4 和 v_4 的任意值, 应变向量都是常量, 而且与 r、s 独立. 因此, 该三角形元是一个常应变三角形元.

在前面的例子中我们仅考虑了一个特殊的情形. 但使用相同的方法, 即折缩 4 节点平面应力或应变单元的任意一个边将会得到一个常应变三角形元.

在考虑折缩单元边的方法中, 有趣地注意到在例 5.15 中所使用的构造方法中, 矩阵 $\mathbf{J}$ 在 $s=+1$ 处是奇异的, 但是当计算应变 – 位移矩阵时, 奇异性又消失了. 一个实际的结果是, 如果在计算机程序中利用 4 节点单元的一般构造法产生常应变三角形元 (如在例 5.15 中), 则应力不应该在指定相同全局节点的两局部节点处计算(由于应力在整个单元中为常值, 它们能够很方便地在单元中点处算得, 例如, 在 $r=0$、$s=0$ 处).

为了从基本的 8 节点单元中获得楔形或四面体单元, 在三维分析中也可使用类似的方法. 图 5.7 和例 5.16 说明该步骤.

例 5.16: 说明从 8 节点三维砖体单元得到如图 E5.16 所示的三维四面体单元是常应变单元.

[367]

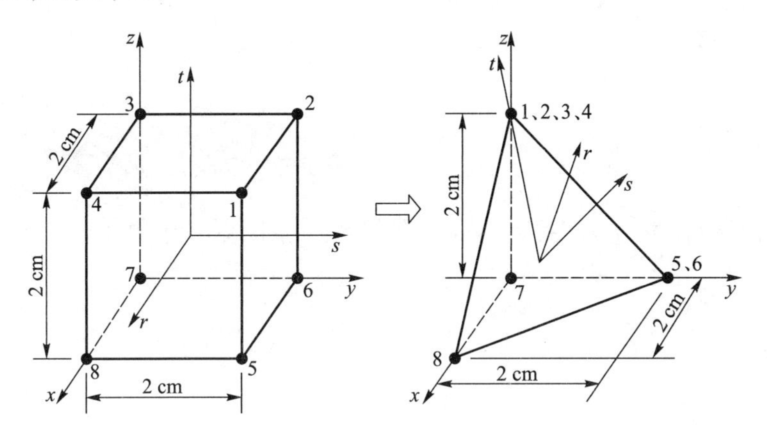

图 E5.16　将一个 8 节点砖体单元折缩成一个四面体单元

在这里, 我们按照例 5.15 的方法进行. 因此, 使用砖体单元 (见图 5.5) 的插值函数, 代入四面体的节点坐标, 得到

$$
\begin{aligned}
x &= \frac{1}{4}(1+r)(1-s)(1-t) \\
y &= \frac{1}{2}(1+s)(1-t) \\
z &= 1+t
\end{aligned}
$$

因此,

$$
\mathbf{J} = \begin{bmatrix} \frac{1}{4}(1-s)(1-t) & 0 & 0 \\ -\frac{1}{4}(1+r)(1-t) & \frac{1}{2}(1-t) & 0 \\ -\frac{1}{4}(1+r)(1-s) & -\frac{1}{2}(1+s) & 1 \end{bmatrix} \tag{a}
$$

$$
\mathbf{J}^{-1} = \begin{bmatrix} \dfrac{4}{(1-s)(1-t)} & 0 & 0 \\ \dfrac{2(1+r)}{(1-s)(1-t)} & \dfrac{2}{1-t} & 0 \\ \dfrac{2(1+r)}{(1-s)(1-t)} & \dfrac{1+s}{1-t} & 1 \end{bmatrix} \tag{b}
$$

对于 u 使用相同的插值函数, 加上条件 $u_1 = u_2 = u_3 = u_4$ 和 $u_5 = u_6$, 得到

$$
u = h_4^* u_4 + h_5^* u_5 + h_7^* u_7 + h_8^* u_8
$$

其中,

$$h_4^*=\frac{1}{2}(1+t);\quad h_5^*=\frac{1}{4}(1+s)(1-t);$$
$$h_7^*=\frac{1}{8}(1-r)(1-s)(1-t);\quad h_8^*=\frac{1}{8}(1+r)(1-s)(1-t);$$

类似地可得

$$v=h_4^*v_4+h_5^*v_5+h_7^*v_7+h_8^*v_8$$
$$w=h_4^*w_4+h_5^*w_5+h_7^*w_7+h_8^*w_8$$

现在计算位移 u、v、w 关于 (r,s,t) 的导数, 使用式 (b) 中的 $\mathbf{J}^{-1}$, 得到

[368]

$$\begin{bmatrix}\dfrac{\partial u}{\partial x}\\ \dfrac{\partial v}{\partial y}\\ \dfrac{\partial w}{\partial z}\\ \dfrac{\partial u}{\partial y}+\dfrac{\partial v}{\partial x}\\ \dfrac{\partial v}{\partial z}+\dfrac{\partial w}{\partial y}\\ \dfrac{\partial u}{\partial z}+\dfrac{\partial w}{\partial x}\end{bmatrix}=\left[\begin{array}{ccc:ccc:ccc:ccc}0&0&0&0&0&0&-\frac{1}{2}&0&0&\frac{1}{2}&0&0\\ 0&0&0&0&\frac{1}{2}&0&0&-\frac{1}{2}&0&0&0&0\\ 0&0&\frac{1}{2}&0&0&0&0&0&-\frac{1}{2}&0&0&0\\ 0&0&0&\frac{1}{2}&0&0&-\frac{1}{2}&-\frac{1}{2}&0&0&\frac{1}{2}&0\\ 0&\frac{1}{2}&0&0&0&\frac{1}{2}&0&-\frac{1}{2}&-\frac{1}{2}&0&0&0\\ \frac{1}{2}&0&0&0&0&0&-\frac{1}{2}&0&-\frac{1}{2}&0&0&\frac{1}{2}\end{array}\right]\left[\begin{array}{c}u_4\\ v_4\\ w_4\\ \hdashline u_5\\ v_5\\ w_5\\ \hdashline u_7\\ v_7\\ w_7\\ \hdashline u_8\\ v_8\\ w_8\end{array}\right]$$

因此, 对于任意节点位移, 应变都是常量, 这表明该单元仅能表示常应变状态.

在折缩单元的一边或三维分析中的多个单元边的过程中, 可以直接产生一个所需要的单元, 但当采用更高阶的二维或三维单元时, 对所用的插值函数需要一些特殊的考虑. 特别地, 当采用如图 5.7 所示的低阶单元时, 会自动产生空间各向同性的三角形元和楔形单元, 但使用高阶单元时, 该情况不一定会出现.

作为一个例子, 考虑通过折缩如图 5.8 所示的 8 节点单元的一边而得到的二维 6 节点单元. 如果三角形元是等边长, 则我们可期望该单元为空间各向同性.

[369]

我们希望内部单元位移 u 和 v 对每个角节点和中间节点位移都分别以相同的方式变化. 可把方形单元边 1-2-5 简单折缩成三角形元, 但该三角形元所产生的插值函数不能满足要求, 即应该能够在不改变位移假设的情况下改变顶点的编号. 为了满足该要求, 需要对节点 3、4 和 7 的插值函数进行修改,

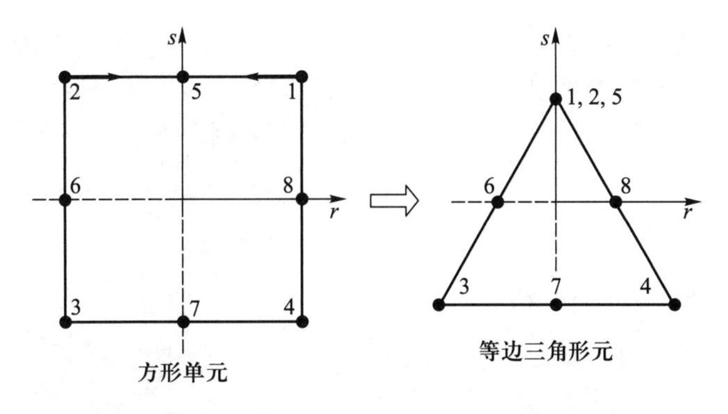

图 5.8　将一个 8 节点单元折缩为三角形元

以得到三角形元的最终插值函数 h_i^* (见习题 5.25)

$$
\begin{aligned}
h_1^* &= \frac{1}{2}(1+s) - \frac{1}{2}(1-s^2);\\
h_3^* &= \frac{1}{4}(1-r)(1-s) - \frac{1}{4}(1-s^2)(1-r) - \frac{1}{4}(1-r^2)(1-s) + \Delta h;\\
h_4^* &= \frac{1}{4}(1+r)(1-s) - \frac{1}{4}(1-r^2)(1-s) - \frac{1}{4}(1-s^2)(1+r) + \Delta h;\\
h_6^* &= \frac{1}{2}(1-s^2)(1-r)\\
h_7^* &= \frac{1}{2}(1-r^2)(1-s) - 2\Delta h\\
h_8^* &= \frac{1}{2}(1-s^2)(1+r)
\end{aligned}
\tag{5.36}
$$

其中, 我们加入了图 5.4 中给出的合适的插值函数, 有

$$
\Delta h = \frac{1}{8}(1-r^2)(1-s^2) \tag{5.37}
$$

因此, 为了通过折缩方形单元的边产生高阶三角形元, 需要对所用的插值函数进行修正.

2. 断裂力学中的三角形元

在前面的考虑中, 我们假设需要一个空间各向同性单元, 因为该单元用于有限元组合体中以预测一定程度上的均匀应力场. 但在某些情况下, 需要预测非常特殊变化的应力场, 在该分析中空间非各向同性单元将会更有效. 采用特殊空间非各向同性的单元分析方法的一个应用领域是断裂力学. 在该领域, 众所周知, 在裂纹尖端存在特殊的应力奇异点, 为了计算应力强度因子或极限载荷, 采用包含所要求的应力奇异性的有限单元将会更有效. 已经设计出这种类型的很多单元, 但可通过改变高阶等参单元而得到很简单和有吸引力的单元 (见 R. D. Henshell 和 K. G. Shaw[A], R. S. Barsoum[A,B]). 如图 5.9 所示的二维等参单元已经相当成功地用于线性和非线性断裂力学中, 这是因

为它们分别包含 $1/\sqrt{R}$ 和 $1/R$ 应变奇异性. 我们应该指出, 这些单元具有式 (5.36) 给出的插值函数, 但 $\Delta h = 0$. 类似的节点移位和边折缩的步骤能够用于高阶的三维单元以产生所需的奇异性. 在下例中说明用节点移位法产生应变奇异性.

[370]

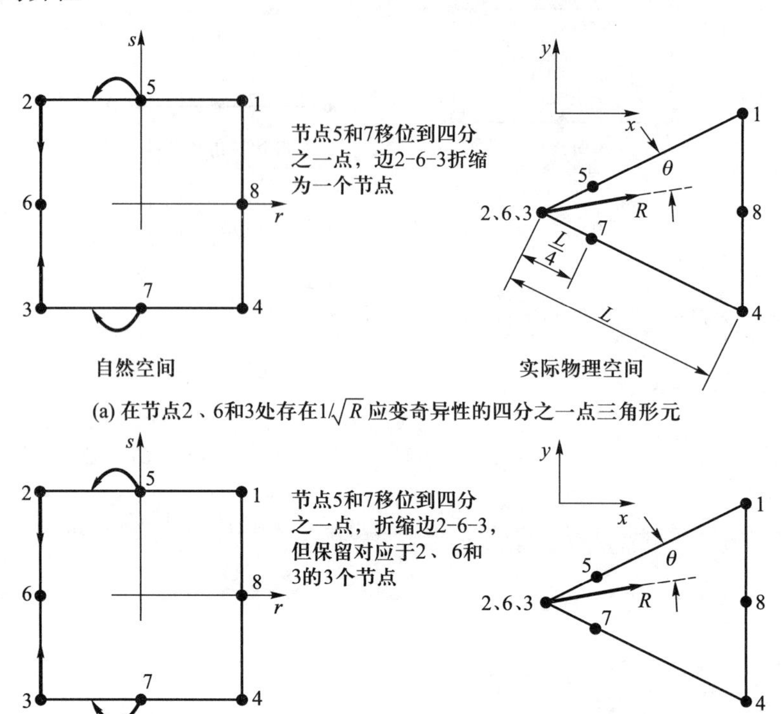

(a) 在节点2、6和3处存在$1/\sqrt{R}$应变奇异性的四分之一点三角形元

(b) 在节点2、6和3处存在$1/\sqrt{R}$和$1/R$应变奇异性的四分之一点三角形元

图 5.9 二维扭曲 (四分之一点) 等参单元在断裂力学中的应用

对于任意角度 θ, 应变奇异性包含于单元中. 注意, 在图 5.9(a) 中一个节点 (2-6-3) 有两个自由度, 在图 5.9(b) 中节点 2、3 和 6 各有两个自由度.

例 5.17: 考虑如图 E5.17 所示的 3 节点桁架单元. 证明当节点 3 被置于四分之一点处时, 在节点 1 处应变有 $1/\sqrt{x}$ 奇异性.

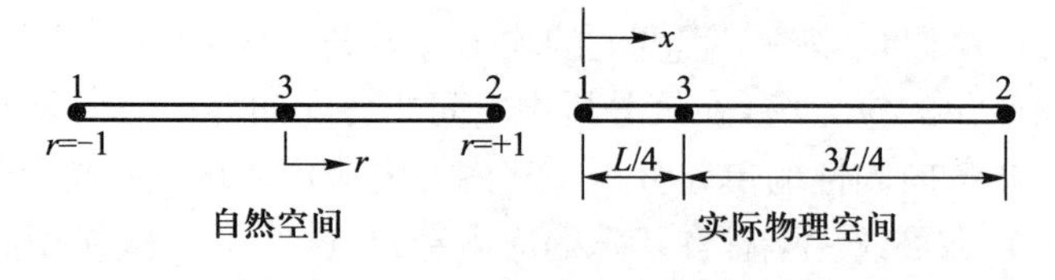

图 E5.17 四分之一点一维单元

[371]

我们在例 5.2 中已经考虑了一个 3 节点桁架. 如前类推, 现在有

$$x = \frac{r}{2}(1+r)L + (1-r^2)\frac{L}{4}$$

或

$$x = \frac{L}{4}(1+r)^2 \tag{a}$$

因此,

$$\mathbf{J} = \left[\frac{L}{2} + \frac{r}{2}L\right]$$

应变 – 位移矩阵如下 (利用例 5.2 中式 (b))

$$\mathbf{B} = \left[\frac{1}{L/2 + rL/2}\right]\left[\left(-\frac{1}{2} + r\right) \quad \left(\frac{1}{2} + r\right) \quad -2r\right] \tag{b}$$

为证明 $1/\sqrt{x}$ 奇异性, 我们需要按 x 的形式表示 r. 使用式 (a), 有

$$r = 2\sqrt{\frac{x}{L}} - 1$$

将 r 的值代入式 (b), 得到

$$\mathbf{B} = \left[\left(\frac{2}{L} - \frac{3}{2\sqrt{L}}\frac{1}{\sqrt{x}}\right) \quad \left(\frac{2}{L} - \frac{1}{2\sqrt{L}}\frac{1}{\sqrt{x}}\right) \quad \left(\frac{2}{\sqrt{L}}\frac{1}{\sqrt{x}} - \frac{4}{L}\right)\right]$$

因此, 图 E5.17 中的四分之一点单元在 x=0 处有 $1/\sqrt{x}$ 阶的应变奇异性.

3. 面积坐标的三角形元

尽管将矩形等参单元扭曲成三角形元的方法在上述情况下是有效的, 但我们还可以使用面积坐标直接构建三角形元 (特别是空间各向同性单元). 对于如图 5.10 所示的三角形, 坐标为 x 和 y 的典型内部点 P 的位置用面积坐标定义为

$$L_1 = \frac{A_1}{A}; \quad L_2 = \frac{A_2}{A}; \quad L_3 = \frac{A_3}{A} \tag{5.38}$$

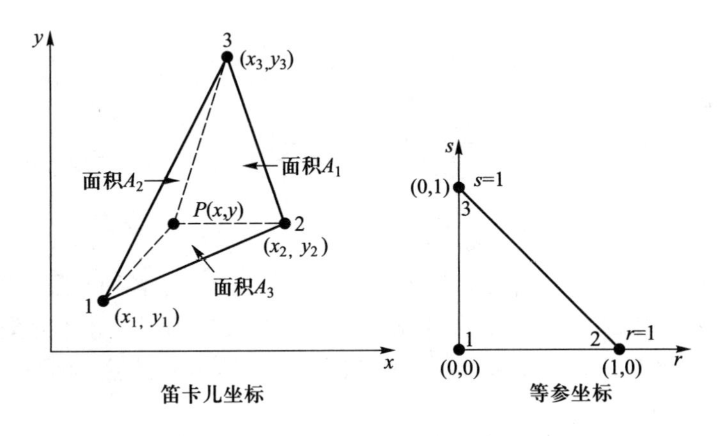

图 5.10　3 节点三角形的描述

其中, 在图中定义面积 $A_i, i = 1,2,3$, A 是该三角形的总面积. 因此, 我们还得到 [372]

$$L_1 + L_2 + L_3 = 1 \tag{5.39}$$

由于单元应变是通过对笛卡儿 (Cartesian) 坐标求导得到的, 因此我们需要按坐标 x 和 y 给出的面积坐标的关系式. 这里, 有

$$x = L_1x_1 + L_2x_2 + L_3x_3 \tag{5.40}$$

$$y = L_1y_1 + L_2y_2 + L_3y_3 \tag{5.41}$$

因为这些关系式在点 1、2 和 3 处成立, 且 x 和 y 在其间线性变化. 使用式 (5.39) 至式 (5.41), 得到

$$\begin{bmatrix} 1 \\ x \\ y \end{bmatrix} = \begin{bmatrix} 1 & 1 & 1 \\ x_1 & x_2 & x_3 \\ y_1 & y_2 & y_3 \end{bmatrix} \begin{bmatrix} L_1 \\ L_2 \\ L_3 \end{bmatrix} \tag{5.42}$$

给出

$$L_i = \frac{1}{2A}(a_i + b_ix + c_iy); \qquad i = 1, 2, 3$$

其中,

$$\begin{aligned} &2A = x_1y_2 + x_2y_3 + x_3y_1 - y_1x_2 - y_2x_3 - y_3x_1 \\ &a_1 = x_2y_3 - x_3y_2; \quad a_2 = x_3y_1 - x_1y_3; \quad a_3 = x_1y_2 - x_2y_1 \\ &b_1 = y_2 - y_3; \qquad b_2 = y_3 - y_1; \qquad b_3 = y_1 - y_2 \\ &c_1 = x_3 - x_2; \qquad c_2 = x_1 - x_3; \qquad c_3 = x_2 - x_1; \end{aligned} \tag{5.43}$$

正如所期望的那样, 这些 L_i 等于一个常应变三角形元的插值函数. 因此, 对于如图 5.10 所示的 3 节点三角形元, 有

$$\begin{aligned} u &= \sum_{i=1}^{3} h_iu_i; \quad x \equiv \sum_{i=1}^{3} h_ix_i \\ v &= \sum_{i=1}^{3} h_iv_i; \quad y \equiv \sum_{i=1}^{3} h_iy_i \end{aligned} \tag{5.44}$$

其中, $h_i = L_i, i = 1, 2, 3$, 且 h_i 是坐标 x 和 y 的函数.

使用式 (5.44) 可以直接算得式 (5.27) 至式 (5.35) 中各种有限元矩阵. 但在实际中, 正如四边形单元 (见第 5.3.1 节) 的构造, 为了描述单元坐标和位移使用自然坐标空间通常较方便. 使用如图 5.10 所示的自然坐标系, 有

$$h_1 = 1 - r - s; \quad h_2 = r; \quad h_3 = s \tag{5.45}$$

现在单元矩阵的计算涉及 Jacobi 变换. 而且, 所有积分都在自然坐标中进行的; 即 r 积分区间从 0 到 1, s 积分区间从 0 到 $(1 - r)$.

例 5.18: 使用图 5.10 中的等参自然坐标系, 用如下的值建立一个 3 节点三角形元的位移和应变 – 位移插值矩阵 [373]

$$x_1 = 0; \quad x_2 = 4; \quad x_3 = 1$$
$$y_1 = 0; \quad y_2 = 0; \quad y_3 = 3$$

在此种情况中, 使用式 (5.44), 有

$$x = 4r + s$$
$$y = 3s$$

因此, 使用式 (5.23), 得

$$\mathbf{J} = \begin{bmatrix} 4 & 0 \\ 1 & 3 \end{bmatrix}$$

和

$$\frac{\partial}{\partial \mathbf{x}} = \frac{1}{12}\begin{bmatrix} 3 & 0 \\ -1 & 4 \end{bmatrix}\frac{\partial}{\partial \mathbf{r}}$$

得到

$$\mathbf{H} = \left[\begin{array}{cc:cc:cc} (1-r-s) & 0 & r & 0 & s & 0 \\ 0 & (1-r-s) & 0 & r & 0 & s \end{array}\right]$$

和

$$\mathbf{B} = \frac{1}{12}\left[\begin{array}{cc:cc:cc} -3 & 0 & 3 & 0 & 0 & 0 \\ 0 & -3 & 0 & -1 & 0 & 4 \\ -3 & -3 & -1 & 3 & 4 & 0 \end{array}\right]$$

通过效仿高阶四边形单元的构造方法, 我们还可直接构造高阶三角形元. 在图 5.10 中使用自然坐标系, 化简为

$$L_1 = 1 - r - s; \quad L_2 = r; \quad L_3 = s \tag{5.46}$$

其中, L_i 是 "单位三角形" 的面积坐标, 在图 5.11 中给出节点数从 $3 \sim 6$ 的可变节点数单元的插值函数. 这些函数是通过常规方法构建的, 即在节点 i 处 h_i 必须为 1, 而在其他节点处为 0 (见例 5.1)[①]. 高阶三角形元的插值函数是以类似的方式得到. 还可采用 "三次气泡函数" $L_1L_2L_3$.

使用这种方法我们可直接构建三维四面体单元的插值函数. 首先, 注意到, 类似于式 (5.46), 现采用体积坐标

$$\begin{aligned} L_1 &= 1 - r - s - t; & L_2 &= r; \\ L_3 &= s; & L_4 &= t; \end{aligned} \tag{5.47}$$

---

① 有趣的是图 5.11 中 6 节点三角形元的函数正是式 (5.36) 中给出的函数, 为了考虑不同的自然坐标系, 只要图 5.11 中的 r 和 s 分别被 $\frac{1}{4}(1+r)(1-s)$ 和 $\frac{1}{2}(1+s)$ 所替代. 因此, 式 (5.36) 中的修正量 Δh 能通过图 5.11 中的函数算得.

[374]

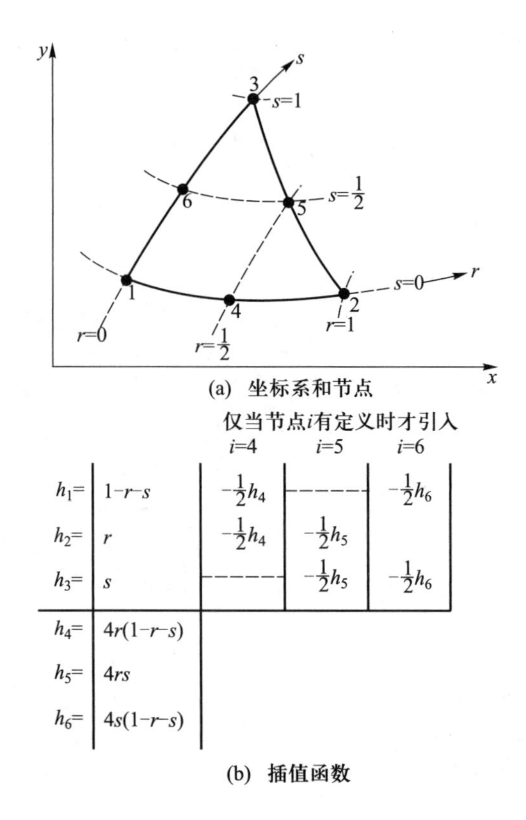

(a) 坐标系和节点

		仅当节点i有定义时才引入 $i=4$	$i=5$	$i=6$
$h_1=$	$1-r-s$	$-\frac{1}{2}h_4$	----	$-\frac{1}{2}h_6$
$h_2=$	r	$-\frac{1}{2}h_4$	$-\frac{1}{2}h_5$	
$h_3=$	s	----	$-\frac{1}{2}h_5$	$-\frac{1}{2}h_6$
$h_4=$	$4r(1-r-s)$			
$h_5=$	$4rs$			
$h_6=$	$4s(1-r-s)$			

(b) 插值函数

图 5.11　$3\sim6$ 可变节点数的二维三角形插值函数

其中, $L_1+L_2+L_3+L_4=1$. 式 (5.47) 中的 L_i 为图 5.12 中 4 节点单元在其自然空间中的插值函数. 如图 5.13 所示为节点数 $4\sim10$ 的三维可变节点数单元的插值函数.

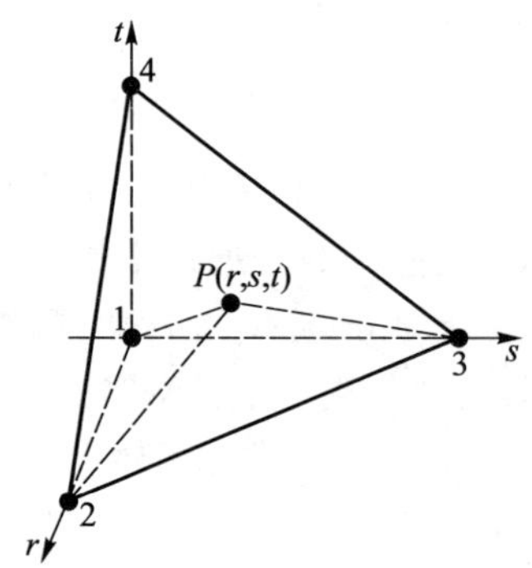

图 5.12　四面体单元的自然坐标系

为了计算单元矩阵, 需要包含式 (5.24) 给出的 Jacobi 转换矩阵, 且对 r 在 0 到 1 上积分, 对 s 在 0 到 $(1-r)$ 上积分, 对 t 在 0 到 $(1-r-s)$ 上积分. 与四边形单元类似, 在一般分析中使用数值积分能有效地计算这些积分, 但是所采用的积分规则与四边形单元 (见第 5.5.4 节) 所采用的不同.

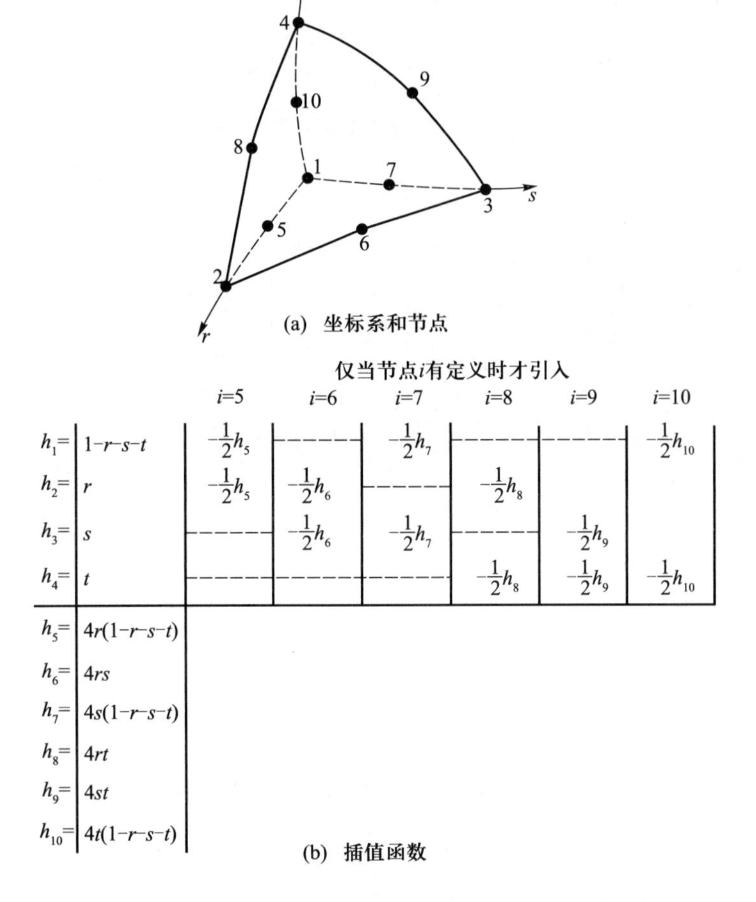

(a) 坐标系和节点

		仅当节点i有定义时才引入					
		i=5	i=6	i=7	i=8	i=9	i=10
$h_1=$	$1-r-s-t$	$-\frac{1}{2}h_5$	------	$-\frac{1}{2}h_7$	------	------	$-\frac{1}{2}h_{10}$
$h_2=$	r	$-\frac{1}{2}h_5$	$-\frac{1}{2}h_6$	------	$-\frac{1}{2}h_8$		
$h_3=$	s	------	$-\frac{1}{2}h_6$	$-\frac{1}{2}h_7$	------	$-\frac{1}{2}h_9$	
$h_4=$	t	------	------	------	$-\frac{1}{2}h_8$	$-\frac{1}{2}h_9$	$-\frac{1}{2}h_{10}$
$h_5=$	$4r(1-r-s-t)$						
$h_6=$	$4rs$						
$h_7=$	$4s(1-r-s-t)$						
$h_8=$	$4rt$						
$h_9=$	$4st$						
$h_{10}=$	$4t(1-r-s-t)$						

(b) 插值函数

图 5.13　4 ~ 10 可变节点数的三维四面体单元插值函数

例 5.19: 图 E5.19 所示的三角形元受到每单位体积的体力向 量 $\mathbf{f}^B$ 的作用. 计算一致节点载荷向量.

[376]

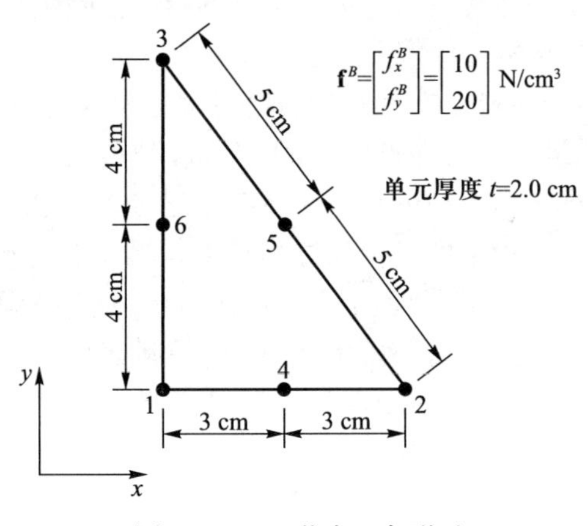

图 E5.19　6 节点三角形元

使用位移向量

$$\hat{\mathbf{u}}^{\mathrm{T}}=[u_1\quad v_1\quad u_2\quad v_2\quad u_3\quad v_3\quad \cdots\quad v_6]$$

因此, 对应于所施加的体力载荷的载荷向量如下

$$\mathbf{R}_B=\int_V\begin{bmatrix}h_1 & f_x^B\\ h_1 & f_y^B\\ \vdots & \vdots\\ h_6 & f_y^B\end{bmatrix}\mathrm{d}V$$

有

$$\mathbf{J}=\begin{bmatrix}6 & 0\\ 0 & 8\end{bmatrix}$$

注意到 Jacobi 矩阵是对角和常量矩阵, 且 $\det\mathbf{J}$ 等于三角形面积的两倍. 对于节点 i, 涉及如下的积分形式

$$f_i=\int_{r=0}^{1}\int_{s=0}^{1-r}h_i t\det\mathbf{J}\mathrm{d}s\mathrm{d}r$$

该公式给出 $f_1=f_2=f_3=0$, 而 $f_4=f_5=f_6=(t/6)\det\mathbf{J}$. 因此, 得到

$$\mathbf{R}_B^{\mathrm{T}}=\begin{bmatrix}0 & \cdots & 0 & 160 & 320 & 160 & 320 & 160 & 320\end{bmatrix}\tag{a}$$

且在角节点处的一致节点力为 0. 注意到总作用载荷等于式 (a) 中列出的节点力.

5.3.3 收敛性考虑

在第 4.3 节中讨论了有限元离散化的单调收敛要求. 由于等参单元应用非常广泛, 因此我们具体解决这些单元重要的收敛性问题.

[377]

1. 收敛的基本要求

单调收敛的两个要求是单元 (或网格) 必须协调和完备.

为了研究单元组合体的协调性, 需要考虑相邻单元之间的每一边或者面. 为了协调性, 在共同界面上的单元坐标和单元位移必须相同. 注意到, 对此处考虑的单元, 其单元界面上的坐标和位移只由该界面上的节点和节点自由度确定. 因此, 如果单元在共同界面上有相同的节点, 而且在每一个单元中共同界面上的坐标和位移由相同的插值函数定义, 则满足协调性.

如图 5.14 所示是相邻单元满足和不满足协调性的例子.

在实际中, 网格分级是经常需要的 (见第 4.3 节), 而等参单元在实现协调的分级网格 (见图 5.15) 方面展示了独特的灵活性, 如图 5.15 所示.

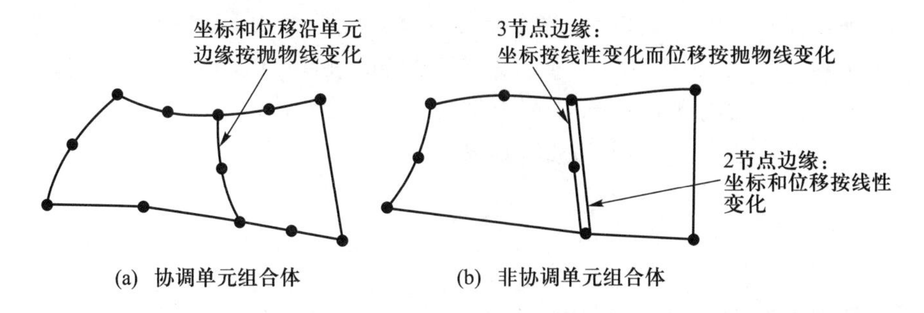

[378]

图 5.14　协调和非协调的二维单元组合体

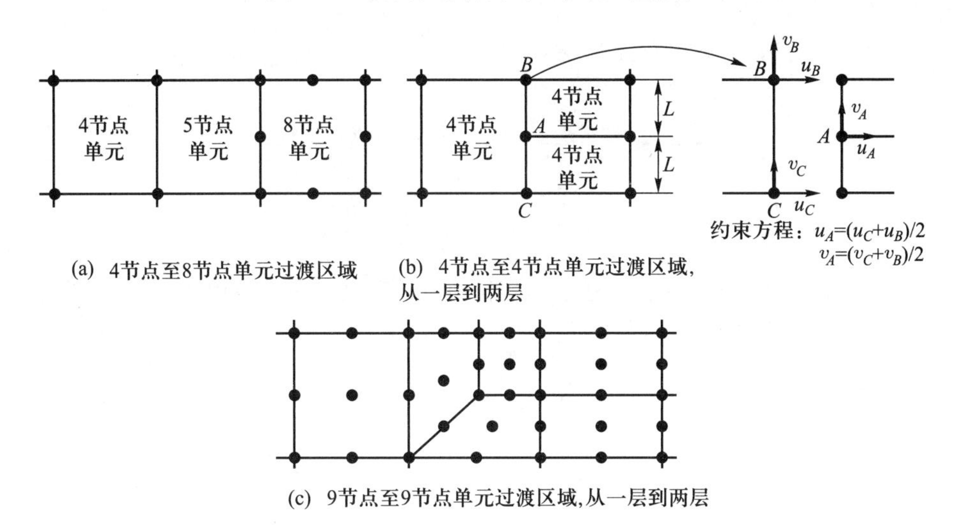

图 5.15　若干协调单元布点图及其过渡环节

完备性要求刚体位移和常应变状态是可能的. 检验一个等参单元是否满足这些准则的一个方法是利用第 4.3.2 节中给出的方法. 但现在想要深入理解属于连续介质单元等参构造的特殊条件. 为此目的, 在下面的讨论中, 考虑一个三维连续介质单元, 因为一维和二维单元可看做三维单元的特例. 为了刚体模式和常应变状态是可能的, 下面在局部单元坐标中的定义的位移必须包含在等参构造中

$$\left.\begin{aligned} u &= a_1 + b_1 x + c_1 y + d_1 z \\ v &= a_2 + b_2 x + c_2 y + d_2 z \\ w &= a_3 + b_3 x + c_3 y + d_3 z \end{aligned}\right\} \tag{5.48}$$

其中, a_j、b_j、c_j 和 d_j, $j=1,2,3$ 是常数. 对应于该位移场的节点位移为

$$\left.\begin{aligned} u_i &= a_1 + b_1 x_i + c_1 y_i + d_1 z_i \\ v_i &= a_2 + b_2 x_i + c_2 y_i + d_2 z_i \\ w_i &= a_3 + b_3 x_i + c_3 y_i + d_3 z_i \end{aligned}\right\} \tag{5.49}$$

其中 $i=1,\cdots,q$, q 为节点数.

现在完备性的测试如下: 当单元节点位移由式 (5.49) 给定时, 单元内的位移实际上由式 (5.48) 得到. 换言之, 在给出式 (5.49) 中的节点位移前提下, 我们应得到单元内部的位移, 实际上是式 (5.48) 中给出的位移.

在等参构造中, 有如下的插值函数

$$u=\sum_{i=1}^{q} h_i u_i;\quad v=\sum_{i=1}^{q} h_i v_i;\quad w=\sum_{i=1}^{q} h_i w_i$$

使用式 (5.49), 上式化简为

$$\left.\begin{aligned}u&=a_1\sum_{i=1}^{q} h_i+b_1\sum_{i=1}^{q} h_i x_i+c_1\sum_{i=1}^{q} h_i y_i+d_1\sum_{i=1}^{q} h_i z_i\\v&=a_2\sum_{i=1}^{q} h_i+b_2\sum_{i=1}^{q} h_i x_i+c_2\sum_{i=1}^{q} h_i y_i+d_2\sum_{i=1}^{q} h_i z_i\\w&=a_3\sum_{i=1}^{q} h_i+b_3\sum_{i=1}^{q} h_i x_i+c_3\sum_{i=1}^{q} h_i y_i+d_3\sum_{i=1}^{q} h_i z_i\end{aligned}\right\}\tag{5.50}$$

[379] 在等参构造中, 由于坐标是以与位移同样的方法进行插值的, 可以利用式 (5.18) 由式 (5.50) 中得到

$$\left.\begin{aligned}u&=a_1\sum_{i=1}^{q} h_i+b_1x+c_1y+d_1z\\v&=a_2\sum_{i=1}^{q} h_i+b_2x+c_2y+d_2z\\w&=a_3\sum_{i=1}^{q} h_i+b_3x+c_3y+d_3z\end{aligned}\right\}\tag{5.51}$$

但式 (5.51) 中定义的位移与式 (5.48) 中给出的是相同的, 只要对于单元中的任意点有

$$\sum_{i=1}^{q} h_i=1\tag{5.52}$$

式 (5.52) 是插值函数所需满足的条件, 即满足完备性要求的条件. 注意到, 在单元节点处式 (5.52) 肯定是满足的, 因为在节点 i 处插值函数 h_i 为 1, 而在该节点处的其他所有插值函数 $h_j, j\neq i$, 都为 0; 为了正确构造等参单元, 单元中所有的点都必须满足该条件.

在前面的讨论中, 考虑了三维连续介质单元, 但是所得结论可直接适用于其他等参连续介质单元的构造中. 对一维或二维连续介质单元, 只直接引入从式 (5.48) 至式 (5.52) 中的合适的位移和坐标插值函数. 在下例中说明收敛情况.

例 5.20: 检验图 5.4 和图 5.5 中的可变节点数单元是否满足单调收敛的要求.

只要用于连接边缘或界面的节点数相等,则在二维分析中单元之间保持协调性,而在三维分析中是单元界面之间保持协调性. 一个典型的协调单元布局如图 5.14(a) 所示.

单调收敛的第二个要求是完备性条件. 首先考虑基本的二维 4 节点单元,我们注意到只要仅考虑坐标 x 和 y、位移 u 和 v, 式 (5.52) 中条件是直接成立的.

计算 $\sum_{i=1}^{4} h_i$, 得到

$$\frac{1}{4}(1+r)(1+s)+\frac{1}{4}(1-r)(1+s)+\frac{1}{4}(1-r)(1-s)+\frac{1}{4}(1+r)(1-s)=1$$

因此, 基本 4 节点单元是完备的. 我们现在研究图 5.4 给出的对于可变节点数单元的插值函数, 得出在基本 4 节点单元之上增加节点后的插值函数的总和为 0. 因此, 在图 5.4 中由变节点数定义的任何可能的单元都是完备的. 对于图 5.5 中的三维单元的证明可采用类似的方法.

因此, 这说明变节点数连续介质单元满足单调收敛的要求.

2. 收敛阶与单元扭曲的影响 [380]

当这些单元具有一般 (可容许的) 几何形状时, 如以上所讨论的, 等参单元满足单调收敛的两个基本要求, 即协调性和完备性. 因此, 这些单元总是能够表示刚体模式和常应变状态, 并且确保收敛.

在单元基于多项式展开和使用特征尺寸 h 的单元均匀网格的假设下, 我们在第 4.3.5 节中讨论了有限元离散化序列的收敛率. 在该讨论中, 使用了 Pascal 三角形说明出现在各种单元中多项式的各有关项. 在 Pascal 三角形中的最高阶完备多项式决定了收敛阶. 令该阶 (现在是对 (r,s,t)) 为 k. 如果精确解 $\mathbf{u}$ 充分光滑, 且使用均匀网格, 则有限元解 $\mathbf{u}_h$ 的收敛率由式 (5.53) 给出 (见式 (4.102))

$$\|\mathbf{u}-\mathbf{u}_h\|_1 \leqslant ch^k \tag{5.53}$$

其中, k 是收敛阶. 常数 c 与 h 无关, 但与数学模型的精确解和材料特性有关.

在一般实际的有限元分析中, 在均匀网格的情况下, 数学模型的精确解不是光滑的 (如快速的载荷变化和材料特性的改变), 则收敛阶大为减小. 因此, 必须采用网格分级, 在非光滑应力分布区域采用精细网格和在其他区域采用粗大离散化. 因而, 在二维分析中, 网格将是不均匀的, 基于几何扭曲的单元使用一般四边形和三角形单元. 如图 5.16 所示是 9 节点四边形单元的例子.

对图 5.16 (a) 至 (e) 的情况, 所有边中部节点和内部节点都处于其 "自然" 位置. 为对式 (5.53) 是适用的, Δ 的值应该比 h_m^2 小. 在实践中, 实际的扭曲可能是所示扭曲的组合.

如此构造网格的目的是在所考虑的域内, 使用解误差密度为 (近似) 常数

[381]

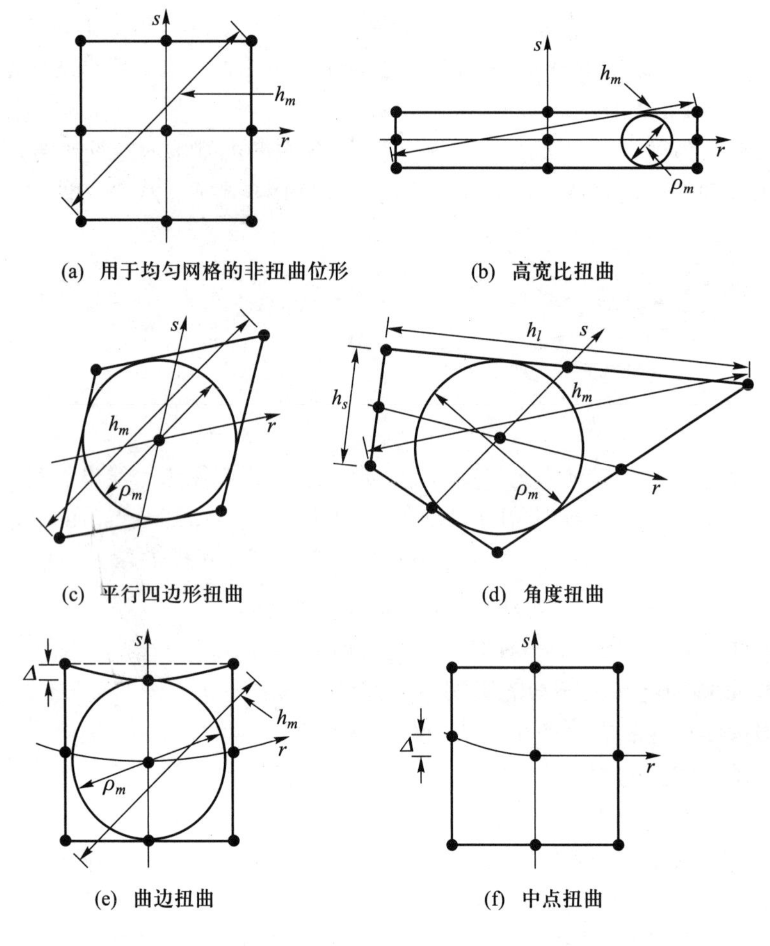

图 5.16 二维 9 节点单元的扭曲分类

的网格, 以及使用规则网格.[①] 当使用规则网格的情况下, 收敛率仍由类似式 (5.53) (见式 (4.101c)) 形式给出, 即

$$\|\mathbf{u}-\mathbf{u}_h\|_1^2 \leqslant c\sum_m h_m^{2k}\|\mathbf{u}\|_{k+1,m}^2$$

其中, h_m 表示单元 m 的最大尺寸 (见图 5.16). 注意到, 在此关系中, 实际上所有单元上的插值误差累加起来得到总的插值误差, 给出了解的实际误差限.

一般情况下, 解误差的 (接近) 常密度当然只通过合适的网格分级和自适应网格细分得到实现, 因为所要使用的网格依赖于精确 (和未知) 解. 在实际中, 网格细分是基于局部误差估计而构造的, 该误差估计是从刚求得的解 (使用粗大网格) 中算出的.

为了引入网格规则性的衡量方法, 单元几何参数 σ_m 定义如下

$$\sigma_m = \frac{h_m}{\rho_m}$$

① 提法 "规则网格", 我们总是指 "一系列网格中的一个网格是规则的".

其中, h_m 是最大的尺寸, ρ_m 可以是内切于单元 m 的最大圆 (或球) 的直径 (见图 5.16). 如果对于所有的单元 m 和所使用的网格有 $\sigma_m \leqslant \sigma_0$, 则该系列网格是规则的, 其中 σ_0 是一个固定的正值. 另外, 当使用二维分析中的四边形单元和三维分析中的六面体单元的网格时, 我们同样要求每一个单元的最长边与最短边的比值 (图 5.16 中的 h_l/h_s) 要小于一个合理的正值. 这些条件防止单元出现过大的高宽比以及几何扭曲. 如图 5.16 所示, 在图5.16(b)、(c) 和特别是在 (d) 示例中广泛地使用了规则网格.①

[382]

上述的网格分级一般能够在直边单元中实现, 非角节点通常可置于自然位置, 即物理位置 (x, y, z) 与自角节点起度量的 (r, s, t) 距离成正比; 在图 5.16 中所使用的最典型单元是图 5.16(d) 中的四边形单元. 而当需建模弯曲边界时, 单元的边也将是弯曲的, 如图 5.16(e) 所示, 我们自然地会问这些几何扭曲将对收敛阶产生什么样的影响.

在图 5.16(a) 到 (e) 情形已经广泛应用于网格设计, 应指出, 应避免图 5.16(f) 中所示的单元扭曲, 除非要建模特定的应力影响, 例如在断裂力学中 (采用了比图 5.16(f) 所示更大的扭曲单元, 如图 5.9 所示). 但图 5.16(f) 中的扭曲在几何非线性分析中也会出现.

P. G. Ciarlet 和 P.A. Rabiart[A], P. G. Ciarlet[A] 在他们的数学分析中证明了直边规则单元网格的收敛阶仍然如式 (5.53) (例如, 即使在二维分析中, 一般使用直边四边形替代方形单元), 以及当非角节点没有处在自然位置时, 只要这些扭曲与单元尺寸相比足够小, 曲边单元的收敛阶也仍然如式 (5.53). 对图 5.16 中的单元, 该扭曲的收敛应为 $o(h^2)$. 由于曲边和内部节点没有处在其自然位置而产生的扭曲应足够小, 而且在细分的过程中扭曲必须比单元尺寸减小得快. 如果精确解 $\mathbf{u}$ 是光滑的, 则式 (5.53) 中的收敛阶能够直接实现, 然而, 如果精确解不是光滑的, 则需要网格分级 (以满足在解域上解误差的密度 (几乎) 为常数的要求). 第 5.5.5 节中我们提出一些解说明其中的一些结果 (见图 5.39).②

当然, 在给定网格下得到的实际精度也是式 (5.53) 中的常数 c 决定的. 这个常数依赖于所使用的具体单元 (都是阶 k 的完备多项式) 和单元的几何扭曲程度. 应该指出, 如果该常数很大, 则收敛阶可能意义不大, 因为 h^k 项只有在很小的 h 值情况下才能充分地减小误差.

这些评述表示在单元尺寸很小时能够实现该收敛阶. 但当单元尺寸很大时, 在单元预测能力的研究中将会产生有趣的现象, 即单元几何扭曲可在很大程度上影响一般预测能力.

---

① 另外, 我们也能定义一系列伪均匀网格. 在这些网格序列中除了正则性条件外, 还有网格中出现 h_m 最大值与最小值之比对所有的网格都小于一个合理的正值. 因此, 尽管正则性允许单元尺寸比任意变化, 但伪均匀网格限制了许用的相对尺寸. 因此, 当使用伪均匀网格序列时, 式 (4.101c) 中误差度量同样有效.

② 这些解在第 5.5.5 节中给出, 因为扭曲单元的单元矩阵是使用数值积分法算得的, 因而也要考虑数值积分误差的影响.

[383]

作为一个说明当等参单元几何扭曲时预测能力可能丧失的例子, 考虑如图 5.17 所示的结果. 单个非扭曲 8 节点单元对于梁弯曲问题给出了精确 (梁理论) 解. 但当使用两个扭曲单元时就产生了明显的误差. 在另一方面, 当使用 9 节点单元分析同样的问题时, 两扭曲单元网格给出了正确的结果.

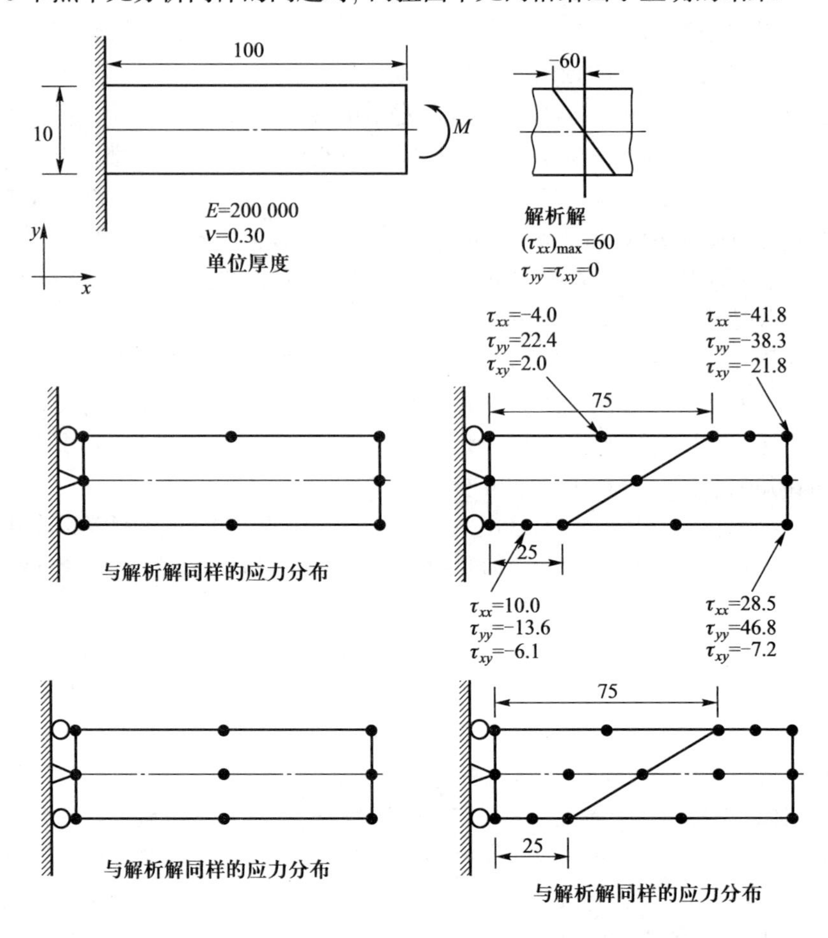

图 5.17 说明单元扭曲对单元预测能力的影响的例子

该例表明在粗大网格中, 特定单元的应力预测能力会明显受到单元几何扭曲的影响. 在实际中, 由于很少使用粗大网格, 也没有进行完整的收敛性研究, 因此更倾向于使用那些对单元几何扭曲不敏感的单元.

[384]

在研究预测能力丧失原因的过程中, 我们发现这是由于在单元几何扭曲后不能再像没发生扭曲时那样能够在物理坐标系 xyz 中表示多项式的同样的阶. 例如, 图 5.16(d) 中所示的矩形 9 节点单元能够精确表示 x^2、xy、y^2 位移变化, 而相应的 8 节点四边形单元则不可以. 因此, 一般的 8 节点四边形单元在物理坐标的 Pascal 三角形中不包含二次项.

该事实解释了图 5.17 中的结果, 对于广泛使用的单元和常见的扭曲现象的研究是很有益的. 在这样的研究中, 我们可以通过确定 Pascal 三角形物理坐标中的哪些项不能精确地表示出来而度量预测能力的丧失 (见 N. S. Lee 和 K. J. Bathe[A]).

考虑图 5.16 中的二维单元例子. 对于没有扭曲或只有高宽比扭曲的单元, 物理坐标 (x, y) 和等参坐标 (r, s) 是线性相关的, 即我们有 $x = c_1 r$, $y = c_2 s$, 其中 c_1 和 c_2 是常数. 因此, 物理坐标中的 Pascal 三角形项是直接用 x 和 y 分别替代从插值函数 h_i 中的 r 和 s 项而得到的.

图 5.16 中 (c) 至 (e) 所示的平行四边形、一般角度和曲边扭曲的影响可通过利用坐标插值函数式 (5.18) 建立物理坐标变化来进行研究, 然后确定 x 和 y 中的哪些多项式项包含于式 (5.19) 给出的位移变化的 r 和 s 多项式项中 (见例 5.21).

表 5.1 总结了对于二维四边形单元研究所获得的结果 (见 N. S. Lee 和 K. J. Bathe[A]). 表 5.1 的第二列给出了当单元没有扭曲或仅受到高宽比或平行四边形扭曲时的 Pascal 三角形的项. 虚线下的项仅在下列情况出现, 即单元未发生扭曲, 或仅受到高宽比扭曲且未转动. 表 5.1 特别说明了一般角度扭曲能很大程度影响 $8 \sim 12$ 节点单元的预测能力; 即在这样的扭曲下, 单元仅能精确表示坐标 x 和 y 中的线性位移变化, 而 $9 \sim 16$ 节点单元能够在扭曲的情况下精确表示二次和三次位移场.

另一方面, 曲边扭曲降低位移多项式的阶, 对于所有表 5.1 中所考虑的单元, 该多项式都能够被准确表示出来, 实际上在这样扭曲的情况下, 只有双二次 25 节点单元才能够准确表示二次位移场.

表 5.1 中给出的多项式清楚地表明 Lagrange 单元在预测能力方面更优于 $8 \sim 12$ 节点单元, 当然, 我们也要知道 Lagrange 单元计算量要稍微大一些, 对于精细网格, 收敛阶是一样的 (尽管式 (5.53) 中的常数 c 是不同的).

我们在例 5.21 中说明利用表 5.1 中多项式的分析方法.

例 5.21: 考虑如图 E5.21 所示的一般角度扭曲 8 节点单元. 计算该单元 x、y 形式的 Pascal 三角项. [385]

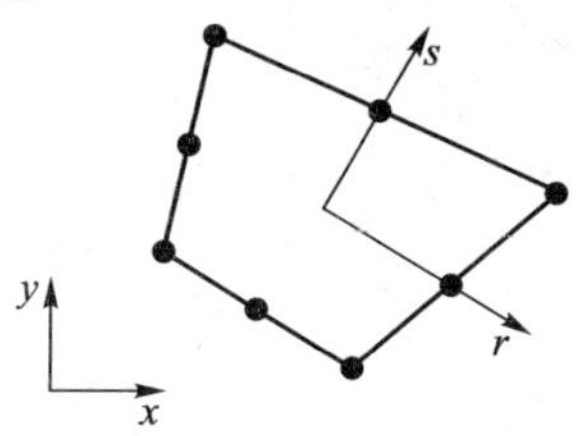

图 E5.21　具有角度扭曲的 8 节点等参单元

物理坐标变化是通过使用图 5.4 中的插值函数而得到的, 对该单元, 它的中部节点置于角节点之间, 该物理坐标给出

$$x = \gamma_1 + \gamma_2 r + \gamma_3 s + \gamma_4 rs \tag{a}$$

$$y = \delta_1 + \delta_2 r + \delta_3 s + \delta_4 rs \tag{b}$$

表 5.1 可由未扭曲和扭曲位形的各种单元精确求解的按物理坐标表示的多项式位移场*

单元类型	未扭曲位形, 高宽比和/或平行四边形扭曲的场 - - - - - - - - - - 如果还未转动, 附加场	角度扭曲	二次曲边扭曲
8 节点单元	1 $x \quad y$ $x^2 \quad xy \quad y^2$ - - - - - - - - - - $x^2y \quad xy^2$	1 $x \quad y$	1 $x \quad y$
12 节点单元	1 $x \quad y$ $x^2 \quad xy \quad y^2$ $x^3 \quad x^2y \quad xy^2 \quad y^3$ - - - - - - - - - - $x^3y \quad xy^3$	1 $x \quad y$	1 $x \quad y$
9 节点单元 Lagrange 单元	1 $x \quad y$ $x^2 \quad xy \quad y^2$ - - - - - - - - - - $x^2y \quad xy^2$ x^2y^2	1 $x \quad y$ $x^2 \quad xy \quad y^2$	1 $x \quad y$
16 节点单元 Lagrange 单元	1 $x \quad y$ $x^2 \quad xy \quad y^2$ $x^3 \quad x^2y \quad xy^2 \quad y^3$ - - - - - - - - - - $x^3y \quad x^2y^2 \quad xy^3$ $x^3y^2 \quad x^2y^3$ x^3y^3	1 $x \quad y$ $x^2 \quad xy \quad y^2$ $x^3 \quad x^2y \quad xy^2 \quad y^3$	1 $x \quad y$
25 节点单元 Lagrange 单元	1 $x \quad y$ $x^2 \quad xy \quad y^2$ $x^3 \quad x^2y \quad xy^2 \quad y^3$ $x^4 \quad x^3y \quad x^2y^2 \quad xy^3 \quad y^4$ - - - - - - - - - - $x^4y \quad x^3y^2 \quad x^2y^3 \quad xy^4$ $x^4y^2 \quad x^3y^3 \quad x^2y^4$ $x^4y^3 \quad x^3y^4$ x^3y^4	1 $x \quad y$ $x^2 \quad xy \quad y^2$ $x^3 \quad x^2y \quad xy^2 \quad y^3$ $x^4 \quad x^3y \quad x^2y^2 \quad xy^3 \quad y^4$	1 $x \quad y$ $x^2 \quad xy \quad y^2$

*考虑的是二维四边形单元.

其中, $\gamma_1, \cdots, \gamma_4$ 和 $\delta_1, \cdots, \delta_4$ 为常数. 使用式 (a) 和式 (b) 确定 x 和 y 的哪些项包含于位移插值函数中 [386]

$$u = \sum_{i=1}^{8} h_i u_i \tag{c}$$

$$v = \sum_{i=1}^{8} h_i v_i \tag{d}$$

其中, h_i 还是图 5.4 中所示的函数.

考虑位移 u 插值函数. 式 (a) 和式 (b) 中的常数、x 和 y 项明显包含于式 (c) 中, 因为式 (c) 中 u 插值形式为函数 $(1, r, s, r^2, rs, s^2, r^2s, rs^2)$ 与常数的乘积. 我们先前在考虑收敛要求时就讨论过这个问题了.

但是, 如果我们接下来考虑 x^2 项, 会发现 (通过对式 (a) 右边求平方得到的) 在式 (c) 中不出现 r^2s^2 项. 类似地, 在位移插值函数式 (c) 中不出现 xy、y^2、x^2y、xy^2.

位移 v 插值函数的分析也是一样的. 因此, 当一个 8 节点等参单元受到一个常规角度扭曲时, 预测能力将会降低, 因为将不能精确表示按 x、y 表示的二次位移变化 (见表 5.1). 该分析还表明当基于位移的 9 节点单元受到同样的角度扭曲时, 保留 x 和 y 的二次位移变化. 这些结论解释了图 5.16 所示的结果.

5.3.4 总体坐标系中的单元矩阵

到目前为止, 我们考虑了对应于局部单元自由度的等参单元矩阵. 在计算过程中使用了局部坐标 x、y 和 z, 无论哪些是适用的, 还使用了局部单元自由度 u_i、v_i 和 w_i. 但也许注意到, 对于例 5.5 至例 5.7 中所考虑的二维单元, 单元矩阵可通过使用总体坐标变量 X、Y 和全局节点位移 U_i、V_i 而得出. 实际上, 在所给出的计算中, 用总体坐标 X、Y 和全局位移分量 U、V 分别取代局部坐标 x、y 和局部位移分量 u、v. 在这种情况下, 该矩阵将会直接与全局位移分量相对应.

一般情况下, 如果自然坐标变量数等于总体坐标变量数, 那么就使用全局位移分量, 应在总体坐标系中计算单元矩阵. 典型的例子是定义在全局平面上的二维单元和图 5.5 中的三维单元. 在这些情况下, 式 (5.24) 中的 Jacobi 算子是方阵, 能够按式 (5.25) 所要求的有逆阵, 因而单元矩阵直接对应于全局位移分量. [387]

在总体坐标系的阶比自然坐标系的阶高的情况下, 通常先在局部坐标系中计算与局部位移分量相对应的单元矩阵较方便. 该单元矩阵必须以通常方法组装到全局位移矩阵中. 例如在三维空间中的任意方向的桁架单元或平面应力单元. 我们也可以在构造中直接变换到全局位移分量. 这可通过引进一个变换实现, 该变换在位移插值函数中以全局分量的形式表示局部节点位移.

例 5.22: 直接使用全局节点位移计算图 E5.22 中的桁架单元的刚度矩阵.

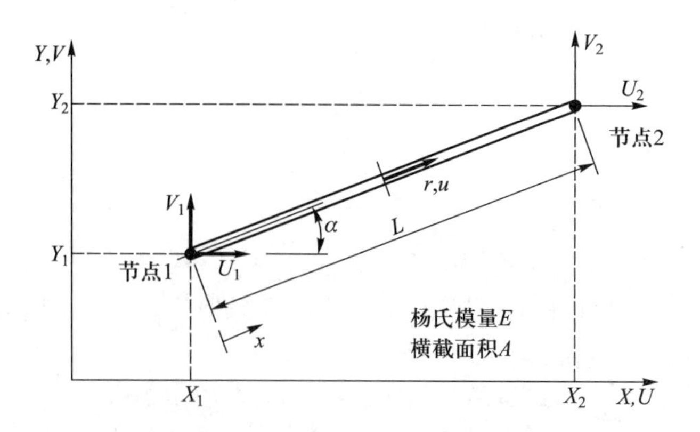

图 E5.22 总体坐标系中的桁架单元

该单元的刚度矩阵在式 (5.27) 中给出, 即

$$\mathbf{K}=\int_V \mathbf{B}^{\mathrm{T}}\mathbf{C}\mathbf{B}\mathrm{d}V$$

其中, $\mathbf{B}$ 是应变 - 位移矩阵, $\mathbf{C}$ 是应力 - 应变矩阵. 对于所考虑的桁架单元, 有

$$u=\begin{bmatrix}\cos\alpha & \sin\alpha\end{bmatrix}\begin{bmatrix}\frac{1}{2}(1-r)U_1+\frac{1}{2}(1+r)U_2\\ \frac{1}{2}(1-r)V_1+\frac{1}{2}(1+r)V_2\end{bmatrix}$$

则使用 $\varepsilon=\partial u/\partial x$, 在自然坐标系中表示为 $\varepsilon=(2/L)\partial u/\partial r$ (见第 5.2 节), 可以将对应于位移向量 $U^{\mathrm{T}}=[U_1 \quad V_1 \quad U_2 \quad V_2]$ 的应变 - 位移变换矩阵写做如下形式

$$\mathbf{B}=\frac{1}{L}\begin{bmatrix}\cos\alpha & \sin\alpha & \cos\alpha & \sin\alpha\end{bmatrix}\begin{bmatrix}-1 & & & 0\\ & -1 & & \\ & & 1 & \\ 0 & & & 1\end{bmatrix}$$

[388] 同样, 如在第 5.2 节中给出的, 有

$$\mathrm{d}V=\frac{AL}{2}\mathrm{d}r \quad 和 \quad \mathbf{C}=E$$

对于 $\mathbf{B}$、$\mathbf{C}$ 和 $\mathrm{d}V$ 代入关系式, 计算积分, 得到

$$\mathbf{K}=\frac{AE}{L}\begin{bmatrix}\cos^2\alpha & \cos\alpha\sin\alpha & -\cos^2\alpha & -\cos\alpha\sin\alpha\\ \sin\alpha\cos\alpha & \sin^2\alpha & -\sin\alpha\cos\alpha & -\sin^2\alpha\\ -\cos^2\alpha & -\cos\alpha\sin\alpha & \cos^2\alpha & \cos\alpha\sin\alpha\\ -\sin\alpha\cos\alpha & -\sin^2\alpha & \sin\alpha\cos\alpha & \sin^2\alpha\end{bmatrix}$$

5.3.5 不可压缩介质的基于位移/压力的单元

我们在第 4.4.3 节中讨论过基于纯位移的单元对不可压缩 (或几乎不可压缩) 介质的分析不是很有效, 从而引入了两个位移/压力格式. 在 u/p 格式中, 对于每一个单元而言, 压力是单独插值的, 而且能够 (在几乎不可压缩的情况下) 在单元矩阵组装之前被静态凝聚掉, 而在 u/p-c 格式中, 单元压力是通过节点变量定义的, 如位移一样, 也属于相邻单元. 我们给出 (见表 4.6 和 4.7) 和讨论了 (见第 4.5 节) 这些格式的各种有效单元.

对于基于纯位移的单元, 我们在第 4 章假设位移和压力插值矩阵是通过使用广义坐标构造, 显然这些矩阵也能通过使用等参构造法而得到.

在 u/p 格式中, 对单元我们使用相同的坐标和位移插值, 正如纯位移格式 (见式 (5.18) 和式 (5.19)) 一样, 使用如下公式对压力进行插值

$$p = p_0 + p_1 r + p_2 s + p_3 t + \cdots \tag{5.54}$$

其中, $p_0, p_1, p_2, p_3, \cdots$ 是要计算的压力参数, r、s 和 t 是等参坐标. 当然, 作为替代, 我们也可使用下式对压力进行插值

$$p = p_0 + p_1 x + p_2 y + p_3 z + \cdots$$

其中, x、y 和 z 是通常的笛卡儿坐标.

在 u/p-c 格式中, 我们也使用位移和坐标插值, 如纯位移格式一样, 且

$$p = \sum_{i=1}^{q_p} \widetilde{h}_i \widehat{p}_i \tag{5.55}$$

其中, $\widetilde{h}_i, i = 1, \cdots, q_p$ 是节点压力插值函数, $\widehat{p}_i$ 为未知的节点压力. 注意到 $\widetilde{h}_i$ 与用于位移和坐标插值的 h_i 是不同的. 例如, 对二维单元 9/4-c, 位移和坐标插值函数是对应于表 5.4 中的 9 个单元节点的函数, 而 $\widetilde{h}_i$ 是对应于单元 4 个角节点的函数. [389]

在实际中, 由于非矩形和曲边单元具有通用性, 故 u/p 和 u/p-c 单元的等参格式是有效的 (见图 4.21, T. Sussman 和 K. J. Bathe[A,B]).

5.3.6 习题

5.1 使用例 5.1 中的方法证明图 5.3 中的函数对 4 节点桁架单元是正确的.

5.2 使用例 5.1 中的方法证明图 5.4 中的函数对二维单元是正确的.

5.3 使用图 5.4 中的函数构造如图 Ex.5.3 所示的 6 节点单元的插值函数. 以侧视图/俯视图的形式画出插值函数 (参照例 5.4).

5.4 证明图 5.5 中插值函数的构造给出了三维单元的正确函数.

5.5 对于图 Ex.5.5 所示用于协调有限元网格的单元, 确定插值函数 h_i.

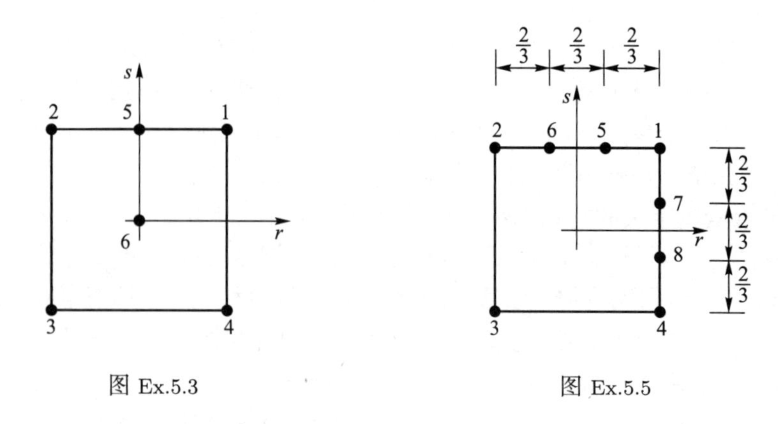

图 Ex.5.3　　　　图 Ex.5.5

5.6 在等参单元矩阵的计算中, 积分是在自然坐标系 rst 中进行的, 这就需要变换式 (5.28). 使用如图 Ex.5.6 所示的微元体积 $\mathrm{d}V = (\mathbf{r}\mathrm{d}r)\times(\mathbf{s}\mathrm{d}s)\cdot(\mathbf{t}\mathrm{d}t)$ 推导这个变换公式.

[390]

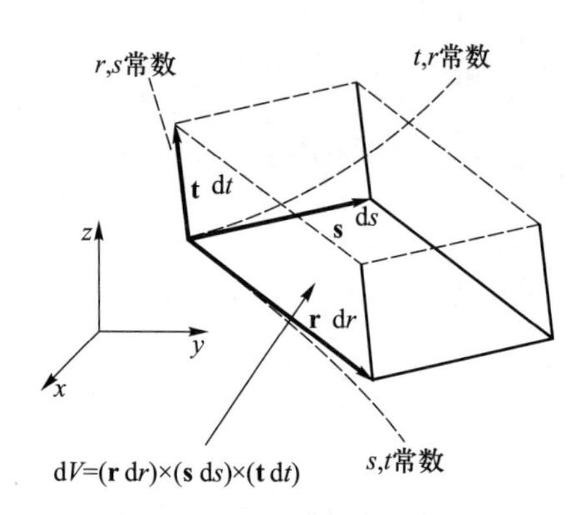

图 Ex.5.6

这里向量 $\mathbf{r}$、$\mathbf{s}$ 和 $\mathbf{t}$ 由下式给出

$$\mathbf{r} = \begin{bmatrix} \dfrac{\partial x}{\partial r} \\ \dfrac{\partial y}{\partial r} \\ \dfrac{\partial z}{\partial r} \end{bmatrix}; \quad \mathbf{s} = \begin{bmatrix} \dfrac{\partial x}{\partial s} \\ \dfrac{\partial y}{\partial s} \\ \dfrac{\partial z}{\partial s} \end{bmatrix}; \quad \mathbf{t} = \begin{bmatrix} \dfrac{\partial x}{\partial t} \\ \dfrac{\partial y}{\partial t} \\ \dfrac{\partial z}{\partial t} \end{bmatrix}$$

5.7 计算如图 Ex.5.7 所示的 4 节点单元的 Jacobi 矩阵.

显式证明单元 2 和单元 3 的 Jacobi 矩阵包含一个表示 30° 的旋转矩阵.

5.8 对所有的 r 和 s, 计算如图 Ex.5.8 所示单元的 Jacobi 矩阵. 确定该 Jacobi 矩阵为奇异矩阵的 r 和 s 值.

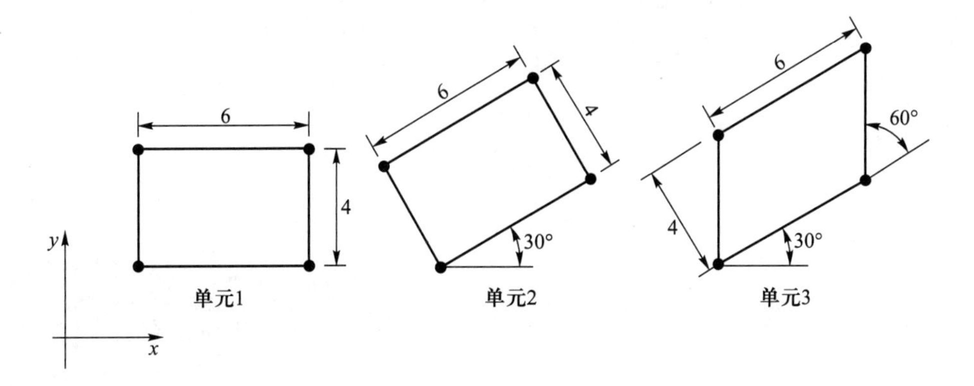

图 Ex.5.7

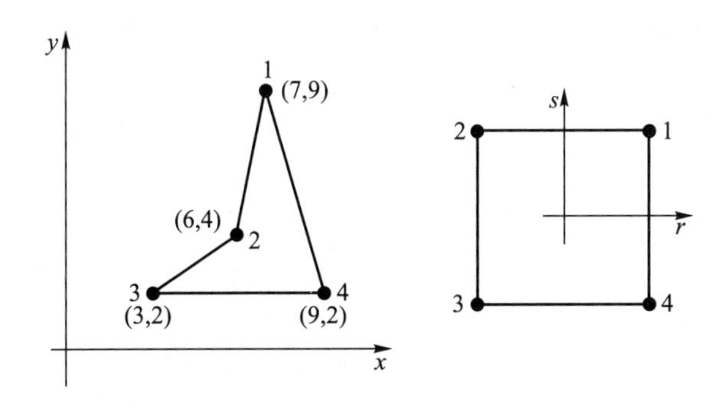

图 Ex.5.8

5.9　计算如图 Ex.5.9 所示 4 节点单元的 Jacobi 矩阵 $\mathbf{J}$.　　[391]

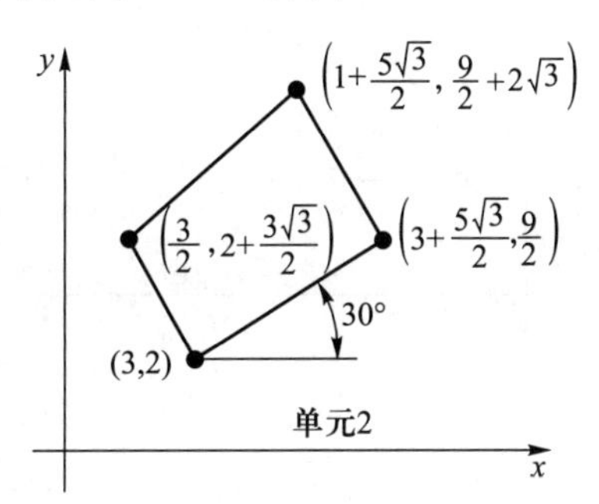

图 Ex.5.9

说明单元 2 的 Jacobi 矩阵 $\mathbf{J}$ 是如何通过将单元 1 的 Jacobi 矩阵 $\mathbf{J}$ 乘以一个旋转矩阵而得到的. 给出该旋转矩阵.

5.10　考虑由下式给出的等参单元.

(a) 情况 1

$$x = \sum_{i=1}^{8} h_i x_i; \quad x_1 = 12, x_2 = 4, x_3 = 4, x_4 = 12, x_5 = 9, x_6 = 5, x_7 = 8, x_8 = 11$$

$$y=\sum_{i=1}^{8}h_iy_i;\quad y_1=12,y_2=8,y_3=2,y_4=2,y_5=8,y_6=5,y_7=1,y_8=7$$

(b) 情况 2

$$x=\sum_{i=1}^{6}h_i^*x_i;\quad x_1=8,x_2=2,x_3=1,x_4=9,x_5=5,x_6=5$$

$$y=\sum_{i=1}^{6}h_i^*y_i;\quad y_1=10,y_2=8,y_3=3,y_4=1,y_5=9,y_6=2$$

在图纸上准确地画出该单元, 对于每一种情况说明直线 $r=\frac{1}{2},r=-\frac{1}{4},s=\frac{3}{4}$ 和 $s=-\frac{1}{3}$ 的物理位置. (你可以写一个小程序来执行该任务)

5.11 考虑如图 Ex.5.11 所示等参有限单元. 对于每一个单元画出所要求的草图.

(a) 直线, s 为变量, 常量 $r=-\frac{2}{3},-\frac{1}{3},0,\frac{1}{3},\frac{2}{3}$.

(b) 直线, r 为变量, 常量 $s=-\frac{2}{3},-\frac{1}{3},0,\frac{1}{3},\frac{2}{3}$.

(c) 确定单元 1 的 Jacobi 矩阵的行列式 (以俯视图的形式).

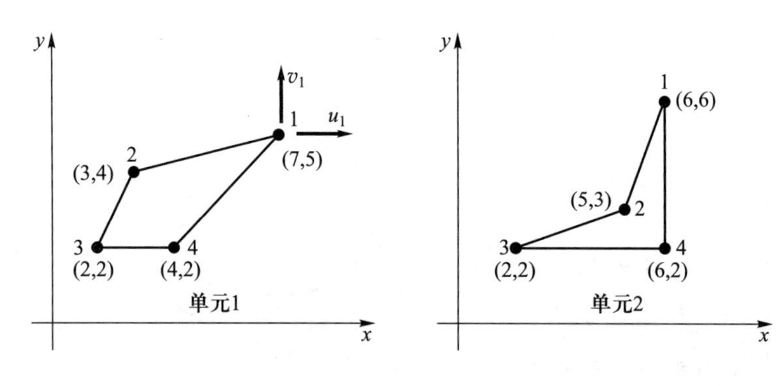

图 Ex.5.11

[392]

5.12 证明任意的平行四边形等参单元的 Jacobi 行列式是常数. 同样, 证明当单元不是正方形、矩形或平行四边形时,Jacobi 行列式随着 r 或 s 而变化.

5.13 考虑如图 Ex.5.13 所示等参单元. 以 (r,s) 函数的形式计算在单元中任意点的坐标 x 和 y, 且建立 Jacobi 矩阵.

5.14 计算对应如图 Ex.5.14 所示轴对称单元上表面载荷的节点力 (考虑 1 弧度).

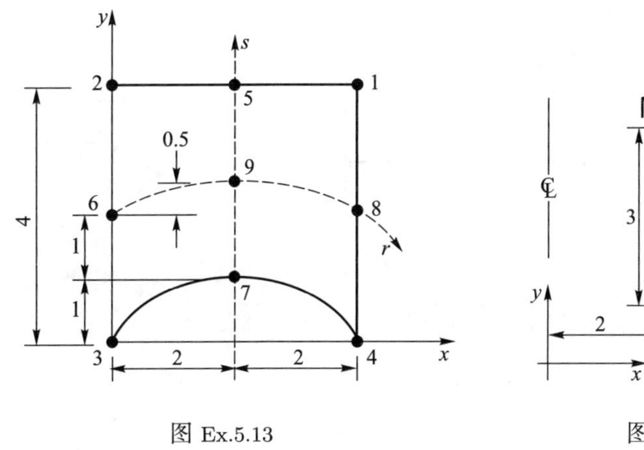

图 Ex.5.13

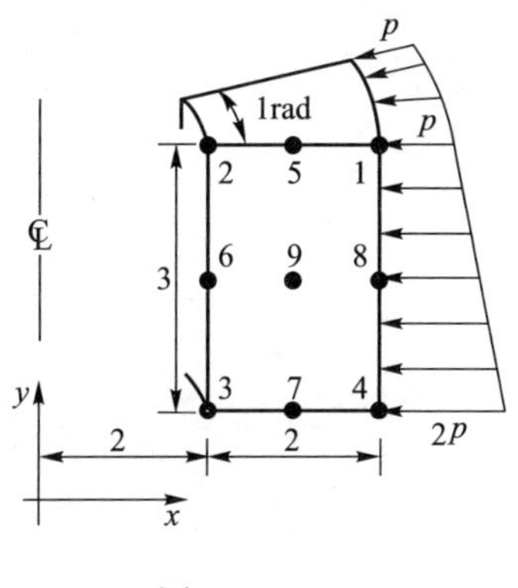

图 Ex.5.14

5.15 考虑如图 Ex.5.15 所示 5 节点平面应变等参单元.

(a) 计算合适的插值函数 h_i, $i = 1, 2, 3, 4, 5$.

(b) 在点 $x = 2.5$, $y = 2.5$ 处计算对应于位移 u_1 的应变 – 位移矩阵的列.

5.16 考虑如图 Ex.5.16 所示等参轴对称二维有限元. [393]

(a) 构建 Jacobi 矩阵 $\mathbf{J}$.

(b) 给出对应于位移 u_1 的应变 – 位移矩阵 $\mathbf{B}(r, s)$ 列的解析表达式.

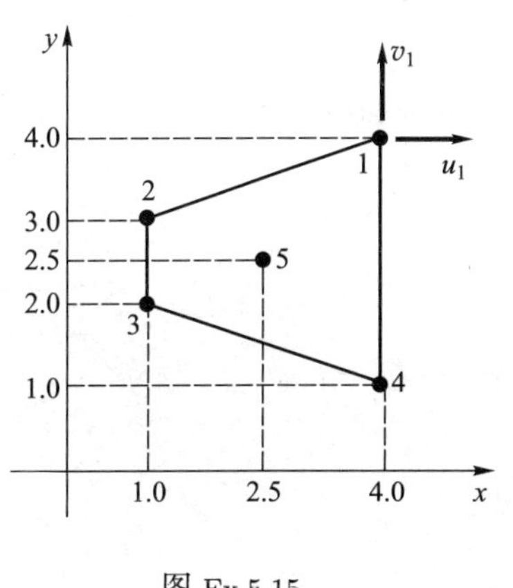

图 Ex.5.15

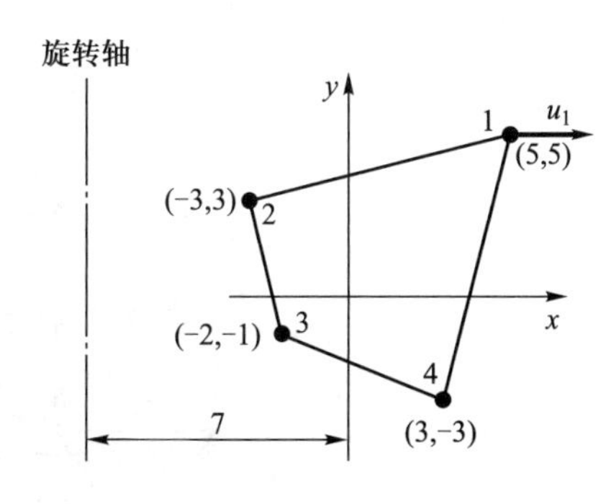

图 Ex.5.16

5.17 如图 Ex.5.17 所示 8 节点等参单元的 u_1 除外的所有节点位移都为 0. 该单元受到一集中载荷 P 的作用, 产生 u_1.

(a) 计算和画出对应于载荷 P 的位移.

(b) 画出对应于变形结构的所有单元应力. 使用侧视图/俯视图表示.

5.18 有限元分析中使用如图 Ex.5.18 所示 8 节点单元的组合体. 计算对应于自由度 U_{100} 的刚度矩阵和一致质量矩阵的对角线单元.

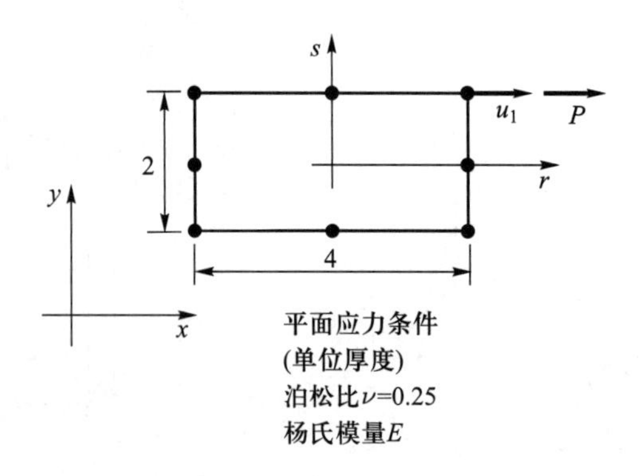

图 Ex.5.17

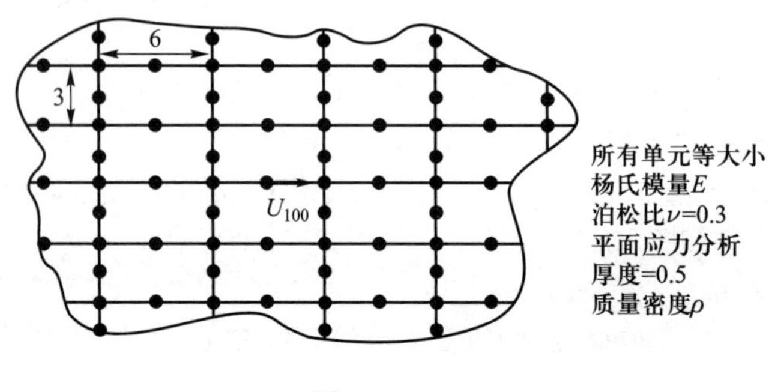

图 Ex.5.18

[394] 5.19 例 5.13 中的问题是通过两个 5 节点平面应力单元和一个 3 节点的杆单元进行建模的, 如图 Ex.5.19 所示.

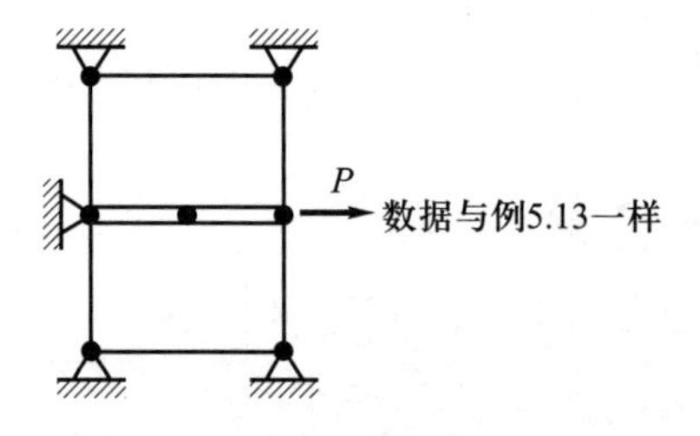

图 Ex.5.19

(a) 详细地建立平衡控制方程构造中所使用的所有矩阵, 但不要进行积分运算.

(b) 假设你已经算出了未知节点的位移. 以俯视/侧视图的形式在一个图中画出单元中所有位移和应力.

5.20 如图 Ex.5.20 所示 20 节点砖体单元在指定的位置受到了一个集中载荷的作用. 计算一致节点载荷.

5.21 习题 5.20 中的单元用于动态分析中. 构建该单元的一个合理的集总质量矩阵; 使用 $\rho = 7.8 \times 10^{-3}\mathrm{kg/cm^3}$.

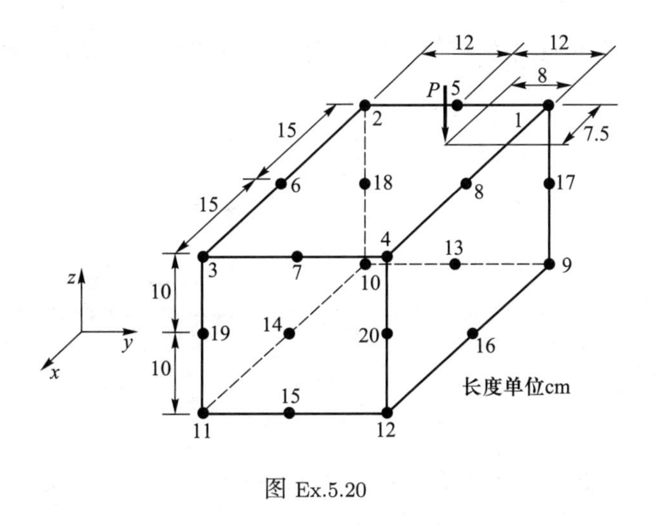

图 Ex.5.20

5.22　如图 Ex.5.22 所示 12 节点三维单元受到了指定的压力载荷作用. 计算节点 1、2、7 和 8 的一致载荷向量. [395]

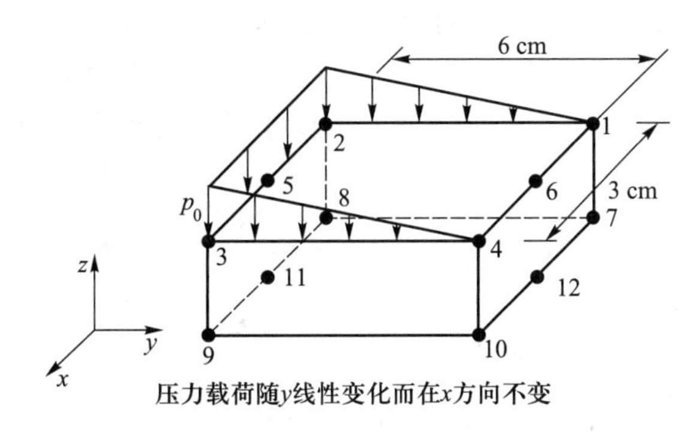

图 Ex.5.22

5.23　以 r 和 s 函数的形式计算如图 Ex.5.23 所示单元的 Jacobi 矩阵 $\mathbf{J}$, 画出单元上的 $\det\mathbf{J}$ (以俯视/侧视图的形式).

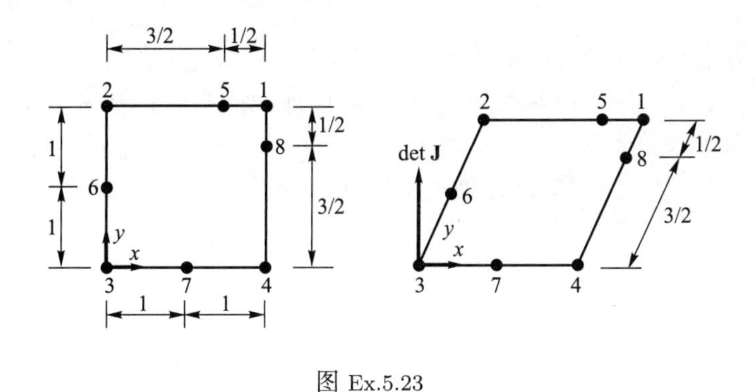

图 Ex.5.23

5.24　对于如图 Ex.5.24 所示的节点 9, 画出 9 节点单元和两个 6 节点三

角形元 (使用图 5.11 中的插值函数而形成的) 组合体的位移插值函数及其对 x 的导数.

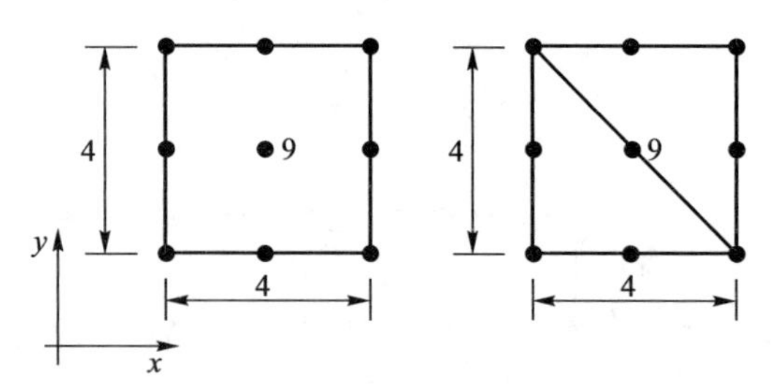

图 Ex.5.24

5.25 证明式 (5.36) 中的插值函数, 且 Δh 按式 (5.37) 定义, 如图 5.11 中的函数那样定义相同的位移假设 (注意到在两个构造中所使用坐标的原点是不同的).

5.26 将一个 20 节点的砖体单元折缩成一个空间各向同性的 10 节点四面体单元 (使用图 E5.16 中的边折缩方法). 确定必须应用于砖体单元插值函数 h_{16} 的修正量, 以获得四面体 (在图 5.13 中给出) 的位移假设 h_6.

[396]

5.27 考虑如图 Ex.5.27 所示的 6 节点等参平面应变有限单元.

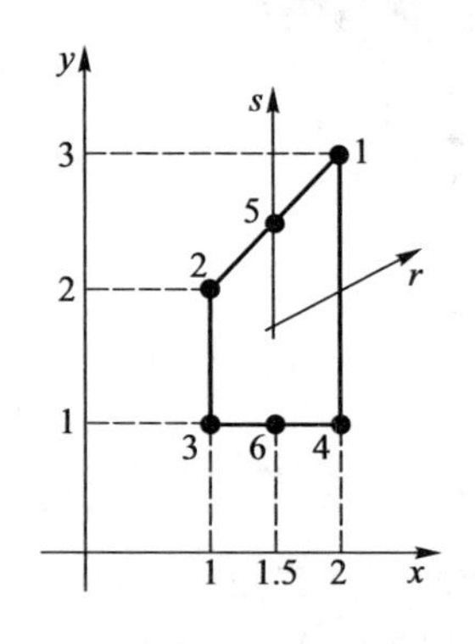

图 Ex.5.27

(a) 构建该单元的插值函数 $h_i(r,s), i=1,\cdots,6$.

(b) 当该单元用于协调有限元组合体时, 详细证明该有限单元满足 (或不满足) 所有的收敛要求.

5.28 考虑用于如图 Ex.5.28 所示单元组合体的一般等参 4 节点单元.

(a) 节点力定义如下

$$\mathbf{F}^{(m)}=\int_{V^{(m)}}\mathbf{B}^{(m)\mathrm{T}}\boldsymbol{\tau}^{(m)}\mathrm{d}V^{(m)}$$

证明对单元 m, 该节点力处于平衡状态, 其中已经算出 $\boldsymbol{\tau}^{(m)}=\mathbf{C}\mathbf{B}^{(m)}\mathbf{U}$.

(b) 证明每个节点的节点力总和与外部载荷 R_i (包括支反力) 相平衡 (提示: 见第 4.2.1 节和图 4.2).

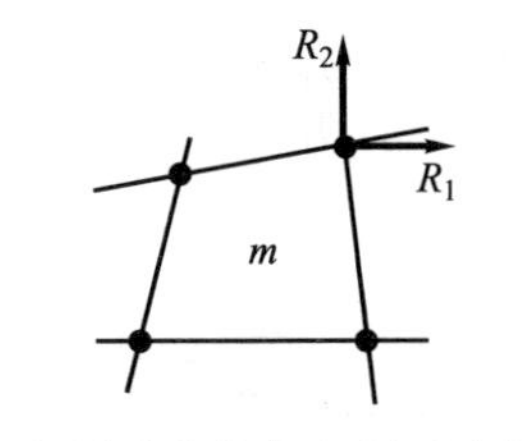

图 Ex.5.28

5.29　考虑表 5.1 和角度扭曲情况. 证明对于 12 节点和 16 节点单元所列出的项都是正确的.

5.30　考虑表 5.1 和曲边扭曲情况. 证明在表中列出的对 8、9、12 和 16 节点单元的列项都是正确的.

5.31　考虑如图 Ex.5.31 所示的 4/1 等参 u/p 单元. 构建用于计算单元刚度矩阵的所有矩阵, 但不进行任何积分运算.　[397]

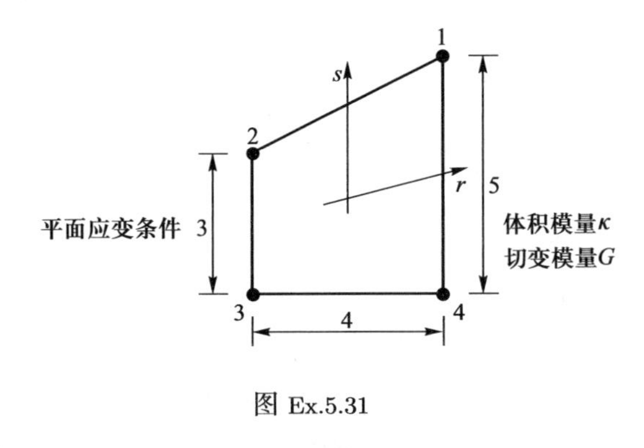

图 Ex.5.31

5.4　结构单元的构造

用于二维和三维连续介质单元构造中的几何和位移插值函数的概念也能够用于梁、板和壳结构单元矩阵的计算中. 但在连续介质单元的构造中, 位移 u、v 和 w(任何情况都是适用的) 以同一类型的节点位移进行插值, 在结构单元的构造中, 位移 u、v 和 w 以中性面位移和转角进行插值. 我们将会证明, 该方法在本质上对应于带有位移约束的连续介质等参单元构造. 另外, 当然有一个主要的假设, 即垂直于中性面的应力为 0. 由于这个原因, 该结构单元被称为退化的等参单元, 但我们通常简称为等参单元.

考虑结构单元的构造, 已经在第 4.2.3 节中简要地讨论了如何利用 Bernoulli 梁和 Kirchhoff 板理论构造梁、板和壳单元, 其中, 忽略了剪切变形. 利用 Kirchhoff 理论很难满足在位移和转角上单元间的连续性要求, 因为板 (或壳)

转角是从横向位移中算得. 另外, 使用平板单元组合体来表示壳结构时, 为了精确表示壳的几何形状, 需要大量的单元.

在本节我们的目的是讨论构造梁、板和壳单元的不同方法. 该方法的基础是计入剪切变形影响的理论. 在该理论中, 中性面法向的位移和转角是互相独立的变量, 对这些变量, 可直接满足单元间的连续性条件, 正如在连续介质分析中一样. 另外, 如果采用等参插值概念, 那么可以插值弯曲壳面的几何, 且精度很高. 在第 5.4.1 节中, 首先讨论梁和轴对称壳单元的构造, 在此过程中可以详细说明所使用的基本原理, 然后给出一般板和壳单元的构造方法.

5.4.1 梁单元和轴对称壳单元

我们首先讨论与梁单元构造相关的一些基本假设. 不计剪切变形的梁弯曲分析中的基本假设是梁中性面 (中性轴) 的法线在变形的过程中保持直线状态, 且它的转角等于梁中性面的倾斜角. 在图 5.18(a) 中说明的运动学假设是对应于伯努利 (Bernoulli) 梁理论的, 得出众所周知的梁弯曲控制微分方程,

[398]

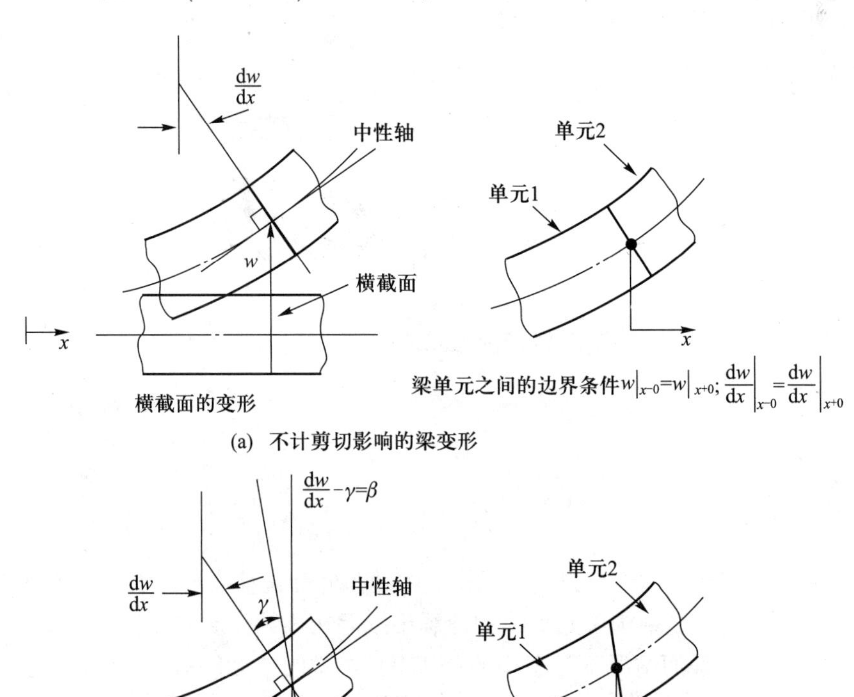

(a) 不计剪切影响的梁变形

(b) 计入剪切影响的梁变形

图 5.18 梁变形假设

其中横向位移 w 是唯一的变量 (见例 3.20). 因此, 使用该理论构造梁单元时, 单元间的位移连续性要求 w 和 $\mathrm{d}w/\mathrm{d}x$ 连续.

现在考虑受剪切变形影响的梁弯曲分析, 我们保留原先垂直于中性轴的平截面保持为平面的假设, 但由于剪切变形的影响, 该截面不再保持与中性轴垂直. 如图 5.18(b) 所示, 原先垂直于中性轴的平面的总转角是由中性轴切线的转角和剪切变形给出的 [399]

$$\beta = \frac{\mathrm{d}w}{\mathrm{d}x} - \gamma \tag{5.56}$$

其中, γ 是截面的常剪切应变. 该运动学假设对应于 Timoshenko 梁理论 (见 S. H. Crandall、N. C. Dahl 和 T. J. Lardner[A]). 由于实际剪切应力和应变在截面上是变化的, 式 (5.56) 中的剪应变 γ 是对应剪切区域 A_s 上的一个等价常应变

$$\tau = \frac{V}{A_s}; \quad \gamma = \frac{\tau}{G}; \quad k = \frac{A_s}{A} \tag{5.57}$$

其中, V 是所考虑截面的剪切力. 有许多假设用于计算一个合理的因子 k(见 S. Timoshenko 和 J. N. Goodier[A], K. Washizu[B]). 一个简单的方法是在一定的条件下计算剪切修正因子, 该条件为当做用在 A_s 上时, 式 (5.57) 中的常剪应力必须产生相同的剪切应变能, 好像实际的剪应力 (从梁理论中算得的) 作用于梁的实际横截面积 A 上一样. 考虑如下的例子.

例 5.23: 计算具有矩形横截面梁的剪切修正因子 k, 其宽为 b, 高为 h.

梁单位长度上的剪切应变能 $\mathcal{U}$ 为

$$\mathcal{U} = \int_A \frac{1}{2G}\tau_a^2 \mathrm{d}A \tag{a}$$

其中, τ_a 是实际剪切应力, G 是切变模量, A 为横截面积, $A = bh$.

利用假设条件, 在有限元模型中剪应变在梁的整个横截面上为常量, 见式 (5.56). 由于在实际中, 剪应变在梁横截面上会变化, 因此要为有限元模型找到一个等价的梁横截面积 A_s. 该等价性是基于剪切应变能相等的. [400]

因此, 使用式 (a) 中给出的 $\mathcal{U}$, 加上实际剪应力的分布, 我们可以通过式 (b) 计算 A_s

$$\int_A \frac{1}{2G}\tau_a^2 \mathrm{d}A = \int_{A_s} \frac{1}{2G}\left(\frac{V}{A_s}\right)^2 \mathrm{d}A_s \tag{b}$$

其中, V 是作用于截面的总剪切力

$$V = \int_A \tau_a \mathrm{d}A \tag{c}$$

如果使用 $k = A_s/A$, 我们将会从式 (b) 中得到

$$k = \frac{V^2}{A\displaystyle\int_A \tau_a^2 \mathrm{d}A}$$

现在对矩形截面梁使用式 (b) 和式 (c). 基本梁理论给出如下公式 (见 S. H. Crandall、N. C. Dahl 和 T. J. Lardner[A])

$$\tau_a = \frac{3}{2}\frac{V}{A}\left[\frac{(h/2)^2 - y^2}{(h/2)^2}\right]$$

给出 $k = 5/6$.

具有式 (5.56) 中假设条件的梁单元的有限元构造是通过使用式 (4.19) 至式 (4.22) 中的基本虚功表达式实现的. 接下来, 为说明的目的, 我们首先考虑对应于图 5.19 中简单单元的梁单元矩阵的具体构造, 然后讨论更为一般的三维梁单元和轴对称壳单元的构造.

1. 二维直梁单元

如图 5.19 所示的二维矩形截面梁. 使用带有上面所讨论的假设条件的一般虚功原理表达式, 得到 (见习题 5.32)

$$EI\int_0^L \left(\frac{\mathrm{d}\beta}{\mathrm{d}x}\right)\left(\frac{\mathrm{d}\overline{\beta}}{\mathrm{d}x}\right)\mathrm{d}x + GAk\int_0^L \left(\frac{\mathrm{d}w}{\mathrm{d}x} - \beta\right)\left(\frac{\mathrm{d}\overline{w}}{\mathrm{d}x} - \overline{\beta}\right)\mathrm{d}x$$
$$= \int_0^L p\overline{w}\mathrm{d}x + \int_0^L m\overline{\beta}\mathrm{d}x \tag{5.58}$$

[401]

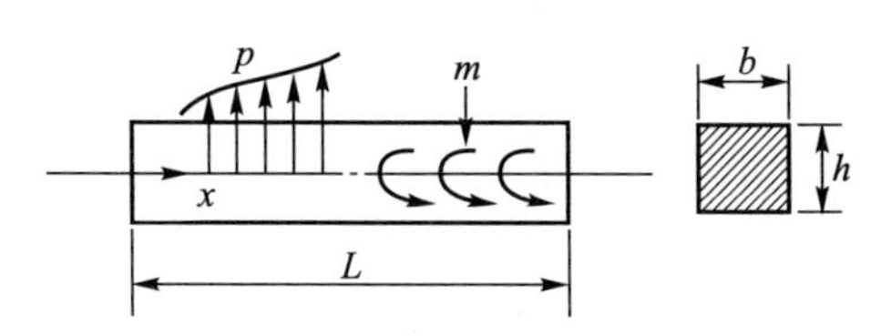

(a) 受到载荷作用的梁

E=杨氏模量；G=切变模量；

$\kappa=5/6; A=hb; I=bh^3/12$

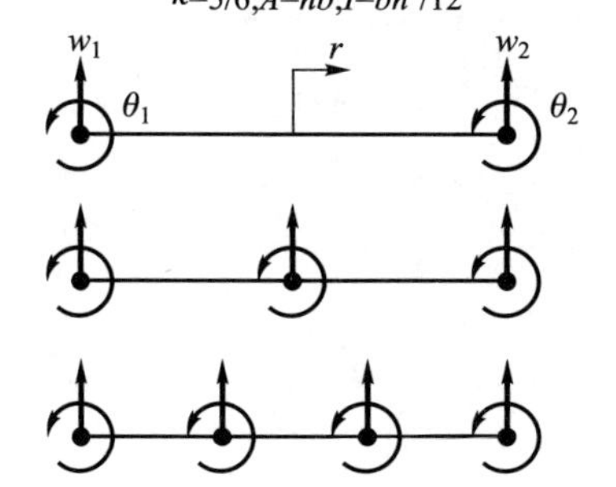

(b) 2节点、3节点、4节点模型；$\theta_i=\beta_i, i=1,\cdots,q$

(图5.3中给出了插值函数)

图 5.19 二维梁单元的构造

其中, p 和 m 分别为单位长度上的横向力和力矩. 现在使用如下插值函数

$$w = \sum_{i=1}^{q} h_i w_i; \quad \beta = \sum_{i=1}^{q} h_i\theta_i \tag{5.59}$$

其中, q 等于节点数, h_i 为图 5.3 中列出的一维插值函数, 我们可直接使用第 5.3 节中讨论的等参构造法的概念来建立相关的单元矩阵. 令

$$\begin{aligned} w &= \mathbf{H}_w \widehat{\mathbf{u}}; \quad \beta = \mathbf{H}_\beta \widehat{\mathbf{u}} \\ \frac{\partial w}{\partial x} &= \mathbf{B}_w \widehat{\mathbf{u}}; \quad \frac{\partial \beta}{\partial x} = \mathbf{B}_\beta \widehat{\mathbf{u}} \end{aligned} \tag{5.60}$$

其中,

$$\begin{aligned} \widehat{\mathbf{u}}^{\mathrm{T}} &= \begin{bmatrix} w_1 & \cdots & w_q & \theta_1 & \cdots & \theta_q \end{bmatrix} \\ \mathbf{H}_w &= \begin{bmatrix} h_1 & \cdots & h_q & 0 & \cdots & 0 \end{bmatrix} \\ \mathbf{H}_\beta &= \begin{bmatrix} 0 & \cdots & 0 & h_1 & \cdots & h_q \end{bmatrix} \end{aligned} \tag{5.61}$$

和

$$\begin{aligned} \mathbf{B}_w &= J^{-1} \begin{bmatrix} \dfrac{\partial h_1}{\partial r} & \cdots & \dfrac{\partial h_q}{\partial r} & 0 & \cdots & 0 \end{bmatrix} \\ \mathbf{B}_\beta &= J^{-1} \begin{bmatrix} 0 & \cdots & 0 & \dfrac{\partial h_1}{\partial r} & \cdots & \dfrac{\partial h_q}{\partial r} \end{bmatrix} \end{aligned} \tag{5.62}$$

其中, $J = \partial x / \partial r$; 则对单个单元, 得到

$$\mathbf{K} = EI \int_{-1}^{1} \mathbf{B}_\beta^{\mathrm{T}} \mathbf{B}_\beta \det J \mathrm{d}r + GAk \int_{-1}^{1} (\mathbf{B}_w - \mathbf{H}_\beta)^{\mathrm{T}} (\mathbf{B}_w - \mathbf{H}_\beta) \det J \mathrm{d}r$$

$$\mathbf{R} = \int_{-1}^{1} \mathbf{H}_w^{\mathrm{T}} p \det J \mathrm{d}r + \int_{1}^{-1} \mathbf{H}_\beta^{\mathrm{T}} m \det J \mathrm{d}r \tag{5.63}$$

同样, 在动态分析中, 可以使用 d'Alembert 原理 (见式 (4.23)) 计算质量矩阵; 因此 [402]

$$\mathbf{M} = \int_{-1}^{1} \begin{bmatrix} \mathbf{H}_w \\ \mathbf{H}_\beta \end{bmatrix}^{\mathrm{T}} \begin{bmatrix} \rho b h & 0 \\ 0 & \dfrac{\rho b h^3}{12} \end{bmatrix} \begin{bmatrix} \mathbf{H}_w \\ \mathbf{H}_\beta \end{bmatrix} \det J \mathrm{d}r \tag{5.64}$$

在这些计算中我们使用的是梁的自然坐标系, 因为这在一般的梁、板和壳单元的构造中更有效. 但当考虑一个等横截面的直梁时, 则不使用自然坐标计算积分效率更高, 如例 5.24 所示.

例 5.24: 计算图 E5.24 中所示 3 节点梁单元刚度矩阵和载荷向量的详细表达式.

图 5.3 列出了所要使用的插值函数. 这些函数是以 r 的形式给出的, 得

$$x = \sum_{i=1}^{3} h_i x_i$$

使用 $x_1 = 0, x_2 = L, x_3 = L/2$, 得到

$$x = \frac{L}{2}(1 + r)$$

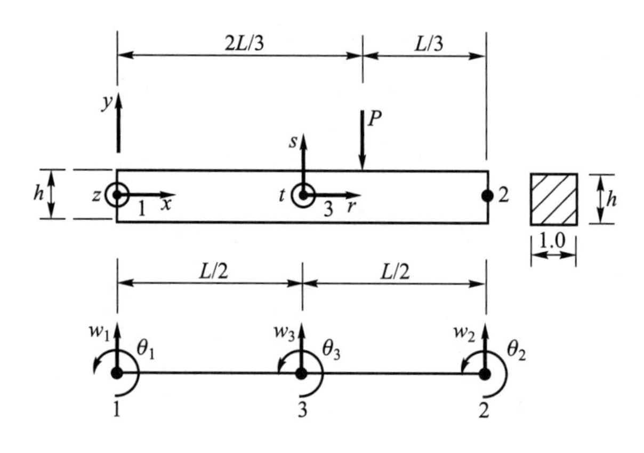

图 E5.24　3 节点梁单元

x 形式的插值函数为

$$h_1 = \frac{2x^2}{L^2} - \frac{3x}{L} + 1$$
$$h_2 = \frac{2x^2}{L^2} - \frac{x}{L}$$
$$h_3 = \frac{4x}{L} - \frac{4x^2}{L^2}$$

[403]

使用符号 $(\ )' \equiv \partial/\partial x$ 得到

$$h_1' = \frac{4x}{L^2} - \frac{3}{L}$$
$$h_2' = \frac{4x}{L^2} - \frac{1}{L}$$
$$h_3' = \frac{4}{L} - \frac{8x}{L^2}$$

因此, 利用如式 (5.61) 中的自由度顺序, 有

$$\mathbf{K} = \frac{Eh^3}{12}\int_0^L \begin{bmatrix} 0 \\ 0 \\ 0 \\ h_1' \\ h_2' \\ h_3' \end{bmatrix} \begin{bmatrix} 0 & 0 & 0 & h_1' & h_2' & h_3' \end{bmatrix} \mathrm{d}x +$$

$$\frac{5Gh}{6}\int_0^L \begin{bmatrix} h_1' \\ h_2' \\ h_3' \\ -h_1 \\ -h_2 \\ -h_3 \end{bmatrix} \begin{bmatrix} h_1' & h_2' & h_3' & -h_1 & -h_2 & -h_3 \end{bmatrix} \mathrm{d}x$$

和

$$\mathbf{R}^{\mathrm{T}} = -P\begin{bmatrix} -\frac{1}{9} & \frac{2}{9} & \frac{8}{9} & 0 & 0 & 0 \end{bmatrix}$$

图 5.19 中的单元是一个基于纯位移的单元 (假设所有积分都精确积出), 只要使用 3 节点或 4 节点单元 (且内部节点要分别置于中点和三分之一点), 我们可采用该单元. 但当采用 2 节点单元, 或 3 节点单元和 4 节点单元且内部节点不是分别置于中点和三分之一点时, 将不推荐使用这些单元, 因为它不能充分精确地表示剪切变形. 当单元很薄时, 这些单元的缺陷更加突出.

为深入理解当梁很薄时这些单元的性质, 我们注意到虚功原理是等价于总势能驻值原理 (见例 4.4). 对于梁格式, 总势能

$$\Pi = \frac{EI}{2}\int_0^L \left(\frac{\mathrm{d}\beta}{\mathrm{d}x}\right)^2 \mathrm{d}x + \frac{GAk}{2}\int_0^L \left(\frac{\mathrm{d}w}{\mathrm{d}x} - \beta\right)^2 \mathrm{d}x - \int_0^L pw\mathrm{d}x - \int_0^L m\beta\mathrm{d}x \tag{5.65}$$

其中, 前两个积分分别表示弯曲应变能和剪应变能, 最后两个积分表示载荷势能.

考虑总势能 $\widetilde{\Pi}$

$$\widetilde{\Pi} = \int_0^L \left(\frac{\mathrm{d}\beta}{\mathrm{d}x}\right)^2 \mathrm{d}x + \frac{GAk}{EI}\int_0^L \left(\frac{\mathrm{d}w}{\mathrm{d}x} - \beta\right)^2 \mathrm{d}x \tag{5.66}$$

该公式是通过忽略式 (5.65) 中载荷作用和除以 $EI/2$ 得到的. 式 (5.65) 表明弯曲和剪切对单元刚度矩阵的相对重要程度, 我们注意到当所考虑的单元很薄时, 剪切项中的因子 GAk/EI 将会很大. 该因子可以理解为罚因子 (见第 3.4.1 节), 即可以写为

[404]

$$\widetilde{\Pi} = \int_0^L \left(\frac{\mathrm{d}\beta}{\mathrm{d}x}\right)^2 \mathrm{d}x + \alpha\int_0^L \left(\frac{\mathrm{d}w}{\mathrm{d}x} - \beta\right)^2 \mathrm{d}x; \quad \alpha = \frac{GAk}{EI} \tag{5.67}$$

其中, 当 $h \to 0$ 时, $\alpha \to \infty$. 而这意味着当梁变得很薄时, 将会接近于零剪切变形的约束 (即 $\mathrm{d}w/\mathrm{d}x = \beta$ 且 $\gamma = 0$).

该结论对实际的连续模型成立, 该模型是由 $\prod$ 驻值条件支配的.

现在考虑有限元模型, 很重要的一点是, 关于 β 和 w 的有限元位移假设允许对很大的 α 值, 剪切变形在整个单元上很小. 由于利用关于 w 和 β 的假设, 如果各处的剪切变形不能是小的 (甚至是 0), 则在分析中将引入大误差的剪切应变能 (与弯曲应变能相比将会很大). 当所分析的梁结构很薄时, 该误差将会导致位移比精确值小很多. 因此, 此时有限元模型的刚度很大.

使用如图 5.19 所示的 2 节点梁单元时会出现该现象, 因此在薄梁结构的分析中不应采用该梁单元, 该结论同样适用于第 5.2.4 节中所讨论的基于纯位移的低阶板单元和壳单元. 由薄单元表现出来的高刚度现象被称为单元剪切闭锁. 图 5.20 说明了一个使用基于位移的 2 节点单元的闭锁的例子. 我们在例 5.25 中研究剪切闭锁的现象 (还可见第 4.5.7 节).

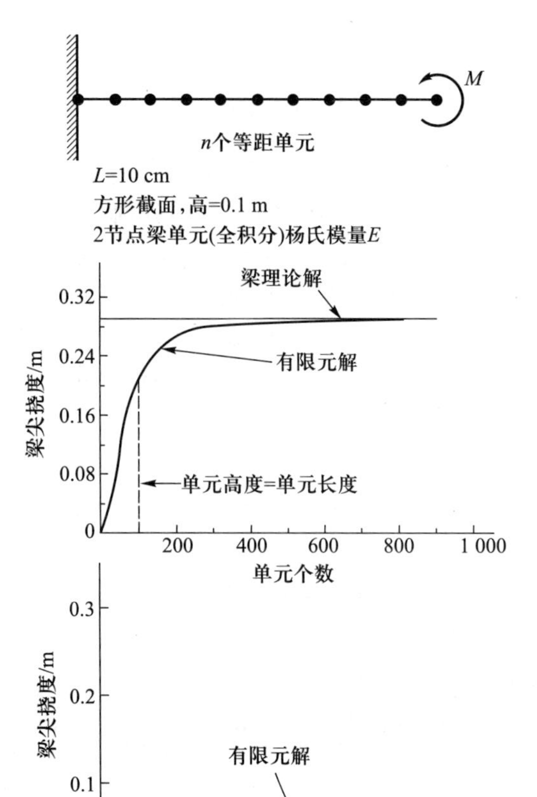

图 5.20 悬臂梁问题的解 (梁端挠度对所用单元数, 说明单元闭锁)

[405] **例 5.25**: 考虑利用 2 节点等参梁单元建模仅受一个端部力矩载荷作用的悬臂梁, 如图 E5.25 所示. 假设剪应变为 0 时, 确定 θ_2 和 w_2 值.

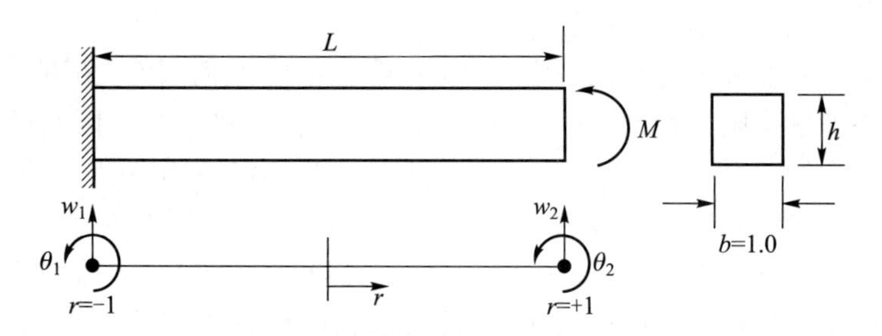

图 E5.25 建模悬臂梁的 2 节点单元

由给定的数据, 对 β 和 w 的插值表示为

$$\beta = \frac{1+r}{2}\theta_2$$

$$w = \frac{1+r}{2}w_2$$

因此, 剪应变为

$$\gamma = \frac{w_2}{L} - \frac{1+r}{2}\theta_2$$

对于只受力矩作用的单元, 剪应变应为 0. 施加该条件则给出

$$0 = \frac{w_2}{L} - \frac{1+r}{2}\theta_2 \tag{a}$$

但为了使该表达式沿整个梁上为 0 (即对于 $-1 \leqslant r \leqslant +1$ 的任何值), 显然必须有 $\theta_2 = w_2 = 0$. 因此, 单元中零剪切应变只有在没有变形的情况下才能实现!

类似地, 如果在两个 Gauss 点 $r = \pm 1/\sqrt{3}$ 处使式 (a) 成立 (即如果我们使用两点 Gauss 积分), 则得到两个等式 [406]

$$\begin{bmatrix} \dfrac{1}{L} & -\dfrac{1+1/\sqrt{3}}{2} \\ \dfrac{1}{L} & -\dfrac{1-1/\sqrt{3}}{2} \end{bmatrix} \begin{bmatrix} w_2 \\ \theta_2 \end{bmatrix} = \begin{bmatrix} 0 \\ 0 \end{bmatrix}$$

由于系数矩阵是非奇异的, 唯一解为 $\theta_2 = w_2 = 0$. 当然这是前面已得到的结果, 因为使线性变化的剪应变在两端点为 0 就意味着在整个单元上施加的剪应变为 0.

但我们现在还可利用式 (a) 研究当仅在梁中点 (即在 $r = 0$ 处) 使剪应变为 0 时将会发生什么. 在这种情况下, 式 (a) 给出如下关系式

$$w_2 = \frac{\theta_2}{2}L \tag{b}$$

因此, 如果我们假设一个如下的常剪应变值

$$\gamma = \frac{w_2}{L} - \frac{\theta_2}{2}$$

将会得到一个更具吸引力的单元. 我们在例 4.30 中实际使用了该假设.

为了获得有效的非闭锁的单元, 将提出各种不同的方法改进基于纯位移的梁单元格式, 和基于纯位移的等参板弯曲单元的格式.

这些格式注重相关单元应该是可靠的和高效的; 这意味着单元刚度矩阵必须不能包含任何虚假零能模式, 和该单元在一般的几何和载荷条件下具有高的预测能力. 梁单元比一般的板单元和壳单元比较容易地满足这些条件.

一种有效的梁单元是通过位移和横向剪应变的混合插值而得到的. 该混合插值是用于板弯曲单元和壳单元 (见第 5.4.2 节) 中更一般方法的一个应用.

例 5.25 的讨论表明为了满足单元中零横向剪应变的可能性, 对一个具有 q 个节点的单元, 我们假设插值函数如下 (还可见例 4.30)

$$\left.\begin{aligned} w &= \sum_{i=1}^{q} h_i w_i \\ \beta &= \sum_{i=1}^{q} h_i \theta_i \end{aligned}\right\} \tag{5.68}$$

$$\gamma = \sum_{i=1}^{q-1} h_i^* \left.\gamma\right|_{G_i}^{\mathrm{DI}} \tag{5.69}$$

[407]

其中, h_i 是对于 q 节点单元的位移和截面转角的插值函数, h_i^* 为横向剪应变的插值函数. 该函数是与 $(q-1)$ 个离散值 $\left.\gamma\right|_{G_i}^{\mathrm{DI}}$ 有关, 其中 $\left.\gamma\right|_{G_i}^{\mathrm{DI}}$ 为直接从截面位移/转角的插值函数 (即通过位移插值函数) 中得到的在 Gauss 点 i 处的剪应变, 因此有

$$\left.\gamma\right|_{G_i}^{\mathrm{DI}} = \left.\left(\frac{\mathrm{d}w}{\mathrm{d}x} - \beta\right)\right|_{G_i} \tag{5.70}$$

图 5.21 说明了用于 2 节点、3 节点和 4 节点梁单元的剪应变插值函数. 该混合插值梁单元非常可靠, 因为它们不会闭锁, 有良好的收敛性, 当然不包含任何虚假零能模式. 对于如图 5.20 所示问题的求解, 仅采用一个单元就获得梁端部精确的位移和转角. 我们可以通过继续例 5.25 中介绍的分析, 容易

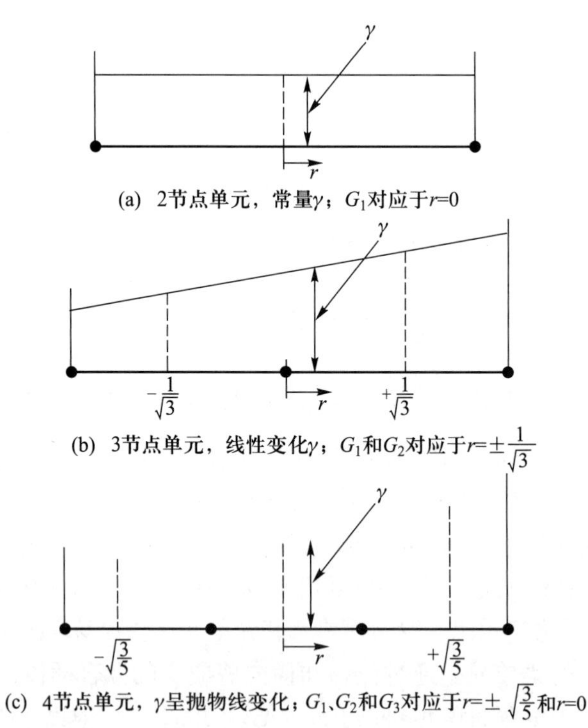

图 5.21 混合插值梁单元的剪应变插值函数

地证明对 2 节点单元的这个结论, 由于 3 节点单元和 4 节点单元包含 2 节点单元的插值函数, 所以也一定会给出精确解. 因此, 混合插值的使用显著地改进了单元的性质.

另外, 一个引人注意的计算特点是: 对 2 节点单元, 仅使用一点 Gauss 积分对基于位移的模型进行积分就可有效地得到单元的刚度矩阵, 而对于 3 节点单元和 4 节点单元, 则分别使用两点 Gauss 积分和三点 Gauss 积分. 即, 在 2 节点单元刚度矩阵计算中使用一点 Gauss 积分时, 横向剪应变被假设为常量, 而且仍然能准确地算出弯曲变形影响. 对于 3 节点和 4 节点单元有同样的结论. 这种计算单元刚度矩阵的计算方法被称为基于位移的单元的"降阶积分法", 但实际上是混合插值单元的全阶积分. 第 4.5.7 节中给出了该单元的数学分析. [408]

2. 一般弯曲梁单元

在前面的讨论中假设所考虑的单元是直边的, 因此构造是基于式 (5.58). 为了获得一般的三维曲边梁单元的格式, 采用类似的方式, 但现在要对弯曲的几何形状及其梁位移进行插值. 利用这些插值函数, 推导出一个基于纯位移的单元格式, 如同直边单元那样, 刚度太大而不可用. 在直边梁单元情况下仅产生了虚假剪应变 (对 2 节点单元总是如此, 以及对 3 节点和 4 节点, 只是当内部节点不在它们的自然位置上时才产生, 见习题 5.34), 而对曲边单元还会产生虚假薄膜应变. 因此, 曲边单元也会呈现薄膜闭锁 (如见 H. Stolarski 和 T. Belytschko[A]).

通过已经介绍的混合插值函数可得到有效的一般梁单元. 在一般的三维运动下, 横向剪应变、弯曲应变和薄膜应变是使用图 5.21 中的函数进行插值的. 这些应变插值函数是通过计算基于位移的应变且在 Gauss 积分点处使这些应变等于假设的应变, 且受到节点位移和节点转角的约束.

同样地, 可通过在图 5.21 中给出的点处, 利用 Gauss 点积分法数值计算基于位移的单元矩阵而得到混合插值单元刚度矩阵.

考虑图 5.22 中的矩形横截面的三维梁, 首先假设不需要精确表示扭转刚度.

该单元构造中的基本运动学假设与图 5.19 中的二维单元构造所采用的假设是一样的. 即原先垂直于中性轴的平截面在变形过程中保持平面且不发生扭曲, 但不一定与中性轴垂直. 该运动学假设没有考虑扭转翘曲影响 (我们可以通过附加的位移函数引入该影响, 见习题 5.37).

使用自然坐标 (r,s,t), 具有 q 个节点单元中一点的笛卡儿坐标在变形前后分别为

$$
\begin{aligned}
{}^{\ell}x(r,s,t) &= \sum_{k=1}^{q} h_k {}^{\ell}x_k + \frac{t}{2}\sum_{k=1}^{q} a_k h_k {}^{\ell}V_{tx}^k + \frac{s}{2}\sum_{k=1}^{q} b_k h_k {}^{\ell}V_{sx}^k \\
{}^{\ell}y(r,s,t) &= \sum_{k=1}^{q} h_k {}^{\ell}y_k + \frac{t}{2}\sum_{k=1}^{q} a_k h_k {}^{\ell}V_{ty}^k + \frac{s}{2}\sum_{k=1}^{q} b_k h_k {}^{\ell}V_{sy}^k
\end{aligned} \tag{5.71}
$$

[409]

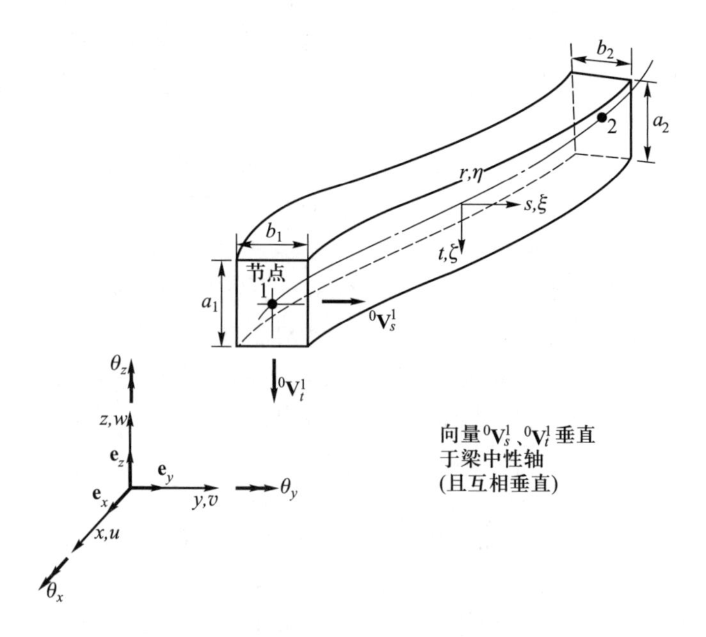

图 5.22　三维梁单元

$$
{}^\ell z(r,s,t)=\sum_{k=1}^{q} h_k\,{}^\ell z_k+\frac{t}{2}\sum_{k=1}^{q} a_k h_k\,{}^\ell V_{tz}^k+\frac{s}{2}\sum_{k=1}^{q} b_k h_k\,{}^\ell V_{sz}^k
$$

其中, $h_k(r)$ 为图 5.3 中总结的插值函数, 而且,

$${}^\ell x, {}^\ell y, {}^\ell z=$$ 单元中任意点的笛卡儿坐标,

$${}^\ell x_k, {}^\ell y_k, {}^\ell z_k=$$ 节点 k 的笛卡儿坐标,

$$a_k, b_k=$$ 节点 k 处的梁横截面尺寸,

$${}^\ell V_{tx}^k, {}^\ell V_{ty}^k, {}^\ell V_{tz}^k=$$ 节点 k 处方向 t 上单位向量 ${}^\ell\mathbf{V}_t^k$ 的分量,

$${}^\ell V_{sx}^k, {}^\ell V_{sy}^k, {}^\ell V_{sz}^k=$$ 节点 k 处方向 s 上单位向量 ${}^\ell\mathbf{V}_s^k$ 的分量,

称 ${}^\ell\mathbf{V}_t^k$ 和 ${}^\ell\mathbf{V}_s^k$ 为节点 k 处法向量或方向向量, 以及左上标 ℓ 表示单元的位形, 例如, $\ell=0$ 表示初始位形, 而 $\ell=1$ 对应于变形位置的位形.

[410] 在此假设向量 ${}^0\mathbf{V}_s^k$ 和 ${}^0\mathbf{V}_t^k$ 垂直于梁的中性轴, 且相互垂直. 但该条件可以放宽, 正如在壳单元构造 (见第 5.4.2 节) 中那样.

单元的任意点上的位移分量为

$$
\begin{aligned}
u(r,s,t)&={}^1x-{}^0x\\
v(r,s,t)&={}^1y-{}^0y\\
w(r,s,t)&={}^1z-{}^0z
\end{aligned}
\tag{5.72}
$$

将式 (5.71) 代入式 (5.72), 得到

$$
\begin{aligned}
u(r,s,t) &= \sum_{k=1}^{q} h_k u_k + \frac{t}{2}\sum_{k=1}^{q} a_k h_k V_{tx}^k + \frac{s}{2}\sum_{k=1}^{q} b_k h_k V_{sx}^k \\
v(r,s,t) &= \sum_{k=1}^{q} h_k v_k + \frac{t}{2}\sum_{k=1}^{q} a_k h_k V_{ty}^k + \frac{s}{2}\sum_{k=1}^{q} b_k h_k V_{sy}^k \\
w(r,s,t) &= \sum_{k=1}^{q} h_k w_k + \frac{t}{2}\sum_{k=1}^{q} a_k h_k V_{tz}^k + \frac{s}{2}\sum_{k=1}^{q} b_k h_k V_{sz}^k
\end{aligned} \tag{5.73}
$$

其中,

$$
\mathbf{V}_t^k = {}^1\mathbf{V}_t^k - {}^0\mathbf{V}_t^k; \quad \mathbf{V}_s^k = {}^1\mathbf{V}_s^k - {}^0\mathbf{V}_s^k \tag{5.74}
$$

最后按关于笛卡儿坐标轴 x、y、z 转角的形式表示向量 $\mathbf{V}_t^k$ 和 $\mathbf{V}_s^k$

$$
\begin{aligned}
\mathbf{V}_t^k &= \boldsymbol{\theta}_k \times {}^0\mathbf{V}_t^k \\
\mathbf{V}_s^k &= \boldsymbol{\theta}_k \times {}^0\mathbf{V}_s^k
\end{aligned} \tag{5.75}
$$

其中, $\boldsymbol{\theta}_k$ 是列有节点 k 处转角的向量 (见图 5.22)

$$
\boldsymbol{\theta}_k = \begin{bmatrix} \theta_x^k \\ \theta_y^k \\ \theta_z^k \end{bmatrix} \tag{5.76}
$$

使用式 (5.71) 至式 (5.76), 我们得到用于计算梁单元矩阵而建立位移和应变插值矩阵所需的所有基本方程.

位移插值矩阵 $\mathbf{H}$ 中的项是通过将式 (5.75) 代入式 (5.73) 中而得到的. 为了计算应变 – 位移矩阵, 注意到对梁, 相关的应变分量是纵向应变 $\varepsilon_{\eta\eta}$ 和横向剪应变 $\gamma_{\eta\xi}$ 和 $\gamma_{\eta\zeta}$, 其中 η、ξ 和 ζ 为随体 (固结物体上的) 坐标轴 (见图 5.22). 因此, 我们寻找如下形式的一个关系式

$$
\begin{bmatrix} \varepsilon_{\eta\eta} \\ \gamma_{\eta\xi} \\ \gamma_{\eta\zeta} \end{bmatrix} = \sum_{k=1}^{q} \mathbf{B}_k \widehat{\mathbf{u}}_k \tag{5.77}
$$

其中,

$$
\widehat{\mathbf{u}}_k^{\mathrm{T}} = \begin{bmatrix} u_k v_k w_k & \theta_x^k \theta_y^k \theta_z^k \end{bmatrix} \tag{5.78}
$$

矩阵 $\mathbf{B}_k, k = 1, \cdots, q$, 一起构成了矩阵 $\mathbf{B}$

$$
\mathbf{B} = [\mathbf{B}_1 \quad \cdots \quad \mathbf{B}_q] \tag{5.79}
$$

[411] 按照等参有限元的一般构造步骤, 使用式 (5.73), 得到

$$\begin{bmatrix}\dfrac{\partial u}{\partial r}\\ \dfrac{\partial u}{\partial s}\\ \dfrac{\partial u}{\partial t}\end{bmatrix}=\sum_{k=1}^{q}\begin{bmatrix}\dfrac{\partial h_k}{\partial r}[1 & (g)_{1i}^k & (g)_{2i}^k & (g)_{3i}^k]\\ h_k[0 & (\widehat{g})_{1i}^k & (\widehat{g})_{2i}^k & (\widehat{g})_{3i}^k]\\ h_k[0 & (\overline{g})_{1i}^k & (\overline{g})_{2i}^k & (\overline{g})_{3i}^k]\end{bmatrix}\begin{bmatrix}u_k\\ \theta_x^k\\ \theta_y^k\\ \theta_z^k\end{bmatrix}\tag{5.80}$$

且 v 和 w 的导数可通过使用 v 和 w 代替 u 而得到. 在式 (5.80) 中, 对 u, 有 i=1, 对 v, $i=2$, 对 w, $i=3$, 采用如下符号

$$(\widehat{\mathbf{g}})^k=\frac{b_k}{2}\begin{bmatrix}0 & -{}^0V_{sz}^k & {}^0V_{sy}^k\\ {}^0V_{sz}^k & 0 & -{}^0V_{sx}^k\\ -{}^0V_{sy}^k & {}^0V_{sx}^k & 0\end{bmatrix}\tag{5.81}$$

$$(\overline{\mathbf{g}})^k=\frac{a_k}{2}\begin{bmatrix}0 & -{}^0V_{tz}^k & {}^0V_{ty}^k\\ {}^0V_{tz}^k & 0 & -{}^0V_{tx}^k\\ -{}^0V_{ty}^k & {}^0V_{tx}^k & 0\end{bmatrix}\tag{5.82}$$

$$(g)_{ij}^k=s(\widehat{g})_{ij}^k+t(\overline{g})_{ij}^k\tag{5.83}$$

为了获得对应于坐标轴 x、y 和 z 的位移导数, 我们利用 Jacobi 变换

$$\frac{\partial}{\partial\mathbf{x}}=\mathbf{J}^{-1}\frac{\partial}{\partial\mathbf{r}}\tag{5.84}$$

其中, Jacobi 矩阵 $\mathbf{J}$ 包含了坐标 x、y 和 z 关于自然坐标 r、s 和 t 的导数. 将式 (5.80) 代入式 (5.84), 得到

$$\begin{bmatrix}\dfrac{\partial u}{\partial x}\\ \dfrac{\partial u}{\partial y}\\ \dfrac{\partial u}{\partial z}\end{bmatrix}=\sum_{k=1}^{q}\begin{bmatrix}J_{11}^{-1}\dfrac{\partial h_k}{\partial r} & (G1)_{i1}^k & (G2)_{i1}^k & (G3)_{i1}^k\\ J_{21}^{-1}\dfrac{\partial h_k}{\partial r} & (G1)_{i2}^k & (G2)_{i2}^k & (G3)_{i2}^k\\ J_{31}^{-1}\dfrac{\partial h_k}{\partial r} & (G1)_{i3}^k & (G2)_{i3}^k & (G3)_{i3}^k\end{bmatrix}\begin{bmatrix}u_k\\ \theta_x^k\\ \theta_y^k\\ \theta_z^k\end{bmatrix}\tag{5.85}$$

再次, v 和 w 的导数通过用 v 和 w 代替 u 而得到. 在式 (5.85) 中, 使用如下符号

$$(Gm)_{in}^k=\left[J_{n1}^{-1}(g)_{mi}^k\right]\frac{\partial h_k}{\partial r}+\left[J_{n2}^{-1}(\widehat{g})_{mi}^k+J_{n3}^{-1}(\overline{g})_{mi}^k\right]h_k\tag{5.86}$$

使用式 (5.85) 中的位移导数, 我们现可计算单元 Gauss 点处的应变 – 位移矩阵, 这是通过建立对应于 x、y、z 轴的应变分量而且将这些分量转换为局部应变 $\varepsilon_{\eta\eta}$、$\gamma_{\eta\xi}$ 和 $\gamma_{\eta\zeta}$ 而实现的.

用于该格式中相应的应力 – 应变律 (将 k 当成剪切修正因子, 不同的方向其值可能有所不同) 是: [412]

$$
\begin{bmatrix} \tau_{\eta\eta} \\ \tau_{\eta\xi} \\ \tau_{\eta\zeta} \end{bmatrix} = \begin{bmatrix} E & 0 & 0 \\ 0 & Gk & 0 \\ 0 & 0 & Gk \end{bmatrix} \begin{bmatrix} \varepsilon_{\eta\eta} \\ \gamma_{\eta\xi} \\ \gamma_{\eta\zeta} \end{bmatrix} \tag{5.87}
$$

单元刚度矩阵是通过数值积分算出的, 如图 5.21 所示, 对 r 积分, 采用 Gauss 点, 以及对 s 和 t 积分, 采用 Newton-Cotes 和 Gauss 公式 (见第 5.5 节).

表 5.2 说明了图 5.23 所示悬臂曲梁分析中的混合插值单元的性质, 且证明了单元的有效性.

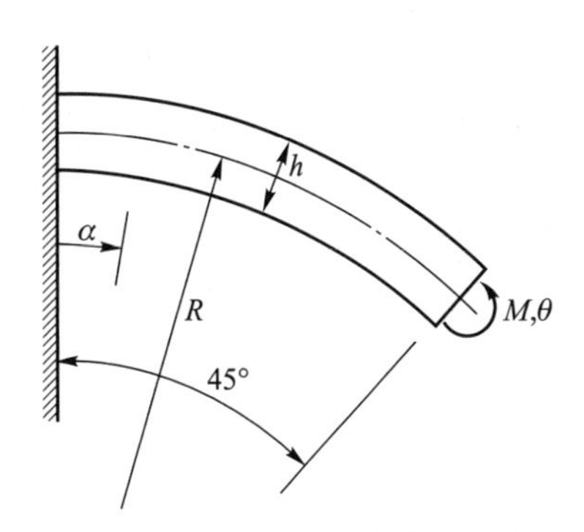

图 5.23　检验等参梁单元的悬臂曲梁问题

表 5.2　图 5.23 问题分析中的等参梁单元的性能

	h/R	$\alpha = 22.5°$ 的中部节点		$\alpha = 20°$ 的中部节点	
		基于位移方法	混合插值方法	基于位移方法	混合插值方法
梁端点处的 $\theta_{有限元}/\theta_{解析解}$, 3 节点单元解	0.50	0.92	1.00	0.91	1.00
	0.10	0.31	1.00	0.31	1.00
	0.01	0.004	1.00	0.005	1.00
	0.001	0.000 04	1.00	0.000 05	1.00
		$\alpha_1 = 15°, \alpha_2 = 30°$ 的内部节点		$\alpha_1 = 10°, \alpha_2 = 25°$ 的内部节点	
		基于位移方法	混合插值方法	基于位移方法	混合插值方法
梁端点处的 $\theta_{有限元}/\theta_{解析解}$, 4 节点单元解	0.50	1.00	1.00	0.97	0.997
	0.10	0.999	1.00	0.70	0.997
	0.01	0.998	1.00	0.37	0.997
	0.001	0.998	1.00	0.37	0.997

正如前面指出的那样, 该单元没有计入翘曲影响, 而翘曲影响对于矩形横截面梁单元可能很显著, 当然对于一般横截面的单元同样显著. 翘曲位移可通过在式 (5.73) 所给出的插值函数中添加合适的位移插值函数而引入. 如果引入对应于翘曲变形的附加自由度, 则可以施加单元间的翘曲连续性. 若没有施加单元间翘曲连续性, 而考虑单元内 “无” 翘曲可能也是充分的. 这是通过向位移插值函数中加入翘曲变形而实现的, 然后静态凝聚这些变形的强度 (见 K. J. Bathe 和 A. B. Chaudhary[A]、习题 5.37)

[413]

在一般曲梁构造的另一应用中, 横截面是圆形和中空的, 即考虑管道横截面情况. 当单元弯曲时, 成椭圆变形和翘曲变形将会非常显著, 且式 (5.73) 中给出的位移插值函数必须得到修正. 在成椭圆变形和翘曲变形中施加连续性就很重要, 由于这个原因, 需要引入附加的节点自由度 (见 K. J. Bathe 和 C. A. Almeida[A]).

考虑式 (5.71) 至式 (5.87) 中的基本构造, 我们应指出该单元可以任意弯曲, 而且横截面的大小可以沿其轴变化. 梁的宽、高和单元轴的位置都沿单元进行了插值. 在给定的格式中, 单元的轴和单元的几何中心线重合, 但这并不是必须的, 也能直接构造更一般的单元 (见习题 5.38).

该方法体现了线性分析的一般化构造方法, 对于梁结构的非线性大位移分析也非常有用. 正如在第 6.5.1 节中讨论的那样, 在该分析中, 初始的直梁单元将会变弯曲和扭曲, 而这些变形都可准确地模拟出来.

当然, 如果要进行线性分析、单元是直边且具有常横截面积, 该格式将化为式 (5.56) 至式 (5.70) 中格式. 我们在例 5.26 中说明这一点.

例 5.26: 证明式 (5.71) 至式 (5.87) 中的一般构造方法应用于图 E5.24 所示梁单元时将化为对式 (5.58) 的使用.

对于式 (5.71) 至式 (5.87) 中一般关系式的应用, 我们参考图 E5.24 和图 5.22, 因此有

$$
{}^0\mathbf{V}_s = \begin{bmatrix} 0 \\ 1 \\ 0 \end{bmatrix}; \quad {}^0\mathbf{V}_t = \begin{bmatrix} 0 \\ 0 \\ 1 \end{bmatrix}; \quad a_k = 1; \quad b_k = h; \quad k = 1, 2, 3
$$

因此, 式 (5.71) 转化为

$$
{}^0x = \sum_{k=1}^{3} h_k {}^0x_k
$$

$$
{}^0y = \frac{s}{2} h
$$

$$
{}^0z = \frac{t}{2}
$$

接着我们计算式 (5.75), 得到 (见第 2.4 节) [414]

$$\mathbf{V}_t^k = \det \begin{bmatrix} \mathbf{e}_x & \mathbf{e}_y & \mathbf{e}_z \\ \theta_x^k & \theta_y^k & \theta_z^k \\ 0 & 0 & 1 \end{bmatrix}$$

或

$$\mathbf{V}_t^k = \theta_y^k \mathbf{e}_x - \theta_x^k \mathbf{e}_y \tag{a}$$

和

$$\mathbf{V}_s^k = \det \begin{bmatrix} \mathbf{e}_x & \mathbf{e}_y & \mathbf{e}_z \\ \theta_x^k & \theta_y^k & \theta_z^k \\ 0 & 1 & 0 \end{bmatrix}$$

或

$$\mathbf{V}_s^k = -\theta_z^k \mathbf{e}_x + \theta_x^k \mathbf{e}_z \tag{b}$$

式 (a) 和式 (b) 对应于梁的三维运动. 仅允许绕 z 轴转动的情况下, 有

$$\mathbf{V}_t^k = \mathbf{0}; \quad \mathbf{V}_s^k = -\theta_z^k \mathbf{e}_x$$

而且, 我们假设节点仅能在 y 方向移动. 因此, 式 (5.73) 得出位移假设

$$u(r,s) = -\frac{sh}{2}\sum_{k=1}^{3} h_k \theta_z^k \tag{c}$$

$$v(r) = \sum_{k=1}^{3} h_k v_k \tag{d}$$

其中, 注意到 u 仅是 r、s 的函数, v 仅是 r 的函数. 这些关系与前面所使用的位移假设一致, 但使用我们确定的更常规的梁位移符号, 在节点处使用 w_k、θ_k 而非 v_k、θ_z^k 表示横向位移和截面转角.

现在使用式 (5.80), 得到

$$\begin{bmatrix} \dfrac{\partial u}{\partial r} \\ \dfrac{\partial u}{\partial s} \end{bmatrix} = \sum_{k=1}^{3} \begin{bmatrix} -\dfrac{sh}{2}\dfrac{\partial h_k}{\partial r} \\ -\dfrac{h}{2} h_k \end{bmatrix} \theta_z^k$$

$$\begin{bmatrix} \dfrac{\partial v}{\partial r} \\ \dfrac{\partial v}{\partial s} \end{bmatrix} = \sum_{k=1}^{3} \begin{bmatrix} \dfrac{\partial h_k}{\partial r} \\ 0 \end{bmatrix} v_k$$

这些关系式也可直接通过对位移式 (c) 和式 (d) 进行微分得到. 由于

$$\mathbf{J} = \begin{bmatrix} \dfrac{L}{2} & 0 \\ 0 & \dfrac{h}{2} \end{bmatrix}; \quad \mathbf{J}^{-1} = \begin{bmatrix} \dfrac{2}{L} & 0 \\ 0 & \dfrac{2}{h} \end{bmatrix}$$

[415] 得到

$$\begin{bmatrix} \dfrac{\partial u}{\partial x} \\ \dfrac{\partial u}{\partial y} \end{bmatrix} = \sum_{k=1}^{3} \begin{bmatrix} -\dfrac{h}{2}\dfrac{2}{L}s\dfrac{\partial h_k}{\partial r} \\ -h_k \end{bmatrix} \theta_z^k \tag{e}$$

和

$$\begin{bmatrix} \dfrac{\partial v}{\partial x} \\ \dfrac{\partial v}{\partial y} \end{bmatrix} = \sum_{k=1}^{3} \begin{bmatrix} \dfrac{2}{L}\dfrac{\partial h_k}{\partial r} \\ 0 \end{bmatrix} v_k \tag{f}$$

为了分析图 E5.24 中梁的响应, 我们现在对合适的应变度量应用虚功原理 (见式 (4.7))

$$\int_{-1}^{+1}\int_{-1}^{+1} \begin{bmatrix} \overline{\varepsilon}_{xx} & \overline{\gamma}_{xy} \end{bmatrix} \begin{bmatrix} E & 0 \\ 0 & Gk \end{bmatrix} \begin{bmatrix} \varepsilon_{xx} \\ \gamma_{xy} \end{bmatrix} \det \mathbf{J} \mathrm{d}s\mathrm{d}r = -P\,\overline{v}\big|_{r=1/3} \tag{g}$$

其中,

$$\varepsilon_{xx} = \frac{\partial u}{\partial x}; \quad \overline{\varepsilon}_{xx} = \frac{\partial \overline{u}}{\partial x}$$

$$\gamma_{xy} = \frac{\partial u}{\partial y} + \frac{\partial v}{\partial x}; \quad \overline{\gamma}_{xy} = \frac{\partial \overline{u}}{\partial y} + \frac{\partial \overline{v}}{\partial x}$$

考虑式 (e)、(f)、(g) 和式 (5.58), 注意到, 如果使用 $\beta \equiv \theta_z, w \equiv v$, 则式 (g) 对应式 (5.58).

3. 过渡单元

在前面的讨论中, 我们分别考虑了连续介质单元和梁单元. 然而, 需要注意这些单元之间存在紧密的关系; 唯一的不同是运动学假设, 即初始垂直于中性轴的平面截面始终保持为平面, 和应力假设即垂直于中性轴的应力为 0. 在所介绍的梁单元格式中, 运动学假设是直接包含于基本几何和位移插值函数中的, 应力假设体现在应力 – 应变律中. 由于这两个假设是梁和连续介质单元仅有的两个基本区别, 所以结构单元矩阵显然能够从连续介质单元矩阵简化而推导出来. 而且, 单元能够被设计成介于连续介质单元和结构单元之间的过渡单元. 考虑下面的例子.

例 5.27: 假设已经推导出 4 节点平面应力单元的应变 – 位移矩阵. 说明如何由此构造 2 节点梁单元的应变 – 位移矩阵.

图 E5.27 显示了平面应力单元及其自由度, 我们想要建立针对于该梁单元的应变 – 位移矩阵的梁单元.

考虑梁单元的节点 2 和平面应力单元的节点 2 和节点 3. 平面应力单元

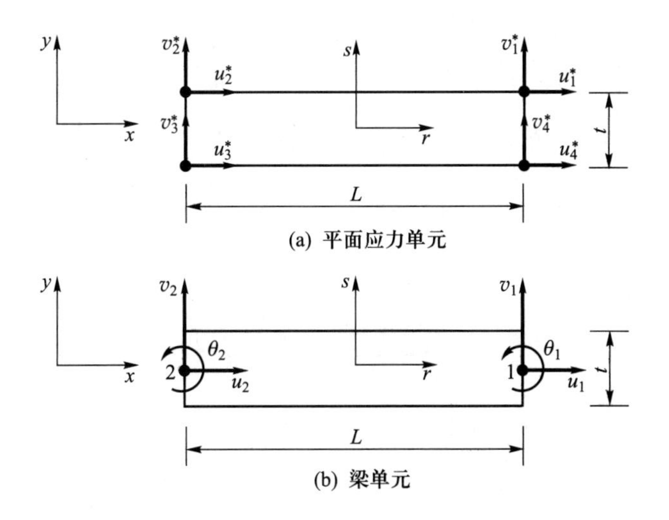

图 E5.27　平面应力单元到梁单元的推导

的应变 – 位移矩阵中的元素如下

$$
\mathbf{B}^* = \left[\begin{array}{c|cc|cc|c}
 & u_2^* & v_2^* & u_3^* & v_3^* & \\
 & \downarrow & \downarrow & \downarrow & \downarrow & \\
 & -\dfrac{1}{2L}(1+s) & 0 & -\dfrac{1}{2L}(1-s) & 0 & \\
\cdots & 0 & \dfrac{1}{2t}(1-r) & 0 & -\dfrac{1}{2t}(1-r) & \cdots \\
 & \dfrac{1}{2t}(1-r) & -\dfrac{1}{2L}(1+s) & -\dfrac{1}{2t}(1-r) & -\dfrac{1}{2L}(1-s) &
\end{array}\right] \quad \text{(a)}
$$

现在使用梁变形假设, 我们有如下的运动学约束

$$
\begin{aligned}
u_2^* &= u_2 - \frac{t}{2}\theta_2 \\
u_3^* &= u_2 + \frac{t}{2}\theta_2 \\
v_2^* &= v_2; \quad v_3^* = v_2
\end{aligned} \quad \text{(b)}
$$

该约束代入式 (a) 中 $\mathbf{B}^*$ 的元素, 得到梁的应变 – 位移矩阵的元素. 使用 $\mathbf{B}^*$ 的行, 通过式 (b) 得到

$$
-\frac{1}{2L}(1+s)u_2^* - \frac{1}{2L}(1-s)u_3^* = -\frac{1}{2L}(1+s)\left(u_2 - \frac{t}{2}\theta_2\right) - \frac{1}{2L}(1-s)\left(u_2 + \frac{t}{2}\theta_2\right) \quad \text{(c)}
$$

$$
\frac{1}{2t}(1-r)v_2^* - \frac{1}{2t}(1-r)v_3^* = \frac{1}{2t}(1-r)v_2 - \frac{1}{2t}(1-r)v_2 \quad \text{(d)}
$$

[417]

$$
\begin{aligned}
&\frac{1}{2t}(1-r)u_2^* - \frac{1}{2L}(1+s)v_2^* - \frac{1}{2t}(1-r)u_3^* - \frac{1}{2L}(1-s)v_3^* \\
&= \frac{1}{2t}(1-r)\left(u_2 - \frac{t}{2}\theta_2\right) - \frac{1}{2L}(1+s)v_2 - \frac{1}{2t}(1-r)\left(u_2 + \frac{t}{2}\theta_2\right) - \frac{1}{2L}(1-s)v_2
\end{aligned} \tag{e}
$$

式 (c) 至式 (e) 右手端的关系式组成了梁应变 – 位移矩阵的元素

$$
\begin{array}{c} \\ \\ \mathbf{B} = \end{array}
\begin{array}{c}
\begin{array}{cccc} & u_2 & v_2 & \theta_2 \\ & \downarrow & \downarrow & \downarrow \end{array} \\
\left[\begin{array}{c:ccc}
 & -\dfrac{1}{L} & 0 & \dfrac{t}{2L}s \\
\cdots & 0 & 0 & 0 \\
 & 0 & -\dfrac{1}{L} & -\dfrac{1}{2}(1-r)
\end{array}\right]
\end{array}
$$

第一和第三行的元素也可通过式 (5.71) 至式 (5.86) 中的梁公式获得. 应指出, 矩阵 $\mathbf{B}$ 的第二行元素为 0 仅表示应变 ε_{yy} 不包含于公式中. 因为应力 τ_{yy} 为 0, 该应变实际上等于 $-\nu\varepsilon_{xx}$. 正如前面指出的那样, 应该在 $r=0$ 处使用 $\mathbf{B}$ 中的元素.

使用例 5.27 中所讨论的方法所构造的结构单元在计算上不是很有效, 尤其不推荐用于一般的分析. 但研究该方法和认识到在理论上可通过加入一些合适的静力学和运动学假设, 最终从连续介质单元矩阵中获得结构单元矩阵, 这具有启发性. 而且该方法直接给出了过渡单元的构造, 该过渡单元能够在不使用约束方程的情况下, 有效地连接结构和连续介质单元, 如图 E5.28(a) 所示. 为说明过渡单元的构造, 我们在例 5.28 中考虑一个简单的过渡梁单元.

例 5.28: 构造如图 E5.28 中所示过渡单元的位移和应变 – 位移插值矩阵.

我们定义单元的节点位移向量为

$$
\hat{\mathbf{u}}^{\mathrm{T}} = \begin{bmatrix} u_1 & v_1 & u_2 & v_2 & u_3 & v_3 & \theta_3 \end{bmatrix} \tag{a}
$$

由于在 $r=+1$ 处有平面应力单元自由度, 对应于节点 1 和节点 2 的插值函数为 (见图 5.4)

$$
h_1 = \frac{1}{4}(1+r)(1+s); \quad h_2 = \frac{1}{4}(1+r)(1-s)
$$

[418]

节点 3 是梁节点, 插值函数为 (见图 5.3)

$$
h_3 = \frac{1}{2}(1-r)
$$

该单元的位移为

$$
u(r,s) = h_1u_1 + h_2u_2 + h_3u_3 - \frac{t}{2}sh_3\theta_3
$$

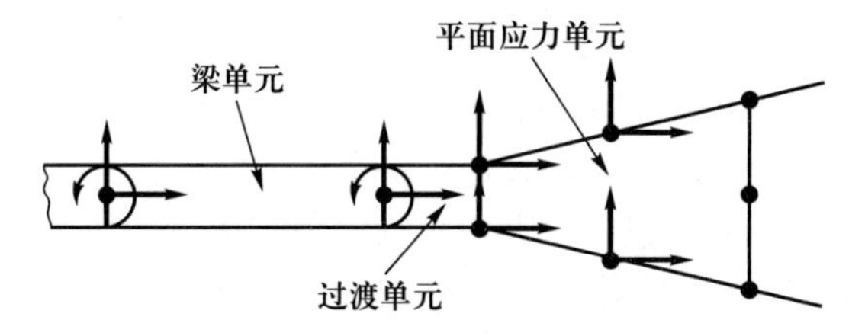

(a) 连接梁单元和平面应力单元的梁过渡单元

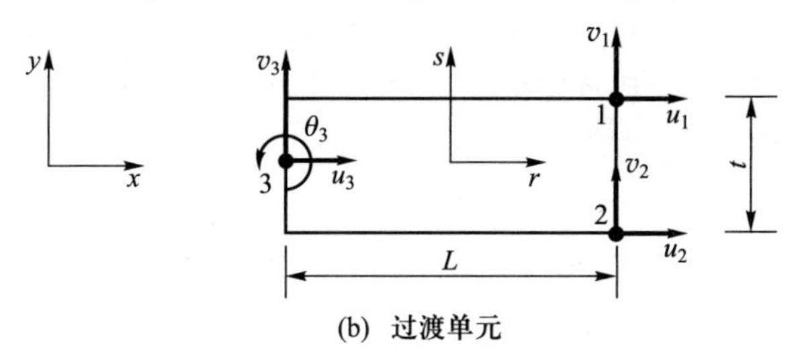

(b) 过渡单元

图 E5.28　基于位移的梁二维过渡单元

因此, 对应于位移向量式 (a), 有

$$\mathbf{H} = \begin{bmatrix} h_1 & 0 & h_2 & 0 & h_3 & 0 & -\dfrac{t}{2}sh_3 \\ 0 & h_1 & 0 & h_2 & 0 & h_3 & 0 \end{bmatrix}$$

坐标插值与 4 节点平面应力单元的插值相同, 为

$$x(r,s) = \frac{1}{2}(1+r)L$$
$$y(r,s) = \frac{s}{2}t$$

因此,

$$\mathbf{J} = \begin{bmatrix} \dfrac{L}{2} & 0 \\ 0 & \dfrac{t}{2} \end{bmatrix};\quad \mathbf{J}^{-1} = \begin{bmatrix} \dfrac{2}{L} & 0 \\ 0 & \dfrac{2}{t} \end{bmatrix}$$

使用式 (5.25), 得到

[419]

$$\mathbf{B} = \begin{bmatrix} \dfrac{1}{2L}(1+s) & 0 & \dfrac{1}{2L}(1-s) & 0 & -\dfrac{1}{L} & 0 & \dfrac{t}{2L}s \\ 0 & \dfrac{1}{2t}(1+r) & 0 & -\dfrac{1}{2t}(1+r) & 0 & 0 & 0 \\ \dfrac{1}{2t}(1+r) & \dfrac{1}{2L}(1+s) & -\dfrac{1}{2t}(1+r) & \dfrac{1}{2L}(1-s) & 0 & -\dfrac{1}{L} & -\dfrac{1}{2}(1-r) \end{bmatrix}$$

最后应指出, 矩阵 $\mathbf{B}$ 的最后三列也可以按例 5.27 描述的方法推导.

本节所提出的等参梁单元是经典 Hermite 梁单元的补充 (见例 4.16), 读者也许会问对这些类型的单元在效率方面如何进行比较. 毫无疑问的是, 在直薄梁的线性分析中,Hermite 单元通常更有效, 因为对三次位移插值, 等参梁单元需要两倍的自由度. 但等参梁单元计入剪切变形的影响, 因而具有如下优势, 所有位移插值函数阶数相同 (对三次单元, 这产生一个三次轴向位移变化), 和精确地表示弯曲的几何形状. 因此该单元有效地用于刚化的壳体分析中 (因为该单元很自然地表示了第 5.4.2 节所讨论的壳单元的加强筋), 还作为更复杂单元 (如管道和过渡单元) 的构造基础. 另外, 所有位移以同阶的插值函数进行插值的格式的通用性使该单元在几何非线性分析 (见第 6.5.1 节) 中很有效.

此处给出的一般梁单元构造方法, 可进一步用于平面应变状态 (见习题 5.40) 和轴对称壳单元的拓展.

4. 轴对称壳单元

上面提出的等参梁单元的构造方法可直接适用于轴对称壳体分析中. 如图 5.24 所示是一个典型的 3 节点轴对称壳单元.

在轴对称壳单元的构造中, 应用了梁单元的运动学, 如同在二维运动 (x、y 平面上的运动) 中一样, 但也计入周向应变和应力的影响. 因此, 单元的应变 – 位移矩阵是通过修正梁矩阵而得到的, 该修正是利用对应于周向应变 u/x 的一行元素而进行的. 当与二维平面应力单元进行比较时, 该计算方法与二维轴对称单元 **B** 矩阵的构建方法非常类似. 在上述情况下, 为了获得轴对称单元的 **B** 矩阵, 仅对应于周向应变的一行元素被添加到平面应力单元的 **B** 矩阵中. 另外, 需要正确使用应力 – 应变律 (考虑泊松效应在周向和 r 方向之间耦合, 且在 s 方向上应力为 0), 而对应于轴对称条件的积分是在结构的 1 弧度上进行的 (见例 5.9 和习题 5.41). 当然, 使用例 5.28 中的步骤也能够得到轴对称壳体的过渡单元 (见习题 5.42).

[420]

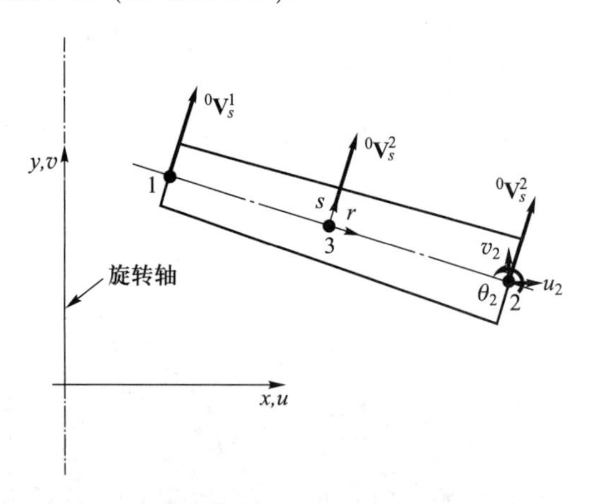

图 5.24　轴对称壳单元

5.4.2 板单元和一般壳单元

在第 5.4.1 节里用于构造梁单元的步骤可直接用于构造有效的板和壳单元. 下面我们首先讨论板单元的构造, 然后我们总结一般壳单元的构造.

1. 板单元

板单元的构造是后面将提出的一般壳单元构造的特例, 这是基于板理论的, 并且考虑横向剪切变形. 由 E. Reissner[B] 和 R. D. Mindlin[A] 可知, 该理论使用了一个假设, 即该板上初始位于垂直于未变形中性面的直线上的质点在变形的过程中仍然保持在直线上, 但不一定垂直于已变形的中性面. 在此假设下, 根据小位移弯曲理论, 点 x、y 和 z 的位移向量为

$$u = -z\beta_x(x,y); \quad v = -z\beta_y(x,y); \quad w = w(x,y) \tag{5.88}$$

其中, w 是横向位移, β_x 和 β_y 分别为垂直于未变形中性面的法线在平面 x、z 和平面 y、z 内的转角, 如图 5.25 所示. 注意到在 Kirchhoff 板理论中不计入剪切变形, 且 $\beta_x = w_{,x}$ 和 $\beta_y = w_{,y}$ (实际上为了利用这些 Kirchhoff 关系式, 我们选择了 β_x 和 β_y 的约定).

[421]

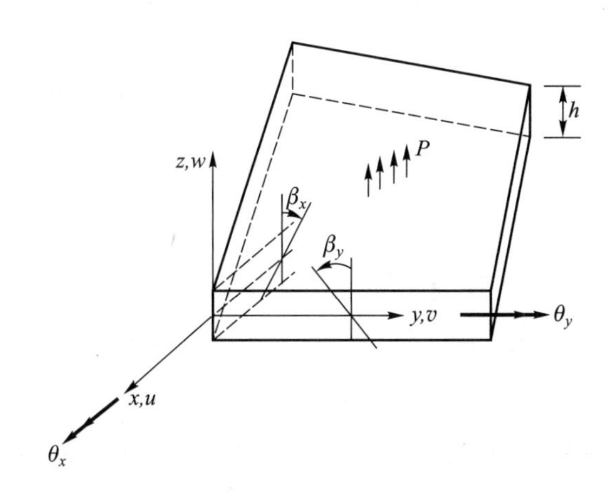

图 5.25 在计入剪切变形的板分析中的变形假设

考虑图 5.25 中的板, 弯曲应变 ε_{xx}、ε_{yy}、γ_{xy} 沿板的厚度线性变化, 通过使用式 (5.88) 由板的曲率给出

$$\begin{bmatrix} \varepsilon_{xx} \\ \varepsilon_{yy} \\ \gamma_{xy} \end{bmatrix} = -z \begin{bmatrix} \dfrac{\partial \beta_x}{\partial x} \\ \dfrac{\partial \beta_y}{\partial y} \\ \dfrac{\partial \beta_x}{\partial y} + \dfrac{\partial \beta_y}{\partial x} \end{bmatrix} \tag{5.89}$$

假设在板的厚度上横向剪应变为常量

$$\begin{bmatrix} \gamma_{xz} \\ \\ \gamma_{yz} \end{bmatrix} = \begin{bmatrix} \dfrac{\partial w}{\partial x} - \beta_x \\ \dfrac{\partial w}{\partial y} - \beta_y \end{bmatrix} \tag{5.90}$$

我们注意到每一个剪应变分量都是用于梁变形描述的式 (5.56) 的形式. 板中应力状态对应平面应力状态 (即, $\tau_{zz}=0$). 对于各向同性材料, 可以写做

$$\begin{bmatrix} \tau_{xx} \\ \tau_{yy} \\ \tau_{xy} \end{bmatrix} = -z\frac{E}{1-\nu^2}\begin{bmatrix} 1 & \nu & 0 \\ \nu & 1 & 0 \\ 0 & 0 & \dfrac{1-\nu}{2} \end{bmatrix}\begin{bmatrix} \dfrac{\partial \beta_x}{\partial x} \\ \dfrac{\partial \beta_y}{\partial y} \\ \dfrac{\partial \beta_x}{\partial y} + \dfrac{\partial \beta_y}{\partial x} \end{bmatrix} \tag{5.91}$$

$$\begin{bmatrix} \tau_{xz} \\ \tau_{yz} \end{bmatrix} = \frac{E}{2(1+\nu)}\begin{bmatrix} \dfrac{\partial w}{\partial x} - \beta_x \\ \dfrac{\partial w}{\partial y} - \beta_y \end{bmatrix} \tag{5.92}$$

为了建立单元的平衡方程, 我们现在按照矩形横截面二维梁单元的构造方法进行 (见式 (5.58) 至式 (5.64)).

[422] 考虑板单元, 虚功原理的表达式如下, 其中, p 等于中性面 A 单位面积上的横向载荷.

$$\int_A \int_{-h/2}^{h/2} [\overline{\varepsilon}_{xx} \quad \overline{\varepsilon}_{yy} \quad \overline{\gamma}_{xy}] \begin{bmatrix} \tau_{xx} \\ \tau_{yy} \\ \tau_{xy} \end{bmatrix} \mathrm{d}z\mathrm{d}A + k\int_A \int_{-h/2}^{h/2} [\overline{\gamma}_{xz} \quad \overline{\gamma}_{yz}] \begin{bmatrix} \tau_{xz} \\ \tau_{yz} \end{bmatrix} \mathrm{d}z\mathrm{d}A$$
$$= \int_A \overline{w} p \mathrm{d}A \tag{5.93}$$

其中, 上画线表示虚量, k 为考虑到实际剪应力不均匀性而设的一个常数 (通常 k 值为 5/6, 见例 5.23). 将式 (5.89) 至式 (5.92) 代入到式 (5.93) 中, 从而得到

$$\int_A \overline{\boldsymbol{\kappa}}^{\mathrm{T}} \mathbf{C}_b \boldsymbol{\kappa} \mathrm{d}A + \int_A \overline{\boldsymbol{\gamma}}^{\mathrm{T}} \mathbf{C}_s \boldsymbol{\gamma} \mathrm{d}A = \int_A \overline{w} p \mathrm{d}A \tag{5.94}$$

其中, 内部弯矩和剪切力分别为 $\mathbf{C}_b\boldsymbol{\kappa}$ 和 $\mathbf{C}_s\boldsymbol{\gamma}$, 有

$$\boldsymbol{\kappa} = \begin{bmatrix} \dfrac{\partial \beta_x}{\partial x} \\ \dfrac{\partial \beta_y}{\partial y} \\ \dfrac{\partial \beta_x}{\partial y} + \dfrac{\partial \beta_y}{\partial x} \end{bmatrix} \tag{5.95}$$

$$\boldsymbol{\gamma}=\begin{bmatrix}\dfrac{\partial w}{\partial x}-\beta_x\\ \dfrac{\partial w}{\partial y}-\beta_y\end{bmatrix} \tag{5.96}$$

和

$$\mathbf{C}_b=\frac{Eh^3}{12(1-\nu^2)}\begin{bmatrix}1&\nu&0\\ \nu&1&0\\ 0&0&\dfrac{1-\nu}{2}\end{bmatrix};\quad \mathbf{C}_s=\frac{Ehk}{2(1+\nu)}\begin{bmatrix}1&0\\0&1\end{bmatrix} \tag{5.97}$$

注意到对应于式 (5.93) 的变分式由式 (5.98) 给出 (见例 4.4)

$$\begin{aligned}\Pi=&\frac{1}{2}\int_A\int_{-h/2}^{h/2}[\varepsilon_{xx}\quad\varepsilon_{yy}\quad\gamma_{xy}]\frac{E}{1-\nu^2}\begin{bmatrix}1&\nu&0\\ \nu&1&0\\ 0&0&\dfrac{1-\nu}{2}\end{bmatrix}\begin{bmatrix}\varepsilon_{xx}\\ \varepsilon_{yy}\\ \gamma_{xy}\end{bmatrix}\mathrm{d}z\mathrm{d}A+\\ &\frac{k}{2}\int_A\int_{-h/2}^{h/2}[\gamma_{xz}\quad\gamma_{yz}]\frac{E}{2(1+\nu)}\begin{bmatrix}\gamma_{xz}\\ \gamma_{yz}\end{bmatrix}\mathrm{d}z\mathrm{d}A-\int_A wp\mathrm{d}A\end{aligned} \tag{5.98}$$

其中, 由式 (5.89) 和式 (5.90) 给出应变. 虚功原理对应关于横向位移 w 和截面转角 β_x 和 β_y 对 $\delta\prod=0$ 取驻值.

需要强调的是在该理论中 w、β_x 和 β_y 是独立变量. 因此, 在有限元离散化中使用位移方法时, 我们只需对 w、β_x 和 β_y 施加单元间连续性, 对其导数则不要求, 这可以与固体等参有限元分析同样的方式方便地实现.

我们首先讨论纯位移离散化. 正如在梁分析中那样, 纯位移离散化将不会得到有效的低阶单元, 但这可为后面将要讨论的混合插值函数提供基础.

在纯位移离散化中, 我们利用如下关系式 [423]

$$w=\sum_{i=1}^{q}h_iw_i;\quad \beta_x=-\sum_{i=1}^{q}h_i\theta_y^i;\quad \beta_y=\sum_{i=1}^{q}h_i\theta_x^i \tag{5.99}$$

其中, h_i 为插值函数, q 为单元的节点数. 利用这些插值函数, 我们现在按常规的方法处理, 可直接应用前面讨论的有关等参有限元的概念. 例如, 一些可用于板单元构造的插值函数列于图 5.4 中, 三角形单元可以按第 5.3.2 节中所讨论的那样建立. 由于插值函数是以等参坐标 r 和 s 的形式给出的, 我们也可直接算出板单元的矩阵, 该板单元在其平面上是弯曲的 (如建模成一个圆形板).

我们在例 5.29 中说明一个简单 4 节点板单元的构造.

例 5.29: 推导用于计算如图 E5.29 所示 4 节点板单元刚度矩阵的表达式.

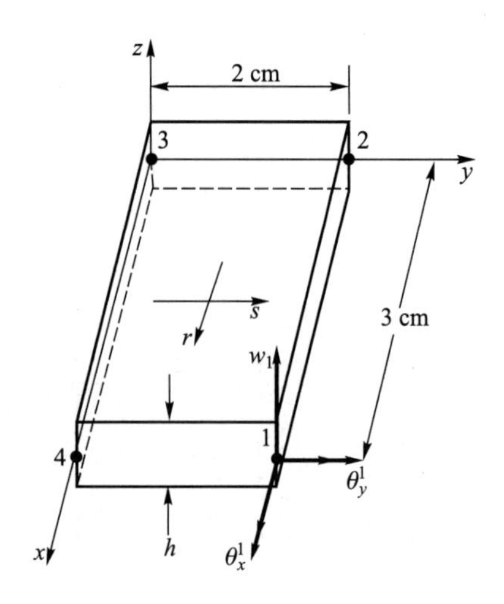

图 E5.29 一个 4 节点板单元

该计算方法与例 5.5 中二维平面应力单元构造中所用的方法很相似. 对于图 E5.29 中的单元, 有 (见例 5.3)

$$\mathbf{J} = \begin{bmatrix} \frac{3}{2} & 0 \\ 0 & 1 \end{bmatrix}$$

[424] 然后, 使用图 5.4 中定义的插值函数

$$\begin{bmatrix} \dfrac{\partial w}{\partial x} \\ \dfrac{\partial w}{\partial y} \end{bmatrix} = \frac{1}{4} \begin{bmatrix} \frac{2}{3} & 0 \\ 0 & 1 \end{bmatrix} \begin{bmatrix} (1+s) & -(1+s) & -(1-s) & (1-s) \\ (1+r) & (1-r) & -(1-r) & -(1+r) \end{bmatrix} \begin{bmatrix} w_1 \\ w_2 \\ w_3 \\ w_4 \end{bmatrix}$$

对 β_x 和 β_y 的导数具有相似的表达式. 因此, 如果使用下面的符号

$$\boldsymbol{\kappa}(r,s) = \mathbf{B}_\kappa \widehat{\mathbf{u}}$$
$$\boldsymbol{\gamma}(r,s) = \mathbf{B}_\gamma \widehat{\mathbf{u}}$$
$$\mathbf{w}(r,s) = \mathbf{H}_w \widehat{\mathbf{u}}$$

其中,

$$\widehat{\mathbf{u}}^{\mathrm{T}} = [w_1 \quad \theta_x^1 \quad \theta_y^1; \quad w_2 \quad \cdots \quad \theta_y^4]$$

有

$$\mathbf{B}_\kappa = \left[\begin{array}{ccc|c} 0 & 0 & -\frac{1}{6}(1+s) & -\frac{1}{6}(1-s) \\ 0 & \frac{1}{4}(1+r) & 0 & \cdots \quad 0 \\ 0 & \frac{1}{6}(1+s) & -\frac{1}{4}(1+r) & \frac{1}{4}(1+r) \end{array}\right]$$

$$
\mathbf{B}_\gamma = \left[\begin{array}{cccc|c} \frac{1}{6}(1+s) & 0 & \frac{1}{4}(1+r)(1+s) & & \frac{1}{4}(1+r)(1-s) \\ & & & \cdots & \\ \frac{1}{4}(1+r) & -\frac{1}{4}(1+r)(1+s) & 0 & & 0 \end{array}\right]
$$

$$
\mathbf{H}_w = \frac{1}{4}[(1+r)(1+s) \quad 0 \quad 0 \quad | \quad \cdots \quad 0]
$$

则单元刚度矩阵为

$$
\mathbf{K} = \frac{3}{2}\int_{-1}^{+1}\int_{-1}^{+1}(\mathbf{B}_\kappa^{\mathrm{T}}\mathbf{C}_b\mathbf{B}_\kappa + \mathbf{B}_\gamma^{\mathrm{T}}\mathbf{C}_s\mathbf{B}_\gamma)\mathrm{d}r\mathrm{d}s \tag{a}
$$

一致载荷向量为

$$
\mathbf{R}_s = \frac{3}{2}\int_{-1}^{+1}\int_{-1}^{+1}\mathbf{H}_w^{\mathrm{T}}p\mathrm{d}r\mathrm{d}s \tag{b}
$$

其中, 式 (a) 和式 (b) 中的积分能够以封闭形式计算, 但通常使用数值积分的形式算出 (见第 5.5 节).

这种基于纯位移的板单元构造仅在采用了高阶单元时才是有价值的. 实际上, 应该使用的插值函数的最低阶为三次插值, 这会得到一个 16 节点的四边形单元和一个 10 节点的三角形单元. 然而, 即使是这些高阶单元仍然没有表现出良好的预测能力, 尤其是当单元几何扭曲和用于应力预测的时候 (见, M. L. Bucalem 和 K. J. Bathe[A]).

正如等参梁单元的构造, 基本的困难是在基于位移的单元中会预测到虚假剪应力. 这些虚假剪应力随着单元厚度/长度比变小时会导致单元强烈的人为刚化. 剪切闭锁的影响在低阶单元和单元几何扭曲时表现得更为明显, 因为剪应力的误差会变大.

为了获得有效和可靠的板弯曲单元, 必须对基于纯位移的构造方法进行改进, 一个可行的方法是使用横向位移、截面转角和横向剪应变的混合插值.

我们在此应指出, 在上面的讨论中假设可准确地算出单元矩阵 (刚度矩阵、质量矩阵和载荷向量) 计算所用的积分; 因此, 在整个讨论中我们应继续假设数值积分 (在实际中通常使用的, 见第 5.5 节) 的误差很小, 且绝不改变单元矩阵的特性. 很多作者提倡使用简单的降阶积分减小剪切闭锁影响. 我们将在第 5.5.6 节中简要地讨论这个方法. [425]

下面我们介绍了一组板弯曲单元, 这些单元有很好的数学基础且可靠、高效. 这些单元被称为 MITCn 单元, 其中 n 表示单元的节点数, 对于四边形单元, $n = 4, 9, 16$; 对于三角单元, $n = 7$, 12 (这里 MITC 表示张量分量混合插值) (见 K. J. Bathe、M. L. Bucalem 和 F. Brezzi[A]). 我们详细讨论 MITC4 单元, 对于其他单元以表格的形式给出基本插值函数.

MITC 单元格式的一个重要特点是使用剪应变张量分量, 这是为了使所得单元对扭曲较不敏感. 如图 5.26 所示是一个带坐标系的一般 4 节点单元.

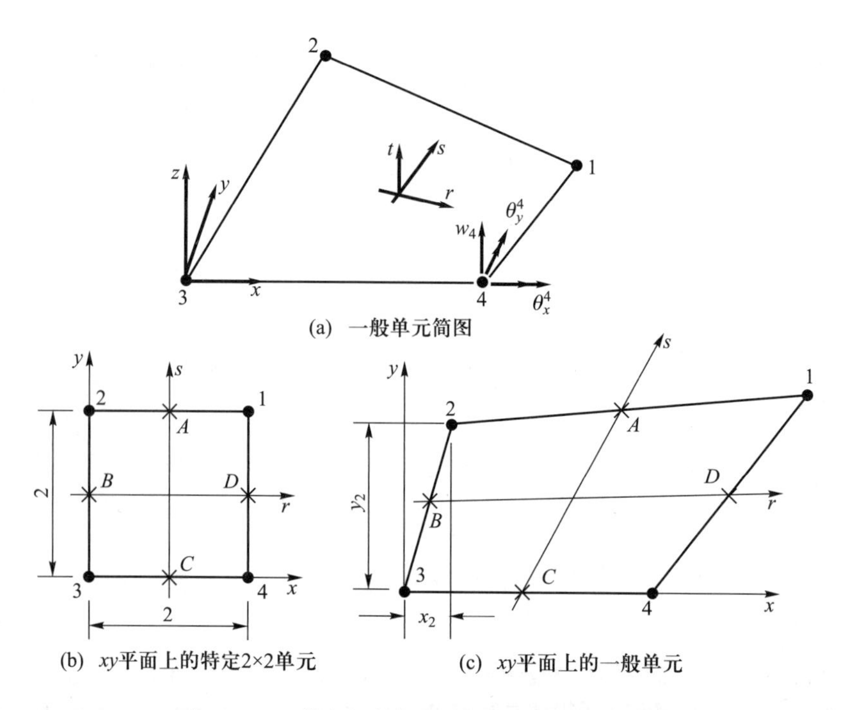

图 5.26　四节点板弯曲单元构造中所使用的约定

为了防止剪切闭锁问题, 我们通过不同插值函数中计入弯曲和剪切影响构造单元刚度矩阵. 对于式 (5.95) 中的截面曲率, 我们使用与基于位移方法中同样的插值函数, 使用式 (5.99) 进行计算, 但我们在计算横向剪应变时所用方法不同.

[426]

首先考虑几何形状为 2×2 的 MITC4 单元 (对于该单元, 坐标 x, y 能够视做等同于等参坐标 r, s). 对于该单元, 我们使用如下的插值函数 (见 K. J. Bathe 和 E. N. Dvorkin[A]):

$$\begin{aligned}\gamma_{rz} &= \frac{1}{2}(1+s)\gamma_{rz}^A + \frac{1}{2}(1-s)\gamma_{rz}^C \\ \gamma_{sz} &= \frac{1}{2}(1+r)\gamma_{sz}^D + \frac{1}{2}(1-r)\gamma_{sz}^B\end{aligned} \tag{5.100}$$

其中, γ_{rz}^A、γ_{rz}^C、γ_{sz}^D、γ_{sz}^B 是点 A、B、C、D 处的 (实际) 剪应变, 这是通过式 (5.99) 中的位移和截面转角而算得的. 因此

$$\begin{aligned}\gamma_{rz} &= \frac{1}{2}(1+s)\left(\frac{w_1-w_2}{2}+\frac{\theta_y^1+\theta_y^2}{2}\right)+\frac{1}{2}(1-s)\left(\frac{w_4-w_3}{2}+\frac{\theta_y^4+\theta_y^3}{2}\right) \\ \gamma_{sz} &= \frac{1}{2}(1+r)\left(\frac{w_1-w_4}{2}-\frac{\theta_x^1+\theta_x^4}{2}\right)+\frac{1}{2}(1-r)\left(\frac{w_2-w_3}{2}-\frac{\theta_x^2+\theta_x^3}{2}\right)\end{aligned} \tag{5.101}$$

在这些给定的插值函数下, 可直接构建所有的应变 – 位移插值矩阵, 而以常规方式构造刚度矩阵. 当然, 同样的方法能够直接应用于任何矩形单元.

接下来考虑一般的 4 节点四边形单元, 我们采用相同的思想, 即对横向剪应变进行插值, 但是使用式 (5.100) 中的插值函数, 对在坐标 (r, s, z) 中度量的协变张量分量进行插值. 按这种方式, 直接考虑单元的扭曲 (从 2×2 的几何形状). 在使用张量剪应变分量的情况下按这种方式, 得到 (见例 5.30) 如下的对剪应变 γ_{xz} 和 γ_{yz} 的表达式

$$\begin{aligned}\gamma_{xz} &= \gamma_{rz}\sin\beta - \gamma_{sz}\sin\alpha \\ \gamma_{yz} &= -\gamma_{rz}\cos\beta + \gamma_{sz}\cos\alpha\end{aligned} \tag{5.102}$$

其中, α 和 β 分别为 r 与 x 轴, s 和 x 轴的夹角, 且有

$$\begin{aligned}\gamma_{rz} = {} & \frac{\sqrt{(C_x + rB_x)^2 + (C_y + rB_y)^2}}{8\det\mathbf{J}} \\ & \left\{(1+s)\left[\frac{w_1 - w_2}{2} + \frac{x_1 - x_2}{4}(\theta_y^1 + \theta_y^2) - \frac{y_1 - y_2}{4}(\theta_x^1 + \theta_x^2)\right] + \right. \\ & \left.(1-s)\left[\frac{w_4 - w_3}{2} + \frac{x_4 - x_3}{4}(\theta_y^4 + \theta_y^3) - \frac{y_4 - y_3}{4}(\theta_x^4 + \theta_x^3)\right]\right\} \\ \gamma_{sz} = {} & \frac{\sqrt{(A_x + sB_x)^2 + (A_y + sB_y)^2}}{8\det\mathbf{J}} \\ & \left\{(1+r)\left[\frac{w_1 - w_4}{2} + \frac{x_1 - x_4}{4}(\theta_y^1 + \theta_y^4) - \frac{y_1 - y_4}{4}(\theta_x^1 + \theta_x^4)\right] + \right. \\ & \left.(1-r)\left[\frac{w_2 - w_3}{2} + \frac{x_2 - x_3}{4}(\theta_y^2 + \theta_y^3) - \frac{y_2 - y_3}{4}(\theta_x^2 + \theta_x^3)\right]\right\}\end{aligned} \tag{5.103}$$

在方程式 (5.103) 中, 有

$$\det\mathbf{J} = \det\begin{bmatrix}\dfrac{\partial x}{\partial r} & \dfrac{\partial y}{\partial r} \\ \dfrac{\partial x}{\partial s} & \dfrac{\partial y}{\partial s}\end{bmatrix} \tag{5.104}$$

和 [427]

$$\begin{aligned}A_x &= x_1 - x_2 - x_3 + x_4 \\ B_x &= x_1 - x_2 + x_3 - x_4 \\ C_x &= x_1 + x_2 - x_3 - x_4 \\ A_y &= y_1 - y_2 - y_3 + y_4 \\ B_y &= y_1 - y_2 + y_3 - y_4 \\ C_y &= y_1 + y_2 - y_3 - y_4\end{aligned} \tag{5.105}$$

我们在例 5.30 中进一步考虑上面的关系.

例 5.30: 推导一般 MITC4 板弯曲单元的横向剪应变插值函数.

在板弯曲单元的自然坐标系中, 协变基向量被定义为

$$\mathbf{g}_r = \frac{\partial\mathbf{x}}{\partial r};\quad \mathbf{g}_s = \frac{\partial\mathbf{x}}{\partial s};\quad \mathbf{g}_z = \frac{h}{2}\mathbf{e}_z \tag{a}$$

其中, $\mathbf{x}$ 为坐标向量, $\mathbf{e}_x$、$\mathbf{e}_y$、$\mathbf{e}_z$ 是笛卡儿坐标系中的基向量.

在自然坐标系中, 应变张量能使用协变张量分量和反协变基向量 (见第 2.4 节) 来表示

$$\boldsymbol{\varepsilon} = \widetilde{\varepsilon}_{ij}\mathbf{g}^i\mathbf{g}^j; \quad i,j \equiv r,s,z$$

其中, 上标波浪号 ($\sim$) 表示张量分量是在自然坐标中度量的.

为了获得剪切张量分量, 使用式 (5.100) 的等价关系式

$$\widetilde{\varepsilon}_{rz} = \frac{1}{2}(1+s)\widetilde{\varepsilon}_{rz}^A + \frac{1}{2}(1-s)\widetilde{\varepsilon}_{rz}^C \tag{b}$$

$$\widetilde{\varepsilon}_{sz} = \frac{1}{2}(1+r)\widetilde{\varepsilon}_{sz}^D + \frac{1}{2}(1-r)\widetilde{\varepsilon}_{sz}^B \tag{c}$$

其中, $\widetilde{\varepsilon}_{rz}^A$、$\widetilde{\varepsilon}_{rz}^C$、$\widetilde{\varepsilon}_{sz}^D$、$\widetilde{\varepsilon}_{sz}^B$ 为点 A、B、C、D 处从位移插值函数中算出的剪切张量分量. 为了获得这些分量, 对于应变分量, 我们以基向量的形式 (见例 2.28) 使用一般关系式中的线性项

$${}_0^1\widetilde{\varepsilon}_{ij} = \frac{1}{2}\left[{}^1\mathbf{g}_i\cdot{}^1\mathbf{g}_j - {}^0\mathbf{g}_i\cdot{}^0\mathbf{g}_j\right]$$

其中, 对变形位形, 基向量的左上标为 1, 对初始位形, 则为 0. 将式 (5.99) 和式 (a) 代入式 (b) 得到

$$\widetilde{\varepsilon}_{rz}^A = \frac{1}{4}\left[\frac{h}{2}(w_1-w_2) + \frac{h}{4}(x_1-x_2)(\theta_y^1+\theta_y^2) - \frac{h}{4}(y_1-y_2)(\theta_x^1+\theta_x^2)\right]$$

和

$$\widetilde{\varepsilon}_{rz}^C = \frac{1}{4}\left[\frac{h}{2}(w_4-w_3) + \frac{h}{4}(x_4-x_3)(\theta_y^4+\theta_y^3) - \frac{h}{4}(y_4-y_3)(\theta_x^4+\theta_x^3)\right]$$

[428] 因此, 使用式 (b), 得到

$$\begin{aligned}\widetilde{\varepsilon}_{rz} = &\frac{1}{8}(1+s)\left[\frac{h}{2}(w_1-w_2) + \frac{h}{4}(x_1-x_2)(\theta_y^1+\theta_y^2) - \frac{h}{4}(y_1-y_2)(\theta_x^1+\theta_x^2)\right]\\ &+\frac{1}{8}(1-s)\left[\frac{h}{2}(w_4-w_3) + \frac{h}{4}(x_4-x_3)(\theta_y^4+\theta_y^3) - \frac{h}{4}(y_4-y_3)(\theta_x^4+\theta_x^3)\right]\end{aligned}$$

类似地, 使用式 (c) 得到

$$\begin{aligned}\widetilde{\varepsilon}_{sz} = &\frac{1}{8}(1+r)\left[\frac{h}{2}(w_1-w_4) + \frac{h}{4}(x_1-x_4)(\theta_y^1+\theta_y^4) - \frac{h}{4}(y_1-y_4)(\theta_x^1+\theta_x^4)\right]\\ &+\frac{1}{8}(1-r)\left[\frac{h}{2}(w_2-w_3) + \frac{h}{4}(x_2-x_3)(\theta_y^2+\theta_y^3) - \frac{h}{4}(y_2-y_3)(\theta_x^2+\theta_x^3)\right]\end{aligned}$$

接着, 我们使用式 (d)

$$\widetilde{\varepsilon}_{ij}\mathbf{g}^i\mathbf{g}^j = \varepsilon_{kl}\mathbf{e}_k\mathbf{e}_l \tag{d}$$

其中, ε_{kl} 为在笛卡儿坐标系中测得的应变张量. 从式 (d) 中, 得到

$$\begin{aligned}\gamma_{xz} &= 2\widetilde{\varepsilon}_{rz}(\mathbf{g}^r \cdot \mathbf{e}_x)(\mathbf{g}^z \cdot \mathbf{e}_z) + 2\widetilde{\varepsilon}_{sz}(\mathbf{g}^s \cdot \mathbf{e}_x)(\mathbf{g}^z \cdot \mathbf{e}_z) \\ \gamma_{yz} &= 2\widetilde{\varepsilon}_{rz}(\mathbf{g}^r \cdot \mathbf{e}_y)(\mathbf{g}^z \cdot \mathbf{e}_z) + 2\widetilde{\varepsilon}_{sz}(\mathbf{g}^s \cdot \mathbf{e}_y)(\mathbf{g}^z \cdot \mathbf{e}_z)\end{aligned} \tag{e}$$

但 (使用第 2.4 节中的标准步骤)

$$\mathbf{g}^r = \sqrt{g^{rr}}(\sin\beta\mathbf{e}_x - \cos\beta\mathbf{e}_y)$$

$$\mathbf{g}^s = \sqrt{g^{ss}}(-\sin\alpha\mathbf{e}_x + \cos\alpha\mathbf{e}_y)$$

$$\mathbf{g}^z = \sqrt{g^{zz}}\mathbf{e}_z$$

其中, α 和 β 分别为 r 和 x 轴, s 和 x 轴之间的夹角, 和

$$g^{rr} = \frac{(C_x + rB_x)^2 + (C_y + rB_y)^2}{16(\det\mathbf{J})^2}$$

$$g^{ss} = \frac{(A_x + sB_x)^2 + (A_y + sB_y)^2}{16(\det\mathbf{J})^2}$$

其中, A_x、B_x、C_x、A_y、B_y、C_y 定义于式 (5.105) 中, 和

$$g^{zz} = \frac{4}{h^2}$$

将其代入式 (e) 中, 将会得到式 (5.102).

矩形或平行四边形几何构形的 MITC4 板弯曲单元与其他的 4 节点板弯曲单元相同或紧密相关 (见 T. J. R. Hughes 和 T. E. Tezduyar[A], R. H. MacNeal[A]). 但 MITC 板单元的一个重要的特性在于它是线性和非线性分析中一般壳单元的一个特例, 见 E. N. Dvorkin 和 K. J. Bathe[A], K. J. Bathe 和 P. S. Lee [A]; 进一步发展见 D. N. Kim 和 K. J. Bathe[A], T. Sussman 和 K. J. Bathe[D], Z. Kazanci 和 K. J. Bathe[A].

有关 MITC4 单元的一些特点如下: [429]

• 当用于二维梁运动分析时, 该单元性质与两节点混合插值等参梁单元 (在前一节中讨论过的) 类似.

• 该单元可从胡 – 鹫津变分原理 (见例 4.30) 中推导出.

• 该单元通过了分片检验 (解析证明请见 K. J. Bathe 和 E. N. Dvorkin[B]). 横向位移和截面转角的数学收敛分析已由 K. J. Bathe 和 F. Brezzi[A] 给出 (假设均匀网格, 即单元组合体由边长 h 的方形单元组成). 该分析给出了如下的结果

$$\|\boldsymbol{\beta} - \boldsymbol{\beta}_h\|_1 \leqslant c_1 h; \quad \|\nabla w - \nabla w_h\|_0 \leqslant c_2 h \tag{5.106}$$

其中, $\boldsymbol{\beta}$ 和 w 为精确解, $\boldsymbol{\beta}_h$ 和 w_h 为对应于边长为 h 的单元网格的有限元解, c_1 和 c_2 为独立于 h 的常数. 横向剪应变的收敛性分析给出如下结果, 即误差

的 L^2 模是无界的, 与板的厚度无关 (见 F. Brezzi、M. Fortin 和 R. Stenberg [A]).

在均匀和扭曲网格中实际上同样可见到这些分析收敛性研究结果的本质. 该单元能很好地预测横向位移和弯曲应变, 但对横向剪应变预测不好, 特别是当所分析的板很薄时.

MITC4 单元的数学分析中的一个最重要特点是, 该单元在其数学基础上与第 4.4.3 节中提出的 u/p 单元族的 4/1 单元相似: 在 u/p 格式中, 对位移和压力进行插值, 以满足 (几乎) 不可压缩的约束性条件, $\mathbf{e}_V \approx 0$, 但在 MITC4 单元构造中, 对横向位移、截面转角和横向剪应变进行插值, 以满足薄板条件, $\boldsymbol{\gamma} \approx 0$. 固体力学中的不可压缩约束和 Reissner-Mindlin 板理论中零横向剪应变约束之间的相似性形成一个共同的数学基础, 旨在构建新的板弯曲单元 (见 K. J. Bathe 和 F. Brezzi[B]). 由于这些单元都是基于横向位移、截面转角、横向剪应变的混合插值函数, 以及对于一般几何形状使用张量分量 (如对于 MITCn 单元) 的, 所以我们将这些单元称为 n 节点的 MITC 单元 (即 MITCn 单元).

要得到没有闭锁和具有最优收敛性的单元, 难点在于选择横向位移、截面转角和横向剪应变插值函数的阶. K. J. Bathe 和 F. Brezzi[B] 总结了选择合适插值函数的数学考虑,K. J. Bathe、M. L. Bucalem 和 F. Breezzi[A] 以及 F. Breezzi、K. J. Bathe 和 M. Fortin[A] 给出了如图 5.27 所示的单元和其他一些单元, 还给出了数值结果.

[430] 图 5.27 和表 5.3 总结了 9 节点、16 节点四边形单元和 7 节点、12 节点三角形元的插值函数, 还给出了收敛率. 在图 5.27 中, 单元的插值函数是以

表 5.3 板弯曲单元的插值空间和理论预测误差估计

单元	用于截面转角和横向位移的空间	误差估计
MITC4	$\boldsymbol{\beta}_h \in Q_1 \times Q_1$	$\\|\boldsymbol{\beta} - \boldsymbol{\beta}_h\\|_1 \leqslant ch$
	$w_h \in Q_1$	$\\|\nabla w - \nabla w_h\\|_0 \leqslant ch$
MITC9	$\boldsymbol{\beta}_h \in Q_2 \times Q_2$	$\\|\boldsymbol{\beta} - \boldsymbol{\beta}_h\\|_1 \leqslant ch^2$
	$w_h \in Q_2 \cap P_3$	$\\|\nabla w - \nabla w_h\\|_0 \leqslant ch^2$
MITC16	$\boldsymbol{\beta}_h \in Q_3 \times Q_3$	$\\|\boldsymbol{\beta} - \boldsymbol{\beta}_h\\|_1 \leqslant ch^3$
	$w_h \in Q_3 \cap P_4$	$\\|\nabla w - \nabla w_h\\|_0 \leqslant ch^3$
MITC7	$\boldsymbol{\beta}_h \in (P_2 \oplus \{L_1L_2L_3\}) \times (P_2 \oplus \{L_1L_2L_3\})$	$\\|\boldsymbol{\beta} - \boldsymbol{\beta}_h\\|_1 \leqslant ch^2$
	$w_h \in P_2$	$\\|\nabla w - \nabla w_h\\|_0 \leqslant ch^2$
MITC12	$\boldsymbol{\beta}_h \in (P_3 \oplus \{L_1L_2L_3\}P_1) \times (P_3 \oplus \{L_1L_2L_3\}P_1)$	$\\|\boldsymbol{\beta} - \boldsymbol{\beta}_h\\|_1 \leqslant ch^3$
	$w_h \in P_3$	$\\|\nabla w - \nabla w_h\\|_0 \leqslant ch^3$

所用的记号见第 4.3 节.

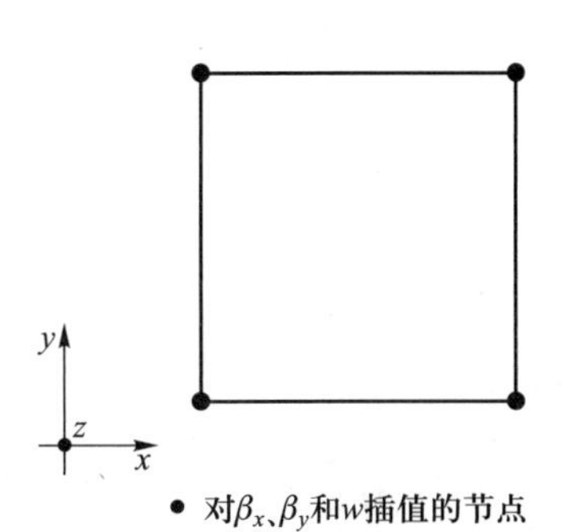

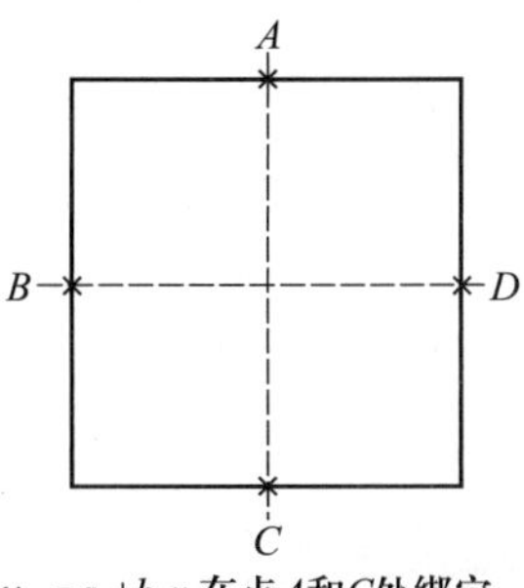

• 对β_x、β_y和w插值的节点

$\gamma_{xz}=a_1+b_1y$;在点A和C处绑定

$\gamma_{yz}=a_2+b_2x$;在点B和D处绑定

(a) MITC4单元：4个节点用于截面转角和横向位移的插值(2×2Gauss积分)

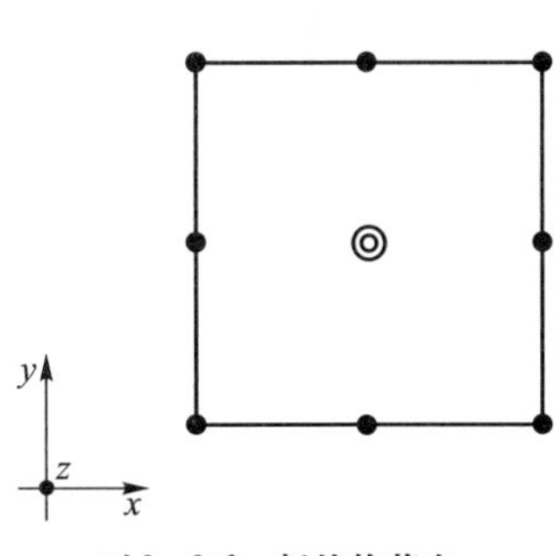

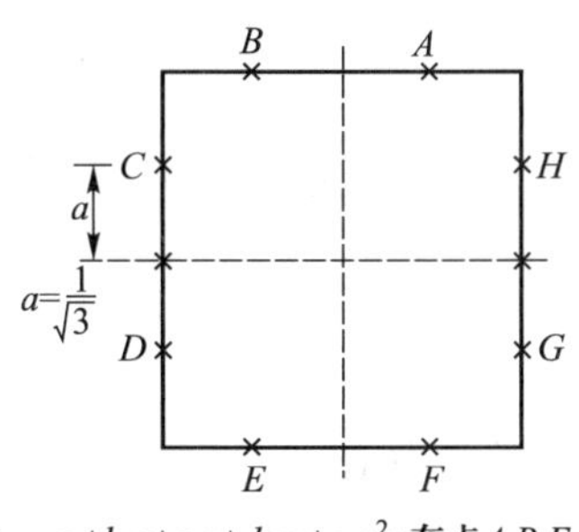

$\gamma_{xz}=a_1+b_1x+c_1y+d_1xy+e_1y^2$;在点$A$、$B$、$E$、$F$处绑定

$\gamma_{yz}=a_2+b_2x+c_2y+d_2xy+e_2x^2$;在点$C$、$D$、$G$、$H$处绑定

加上积分绑定$\int_A(\nabla w-\boldsymbol{\beta}-\boldsymbol{\gamma})\mathrm{d}A=0$

• 对β_x、β_y和w插值的节点

◎对β_x、β_y插值的节点

(b) MITC9单元：9个节点用于截面转角的插值和8个节点用于横向位移的插值(3×3 Gauss积分)

[431]

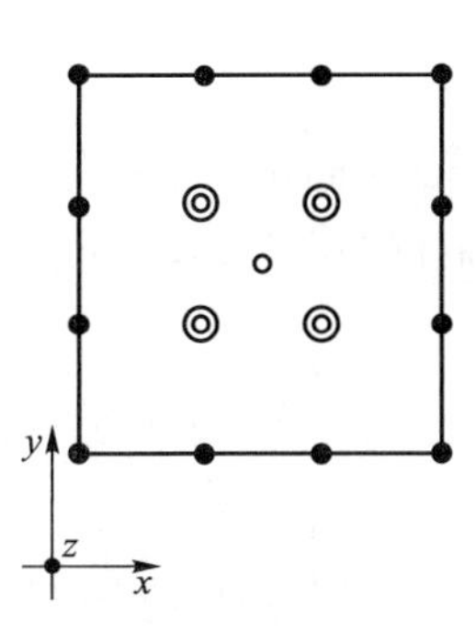

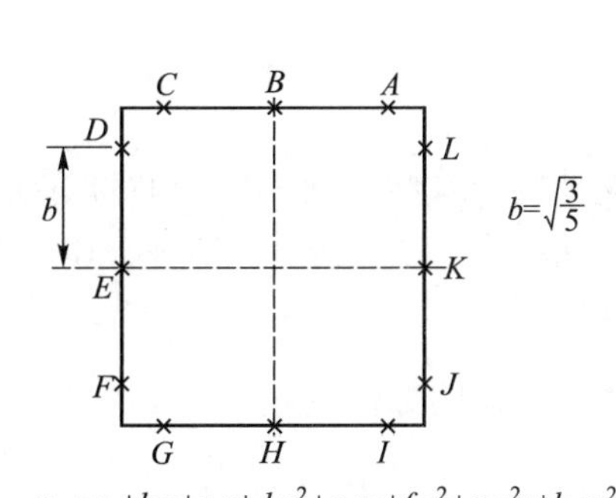

$\gamma_{xz}=a_1+b_1x+c_1y+d_1x^2+e_1xy+f_1y^2+g_1x^2y+h_1xy^2+i_1y^3$;
在点A、B、C、G、H、I处绑定；

$\gamma_{yz}=a_2+b_2x+c_2y+d_2x^2+e_2xy+f_2y^2+g_2x^2y+h_2xy^2+i_2x^3$;
在点D、E、F、J、K、L处绑定；

加上积分绑定$\int_A(\nabla w-\boldsymbol{\beta}-\boldsymbol{\gamma})\mathrm{d}A=\int_A(\nabla w-\boldsymbol{\beta}-\boldsymbol{\gamma})x\mathrm{d}A=\int_A(\nabla w-\boldsymbol{\beta}-\boldsymbol{\gamma})y\mathrm{d}A=0$

• 对β_x、β_y和w插值的节点

◎对β_x、β_y插值的节点

○ 对w插值的节点

(c) MITC16单元：16个节点用于截面转角和13个节点用于横向位移的插值(4×4 Gauss积分)

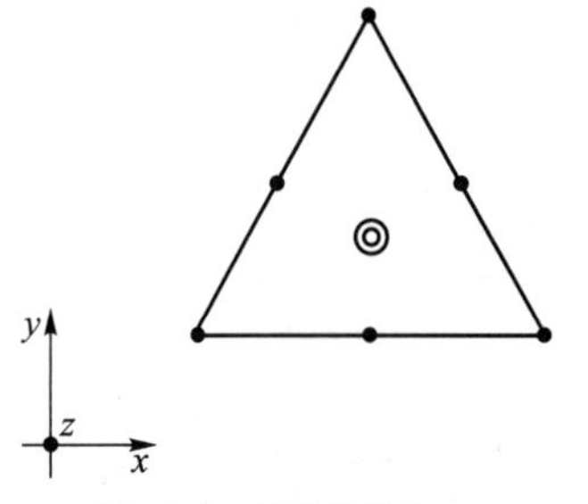

• 对β_x、β_y和w插值的节点

◎ 对β_x、β_y插值的节点

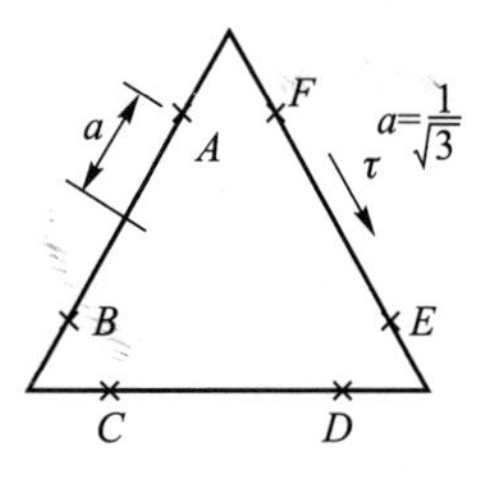

$\gamma_{xz}=a_1+b_1x+c_1y+y(dx+ey)$;

$\gamma_{yz}=a_2+b_2x+c_2y-x(dx+ey)$;

$\boldsymbol{\gamma}\cdot\boldsymbol{\tau}$在点$A$、$B$、$C$、$D$、$E$、$F$处绑定

加上积分绑定$\int_A(\nabla w-\boldsymbol{\beta}-\boldsymbol{\gamma})\mathrm{d}A=0$

(d) MITC7单元：7个节点用于截面转角的插值和6个节点用于横向位移的插值(7点 Gauss积分)

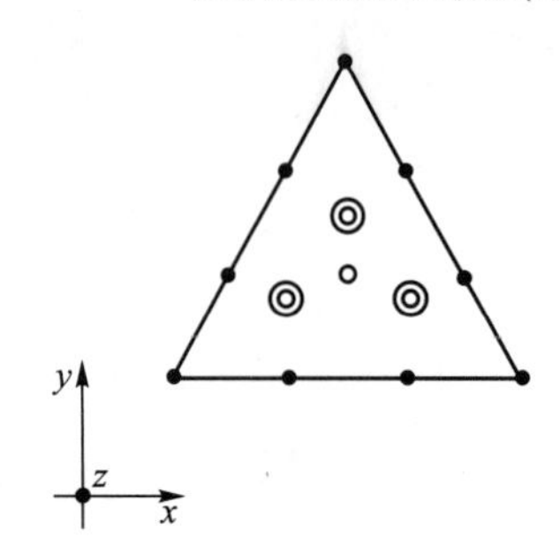

• 对β_x、β_y和w插值的节点

◎对β_x、β_y插值的节点

○ 对w插值的节点

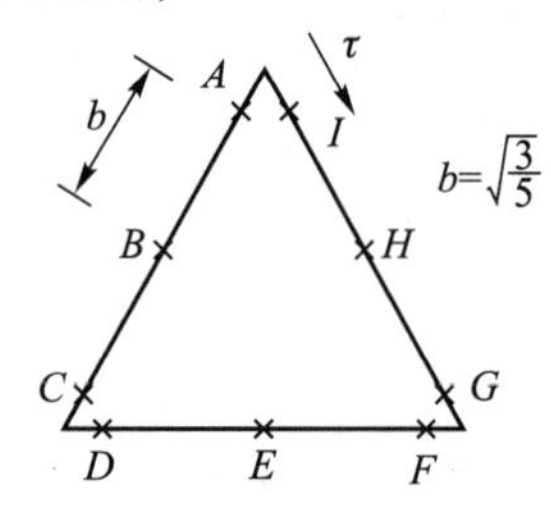

$\gamma_{xz}=a_1+b_1x+c_1y+d_1x^2+e_1xy+f_1y^2+y(gx^2+hxy+iy^2)$;

$\gamma_{yz}=a_2+b_2x+c_2y+d_2x^2+e_2xy+f_2y^2-x(gx^2+hxy+iy^2)$;

$\boldsymbol{\gamma}\cdot\boldsymbol{\tau}$在点$A$、$B$、$C$、$D$、$E$、$F$、$G$、$H$、$I$处绑定；

加上积分绑定 $\int_A(\nabla w-\boldsymbol{\beta}-\boldsymbol{\gamma})\mathrm{d}A=\int_A(\nabla w-\boldsymbol{\beta}-\boldsymbol{\gamma})x\mathrm{d}A=\int_A(\nabla w-\boldsymbol{\beta}-\boldsymbol{\gamma})y\mathrm{d}A=0$

(e) MITC12单元：12个节点用于截面转角和10个节点用于横向位移的插值(13点 Gauss积分)

图 5.27　板弯曲单元 (考虑边长为两个单位的方形和等边三角形)

几何未扭曲的形式给出的, 如 MITC4 单元那样, 我们使用张量分量, 以推广到几何扭曲单元的插值函数. 在例 5.31 中, 我们说明图 5.27 中给出的插值函数是如何使用的.

[432]

例 5.31: 说明如何建立如图 E5.31 所示 MITC9 单元刚度矩阵的应变插值矩阵.

该单元的几何形状与图 E5.29 中所示的 4 节点单元是相同的, 因此 Jacobi 矩阵也是相同的.

由于横向位移是由图 5.4 给出的 8 节点插值函数确定的, 因此有

$$\begin{bmatrix}\dfrac{\partial w}{\partial x}\\[2mm]\dfrac{\partial w}{\partial y}\end{bmatrix}=\frac{1}{4}\begin{bmatrix}\dfrac{2}{3} & 0\\[2mm] 0 & 1\end{bmatrix}\begin{bmatrix}(1+2r)(1+s)-(1-s^2) & | & \\ & & \cdots\\ (1+2s)(1+r)-(1-r^2) & | & \end{bmatrix}\begin{bmatrix}w_1\\ w_2\\ \vdots\\ w_8\end{bmatrix}\tag{a}$$

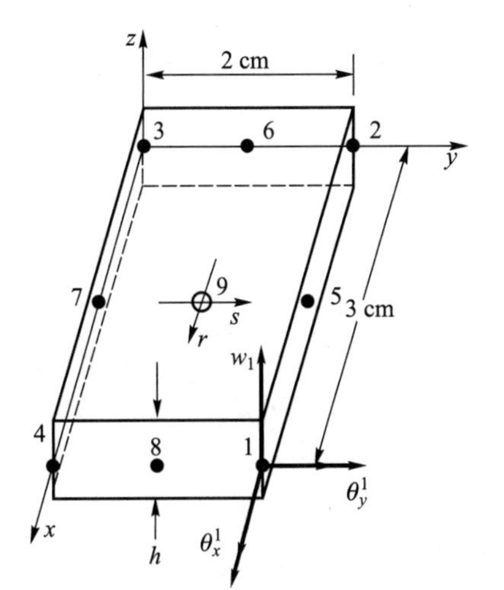

图 E5.31　9 节点板弯曲单元

截面转角也是由图 5.4 给出的 9 节点插值函数确定, 有

$$\begin{bmatrix} \dfrac{\partial \beta_x}{\partial x} \\ \dfrac{\partial \beta_x}{\partial y} \end{bmatrix} = -\frac{1}{4} \begin{bmatrix} \dfrac{2}{3} & 0 \\ 0 & 1 \end{bmatrix} \begin{bmatrix} (1+2r)(1+s) - (1+2r)(1-s^2) & | & \\ & & \cdots \\ (1+2s)(1+r) - (1+2s)(1-r^2) & | & \end{bmatrix} \begin{bmatrix} \theta_y^1 \\ \theta_y^2 \\ \vdots \\ \theta_y^9 \end{bmatrix} \quad \text{(b)}$$

$$\begin{bmatrix} \dfrac{\partial \beta_y}{\partial x} \\ \dfrac{\partial \beta_y}{\partial y} \end{bmatrix} = \frac{1}{4} \begin{bmatrix} \dfrac{2}{3} & 0 \\ 0 & 1 \end{bmatrix} \begin{bmatrix} (1+2r)(1+s) - (1+2r)(1-s^2) & | & \\ & & \cdots \\ (1+2s)(1+r) - (1+2s)(1-r^2) & | & \end{bmatrix} \begin{bmatrix} \theta_x^1 \\ \theta_x^2 \\ \vdots \\ \theta_x^9 \end{bmatrix} \quad \text{(c)}$$

我们使用下列节点位移和转角的排序

$$\widehat{\mathbf{u}}^{\mathrm{T}} = [w_1 \quad \theta_x^1 \quad \theta_y^1 \quad | \quad \cdots \quad | \quad w_8 \quad \theta_x^8 \quad \theta_y^8 \quad | \quad \theta_x^9 \quad \theta_y^9]$$

横向位移插值矩阵 $\mathbf{H}_w$ 由下式给出

$$\mathbf{H}_w = [h_1 \quad 0 \quad 0 \quad | \quad h_2 \quad 0 \quad 0 \quad | \quad \cdots \quad | \quad h_8 \quad 0 \quad 0 \quad | \quad 0 \quad 0]$$

其中, h_1 和 h_2 由图 5.4 给出, 对应于 8 节点单元.

曲率插值矩阵 $\mathbf{B}_\kappa$ 直接由式 (b) 和式 (c) 得到

$$\mathbf{B}_\kappa = \begin{bmatrix} 0 & 0 \\ 0 & \dfrac{1}{4}\left[(1+2s)(1+r) - (1+2s)(1-r^2)\right] \\ 0 & \dfrac{1}{6}\left[(1+2r)(1+s) - (1+2r)(1-s^2)\right] \end{bmatrix}$$

$$
\begin{matrix}
-\frac{1}{6}\left[(1+2r)(1+s)-(1+2r)(1-s^2)\right] & | & \\
0 & | & \cdots \\
-\frac{1}{4}\left[(1+2s)(1+r)-(1+2s)(1-r^2)\right] & | &
\end{matrix}\Bigg] \tag{d}
$$

[434] 横向剪应变插值矩阵是从图 5.27 中给出的剪切插值函数 (和绑定方式) 中得出. 写做

$$
\mathbf{B}_\gamma = \begin{bmatrix} 1 & r & s & rs & s^2 & | & 0 & 0 & 0 & 0 & 0 \\ 0 & 0 & 0 & 0 & 0 & | & 1 & r & s & rs & r^2 \end{bmatrix} \boldsymbol{\alpha} \tag{e}
$$

其中,

$$
\boldsymbol{\alpha}^{\mathrm{T}} = \begin{bmatrix} a_1 & b_1 & c_1 & d_1 & e_1 & | & a_2 & b_2 & c_2 & d_2 & e_2 \end{bmatrix}
$$

向量 $\boldsymbol{\alpha}$ 的值是使用绑定关系以节点位移和转角的形式表示的. 例如, 由于点 A 位于 $x=\frac{3}{2}[1+1/\sqrt{3}], y=2$, 有

$$
\begin{aligned}
\gamma_{xz}|_A &= a_1 + b_1\left(\frac{3}{2}\right)\left(1+\frac{1}{\sqrt{3}}\right) + c_1(2) + d_2(3)\left(1+\frac{1}{\sqrt{3}}\right) + e_1(4) \\
&= \left(\frac{\partial w}{\partial x} - \beta_x\right)\Bigg|_{\text{在 } r=1/\sqrt{3}, s=1}
\end{aligned} \tag{f}
$$

当然, $\partial w/\partial x$ 是由 (a) 给出的, 截面转角 β_x 是由式 (5.99) 给出的, 其中 h_i 对应于 9 个节点. 正如在 (f) 中的那样, 使用图 5.27 中的所有 10 个绑定关系式, 我们可以按节点位移和转角的形式解出 (e) 中的元素.

MITCn 单元的数值性能已经由 K. J. Bathe、M. L. Bucalem 和 F. Brezzi[A] 给出. 但我们简要指出:

- 单元矩阵都是使用全阶 Gauss 数值积分而算得的 (见图 5.27).
- 该单元不包含任何虚假零能模式.
- 该单元通过了纯弯曲分片检验 (见图 4.18).

为了说明单元的性质, 引入一个有价值的检验问题, 我们考虑图 5.28 至图 5.32. 在图 5.28 中表述了该检验问题. 注意到在方板的整个边界上指定了横向位移和截面转角, 在该问题中不存在边界层 (正如在实际分析中遇到的那样, 见 B. Häggblad 和 K. J. Bathe[A]). 因此, 通过数值计算得到的收敛阶应该与分析中预测值相近. 图 5.29 说明了使用均匀网格得到的结果, 这些结果与解析解预测的性质很接近 (这些预测都是在均匀网格的假设下进行的). 图 5.30 和图 5.31 所示的结果是通过使用拟均匀网格① 得到的, 我们看出收敛阶没有受到单元扭曲剧烈的影响. 最后, 如图 5.32 所示说明了横向剪应变的收敛性, 如数值预测的一致. 在这些特定的有限元解中, 剪应变预测有很高的收敛阶 (当然这在一般情况下不会出现).

① 对拟均匀网格序列的定义, 请参见第 5.3.3 节.

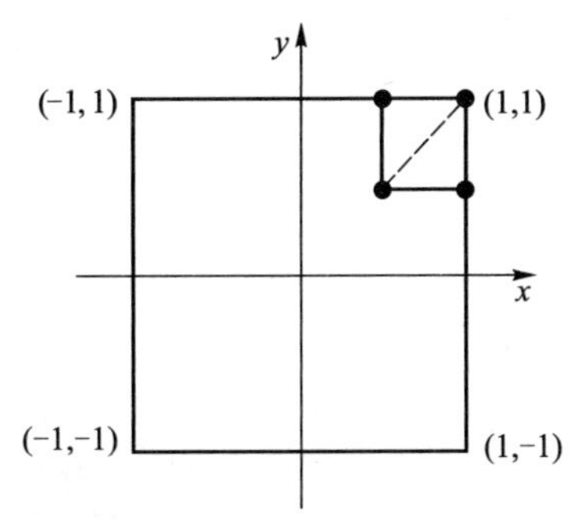

① 方板用于特定板弯曲问题; 横向载荷 $p=0$, 非零边界条件. 显示的是典型的 4 节点单元. 虚线指明用于三角形元网格的细分; $h=2/N$, 其中 $N=$ 每边单元数.

② 精确的横向位移和转角, $w=\sin kx\ \mathrm{e}^{ky}+\sin k\ \mathrm{e}^{-k}$, $\theta_x=k\sin kx\ \mathrm{e}^{ky}$, $\theta_y=-k\cos kx\ \mathrm{e}^{ky}$.

③ 检验问题: 在整个边界上指定 w、θ_x、θ_y 的函数值, $p=0$, 计算内部值; k 是所选的常数, 我们采用 $k=5$.

图 5.28　板弯曲单元的特定检验问题

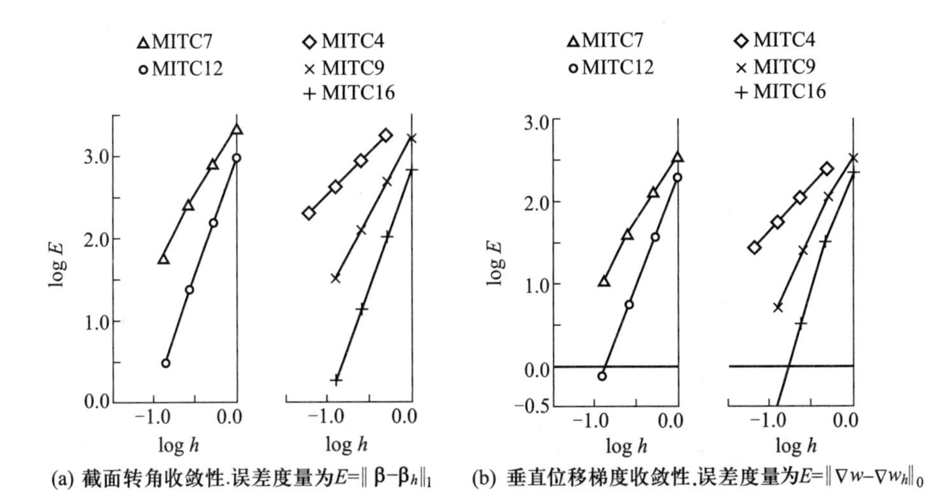

图 5.29　使用均匀网格特定问题的分析结果

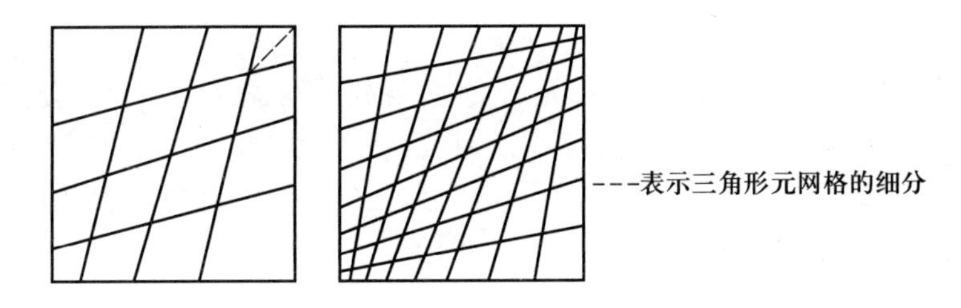

图 5.30　用于特定问题分析中的两个典型扭曲网格

[436]

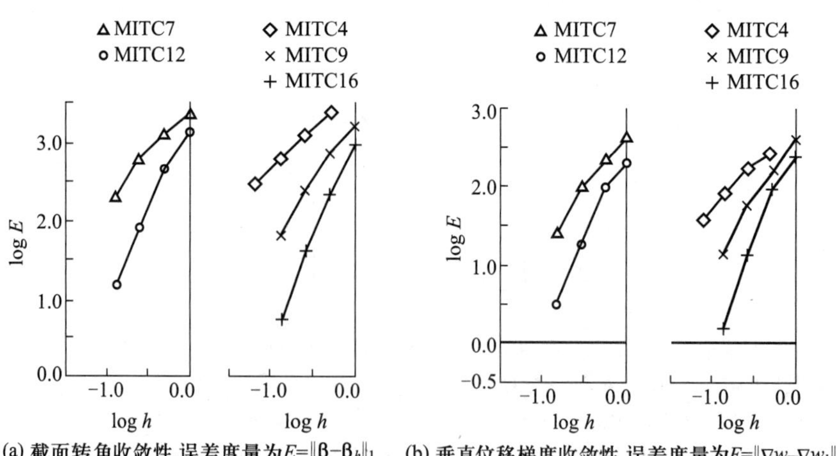

图 5.31 使用扭曲网格特定问题的分析结果

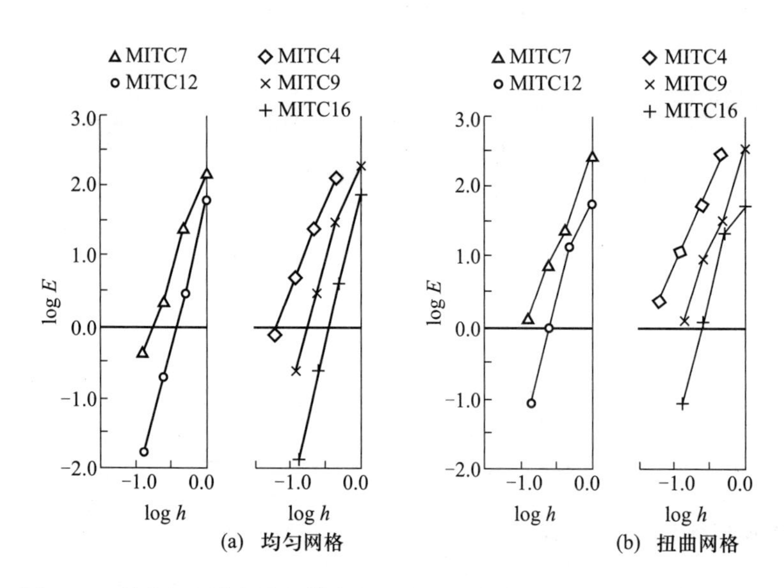

图 5.32 特定问题分析中的横向剪应变收敛性, 误差度量为 $E=\|\boldsymbol{\gamma}-\boldsymbol{\gamma}_h\|_0$

[437]

2. 通用壳单元

下面我们将要探讨一般壳单元的格式, 该格式可用于分析相当复杂的壳几何结构与应力分布. 为此, 我们需要将前面板单元的构造方法推广, 所用的方法与将等参梁单元从二维直梁单元推广为三维曲梁单元的方法很类似. 与梁单元的构造相似 (详见第 5.4.1 节), 我们考虑得到基于纯位移单元的位移插值函数 (见 S. Ahmad、B. M. Irons 和 O. C. Zienkiewicz [A]), 并且对该格式加以改进, 以避免剪切闭锁与薄膜闭锁.

我们可通过几何插值求得位移插值. 考虑具有可变节点数 q 的一般壳单元. 如图 5.33 所示是一个 9 节点的单元, 即 $q=9$. 使用自然坐标系 r、s 和

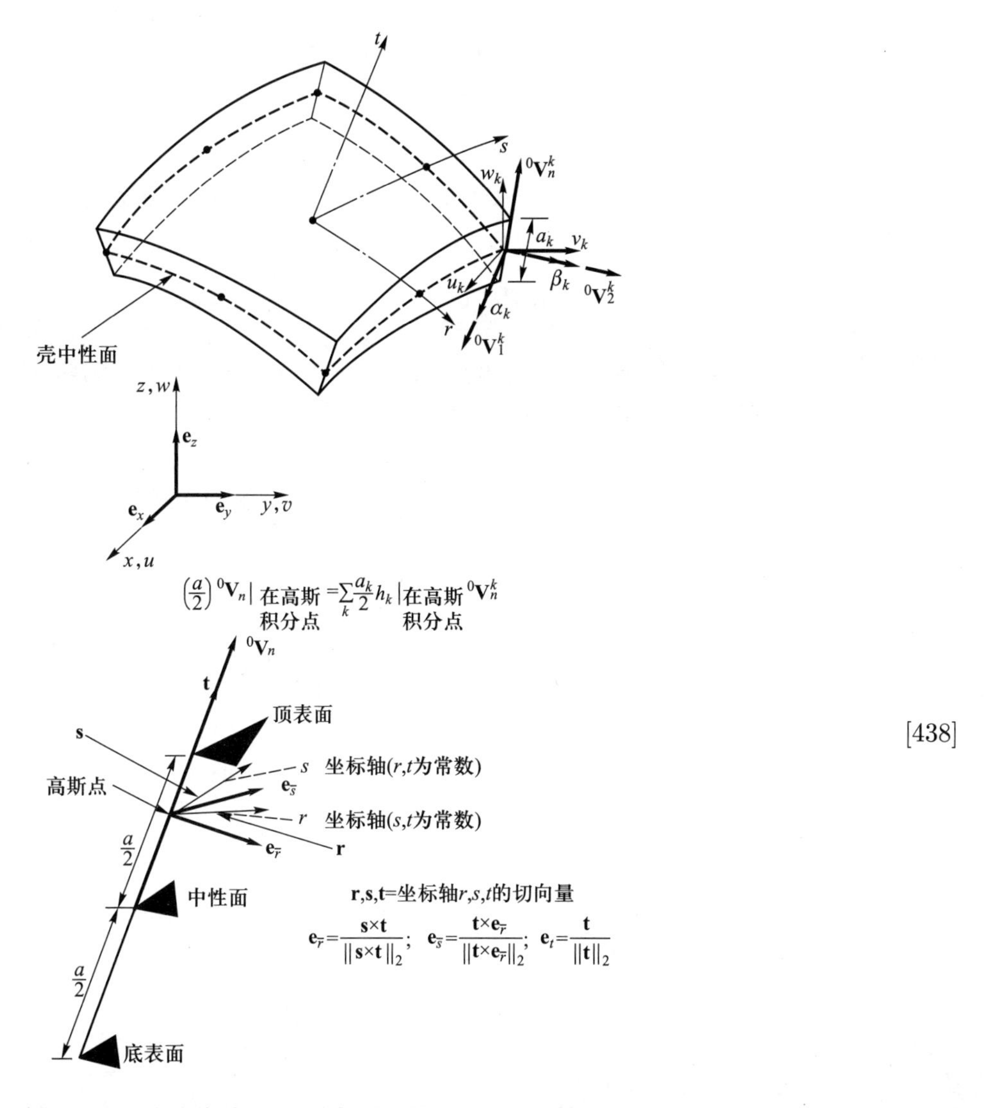

图 5.33　9 节点壳单元以及本构关系的 $\bar{r}$、$\bar{s}$、t 正交轴定义

[438]

t, 在变形前后, q 个节点的单元内某一点的笛卡儿坐标为

$$
\begin{aligned}
{}^{\ell}x(r,s,t) &= \sum_{k=1}^{q} h_k\, {}^{\ell}x_k + \frac{t}{2}\sum_{k=1}^{q} a_k h_k\, {}^{\ell}V_{nx}^k \\
{}^{\ell}y(r,s,t) &= \sum_{k=1}^{q} h_k\, {}^{\ell}y_k + \frac{t}{2}\sum_{k=1}^{q} a_k h_k\, {}^{\ell}V_{ny}^k \\
{}^{\ell}z(r,s,t) &= \sum_{k=1}^{q} h_k\, {}^{\ell}z_k + \frac{t}{2}\sum_{k=1}^{q} a_k h_k\, {}^{\ell}V_{nz}^k
\end{aligned} \tag{5.107}
$$

其中, $h_k(r,s)$ 为图 5.4 中总结出的插值函数, 并且

$^{\ell}x, {}^{\ell}y, {}^{\ell}z =$ 单元中任意一点的笛卡儿坐标

$^{\ell}x_k, {}^{\ell}y_k, {}^{\ell}z_k =$ 节点 k 的笛卡儿坐标

$a_k =$ 节点 k 处方向 t 上壳厚度

$^{\ell}V_{nx}^k, {}^{\ell}V_{ny}^k, {}^{\ell}V_{nz}^k =$ 节点 k 处在方向 t 上垂直于壳中性面的单位向量 $^{\ell}\mathbf{V}_n^k$ 的分量; 我们称 $^{\ell}\mathbf{V}_n^k$ 为法向量①, 或更精确地说是节点 k 处的方向向量.

与一般梁单元构造相同, 左上标 ℓ 表示单元的位形. 例如, $\ell = 0$ 与 1 分别代表了壳单元的初始与最终位形. 因此, 运用式 (5.107), 位移分量分别为

$$\begin{aligned} u(r,s,t) &= \sum_{k=1}^{q} h_k u_k + \frac{t}{2}\sum_{k=1}^{q} a_k h_k V_{nx}^k \\ v(r,s,t) &= \sum_{k=1}^{q} h_k v_k + \frac{t}{2}\sum_{k=1}^{q} a_k h_k V_{ny}^k \\ w(r,s,t) &= \sum_{k=1}^{q} h_k w_k + \frac{t}{2}\sum_{k=1}^{q} a_k h_k V_{nz}^k \end{aligned} \tag{5.108}$$

[439] 其中, $\mathbf{V}_n^k$ 表示 $^0\mathbf{V}_n^k$ 的方向余弦的增量. 有

$$\mathbf{V}_n^k = {}^1\mathbf{V}_n^k - {}^0\mathbf{V}_n^k \tag{5.109}$$

$\mathbf{V}_n^k$ 的分量可以通过其在节点 k 处的转角表示, 但目前处理方法并不唯一. 一个行之有效的方法是定义两个正交于 $^0\mathbf{V}_n^k$ 的单位向量 $^0\mathbf{V}_1^k$ 与 $^0\mathbf{V}_2^k$

$$^0\mathbf{V}_1^k = \frac{\mathbf{e}_y \times {}^0\mathbf{V}_n^k}{\|\mathbf{e}_y \times {}^0\mathbf{V}_n^k\|_2} \tag{5.110 a}$$

其中, $\mathbf{e}_y$ 是在 y 轴方向上的单位向量 (对 $^0\mathbf{V}_n^k$ 平行于 $\mathbf{e}_y$ 的特殊情况, 我们直接利用 $^0\mathbf{V}_1^k$ 等于 $\mathbf{e}_z$). 现我们可求得 $^0\mathbf{V}_2^k$

$$^0\mathbf{V}_2^k = {}^0\mathbf{V}_n^k \times {}^0\mathbf{V}_1^k \tag{5.110 b}$$

设 α_k 和 β_k 为方向向量 $^0\mathbf{V}_n^k$ 关于向量 $^0\mathbf{V}_1^k$ 与 $^0\mathbf{V}_2^k$ 的转角. 由于 α_k 和 β_k 角度较小, 因此有

$$\mathbf{V}_n^k = -{}^0\mathbf{V}_2^k \alpha_k + {}^0\mathbf{V}_1^k \beta_k \tag{5.111}$$

当 $^0\mathbf{V}_1 = \mathbf{e}_x, {}^0\mathbf{V}_2 = \mathbf{e}_y, {}^0\mathbf{V}_n = \mathbf{e}_z$ 时, 很容易证明该公式. 但由于以上向量均为张量, 故该公式在一般情况下也应成立 (详见第 2.4 节). 将式 (5.111)

① 我们称 $^{\ell}\mathbf{V}_n^k$ 为法向量, 尽管该向量可能并非完全垂直于初始位形中的壳中性面 (见例 5.32), 并且可能也并非完全垂直于最终位形中的壳中性面 (如由于剪切变形).

代入式 (5.108), 可得

$$
\begin{aligned}
u(r,s,t) &= \sum_{k=1}^{q} h_k u_k + \frac{t}{2}\sum_{k=1}^{q} a_k h_k(-{}^0V_{2x}^k \alpha_k + {}^0\, V_{1x}^k \beta_k) \\
v(r,s,t) &= \sum_{k=1}^{q} h_k v_k + \frac{t}{2}\sum_{k=1}^{q} a_k h_k(-{}^0V_{2y}^k \alpha_k + {}^0\, V_{1y}^k \beta_k) \\
w(r,s,t) &= \sum_{k=1}^{q} h_k w_k + \frac{t}{2}\sum_{k=1}^{q} a_k h_k(-{}^0V_{2z}^k \alpha_k + {}^0\, V_{1z}^k \beta_k)
\end{aligned}
\tag{5.112}
$$

利用式 (5.112) 与式 (5.107) 中定义的单元位移与坐标, 我们可以像通常一样求解基于纯位移单元的单元矩阵. 在式 (5.112) 中已经算出壳单元的位移插值函数 $\mathbf{H}$, 而应变 – 位移插值矩阵的元素值可以用梁单元构造 (详见第 5.4.1 节) 中已描述的方法求出.

要计算应变 – 位移矩阵, 我们从式 (5.112) 得到

$$
\begin{bmatrix} \dfrac{\partial u}{\partial r} \\ \dfrac{\partial u}{\partial s} \\ \dfrac{\partial u}{\partial t} \end{bmatrix} = \sum_{k=1}^{q} \begin{bmatrix} \dfrac{\partial h_k}{\partial r} & [1 \quad t g_{1x}^k \quad t g_{2x}^k] \\ \dfrac{\partial h_k}{\partial s} & [1 \quad t g_{1x}^k \quad t g_{2x}^k] \\ h_k & [0 \quad g_{1x}^k \quad g_{2x}^k] \end{bmatrix} \begin{bmatrix} u_k \\ \alpha_k \\ \beta_k \end{bmatrix} \tag{5.113}
$$

并且, 我们可以用变量 v、y 和 w、z 分别直接替代 u 和 x, 从而得到 v 和 w 的导数. 在式 (5.113) 中

$$
\mathbf{g}_1^k = -\frac{1}{2}\alpha_k {}^0\mathbf{V}_2^k; \quad \mathbf{g}_2^k = \frac{1}{2}\alpha_k {}^0\mathbf{V}_1^k \tag{5.114}
$$

为了求得与笛卡儿坐标 (x,y,z) 相对应的位移导数, 利用标准变换 [440]

$$
\frac{\partial}{\partial \mathbf{x}} = \mathbf{J}^{-1}\frac{\partial}{\partial \mathbf{r}} \tag{5.115}
$$

其中, Jacobi 矩阵 $\mathbf{J}$ 包含了坐标 x、y、z 关于自然坐标 r、s、t 的导数. 将式 (5.113) 代入式 (5.115) 中, 可得

$$
\begin{bmatrix} \dfrac{\partial u}{\partial x} \\ \dfrac{\partial u}{\partial y} \\ \dfrac{\partial u}{\partial z} \end{bmatrix} = \sum_{k=1}^{q} \begin{bmatrix} \dfrac{\partial h_k}{\partial x} & g_{1x}^k G_x^k & g_{2x}^k G_x^k \\ \dfrac{\partial h_k}{\partial y} & g_{1x}^k G_y^k & g_{2x}^k G_y^k \\ \dfrac{\partial h_k}{\partial z} & g_{1x}^k G_z^k & g_{2x}^k G_z^k \end{bmatrix} \begin{bmatrix} u_k \\ \alpha_k \\ \beta_k \end{bmatrix} \tag{5.116}
$$

可用类似的方法求出 v 和 w 的导数. 在式 (5.116) 中有

$$
\begin{aligned}
\frac{\partial h_k}{\partial x} &= J_{11}^{-1}\frac{\partial h_k}{\partial r} + J_{12}^{-1}\frac{\partial h_k}{\partial s} \\
G_x^k &= t\left(J_{11}^{-1}\frac{\partial h_k}{\partial r} + J_{12}^{-1}\frac{\partial h_k}{\partial s}\right) + J_{13}^{-1} h_k
\end{aligned}
\tag{5.117}
$$

其中, $\mathbf{J}_{ij}^{-1}$ 代表矩阵 $\mathbf{J}^{-1}$ 中的元素 (i,j).

运用式 (5.116) 中定义的位移导数, 我们现在可以直接组装壳单元的应变 – 位移矩阵 $\mathbf{B}$. 假设该矩阵中的每行对应于全部 6 个全局笛卡儿应变分量 $\varepsilon_{xx},\varepsilon_{yy},\cdots,\gamma_{zx}$, 矩阵 $\mathbf{B}$ 的元素值可用通用的方法求得 (详见第 5.3 节), 但是应力 – 应变律必须包含壳假设, 即垂直于壳表面的应力为零. 我们在该向量方向上的应力置为零. 如果用 $\boldsymbol{\tau}$ 与 $\boldsymbol{\varepsilon}$ 表示笛卡儿应力与应变分量, 则

$$\boldsymbol{\tau} = \mathbf{C}_{\mathrm{sh}}\boldsymbol{\varepsilon} \tag{5.118}$$

其中,

$$\begin{aligned}
\boldsymbol{\tau}^{\mathrm{T}} &= [\tau_{xx} \quad \tau_{yy} \quad \tau_{zz} \quad \tau_{xy} \quad \tau_{yz} \quad \tau_{zx}] \\
\boldsymbol{\varepsilon}^{\mathrm{T}} &= [\varepsilon_{xx} \quad \varepsilon_{yy} \quad \varepsilon_{zz} \quad \gamma_{xy} \quad \gamma_{yz} \quad \gamma_{zx}]
\end{aligned}$$

$$\mathbf{C}_{\mathrm{sh}} = \mathbf{Q}_{\mathrm{sh}}^{\mathrm{T}} \left(\frac{E}{1-\nu^2} \begin{bmatrix} 1 & \nu & 0 & 0 & 0 & 0 \\ & 1 & 0 & 0 & 0 & 0 \\ & & 0 & 0 & 0 & 0 \\ & & & \dfrac{1-\nu}{2} & 0 & 0 \\ & \text{对称} & & & k\dfrac{1-\nu}{2} & 0 \\ & & & & & k\dfrac{1-\nu}{2} \end{bmatrix} \right) \mathbf{Q}_{\mathrm{sh}} \tag{5.119}$$

$\mathbf{Q}_{\mathrm{sh}}$ 表示将应力 – 应变律从与壳单元绑定的 $(\overline{r},\overline{s},t)$ 笛卡儿坐标系变换为通用笛卡儿坐标系时的矩阵. 矩阵 $\mathbf{Q}_{\mathrm{sh}}$ 中的元素可以由 $\overline{r}$、$\overline{s}$、t 坐标轴在 x、y、z 坐标方向上的方向余弦求出, 有

[441]

$$\mathbf{Q}_{\mathrm{sh}} = \begin{bmatrix} l_1^2 & m_1^2 & n_1^2 & l_1m_1 & m_1n_1 & n_1l_1 \\ l_2^2 & m_2^2 & n_2^2 & l_2m_2 & m_2n_2 & n_2l_2 \\ l_3^2 & m_3^2 & n_3^2 & l_3m_3 & m_3n_3 & n_3l_3 \\ 2l_1l_2 & 2m_1m_2 & 2n_1n_2 & l_1m_2+l_2m_1 & m_1n_2+m_2n_1 & n_1l_2+n_2l_1 \\ 2l_2l_3 & 2m_2m_3 & 2n_2n_3 & l_2m_3+l_3m_2 & m_2n_3+m_3n_2 & n_2l_3+n_3l_2 \\ 2l_3l_1 & 2m_3m_1 & 2n_3n_1 & l_3m_1+l_1m_3 & m_3n_1+m_1n_3 & n_3l_1+n_1l_3 \end{bmatrix} \tag{5.120}$$

其中,

$$\begin{aligned}
l_1 &= \cos(\mathbf{e}_x,\mathbf{e}_{\overline{r}}); \quad m_1 = \cos(\mathbf{e}_y,\mathbf{e}_{\overline{r}}); \quad n_1 = \cos(\mathbf{e}_z,\mathbf{e}_{\overline{r}}); \\
l_2 &= \cos(\mathbf{e}_x,\mathbf{e}_{\overline{s}}); \quad m_2 = \cos(\mathbf{e}_y,\mathbf{e}_{\overline{s}}); \quad n_2 = \cos(\mathbf{e}_z,\mathbf{e}_{\overline{s}}); \\
l_3 &= \cos(\mathbf{e}_x,\mathbf{e}_t); \quad m_3 = \cos(\mathbf{e}_y,\mathbf{e}_t); \quad n_3 = \cos(\mathbf{e}_z,\mathbf{e}_t);
\end{aligned} \tag{5.121}$$

且式 (5.119) 对应于在第 2.4 节中描述过的四阶张量变换.

在对一般壳的分析中, 在每一个用于刚度矩阵积分计算的积分点处, 可能需要重新计算矩阵 $\mathbf{Q}_{\mathrm{sh}}$ (见第 5.5 节). 但当涉及特殊的壳单元时, 尤其是分

析板单元时, 变换矩阵和应变矩阵 $\mathbf{C}_{sh}$ 只需要在特定的点求值, 然后便可以重复使用. 例如, 在分析平板的组合体时, 对于每个扁平结构部分, 只需计算应变矩阵 $\mathbf{C}_{sh}$ 一次.

在以上构造中, 应变 – 位移矩阵是对应于笛卡儿应变分量来构造的, 可以用式 (5.116) 中的导数直接求得该分量. 或与第 5.4.1 节中对一般梁单元的构造类似, 我们可以计算对应于与壳单元中性面一致的坐标轴的应变分量, 并且为这些应变分量建立应变 – 位移矩阵. 这两种方法的相对计算效率取决于它们是否变换应变分量 (这些分量在每一个积分点上都会有所不同) 或者变换应力 – 应变律时更有效率.

比较该壳单元格式与具有叠加板弯曲与膜应力的平板单元格式具有极大的指导意义. 为了确定两者之间的差别, 我们假设一般壳单元在壳模型中被用做平面单元. 该单元的刚度矩阵也可以把式 (5.94) 至式 (5.99) (见例 5.29) 推导出的板弯曲刚度矩阵与第 5.3.1 节提及的平面应力刚度矩阵叠加而得到. 在这种情况下, 一般壳单元化为一个曲板单元加上一个平面应力单元, 但两者计算上的不同在于, 板弯曲单元与平面应力单元矩阵的计算只需对 rs 单元中性面数值积分, 而壳单元刚度计算还包括了在 t 方向上的积分 (除非为这个特殊情况修改一般格式).

下面我们将用一个例子说明上述关系.

例 5.32: 考虑如图 E5.32 所示的 4 节点壳单元. [442]

(a) 推导位移插值矩阵的元素.

(b) 计算出单元中点的厚度且给出度量厚度的方向.

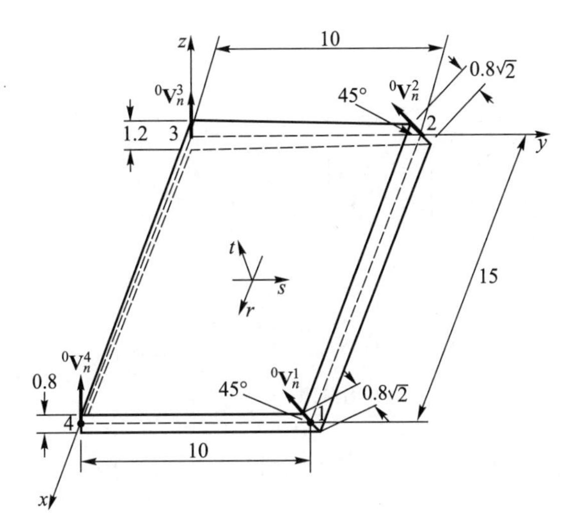

图 E5.32 4 节点壳单元

所考虑的壳单元的厚度是变化的, 但与例题 5.29 的板单元在某些方面有一定可比性.

式 (5.112) 中给出了位移插值矩阵 $\mathbf{H}$. 其中的 h_k 函数来自于一个 4 节点二维单元 (见图 5.4 以及例 5.29). 可由这个单元的几何给出方向向量 ${}^0\mathbf{V}_n^k$

$$
{}^0\mathbf{V}_n^1 = \begin{bmatrix} 0 \\ -1/\sqrt{2} \\ 1/\sqrt{2} \end{bmatrix}; \quad {}^0\mathbf{V}_n^2 = \begin{bmatrix} 0 \\ -1/\sqrt{2} \\ 1/\sqrt{2} \end{bmatrix}; \quad {}^0\mathbf{V}_n^3 = \begin{bmatrix} 0 \\ 0 \\ 1 \end{bmatrix}; \quad {}^0\mathbf{V}_n^4 = \begin{bmatrix} 0 \\ 0 \\ 1 \end{bmatrix}
$$

因此,

[443]

$$
{}^0\mathbf{V}_1^1 = {}^0\mathbf{V}_1^2 = {}^0\mathbf{V}_1^3 = {}^0\mathbf{V}_1^4 = \begin{bmatrix} 1 \\ 0 \\ 0 \end{bmatrix}
$$

$$
{}^0\mathbf{V}_2^1 = {}^0\mathbf{V}_2^2 = \begin{bmatrix} 0 \\ 1/\sqrt{2} \\ 1/\sqrt{2} \end{bmatrix}; \quad {}^0\mathbf{V}_2^3 = {}^0\mathbf{V}_2^4 = \begin{bmatrix} 0 \\ 1 \\ 0 \end{bmatrix};
$$

并且,

$$
a_1 = a_2 = 0.8\sqrt{2}; \quad a_3 = 1.2; \quad a_4 = 0.8
$$

上述表达式就给求出了式 (5.112) 中所有的元素.

为了计算单元中点上的厚度与度量厚度的方向, 我们将应用以下的关系式

$$
\left(\frac{a}{2}\right) {}^0\mathbf{V}_n^1\Big|_{\text{中点}} = \sum_{k=1}^{4} \frac{a_k}{2}\, h_k\big|_{r=s=0}\, {}^0\mathbf{V}_n^k
$$

其中, a 代表厚度, 令方向向量 ${}^0\mathbf{V}_n$ 表示所求方向. 该式给出

$$
\left(\frac{a}{2}\right) {}^0\mathbf{V}_n = \frac{0.8\sqrt{2}}{4} \begin{bmatrix} 0 \\ -1/\sqrt{2} \\ 1/\sqrt{2} \end{bmatrix} + \frac{1.2}{8} \begin{bmatrix} 0 \\ 0 \\ 1 \end{bmatrix} + \frac{0.8}{8} \begin{bmatrix} 0 \\ 0 \\ 1 \end{bmatrix} = \begin{bmatrix} 0 \\ -0.2 \\ 0.45 \end{bmatrix}
$$

进而得出

$$
{}^0\mathbf{V}_n = \begin{bmatrix} 0.0 \\ -0.406 \\ 0.914 \end{bmatrix}; \quad a = 0.985
$$

显然, 该壳单元格式有一个重要的性质, 即可直接表示壳的任何几何形状. 如果将这个格式推广到过渡单元 (与我们前面在第 5.4.1 节中讨论的等参梁单元的推广类似), 将进一步增加通用性.

如图 5.34 所示, 说明了在不利用特殊约束方程的情况下, 通过使用协调单元理想化, 如何采用壳过渡单元用于建模壳联接结构和壳到固体的过渡. 在壳结构的材料和几何非线性分析中, 构造壳结构时这些性质的一般性以及准

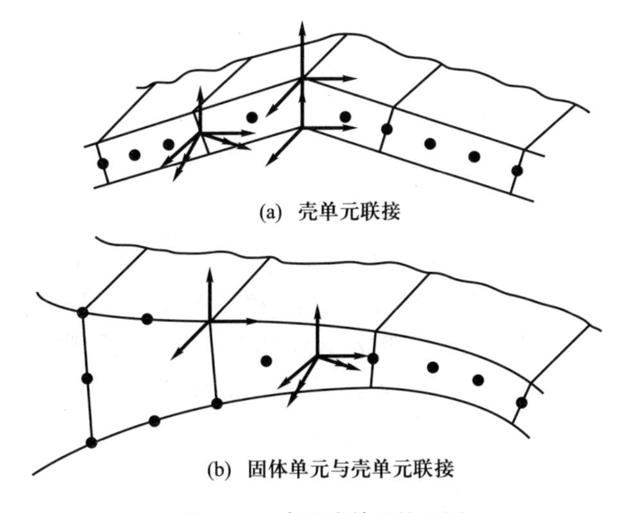

图 5.34　壳过渡单元的运用

确性是特别重要的, 因为在这种分析中, 必须非常准确计算壳几何参数. 在第 6.5.2 节中我们将会探讨该格式对一般的非线性分析的扩展.

[444] 该基于纯位移格式的基本数学模型对应于一般壳理论, 被称为 "基本壳模型", 见 D. Chapelle 和 K. J. Bathe [C,E], 但如梁单元的情况类似, 这些单元不很有效, 因为会产生剪切闭锁, 当为曲边单元时, 会产生薄膜闭锁. 由于得到有效的壳单元比板单元更困难, 因此壳单元吸引了大量的研究者关注。在所提出的格式中,MITC 壳单元是十分有效的, 见由 E. N. Dvorkin 和 K. J. Bathe [A] 发展的原始格式,K. J. Bathe 和 E. N. Dvorkin[B] 以及 M. L. Bucalem 和 K. J. Bathe [A] 提出了平行四边形单元, 和进一步发展了三角单元, 见 P. S. Lee 和 K. J. Bathe [A], D. N. Kim 和 K. J. Bathe [B], Y. Lee,P. S. Lee 和 K. J. Bathe [A].

混合插值的第一步是写出在积分点处的整个应变张量, 如下所示

$$\boldsymbol{\varepsilon}=\underbrace{\widetilde{\varepsilon}_{rr}\mathbf{g}^r\mathbf{g}^r+\widetilde{\varepsilon}_{ss}\mathbf{g}^s\mathbf{g}^s+\widetilde{\varepsilon}_{rs}(\mathbf{g}^r\mathbf{g}^s+\mathbf{g}^s\mathbf{g}^r)}_{\text{层内应变}}+\underbrace{\widetilde{\varepsilon}_{rt}(\mathbf{g}^r\mathbf{g}^t+\mathbf{g}^t\mathbf{g}^r)+\widetilde{\varepsilon}_{st}(\mathbf{g}^s\mathbf{g}^t+\mathbf{g}^t\mathbf{g}^s)}_{\text{横向剪切应变}} \tag{5.122}$$

其中, $\widetilde{\varepsilon}_{rr},\widetilde{\varepsilon}_{ss},\cdots$, 表示对应于基向量的协应变分量.

$$\mathbf{g}_r=\frac{\partial\mathbf{x}}{\partial r};\quad \mathbf{g}_s=\frac{\partial\mathbf{x}}{\partial s};\quad \mathbf{g}_t=\frac{\partial\mathbf{x}}{\partial t};\qquad \mathbf{x}=\begin{bmatrix}x\\y\\z\end{bmatrix} \tag{5.123}$$

其中, $\mathbf{g}^r$、$\mathbf{g}^s$、$\mathbf{g}^t$ 是相应的逆变基向量 (见第 2.4 节). 注意到, 如果我们用 $i=1,2,3$ 分别对应于 r、s 和 t, 则 $r_1=r$, $r_2=s$, $r_3=t$, 可以定义

$$^0\mathbf{g}_i=\frac{\partial\mathbf{x}}{\partial r_i};\quad ^1\mathbf{g}_i=\frac{\partial(\mathbf{x}+\mathbf{u})}{\partial r_i} \tag{5.124}$$

则 Green-Lagrange 应变协变张量分量为

$$ {}_0^1\widetilde{\varepsilon}_{ij} = \frac{1}{2}({}^1\mathbf{g}_i \cdot {}^1\mathbf{g}_j - {}^0\mathbf{g}_i \cdot {}^0\mathbf{g}_j) \tag{5.125} $$

式 (5.118) 中的应变分量即是式 (5.125) 中给出的应变张量的笛卡儿分量 (见例 2.28).

在混合插值中, 目的是独立地对层内以及横向剪切应变分量插值, 并且将这些插值绑定于通常的位移插值. 结果只能得到对应于与基于位移的单元 (位移和截面转角) 相同的节点变量的刚度矩阵. 当然, 关键在于对所用的位移插值, 选择层内和横向剪切应变分量的插值函数, 使得相应单元具有最优的预测能力.

[445] E.N. Dvorkin 和 K.J. Bathe [A] 提出的 MITC4 壳单元是很有吸引力的 4 节点单元, 该单元的层内应变是通过位移插值函数计算出来的 (因为该单元不是曲形的, 且基于位移的单元不存在薄膜闭锁), 正如在板单元 (详见式 (5.101)) 中讨论的那样, 横向剪切应变协变分量被插值并绑定到位移插值函数中. 这些单元在离面弯曲 (板弯曲) 作用下性质很好, 如果在例 4.28 中提及的非协调模式加入基本的 4 节点单元位移插值函数, 则这些单元在面内作用下性质同样很好.

高阶单元具有获得良好预测的能力, 图 5.35 说明了由 M.L Bucalem 和 K. J. Bathe[A], K. J. Bathe、P. S. Lee 和 J.F. Hiller[A] 提出的用于 9 节点和 16 节点单元的插值函数以及绑定点. 这些单元被称做 MITC9 和 MITC16 壳单元, 类似于 MITC9 的壳单元, 由 H. C. Huang 和 E. Hinton[A], K. C. Park 和 G. M. Stanley[A], 以及 J. Jang 和 P. M. Pinsky[A] 提出.

在前面分析的板单元混合插值的基础上, 在构造这些壳单元时我们使用

$$ \widetilde{\varepsilon}_{ij} = \sum_{k=1}^{n_{ij}} h_k^{ij} \mathbf{B}_{ij}^{\mathrm{DI}}|_k \widehat{\mathbf{u}} \tag{5.126} $$

其中, n_{ij} 表示用于所考虑的应变分量的绑定点的个数, h_k^{ij} 表示对应于绑定点 k 的插值函数, $\mathbf{B}_{i\,j}^{\mathrm{DI}}|_k\widehat{\mathbf{u}}$ 表示位移假设下 (通过位移插值) 在绑定点 k 计算出的应变分量. 应注意, 式 (5.126) 只有点绑定, 不涉及积分绑定 (如在高阶 MITC 板单元中).

虽然我们已经有了对如图 5.27 中总结的板单元的数学分析, 但遗憾的是, 目前还没有得出对 MITC9 和 MITC16 壳单元的数学分析, 只存在一些基于数学分析和检验问题的有价值的结果, 见 D. Chapelle 和 K. J. Bathe [B,C, D, E], P. S. Lee 和 K. J. Bathe [B,C], K. J. Bathe、F. Brezzi 和 L. D. Marini [A],K. J. Bathe 和 P. S. Lee [A], 以及 K. J. Bathe、D. Chapelle 和P. S. Lee[A].

正如这些参考文献所详细讨论的, 良好选择的、严格检验的问题的分析是非常重要的. 在这些标准检验中, 需要利用适当的壳几何、边界条件和载

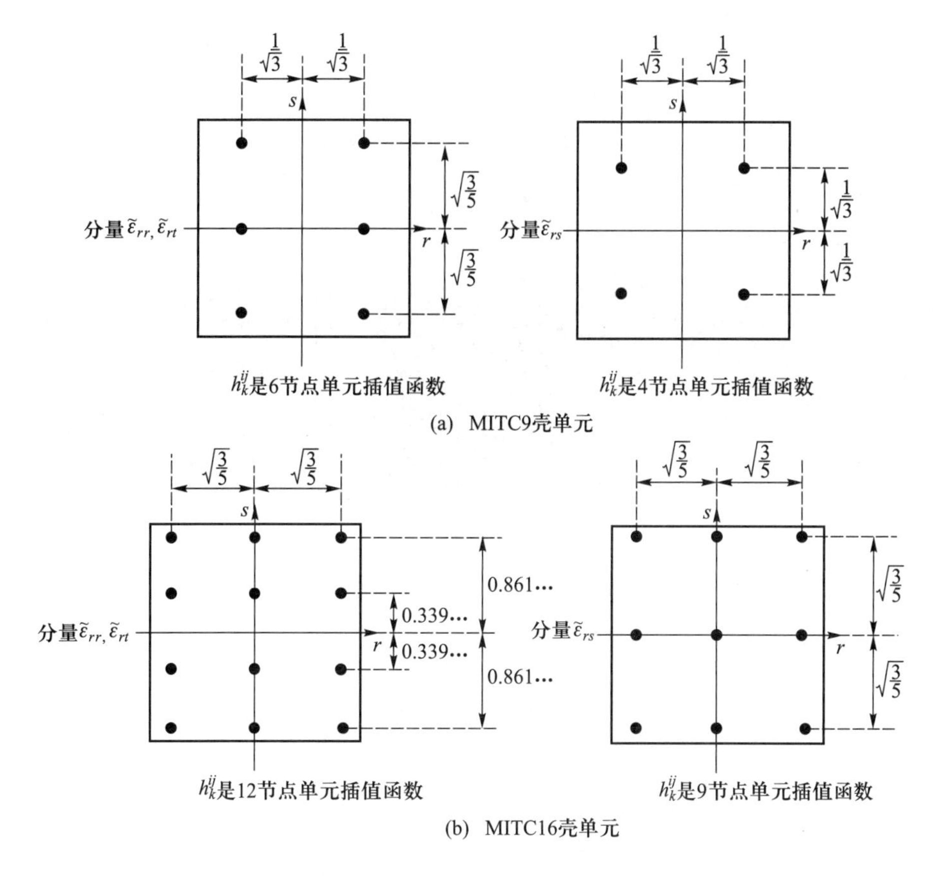

图 5.35　MITC 壳单元应变分量的插值函数和绑定点

荷, 所求解的精度应按适当的模度量 (如在一点的位移并不充分), 并减小壳厚度值.

图 5.36 给出了壳结构的几何和载荷, 图 5.36 所示检验情况的几何与载荷见表 5.4. 在这些问题中, 当分析负 Gauss 曲率的壳时, 检验了壳单元的薄膜和弯曲性质; 的确, 为可靠性和精确性, 这些结构问题应被求解作为壳单元的严格检验. 在求解中, 为度量预测应力的精度, 使用了 s 模, 见 K. J. Bathe 和 P. S. Lee [A]. 图 5.36 说明在这些分析中, 使用均匀网格, MITC4 壳单元工作得很好, 但这样优良的性质并非总是出现. [446]

表 5.4　具有图 5.36 所示几何与载荷的壳的检验情况

边界条件	类别与边界层
自由 – 自由端壳	弯曲主导的; 边界层 $= 0.5\sqrt{t}$, 不需要特殊网格
固支 – 固支端壳	薄膜主导的; 边界层 $= 6\sqrt{t}$, 需要精细的网格*
自由 – 固支端壳	混合薄膜 – 弯曲状态; 在固支端的边界层需要特殊网格

*单元层与域中其余层的数目相等是适当的

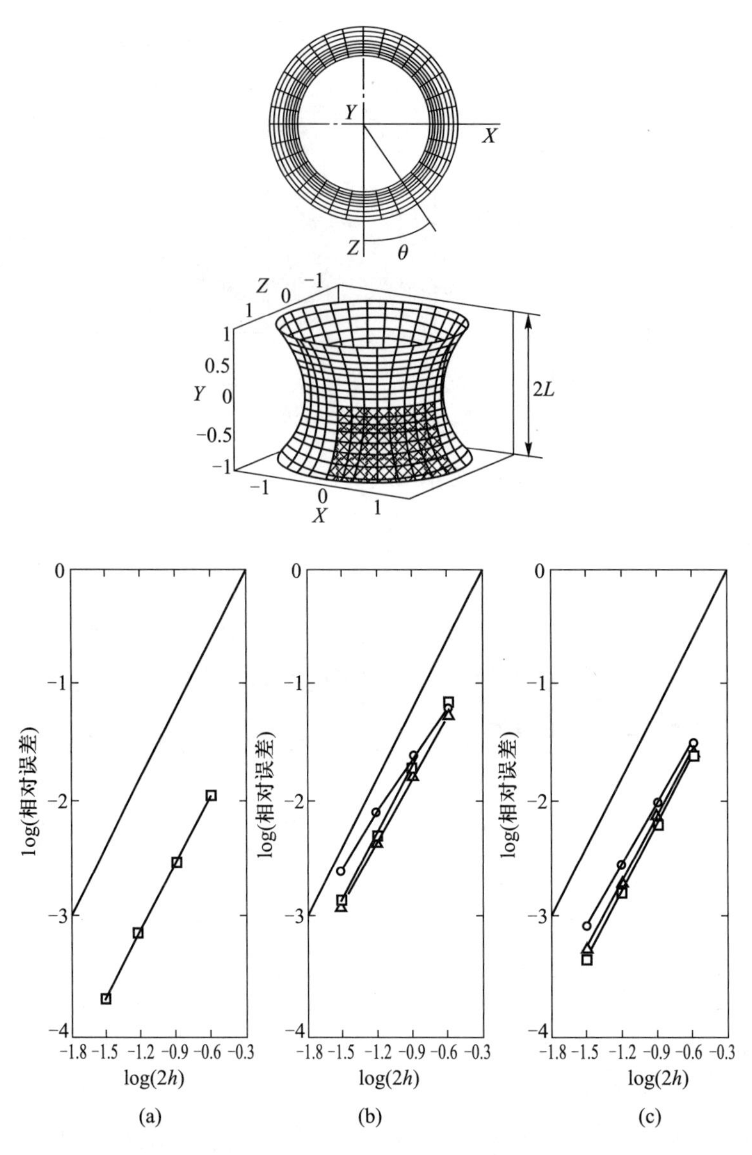

图 5.36　在 3 个壳检验问题的求解中, 减小壳厚度 ($t/L = 10^{-2}$, 10^{-3}, 10^{-4}) 的 MITC4 单元的收敛曲线, $L = 1.0$, $E = 1.0 \times 10^{11}$, $\nu = 1/3$. 壳表面由 $X^2 + Z^2 = 1 + Y^2$ 给出; 压力载荷是 $p(\theta) = \cos 2\theta$. 只对阴影区域进行建模; (a) 自由 – 自由端壳; (b) 固支 – 固支端壳; (c) 固支 – 自由端壳

[447]　最后, 我们应指出一个要点, 即 MITC 格式的壳单元通过使用适当的应力与应变度量, 可直接扩展于几何非线性分析, 讨论见第 6 章.

3. 边界条件

本节中所提出的板单元是基于 Reissner-Mindlin 板理论的, 其中横向位移和截面转角是独立的变量. 这与 Kirchhoff 板理论中所使用的运动学假设完全不同, 在该假设中, 横向位移是唯一的独立变量. 因此, 在 Kirchhoff 板理论中所有的边界条件都以横向位移 (和它的导数) 的形式给出, 而在 Reissner-Mindlin 理论中所有的边界条件都以横向位移和截面转角 (还有它们的导数) 的形式给出. 由于截面转角另外用做运动学变量, 因此, 能够准确建模支承的实际物理条件.

作为一个例子, 考虑如图 5.37 所示薄体结构边缘处的支承条件. 如果该结构被模拟为三维连续介质模型, 则单元的理想模型将如图 5.38(a) 所示, 单元边界条件如图 5.38 所示. 当然, 该模型是无效和不实际的, 因为对精确解, 需要非常精细的有限元离散化 (注意到该三维单元会出现剪切闭锁现象). [448]

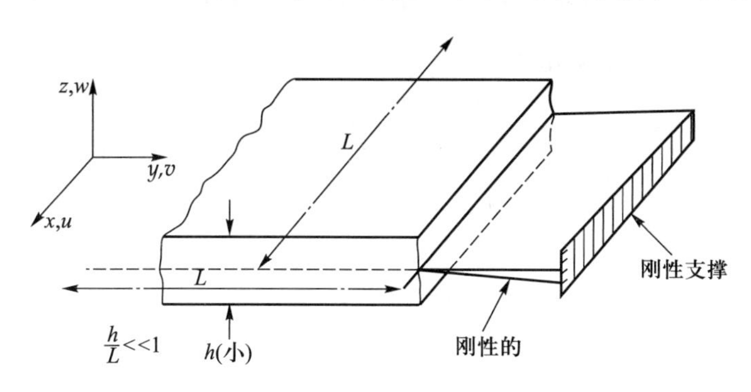

图 5.37 薄结构的刀锋支撑

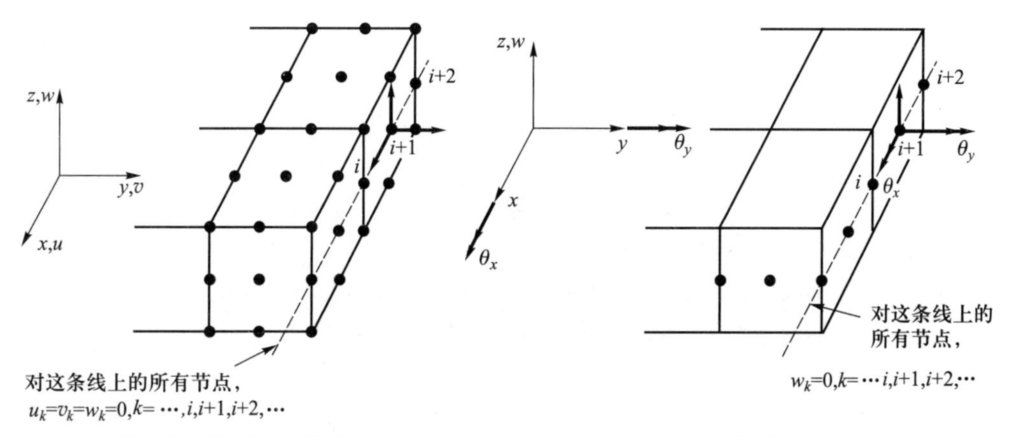

图 5.38 图 5.37 问题的三维模型和板模型

采用 Reissner-Mindlin 板理论, 薄体结构是通过使用式 (5.88) 和图 5.25 中给出的假设表示的. 边界条件是横向位移被约束为 0, 而截面转角是不受约束的, 如图 5.38(b) 所示. 这些条件表示的物理状况与理论假设是很一致的.

另一方面, 我们注意到使用 Kirchhoff 板理论时, 由 $\partial w/\partial x$ 给出的横向位移和边缘转角都为 0, 因此有限元模型也要加上条件 $\theta_y = 0$. 在有限元求解中, 图 5.37 中的边界条件以如下方式进行模拟.

[449] 使用三维单元,

$$\text{在边界}: \ u = v = w = 0 \tag{5.127}$$

使用基于 Reissner-Mindlin 板理论的单元 (如图 5.27 中的 MITC 单元),

$$\text{在边界}: \ w = 0; \quad \theta_x \text{ 和 } \theta_y \text{ 保持自由} \tag{5.128}$$

使用基于 Kirchhoff 板理论的单元 (即例 4.18 中的单元),

$$\text{在边界}: \ w = \theta_y = 0; \quad \theta_x \text{ 保持自由} \tag{5.129}$$

其中, 在 Kirchhoff 板理论中有

$$\theta_y = -\frac{\partial w}{\partial x} \tag{5.130}$$

当然, 除了图 5.37 中的刚性刀锋支撑, 我们也能够设想出一个阻止截面转角 β_x 的物理支撑条件. 在这种情况下, 当使用基于 Reissner-Mindlin 板理论单元时, 也要将 θ_y 设为 0, 当使用三维单元时, 将板面上的所有位移 u 设为 0.

对于一个简单的支撑, 边界条件式 (5.128) 被称为 "软" 边界条件, 而当 θ_y 被设为 0 时, 边界条件就是 "硬" 边界条件. 当板边缘是 "固支" 的时候, 即当边界的转角 θ_x 也被约束时, 类似的可能性也会存在. 在这种情况下, 在板边缘上显然有 $w = 0$ 和 $\theta_x = 0$. 然而, 对于 θ_y 再次存在选择: 在软边界条件中, θ_y 保持自由的, 在硬边界条件中 $\theta_y = 0$. 在实际中我们通常使用软边界条件, 但依赖于实际的物理情况, 也会采用硬边界条件.

重要的一点是, 当使用基于 Reissner-Mindlin 板理论的单元时, 横向位移和转角上的边界条件不一定与所用的 Kirchhoff 板理论时一样, 因而必须选择边界条件适当模拟实际的物理状况.

使用前面提出的壳单元时也会出现同样的现象, 对于该单元, 截面转角也是独立的变量 (也不是由横向位移的导数给出的).

由于 Reissner-Mindlin 理论在描述板的运动时比 Kirchhoff 理论包含更多的变量, 因此出现了很多关于这两个理论和基于这两种理论所得结果的收敛性进行比较的问题. 这些问题已经由 K. O. Friedrichs 和 R. F. Dressler[A],E. Reissner[C],B. Häggblad 和 K. J. Bathe[A],D. N. Arnold 和 R. S. Falk[A] 解决. 一个主要的结论是, 当使用 Reissner-Mindlin 理论时, 对于特定的边界条件, 当板的厚度/长度比变得很小时, 边界层沿着板边缘发展. 这些边界层在表示实际物理情况方面比 Kirchhoff 板理论更真实. 因此, 本节中的板单元和壳单元不仅因为计算方面的原因具有吸引力, 而且可被用于更精确地表示实际的物理情况. 已由 B. Häggblad、K. J. Bathe[A], 以及 K. J. Bathe、N. S. Lee 和 M. L. Bucalem [A] 给出了使用 Kirchhoff 与 Reissner-Mindlin 板理论的一些数值结果和比较分析.

5.4.3 习题

[450]

5.32 考虑如图 5.19 所示的常横截面积的梁. 使用图 5.18 中的假设, 从式 (4.7) 中推出式 (5.58) 中的虚功表达式.

5.33 考虑如图 Ex.5.33 所示的基于位移的三次等参梁单元. 构造计算刚度矩阵和质量矩阵所有需要的矩阵 (在计算这些矩阵的时候, 不要进行任何的积分).

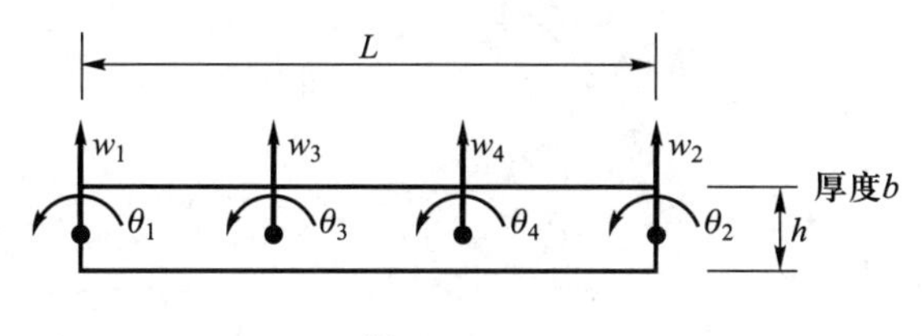

图 Ex.5.33

5.34 考虑如图 Ex.5.34 所示的 3 节点基于位移的等参梁单元, 用于建模图 5.20 所示的悬臂梁问题. 解析证明当节点 3 精确地置于梁中点时, 可获得很好的结果, 但结果随着该节点远离中点位置而变差.

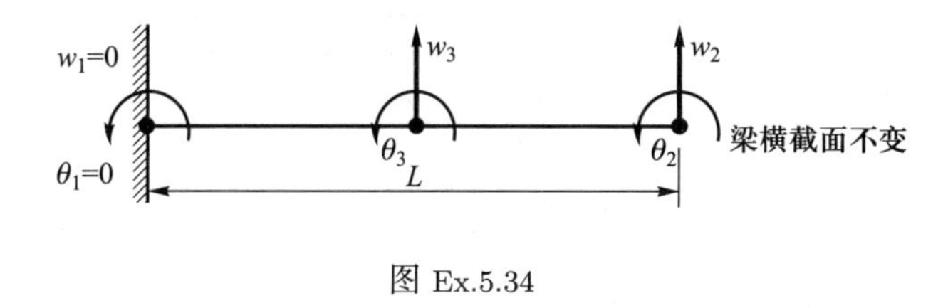

图 Ex.5.34

5.35 考虑如图 Ex.5.35 所示的 2 节点梁单元. 将表达式 (5.71) 至式 (5.86) 应用于该例中.

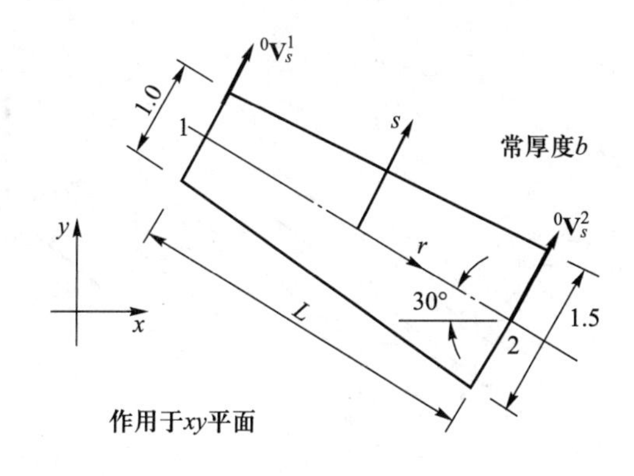

图 Ex.5.35

5.36 考虑如图 Ex.5.36 所示的 3 节点梁单元. 将表达式 (5.71) 至式 (5.86) 应用到该例中.

[451]

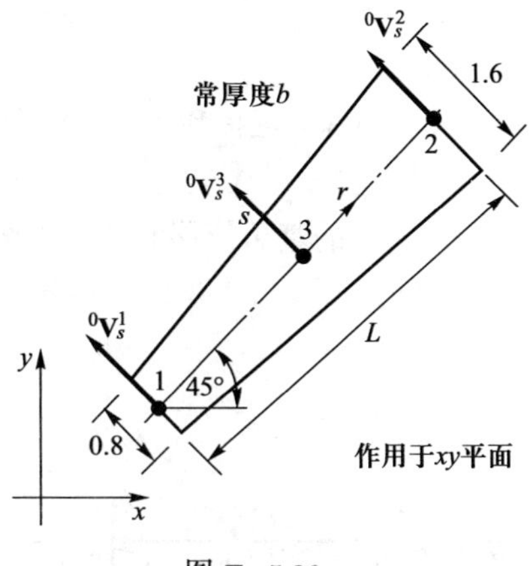

图 Ex.5.36

5.37 考虑如图 Ex.5.37 所示悬臂梁. 将该结构理想化为 2 节点混合插值梁单元, 分析其响应. 首先, 忽略翘曲作用. 然后, 使用翘曲位移函数 $w_w = xy(x^2 - y^2)$ 引入翘曲位移, 假设沿单元轴线翘曲线性变化.

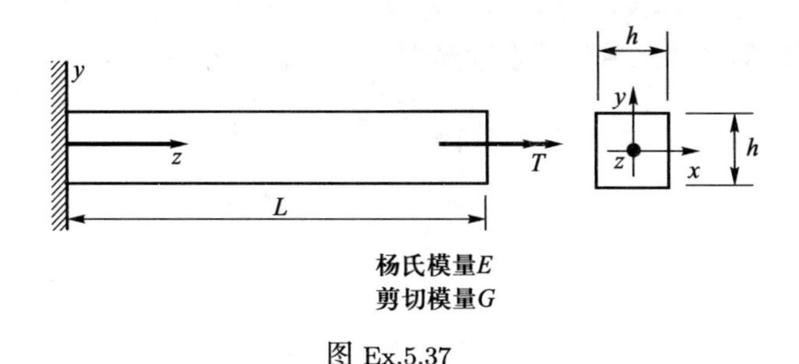

图 Ex.5.37

5.38 考虑如图 Ex.5.38 所示 2 节点混合插值梁单元. 对所示自由度, 推导计算刚度矩阵、质量矩阵和节点力向量所需的所有表达式. 但不要进行任何的积分.

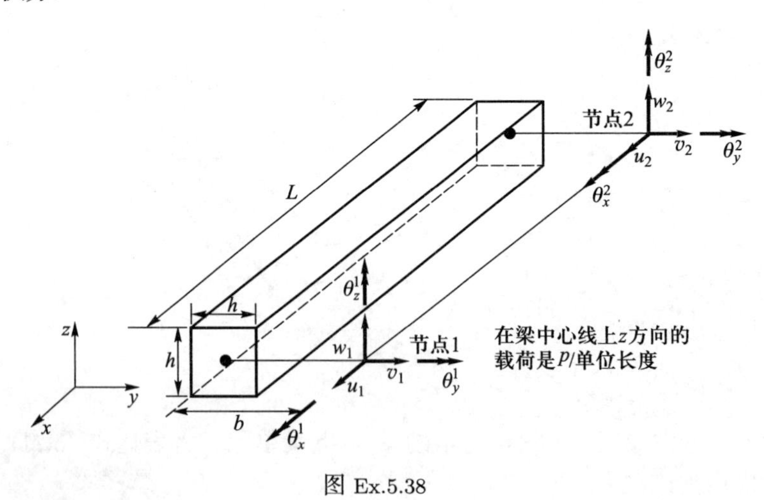

图 Ex.5.38

5.39 考虑如图 Ex.5.39(a) 所示平面应力单元, 计算该单元的应变 – 位移矩阵 (称为 $\mathbf{B}_{pl}$). 也考虑如图 Ex.5.39(b) 所示基于位移的 2 节点等参梁单元, 计算应变 – 位移矩阵 (称为 $\mathbf{B}_b$). [452]

对于在梁单元中使用的自由度, 使用合适的运动学约束, 从 $\mathbf{B}_{pl}$ 中推导退化的平面应力单元 (称为 $\widetilde{\mathbf{B}}_{pl}$) 的应变 – 位移矩阵. 显式证明

$$\int_V \mathbf{B}_b^{\mathrm{T}} \mathbf{C}_b \mathbf{B}_b \mathrm{d}V = \int_V \widetilde{\mathbf{B}}_{pl}^{\mathrm{T}} \widetilde{\mathbf{C}} \widetilde{\mathbf{B}}_{pl} \mathrm{d}V$$

其中, $\mathbf{C}_b$ 和 $\widetilde{\mathbf{C}}$ 可自行确定.

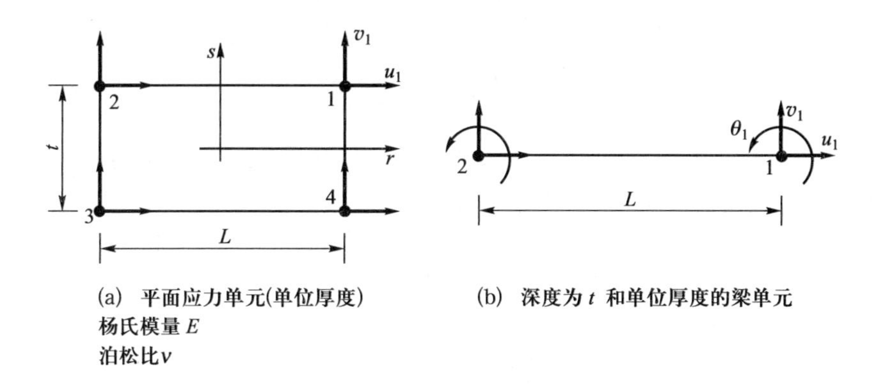

(a) 平面应力单元(单位厚度)
杨氏模量 E
泊松比 ν

(b) 深度为 t 和单位厚度的梁单元

图 Ex.5.39

5.40 考虑一个无限长薄板问题, 该板两边受到刚性固定, 如图 Ex.5.40 所示. 计算用于分析板的 2 节点平面应变梁单元的刚度矩阵 (使用式 (5.68) 和式 (5.69) 中的混合插值函数). 杨氏模量为 E, 泊松比为 ν.

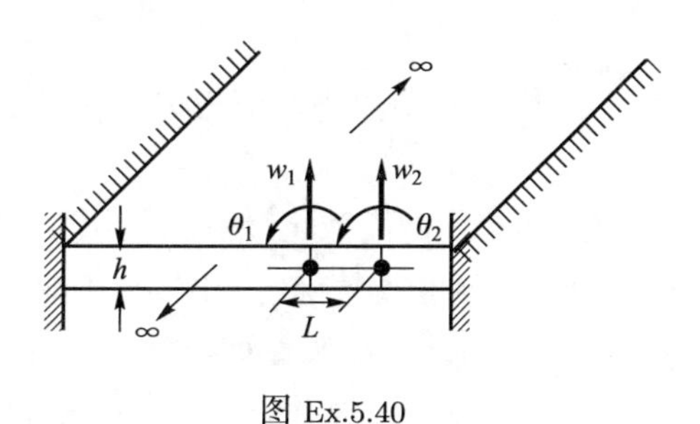

图 Ex.5.40

5.41 考虑如图 Ex.5.41 所示轴对称壳单元. 在假设混合插值函数为常横向剪应变的情况下, 构造应变 – 位移矩阵. 另外, 建立对应的应力 – 应变矩阵, 用于刚度矩阵的计算中. 杨氏模量为 E, 泊松比为 ν. [453]

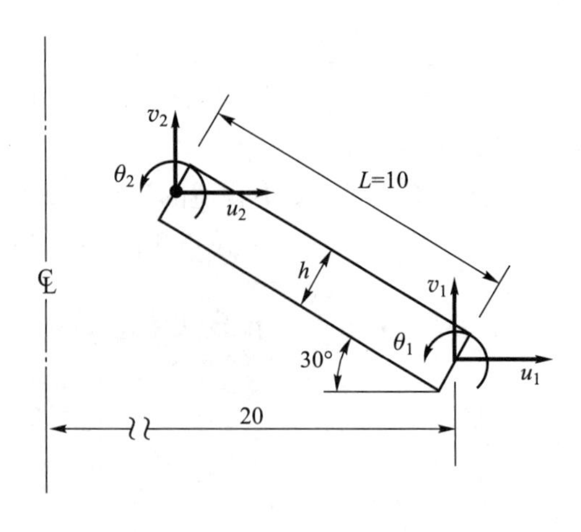

图 Ex.5.41

5.42　假设在例 5.28 中考虑了轴对称条件. 构造过渡单元的应变 – 位移矩阵. 假设旋转轴, 即 y 轴与节点 3 的距离为 R.

5.43　使用计算机软件分析如图 Ex.5.43 所示曲梁的变形和内部应力.

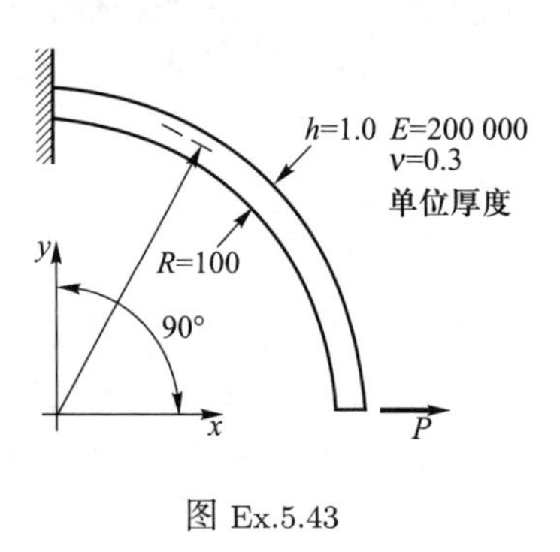

图 Ex.5.43

(a) 首先, 使用基于位移的 4 节点平面应力单元的离散化; 然后, 使用 8 节点平面应力单元.

(b) 首先, 使用 2 节点梁单元的离散化; 然后, 使用 3 节点梁单元.

不断增加网格的精细度直到获得精确解, 比较解析解与计算解.

5.44　进行习题 5.43 中的分析, 但假设轴对称条件; 即假设习题 5.43 中的图显示了在 $x=0$ 处具有中心线的轴对称壳体的横截面, P 为单位长度的线载荷.

5.45　考虑例 5.29 中的 4 节点板弯曲单元. 假设 $w_1=0.1$, $\theta_y^1=0.01$, 而且所有其他的节点位移和转角都为 0. 画出单元中性面上作为 (r,s) 函数的曲率 κ 和横向剪应变 γ.

[454]　5.46　考虑例 5.29 中的 4 节点板弯曲单元. 假设在其上部表面受到如图 Ex.5.46 所示常面力载荷. 计算一致节点力和力矩.

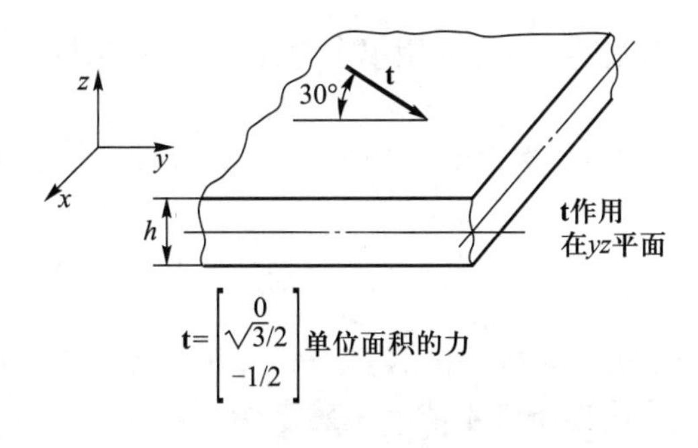

$$\mathbf{t}=\begin{bmatrix}0\\ \sqrt{3}/2\\ -1/2\end{bmatrix}\text{单位面积的力}$$

图 Ex.5.46

5.47 建立如图 Ex.5.47 所示平行四边形形状的 MITC4 单元的横向剪应变插值矩阵 $\mathbf{B}_\gamma$.

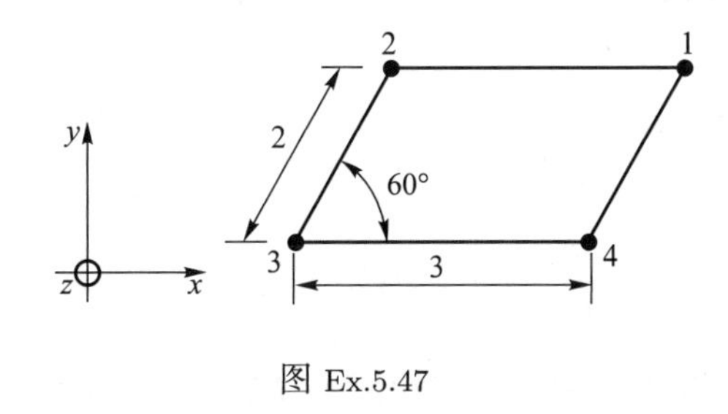

图 Ex.5.47

5.48 考虑 MITC4 单元的构造和例 4.30. 证明从胡 – 鹫津变分原理可推出 MITC4 单元的格式.

5.49 考虑如图 Ex.5.49 所示 4 节点壳单元, 推导几何和位移插值函数式 (5.107) 和式 (5.112).

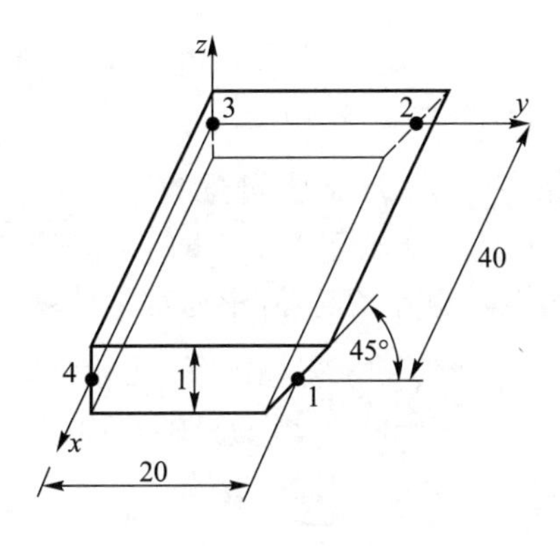

图 Ex.5.49

5.50 显式证明对平板元使用式 (5.107) 至式 (5.118) 中的一般壳单元格式等价于式 (5.88) 至式 (5.99) 中的 Reissner-Mindlin 板单元格式和第 5.3.1 节中的平面应力薄膜单元格式的叠加.

5.51 借助计算机软件使用曲壳单元求解图 5.36 所示的问题. 为了研究 [455]

结构对单元扭曲的敏感性, 首先使用单个单元, 然后对结构使用两个几何扭曲的单元.

5.52 在板的边缘上, 考虑如下的 Kirchhoff 板理论边界条件

$$w = 0; \quad \frac{\partial w}{\partial x} = \frac{\partial w}{\partial y} = 0$$

对于 Reissner-Mindlin 板理论, 建立一个相应的合理的边界条件. 另外讨论并用图表说明, 此边界条件不能唯一确定 Reissner-Mindlin 板理论的边界条件.

5.5 数值积分

等参和相关有限元分析的一个重要问题是所需的数值积分. 有限元计算中所求的矩阵积分有如下形式

$$\int \mathbf{F}(r)\mathrm{d}r; \iint \mathbf{F}(r,s)\mathrm{d}r\mathrm{d}s; \iiint \mathbf{F}(r,s,t)\mathrm{d}r\mathrm{d}s\mathrm{d}t; \tag{5.131}$$

分别应用于一维、二维和三维情况. 在实际应用中, 这些积分是通过使用下式数值计算的

$$\left.\begin{aligned} \int \mathbf{F}(r)\ \mathrm{d}r &= \sum_i \alpha_i \mathbf{F}(r_i) + \mathbf{R}_n \\ \iint \mathbf{F}(r,s)\ \mathrm{d}r\mathrm{d}s &= \sum_{i,j} \alpha_{ij} \mathbf{F}(r_i, s_j) + \mathbf{R}_n \\ \iiint \mathbf{F}(r,s,t)\ \mathrm{d}r\mathrm{d}s\mathrm{d}t &= \sum_{i,j,k} \alpha_{ijk} \mathbf{F}(r_i, s_j, t_k) + \mathbf{R}_n \end{aligned}\right\} \tag{5.132}$$

其中, 求和是在所有指定的 i、j、k 上进行的, α_i、α_{ij} 和 α_{ijk} 为权重因子, $\mathbf{F}(r_i)$、$\mathbf{F}(r_i, s_j)$、$\mathbf{F}(r_i, s_j, t_k)$ 是矩阵 $\mathbf{F}(r)$、$\mathbf{F}(r,s)$, $\mathbf{F}(r,s,t)$ 在自变量指定点上计算的. 矩阵 $\mathbf{R}_n$ 为误差矩阵, 在实际中通常不计算它的值. 因此, 使用

$$\left.\begin{aligned} \int \mathbf{F}(r)\ \mathrm{d}r &= \sum_i \alpha_i \mathbf{F}(r_i) \\ \iint \mathbf{F}(r,s)\ \mathrm{d}r\mathrm{d}s &= \sum_{i,j} \alpha_{ij} \mathbf{F}(r_i, s_j) \\ \iiint \mathbf{F}(r,s,t)\ \mathrm{d}r\mathrm{d}s\mathrm{d}t &= \sum_{i,j,k} \alpha_{ijk} \mathbf{F}(r_i, s_j, t_k) \end{aligned}\right\} \tag{5.133}$$

本节的目的是介绍数值积分理论和实际意义. 重要的一点是所需的积分精度, 即得到单元矩阵所需的积分点数.

[456] 正如上面所介绍的那样, 在有限元分析中对矩阵进行积分, 这意味着每一

个所考虑的矩阵元素都是分别进行积分的. 因此, 对于数值积分公式的推导, 我们可以考虑一个典型的矩阵元素, 如表示为 F.

首先考虑一维情况, 即积分 $\int_a^b F(r)\mathrm{d}r$. 在等参单元计算中, 实际上 $a=-1$ 和 $b=+1$.

数值积分 $\int_a^b F(r)\mathrm{d}r$ 本质上是令一个多项式 $\psi(r)$ 经过 $F(r)$ 的给定值, 然后使用 $\int_a^b \psi(r)\mathrm{d}r$ 作为 $\int_a^b F(r)\mathrm{d}r$ 的近似值. $F(r)$ 计算点的个数和区间 a 到 b 采样点的位置决定了 $\psi(r)$ 与 $F(r)$ 的近似程度, 从而决定了数值积分的误差 (如见 C. E. Fröberg[A]).

5.5.1 使用多项式插值

假设 $F(r)$ 分别在 $(n+1)$ 个不同点 $r_0, r_1, \cdots, r_n$ 处进行了计算, 得到 $F_0, F_1, \cdots, F_n$, 且多项式 $\psi(r)$ 也经过这些点. 则存在唯一的多项式 $\psi(r)$

$$\psi(r) = a_0 + a_1 r + a_2 r^2 + \cdots + a_n r^n \tag{5.134}$$

在 $(n+1)$ 个插值点处使用条件 $\psi(r) = F(r)$, 有

$$\mathbf{F} = \mathbf{V}\mathbf{a} \tag{5.135}$$

其中,

$$\mathbf{F} = \begin{bmatrix} F_0 \\ F_1 \\ \vdots \\ F_n \end{bmatrix}; \quad \mathbf{a} = \begin{bmatrix} a_0 \\ a_1 \\ \vdots \\ a_n \end{bmatrix} \tag{5.136}$$

而且 $\mathbf{V}$ 是范德蒙 (Vandermonde) 阵, 即

$$\mathbf{V} = \begin{bmatrix} 1 & r_0 & r_0^2 & \cdots & r_0^n \\ 1 & r_1 & r_1^2 & \cdots & r_1^n \\ \vdots & \vdots & \vdots & & \vdots \\ 1 & r_n & r_n^2 & \cdots & r_n^n \end{bmatrix} \tag{5.137}$$

由于 $\det \mathbf{V} \neq 0$, 只要 r_i 为不同的点, 我们将会得到 $\mathbf{a}$ 的唯一解.

然而, 得到 $\psi(r)$ 的一个更方便的方法是使用 Lagrange 插值. 首先, 我们回顾 $(n+1)$ 个函数 $1, r, r^2, \cdots, r^n$ 组成 $(n+1)$ 维向量空间, 称为 V_n, 其中 $\psi(r)$ 是一个元素 (见第 2.3 节). 由于使用式 (5.135) 比较难求 $\psi(r)$ 的坐标 $a_0, a_1, \cdots, a_n$, 我们寻找空间 V_n 的一个不同的基, 在该空间中更容易计算 $\psi(r)$. 该基是由 Lagrange 插值的基本多项式给出的, 形式如下

$$l_j(r) = \frac{(r-r_0)(r-r_1)\cdots(r-r_{j-1})(r-r_{j+1})\cdots(r-r_n)}{(r_j-r_0)(r_j-r_1)\cdots(r_j-r_{j-1})(r_j-r_{j+1})\cdots(r_j-r_n)} \tag{5.138}$$

其中,

$$l_j(r_i) = \delta_{ij} \tag{5.139}$$

[457] 其中, δ_{ij} 为 Kronecker delta 符号; 即对于 $i=j$, $\delta_{ij}=1$, 对于 $i \neq j$, $\delta_{ij}=0$. 使用式 (5.139) 的性质, 基向量的坐标就是 $F(r)$ 的值, 多项式 $\psi(r)$ 为

$$\psi(r) = F_0 l_0(r) + F_1 l_1(r) + \cdots + F_n l_n(r) \tag{5.140}$$

例 5.33: 当使用点 $r=0,1$ 和 3 处的数据时, 建立函数 $F(r)=2^r-r$ 的插值多项式 $\psi(r)$. 此时 $r_0=0, r_1=1, r_2=3$ 且 $F_0=1, F_1=1, F_2=5$.

在第一个方法中, 使用式 (5.135) 计算多项式 $\psi(r)=a_0+a_1r+a_2r^2$ 的未知系数 a_0、a_1 和 a_2. 有

$$\begin{bmatrix} 1 & 0 & 0 \\ 1 & 1 & 1 \\ 1 & 3 & 9 \end{bmatrix} \begin{bmatrix} a_0 \\ a_1 \\ a_2 \end{bmatrix} = \begin{bmatrix} 1 \\ 1 \\ 5 \end{bmatrix}$$

解为 $a_0=1, a_1=-\dfrac{2}{3}, a_2=\dfrac{2}{3}$, 因而 $\psi(r)=1-\dfrac{2}{3}r+\dfrac{2}{3}r^2$.

如果使用 Lagrange 插值, 使用式 (5.140), 该式在此例中给出

$$\psi(r) = (1)\frac{(r-1)(r-3)}{(-1)(-3)} + (1)\frac{(r)(r-3)}{(1)(-2)} + (5)\frac{(r)(r-1)}{(3)(2)}$$

或者, 如前面那样

$$\psi(r) = 1 - \frac{2}{3}r + \frac{2}{3}r^2$$

5.5.2 牛顿 – 柯特斯公式 (一维积分)

建立了插值多项式 $\psi(r)$ 后, 我们现在可以得到积分的近似值. 在牛顿 – 柯特斯 (Newton-Cotes) 积分中, 假设 F 的点是等距采样的, 并且定义

$$r_0 = a; \quad r_n = b; \quad h = \frac{b-a}{n} \tag{5.141}$$

使用 Lagrange 插值获得 $F(r)$ 的近似值 $\psi(r)$, 有

$$\int_a^b F(r)\mathrm{d}r = \sum_{i=0}^{n} \left[\int_a^b l_i(r)\mathrm{d}r \right] F_i + R_n \tag{5.142}$$

或者计算

$$\int_a^b F(r)\mathrm{d}r = (b-a)\sum_{i=0}^{n} C_i^n F_i + R_n \tag{5.143}$$

其中, R_n 是余项, C_i^n 为对于 n 个区间数值积分的 Newton-Cotes 常数.

对 $n=1$ 至 6 的 Newton-Cotes 常数及其残差项总结见表 5.5. $n=1$ 和 $n=2$ 为著名的梯形法和辛普森 (Simpson) 公式. 注意到公式在 $n=3$ 和 $n=5$ 时分别与 $n=2$ 和 4 时有相同的精度. 由于这个原因, 在实际中采用 $n=2$ 和 4 的偶数公式.

[458]

表 5.5 Newton-Cotes 常数和误差估计

区间数 n	C_0^n	C_1^n	C_2^n	C_3^n	C_4^n	C_5^n	C_6^n	作为 F 的导数的函数误差 R_n 上界
1	$\frac{1}{2}$	$\frac{1}{2}$						$10^{-1}(b-a)^3F^{\mathrm{II}}(r)$
2	$\frac{1}{6}$	$\frac{4}{6}$	$\frac{1}{6}$					$10^{-3}(b-a)^5F^{\mathrm{IV}}(r)$
3	$\frac{1}{8}$	$\frac{3}{8}$	$\frac{3}{8}$	$\frac{1}{8}$				$10^{-3}(b-a)^5F^{\mathrm{IV}}(r)$
4	$\frac{7}{90}$	$\frac{32}{90}$	$\frac{12}{90}$	$\frac{32}{90}$	$\frac{7}{90}$			$10^{-6}(b-a)^7F^{\mathrm{VI}}(r)$
5	$\frac{19}{288}$	$\frac{75}{288}$	$\frac{50}{288}$	$\frac{50}{288}$	$\frac{75}{288}$	$\frac{19}{288}$		$10^{-6}(b-a)^7F^{\mathrm{VI}}(r)$
6	$\frac{41}{840}$	$\frac{216}{840}$	$\frac{27}{840}$	$\frac{272}{840}$	$\frac{27}{840}$	$\frac{216}{840}$	$\frac{41}{840}$	$10^{-9}(b-a)^9F^{\mathrm{VIII}}(r)$

例 5.34: 当插值多项式为 2 阶, 即 $\psi(r)$ 为抛物线时, 计算 Newton-Cotes 常数.

在这种情况下, 有

$$\int_a^b F(r)\mathrm{d}r$$

$$\doteq \int_a^b \left[F_0\frac{(r-r_1)(r-r_2)}{(r_0-r_1)(r_0-r_2)}+F_1\frac{(r-r_0)(r-r_2)}{(r_1-r_0)(r_1-r_2)}+F_2\frac{(r-r_0)(r-r_1)}{(r_2-r_0)(r_2-r_1)}\right]\mathrm{d}r$$

使用 $r_0=a, r_1=a+h, r_2=a+2h$, 其中 $h=(b-a)/2$, 积分计算给出

$$\int_a^b F(r)\mathrm{d}r \doteq \frac{b-a}{6}(F_0+4F_1+F_2)$$

因此, Newton-Cotes 常数和表 5.5 中 n=2 时给出的一样.

例 5.35: 使用 Simpson 法计算积分 $\int_0^3 (2^r-r)\mathrm{d}r$.

这种情况下, $n=2, h=3/2$. 因此, $r_0=0, r_1=3/2, r_2=3$ 和 $F_0=1$, $F_1=1.328\,427$, $F_2=5$,

得到

$$\int_0^3 (2^r-r)\mathrm{d}r \doteq \frac{3}{6}[(1)(1)+(4)(1.328\,427)+(1)(5)]$$

或

$$\int_0^3 (2^r-r)\mathrm{d}r \doteq 5.656\,854$$

精确解为

$$\int_0^3 (2^r - r)\mathrm{d}r \doteq 5.598\,868$$

因此, 误差为

$$R = 0.057\,986$$

由误差的上界值, 得到

$$R < \frac{(3-0)^5}{1000}(\ln 2)^4(2^r) = 0.448\,743$$

[459] 为了应用 Newton-Cotes 公式计算积分时获得更高的精度, 我们需要采用更小的间隔 h, 即引入被积函数更多的计算. 故要在两种不同的策略中做选择: 可以使用一个高阶的 Newton-Cotes 公式, 或重复利用低阶公式, 该积分方法被称为复合公式. 考虑下面的例子.

例 5.36: 通过使用二分区间法提高例 5.35 的积分精度.

在这种情况下, 有 $h = 3/4$, 且所需函数值为 $F_0 = 1$, $F_1 = 0.931\ 792$, $F_2 = 1.328\ 427$, $F_3 = 2.506\ 828$, $F_4 = 5$. 现在的选择是使用 n=4 的高阶 Newton-Cotes 公式, 还是使用两次 Simpson 公式, 即先对前两个区间, 再对后两个区间进行积分. 使用 $n = 4$ 的 Newton-Cotes 公式, 得到

$$\int_0^3 (2^r - r)\mathrm{d}r \doteq \frac{3}{90}(7F_0 + 32F_1 + 12F_2 + 32F_3 + 7F_4)$$

因此,

$$\int_0^3 (2^r - r)\mathrm{d}r \doteq 5.599\,232$$

另一方面, 使用两次 Simpson 公式, 得到

$$\int_0^3 (2^r - r)\mathrm{d}r = \int_0^{3/2} (2^r - r)\mathrm{d}r + \int_{3/2}^3 (2^r - r)\mathrm{d}r$$

使用下式进行积分

$$\int_0^{3/2} (2^r - r)\mathrm{d}r \doteq \frac{\frac{3}{2} - 0}{6}(F_0 + 4F_1 + F_2)$$

其中, F_0, F_1 和 F_2 分别是 $r = 0$, $r = 3/4$ 和 $r = 3/2$ 处的函数值; 即

$$F_0 = 1; \quad F_1 = 0.931\,792; \quad F_2 = 1.328\,427$$

因此, 使用

$$\int_0^{3/2} (2^r - r)\mathrm{d}r \doteq 1.513\,899 \tag{a}$$

接着需要计算

$$\int_{3/2}^{3}(2^r - r)\mathrm{d}r \doteq \frac{3-\frac{3}{2}}{6}(F_0 + 4F_1 + F_2)$$

其中, F_0、F_1 和 F_2 分别是 $r = 3/2, r = 9/4$ 和 $r = 3$ 处的函数值

$$F_0 = 1.328\,427; \quad F_1 = 2.506\,828; \quad F_2 = 5$$

因此, 有

$$\int_{3/2}^{3}(2^r - r)\mathrm{d}r \doteq 4.088\,935 \tag{b}$$

将此结果加入式 (a) 和式 (b) 中, 得到

$$\int_{0}^{3}(2^r - r)\mathrm{d}r \doteq 5.602\,834$$

复合公式相较高阶的 Newton-Cotes 公式有更多的优势. 复合公式是很方便的, 如 Simpson 公式的多次使用. 随着采样点间隔的减小, 收敛性得到保证, 在实际中, 可用的采样间隔在基本公式的不同应用中是可变的. 当被积函数存在间断点时, 这点特别有利. 由于这个原因, 实际中广泛使用复合公式. [460]

例 5.37: 使用 Simpson 公式的复合公式计算如图 E5.37 所示函数 $F(r)$ 的积分 $\int_{-1}^{13}F(r)\mathrm{d}r$.

该函数最好考虑三个积分区间进行积分, 如下

$$\int_{-1}^{13}F(r)\mathrm{d}r = \int_{-1}^{2}(r^3+3)\mathrm{d}r + \int_{2}^{9}[10+(r-1)^{1/3}]\mathrm{d}r + \int_{9}^{13}\left[\frac{1}{128}(13-r)^5+4\right]\mathrm{d}r$$

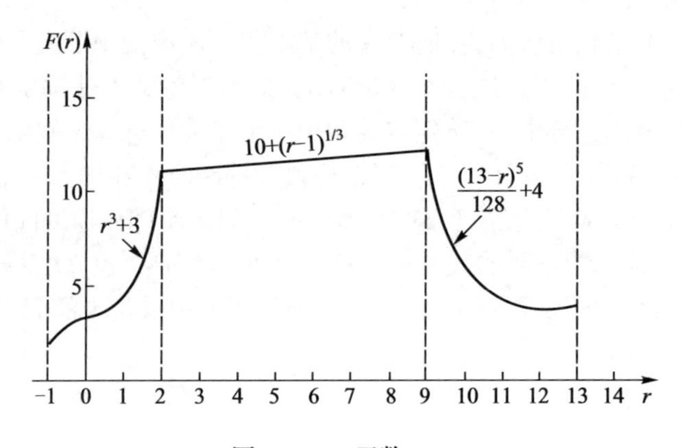

图 E5.37　函数 $F(r)$

使用 Simpson 法分别计算这三个积分, 有

$$\int_{-1}^{2}(r^3+3)\mathrm{d}r = \frac{2-(-1)}{6}[(1)(2)+(4)(3.125)+(1)(11)]$$

或

$$\int_{-1}^{2}(r^3+3)\mathrm{d}r=12.75$$

$$\int_{2}^{9}[10+(r-1)^{1/3}]\mathrm{d}r\doteq\frac{9-2}{6}[(1)(11)+(4)(11.650\,964)+(1)(12)]$$

或

$$\int_{2}^{9}[10+(r-1)^{1/3}]\mathrm{d}r\doteq 81.204\,498$$

$$\int_{9}^{13}\left[\frac{1}{128}(13-r)^5+4\right]\mathrm{d}r\doteq\frac{13-9}{6}[(1)(12)+(4)(4.25)+(1)(4)]$$

或

$$\int_{9}^{13}\left[\frac{1}{128}(13-r)^5+4\right]\mathrm{d}r\doteq 22$$

[461] 因此,

$$\int_{-1}^{13}F\mathrm{d}r\doteq 12.75+81.204\,498+22$$

或

$$\int_{-1}^{13}F\mathrm{d}r\doteq 115.954\,498$$

5.5.3 高斯公式 (一维积分)

尽管我们所采用的基本积分法可以允许构造采用区间可变的积分法即引入复合公式, 但是到目前为止, 所考虑的基本积分法都使用等距采样点. 当被积未知函数在一定间隔点进行了度量时, 我们所讨论的方法都是有效的. 然而, 在有限元矩阵积分中, 在给定点处调用一个子程序计算未知函数 F 的值, 而这些点可能在单元的任何位置. 当采样点非等距时不会加大困难. 因此, 有一种自然的方式提高积分精度, 即对给定一些函数计算值, 通过优化采样点位置来实现. 一种非常重要的数值积分法是高斯 (Gauss) 积分法, 该方法的采样点位置和权重因子都得到优化. Gauss 数值积分中最基本的假设是

$$\int_{a}^{b}F(r)\mathrm{d}r=\alpha_1F(r_1)+\alpha_2F(r_2)+\cdots+\alpha_nF(r_n)+R_n \tag{5.144}$$

其中, 权重 $\alpha_1,\cdots,\alpha_n$ 和采样点 $r_1,\cdots,r_n$ 都是可变的. 前面在 Newton-Cotes 公式的推导中, 只有权重因子是未知的, 它们可由多项式 $\psi(r)$ 的积分确定, 该多项式经过函数 $F(r)$ 的等距采样点. 现在还要计算采样点的位置, 因而有 $2n$ 个未知量以确定一个高阶的积分格式.

与 Newton-Cotes 公式的推导类似, 我们使用式 (5.140) 中给出的插值多项式 $\psi(r)$ 形式,

$$\psi(r)=\sum_{j=1}^{n}F_j l_j(r) \tag{5.145}$$

其中, 所考虑的 n 个采样点 $r_1,\cdots,r_n$ 仍然是未知的. 为确定 $r_1,\cdots,r_n$ 的值, 我们定义函数 $P(r)$ 为

$$P(r)=(r-r_1)(r-r_2)\cdots(r-r_n) \tag{5.146}$$

式 (5.146) 是一个 n 次多项式. 注意到采样点 $r_1,\cdots,r_n$ 处 $P(r)$=0. 因此写为

$$F(r)=\psi(r)+P(r)(\beta_0+\beta_1 r+\beta_2 r^2+\cdots) \tag{5.147}$$

对 $F(r)$ 积分, 得到

$$\int_a^b F(r)\mathrm{d}r=\sum_{j=1}^{n}F_j\left[\int_a^b l_j(r)\mathrm{d}r\right]+\sum_{j=0}^{\infty}\beta_j\left[\int_a^b r^j P(r)\mathrm{d}r\right] \tag{5.148}$$

应指出, 式 (5.148) 右边的第一个积分中, 被积函数为 $(n-1)$ 及其以下阶的; 在第二个积分中, 被积函数为 n 及其以上阶的. 未知值 $r_j, j=1,2,\cdots,n$ 可由下面的条件确定 [462]

$$\int_a^b P(r)r^k\mathrm{d}r=0 \quad k=0,1,2,\cdots,n-1 \tag{5.149}$$

由于多项式 $\psi(r)$ 经过函数 $F(r)$ 的 n 个采样点, 且 $P(r)$ 在这些点处为零, 式 (5.149) 中的条件意味着所求积分 $\int_a^b F(r)\mathrm{d}r$ 通过对 $(2n-1)$ 阶多项式而不是 $F(r)$ 积分来近似求得.

总之, 使用 Newton-Cotes 公式时, 我们使用 $(n+1)$ 个等距采样点, 并对最多 n 阶的多项式进行精确积分. 而在 Gauss 积分中, 需要 n 个不等距的采样点, 并对最多 $(2n-1)$ 阶的多项式进行精确积分. 多项式的阶次分别低于 n 和 $(2n-1)$ 时, 这两种积分都能得到精确积分.

为确定采样点和积分权重因子, 我们知道它们都与 a 到 b 的区间有关. 然而, 为了使计算具有一般性, 我们考虑从 -1 到 $+1$ 变化的自然区间, 继而导出任何区间的采样点和权重因子. 即, 如果 r_i 和 α_i 分别为对于 -1 到 $+1$ 区间的采样点和权重因子, 则有关积分中 a 到 b 的采样点和权重因子分别为

$$\frac{a+b}{2}+\frac{b-a}{2}r_i \quad 和 \quad \frac{b-a}{2}\alpha_i$$

因此, 考虑从 -1 到 $+1$ 的区间. 采样点由式 (5.149) 确定, 其中 $a=-1$, $b=+1$. 为计算积分权重因子, 我们用式 (5.145) 中的 $\psi(r)$ 代替式 (5.144) 中

的 $F(r)$, 然后进行积分. 应该指出, 由于已经确定采样点, 则多项式 $\psi(r)$ 是已知的, 因此有

$$\alpha_j = \int_{-1}^{+1} l_j(r)\mathrm{d}r; \quad j = 1, 2, \cdots, n \tag{5.150}$$

对于 -1 到 $+1$ 区间的采样点和权重因子已经由 A. N. Lowan、N. Davids 和 A. Levenson [A] 发表, 现复录于表 5.6 中, 其中 $n = 1$ 到 6.

表 5.6 中的系数可以直接使用式 (5.149) 和式 (5.150) 进行计算 (见例 5.38). 而对于较大的 n, 解将会变得很复杂, 这时使用勒让德 (Legendre) 多项式求解该系数更方便, 因此这些系数被称为 Gauss-Legendre 系数.

表 5.6 Gauss-Legendre 数值积分公式 (区间 -1 到 $+1$) 的采样点和权重因子

n	r_i	α_i
1	0. (15 个 0)	2. (15 个 0)
2	±0.577 350 269 189 626	1.000 000 000 000 000
3	±0.774 596 669 241 483	0.555 555 555 555 556
	0.000 000 000 000 000	0.888 888 888 888 889
4	±0.861 136 311 594 053	0.347 854 845 137 454
	±0.339 981 043 584 856	0.652 145 154 862 546
5	±0.906 179 845 938 664	0.236 926 885 056 189
	±0.538 469 310 105 683	0.478 628 670 499 366
	0.000 000 000 000 000	0.568 888 888 888 889
6	±0.932 469 514 203 152	0.171 324 492 379 170
	±0.661 209 386 466 265	0.360 761 573 048 139
	±0.238 619 186 083 197	0.467 913 934 572 691

[463]

例 5.38: 推导两点 Gauss 积分的采样点和权重因子.

在这种情况下, $P(r) = (r - r_1)(r - r_2)$, 且式 (5.149) 给出如下两个等式

$$\int_{-1}^{+1} (r - r_1)(r - r_2)\mathrm{d}r = 0$$

$$\int_{-1}^{+1} (r - r_1)(r - r_2)r\mathrm{d}r = 0$$

解之, 得到

$$r_1 r_2 = -\frac{1}{3}$$

和

$$r_1 + r_2 = 0$$

因此，

$$r_1 = -\frac{1}{\sqrt{3}}; \quad r_2 = +\frac{1}{\sqrt{3}}$$

相应的权重因子是通过使用式 (5.150) 得到的，此时给出如下结果

$$\alpha_1 = \int_{-1}^{+1} \frac{r - r_2}{r_1 - r_2} \mathrm{d}r$$
$$\alpha_2 = \int_{-1}^{+1} \frac{r - r_1}{r_2 - r_1} \mathrm{d}r$$

由于 $r_2 = -r_1$，得到 $\alpha_1 = \alpha_2 = 1.0$.

例 5.39: 使用两点 Gauss 积分法计算例 5.35 和 5.36 中所考虑的积分 $\int_0^3 (2^r - r)\mathrm{d}r$.

使用两点 Gauss 积分法，从式 (5.144) 中得到

$$\int_0^3 (2^r - r)\mathrm{d}r \doteq \alpha_1 F(r_1) + \alpha_2 F(r_2) \tag{a}$$

其中，α_1、α_2 和 r_1、r_2 分别为权重因子和采样点. 由于该区间为 0 到 3，我们需要通过表 5.6 中给出的值计算 α_1、α_2、r_1 和r_2 的值

$$\alpha_1 = \frac{3}{2}(1); \quad \alpha_2 = \frac{3}{2}(1)$$
$$r_1 = \frac{3}{2}(1 - \frac{1}{\sqrt{3}}); \quad r_2 = \frac{3}{2}(1 + \frac{1}{\sqrt{3}})$$

其中，$1/\sqrt{3} = 0.577\,350\,269\,2$. 因此有

$$F(r_1) = 0.917\,859\,78; \quad F(r_2) = 2.789\,163\,89$$

且式 (a) 给出

$$\int_0^3 (2^r - r)\mathrm{d}r \doteq 5.560\,535\,51$$

Gauss-Legendre 积分法广泛用于等参有限元分析中. 应指出已经提出了其他的积分法，其权重因子和采样点位置都是变化的以获得最佳的精度 (见 C. E. Fröberg[A], A. H. Stroud 和 D. Secrest[A]). [464]

5.5.4 二重和三重积分

到目前为止，我们已经考虑了一维函数 $F(r)$ 的积分. 在二维和三维有限元分析中需要计算二重和三重积分. 在矩形单元的计算中，我们可以在每个方向相继应用上述的一重积分公式[①]. 正如多重积分的解析计算那样，最里

① 这得出积分的一般性，但是在特殊的情况下，能够设计一些计算量少的方法 (见 B. M. Irons[C]).

面的积分是通过将对应于其他积分的变量当成常量而逐级进行计算的. 因此, 对于二重积分, 有

$$\int_{-1}^{+1}\int_{-1}^{+1} F(r,s)\mathrm{d}r\mathrm{d}s = \sum_i \alpha_i \int_{-1}^{+1} F(r_i,s)\mathrm{d}s \tag{5.151}$$

或

$$\int_{-1}^{+1}\int_{-1}^{+1} F(r,s)\mathrm{d}r\mathrm{d}s = \sum_{i,j} \alpha_i\alpha_j F(r_i,s_j) \tag{5.152}$$

且对应于式 (5.133), $\alpha_{ij}=\alpha_i\alpha_j$, 其中 α_i 和 α_j 为一重积分中的积分权重因子. 类似地, 对于一个三重积分有

$$\int_{-1}^{+1}\int_{-1}^{+1}\int_{-1}^{+1} F(r,s,t)\mathrm{d}r\mathrm{d}s\mathrm{d}t = \sum_{i,j,k} \alpha_i\alpha_j\alpha_k F(r_i,s_j,t_k) \tag{5.153}$$

且 $\alpha_{ijk}=\alpha_i\alpha_j\alpha_k$. 应指出在二重和三重数值积分中不一定使用同一求积法; 即, 可以在 r、s 和 t 方向上采用不同的数值积分法.

例 5.40: 给定一个刚度矩阵 $\mathbf{K}$ 的第 (i,j) 个元素为 $\int_{-1}^{+1}\int_{-1}^{+1} r^2s^2\mathrm{d}r\mathrm{d}s$. 在以下三种情况下, 计算积分 $\int_{-1}^{+1}\int_{-1}^{+1} r^2s^2\mathrm{d}r\mathrm{d}s$, (1) 在 r 和 s 上均使用 Simpson 公式, (2) 在 r 和 s 上均使用 Gauss 积分法,(3) 在 r 上使用 Gauss 积分法, 在 s 上使用 Simpson 公式.

(1) 使用 Simpson 法, 有

$$\begin{aligned}\int_{-1}^{+1}\int_{-1}^{+1} r^2s^2\mathrm{d}r\mathrm{d}s &= \int_{-1}^{+1}\frac{1}{3}\left[(1)(1)+(4)(0)+(1)(1)\right]s^2\mathrm{d}s\\ &= \int_{-1}^{+1}\frac{2}{3}s^2\mathrm{d}s = \frac{1}{3}\left[(1)\left(\frac{2}{3}\right)+(4)(0)+(1)\left(\frac{2}{3}\right)\right]=\frac{4}{9}\end{aligned}$$

(2) 使用两点 Gauss 积分法, 有

$$\begin{aligned}\int_{-1}^{+1}\int_{-1}^{+1} r^2s^2\mathrm{d}r\mathrm{d}s &= \int_{-1}^{+1}\left[(1)\left(\frac{1}{\sqrt{3}}\right)^2+(1)\left(\frac{1}{\sqrt{3}}\right)^2\right]s^2\mathrm{d}s\\ &= \int_{-1}^{+1}\frac{2}{3}s^2\mathrm{d}s = \frac{2}{3}\left[(1)\left(\frac{1}{\sqrt{3}}\right)^2+(1)\left(\frac{1}{\sqrt{3}}\right)^2\right]=\frac{4}{9}\end{aligned}$$

[465] (3) 最后, 在 r 上使用 Gauss 积分法, 在 s 上使用 Simpson 法, 有

$$\begin{aligned}&\int_{-1}^{+1}\left[(1)\left(\frac{1}{\sqrt{3}}\right)^2+(1)\left(\frac{1}{\sqrt{3}}\right)^2\right]s^2\mathrm{d}s\\ &= \int_{-1}^{+1}\frac{2}{3}s^2\mathrm{d}s = \frac{1}{3}\left[(1)\left(\frac{2}{3}\right)+(4)(0)+(1)\left(\frac{2}{3}\right)\right]=\frac{4}{9}\end{aligned}$$

应该指出这些数值积分都是精确的, 因为这两种积分法, 即 Simpson 公式和 Gauss 积分法, 都能对抛物线函数精确积分.

上述方法可以直接适用于四边形单元矩阵的计算, 在该计算中所有的积分限都为 -1 到 $+1$. 因此, 在二维有限元计算中, 可以对例 5.40 中列出的刚度矩阵、质量矩阵和载荷向量的每一个元素进行积分. 基于表 5.6 给出的数据, 一些常见的二维分析的 Gauss 积分法在表 5.7 中做了归纳.

[466]

表 5.7 四边形域上 Gauss 数值积分

积分阶	精度	积分点位置
2×2	3	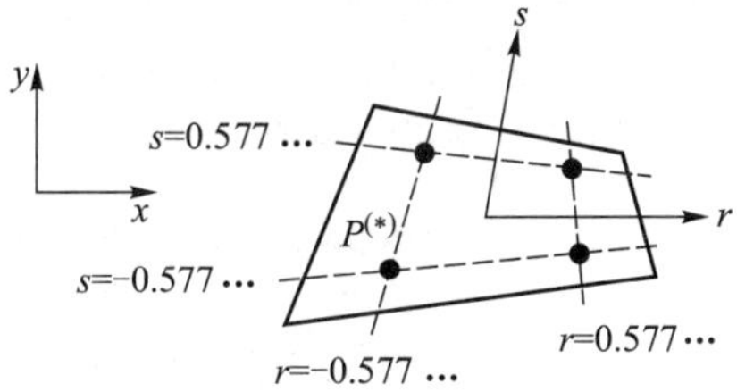 s y x s=0.577 … r P(*) s=−0.577 … r=0.577 … r=−0.577 …
3×3	5	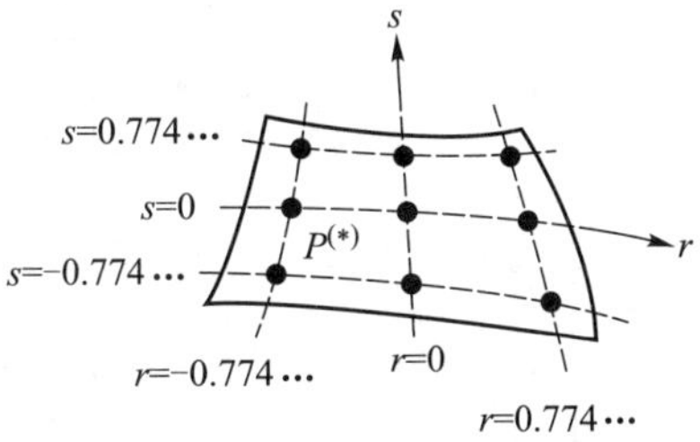 s s=0.774 … s=0 P(*) r s=−0.774 … r=−0.774 … r=0 r=0.774 …
4×4	7	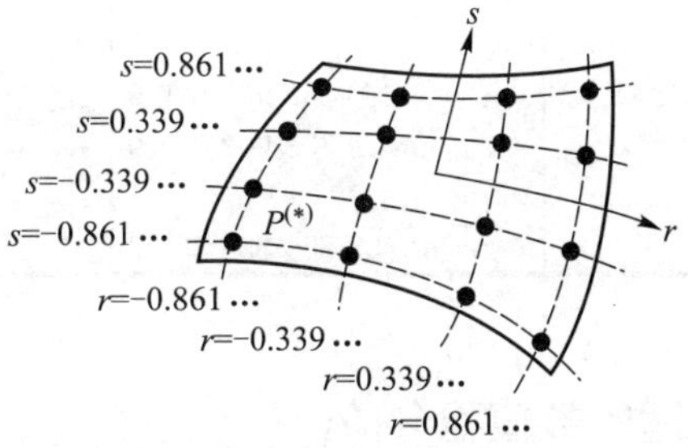 s s=0.861 … s=0.339 … s=−0.339 … P(*) r s=−0.861 … r=−0.861 … r=−0.339 … r=0.339 … r=0.861 …

*: 在 xy 坐标系中任何积分点的位置由 $x_p=\sum_i h_i(r_p,s_p)x_i$ 和 $y_p=\sum_i h_i(r_p,s_p)y_i$ 给出. 利用式 (5.152) 在表 5.6 给出了积分权重因子.

接着考虑三角形和四面体单元矩阵的计算, 但不能直接应用例 5.40 中给出的步骤, 因为现在的积分限包含了变量自身. 在三角形域合适的积分公式的发展上已经进行了大量的研究,Newton-Cotes 型公式 (见 P. Silvester[A]) 和 Gauss 积分型公式都是适用的 (见 P. C. Hammer、O. J. Marlowe、A. H. Stroud[A] 和 G. R. Cowper[A]). 正如在四边形域的积分,Gauss 积分法一般更有效, 因为对于相同的计算值它们得到了更为精确的积分. 表 5.8 列出了由

G. R. Cowper[A] 发布的 Gauss 积分公式的积分位置和权重因子.

[467]

表 5.8 三角形域上 Gauss 数值积分 $\left[\iint F\mathrm{d}r\mathrm{d}s = \frac{1}{2}\sum w_i F(r_i, s_i)\right]$

积分阶	精度	积分点	r 坐标	s 坐标	权重因子
3 点	2		$r_1 = 0.166\ 666\ 666\ 666\ 7$	$s_1 = r_1$	$w_1 = 0.333\ 333\ 333\ 333\ 3$
			$r_2 = 0.666\ 666\ 666\ 666\ 7$	$s_2 = r_1$	$w_2 = w_1$
			$r_3 = r_1$	$s_3 = r_2$	$w_3 = w_1$
7 点	5		$r_1 = 0.101\ 286\ 507\ 323\ 5$	$s_1 = r_1$	$w_1 = 0.125\ 939\ 180\ 544\ 8$
			$r_2 = 0.797\ 426\ 985\ 353\ 1$	$s_2 = r_1$	$w_2 = w_1$
			$r_3 = r_1$	$s_3 = r_2$	$w_3 = w_1$
			$r_4 = 0.470\ 142\ 064\ 105\ 1$	$s_4 = r_6$	$w_4 = 0.132\ 394\ 152\ 788\ 5$
			$r_5 = r_4$	$s_5 = r_4$	$w_5 = w_4$
			$r_6 = 0.059\ 715\ 871\ 789\ 8$	$s_6 = r_4$	$w_6 = w_4$
			$r_7 = 0.333\ 333\ 333\ 333\ 3$	$s_7 = r_7$	$w_7 = 0.225$
13 点	7		$r_1 = 0.065\ 130\ 102\ 902\ 2$	$s_1 = r_1$	$w_1 = 0.053\ 347\ 235\ 608\ 8$
			$r_2 = 0.869\ 739\ 794\ 195\ 6$	$s_2 = r_1$	$w_2 = w_1$
			$r_3 = r_1$	$s_3 = r_2$	$w_3 = w_1$
			$r_4 = 0.312\ 865\ 496\ 004\ 9$	$s_4 = r_6$	$w_4 = 0.077\ 113\ 760\ 890\ 3$
			$r_5 = 0.638\ 444\ 188\ 569\ 8$	$s_5 = r_4$	$w_5 = w_4$
			$r_6 = 0.048\ 690\ 315\ 425\ 3$	$s_6 = r_5$	$w_6 = w_4$
			$r_7 = r_5$	$s_7 = r_6$	$w_7 = w_4$
			$r_8 = r_4$	$s_6 = r_5$	$w_8 = w_4$
			$r_9 = r_6$	$s_9 = r_4$	$w_9 = w_4$
			$r_{10} = 0.260\ 345\ 966\ 079\ 0$	$s_{10} = r_{10}$	$w_{10} = 0.175\ 615\ 257\ 433\ 2$
			$r_{11} = 0.479\ 308\ 067\ 841\ 9$	$s_{11} = r_{10}$	$w_{11} = w_{10}$
			$r_{12} = r_{10}$	$s_{12} = r_{11}$	$w_{12} = w_{10}$
			$r_{13} = 0.333\ 333\ 333\ 333\ 3$	$s_{13} = r_{13}$	$w_{13} = -0.149\ 570\ 044\ 467\ 7$

5.5.5 合适的数值积分阶

第 5.5.4 节所提出的数值积分步骤在实际应用中存在两个基本的问题, 即选择什么样的积分法和积分阶. 我们曾指出, 在使用 Newton-Cotes 公式时, 为对 n 阶多项式进行精确积分, 我们需要 $(n+1)$ 个函数值. 而如果使用 Gauss 积分, 对 $(2n-1)$ 阶多项式精确积分, 只需要 n 个函数值. 当然, 在两种情况下, 分别低于 n 与 $(2n-1)$ 阶的多项式同样可以精确积分.

在有限元分析中, 大量的函数值会直接增加计算量, 这时候使用 Gauss 积分是有吸引力的. 但由于第 6.8.4 节中所讨论的原因, Newton-Cotes 公式在非线性分析中效率高.

当已选好了积分法后，需要确定将被用于各种有限元积分计算中的数值积分的阶. 数值积分阶的选择在实际使用中时很重要的，首先因为当采用高阶积分时会增加分析成本，其次使用不同的积分阶，结果可能大不相同. 这些因素在三维有限元分析中尤为重要.

需要数值积分计算的矩阵为刚度矩阵 $\mathbf{K}$、质量矩阵 $\mathbf{M}$、体力向量 $\mathbf{R}_B$、初始应力向量 $\mathbf{R}_I$ 和面力载荷向量 $\mathbf{R}_S$. 一般情况下，合适的积分阶依赖于需要计算的矩阵和所采用的具体有限元. 为了说明这些重要问题，考虑计算第 5.3 和第 5.4 节中所讨论的连续介质单元和结构单元矩阵所需的 Gauss 数值积分的阶.

[468]

在数值积分阶的选择过程中我们首先观察到的事实是，在理论上，当使用的阶足够高时，可精确地计算所有矩阵. 但是，所使用的积分阶太低时，这些矩阵的计算会很不精确，实际上，将不大可能求出问题的解. 例如，考虑单元刚度矩阵. 如果数值积分的阶太低，该矩阵会有比实际刚体模式更多的零特征值. 因此，仅对平衡方程的成功求解而言，应适当限制有限元组合体中对应于单元所有零特征值的变形模式，否则结构刚度矩阵将是奇异的. 3 节点桁架单元刚度矩阵的计算就是一个简单的例子. 如果使用了一点 Gauss 数值积分，对应于单元中间节点自由度的行和列为零向量，这将会导致结构刚度矩阵奇异. 因此，一般情况下，积分阶应该比某一个界限高.

要求精确计算特定矩阵的积分阶可通过研究被积函数的阶确定. 对刚度矩阵，我们需要计算

$$\mathbf{K} = \int_V \mathbf{B}^{\mathrm{T}} \mathbf{C} \mathbf{B} \det \mathbf{J} \mathrm{d}V \tag{5.154}$$

其中，$\mathbf{C}$ 为材料特性常数矩阵，$\mathbf{B}$ 为自然坐标系 rst 的应变 – 位移矩阵，$\det \mathbf{J}$ 为局部 (或全局) 到自然坐标 (见第 5.3 节) 转换的 Jacobi 行列式，而积分是在自然坐标系中的单元体积上进行的. 因此，被积矩阵函数 $\mathbf{F}$ 为

$$\mathbf{F} = \mathbf{B}^{\mathrm{T}} \mathbf{C} \mathbf{B} \det \mathbf{J} \tag{5.155}$$

矩阵 $\mathbf{J}$ 和 $\mathbf{B}$ 的定义见第 5.3 节和 第 5.4 节.

当例 5.5 中讨论的二维 4 节点单元用于矩形或平行四边形单元时，对此情况，可比较简单地算出 $\mathbf{F}$ 中变量的阶. 详细地考虑这种情况是有益的，因为计算所需积分阶的步骤可以十分明确.

例 5.41: 为进行基于位移的 4 节点矩形单元刚度矩阵的计算，求出所需的 Gauss 数值积分的阶.

所用的积分阶依赖于式 (5.155) 中定义的 $\mathbf{F}$ 中变量 r 和 s 的阶. 对于边长为 $2a$ 和 $2b$ 的矩形单元，可以写为

$$x = ar; \quad y = bs$$

相应的 Jacobi 矩阵 $\mathbf{J}$ 为

$$\mathbf{J}=\begin{bmatrix} a & 0 \\ 0 & b \end{bmatrix}$$

由于矩阵 $\mathbf{J}$ 的元素为常量, 参考例 5.5 中给出的数据, 应变 – 位移矩阵 $\mathbf{B}$ 的元素只是 r 和 s 的函数. 而矩阵 $\mathbf{J}$ 的行列式也为常数; 因此, 有

$$\mathbf{F}=f(r^2, rs, s^2)$$

其中, f 表示 "的函数".

在 r 和 s 方向上使用两点 Gauss 数值积分, 对所有 r 和 s 最高涉及三次项的函数均精确积分; 即对积分阶 n、r 和 s 精确积分的阶为 $(2n-1)$. 因此, 两点 Gauss 积分是足够的.

注意到对 4 节点平行四边形单元, Jacobi 矩阵 $\mathbf{J}$ 也是常数矩阵; 因此, 可得到类似的推导结果.

[469] 按类似的方法, 可以精确 (或很准确) 地计算其他单元的刚度矩阵、质量矩阵和单元载荷向量的积分阶. 应指出对于非矩形和非平行四边形单元,Jacobi 矩阵不是常量, 这意味着单元矩阵的高精度计算需要很高的积分阶.

在上例中, 考虑了基于位移的单元, 我们应该强调的是, 相同的数值积分法也用于混合格式的单元矩阵计算中. 因此, 在混合格式中所需的积分阶也必须使用刚才所讨论的步骤确定 (见习题 5.57).

在研究对于几何扭曲单元的积分阶过程中, 我们认识到, 以很高的精度计算单元矩阵通常不一定要用数值积分很高的阶. 即由于使用阶 l 而非 $(l\text{–}1)$ 而导致的矩阵元素 (及其影响) 的变化是可以忽略的. 因此, 需要了解什么样的积分阶是足够的, 我们给出了下面的原则.

我们建议全阶数值积分① 总是用于基于位移或混合有限元格式中, 其中, 当单元是几何扭曲的, 定义 "全阶" 是给出精确矩阵 (即解析积分值) 的阶. 表 5.9 列举了用于二维有限元分析中基于位移的等参单元矩阵的 Gauss 数值积分推荐的阶.

对几何扭曲单元, 使用此积分阶不会得到精确积分的单元矩阵. 但该分析是可靠的, 这是因为在假设的合理几何扭曲下, 数值积分误差小到是可以接受的. 实际上, 如 P. G. Ciarlet[A] 所证明的那样, 如果几何扭曲不是很严重, 使得在精确积分中仍然可以得到收敛的全阶 (在第 5.3.3 节中所讨论的情况下), 那么使用这里推荐的全阶数值积分可以得到相同的收敛阶. 因此, 在该情况下, 表 5.9 所推荐的数值积分阶不会导致收敛阶的降低. 但如果单元有严重的几何扭曲, 特别是在非线性分析中, 则需要一个很高的积分阶 (见第 6.8.4 节).

---

① 在第 5.5.6 节中简要地讨论了 "降阶" 的数值积分, 这是全阶数值积分的另一选择.

表 5.9 计算基于位移的等参单元矩阵的 Gauss 数值积分推荐的阶 (利用表 5.7) [470]

	二维单元 (平面应力, 平面应变和轴对称)	积分阶
4 节点		2×2
4 节点扭曲		2×2
8 节点		3×3
8 节点扭曲		3×3
9 节点		3×3
9 节点扭曲		3×3
16 节点		4×4
16 节点扭曲		4×4

注: 在轴对称分析, 在所有情况下, 周向应变影响不能精确积分, 但具有足够的精度.

如图 5.39 所示是在图 4.12 中描述的特定检验问题求解中得到的结果. 这些结果是通过使用一系列扭曲、伪均匀网格得到的. 图 5.39(a) 描述了所使用的几何扭曲, 图 5.39(b) 和 (c) 说明了使用表 5.9 中的 Gauss 积分阶所得的 8 节点和 9 节点单元的收敛结果. 这些结果表明收敛阶 (当 h 很小时所画曲线的斜率) 在所有情况下都近似为 4(正如理论预测的那样). 但当单元扭曲时, 对给定值 h, 误差的实际值要大一些. 即式 (4.102) 中的常数 c 随着单元的扭曲而变大.

推荐表 5.9 中的数值积分阶的原因在于有限元方法的可靠性是至关重要的 (见第 1.3 节), 如果采用比 "全阶" 阶低的积分阶 (对于基于位移或混合的格式), 则分析一般是不可靠的.

[471]

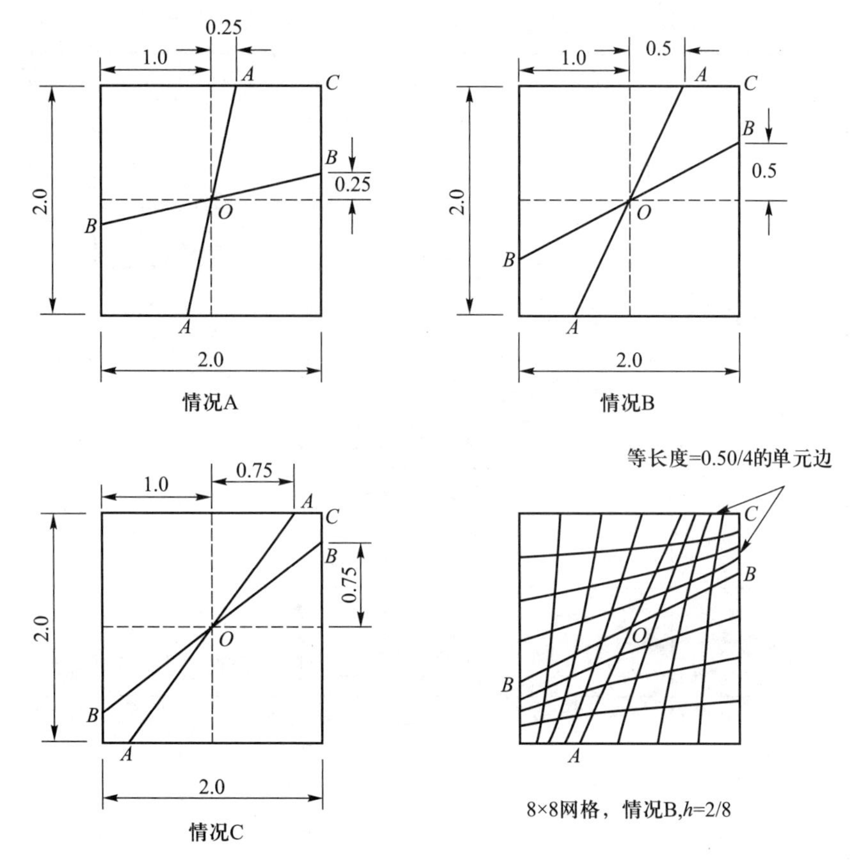

(a) 所用的扭曲单元

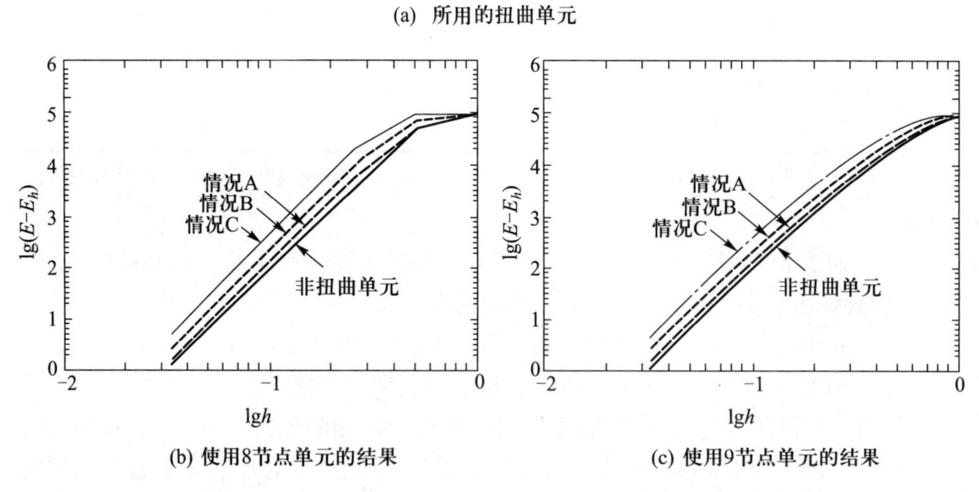

(b) 使用8节点单元的结果

(c) 使用9节点单元的结果

图 5.39 图 4.12 中具有几何扭曲单元的测试问题的解和表 5.9 的 Gauss 积分阶. $E = a(\mathbf{u},\mathbf{u})$, $E_h = a(\mathbf{u}_h,\mathbf{u}_h)$

一个有趣的情况是使用 2×2 的 Gauss 积分计算的基于位移的二维平面应力 8 节点等参矩形单元. 该积分阶产生一个虚假零能模式 (见习题 5.56) 的单元刚度矩阵; 即单元矩阵不仅有三个零特征值 (对应于实际刚体运动), 还有一个附加的零特征值, 该零特征值是使用过低的积分阶而产生的. 如图 5.40 所示是一个非常简单的分析实例, 采用 2×2 Gauss 积分的单个 8 节点单元, 在该例中模型是不稳定的; 如果已经得出解, 则算得的节点位移会非常的大, 完全偏离正确解[①]. 在这个简单的分析中就可容易看出, 使用 2×2 Gauss 积分的 8 节点单元是不适当的, 可以表明在更复杂的分析中, (单个) 虚假零能模式在单元组合体中通常是得到充分限制的. 但在巨大且复杂的模型中, 一般情况下, 带有虚假零能模式的单元将会以一种难以控制的方式改变全局解的结果, 或引入大的误差, 或导致不稳定的结果.

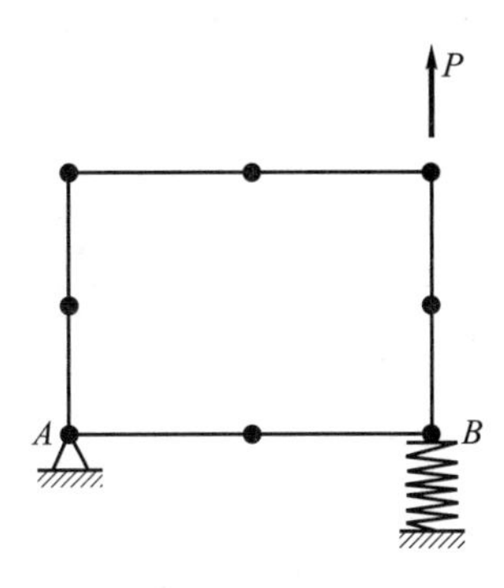

图 5.40　由弹簧在 B 点支撑的 8 节点平面应力单元, 利用 2×2 Gauss 积分的分析是不稳定的

作为一个例子, 我们考虑如图 5.41 所示的悬臂支架的动态分析, 使用带有 2×2 Gauss 积分的基于位移的 9 节点单元, 在该实例中, 每一个单元刚度矩阵都有三个虚假零能模式. 我们已经在图 4.20 中考虑了该悬臂支架, 但图 4.20 中是使用两个铰支撑, 而现在是固支的(正如那里指出的一样, 对单元刚度矩阵使用 2×2 Gauss 积分的铰支支架的 16 节点单元模型是不稳定的). 用于建模固支悬臂支架的基于位移的 9 节点单元的 16 个单元网格的频率解见表 5.10. 该表说明使用 2×2 Gauss 积分 (被称为降阶积分, 见第 5.5.6 节), 整个模型不会产生虚假零能模式 (因为支架左端固支), 但产生了一个虚假的非零能模式, 这是所预测的最小六个频率的一个.

[472]

这种没有物理真实性的模式 (称为 “幻象” 模式) 将不可控的误差引入动态逐步求解中[②], 该误差很难被检测到, 即使检测到了这些误差, 仍需要相应的分析, 进一步的求解试探, 所有这些都将导致扩大的和不期望的数值检验.

---

① 在精确的算术中, 刚度矩阵是奇异的, 但由于计算中的舍入误差, 通常会得到一个解.

② 幻象频率的模态振形可能表明响应是非物理的, 但是在动态逐步求解中, 通常不计算频率和模态振形.

[473]

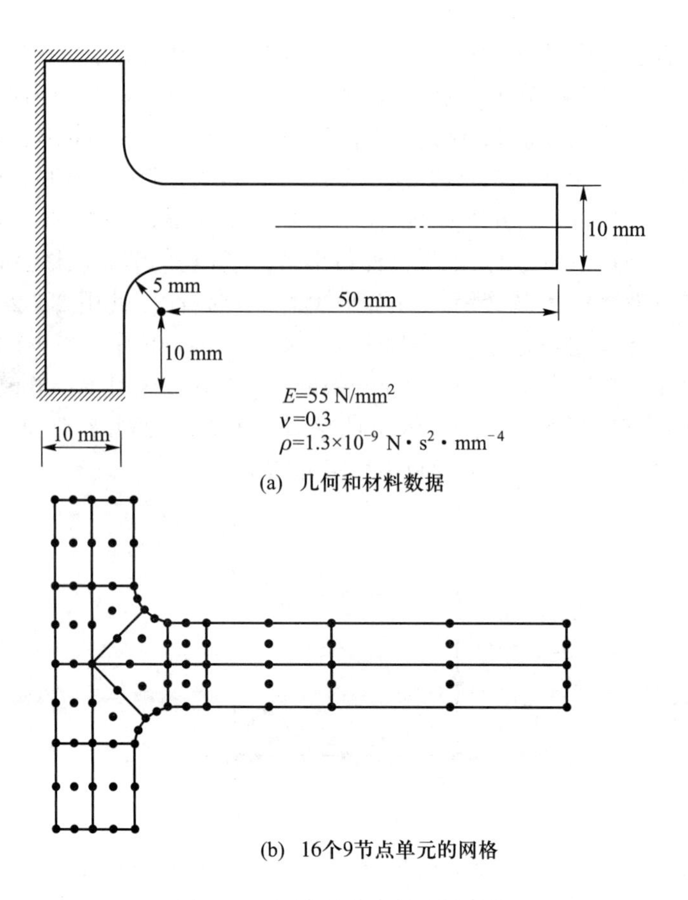

(a) 几何和材料数据

(b) 16个9节点单元的网格

图 5.41 固支悬臂支架的频率解

[474]

表 5.10 使用一致质量矩阵的图 5.41(b) 中 16 个单元网格的 6 个最小频率/Hz

模态数	16 个单元模型		16 × 16 单元模型
	3 × 3 Gauss 积分	2 × 2 Gauss 积分	3 × 3 Gauss 积分
1	112.4	110.5	110.6
2	634.5	617.8	606.4
3	906.9	905.5	905.2
4	1 548	958.4§	1 441
5	2 654	1 528	2 345
6	2 691	2 602	2 664

注: 1. 单元一致质量矩阵总是采用 3×3 Gauss 积分.

2. 为比较目的, 引入使用精细网格 (用 64 个单元取代 16 个单元网格中的每一个 9 节点单元) 的结果.

3. §表示虚假, 即幻象模式.

由于这些原因, 任何带有虚假零能模式的单元都不能用于工程实践、线性或非线性分析中, 因此本书不讨论这种单元. 但应该了解虚假模式单元, 是为了防止其负面作用, 为控制它们的性质, 已经进行了大量的研究 (如, 见 W. K. Liu、Y. K. Hu 和 T. Belytschko [A], 以及 W. J. T. Daniel 和 T. Belytschko [A]).

在上面的讨论中, 我们集中于单元刚度矩阵的计算. 对单元力向量, 通常采用与刚度矩阵相同的积分法和相同的积分阶. 对单元矩阵的计算, 应该指出对集总质量矩阵, 仅需精确算出单元体积, 对一致质量矩阵, 表 5.9 中给出的阶通常是合适的. 但在特殊的情况下, 为充分精确地计算一致质量矩阵, 所需的积分阶比刚度矩阵的计算所需的积分阶更高.

例 5.42: 使用 Gauss 数值积分计算例 4.5 中单元 2 的刚度矩阵、质量矩阵和体力向量.

被积的表达式已经在例 4.5 中导出.

$$\mathbf{K} = E\int_0^{80}\left(1+\frac{x}{40}\right)^2\begin{bmatrix}-\dfrac{1}{80}\\ \dfrac{1}{80}\end{bmatrix}\begin{bmatrix}-\dfrac{1}{80} & \dfrac{1}{80}\end{bmatrix}\mathrm{d}x \tag{a}$$

$$\mathbf{M} = \rho\int_0^{80}\left(1+\frac{x}{40}\right)^2\begin{bmatrix}1-\dfrac{x}{80}\\ \dfrac{x}{80}\end{bmatrix}\begin{bmatrix}\left(1-\dfrac{x}{80}\right) & \dfrac{x}{80}\end{bmatrix}\mathrm{d}x \tag{b}$$

$$\mathbf{R}_B = \frac{1}{10}\int_0^{80}\left(1+\frac{x}{40}\right)^2\begin{bmatrix}1-\dfrac{x}{80}\\ \dfrac{x}{80}\end{bmatrix}\mathrm{d}x \tag{c}$$

已通过两点积分精确算出式 (a) 和式 (c), 而积分式 (b) 的计算需要三点积分. 质量矩阵的计算需要更高阶的积分, 因为该矩阵是从位移插值函数中得出的, 而刚度矩阵是使用位移函数的导数进行计算的. [475]

使用一、二和三点 Gauss 积分计算式 (a)、(b) 和 (c), 我们得到,

一点积分

$$\mathbf{K} = \frac{12E}{240}\begin{bmatrix}1 & -1\\ -1 & 1\end{bmatrix};\quad \mathbf{M} = \frac{\rho}{6}\begin{bmatrix}480 & 480\\ 480 & 480\end{bmatrix};\quad \mathbf{R}_B = \frac{1}{6}\begin{bmatrix}96\\ 96\end{bmatrix}$$

两点积分

$$\mathbf{K} = \frac{13E}{240}\begin{bmatrix}1 & -1\\ -1 & 1\end{bmatrix};\quad \mathbf{M} = \frac{\rho}{6}\begin{bmatrix}373.3 & 346.7\\ 346.7 & 1\,013.3\end{bmatrix};\quad \mathbf{R}_B = \frac{1}{6}\begin{bmatrix}72\\ 136\end{bmatrix}$$

三点积分

$$\mathbf{K} = \frac{13E}{240}\begin{bmatrix}1 & -1\\ -1 & 1\end{bmatrix};\quad \mathbf{M} = \frac{\rho}{6}\begin{bmatrix}384 & 336\\ 336 & 1\,024\end{bmatrix};\quad \mathbf{R}_B = \frac{1}{6}\begin{bmatrix}72\\ 136\end{bmatrix}$$

应指出在积分阶很低的情况下, 并没有充分考虑单元总质量和所受的总载荷.

表 5.9 总结了二维单元刚度矩阵计算中合适积分阶的分析结果. 当然, 对于其他单元矩阵的计算, 表中给出的数据在确定合适的积分阶时也是很有价值的.

例 5.43: 讨论如图 E5.43 所示的 MITC9 板和三维等参单元计算中所需的积分阶.

[476] 首先考虑板单元. 在 rs 平面上的积分实际上对应于表 5.9 中 9 节点单元的计算. 一般情况下, 当单元存在扭曲时, 3×3 的积分阶同样有效.

三维固体单元刚度矩阵计算中所需的积分阶也能够从表 5.9 给出的数据中导出. 位移在 r 方向上线性变化; 因此, 两点积分就足够了. 在 ts 平面上, 即在 r 处等于常数, 单元位移对应于表 5.9 中 8 节点单元的位移. 因此, 精确计算单元刚度矩阵需要 $2 \times 3 \times 3$ Gauss 积分.

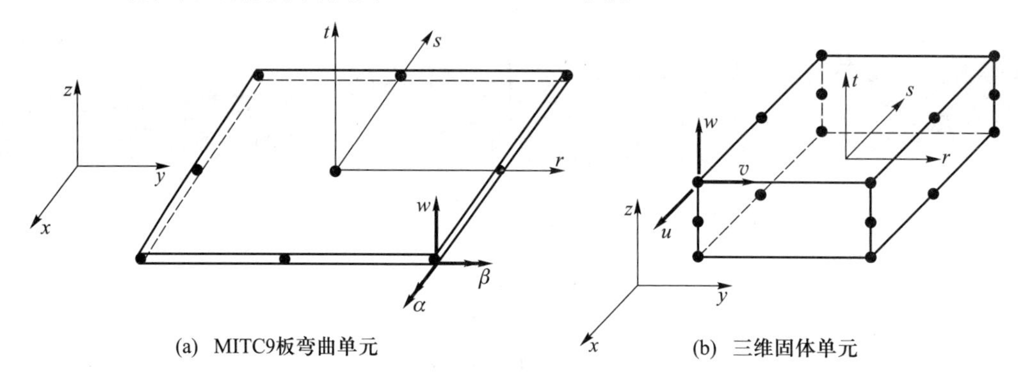

图 E5.43 例 5.43 中所考虑的单元

5.5.6 降阶积分和选择积分

表 5.9 给出了对基于位移的二维等参单元所推荐 Gauss 数值积分阶, 可确定其他单元的推荐阶 (见例 5.43). 对这些积分阶 (被称为 “全阶” 积分), 可精确计算几何非扭曲单元的单元矩阵, 但对几何扭曲单元, 得到一个充分精确的近似值 (除非几何扭曲非常大, 在这种情况下推荐高阶积分).

但是, 考虑到第 4.3.4 节中的讨论, 回顾有限元分析的位移格式产生的应变能比所考虑的数学/力学模型的精确应变能要小, 实际上, 位移格式产生了过高的系统刚度. 因此, 我们期望在数值积分中不精确计算基于位移的单元刚度矩阵, 也得到较好的全局解. 这应该在以下情况成立, 即数值积分中的误差适当地补偿了由于有限元离散化所造成的结构刚度的过高估算. 换言之, 降低要求精确计算单元刚度矩阵所需的数值积分阶 (对于几何非扭曲单元), 从而期望改进结果. 当数值积分中采用降低的阶时, 我们称此方法为降阶积分. 例如, 对于 9 节点等参单元刚度矩阵,2×2 Gauss 积分 (尽管在实践中不推荐使用, 见第 5.5.5 节) 对应于降阶积分. 除了使用降阶积分, 也可使用选择积分, 在这种情况下, 不同的应变项使用不同的积分阶进行积分. 这些降阶和选择数值积分等特定的积分法应视做单元格式的组成部分.

关于降阶和/或选择积分单元在实践中能否被推荐的关键问题是: 单元构造 (使用特定的积分法) 是否对稳定性与收敛性进行了充分的检验和分析? 如果是可处理的, 则从数学上进行稳定性和收敛性分析当然是很需要的.

在这种分析中, 第一步自然是把降阶和/或选择积分单元看做一个混合单元 (见 D. Chapelle 和 K. J. Bathe [E]) (一个例子是将在下文中进一步提到的第 5.4.1 节中的 2 节点混合插值梁单元). 一旦已明确降阶和/或选择积分单元与混合格式之间的精确等价性, 接着第二步就是分析混合格式的稳定性和收敛性, 在此基础上进一步加深对基于降阶/选择积分单元的理解.

由于在混合格式中存在很多假设的可能性, 因此很自然的假设是存在与降阶/选择积分单元等价的混合格式, 出于分析的目的寻找该混合格式. 然而, 仅有一般的降阶/选择积分单元被当成混合格式的事实不是使用降阶积分的理由, 因为并不是每一个混合格式都能表示一个可靠和高效的有限元方案. 相反, 该等价性 (在每一个具体问题中确定细节) 仅指向降阶/选择积分单元分析的一种方法. [477]

一旦确定了完全等价性, 我们可将降阶/选择积分仅看做是精确计算混合格式有限元矩阵的一个有效方法, 在此采用这个观点, 诠释降阶积分与选择积分.

一个相对简单的例子是基于一点 (r 方向)Gauss 积分的 2 节点等参梁单元. 在例 4.30 和第 5.4.1 节中说明了此单元与使用胡 – 鹫津变分原理获得的梁单元完全等价, 其中每个单元中的横向位移 w、截面转角 β 都是线性变化的, 而剪应变 γ 为常数. 我们在第 4.5.7 节中考虑了该单元的稳定性和收敛性, 在第 4.5.7 节证明了椭圆性条件和 inf-sup 条件是满足的.

考虑下例进一步强化这些事实.

例 5.44: 一个简单的三角形板弯曲单元可用第 5.4.2 节中的等参位移格式进行推导, 但使用一点 Gauss 积分对刚度矩阵项进行积分. 该积分精确计算了对应于弯曲的刚度矩阵项, 而对应于横向剪切的项只是近似积分. 因此, 单元刚度矩阵是基于降阶积分的 (或者我们也说是选择积分, 因为只有剪切项没有被精确积分).

推导该单元的变分式和刚度矩阵.

该单元和其变分式已由 J.-L. Batoz、K. J. Bathe 和 L. W. Ho[A] 给出. 当我们注意到等参梁单元一点积分 (见例 4.30、第 4.5.7 节和第 5.4.1 节) 可行时, 就会发现该单元是自然的发展. 该梁单元有坚实的变分基础, 数学分析保证了好的收敛性, 该单元在计算上是简单和有效的.

对该板单元变分基础的推导, 我们注意到一点积分隐含地假设了一个常横向剪应变 (正如在一点积分的 2 节点等参梁单元中那样). 参考例 4.30, 因此能够直接建立板单元的变分式

$$\widetilde{\Pi}_{\mathrm{HR}}^{*}=\int_{A}\left(\frac{1}{2}\boldsymbol{\kappa}^{\mathrm{T}}\mathbf{C}_{b}\boldsymbol{\kappa}+\boldsymbol{\gamma}^{\mathrm{T}}\mathbf{C}_{s}\boldsymbol{\gamma}^{\mathrm{AS}}-\frac{1}{2}\boldsymbol{\gamma}^{\mathrm{AS}^{\mathrm{T}}}\mathbf{C}_{s}\boldsymbol{\gamma}^{\mathrm{AS}}\right)\mathrm{d}A-\int_{A}wp\mathrm{d}A+\text{边界项} \tag{a}$$

其中, $\boldsymbol{\kappa}$、$\mathbf{C}_b$、$\boldsymbol{\gamma}$、$\mathbf{C}_s$ 已经在式 (5.95) 至式 (5.97) 中进行了定义, $\boldsymbol{\gamma}^{AS}$ 包含假设的横向剪应变

$$\boldsymbol{\gamma}^{\mathrm{AS}}=\begin{bmatrix}\gamma_{xz}^{\mathrm{AS}}\\ \gamma_{yz}^{\mathrm{AS}}\end{bmatrix}=\text{常数}$$

式 (a) 是修改的 Hellinger-Reissner 泛函. 将 w、β_x、β_y 代入 $\boldsymbol{\kappa}$ 和 $\boldsymbol{\gamma}$ 中, 在单元中性面 A 上进行积分, 对节点变量 $\hat{\mathbf{u}}$, 取 $\widetilde{\Pi}_{\mathrm{HR}}^{*}$ 的驻值, 有

[478]

$$\hat{\mathbf{u}}=\begin{bmatrix}w_1\\ \theta_x^1\\ \theta_y^1\\ \vdots\\ \theta_y^3\end{bmatrix}$$

和 $\boldsymbol{\gamma}^{\mathrm{AS}}$, 得到

$$\begin{bmatrix}\mathbf{K}_b & \mathbf{G}^{\mathrm{T}}\\ \mathbf{G} & -\mathbf{D}\end{bmatrix}\begin{bmatrix}\hat{\mathbf{u}}\\ \boldsymbol{\gamma}^{\mathrm{AS}}\end{bmatrix}=\begin{bmatrix}\mathbf{R}\\ \mathbf{0}\end{bmatrix}$$

其中,

$$\mathbf{K}_b=\int_V\mathbf{B}_b^{\mathrm{T}}\mathbf{C}_b\mathbf{B}_b\mathrm{d}A$$

$$\mathbf{D}=\int_V\mathbf{C}_s\mathrm{d}A=A\mathbf{C}_s$$

$$\mathbf{G}=\mathbf{C}_s\int_V\mathbf{B}_s\mathrm{d}A$$

$\mathbf{B}_b$ 和 $\mathbf{B}_s$ 为应变 – 位移矩阵, 有

$$\boldsymbol{\kappa}=\mathbf{B}_b\hat{\mathbf{u}}$$

$$\boldsymbol{\gamma}=\mathbf{B}_s\hat{\mathbf{u}}$$

使用静态凝聚, 我们得到仅关于节点变量的单元刚度矩阵

$$\mathbf{K}=\mathbf{K}_b+\mathbf{G}^{\mathrm{T}}\mathbf{D}^{-1}\mathbf{G}$$

正如我们在第 5.4.2 节中所讨论的一样, 基于纯位移的等参板单元 (即在基于位移的刚度矩阵的弯曲和横向剪切项使用全阶数值积分) 刚度太大 (表现出剪切闭锁现象). 例 5.44 中的介绍表明一点积分单元有一个与一点积分

等参梁单元十分相似的变分基础. 尽管梁单元是可靠和有效的, 但例 5.44 中的板单元刚度矩阵有一个虚假零特征值, 因此该单元是不可靠的, 不能用于实际中 (正如 J.-L. Batoz,K. J. Bathe 和 L. W. Ho[A] 指出的).

该例重要的一点是单元具有很好的变分基础, 但单元是否有用和有效只能通过对单元格式的深入分析决定.

某些降阶或选择积分的基于位移的等参单元与混合格式之间的等价性仅适用于一些特定几何形状的单元, 当引入非各向同性材料 (或非线性几何形状) 时该等价性会失效. 应该对每一个条件的影响进行分析.

5.5.7 习题

5.53 当插值多项式为 3 阶时计算 Newton-Cotes 常数, 即 $\psi(r)$ 为三次的.

5.54 推导三点 Gauss 积分的采样点和权重因子.

5.55 对于轴对称分析, 证明 3×3 Gauss 数值积分足够用于计算基于位移的 9 节点几何扭曲单元的刚度矩阵和质量矩阵. [479]

5.56 证明基于位移的平面应力二次 8 节点方形单元的刚度矩阵的 2×2 Gauss 积分会产生如图 Ex.5.56 所示的虚假零能模式. 提示: 对于给定的位移, 您需要证明 $\mathbf{B}\hat{\mathbf{u}}=\mathbf{0}$.

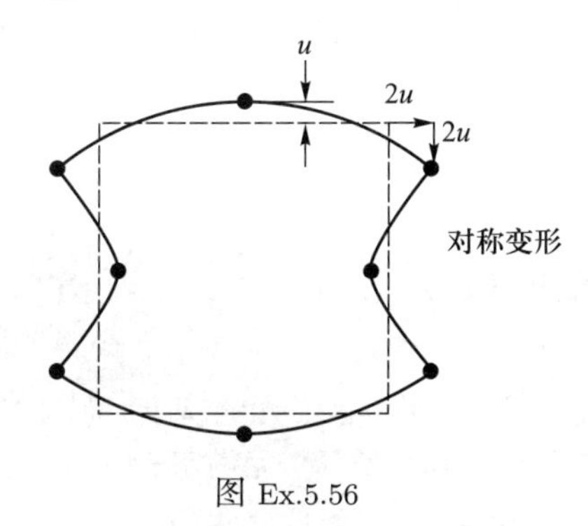

图 Ex.5.56

5.57 考虑 9/3 u/p 单元, 证明几何扭曲单元的 3×3 Gauss 积分给出了精确的刚度矩阵. 并且证明 2×2 Gauss 积分是不充分的.

5.58 当使用表 5.8 中的 Gauss 积分时, 确定如图 Ex.5.58 所示基于位移的 6 节点三角单元刚度矩阵的全阶积分所需的积分阶.

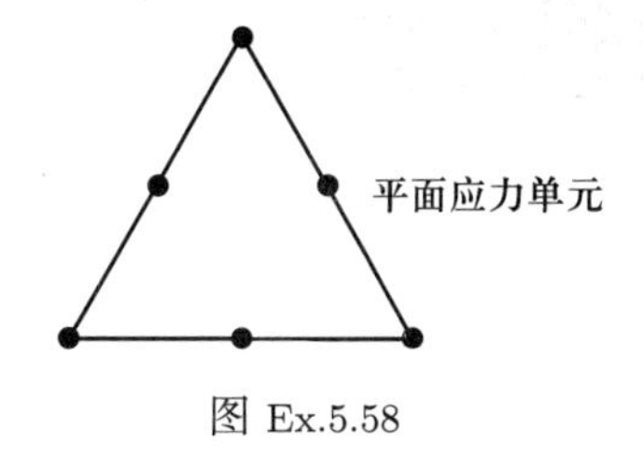

图 Ex.5.58

5.59 考虑如图 Ex.5.59 所示的 9 节点平面应力单元. 除了 u_1 自由之外, 所有节点位移都是固定的. 计算载荷 P 产生的位移 u_1.

(a) 使用解析积分计算刚度系数.

(b) 分别使用 1×1、2×2 和 3×3 Gauss 数值积分计算刚度系数, 并比较所得到的结果.

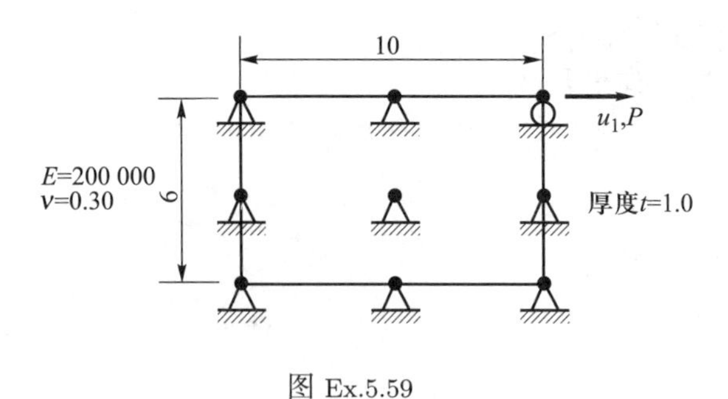

图 Ex.5.59

5.60 考虑表 5.9 中单元集总质量矩阵的计算. 确定这些矩阵计算的 Gauss 积分的合适的阶.

[480] 5.61 考虑例 5.29 中的板弯曲单元格式. 假设单元刚度矩阵是使用 2×2 Gauss 积分计算的. 证明该单元有虚假零能模式.

5.62 考虑例 5.29 中板弯曲单元格式. 假设弯曲应变能是用 2×2 Gauss 积分计算的, 而剪应变能是用一点 Gauss 积分计算的. 证明该单元有虚假零能模式[①].

5.6 等参有限元计算机程序的实现

在第 5.3 节中我们讨论了等参有限元的构造, 而且给出了 4 节点平面应力 (或应变) 单元计算中所需的具体表达式 (见例 5.5). 等参单元计算的一个重要优势是不同单元之间的计算相似性. 例如, 三维单元的计算就是二维单元计算的直接推广. 同样, 在一个子程序中, 如果采用一个适当选择的插值函数的算法时, 则可以计算具有各种节点位形的单元 (见第 5.3 节).

本节的目的是为 4 节点等参单元的计算提供实用计算机程序. 实质上, 子程序 QUADS 是例 5.5 中所提出方法的计算机程序实现. 除了平面应力和平面应变外, 还可考虑轴对称条件. 我们相信, 通过了解该单元实际程序的实现, 就能很好地说明实现等参单元是比较简单的. 程序的输入、输出变量和流程是通过注释行描述的.

① 注意这些单元不用于实际中 (见第 5.5.5 节).

```
SUBROUTINE QUADS (NEL,ITYPE,NINT,THIC,YM,PR,XX,S,IOUT)                QUA00001
C                                                                     QUA00002
C . . . . . . . . . . . . . . . . . . . . . . . . . . . . . . . . . . QUA00003
C .                                                                 . QUA00004
C .   P R O G R A M                                                 . QUA00005
C .        TO CALCULATE ISOPARAMETRIC QUADRILATERAL ELEMENT STIFFNESS . QUA00006
C .        MATRIX FOR AXISYMMETRIC, PLANE STRESS, AND PLANE STRAIN  . QUA00007
C .         CONDITIONS                                              . QUA00008
C .                                                                 . QUA00009
C . - - INPUT VARIABLES - -                                         . QUA00010
C .        NEL     = NUMBER OF ELEMENT                              . QUA00011
C .        ITYPE   = ELEMENT TYPE                                   . QUA00012
C .                     EQ.0 = AXISYMMETRIC                         . QUA00013
C .                     EQ.1 = PLANE STRAIN                         . QUA00014
C .                     EQ.2 = PLANE STRESS                         . QUA00015
C .       NINT    = GAUSS NUMERICAL INTEGRATION ORDER               . QUA00016
C .       THIC    = THICKNESS OF ELEMENT                            . QUA00017
C .       YM      = YOUNG'S MODULUS                                 . QUA00018
C .       PR      = POISSON'S RATIO                                 . QUA00019
C .       XX(2,4) = ELEMENT NODE COORDINATES                        . QUA00020
C .       S(8,8)  = STORAGE FOR STIFFNESS MATRIX                    . QUA00021
C .       IOUT    = UNIT NUMBER USED FOR OUTPUT                     . QUA00022
C .                                                                 . QUA00023
C . - - OUTPUT - -                                                  . QUA00024
C .       S(8,8)  = CALCULATED STIFFNESS MATRIX                     . QUA00025
C .                                                                 . QUA00026
C . . . . . . . . . . . . . . . . . . . . . . . . . . . . . . . . . . QUA00027
    IMPLICIT DOUBLE PRECISION (A-H,O-Z)                               QUA00028
C . . . . . . . . . . . . . . . . . . . . . . . . . . . . . . . . . . QUA00029
C . THIS PROGRAM IS USED IN SINGLE PRECISION ARITHMETIC ON CRAY     . QUA00030
C . EQUIPMENT AND DOUBLE PRECISION ARITHMETIC ON IBM MACHINES,      . QUA00031
C . ENGINEERING WORKSTATIONS AND PCS. DEACTIVATE ABOVE LINE FOR     . QUA00032
C . SINGLE PRECISION ARITHMETIC.                                    . QUA00033
C . . . . . . . . . . . . . . . . . . . . . . . . . . . . . . . . . . QUA00034
   DIMENSION D(4,4),B(4,8),XX(2,4),S(8,8),XG(4,4),WGT(4,4),DB(4)      QUA00035
C                                                                     QUA00036
C   MATRIX XG STORES GAUSS - LEGENDRE SAMPLING POINTS                 QUA00037
C                                                                     QUA00038
   DATA XG/ 0.D0, 0.D0, 0.D0, 0.D0, -.5773502691896D0,                QUA00039
  1 .5773502691896D0, 0.D0, 0.D0, -.7745966692415D0, 0.D0,            QUA00040
  2 .7745966692415D0, 0.D0, -.8611363115941D0,                        QUA00041
  3 -.3399810435849D0, .3399810435849D0, .8611363115941D0 /           QUA00042
C                                                                     QUA00043
C   MATRIX WGT STORES GAUSS - LEGENDRE WEIGHTING FACTORS              QUA00044
C                                                                     QUA00045
   DATA WGT / 2.D0, 0.D0, 0.D0, 0.D0, 1.D0, 1.D0,                     QUA00046
  1 0.D0, 0.D0, .5555555555556D0, .8888888888889D0,                   QUA00047
```

```
     2 .5555555555556D0, 0.D0, .3478548451375D0, .6521451548625D0,        QUA00048
     3 .6521451548625D0, .3478548451375D0 /                                QUA00049
C                                                                         QUA00050
C     O B T A I N S T R E S S - S T R A I N L A W                         QUA00051
C                                                                         QUA00052
      F=YM/(1.+PR)                                                        QUA00053
      G=F*PR/(1.-2.*PR)                                                   QUA00054
      H=F + G                                                             QUA00055
C                                                                         QUA00056
C    PLANE STRAIN ANALYSIS                                                QUA00057
C                                                                         QUA00058
      D(1,1)=H                                                            QUA00059
      D(1,2)=G                                                            QUA00060
      D(1,3)=0.                                                           QUA00061
      D(2,1)=G                                                            QUA00062
      D(2,2)=H                                                            QUA00063
      D(2,3)=0.                                                           QUA00064
      D(3,1)=0.                                                           QUA00065
      D(3,2)=0.                                                           QUA00066
      D(3,3)=F/2.                                                         QUA00067
      IF (ITYPE.EQ.1) THEN                                                QUA00068
      THIC=1.                                                             QUA00069
      GO TO 20                                                            QUA00070
      ENDIF                                                               QUA00071
C                                                                         QUA00072
C    AXISYMMETRIC ANALYSIS                                                QUA00073
C                                                                         QUA00074
      D(1,4)=G                                                            QUA00075
      D(2,4)=G                                                            QUA00076
      D(3,4)=0.                                                           QUA00077
      D(4,1)=G                                                            QUA00078
      D(4,2)=G                                                            QUA00079
      D(4,3)=0.                                                           QUA00080
      D(4,4)=H                                                            QUA00081
      IF (ITYPE.EQ.0) GO TO 20                                            QUA00082
C                                                                         QUA00083
C    FOR PLANE STRESS ANALYSIS CONDENSE STRESS-STRAIN MATRIX              QUA00084
C                                                                         QUA00085
      DO 10 I=1,3                                                         QUA00086
      A=D(I,4)/D(4,4)                                                     QUA00087
      DO 10 J=I,3                                                         QUA00088
      D(I,J)=D(I,J) - D(4,J)*A                                            QUA00089
   10 D(J,I)=D(I,J)                                                       QUA00090
C                                                                         QUA00091
C     C A L C U L A T E E L E M E N T S T I F F N E S S                   QUA00092
C                                                                         QUA00093
   20 DO 30 I=1,8                                                         QUA00094
```

```
      DO 30 J=1,8                                                       QUA00095
   30 S(I,J)=0.                                                         QUA00096
      IST=3                                                             QUA00097
      IF (ITYPE.EQ.0) IST=4                                             QUA00098
      DO 80 LX=1,NINT                                                   QUA00099
      RI=XG(LX,NINT)                                                    QUA00100
      DO 80 LY=1,NINT                                                   QUA00101
      SI=XG(LY,NINT)                                                    QUA00102
C                                                                       QUA00103
C     EVALUATE DERIVATIVE OPERATOR B AND THE JACOBIAN DETERMINANT DET   QUA00104
C                                                                       QUA00105
      CALL STDM (XX,B,DET,RI,SI,XBAR,NEL,ITYPE,IOUT)                    QUA00106
C                                                                       QUA00107
C     ADD CONTRIBUTION TO ELEMENT STIFFNESS                             QUA00108
C                                                                       QUA00109
      IF (ITYPE.GT.0) XBAR=THIC                                         QUA00110
      WT=WGT(LX,NINT)*WGT(LY,NINT)*XBAR*DET                             QUA00111
      DO 70 J=1,8                                                       QUA00112
      DO 40 K=1,IST                                                     QUA00113
      DB(K)=0.0                                                         QUA00114
      DO 40 L=1,IST                                                     QUA00115
   40 DB(K)=DB(K) + D(K,L)*B(L,J)                                       QUA00116
      DO 60 I=J,8                                                       QUA00117
      STIFF=0.0                                                         QUA00118
      DO 50 L=1,IST                                                     QUA00119
   50 STIFF=STIFF + B(L,I)*DB(L)                                        QUA00120
   60 S(I,J)=S(I,J) + STIFF*WT                                          QUA00121
   70 CONTINUE                                                          QUA00122
   80 CONTINUE                                                          QUA00123
C                                                                       QUA00124
      DO 90 J=1,8                                                       QUA00125
      DO 90 I=J,8                                                       QUA00126
   90 S(J,I)=S(I,J)                                                     QUA00127
C                                                                       QUA00128
      RETURN                                                            QUA00129
C                                                                       QUA00130
      END                                                               QUA00131
      SUBROUTINE STDM (XX,B,DET,R,S,XBAR,NEL,ITYPE,IOUT)                QUA00132
C                                                                       QUA00133
C . . . . . . . . . . . . . . . . . . . . . . . . . . . . . . . . . . . QUA00134
C .                                                                   . QUA00135
C . P ROGRAM                                                          . QUA00136
C .   TO EVALUATE THE STRAIN-DISPLACEMENT TRANSFORMATION MATRIX B     . QUA00137
C .   AT POINT (R,S) FOR A QUADRILATERAL ELEMENT                      . QUA00138
C .                                                                   . QUA00139
C . . . . . . . . . . . . . . . . . . . . . . . . . . . . . . . . . . . QUA00140
      IMPLICIT DOUBLE PRECISION (A-H,O-Z)                               QUA00141
```

```
      DIMENSION XX(2,4),B(4,8),H(4),P(2,4),XJ(2,2),XJI(2,2)             QUA00142
C                                                                       QUA00143
      RP = 1.0 + R                                                      QUA00144
      SP = 1.0 + S                                                      QUA00145
      RM = 1.0 - R                                                      QUA00146
      SM = 1.0 - S                                                      QUA00147
C                                                                       QUA00148
C     INTERPOLATION FUNCTIONS                                           QUA00149
C                                                                       QUA00150
       H(1) = 0.25* RP* SP                                              QUA00151
       H(2) = 0.25* RM* SP                                              QUA00152
       H(3) = 0.25* RM* SM                                              QUA00153
       H(4) = 0.25* RP* SM                                              QUA00154
C                                                                       QUA00155
C      NATURAL COORDINATE DERIVATIVES OF THE INTERPOLATION FUNCTIONS    QUA00156
C                                                                       QUA00157
C         1. WITH RESPECT TO R                                          QUA00158
C                                                                       QUA00159
      P(1,1) = 0.25* SP                                                 QUA00160
      P(1,2) = - P(1,1)                                                 QUA00161
      P(1,3) = - 0.25* SM                                               QUA00162
      P(1,4) = - P(1,3)                                                 QUA00163
C                                                                       QUA00164
C         2. WITH RESPECT TO S                                          QUA00165
C                                                                       QUA00166
      P(2,1) = 0.25* RP                                                 QUA00167
      P(2,2) = 0.25* RM                                                 QUA00168
      P(2,3) = - P(2,2)                                                 QUA00169
      P(2,4) = - P(2,1)                                                 QUA00170
C                                                                       QUA00171
C     EVALUATE THE JACOBIAN MATRIX AT POINT (R,S)                       QUA00172
C                                                                       QUA00173
   10 DO 30 I=1,2                                                       QUA00174
      DO 30 J=1,2                                                       QUA00175
      DUM = 0.0                                                         QUA00176
      DO 20 K=1,4                                                       QUA00177
   20 DUM=DUM + P(I,K)*XX(J,K)                                          QUA00178
   30 XJ(I,J)=DUM                                                       QUA00179
C                                                                       QUA00180
C      COMPUTE THE DETERMINANT OF THE JACOBIAN MATRIX AT POINT (R,S)    QUA00181
C                                                                       QUA00182
       DET = XJ(1,1)* XJ(2,2) - XJ(2,1)* XJ(1,2)                        QUA00183
       IF (DET.GT.0.00000001) GO TO 40                                  QUA00184
       WRITE (IOUT,2000) NEL                                            QUA00185
       GO TO 800                                                        QUA00186
C                                                                       QUA00187
C      COMPUTE INVERSE OF THE JACOBIAN MATRIX                           QUA00188
```

```
C                                                                       QUA00189
 40 DUM=1./DET                                                          QUA00190
    XJI(1,1) = XJ(2,2)* DUM                                             QUA00191
    XJI(1,2) =-XJ(1,2)* DUM                                             QUA00192
    XJI(2,1) =-XJ(2,1)* DUM                                             QUA00193
    XJI(2,2) = XJ(1,1)* DUM                                             QUA00194
C                                                                       QUA00195
C   EVALUATE GLOBAL DERIVATIVE OPERATOR B                               QUA00196
C                                                                       QUA00197
    K2=0                                                                QUA00198
    DO 60 K=1,4                                                         QUA00199
    K2=K2 + 2                                                           QUA00200
    B(1,K2-1) = 0.                                                      QUA00201
    B(1,K2 ) = 0.                                                       QUA00202
    B(2,K2-1) = 0.                                                      QUA00203
    B(2,K2 ) = 0.                                                       QUA00204
    DO 50 I=1,2                                                         QUA00205
    B(1,K2-1) = B(1,K2-1) + XJI(1,I) * P(I,K)                           QUA00206
 50 B(2,K2 ) = B(2,K2 ) + XJI(2,I) * P(I,K)                             QUA00207
    B(3,K2 ) = B(1,K2-1)                                                QUA00208
 60 B(3,K2-1) = B(2,K2 )                                                QUA00209
C                                                                       QUA00210
C   IN CASE OF PLANE STRAIN OR PLANE STRESS ANALYSIS DO NOT INCLUDE     QUA00211
C   THE NORMAL STRAIN COMPONENT                                         QUA00212
C                                                                       QUA00213
    IF (ITYPE.GT.0) GO TO 900                                           QUA00214
C                                                                       QUA00215
C   COMPUTE THE RADIUS AT POINT (R,S)                                   QUA00216
C                                                                       QUA00217
    XBAR=0.0                                                            QUA00218
    DO 70 K=1,4                                                         QUA00219
 70 XBAR=XBAR + H(K)*XX(1,K)                                            QUA00220
C                                                                       QUA00221
C   EVALUATE THE HOOP STRAIN-DISPLACEMENT RELATION                      QUA00222
C                                                                       QUA00223
    IF (XBAR.GT.0.00000001) GO TO 90                                    QUA00224
C                                                                       QUA00225
C   FOR THE CASE OF ZERO RADIUS EQUATE RADIAL TO HOOP STRAIN            QUA00226
C                                                                       QUA00227
    DO 80 K=1,8                                                         QUA00228
 80 B(4,K)=B(1,K)                                                       QUA00229
    GO TO 900                                                           QUA00230
C                                                                       QUA00231
C   NON-ZERO RADIUS                                                     QUA00232
C                                                                       QUA00233
 90 DUM=1./XBAR                                                         QUA00234
    K2=0                                                                QUA00235
```

```
      DO 100 K=1,4                                                  QUA00236
      K2=K2 + 2                                                     QUA00237
      B(4,K2 ) = 0.                                                 QUA00238
  100 B(4,K2-1) = H(K)*DUM                                          QUA00239
      GO TO 900                                                     QUA00240
C                                                                   QUA00241
  800 STOP                                                          QUA00242
  900 RETURN                                                        QUA00243
C                                                                   QUA00244
 2000 FORMAT (//,'*** ERROR *** ',                                  QUA00245
     1     'ZERO OR NEGATIVE JACOBIAN DETERMINANT FOR ELEMENT (',I8,')')QUA00246
C                                                                   QUA00247
        END                                                         QUA00248
```

参考文献

AHMAD, S., IRONS, B. M., and ZIENKIEWICZ, O. C.

[A] "Analysis of Thick and Thin Shell Structures by Curved Finite Elements," *International Journal for Numerical Methods in Engineering*, Vol. 2, pp. 419–451, 1970.

AINSWORTH M., and ODEN, J. T.

[A] *A Posteriori Error Estimation in Finite Element Analysis*, John Wiley & Sons, Inc., New York, 2000.

ANAND, L.

[A] "On H. Hencky's Approximate Strain Energy Function for Moderate Deformations," *Journal of Applied Mechanics*, Vol. 46, pp. 78–82, 1979.

ARGYRIS, J. H.

[A] "Continua and Discontinua," Proceedings, *Conference on Matrix Methods in Structural Mechanics*, Wright-Patterson A.F.B., Ohio, pp. 11–189, Oct. 1965.

[B] "An Excursion into Large Rotations," *Computer Methods in Applied Mechanics and Engineering*, Vol. 32, pp. 85–155, 1982.

ARGYRIS, J. H., and KELSEY, S.

[A] "Energy Theorems and Structural Analysis," *Aircraft Engineering*, Vols. 26 and 27, Oct. 1954 to May 1955. Part Ⅰ is by J. H. Argyris, and Part Ⅱ is by J. H. Argyris and S. Kelsey.

ARNOLD, D. N., and BREZZI, F.

[A] "Some New Elements for the Reissner-Mindlin Plate Model" and "Locking Free Finite Elements for Shells," Publicazioni N. 898, Istituto di Analisi Numerica del Consiglio Nazionale delle Ricerche, Pavia, Nov. 1993.

ARNOLD, D. N., BREZZI, F., COCKBURN,B. and MARINI,L. D.

[A] "Unified Analysis of Discontinuous Galerkin Methods for Elliptic Problems," *SIAM Journal on Numerical Analysis*, Vol.39, No.5, pp. 1749–1779, 2002.

ARNOLD, D. N., BREZZI, F., and FORTIN, M.

[A] "A Stable Finite Element for the Stokes Equations," *Calcolo*, Vol.21, pp. 337–344, 1984.

ARNOLD, D. N., and FALK, R. S.

[A] "The Boundary Layer for the Reissner-Mindlin Plate Model," *SIAM Journal on Mathematical Analysis*, Vol. 21, pp. 281–312, 1990.

ASARO, R. J.

[A] "Micromechanics of Crystals and Polycrystals," *Advances in Applied Mechanics*, Vol. 23, pp. 1–115, 1983.

ATLURI, S. N.

[A] "Alternate Stress and Conjugate Strain Measures, and Mixed Variational Formulations Involving Rigid Rotations, for Computational Analyses of Finitely Deformed Solids, with Application to Plates and Shells-I: Theory," *Computers & Structures*, Vol. 18, pp. 93–116, 1984.

ATLURI, S. N., and ZHU, T.

[A] "A New Meshless Local Petrov-Galerkin (MLPG) Approach in Computational Mechanics," *Computational Mechanics*,Vol.22, pp. 117–127, 1998.

BABUŠKA, I.

[A] "The Finite Element Method with Lagrangian Multipliers," *Numerische Mathematik*, Vol. 20, pp. 179–192, 1973.

BANIJAMLI,B. and BATHE,K. J.

[A] "The CIP Method Embedded in Finite Element Discretizations of Incompressible Fluid Flows", *International Journal for Numerical Methods in Engineering*, Vol.71, pp.66–80, 2007.

BARLOW,J.

[A] "Optimal Stress Locations in Finite Element Models," *International Journal for Numerical Methods in Engineering*, Vol.10, pp. 243–251, 1976.

BARSOUM, R. S.

[A] "On the Use of Isoparametric Finite Elements in Linear Fracture Mechanics," *International Journal for Numerical Methods in Engineering*, Vol. 10, pp. 25–37, 1976.

[B] "Triangular Quarter-Point Elements as Elastic and Perfectly-Plastic Crack Tip Elements," *International Journal for Numerical Methods in Engineering*, Vol. 11, pp. 85–98, 1977.

BASSI, F., and REBAY, S.

[A] "A High-order Accurate Discontinuous Finite Element Method for the Numerical Solution of the Compressible Navier-Stokes Equations," *Journal of Computational Physics*, Vol.131,No.2, pp. 267–279, 1997.

BATHE, K. J.

[A] "Solution Methods of Large Generalized Eigenvalue Problems in Structural Engineering," Report UC SESM 71–20, Civil Engineering Department, University of California, Berkeley, 1971.

[B] "Convergence of Subspace Iteration," Proceedings, *Formulations and Numerical Algorithms in Finite Element Analysis*, K. J. Bathe, J. T. Oden, and W. Wunderlich, eds., M.I.T. Press, Cambridge, pp. 575–598, 1977.

[C] "Finite Elements in CAD and ADINA," *Nuclear Engineering and Design*, Vol. 98, No.1, pp. 57–67, 1986.

[D] "Remarks on The Development of Finite Element Methods and Software," *International Journal of Computer Applications in Technology*, Vol.7, No.3–6, pp. 101–107, 1994.

[E] "The Inf-Sup Condition and its Evaluation for Mixed Finite Element Methods", *Computers & Structures*, Vol.79, pp. 243–252, 2001.

[F] "Conserving Energy and Momentum in Nonlinear Dynamics: A Simple Implicit Time Integration Scheme," *Computers & Structures*, Vol 85, pp. 437–445, 2007.

[G] *To Enrich Life*, Klaus-Jürgen Bathe, Watertown., 2007.

[H] "The Finite Element Method," in *Encyclopedia of Computer Science and Engineering*, B. Wah (ed.), John. Wiley & Sons, Inc., pp. 1253–1264, 2009.

[I] "Advances in the Multiphysics Analysis of Structures," Chapter 1 in *Computational Methods for Engineering Science*, B.H.V. Topping, ed., Saxe-Coburg Publications, Stirlingshire, 2012.

[J] "The Subspace Iteration Method – Revisited," *Computers & Structures*, Vol 126, pp. 177–183, 2012.

[K] "Insights and Advances in the Analysis of Structures", Proceedings, *Fifth International Conference on Structural Engineering, Mechanics and Computation*, University of Cape Town, (A. Zingoni,ed.), Taylor&Francis, 2013.

[L] "Frontiers in Finite Element Procedures & Applications", Chapter 1 in *Computational Methods for Engineering Technology*, B.H.V. Topping, ed., Saxe-Coburg Publications, Stirlingshire, 2014.

[M] "The Finite Element Method with 'Overlapping Finite Elements'," Proceedings, *Sixth International Conference on Structural Engineering, Mechanics and Computation*, University of Cape Town, (A. Zingoni,ed.), Taylor & Francis, 2016.

BATHE, K. J., and ALMEIDA, C. A.

[A] "A Simple and Effective Pipe Elbow Element——Linear Analysis," and "A Simple and Effective Pipe Elbow Element——Interaction Effects," *Journal of Applied Mechanics*, Vol. 47, pp. 93–100, 1980, and *Journal of Applied Mechanics*, Vol. 49, pp. 165–171, 1982.

BATHE, K. J., and BAIG, M. M. I.

[A] "On a Composite Implicit Time Integration Procedure for Nonlinear Dynamics", *Computers & Structures*, Vol.83, pp. 2513–2524, 2005.

BATHE, K. J., and BOLOURCHI, S.

[A] "Large Displacement Analysis of Three-Dimensional Beam Structures," *International Journal for Numerical Methods in Engineering*, Vol. 14, pp. 961–986, 1979.

[B] "A Geometric and Material Nonlinear Plate and Shell Element," *Computers & Structures*, Vol. 11, pp. 23–48, 1980.

BATHE, K. J., and BOUZINOV, P. A.

[A] "On the Constraint Function Method for Contact Problems," *Computers & Structures*, Vol.64, pp. 1069–1085, 1997.

BATHE, K. J., and BREZZI, F.

[A] "On the Convergence of a Four-Node Plate Bending Element Based on Mindlin/Reissner Plate Theory and a Mixed Interpolation," in *The Mathematics of Finite Elements and Applications* V, J. R. Whiteman, ed., Academic Press, New York, pp. 491–503, 1985.

[B] "A Simplified Analysis of Two Plate Bending Elements—The MITC4 and MITC9 Elements," Proceedings, *Numerical Methods in Engineering: Theory and Applications*, University College, Swansea, 1987.

[C] "Stability of Finite Element Mixed Interpolations for Contact Problems", *Rendiconti Linncei Matematica E Applicazioni*, Series 9, Vol.12, pp. 167–183, 2001.

BATHE, K. J., BREZZI, F. and MARINI, L.D.

[A] "The MITC9 Shell Element in Plate Bending: Mathematical Analysis of A Simplified Case," *Computational Mechanics*, Vol. 47, pp. 617–626, 2011.

BATHE, K. J., BUCALEM, M. L., and BREZZI, F.

[A] "Displacement and Stress Convergence of Our MITC Plate Bending Elements," *Engineering Computations*, Vol. 7, pp. 291–302, 1990.

BATHE, K. J., CHAPELLE , D. and LEE, P.S.

[A] "A Shell Problem 'Highly-Sensitive' to *Thickness Changes", International Journal for Numerical Methods in Engineering*, Vol. 57, pp. 1039–1052, 2003.

BATHE, K. J., and CHAUDHARY, A. B.

[A] "On the Displacement Formulation of Torsion of Shafts with Rectangular Cross-sections," *International Journal for Numerical Methods in Engineering*, Vol. 18, pp. 1565–1580, 1982.

[B] "A Solution Method for Planar and Axisymmetric Contact Problems," *International Journal for Numerical Methods in Engineering*, Vol. 21, pp. 65–88, 1985.

BATHE, K. J., CHAUDHARY, A. B., DVORKIN, E. N., and KOJIĆ, M.

[A] "On the Solution of Nonlinear Finite Element Equations," Proceedings, *International Conference on Computer-Aided Analysis and Design of Concrete Structures* I, F. Damjanic et al., eds., pp. 289–299, Pineridge Press, Swansea, 1984.

BATHE, K. J., and CIMENTO, A. P.

[A] "Some Practical Procedures for the Solution of Nonlinear Finite Element Equations," *Computer Methods in Applied Mechanics and Engineering,* Vol. 22, pp. 59–85, 1980.

BATHE, K. J. and DONG, J.

[A] "Component Mode Synthesis with Subspace Iterations for Controlled Accuracy of Frequency and Mode Shape Solutions", *Computers & Structures*, Vol.139, pp. 28–32, 2014.

BATHE, K. J. and DVORKIN, E. N.

[A] "A Four-Node Plate Bending Element Based on Mindlin/Reissner Plate Theory and a Mixed Interpolation," *International Journal for Numerical Methods in Engineering*, Vol. 21, pp. 367–383, 1985.

[B] "A Formulation of General Shell Elements—The Use of Mixed Interpolation of Tensorial Components," *International Journal for Numerical Methods in Engineering*, Vol. 22 pp. 697–722, 1986.

[C] "On the Automatic Solution of Nonlinear Finite Element Equations," *Computers & Structures*, Vol. 17, pp. 871–879, 1983.

BATHE, K. J., and GRACEWSKI, S.

[A] "On Nonlinear Dynamic Analysis Using Substructuring and Mode Superposition," *Computers & Structures*, Vol. 13, pp. 699–707, 1981.

BATHE, K. J., and KHOSHGOFTAAR, M. R.

[A] "Finite Element Formulation and Solution of Nonlinear Heat Transfer," *Nuclear Engineering and Design*, Vol. 51, pp. 389–401, 1979.

[B] "Finite Element Free Surface Seepage Analysis Without Mesh Iteration," *International Journal for Numerical and Analytical Methods in Geomechanics*, Vol. 3, pp. 13–22, 1979.

BATHE, K. J.,and LEDEZMA, G.

[A] "Benchmark Problems for Incompressible Fluid Flows with Structural Interactions," *Computers & Structures*, Vol.85, pp. 628–644, 2007.

BATHE, K. J., LEE, N. S., and BUCALEM, M. L.

[A] "On the Use of Hierarchical Models in Engineering Analysis," *Computer Methods in Applied Mechanics and Engineering*, Vol. 82, pp. 5–26, 1990.

BATHE, K. J., and LEE, P. S.

[A] "Measuring the Convergence Behavior of Shell Analysis Schemes", *Computers & Structures*, Vol.89, pp. 285–301, 2011.

BATHE, K. J., LEE, P. S., and HILLER, J.F.

[A] "Towards Improving the MITC9 Shell Element," *Computers & Structures*, Vol.81, pp. 477–489, 2003.

BATHE, K. J., NITIKITPAIBOON,C., and WANG, X.

[A] “A Mixed Displacement-Based Finite Element Formulation for Acoustic Fluid–Structure Interaction,” *Computers & Structures*, Vol.56, pp. 225–237, 1995.

BATHE, K. J., and MONTÁNS, F.J.

[A] “On Modeling Mixed Hardening in Computational Plasticity”, *Computers & Structures*, Vol.82, pp.535–539, 2004.

BATHE, K. J., and NOH, G.

[A] “Insight into an Implicit Time Integration Scheme for Structural Dynamics”, *Computers & Structures*, Vol.98–99, pp. 1–6, 2012.

BATHE, K. J., and RAMASWAMY, S.

[A] “An Accelerated Subspace Iteration Method,” *Computer Methods in Applied Mechanics and Engineering*, Vol. 23, pp. 313–331, 1980.

BATHE, K. J., RAMM, E., and WILSON, E. L.

[A] “Finite Element Formulations for Large Deformation Dynamic Analysis,” *International Journal for Numerical Methods in Engineering*, Vol.9, pp. 353–386, 1975.

BATHE, K. J., and SONNAD, V.

[A] “On Effective Implicit Time Integration in Analysis of Fluid-Structure Problems,” *International Journal for Numerical Methods in Engineering*, Vol. 15, pp. 943–948, 1980.

BATHE, K. J., WALCZAK, J., WELCH, A., and MISTRY, N.

[A] “Nonlinear Analysis of Concrete Structures,” *Computers & Structures*, Vol. 32, pp. 563–590, 1989.

BATHE, K. J., WALCZAK, J., and ZHANG, H.

[A] “Some Recent Advances for Practical Finite Element Analysis,” *Computers & Structures*, Vol. 47, pp. 511–521, 1993.

BATHE, K. J., and WILSON, E. L.

[A] “Stability and Accuracy Analysis of Direct Integration Methods,” *International Journal of Earthquake Engineering and Structural Dynamics*, Vol. 1, pp. 283–291, 1973.

[B] “NONSAP—A General Finite Element Program for Nonlinear Dynamic Analysis of Complex Structures,” Paper No. M3-1, Proceedings, *Second Conference on Structural Mechanics in Reactor Technology*, Berlin, Sept. 1973.

[C] “Eigensolution of Large Structural Systems with Small Bandwidth,” *ASCE Journal of Engineering Mechanics Division*, Vol. 99, pp. 467–479, 1973.

[D] “Large Eigenvalue Problems in Dynamic Analysis,” *ASCE Journal of Engineering Mechanics Division*, Vol. 98, pp. 1471–1485, 1972.

BATHE, K. J., and ZHANG, H.

[A] "A Flow-Condition-Based Interpolation Finite Element Procedure for Incompressible Fluid Flows", *Computers & Structures*, Vol. 80, pp. 1267–1277, 2002.

[B] "Finite Element Developments for General Fluid Flows with Structural Interactions", *International Journal for Numerical Methods in Engineering*, Vol.60, pp.213–232, 2004.

[C] "A Mesh Adaptivity Procedure for CFD & Fluid-Structure Interactions", *Computers & Structures*, Vol.87, pp. 604–617, 2009.

BATHE, K. J., and ZHANG, L.

[A] "The Finite Element Method with Overlapping Elements: A New Paradigm for CAD Driven Simulations," *Computers & Structures*, 201X.

BATHE, K. J., ZHANG, H. and JI, S.

[A] "Finite Element Analysis of Fluid Flows Fully Coupled with Structural Interactions", *Computers & Structures*, Vol. 72, pp.1–16, 1999.

BATHE, K. J., ZHANG, H., and WANG, M. H.

[A] "Finite Element Analysis of Incompressible and Compressible Fluid Flows with Free Surfaces and Structural Interactions," *Computers & Structures*, Vol.56, pp. 193–214, 1995.

BATHE, K. J., ZHANG, H. and YAN,Y.

[A] "The Solution of Maxwell's Equations in Multiphysics", *Computers & Structures*, Vol.132, pp.99–112, 2014.

BATHE,M.

[A] "A Finite Element Framework for Computation of Protein Normal Modes and Mechanical Response," *Proteins: Structure, Function and Bioinformatics*, Vol.70, No.4, pp. 1595–1609, 2008.

BATQZ, J.-L., BATHE, K. J., and HO, L. W.

[A] "A Study of Three-Node Triangular Plate Bending Elements," *International Journal for Numerical Methods in Engineering*, Vol. 15, pp. 1771–1812, 1980.

BAUER, F. L.

[A] "Das Verfahren der Treppen-Iteration und Verwandte Verfahren zur Lösung Algebraischer Eigenwertprobleme," *Zeitschrift für Angewandte Mathematik und Physik*, Vol. 8, pp. 214–235, 1957.

BEIRĂO DA VEIGA, L., BREZZI, F., CANGIANI, A., MANZINI, G., MARINI, L.D., and RUSSO, A.

[A] "Basic Principles of Virtual Element Methods," *Mathematical Models Methods Applied Sciences*, Vol. 23, No.1, pp. 199–214, 2013.

BELYTSCHKO, T., LU, Y. L. and GU, L.

[A] "Element-free Galerkin methods," *International Journal for Numerical Methods in Engineering*, Vol. 37, No. 2, pp. 229–256, 1994.

BENÍTEZ, J. M., and MONTÁNS, F. J.

[A] "The Value of Numerical Amplification Matrices in Time Integration Methods," *Computers & Structures*, Vol.128, pp. 243–250, 2013.

BENZLEY, S. E.

[A] "Representation of Singularities with Isoparametric Finite Elements," *International Journal for Numerical Methods in Engineering*, Vol.8, pp.537–545, 1974.

BERTSEKAS, D. P.

[A] *Constrained Optimization and Lagrange Multiplier Methods*, Academic Press, New York, 1982.

BIĆANIĆ, N., and JOHNSON, K. H.

[A] "Who Was '-Raphson'?" *International Journal for Numerical Methods in Engineering*, Vol. 14, pp. 148–152, 1978.

BISCHOFF, M. and RAMM, E.

[A] "Shear Deformable Shell Elements for Large Strains and Rotations," *International Journal for Numerical Methods in Engineering*, Vol.40, pp. 4427–4449, 1997.

BREZZI, F.

[A] "On the Existence, Uniqueness and Approximation of Saddle-Point Problems Arising from Lagrangian Multipliers," *Revue Française d'Automatique Informatique Recherche Opérationnelle, Analyse Numérique*, Vol. 8, pp. 129–151, 1974.

BREZZI, F., and BATHE, K. J.

[A] "Studies of Finite Element Procedures—The Inf-Sup Condition, Equivalent Forms and Applications," in *Reliability of Methods for Engineering Analysis*, K. J. Bathe and D. R. J. Owen, eds., pp. 197–219, Pineridge Press, Swansea, 1986.

[B] "A Discourse on the Stability Conditions for Mixed Finite Element Formulations," *Computer Methods in Applied Mechanics and Engineering*, Vol. 82, pp. 27–57, 1990.

BREZZI, F., BATHE, K. J., and FORTIN, M.

[A] "Mixed-Interpolated Elements for Reissner/Mindlin Plates," *International Journal for Numerical Methods in Engineering*, Vol. 28, pp. 1787–1801, 1989.

BREZZI, F., and FORTIN, M.

[A] *Mixed and Hybrid Finite Element Methods*, Springer-Verlag, New York, 1991.

BREZZI, F., FORTIN, M., and STENBERG, R.

[A] "Error Analysis of Mixed-Interpolated Elements for Reissner-Mindlin Plates," *Mathematical Models and Methods in Applied Sciences*, Vol. 1, pp. 125–151, 1991.

BREZZI, F., and RUSSO, A.

[A] "Choosing Bubbles for Advection-Diffusion Problems," *Mathematical Models and Methods in Applied Sciences*, Vol.4, pp. 571–587, 1994.

BROOKS, A. N., and HUGHES, T. J. R.

[A] "Streamline Upwind/Petrov-Galerkin Formulations for Convection Dominated Flows with Particular Emphasis on the Incompressible Navier-Stokes Equations," *Computer Methods in Applied Mechanics and Engineering*, Vol. 32, pp. 199–259, 1982.

BUCALEM, M. L., and BATHE, K. J.

[A] "Higher-Order MITC General Shell Elements," *International Journal for Numerical Methods in Engineering*, Vol. 36, pp. 3729–3754, 1993.

[B] *The Mechanics of Solids and Structures—Hierarchical Modeling and the Finite Element Solution*, Springer, New York, 2001.

BUSHNELL, D., ALMROTH, B. O., and BROGAN, F.

[A] "Finite-Difference Energy Method for Nonlinear Shell Analysis," *Computers & Structures*, Vol. 1, pp. 361–387, 1971.

CAMINERO,M. Á., MONTÁNS, F. J. , and BATHE, K. J.

[A] "Modeling Large Strain Anisotropic Elasto-plasticity with Logarithmic Strain and Stress Measures," *Computers & Structures*, Vol.89, pp. 826–843, 2011.

CHAPELLE, D., and BATHE, K. J.

[A] "The Inf-Sup Test," *Computers & Structures*, Vol. 47, pp. 537–545, 1993.

[B] "Fundamental Considerations for the Finite Element Analysis of Shell Structures," *Computers & Structures*, Vol.66, pp. 19–36, 1998.

[C] "The Mathematical Shell Model Underlying General Shell Elements," *International Journal for Numerical Methods in Engineering*, Vol.48, pp. 289–313, 2000.

[D] "On the Ellipticity Condition for Model-Parameter Dependent Mixed Formulations," *Computers & Structures*, Vol.88, pp. 581–587, 2010.

[E] *The Finite Element Analysis of Shells – Fundamentals*, 2nd ed., Springer-Verlag, New York, 2011.

CHAPELLE, D., FERENT, A., and BATHE, K. J.

[A] "3D-Shell Elements and their Underlying Mathematical Model", *Mathematical Models & Methods in Applied Sciences*, Vol.14, pp. 105–142, 2004.

CHEUNG, Y. K.

[A] "Finite Strip Method of Analysis of Elastic Slabs," Proceedings, *American Society of Civil Engineers*, Vol. 94, EM6, pp. 1365–1378, 1968.

CHRISTIE, I., GRIFFITHS, D. F., MITCHELL, A. R., and ZIENKIEWICZ, O. C.

[A] "Finite Element Methods for Second Order Differential Equations with Significant First Derivatives," *International Journal for Numerical Methods in Engineering*, Vol. 10, pp. 1389–1396, 1976.

CHUNG, J., and HULBERT, G. H.

[A] "A Time Integration Algorithm for Structural Dynamics with Improved Numerical Dissipation: The Generalized-α Method," *Journal of Applied Mechanics-Transactions of the ASME*, Vol. 60, No. 2, pp. 371–375, 1993.

CIARLET, P. G.

[A] *The Finite Element Method for Elliptic Problems*, North Holland, New York, 1978.

CIARLET, P. G., and RAVIART, P.-A.

[A] "Interpolation Theory over Curved Elements with Applications to Finite Element Methods," *Computer Methods in Applied Mechanics and Engineering*, Vol. 1, pp. 217–249, 1972.

CIRAK, F., ORTIZ, M., and SCHRÖDER, P.

[A] "Subdivision Surfaces: A New Paradigm for Thin-Shell Finite-Element Analysis," *International Journal for Numerical Methods in Engineering*, Vol. 47, No.12, pp. 2039–2072, 2000.

CLOUGH, R. W.

[A] "The Finite Element Method in Plane Stress Analysis," Proceedings, *Second ASCE Conference on Electronic Computation*, Pittsburgh, pp. 345–378, Sept. 1960.

CLOUGH, R. W., and PENZIEN, J.

[A] *Dynamics of Structures*, McGraw-Hill, New York, 1975.

CLOUGH, R. W., and WILSON, E. L.

[A] "Stress Analysis of a Gravity Dam by the Finite Element Method," Proceedings, *Symposium on the Use of Computers in Civil Engineering*, pp. 29.1–29.22, Laboratorio Nacional de Engenharia Civil, Lisbon, Portugal, Oct. 1962.

COLLATZ, L.

[A] *The Numerical Treatment of Differential Equations*, 3rd ed., Springer-Verlag, New York, 1966.

COURANT, R.

[A] "Variational Methods for the Solution of Problems of Equilibrium and Vibrations," *Bulletin of the American Mathematical Society*, Vol. 49, pp. 1–23, 1943.

COURANT, R., FRIEDRICHS, K., and LEWY, H.

[A] "Über die Partiellen Differenzengleichungen der Mathematischen Physik," *Mathematische Annalen*, Vol. 100, pp. 32–74, 1928.

COURANT, R., and HILBERT, D.

[A] *Methods of Mathematical Physics*, John Wiley, New York, 1953.

COURANT, R., ISAACSON, E., and REES, M.

[A] "On the Solution of Non-Linear Hyperbolic Differential Equations by Finite Differences," *Communications on Pure and Applied Mathematics*, Vol.5, pp. 243–255, 1952.

COWPER, G. R.

[A] "Gaussian Quadrature Formulas for Triangles," *International Journal for Numerical Methods in Engineering*, Vol. 7, pp. 405–408, 1973.

CRAIG, R. R., JR.

[A] *Structural Dynamics*, John Wiley, New York, 1981.

CRANDALL, S. H.

[A] *Engineering Analysis*, McGraw-Hill, New York, 1956.

CRANDALL, S. H., DAHL, N. C., and LARDNER, T. J.

[A] *An Introduction to the Mechanics of Solids*, 2nd ed., McGraw-Hill, New York, 1978.

CRISFEELD, M. A.

[A] "A Fast Incremental/Iterative Solution Procedure that Handles Snap-Through," *Computers & Structures*, Vol. 13, pp. 55–62, 1981.

CROUZEIX, M., and RAVIART, P.A.

[A] "Conforming and Non-conforming Finite Element Methods for Solving the Stationary Stokes Equations," Revue Française d'Automatique Informatique Recherche Opérationnelle, *Analyse Numérique*, Vol. 7, pp. 33–75, 1973.

CUTHILL, E., and MCKEE, J.

[A] "Reducing the Bandwidth of Sparse Symmetric Matrices," Proceedings, *24th National Conference Association for Computing Machinery*, pp. 157–172, 1969.

DANIEL, W.J.T., and BELYTSCHKO, T.

[A] "Suppression of Spurious Intermediate Frequency Modes in Under-integrated Elements by Combined Stiffness/Viscous Stabilization," *International Journal for Numerical Methods in Engineering*, Vol.64, pp. 335–353, 2005.

DE, S. and BATHE, K.J.

[A] "The Method of Finite Spheres", *Computational Mechanics*, Vol.25, pp. 329–345, 2000.

[B] "The Method of Finite Spheres with Improved Numerical Integration", *Computers & Structures*, Vol.79, pp. 2183–2196, 2001.

[C] "Displacement/Pressure Mixed Interpolation in the Method of Finite Spheres", *International Journal for Numerical Methods in Engineering*, Vol.51, pp. 275–292, 2001.

DENNIS, J. E. Jr.

[A] "A Brief Survey of Convergence Results for Quasi-Newton Methods," Proceedings, *SIAM-AMS* Vol. 9, pp. 185–200, 1976.

DEILMANN, C. and BATHE, K.J.

[A] "A Holistic Method to Design an Optimized Energy Scenario and Quantitatively Evaluate Promising Technologies for Implementation," *International Journal of Green Energy*, Vol. 6, pp.1–21, 2009.

DESAI, C. S.

[A] "Finite Element Residual Schemes for Unconfined Flow," *International Journal for Numerical Methods in Engineering*, Vol. 10, pp. 1415–1418, 1976.

DESAI, C. S., and SIRIWARDANE, H. J.

[A] *Constitutive Laws for Engineering Materials: with Emphasis on Geologic Materials*, Prentice Hall, Englewood Cliffs, 1984.

DONEA, J., GIULIANI, S., and HALLEUX, J. P.

[A] "An Arbitrary Lagrangian-Eulerian Finite Element Method for Transient Dynamic Fluid-Structure Interactions," *Computer Methods in Applied Mechanics and Engineering*, Vol. 33, pp. 689–723, 1982.

DRUCKER, D. C, and PRAGER, W.

[A] "Soil Mechanics and Plastic Analysis or Limit Design," *Quarterly of Applied Mathematics*, Vol. 10, No. 2, pp. 157–165, 1952.

DUARTE, C.A., BABUŠKA, I., and ODEN, T.J.

[A] "Generalized Finite Element Methods for Three Dimensional Structural Mechanics Problems," *Computers & Structures*, Vol.77, pp. 215–232, 2000.

DUL, F. A., and ARCZEWSKI, K.

[A] "The Two-Phase Method for Finding a Great Number of Eigenpairs of the Symmetric or Weakly Non-symmetric Large Eigenvalue Problems," *Journal of Computational Physics*, Vol. 111, pp. 89–109, 1994.

DVORKIN, E. N., and BATHE, K. J.

[A] "A Continuum Mechanics Based Four-Node Shell Element for General Nonlinear Analysis," *Engineering Computations*, Vol. 1, pp. 77–88, 1984.

DVORKIN, E. N., and CUITIÑO, A. M. and GIOIA, G.

[A] "Finite Elements With Displacement-Interpolated Embedded Localization Lines Insensitive to Mesh Size and Distortion," *International Journal of Numerical Methods in Engineering*, Vol. 30, pp. 541–564, 1990.

DVORKIN, E. N., and GOLDSCHMIT, M. B.

[A] *Nonlinear Continua*, Springer-Verlag, New York, 2006.

El-ABBASI N. and BATHE, K. J.

[A] "Stability and Patch Test Performance of Contact Discretizations and a New Solution Algorithm", *Computers & Structures*, Vol. 79, pp. 1473–1486, 2001.

ERICSSON, T., and RUHE, A.

[A] "The Spectral Transformation Lanczos Method for the Numerical Solution of Large Sparse Generalized Symmetric Eigenvalue Problems," *Mathematics of Computation*, Vol. 35, pp. 1251–1268, 1980.

ETEROVIC, A. L., and BATHE, K. J.

[A] "A Hyperelastic-Based Large Strain Elasto-Plastic Constitutive Formulation with Combined Isotropic-Kinematic Hardening Using the Logarithmic Stress and Strain Measures," *International Journal for Numerical Methods in Engineering*, Vol. 30, pp. 1099–1114, 1990.

[B] "On Large Strain Elasto-Plastic Analysis with Frictional Contact Conditions," Proceedings, *Conference on Numerical Methods in Applied Science and Industry*, Politecnica di Torino, pp. 81–93, 1990.

[C] "On the Treatment of Inequality Constraints Arising from Contact Conditions in Finite Element Analysis," *Computers & Structures*, Vol. 40, pp. 203–209, 1991.

EVERSTINE, G. C.

[A] "A Symmetric Potential Formulation for Fluid-Structure Interaction," *Journal of Sound and Vibration*, Vol. 79, pp. 157–160, 1981.

FALK, S., and LANGEMEYER, P.

[A] "Das Jacobische Rotationsverfahren für reellsymmetrische Matrizenpaare," *Elektronische Datenverarbeitung*, pp. 30–34, 1960.

FLETCHER, R.

[A] "Conjugate Gradient Methods for Indefinite Systems," *Lecture Notes in Mathematics,* Vol. 506, pp. 73–89, Springer-Verlag, New York, 1976.

FORTIN, M., and GLOWINSKI, R.

[A] *Augmented Lagrangian Methods: Applications to the Numerical Solution of Boundary-Value Problems*, Elsevier Science Publishers, Amsterdam, 1983.

FRANCIS, J. G. F.

[A] "The QR Transformation, Parts 1 and 2," *The Computer Journal*, Vol. 4, pp. 265–271, 332–345, 1961.

FRIEDRICHS, K. O., and DRESSLER, R. F.

[A] "A Boundary-Layer Theory for Elastic Plates," *Communications on Pure and Applied Mathematics*, Vol. 14, pp. 1–33, 1961.

FRÖBERG, C. E.

[A] *Introduction to Numerical Analysis*, Addison-Wesley, Reading, 1969.

FUNG, Y. C.

[A] *Foundations of Solid Mechanics*, Prentice-Hall, Englewood Cliffs, 1965.

GALLAGHER, R. H.

[A] "Analysis of Plate and Shell Structures," Proceedings, *Symposium on the Application of Finite Element Methods in Civil Engineering*, Vanderbilt University, Nashville, pp. 155–205, 1969.

GAUDENZI, P. and BATHE, K. J.

[A] "An Iterative Finite Element Procedure for the Analysis of Piezoelectric Continua," *J. of Intelligent Material Systems and Structures*, Vol.6, No.2, pp. 266–273, 1995.

GAUSS, C. F,

[A] *Carl Friedrich Gauss Werke*, von der Königlichen Gesellschaft der Wissenschaften zu Göttingen, Vol. 4, 1873.

GEORGE, A., GILBERT, J. R., and LIU, J. W. H. (eds.)

[A] "*Graph Theory and Sparse Matrix Computation*," Institute for Mathematics and Its Applications, Vol. 56, Springer-Verlag, New York, 1993.

GHALI, A., and BATHE, K. J.

[A] "Analysis of Plates Subjected to In-Plane Forces Using Large Finite Elements," and "Analysis of Plates in Bending Using Large Finite Elements," *International Association for Bridge and Structural Engineering Bulletin*, Vol. 30–Ⅰ, pp. 69–72, Vol. 30–Ⅱ, pp. 29–40, 1970.

GIBBS, N. E., POOLE, W. G., JR., and STOCKMEYER, P. K.

[A] "An Algorithm for Reducing the Bandwidth and Profile of a Sparse Matrix," *SIAM Journal on Numerical Analysis*, Vol. 13, pp. 236–250, 1976.

GOLUB, G. H., and UNDERWOOD, R.

[A] "The Block Lanczos Method for Computing Eigenvalues," Proceedings, *Mathematical Software III*, J. R. Rice, ed., pp. 361–377, Academic Press, New York, 1977.

GOLUB, G. H., and VAN LOAN, C. F.

[A] *Matrix Computations*, Johns Hopkins University Press, Baltimore, 1983.

GRÄTSCH T., and BATHE, K. J.

[A] "A Posteriori Error Estimation Techniques in Practical Finite Element Analysis", *Computers & Structures,* Vol.83, pp. 235–265, 2005.

GREEN, A. E., and NAGHDI, P. M.

[A] "A General Theory of an Elastic-Plastic Continuum," *Archive for Rational Mechanics and Analysis*, Vol. 18, pp. 251–281, 1965.

GREEN, A. E., and ZERNA, W.

[A] *Theoretical Elasticity*, Clarendon Press, Oxford, 1954.

GRESHO, P. M., LEE, R. L., CHAN, S. T., and LEONE, J. M., JR.

[A] "A New Finite Element for Incompressible or Boussinesq Fluids," Proceedings, *Third International Conference on Finite Elements in Flow Problems*, D. H. Norrie, ed., Banff, Alberta, pp. 204–215, 1981.

GUYAN, R. J.

[A] "Reduction of Stiffness and Mass Matrices," *AIAA Journal*, Vol. 3, No.2, pp. 380, 1965.

HÄGGBLAD, B., and BATHE, K. J.

[A] "Specifications of Boundary Conditions for Reissner/Mindlin Plate Bending Finite Elements," *International Journal for Numerical Methods in Engineering*, Vol. 30, pp. 981–1011, 1990.

HAM, S., and BATHE, K. J.

[A] "A Finite Element Method Enriched for Wave Propagation Problems", *Computers & Structures*, Vol. 94–95, pp. 1–12, 2012.

HAM, S., LAI, B., and BATHE, K. J.

[A] "The Method of Finite Spheres for Wave Propagation Problems", *Computers & Structures*, Vol. 142, pp. 1–14, 2014.

HAMMER, P. C., MARLOWE, O. J., and STROUD, A. H.

[A] "Numerical Integration over Simplexes and Cones," *Mathematical Tables and other Aids to Computation*, Vol. 10, pp. 130–137, The National Research Council, Washington, DC, 1956.

HELLINGER, E.

[A] "Die allgemeinen Ansätze der Mechanik der Kontinua," Proceedings, *Encyklopädie der Mathematischen Wissenschaften*, F. Klein and C. Müller, eds., Vol. 4, Pt.4, pp. 601–694, Teubner Verlag, Leipzig, 1914.

HENSHELL, R. D., and SHAW, K. G.

[A] "Crack Tip Finite Elements Are Unnecessary," *International Journal for Numerical Methods in Engineering*, Vol. 9, pp. 495–507, 1975.

HERRMANN, L. R.

[A] "Elasticity Equations for Incompressible and Nearly Incompressible Materials by a Variational Theorem," *AIAA Journal*, Vol. 3, pp. 1896–1900, 1965.

HESTENES, M. R., and STIEFEL, E.

[A] "Methods of Conjugate Gradients for Solving Linear Systems," *Journal of Research of the National Bureau of Standards*, Vol. 49, pp. 409–436, 1952.

HILBER, H. M., HUGHES, T. J. R., and TAYLOR, R. L.

[A] "Improved Numerical Dissipation for Time Integration Algorithms in Structural Mechanics," *International Journal of Earthquake Engineering and Structural Dynamics*, Vol. 5, pp. 283–292, 1977.

HILL, R.

[A] "Aspects of Invariance in Solid Mechanics," Proceedings *Advances in Applied Mechanics*, C.-S. Yih, ed., Vol. 18, pp. 1–75, Academic Press, New York, 1978.

[B] *The Mathematical Theory of Plasticity*, Oxford University Press, Oxford, 1983.

HILLER, J. F., and BATHE, K. J.

[A] "On Higher-Order-Accuracy Points in Isoparametric Finite Element Analysis and Application to Error Assessment", *Computers & Structures*, Vol.79, pp. 1275–1285, 2001.

HINTON, E., and CAMPBELL, J. S.

[A] "Local and Global Smoothing of Discontinuous Finite Element Functions Using Least Squares Method," *International Journal for Numerical Methods in Engineering*, Vol. 8, pp. 461–480, 1979.

HODGE, P. G., BATHE, K. J., and DVORKIN, E. N.

[A] "Causes and Consequences of Nonuniqueness in an Elastic-Perfectly-Plastic Truss," *Journal of Applied Mechanics*, Vol. 53, pp. 235–241, 1986.

HOLDEN, J. T.

[A] "On the Finite Deflections of Thin Beams," *International Journal of Solids and Structures*, Vol. 8, pp. 1051–1055, 1972.

HONG, J.W., and BATHE, K. J.

[A] "Coupling and Enrichment Schemes for Finite Element and Finite Sphere Discretizations", *Computers & Structures*, Vol. 83, pp. 1386–1395, 2005.

HOOD, P., and TAYLOR, C.

[A] "Navier-Stokes Equations Using Mixed Interpolation," Proceedings, *Finite Element Methods in Flow Problems*, J. T. Oden, O. C. Zienkiewicz, R. H. Gallagher, and C. Taylor, eds., UAH Press, Huntsville, pp. 121–132, 1974.

HOUBOLT, J. C.

[A] "A Recurrence Matrix Solution for the Dynamic Response of Elastic Aircraft," *Journal of the Aeronautical Sciences*, Vol. 17, pp. 540–550, 1950.

HU, H. C.

[A] "On Some Variational Principles in the Theory of Elasticity and the Theory of Plasticity," *Scientia Sinica*, Vol. 4, pp. 33–54, 1955.

HUANG, H. C, and HINTON, E.

[A] "A New Nine Node Degenerated Shell Element with Enhanced Membrane and Shear Interpolation," *International Journal for Numerical Methods in Engineering*, Vol. 22, pp. 73–92, 1986.

HUERTA, A., and LIU, W. K.

[A] "Viscous Flow with Large Free Surface Motion," *Computer Methods in Applied Mechanics and Engineering*, Vol. 69, pp. 277–324, 1988.

HUGHES, T. J. R., COTTRELL,J. A. and BAZILEVS, Y.

[A] "Isogeometric Analysis: CAD, Finite elements, NURBS,Exact Geometry and Mesh Refinement," *Computer Methods Applied Mechanics Engineering*, Vol.194, No.39-41, pp. 4135–4195, 2005.

HUGHES, T. J. R., and TEZDUYAR, T. E.

[A] "Finite Elements Based upon Mindlin Plate Theory with Particular Reference to the Four-Node Bilinear Isoparametric Element," *Journal of Applied Mechanics*, Vol. 48, pp. 587–596, 1981.

IOSILEVICH, A. , BATHE, K. J. and BREZZI, F.

[A] "On Evaluating the Inf-Sup Condition for Plate Bending Elements", *International Journal for Numerical Methods in Engineering*, Vol.40, pp. 3639–3663, 1997.

IRONS, B. M.

[A] "Engineering Application of Numerical Integration in Stiffness Method," *AIAA Journal*, Vol. 4, pp. 2035–2037, 1966.

[B] "Numerical Integration Applied to Finite Element Methods," *Conference on the Use of Digital Computers in Structural Engineering*, University of Newcastle, England, 1966.

[C] "Quadrature Rules for Brick-Based Finite Elements," *International Journal for Numerical Methods in Engineering*, Vol. 3, pp. 293–294, 1971.

[D] "A Frontal Solution Program for Finite Element Analysis," *International Journal for Numerical Methods in Engineering*, Vol. 2, pp. 5–32, 1970.

IRONS, B. M., and RAZZAQUE, A.

[A] "Experience with the Patch Test for Convergence of Finite Elements," Proceedings, *The Mathematical Foundations of the Finite Element Method with Applications to Partial Differential Equations*, A. K. Aziz, ed., Academic Press, New York, pp. 557–587, 1972.

JACOBI, C. G. J.

[A] "Über ein leichtes Verfahren die in der Theorie der Säcularstörungen vorkommenden Gleichungen numerisch aufzulösen," *Crelle's Journal*, Vol. 30, pp. 51–94, 1846.

JANG, J., and PINSKY, P. M.

[A] "An Assumed Covariant Strain Based 9-Node Shell Element," *International Journal for Numerical Methods in Engineering*, Vol. 24, pp. 2389–2411, 1987.

JENNINGS, A.

[A] "A Direct Iteration Method of Obtaining Latent Roots and Vectors of a Symmetric Matrix," *Cambridge Philosophical Society*, Vol.63, pp.755–765, 1967.

JEON, H.M, LEE, P.S., and BATHE, K. J.

[A] "The MITC3 Shell Finite Element Enriched by Interpolation Covers," *Computers & Structures*, Vol. 134, pp. 128–142, 2014.

JOHNSON, C, NÄVERT, U., and PITKÄRANTA, J.

[A] "Finite Element Methods for the Linear Hyperbolic Problem," *Computer Methods in Applied Mechanics and Engineering*, Vol. 45, pp. 285–312, 1984.

KAGAN, P., FISCHER, A., and BAR-YOSEPH, P. Z.

[A] "New B-Spline Finite Element Approach for Geometrical Design and Mechanical Analysis," *International Journal for Numerical Methods in Engineering*, Vol.41, pp. 435–458, 1998.

KARDESTUNCER, H., and NORRIE, D. H. (eds.)

[A] *Finite Element Handbook*, McGraw-Hill, New York, 1987.

KATO, K., LEE, N. S., and BATHE, K. J.

[A] "Adaptive Finite Element Analysis of Large Strain Elastic Response," *Computers & Structures*, Vol. 47, pp. 829–855, 1993.

KAZANCI, Z., and BATHE, K. J.

[A] "Crushing and Crashing of Tubes with Implicit Time Integration," *Internatinal Journal of Impact Engineering*, Vol. 42, pp. 80–88, 2012.

KEY, S. W.

[A] "A Variational Principle for Incompressible and Nearly Incompressible Anisotropic Elasticity," *International Journal of Solids and Structures*, Vol. 5, pp. 951–964, 1969.

KIM, D. N., and BATHE, K. J.

[A] "A 4-node 3D-Shell Element to Model Shell Surface Tractions and Incompressible Behavior," *Computers & Structures*, Vol. 86, 2027–2041, 2008.

[B] "A Triangular Six-Node Shell Element," *Computers & Structures*, Vol.87, pp. 1451–1460, 2009.

KIM, D. N., MONTÁNS, F. J., and Bathe, K. J.

[A] "Insight into a Model for Large Strain Anisotropic Elasto-Plasticity," *Computational Mechanics*, Vol.44, pp. 651–668, 2009.

KIM,J. H.,and BATHE, K. J.

[A] "The Finite Element Method Enriched by Interpolation Covers," *Computers & Structures*, Vol. 116, pp. 35–49, 2013.

[B] "Towards a Procedure to Automatically Improve Finite Element Solutions by Interpolation Covers," *Computers & Structures*, Vol.131, pp. 81–87, 2014.

KOHNO, H., and BATHE, K. J.

[A] "Insight into the Flow-Condition-Based Interpolation Finite Element Approach: Solution of Steady-State Advection-Diffusion Problems," *International Journal for Numerical Methods in Engineering*, Vol.63, pp. 197–217, 2005.

[B] "A Flow-Condition-Based Interpolation Finite Element Procedure for Triangular Grids", *International Journal for Numerical Methods in Fluids*, Vol.51, pp. 673–699, 2006.

KOJIĆ, M., and BATHE, K. J.

[A] "Studies of Finite Element Procedures—Stress Solution of a Closed Elastic Strain Path with Stretching and Shearing Using the Updated Lagrangian Jaumann Formulation," *Computers & Structures*, Vol. 26, pp. 175–179, 1987.

[B] "The 'Effective-Stress-Function' Algorithm for Thermo-Elasto-Plasticity and Creep," *International Journal for Numerical Methods in Engineering*, Vol. 24, pp. 1509–1532, 1987.

[C] *Inelastic Analysis of Solids and Structures*, Springer-Verlag, New York, 2005.

KRÄTZIG, W. B., and JUN, D.

[A] "On 'Best' Shell Models—Form Classical Shells, Degenerated and Multilayered Concepts to 3D", *Archive of Applied Mechanics*, Vol.73, pp.1–25, 2003.

KRAUS, H.

[A] *Creep Analysis*, John Wiley, New York, 1980.

KREYSZIG, E.

[A] *Advanced Engineering Mathematics*, 5th ed., John Wiley, New York, 1983.

KRIEG, R. D., and KRIEG, D. B.

[A] "Accuracies of Numerical Solution Methods for the Elastic-Perfectly Plastic Model," *Journal of Pressure Vessel Technology*, Vol. 99, No. 4, pp. 510–515, 1977.

LANCZOS, C.

[A] "An Iteration Method for the Solution of the Eigenvalue Problem of Linear Differential and Integral Operators," *Journal of Research of the National Bureau of Standards*, Vol. 45, pp. 255–282, 1950.

LEE, E. H.

[A] "Elastic-Plastic Deformation at Finite Strains," *Journal of Applied Mechanics*, Vol. 36, pp. 1–6, 1969.

LEE, N. S., and BATHE, K. J.

[A] "Effects of Element Distortions on the Performance of Isoparametric Elements," *International Journal for Numerical Methods in Engineering*, Vol. 36, pp. 3553–3576, 1993.

[B] "Error Indicators and Adaptive Remeshing in Large Deformation Finite Element Analysis," *Finite Elements in Analysis and Design*, Vol. 16, pp. 99–139, 1994.

LEE, P.S., and BATHE, K. J.

[A] "Development of MITC Isotropic Triangular Shell Finite Elements," *Computers & Structures*, Vol.82, pp. 945–962, 2004.

[B] "Insight into Finite Element Shell Discretizations by Use of the Basic Shell Mathematical Model," *Computers & Structures*, Vol.83, pp. 69–90, 2005.

[C] "The Quadratic MITC Plate and MITC Shell Elements in Plate Bending," *Advances in Engineering Software*, Vol.41, pp. 712–728, 2010.

LEE, Y., LEE, P.S., and BATHE, K. J.

[A] "The MITC3+ Shell Element and its Performance", *Computers & Structures*, Vol.138, pp.12–23, 2014.

LETALLEC, P., and RUAS, V.

[A] "On the Convergence of the Bilinear Velocity-Constant Pressure Finite Element Method in Viscous Flow," *Computer Methods in Applied Mechanics and Engineering*, Vol. 54, pp. 235–243, 1986.

LIENHARD, J. H.

[A] *A Heat Transfer Textbook*, Prentice-Hall, Englewood Cliffs, 1987.

LIU,G. R.

[A] *Mesh Free Methods: Moving Beyond the Finite Element Method*, 2nd ed, CRC press, BocaRaton, 2012.

LIU, W. K., HU,Y. K., and BELYTSCHKO, T.

[A] "Multiple Quadrature Underintegrated Finite Elements," *International Journal for Numerical Methods in Engineering*. Vol. 37, pp. 3263–3289, 1994.

LIU, W. K., JUN, S., and ZHANG, Y. F.

[A] "Reproducing Kernel Particle Methods," *International Journal for Numerical Methods in Fluids*, Vol.20, No.8–9, pp. 1081–1106, 1995.

LIGHTFOOT, E.

[A] *Moment Distribution: A Rapid Method of Analysis for Rigid-Jointed Structures*, Taylor. & Francis, London, 1961.

LISZKA, T. J., DUARTE, C. A. M., and TWORZYDLO, W. W.

[A] "Hp-Meshless Cloud Method," *Computer Methods in Applied Mechanics and Engineering*, Vol. 139, pp.263–288, 1996.

LOVADINA, C.

[A] "Analysis of Strain-Pressure Finite Element Methods for the Stokes Problem," *Numerical Methods for Differential Equations*, Vol.13, pp. 717–730, 1997.

LOWAN, A. N., DAVIDS, N., and LEVENSON, A.

[A] "Table of the Zeros of the Legendre Polynomials of Order 1–16 and the Weight Coefficients for Gauss' Mechanical Quadrature Formula," *Bulletin of the American Mathematical Society*, Vol. 48, pp. 739–743, 1942.

LUBLINER, J.

[A] "Normality Rules in Large-Deformation Plasticity," *Mechanics of Materials*, Vol. 5, pp. 29–34, 1986.

MA, S. M., and BATHE, K. J.

[A] "On Finite Element Analysis of Pipe Whip Problems," *Nuclear Engineering and Design*, Vol. 37, pp. 413–430, 1976.

MA, G. W., AN, X. W., ZHANG, H. H., and LI, L. X.

[A] "Modeling Complex Crack Problem Using the Numerical Manifold Method," *International Journal of Fracture*, Vol. 156, pp. 21–25, 2009.

MACNEAL, R. H.

[A] "Derivation of Element Stiffness Matrices by Assumed Strain Distributions," *Nuclear Engineering and Design*, Vol. 70, pp. 3–12, 1982.

MALVERN, L. E.

[A] *Introduction to the Mechanics of a Continuous Medium*, Prentice-Hall, Englewood Cliffs, 1969.

MANTEUFFEL, T. A.

[A] "An Incomplete Factorization Technique for Positive Definite Linear Systems," *Mathematics of Computation*, Vol. 34, pp. 473–497, 1980.

MARTIN, R. S., PETERS, G., and WILKINSON, J. H.

[A] "Symmetric Decomposition of a Positive Definite Matrix," *Numerische Mathematik*, Vol. 7, pp. 362–383, 1965.

MARTIN, R. S., REINSCH, C., and WILKINSON, J. H.

[A] "Householder's Tridiagonalization of a Symmetric Matrix," *Numerische Mathematik*, Vol. 11, pp. 181–195, 1968.

MATTHIES, H.

[A] "Computable Error Bounds for the Generalized Symmetric Eigenproblem," *Communications in Applied Numerical Methods*, Vol. 1, pp. 33–38, 1985.

[B] "A Subspace Lanczos Method for the Generalized Symmetric Eigenproblem," *Computers & Structures*, Vol. 21, pp. 319–325, 1985.

MATTHIES, H., and STRANG, G.

[A] "The Solution of Nonlinear Finite Element Equations," *International Journal for Numerical Methods in Engineering*, Vol. 14, pp. 1613–1626, 1979.

MEIJERINK, J. A., and van DER VORST, H. A.

[A] "Guidelines for the Usage of Incomplete Decompositions in Solving Sets of Linear Equations as They Occur in Practical Problems," *Journal of Computational Physics*, Vol. 44, pp. 134–155, 1981.

MELENK, J. M. and BABUŠKA, I.

[A] "The Partition of Unity Finite Element Method: Basic Theory and Applications," *Computer Methods in Applied Mechanics and Engineering*, Vol. 139, No. 1–4, pp. 289–314, 1996.

MENDELSON, A.

[A] *Plasticity: Theory and Application*, Robert E. Krieger, Malabar, 1983.

MIKHLIN, S. G.

[A] *Variational Methods in Mathematical Physics*, Pergamon Press, Elmsford, 1964.

MINDLIN, R. D.

[A] "Influence of Rotary Inertia and Shear on Flexural Motion of Isotropic Elastic Plates," *Journal of Applied Mechanics*, Vol. 18, pp. 31–38, 1951.

MINKOWYCZ, W. J., SPARROW, E. M., SCHNEIDER, G. E., and PLETCHER, R. H.

[A] *Handbook of Numerical Heat Transfer*, John Wiley & Sons, Inc., New York, 1988.

MOËS, N., DOLBOW, J., and BELYTSCHKO, T.

[A] "A Finite Element Method for Crack Growth without Remeshing," *International Journal for Numerical Methods in Engineering*, Vol.46, pp. 131–150, 1999.

MONTÁNS, F. J. and BATHE, K. J.

[A] "Computational Issues in Large Strain Elasto-Plasticity: An Algorithm for Mixed Hardening and Plastic Spin," *International Journal for Numerical Methods in Engineering*, Vol.63, pp.159–196, 2005.

NEWMARK, N. M.

[A] "A Method of Computation for Structural Dynamics," *ASCE Journal of Engineering Mechanics Division*, Vol. 85, pp. 67–94, 1959.

NITIKITPAIBOON, C., and BATHE, K. J.

[A] "Fluid-Structure Interaction Analysis with a Mixed Displacement-Pressure Formulation," Proceedings, *Mechanical Engineering Department, Report 92-1, Massachusetts Institute of Technology*, Finite Element Research Group, Cambridge, 1992.

[B] "An Arbitrary Lagrangian-Eulerian Velocity Potential Formulation for Fluid-Structure Interaction," *Computers & Structures*, Vol. 47, pp. 871–891, 1993.

NOBLE, B.

[A] *Applied Linear Algebra*, Prentice-Hall, Englewood Cliffs, 1969.

NOELS, L., and RADOVITZKY,R.

[A] "A General Discontinuous Galerkin Method for Finite Hyperelasticity. Formulation and Numerical Applications," *International Journal for Numerical Methods in Engineering*, Vol.68, pp. 64–97, 2006.

NOH, G., and BATHE, K. J.

[A] "An Explicit Time Integration Scheme for the Analysis of Wave Propagations", *Computers & Structures*, Vol.129, pp. 178–193, 2013.

NOH,G., HAM, S., and BATHE, K. J.

[A] "Performance of An Implicit Time Integration Scheme in the Analysis of Wave Propagations", *Computers & Structures*, Vol.123, pp. 93–105, 2013.

NOOR, A. K.

[A] "Bibliography of Books and Monographs on Finite Element Technology," *Applied Mechanics Reviews*, Vol. 44, No. 6, pp. 307–317, 1991.

ODEN, J. T., and BATHE, K. J.

[A] "A Commentary on Computational Mechanics," *Applied Mechanics Reviews*, Vol. 31, No. 8, pp. 1053–1058, 1978.

ODEN, J. T., DUARTE,C.A., and ZIENKIEWICZ, O. C.

[A] "A New Cloud-Based hp Finite Element Method," *Computer Methods in Applied Mechanics and Engineering*, Vol. 153, pp.117–126, 1998.

OGDEN, R. W.

[A] *Nonlinear Elastic Deformations*, Ellis Horwood, Chichester, 1984.

OLSON, L. G., and BATHE, K. J.

[A] "Analysis of Fluid- Structure Interactions. A Direct Symmetric Coupled Formulation Based on the Fluid Velocity Potential," *Computers & Structures*, Vol. 21, pp. 21–32, 1985.

OÑATE,E., IDELSOHN,S., ZIENKIEWICZ, O. C., and TAYLOR, R. L.

[A] "A Finite Point Method in Computational Mechanics. Applications to Convective Transport and Fluid Flow," *International Journal for Numerical Methods in Engineering*, Vol. 39, No.2, pp.3839–3866, 1996.

ORTIZ, M., and POPOV, E. P.

[A] "Accuracy and Stability of Integration Algorithms for Elastoplastic Constitutive Relations," *International Journal for Numerical Methods in Engineering*, Vol. 21, pp. 1561–1576, 1985.

OSTROWSKI, A. M.

[A] "On the Convergence of the Rayleigh Quotient Iteration for the Computation of the Characteristic Roots and Vectors, Parts I-VI," *Archive for Rational Mechanics and Analysis*, Vols. 1–3, 1958–1959.

PAIGE, C. C.

[A] "Computational Variants of the Lanczos Method for the Eigenproblem," *Journal of the Institute of Mathematics and Its Applications*, Vol. 10, pp. 373–381, 1972.

[B] "Accuracy and Effectiveness of the Lanczos Algorithm for the Symmetric Eigenproblem," *Linear Algebra and Its Applications*, Vol. 34, pp. 235–258, 1980.

PANTUSO, D., and BATHE, K. J.

[A] "A Four-Node Quadrilateral Mixed-Interpolated Element for Solids and Fluids," *Mathematical Models & Methods in Applied Sciences*, Vol.5, No.8, pp. 1113–1128, 1995.

[B] "On the Stability of Mixed Finite Elements in Large Strain Analysis of Incompressible Solids," *Finite Elements in Analysis and Design*, Vol.28, pp. 83–104, 1997.

PANTUSO,D., BATHE, K. J., and BOUZINOV, P.A.

[A] "A Finite Element Procedure for the Analysis of Thermo-Mechanical Solids in Contact," *Computers & Structures*, Vol.75, pp. 551–573, 2000.

PARK, K. C, and STANLEY, G. M.

[A] "A Curved C^0 Shell Element Based on Assumed Natural-Coordinate Strains," *Journal of Applied Mechanics*, Vol. 53, pp. 278–290, 1986.

PARLETT, B. N.

[A] "Global Convergence of the Basic QR Algorithm on Hessenberg Matrices," *Mathematics of Computation*, Vol. 22, pp. 803–817, 1968.

[B] "Convergence of the QR Algorithm," *Numerische Mathematik*, Vol.7, pp.187–193, 1965; Vol. 10, pp. 163–164, 1967.

PARLETT, B. N., and SCOTT, D. S.

[A] "The Lanczos Algorithm with Selective Orthogonalization," *Mathematics of Computation*, Vol. 33, No. 145, pp. 217–238, 1979.

PATANKAR, S. V.

[A] *Numerical Heat Transfer and Fluid Flow*, Hemisphere Publishing, Carlsbad, 1980.

PATERA, A. T.

[A] "A Spectral Element Method for Fluid Dynamics: Laminar Flow in a Channel Expansion," *Journal of Computational Physics*, Vol. 54, pp. 468–488, 1984.

PAYEN, D. J., and BATHE, K. J.

[A] "A Stress Improvement Procedure", *Computers & Structures*, Vol. 112–113, pp. 311–326, 2012.

PERZYNA, P.

[A] "Fundamental Problems in Viscoplasticity," *Advances in Applied Mechanics*, Vol. 9, pp. 243–377, 1966.

PIAN, T. H. H., and TONG, P.

[A] "Basis of Finite Element Methods for Solid Continua," *International Journal for Numerical Methods in Engineering*, Vol. 1, pp. 3–28, 1969.

PRADLWARTER, H. J. , SCHUËLLER, G. I., and SZEKELY, G. S.

[A] " Random Eigenvalue Problems for Large Systems," *Computers & Structures*, Vol.80, pp. 2415–2424, 2002.

PRZEMIENIECKI, J. S.

[A] "Matrix Structural Analysis of Substructures," *AIAA Journal*, Vol. 1, pp. 138–147, 1963.

RABINOWICZ, E.

[A] *Friction and Wear of Materials*, John Wiley, New York, 1965.

RABCZUK, T. , BELYTSCHKO, T., and XIAO, S.P.

[A] "Stable Particle Methods Based on Lagrangian Kernels," *Computer Methods in Applied Mechanics and Engineering*, Vol.193, pp. 1035–1063, 2004.

RAMM, E.

[A] "Strategies for Tracing Nonlinear Responses Near Limit Points," Proceedings, *Nonlinear Finite Element Analysis in Structural Mechanics*, W. Wunderlich, E. Stein, and K. J. Bathe, eds., pp. 63–89, Springer-Verlag, New York, 1981.

REID, J. K.

[A] "On the Method of Conjugate Gradients for the Solution of Large Sparse Systems of Linear Equations," *Conference on Large Sparse Sets of Linear Equations*, St. Catherine's College, Oxford, pp. 231–254, 1970.

REISSNER, E.

[A] "On a Variational Theorem in Elasticity," *Journal of Mathematics and Physics*, Vol. 29, pp. 90–95, 1950.

[B] "The Effect of Transverse Shear Deformation on the Bending of Elastic Plates," *Journal of Applied Mechanics*, Vol. 67, pp. A69–A77, 1945.

[C] "On the Theory of Transverse Bending of Elastic Plates," *International Journal of Solids and Structures*, Vol. 12, pp. 545–554, 1976.

RICE, J. R.

[A] "Continuum Mechanics and Thermodynamics of Plasticity in Relation to Microscale Deformation Mechanisms," Proceedings, *Constitutive Equations in Plasticity*, A. S. Argon, ed., pp. 23–79, M.I.T. Press, Cambridge, 1975.

RICHTMYER, R. D., and MORTON, K. W.

[A] *Difference Methods for Initial Value Problems*, 2nd ed., John Wiley, New York, 1967.

RIKS, E.

[A] "An Incremental Approach to the Solution of Snapping and Buckling Problems," *International Journal of Solids and Structures*, Vol. 15, pp. 529–551, 1979.

RITCHIE, R. O., and BATHE, K. J.

[A] "On the Calibration of the Electrical Potential Technique for Monitoring Crack Growth Using Finite Element Methods," *International Journal of Fracture*, Vol. 15, No. 1, pp. 47–55, 1979.

RITZ, W.

[A] "Über eine neue Methode zur Lösung gewisser Variationsprobleme der mathematischen Physik," *Zeitschrift für Angewandte Mathematik und Mechanik*, Vol. 135, Heft 1, pp. 1–61, 1908.

RIVLIN, R. S.

[A] "Large Elastic Deformations of Isotropic Materials IV. Further Developments of the General Theory," *Philosophical Transactions of the Royal Society of London*, Vol. A 241, pp. 379–397, 1948.

RODI, W.

[A] "Turbulence Models and their Application in Hydraulics—A State of the Art Review," *International Association for Hydraulic Research*, Delft, 1984.

ROLPH, W. D., III, and BATHE, K. J.

[A] "An Efficient Algorithm for Analysis of Nonlinear Heat Transfer with Phase Changes," *International Journal for Numerical Methods in Engineering*, Vol.18, pp.119–134, 1982.

RUBINSTEIN, M. F.

[A] "Combined Analysis by Substructures and Recursion," *ASCE Journal of the Structural Division*, Vol. 93, No. ST2, pp. 231–235, 1967.

RUGONYI, S., and BATHE, K. J.

[A] "On the Finite Element Analysis of Fluid Flows Fully Coupled with Structural Interactions," *Computer Modeling in Engineering & Sciences*, Vol.2, pp. 195–212, 2001.

RUTISHAUSER, H.

[A] "Deflation bei Bandmatrizen," *Zeitschrift für Angewandte Mathematik und Physik*, Vol. 10, pp. 314–319, 1959.

[B] "Computational Aspects of F. L. Bauer's Simultaneous Iteration Method," *Numerische Mathematik*, Vol.13, pp. 4–13, 1969.

SAAD, Y., and SCHULTZ, M. H.

[A] "GMRES: A Generalized Minimal Residual Algorithm for Solving Nonsymmetric Linear Systems," *SIAM Journal on Scientific and Statistical Computing*, Vol.7, pp. 856–869, 1986.

SAAD, Y.

[A] *Iterative Methods for Sparse Linear Systems*, 2nd ed., Society for Industrial and Applied Mathematics, Philadelphia, 2003.

SCHLICHTING, H.

[A] *Boundary-Layer Theory*, 7th ed., McGraw-Hill, New York, 1979.

SCHREYER, H. L., KULAK, R. F., and KRAMER, J. M.

[A] "Accurate Numerical Solutions for Elastic-Plastic Models," *Journal of Pressure Vessel Technology*, Vol.101, pp. 226–234, 1979.

SCHWEIZERHOF, K., and RAMM, E.

[A] "Displacement Dependent Pressure Loads in Nonlinear Finite Element Analysis," *Computers & Structures*, Vol.18, pp. 1099–1114, 1984.

SEDEH, R. S. , BATHE, M., and BATHE, K.J.

[A] "The Subspace Iteration Method in Protein Normal Mode Analysis," *Journal Computational Chemistry*, Vol.31, pp.66–74, 2010.

SEIDEL, L.

[A] "Über ein Verfahren die Gleichungen auf welche die Methode der Kleinsten Quadrate führt, sowie lineare Gleichungen überhaupt durch successive Annäherung aufzulösen," *Abhandlungen Bayerische Akademie der Wissenschaften*, Vol.11, pp. 81–108, 1874.

SHI, G. H.

[A] "Manifold Method of Material Analysis," Proceedings, *Transaction of the 9th Army Conference on Applied Mathematics and Computing, Report No.*92-1,US Army Research Office, 1991.

SILVESTER, P.

[A] "Newton-Cotes Quadrature Formulae for N-dimensional Simplexes," Proceedings, *2nd Canadian Congress on Applied Mechanics*, Waterloo, pp. 361–362, 1969.

SIMO, J. C.

[A] "A Framework for Finite Strain Elastoplasticity Based on Maximum Plastic Dissipation and the Multiplicative Decomposition: Part I: Continuum Formulation," *Computer Methods in Applied Mechanics and Engineering*, Vol. 66, pp. 199–219, 1988; "Part II: Computational Aspects," *Computer Methods in Applied Mechanics and Engineering*, Vol. 68, pp. 1–31, 1988.

SIMO, J. C, WRIGGERS, P., and TAYLOR, R. L.

[A] "A Perturbed Lagrangian Formulation for the Finite Element Solution of Contact Problems," *Computer Methods in Applied Mechanics and Engineering*, Vol. 50, pp. 163–180, 1985.

SNYDER, M. D., and BATHE, K. J.

[A] "A Solution Procedure for Thermo-Elastic-Plastic and Creep Problems," *Nuclear Engineering and Design*, Vol.64, pp. 49–80, 1981.

SPALDING, D. B.

[A] "A Novel Finite-Difference Formulation for Differential Expressions Involving Both First and Second Derivatives," *International Journal for Numerical Methods in Engineering*, Vol.4, pp. 551–559, 1972.

SPARROW, E. M., and CESS, R. D.

[A] *Radiation Heat Transfer* (augmented edition), Hemisphere Publishing, Carlsbad, 1978.

STOER, J., and BULIRSCH, R.

[A] *Introduction to Numerical Analysis*, Springer-Verlag, New York, 1993.

STOLARSKI, H., and BELYTSCHKO, T.

[A] "Shear and Membrane Locking in Curved C^0 Elements," *Computer Methods in Applied Mechanics and Engineering*, Vol. 41, pp. 279–296, 1983.

STRANG, G., and FIX, G. J.

[A] *An Analysis of the Finite Element Method*, Prentice-Hall, Englewood Cliffs, 1973.

STROUBOULIS, T., COPPS, K., and BABUŠKA, I.

[A] "The Generalized Finite Element Method," *Computer Methods in Applied Mechanics and Engineering*, Vol.190, No.32–33, pp.4081–4193, 2001.

STROUD, A. H., and SECREST, D.

[A] *Gaussian Quadrature Formulas*, Prentice-Hall, Englewood Cliffs, 1966.

SUKUMAR, N., MOËS, N., MORAN, B., and BELYTSCHKO, T.

[A] "Extended Finite Element Method for Three-Dimensional Crack Modelling," *International Journal for Numerical Methods in Engineering*, Vol. 48, No.11, pp. 1549–1570, 2000.

SUSSMAN, T., and BATHE, K. J.

[A] "Studies of Finite Element Procedures—Stress Band Plots and the Evaluation of Finite Element Meshes," *Engineering Computations*, Vol. 3, pp. 178–191, 1986.

[B] "A Finite Element Formulation for Nonlinear Incompressible Elastic and Inelastic Analysis," *Computers & Structures*, Vol.26, pp. 357–409, 1987.

[C] "A Model of Incompressible Isotropic Hyperelastic Material Behavior using Spline Interpolations of Tension-Compression Test Data," *Communications in Numerical Methods in Engineering*, Vol.25, pp. 53–63, 2009.

[D] "3D-shell Elements for Structures in Large Strains," *Computers & Structures*, Vol.122, pp. 2–12, 2013.

[E] "Spurious Modes in Geometrically Nonlinear Small Displacement Finite Elements with Incompatible Modes," *Computers & Structures*, Vol.140, pp. 14–22, 2014.

SYNGE, J. L.

[A] *The Hypercircle in Mathematical Physics*, Cambridge University Press, London, 1957.

SZABÓ, B., and BABUŠKA, I.

[A] *Introduction to Finite Element Analysis: Formulation, Verification and Validation*, John Wiley, New York, 1991.

TAIG, I. C.

[A] *Structural Analysis by the Matrix Displacement Method*, English Electric Aviation Report S017, 1962.

TEDESCO, J.W., MCDOUGAL, W.G., and ROSS, C.A.

[A] *Structural Dynamics,Theory and Applications*, Addison-Wesley, Reading, 1998.

THOMAS, G. B., and FINNEY, R. L.

[A] *Calculus and Analytical Geometry*, 8th ed., Addison-Wesley, Reading, 1992.

TIAN, R., YAGAWA, G., and TERASAKA, H.

[A] "Linear Dependence Problems of Partition of Unity-Based Generalized FEMs," *Computer Methods in Applied Mechanics and Engineering*, Vol.195, pp. 4768–4782, 2006.

TIMOSHENKO, S., and GOODIER, J. N.

[A] *Theory of Elasticity*, 3rd ed., McGraw-Hill, New York, 1970.

TIMOSHENKO, S., and WOINOWSKY-KRIEGER, S.

[A] *Theory of Plates and Shells*, 2nd ed., McGraw-Hill, New York, 1959.

TURNER, M. J., CLOUGH, R. W., MARTIN, H. C, and TOPP, L. J.

[A] "Stiffness and Deflection Analysis of Complex Structures," *Journal of the Aeronautical Sciences*, Vol. 23, pp. 805–823, 1956.

VARGA, R. S.

[A] *Matrix Iterative Analysis*, Prentice-Hall, Englewood Cliffs, 1962.

VERRUIJT, A.

[A] *Theory of Groundwater Flow*, Gordon and Breach, New York, 1970.

WANG, X.

[A] *Fundamentals of Fluid-Solid Interactions:Analytical and Computational Approaches*, Oxford University Press, Oxford, 2008.

WANG, X., and BATHE, K. J.

[A] "On Mixed Finite Elements for Acoustic Fluid-Structure Interactions," *Mathematical Models and Methods in Applied Sciences*, Vol. 7, No.3, pp. 329–343, 1997.

WASHIZU, K.

[A] "On the Variational Principles of Elasticity and Plasticity," *Aeroelastic and Structures Research Laboratory Technical Report* No. 25–18, Massachusetts Institute of Technology, Cambridge, 1955.

[B] *Variational Methods in Elasticity and Plasticity*, Pergamon Press, Elmsford, 1975.

WEBER, G., and ANAND, L.

[A] "Finite Deformation Constitutive Equations and A Time Integrated Procedure for Isotropic Hyperelastic—Viscoplastic Solids," *Computer Methods in Applied Mechanics and Engineering*, Vol.79, No.2, pp. 173–202,1990.

WHITE, F. M.

[A] *Fluid Mechanics*, McGraw-Hill, New York, 1986.

WILKINS, M. L.

[A] "Calculation of Elastic-Plastic Flow," in B. Alder, S. Fernbach, and M. Rotenberg (eds.), *Methods in Computational Physics*, Vol. 3, pp. 211–263, Academic Press, New York, 1964.

WILKINSON, J. H.

[A] *The Algebraic Eigenvalue Problem*, Oxford University Press, New York, 1965.

[B] "The QR Algorithm for Real Symmetric Matrices with Multiple Eigenvalues," *The Computer Journal*, Vol.8, pp. 85–87, 1965.

WILSON, E. L.

[A] "Structural Analysis of Axisymmetric Solids," *AIAA Journal*, Vol.3, pp.2269–2274, 1965.

[B] "The Static Condensation Algorithm," *International Journal for Numerical Methods in Engineering*, Vol.8, pp. 199–203, 1974.

WILSON, E. L., FARHOOMAND, I., and BATHE, K. J.

[A] "Nonlinear Dynamic Analysis of Complex Structures," *International Journal of Earthquake Engineering and Structural Dynamics*, Vol.1, pp. 241–252, 1973.

WILSON, E. L., and IBRAHIMBEGOVIC, A.

[A] "Use of Incompatible Displacement Modes for the Calculation of Element Stiffness and Stresses," *Finite Elements in Analysis and Design*, Vol.7, pp. 229–241, 1990.

WILSON, E. L., TAYLOR, R. L., DOHERTY, W. P., and GHABOUSSI, J.

[A] "Incompatible Displacement Models," Proceedings, *Numerical and Computer Methods in Structural Mechanics*, S. J. Fenves, N. Perrone, A. R. Robinson, and W C. Schnobrich, eds., Academic Press, New York, pp. 43–57, 1973.

WRIGGERS, P.

[A] *Computational Contact Mechanics*, 2nd ed., Springer-Verlag, New York, 2006.

WRIGGERS, P., and REESE, S.

[A] "A Note on Enhanced Strain Methods for Large Deformations," *Computer Methods in Applied Mechanics and Engineering*, Vol.135, No.3–4, pp. 201–209, 1996.

WUNDERLICH, W.

[A] "Ein verallgemeinertes Variationsverfahren zur vollen oder teilweisen Diskretisierung mehrdimensionaler Elastizitätsprobleme," *Ingenieur-Archiv*, Vol.39, pp. 230–247, 1970.

ZAVARISE,G., WRIGGERS,P., and B. A. SCHREFLER

[A] "A Method for Solving Contact Problems," *International Journal for Numerical Methods in Engineering*, Vol. 42, pp. 473–498, 1998.

ZHAO, Q. C., CHEN, P., PENG, W. B., GONG, Y. C., and YUAN, M. W.

[A] "Accelerated Subspace Iteration with Aggressive Shift," *Computers & Structures*, Vol.85, pp. 1562–1578, 2007.

ZHONG, W., and QIU, C.

[A] "Analysis of Symmetric or Partially Symmetric Structures," *Computer Methods in Applied Mechanics and Engineering*, Vol.38, pp. 1–18, 1983.

ZIENKIEWICZ, O. C, and CHEUNG, Y. K.

[A] *The Finite Element Method in Structural and Continuum Mechanics*, McGraw-Hill, 1967; 4th ed. by O. C. Zienkiewicz and R. L. Taylor, Vols. 1 and 2, 1989/1990.

ZIENKIEWICZ, O. L, and ZHU,J. Z.

[A] "The Superconvergent Patch Recovery and a Posteriori Error Estimates. part 1: the Recovery Technique," *International Journal for Numerical Methods in Engineering*, Vol.33, pp. 1331–1364, 1992.

ŻYCZKOWSKI, M.

[A] *Combined Loadings in the Theory of Plasticity*, Polish Scientific, Warsaw, 1981.

索引

索引页码为本书页边方括号中的页码, 对应英文版的页码.

I

P

T

W

Z

译者后记

麻省理工学院克劳斯 – 佑庚 · 巴特 (Klaus-Jürgen Bathe) 教授撰写的 *Finite Element Procedures* 是有限元法领域的一本经典著作. 我在科研工作中利用有限元法进行了一些结构和固体缺陷的数值分析, 也试着把 *Finite Element Procedures* 部分章节译成中文, 供自己学习提高. 2011 年我获得了国家公派留学访问资格, 一年后, 我联系了巴特教授, 并于 2013 年 2 月, 作为客座科学家, 加入麻省理工学院巴特教授有限元研究团队. 我在 2 月份开始的春季学期中, 跟班学习了巴特教授为研究生开设的有限元课和其他教授开设的研究生课; 9 月份开始的秋季学期中跟班学习了巴特教授为本科生开设的有限元课以及其他教授的课. 这些经历让我终生难忘.

一年访学结束后, 我按时回国, 但翻译完善工作一直在持续. 2014 年 10 月 *Finite Element Procedures* 原著第二版正式出版了; 又经过近一年的努力, 我终于完成了这本著作的翻译工作. 巴特教授和我原打算在互联网上免费发布, 后来巴特教授认为, 应先在著名出版社出版纸版书籍. 我联系了几家著名出版社, 最后选择了高等教育出版社.

我感谢巴特教授为我提供在 MIT 访问的机会, 并授权翻译和出版其著作的中文版. 巴特教授亲自参与译著书名的确定, 英文版每一点修改, 都及时提供给我. 巴特教授的学术风范和人格魅力让我折服, 给我力量. 这次学术访问极大地丰富了我的人生. 我感谢巴特教授研究团队的研究人员和学生, 在我有疑问时总是向他们请教, 并始终得到耐心的解答. 我感谢 Midwestern State University 汪晓东博士和 ADINA R&D 公司计算流体研发总管侯彰博士审阅了全书. 在翻译出版过程中, 高等教育出版社冯英编辑做了大量工作, 我感谢冯编辑高度的责任感、细致的工作和耐心.

我感谢国家留学基金管理委员会给我提供机会和资金 (2011842386), 全额资助我完成了此次学术访问. 感谢国家自然科学基金委员会给我提供资助 (50675076, 51075161, 51575202) 进行相关研究工作. 感谢华中科技大学机械科学与工程学院给我提供良好的科研和教学环境. 感谢杨叔子院士和史铁林教授领导的研究团队对我工作和生活长期的关心和照顾.

我感谢我的学生, 他们给我减轻了一部分工作量. 感谢朋友们给我的支持.

最后, 我感谢我的夫人倪春芳和儿子轩昂, 感谢双方的长辈对我工作的支持.

我在翻译过程中, 尽管辛苦, 但也享受着快乐. 限于我的专业知识和英文翻译水平, 译著中错误和疏漏等不当之处, 敬请读者不吝赐教. 感谢读者批评和指正.

轩建平

图书在版编目（C I P）数据

有限元法：第2版．上，理论、格式与求解方法 /（德）巴特著；轩建平译．-- 北京：高等教育出版社，2016.8（2021.7重印）

书名原文：Finite Element Procedures

ISBN 978-7-04-045364-5

Ⅰ．①有… Ⅱ．①巴… ②轩… Ⅲ．①有限元法 Ⅳ．① O241.82

中国版本图书馆 CIP 数据核字（2016）第 086466 号

策划编辑 冯 英　　责任编辑 冯 英　　封面设计 王 洋　　版式设计 王艳红
插图绘制 杜晓丹　　责任校对 吕红颖　　责任印制 朱 琦

出版发行 高等教育出版社
社　　址 北京市西城区德外大街4号
邮政编码 100120
印　　刷 保定市中画美凯印刷有限公司
开　　本 787 mm×1092 mm 1/16
印　　张 33.5
字　　数 600 千字
购书热线 010-58581118
咨询电话 400-810-0598

网　　址 http://www.hep.edu.cn
　　　　 http://www.hep.com.cn
网上订购 http://www.hepmall.com.cn
　　　　 http://www.hepmall.com
　　　　 http://www.hepmall.cn

版　　次 2016 年 8 月第 1 版
印　　次 2021 年 7 月第 5 次印刷
定　　价 75.00 元

本书如有缺页、倒页、脱页等质量问题，请到所购图书销售部门联系调换

物 料 号 45364-00